Oldenbourg Lehrbücher für Ingenieure
Herausgegeben von
Prof. Dr.-Ing. Helmut Geupel

Das Gesamtwerk
Assmann/Selke, Technische Mechanik
umfasst folgende Bände:

Band 1: Statik (incl. Aufgaben)
Band 2: Festigkeitslehre
Band 3: Kinematik und Kinetik
Aufgaben zur Festigkeitslehre
Aufgaben zur Kinematik und Kinetik

Technische Mechanik 1

Statik

von
Prof. Bruno Assmann und
Prof. Dr.-Ing. Peter Selke

19., überarbeitete Auflage

Oldenbourg Verlag München

Prof. Bruno Assmann lehrte über 30 Jahre lang an der Fachhochschule Frankfurt am Main. Sein Wissen und seine Erfahrungen aus der Lehre hat er in die drei Bände zur „Technischen Mechanik“ und die dazugehörigen Aufgabensammlungen einfließen lassen.

Prof. Dr.-Ing. Peter Selke lehrt seit 1992 Technische Mechanik, Maschinendynamik und Finite-Elemente-Methode an der Technischen Fachhochschule Wildau.

Bibliografische Information der Deutschen Nationalbibliothek

Die Deutsche Nationalbibliothek verzeichnet diese Publikation in der Deutschen Nationalbibliografie; detaillierte bibliografische Daten sind im Internet über <http://dnb.d-nb.de> abrufbar.

Rosenheimer Straße 145, D-81671 München
Telefon: (089) 45051-0
oldenbourg.de

Lektorat: Anton Schmid
Herstellung: Anna Grosser
Coverentwurf: Kochan & Partner, München
Gedruckt auf säure- und chlorfreiem Papier
Gesamtherstellung: Grafik + Druck, München

ISBN 978-3-486-59133-0

Inhaltsverzeichnis

Vorwort

Dieses Buch ist als Lehrbuch konzipiert. Es richtet sich vornehmlich an Studenten von Fachhochschulen.

Ein Lehrbuch muss auf ein bestimmtes Lernziel ausgerichtet sein. Dieses Buch sieht seine Aufgabe nicht darin, Lösungsrezepte für verschiedene Aufgabentypen aus dem Bereich der Statik zu vermitteln. Das Hauptanliegen dieses Buches ist es, ein Gefühl für die Wirkung von Kräften und Momenten an verschiedenen Gebilden bei unterschiedlichen Belastungen zu vermitteln. Ohne dieses Einfühlungsvermögen für die Wirkung von Belastungen ist z.B. ein guter Konstrukteur nicht denkbar. Jeder, der als Ingenieur gearbeitet hat, weiß, dass viele Probleme nicht durch eine exakte Berechnung lösbar sind. Hier findet der Ingenieur die günstigste Lösung, der sich in die Ursachen und Wirkungen am besten hineindenken kann. Im diskutierten Fall sind das Belastungen und die durch diese verursachten Wirkungen in verschiedenen Bauteilen. Dieses Gefühl für die angesprochenen physikalischen Vorgänge ist nicht ersetzbar. Es stellt den „human factor“ im Lösungsprozess dar, dem der Computer allenfalls als Hilfsmittel dient.

Das oben formulierte Ziel soll auf folgendem Wege erreicht werden. Nach einem Einführungskapitel sind im Kapitel 2 sechs Lehrsätze zusammengefasst. Diese formulieren sehr einfache Tatbestände, die aus allgemeiner Erfahrung einsichtig sind. Die Lehrsätze stellen die Grundlage der gesamten Statik dar. Es wird immer wieder von ihnen ausgegangen, bzw. es werden diskutierte Fälle auf sie zurückgeführt. Der Benutzer dieses Buches bleibt aufgefordert, die erarbeiteten Lösungsverfahren nicht schematisch zu „lernen“ sondern die Lösung von den Grundlagen her zu verstehen. Insofern hängt das Erreichen des Lernzieles weitgehend vom Studenten selbst ab.

Diejenigen Fragen tragen am meisten zum Verständnis bei, die auftauchen, nachdem man alles verstanden zu haben glaubt. Diese Fragen stellen sich aber erst, nachdem der Stoff in den verschiedensten Anwendungen durchgearbeitet wurde. Das oben postulierte Lernziel ist demnach nur zu erreichen, wenn man viele Aufgaben löst. Diese sind hauptsächlich mit dem Ziel gestaltet worden, solche klärenden Fragen aufzuwerfen. Besonders wichtig ist, dass man sich nicht mit der Lösung einer Aufgabe zufrieden gibt, sondern daran anschließend das Ergebnis kritisch betrachtet und analysiert.

Auch die Darstellung einer so klassischen Wissenschaft wie der Statik unterliegt im Laufe der Zeit einer Entwicklung und Änderung. Der ausgewogene Anteil der graphischen Verfahren stellt bei der Darstellung der gesamten Technischen Mechanik ein besonderes Problem dar. Die Entwicklung in den letzten Jahren ging eindeutig zu den analytischen Verfahren. Das liegt in der zunehmenden Verbreitung des Computers begründet. Deshalb stellt sich durchaus die Frage, wozu graphische Verfahren überhaupt nötig sind.

In einem Lehrbuch spielen didaktische Gründe naturgemäß eine besondere Rolle. Zusammenhänge kann man sich an Zeichnungen (Kräfte-, Lageplan) wesentlich besser klar machen als an Gleichungen. Diese sind letztlich nicht anschauliche Abstraktionen. Dies gilt hier im besonderen Maße, da Ingenieurstudenten wohl weit überwiegend optisch geprägt sind. Der Lösungsweg kann oft durch Kombination von Zeichnung und Rechnung besonders anschaulich und kurz gehalten werden. Graphische Verfahren stellen eine unabhängige Kontrolle der Rechnung dar.

Die Nutzung moderner Rechentechnik in der Ingenieurpraxis bringt es mit sich, dass die Probleme zunehmend dreidimensional betrachtet und gelöst werden. Dem wurde in der 18. Auflage durch die Überarbeitung des Kapitels 12 durch den Co-Autor versucht Rechnung zu tragen. Der Anteil der Mathematik, speziell der Vektorrechnung, ist dabei größer geworden. Es kam darauf an, die Möglichkeiten der gebräuchlichen Rechentechnik aufzuzeigen, aber auch deutlich zu machen, dass das ingenieurmäßige Herangehen durch die modernen „Rechenhilfen“ nicht ersetzt werden kann. Ohne gediegenes Ingenieurwissen sind die Datenmengen aus einer numerischen Rechnung nicht zu bewerten und damit auch nicht zu nutzen.

Nachdem die 18. Auflage einer größeren Umarbeitung unterzogen wurde, konnten wir uns auf einen geringeren Änderungsaufwand und eine allgemeine Durchsicht beschränken.

Dem Verlag und im besonderen Maße dem Lektor Herrn Anton Schmid danken wir für die stets sehr gute Zusammenarbeit.

Frankfurt am Main — Bruno Assmann
Berlin — Peter Selke

Verwendete Bezeichnungen

A	Fläche
$\underline{\underline{A}}$	Koeffzientenmatrix
$a, b, h, l \ldots$	Längen allgemein
d	Durchmesser
$\vec{e}_{\mathrm{x}}, \vec{e}_{\mathrm{y}}, \vec{e}_{\mathrm{z}}$	Einheitsvektoren
F	Kraft
f	Hebelarm der Rollreibung
g	Fallbeschleunigung
K	Proportionalitätsfaktor
M	Moment
m	Masse
m	Maßstabsfaktor
q	Streckenlast
R, r	Radius
S	Seilkraft; Stabkraft
V	Volumen
x, y, z	Koordinaten
$\alpha, \beta, \gamma, \delta,$	Winkel allgemein
ϱ	Dichte
ϱ	Reibungswinkel
μ	Reibungszahl

Indizes

A, B, C ...	bezogen auf so bezeichnete Punkte
a	axial
b	Biegung
F	Kraft
G	Gewicht
i	Laufvariable
l	längs
M	Moment
n	normal, Normalenrichtung
q	quer
R	Reibung
r	radial
res	resultierend
S	Seil, Stab
t	tangential, Tangentialrichtung; Torsion
u	Umfangsrichtung
x, y, z	Richtungssinn nach vorgegebenem Koordinatensystem
z	Zapfen
0	Ruhezustand; Haftreibung

Hinweis:
Falls nichts Gegenteiliges in den Beispielen und Aufgaben formuliert ist, gilt:

1. **Die Eigengewichte von Trägern, Wellen, Stützen, Seilen usw. werden nicht berücksichtigt.**
2. **Lager und Gelenke sind reibungsfrei.**

1 Einführung

1.1 Was ist Mechanik?

1.1.1 Begriffsbestimmung

Die Mechanik ist die Lehre von der Wirkung von Kräften auf Körper. Sie ist ein Teilgebiet der Physik. Die Technische Mechanik wendet die physikalischen Erkenntnisse auf Gegenstände und Vorgänge der Technik an. Man kann das Gebiet nach der Beschaffenheit der betrachteten Körper (starr, elastisch, flüssig, gasförmig) und nach ihrem Zustand (Ruhe, beschleunigte Bewegung) einteilen. Im nachfolgenden Schema sind die einzelnen Zweige der Technischen Mechanik aufgeführt.

Technische Mechanik

	Statik	Kinetik	Kinematik
Körper			
starr	Statik starrer Körper	Kinetik starrer Körper	Kinematik starrer Körper
elastisch	Festigkeitslehre		
flüssig	Hydrostatik	Hydrodynamik	
gasförmig	Aerostatik	Gasdynamik	

Dieses Buch befasst sich mit der Statik starrer Körper. Da eine Verwechslung mit der Festigkeitslehre, der Hydro- und Aerostatik nicht möglich ist, spricht man einfach von Statik. In diesem Sinne *ist die Statik die Lehre von der Wirkung von Kräften auf starre Körper im Gleichgewicht.*

Die in dieser Definition gebrachten Begriffe werden nachfolgend erläutert.

1.1.2 Die Kraft

Zunächst wird nach der Wirkung einer Kraft gefragt. Eine Kraft kann eine ruhende Masse in Bewegung setzen. Sie kann einen Körper, der bereits in Bewegung ist, aus seiner Bahn ablenken und ihn dabei beschleunigen oder verzögern. Eine Kraft ist demnach in der Lage, den Bewegungszustand eines Körpers zu ändern.

Kräfte vermögen auch Deformationen an Körpern zu verursachen. Ein belasteter Träger biegt sich durch, eine gezogene Feder wird länger.

Zusammenfassend kann man sagen, *eine Kraft ist die Ursache von Bewegungs- und/oder Formänderungen.*

Kräfte werden auf einen Körper durch materielle Berührung übertragen. Das geschieht z.B. durch Aufsetzen einer Last auf einen Träger. Jedoch können Kräfte auch ohne materielle Verbindung zwischen zwei Körpern wirken. Das ist z.B. der Fall bei Gravitations- und magnetischen Kräften.

Die Größe einer Kraft wird als Vielfaches einer Einheit angegeben. Im SI-System ist diese Einheit das *Newton* (siehe Abschnitt 1.2). Die Angabe der Größe ist für die Beschreibung der Wirkung einer Kraft nicht ausreichend. Es kommt auch auf die Angriffsrichtung an. Diese wird durch die Lage der *Wirkungslinie* und den *Richtungssinn* entlang dieser Linie festgelegt.

Für die Beschreibung der Wirkung einer Kraft ist die Angabe von drei Daten notwendig:

1. Größe,
2. Lage der Wirkungslinie,
3. Richtung entlang dieser Linie.

Eine physikalische Größe, die eindeutig nur durch diese drei Angaben festgelegt ist, nennt man einen *Vektor*. Zeichnerisch dargestellt wird ein Vektor durch einen in der Wirkungslinie liegenden Pfeil. Die Pfeilrichtung gibt den Wirkungssinn, die Pfeillänge die Größe der Kraft an. Nur bei graphischen Lösungen muss die Länge des Pfeils der Größe der Kraft entsprechen. Die Angabe erfolgt über eine Maßstabskonstante

$$m = \frac{\text{Abbildungsgröße}}{\text{Tatsächliche Größe}} \qquad \text{Beispiel: } m = 10{,}0\,\text{kN/cm}$$

Eine weitere Methode ist, eine bestimmte Strichlänge als Kraft zu „vermaßen“ (s. Kap. 3; Kräfteplan). In den meisten Fällen werden Überlegungsskizzen mit Kraftpfeilen für die Formulierung von Gleichungen verwendet.

Eine vektorielle Größe wird im Druck durch einen darüber gesetzen Pfeil gekennzeichnet, z.B. Kraftvektor $\vec{F}$. Man kann auf diese besondere Kennzeichnung verzichten, wenn die Vektoreigenschaft offensichtlich ist. Als Beispiel seien genannt die Bezeichnung eines Kraftpfeils (Abb. 1-1) oder ein Text, der sich auf einen Kraftpfeil in einer Abbildung bezieht. Ohnehin eindeutige Verhältnisse liegen bei indizierten Kraftkomponenten vor. Die x-Komponente einer Kraft $\vec{F}$ wird

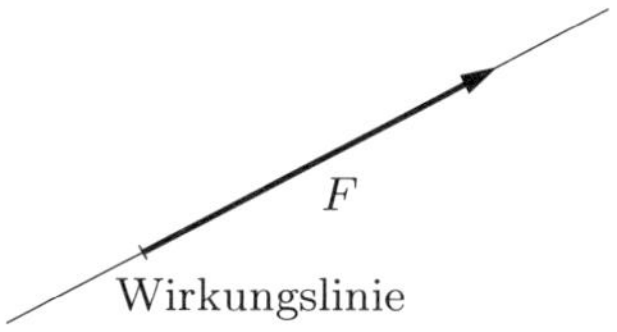

Abb. 1-1: Kraftvektor

mit F_x bezeichnet. Hier ist die Wirkungsrichtung durch den Index x angezeigt. In diesem Buch wird vorwiegend wie oben diskutiert verfahren.

1.1.3 Das Gleichgewicht

Ein Körper ist im Gleichgewicht, wenn er in Ruhe ist, wobei Ruhe ein Sonderfall der geradlinigen Bewegung mit konstanter Geschwindigkeit ist. Ausführlicher wird der Gleichgewichtszustand in den Kapiteln 2 und 6 erläutert.

1.1.4 Der starre Körper

Jeder feste Körper wird durch angreifende Kräfte deformiert. Ein Körper wird als *starr* angesehen, wenn die Deformationen (z.B. Längenänderungen) verglichen mit den Abmessungen des Körpers vernachlässigbar klein sind.

Mit den relativ sehr kleinen Deformationen dieser hier als starr angenommenen Körper befasst sich die Festigkeitslehre.

1.2 Das internationale Einheitensystem (SI)

Das Ergebnis einer technischen Berechnung besteht aus einer *Maßzahl* und einer *Einheit*. Als Beispiel sei $F = 50\,\mathrm{N}$ betrachtet. Eigentlich müsste $F = 50 \cdot 1\,\mathrm{N}$ geschrieben werden. Dabei sind 50 die Maßzahl und 1 N die Einheit.

Für die Mechanik starrer Körper müssen drei *Basiseinheiten* definiert werden. Im SI-System sind das

Meter für die Länge,

Kilogramm für die Masse,

Sekunde für die Zeit.

Aus diesen werden andere Einheiten abgeleitet, z.B. für die Geschwindigkeit m/s, die Beschleunigung $\mathrm{m/s^2}$ usw.

Das Meter

Das Meter war ursprünglich als der Abstand von zwei Strichen auf dem bei Paris aufbewahrten Urmeter definiert. Die Formbeständigkeit dieses Metallstabs entspricht nicht mehr den Anforderungen an die Rekonstruierbarkeit. Deshalb hat man, nachdem zunächst die Wellenlänge eines bestimmten Lichts zur Definition benutzt wurde, die Basiseinheit der Länge auf die Basiseinheit der Zeit bezogen. Dazu benutzt man die Universalkonstante Lichtgeschwindigkeit. Das Meter ist jetzt definiert als die Länge, die das Licht in einer bestimmten Zeit zurücklegt. Diese Festlegung ist erst nach der Entwicklung von extrem genauen Atomuhren möglich geworden.

Das Kilogramm

Der Prototyp der Masseneinheit 1 kg wird bei Paris in Form eines Platin-Iridium-Zylinders aufbewahrt. Diese Masse entspricht sehr genau der von $1\,000\,\text{cm}^3$ Wasser bei einer Temperatur von 4 °C.

Die Sekunde

Die Sekunde ist die Zeiteinheit. Sie entspricht sehr genau dem 86400sten Teil eines mittleren Sonnentages. Sie ist definiert als ein Vielfaches der Periode einer bestimmten atomaren Strahlung.

Die für die Statik besonders wichtige Größe Kraft wird nach dem NEWTONschen Gesetz[1] abgeleitet. *Als Einheit wird diejenige Kraft definiert, die einer Masse von 1 kg die Beschleunigung von 1 m/s² erteilt.* Diese Krafteinheit wird „Newton“ (N) bezeichnet.

$$
\begin{aligned}
&\text{Kraft} = \text{Masse} \cdot \text{Beschleunigung.}\\
&1\,\text{N} = 1\,\text{kg} \cdot 1\frac{\text{m}}{\text{s}^2}\\
&1\,\text{N} = 1\frac{\text{kgm}}{\text{s}^2}
\end{aligned}
$$

Folgende, auf dem Dezimalsystem basierende Einheiten sind noch üblich

$$
\begin{aligned}
1\,\text{kN} &= 1\,000\,\text{N}\\
1\,\text{MN} &= 10^6\,\text{N}
\end{aligned}
$$

Eine ruhende Masse übt auf ihre Unterlage die *Gewichtskraft* aus. Es gilt

$$
\begin{aligned}
&\text{Gewichtskraft} = \text{Masse} \cdot \text{Erdbeschleunigung}\\
&F_{\text{G}} = m \cdot g. \qquad (1\text{-}1)
\end{aligned}
$$

[1]Sir Isaac NEWTON (1643–1727), englischer Naturforscher

Die Erdbeschleunigung ist wegen der nicht homogenen Beschaffenheit und der Abplattung der Erde nicht konstant. Der Wert $g = 9{,}80665\,\mathrm{m/s^2}$ ist als Mittelwert genormt. Für die Berechnung der Gewichtskräfte genügt die Näherung $g = 9{,}81\,\mathrm{m/s^2}$.

Mit Hilfe der Gleichung (1-1) kann man sich die Krafteinheit Newton veranschaulichen. Eine Masse von 1 kg verursacht auf der Erde eine Gewichtskraft von etwa 10 N, die Kraft 1 kN entspricht mit guter Näherung der Gewichtskraft, die die Masse von 100 kg ausübt.

1.3 Einiges zur Lösung von Aufgaben

Der angehende Ingenieur sollte sich möglichst früh das exakte und systematische Arbeiten beim Lösen einer technischen Aufgabe aneignen. Dadurch werden Fehler vermieden und Kontrollen sind viel leichter, auch von anderen Personen, durchführbar. Nachfolgend sollen dafür einige Hinweise gegeben werden, die, sinngemäß angewendet, für alle technischen Aufgaben gelten.

1. Nach dem Durchdenken der Aufgabe sollte immer eine Skizze angefertigt werden, die in den Proportionen möglichst genau sein sollte, um Täuschungen vorzubeugen. Die wirkenden Kräfte werden eingetragen. Diesem Vorgang, Freimachen genannt, ist wegen der Wichtigkeit ein eigenes Kapitel (5) gewidmet. Es ist vorteilhaft, mit mehreren Farben zu arbeiten. Die Skizze soll so groß sein, dass Bezeichnungen eingetragen werden können. Ist es nicht offensichtlich, ob ein System statisch bestimmt ist, dann müssen die gesuchten und gegebenen Größen systematisch zusammengestellt werden.
2. Wahl des Lösungsweges

   Analytische Lösung
   Die verwendeten Gleichungen sollen in allgemeiner Form, am besten links außen geschrieben werden, z.B.

   $$\sum M = 0; \qquad aF_1 - bF_2 = 0$$

   Es sollte soweit wie möglich mit allgemeinen Größen gearbeitet werden, da die Rechnung damit leichter kontrollierbar ist. Bei der Ausarbeitung der Lösung soll kein Schritt übersprungen werden, eventuell sind einzelne Schritte durch kurze Bemerkungen zu erläutern. Bei der zahlenmäßigen Auswertung wird dringend empfohlen, die Maßeinheiten mitzuschreiben. Die reine Zahlenrechnung kann durch Anwendung der 10er-Potenzen übersichtlicher gehalten werden.

Ein Ergebnis soll immer kritisch mit gesundem Menschenverstand daraufhin untersucht werden, ob es überhaupt technisch möglich ist. Man kann immer zusätzliche Kontrollgleichungen aufstellen. In diese werden die vorher errechneten Werte eingesetzt. Die Gleichungen müssen erfüllt sein. Diese Kontrolle für die richtigen Ergebnisse sollte immer durchgeführt werden. Bei sehr ungünstiger Verkettung von Fehlern sind trotz erfüllter Kontrollgleichungen falsche Ergebnisse möglich. Hier hat die graphische Lösung als völlig unabhängiges Verfahren ihren besonderen Wert.

Bei Kräften muss neben dem Betrag auch eindeutig die Wirkungsrichtung angegeben werden. Am besten geschieht das durch einen Pfeil, der in Klammern hinter der Maßzahl und der Einheit erscheint, z.B.

$$F_{\mathrm{x}} = 125\,\mathrm{N}\ (\leftarrow) \quad 125\,\mathrm{N} \text{ nach links wirkend,}$$

$$F_{\mathrm{y}} = -230\,\mathrm{N}\ (\uparrow \text{ am Teil II}) \quad 230\,\mathrm{N} \text{ nach oben wirkend.}$$

Für Kräfte senkrecht zur Zeichenebene benutzt man

$\odot$ aus der Ebene herausragend,

$\oplus$ in die Ebene hineinragend.

Graphische Lösung
Die Zeichnung soll wegen der notwendigen Genauigkeit nicht zu klein ausgeführt werden. Die Maßstäbe müssen eindeutig angegeben sein. *Lage- und Kräfteplan sind sauber zu trennen.* Alle gezeichneten Linien sind sofort zu bezeichnen. Die Ergebnisse sollen getrennt zusammengestellt werden.

1.4 Rechengenauigkeit

Die Genauigkeit einer technischen Berechnung hängt von zwei Faktoren ab, erstens von der Genauigkeit der Ausgangsdaten, zweitens von der Genauigkeit der Rechnung. Bei Verwendung eines Rechners darf man den zweiten Faktor vernachlässigen.

Das Ergebnis einer technischen Berechnung wird demnach nur von den Toleranzen beeinflusst, mit denen die Ausgangswerte gegeben sind. Diesen Einfluss untersucht die Fehlerrechnung.

Für die lineare Abhängigkeit gilt: das Ergebnis einer Berechnung ist mit dem gleichen prozentualen Fehler behaftet wie die Ausgangswerte, die in diese Rechnung eingehen. An einem Beispiel soll das erklärt werden. Die Belastungen, denen eine Getriebewelle ausgesetzt ist, sind z.B. mit einer Toleranz von ca. $\pm 10\%$ bekannt. Unter diesen Umständen kann man die in den Lagern wirkenden Kräfte auch nur mit einer Genauigkeit von $\pm 10\%$ berechnen.

Ausgangswerte für eine technische Berechnung haben selten Toleranzen von 1% oder sogar weniger. Man denke z.B. an die Schwierigkeiten, Belastungen genau festzustellen oder an die Streuungen, denen die Festigkeitswerte eines Werkstoffs unterliegen.

Welche Konsequenzen ergeben sich für eine Berechnung? Der in der Materie Mitdenkende sollte nicht sinnlos die Ergebnisse des Rechners übernehmen, sondern sie kritisch auf ihre mögliche Genauigkeit untersuchen und sinnvoll runden. Dies sollte schon bei eventuellen Zwischenergebnissen erfolgen.

2 Lehrsätze der Statik

Die Arbeitsverfahren und Lösungsansätze der Statik beruhen auf einigen wenigen Überlegungen. Diese Überlegungen führen zu Aussagen, die nicht beweisbar sind, da sie selbst Ausgangspunkt einer Theorie sind. Solche Aussagen nennt man „Axiome". Sie werden jedoch hier Lehrsätze genannt, da der Begriff „Axiom" einer schärferen Definition genügen muss.

Da diese Sätze selbst nicht beweisbar sind, können sie nur einfache und übersichtliche Tatbestände formulieren, die aus unmittelbarer Ansicht und Einsicht als richtig anerkannt werden müssen. Alle aus diesen Sätzen gezogenen Schlussfolgerungen dürfen nicht zu Widersprüchen führen und müssen Ergebnisse liefern, die überprüfbar richtig sind.

Nach den oben gemachten Ausführungen ist es offensichtlich, dass jede Aufgabe aus dem Bereich der Statik von den Lehrsätzen ausgehend gelöst werden kann. Dieses Verfahren kann jedoch sehr zeitraubend sein. Es ist einfacher, aus den Lehrsätzen schlussfolgernd, sich Arbeitsverfahren zu erarbeiten, die schneller eine Lösung ergeben. Jedoch ist es ein Ziel dieses Buches, dem Leser die Fähigkeit zu vermitteln, eine beliebige Aufgabe der Statik zu analysieren und auf einfache Grundlagen zurückzuführen. Deshalb wird immer wieder auf diese Lehrsätze verwiesen. *Der Leser bleibt aufgefordert, nicht Lösungsverfahren schematisch zu „lernen", sondern die Lösung von den Grundlagen her zu verstehen. Nur dann ist es möglich, das erarbeitete Wissen auf die verschiedensten Gebiete anzuwenden.*

1. Lehrsatz (Gleichgewichtssatz)

Zwei Kräfte sind im Gleichgewicht, wenn sie

1. **gleich groß sind,**
2. **entgegengesetzt gerichtet sind,**
3. **gleiche Wirkungslinie haben (kollinear sind).**

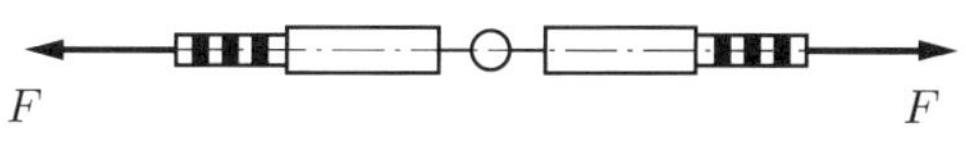

Abb. 2-1: Zwei Kräfte an einer Federwaage

Das ist die Formulierung einer trivialen Erfahrung, die jeder unzählige Male gemacht hat. Man kann z.B. zwei Federwaagen nach Abb. 2-1 miteinander verbinden und sie auseinanderziehen. Im Gleichgewicht, d.h. für ruhendes System, zeigen beide Waagen die gleiche Kraft an.

2. Lehrsatz (Reaktionssatz)

Kräfte treten nur paarweise auf, wobei sie gleich groß, entgegengesetzt gerichtet und kollinear sind. Man bezeichnet sie als Aktions- und Reaktionskräfte.

Dieser Satz gehört zu den drei von NEWTON in seinem Hauptwerk über die Mechanik formulierten Gesetzen. Er wird verkürzt „actio = reactio“ genannt (s. Band 3, Kap. 5).

Jede Kraft erzeugt an der Angriffsstelle eine gleich große Gegenkraft. Drückt man mit der Hand gegen einen Körper, dann verspürt man selber die Kraft, die man ausübt. Auch das vorhin beschriebene Experiment (Abb. 2-1) ist geeignet, diesen Satz zu belegen. Wenn man das System an den beiden Enden hält, ist es nicht möglich, nur eine der beiden Waagen zur Anzeige zu bringen. Die notwendige Gegenkraft belastet zwangsläufig auch die andere Waage. Eine Kraft kann ohne eine gleich große, entgegengesetzt wirkende Kraft nicht auftreten.

3. Lehrsatz (Verschiebungssatz)

Die äußere Wirkung einer Kraft bleibt unverändert, wenn man die Kraft entlang ihrer Wirkungslinie verschiebt.

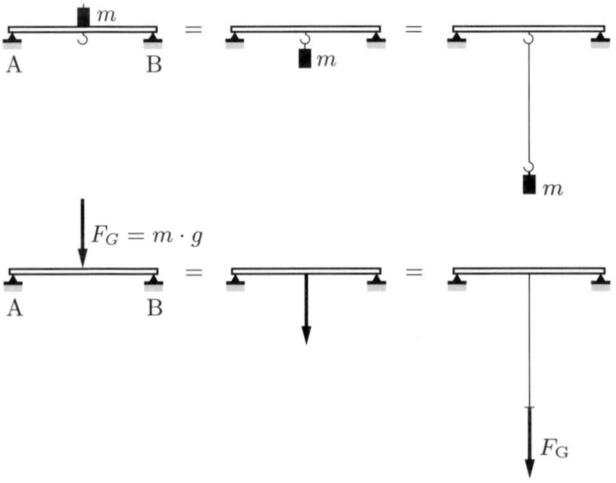

Abb. 2-2: Verschiebbarkeit einer äußeren Kraft

Als Beispiel sei der Träger Abb. 2-2 gegeben. Die Belastung der beiden Auflagepunkte A B ist offensichtlich davon unabhängig, ob die Masse m auf den Balken gesetzt, unmittelbar darunter gehängt oder an einem Seil befestigt wird. In jedem Falle müssen die beiden Auflager zusammen die Gewichtskraft aufnehmen, z.B. im Falle einer symmetrischen Anordnung sind A und B mit jeweils der halben Gewichtskraft belastet. In die symbolische Sprache der Vektoren übersetzt heißt das, der Kraftvektor $\vec{F}_G$ kann entlang seiner Wirkungslinie verschoben werden. Man spricht von *äußerer Wirkung*, weil die Reaktionskraft im Auflager von außen auf den Träger wirkt. Das wird ausführlich im Kapitel 5 behandelt. Im Gegensatz dazu steht die *Wirkung im Inneren* eines belasteten Bauteils. Das soll am Beispiel des Stabes Abb. 2-3 erläutert werden. Dieser ist in A befestigt. Greift eine Kraft $\vec{F}$ im Punkt B an, dann ist nur der Bereich A B belastet und muss ausreichend dimensioniert sein, während der Teil B C, soweit es die Belastung betrifft, beliebig schwach ausgebildet werden könnte. Ganz anders sieht es aus, wenn man die Kraft F entlang ihrer Wirkungslinie in den Punkt C verschiebt. Jetzt ist auch der Bereich B C voll belastet.

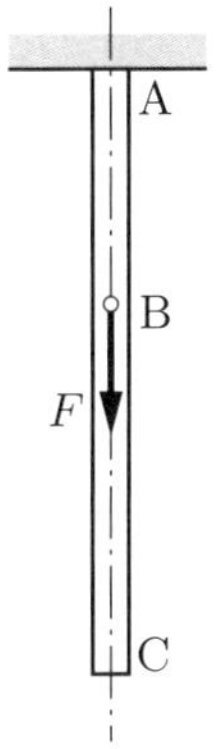

Abb. 2-3: Innere Wirkung einer Kraft im Stab

An einem weiteren Beispiel soll der Unterschied zwischen äußerer und innerer Wirkung einer Kraft erläutert werden. Die Abb. 2-4 zeigt zwei einfache Fachwerke. Im links abgebildeten Fall wird die oben am Knoten abgebildete Kraft

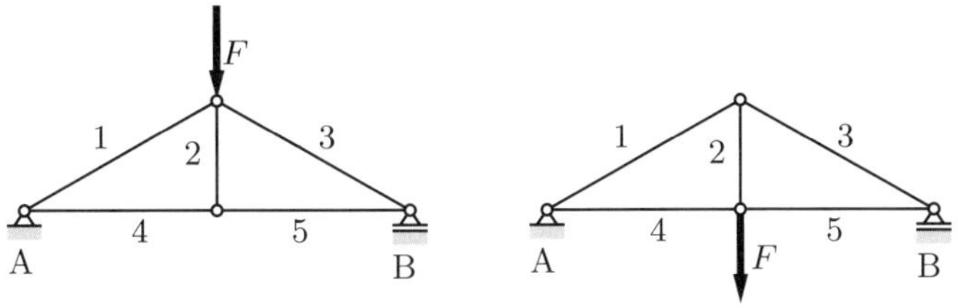

Abb. 2-4: Innere Wirkung einer Kraft am Fachwerk

von den Stäben 1 und 3 auf die Auflager übertragen, wobei die Stäbe 4 und 5 das Ausweichen des Lagers B nach rechts verhindern. Der Stab 2 hat, was die Belastung durch $\vec{F}$ betrifft, keine Funktion und dient in diesem Falle nur zur Aussteifung des Fachwerks. Anders ist es im rechts abgebildeten Belastungsfall. Jetzt hängt die Last $\vec{F}$ am Stab 2, der die Kraft auf den Knoten oben überträgt. Die vom Stab 2 übertragene Kraft ist demnach gleich $\vec{F}$. Für beide betrachteten Fachwerke ist die äußere Wirkung der Kräfte gleich. Beide belasten die Auflager mit jeweils $F/2$. Die Verteilung der Kräfte im Stabverband wird durch die innere Kraftwirkung verursacht. Sie ändert sich, wenn man die Kraft $\vec{F}$ entlang ihrer Wirkungslinie verschiebt.

Zusammenfassend soll festgehalten werden:

Bei Untersuchung von Kraftwirkungen im Inneren eines Bauteils (z.B. Kraftverteilung im Stabverband) dürfen Kräfte nicht verschoben werden. Handelt es sich um äußere Wirkungen (z.B. Belastung von Auflagern durch einen Träger), dann dürfen Kräfte entlang ihrer Wirkungslinie verschoben werden.

4. Lehrsatz (Überlagerungssatz)

Ein Kräftesystem, das im Gleichgewicht ist, kann jedem beliebigen Kräftesystem überlagert werden, ohne dabei dessen Wirkung zu beeinflussen.

Für den einfachsten Fall werden zwei Kräfte im Gleichgewicht überlagert, d.h. $F - F = 0$. Damit kann eine Änderung der Wirkung nicht eintreten.

5. Lehrsatz (Parallelogrammsatz)

Der Satz vom Parallelogramm der Kräfte

Zwei Kräfte, die an einem gemeinsamen Punkt angreifen, können mit Hilfe der Parallelogrammkonstruktion zu einer resultierenden Kraft zusammengesetzt werden. Die resultierende Kraft hat allein wirkend die gleiche Wirkung wie die beiden Kräfte, aus denen sie gebildet wurde. Die Konstruktion des Vektors $\vec{F}_{\text{res}}$ aus zwei Kraftvektoren $\vec{F}_1$ und $\vec{F}_2$ zeigt die Abb. 2-5a. Da die Diagonale eines Parallelogramms dieses in zwei kongruente Dreiecke teilt, kann man die resultierende Kraft durch Aneinandersetzen der Vektoren $\vec{F}_1$ und $\vec{F}_2$ ermitteln. Die Reihenfolge ist dabei gleich (Abb. 2-5b). Diese Operation nennt man *geometrische* oder *Vektoraddition.*

Dass Kräfte nach dem oben beschriebenen Verfahren zusammengesetzt werden können, kann man mit Hilfe verschiedener Versuche zeigen. Eine Versuchsanordnung zeigt die Abb. 2-5c. Drei Massen werden nach Skizze aufgehängt, wobei

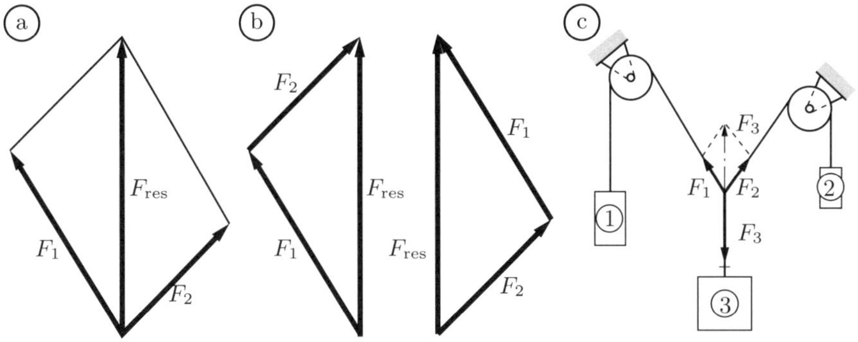

Abb. 2-5: Versuch zum Satz vom Parallelogramm der Kräfte

die Reibung möglichst gering sein sollte. Für beliebige Variationen der einzelnen Massen, pendelt sich das System immer so ein, dass die Resultierende von $\vec{F}_1$ und $\vec{F}_2$ gleich groß wie $\vec{F}_3$, aber entgegengesetzt gerichtet ist. Damit ist nach dem 1. Lehrsatz Gleichgewicht vorhanden.

Es soll hier noch mal darauf hingewiesen werden, dass der Versuch nach Abb. 2-5c kein Beweis ist, sondern nur eine Demonstration für die Richtigkeit der Aussage.

6. Lehrsatz (Trägheitssatz)

Ein Körper verharrt im Zustand der gleichförmigen, geradlinigen Bewegung, wenn er nicht durch einwirkende Kräfte gezwungen wird, diesen Zustand zu ändern.

Dieser Satz gehört auch zu den drei, von NEWTON stammenden Gesetzen, die oben erwähnt sind.

Eine gleichförmige Bewegung erfolgt geradlinig mit konstanter Geschwindigkeit. An dieser Stelle muss man sich überlegen, dass eine Geschwindigkeit immer bezogen auf ein bestimmtes System angegeben wird. Ein Zug fährt mit 100 km/h heißt, mit dieser Geschwindigkeit verschieben sich Zug und Erdoberfläche gegeneinander. Dabei empfinden wir die Erdoberfläche normalerweise als „ruhendes System". Das gilt für den Fahrgast nur bedingt. Er kann, wenn er aus dem Fenster sieht, durchaus die Landschaft als bewegtes und seinen Sitz als ruhendes System empfinden. An diesem einfachen Beispiel sollte demonstriert werden, dass es keinen grundsätzlichen Unterschied zwischen geradliniger, gleichförmiger Bewegung und dem Ruhezustand gibt.

Daraus ergibt sich, dass alle Überlegungen, die vorhin für den Zustand der Ruhe angestellt wurden, auch gelten, wenn sich die betrachteten Systeme geradlinig mit konstanter Geschwindigkeit bewegen. Das wird im Band 3 (Kinematik und Kinetik) erläutert, ist jedoch auch schon hier einsichtig. Man kann sich alle oben beschriebenen Versuche z.B. auch in einem mit konstanter Geschwindigkeit geradlinig bewegten Zug vorstellen. Wenn sich ein Zug in diesem Zustand befindet, sind wir nicht in der Lage festzustellen, ob bzw. wie schnell wir uns bewegen, wenn wir von der Deutung der Fahrgeräusche und optischer Eindrücke absehen.

Das liegt darin begründet, dass auf uns keine durch die geradlinige Bewegung verursachten Kräfte wirken. Demnach kann diese Art der Bewegung ein System von Kräften nicht beeinflussen. Völlig anders sieht es bei beschleunigter bzw. gebremster und/oder krummliniger Bewegung aus. In diesem Falle wirken zusätzliche Kräfte, die man deutlich wahrnehmen kann als Beschleunigungskraft oder Verzögerungskraft und/oder Fliehkraft.

Folgende Vorstellung ist falsch: Die geradlinige Bewegung z.B. eines mit konstanter Geschwindigkeit auf horizontaler Ebene fahrenden Kraftfahrzeuges könne nur aufrecht erhalten werden, wenn die Vortriebskraft größer sei als die Summe der Widerstandskräfte. Wenn die Vortriebskraft größer ist als die Summe der anderen Kräfte, ist das Gleichgewicht gestört. Der nicht durch andere Kräfte kompensierte Anteil der Vortriebskraft beschleunigt den Wagen nach dem NEWTONschen Gesetz „Kraft gleich Masse mal Beschleunigung“.

Alle Gesetze der Statik gelten nach diesen Ausführungen auch für mit konstanter Geschwindigkeit geradlinig bewegte Systeme.

3 Die Resultierende des ebenen Kräftesystems

3.1 Einführung

Diese Darstellung der Technischen Mechanik, – nicht nur der hier vorliegenden Statik - ist nach dem Prinzip „vom Einfachen zum Schwierigen" aufgebaut. Deshalb wird zunächst das in einer Ebene liegende Kräftesystem behandelt. Im Kapitel 12 erfolgt dann die Übertragung der Arbeitsverfahren auf das räumliche Kräftesystem.

Ausgangspunkt der nachfolgenden Ausführungen ist ein System mehrerer Kräfte, die nach Abb. 3-1 an einem starren Körper angreifen. Diese können eine Verschiebung, eine Drehung und beides gleichzeitig verursachen. Es stellt sich die Frage, ob es möglich ist, diese Wirkung durch eine einzige Kraft zu erzeugen. Von den Lehrsätzen ausgehend wird gezeigt, dass eine solche Kraft existiert und wie man sie bestimmt.

Eine Kraft, die in *Bezug auf alle Punkte* eines starren Körpers die gleiche Wirkung hat wie mehrere Kräfte, die sie ersetzt, nennt man *resultierende Kraft* oder *Resultierende* F_{res}.

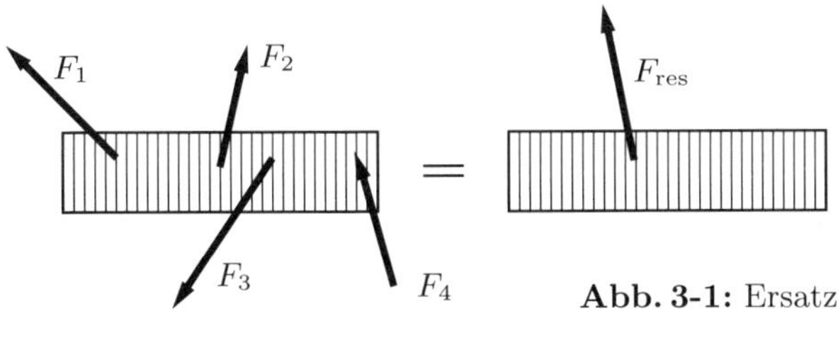

Abb. 3-1: Ersatz von Kräften durch die Resultierende

Aus welchem Grunde ist es notwendig, diese Kraft für verschiedene Kräftesysteme bestimmen zu können? Statische Berechnungen erfolgen in der Regel mit dem Ziel, Kräfte am starren Körper im Gleichgewicht zu berechnen. Der Körper befindet sich in Ruhe, d.h. im Gleichgewicht. Alle angreifenden Kräfte heben sich in ihrer Wirkung gegenseitig auf. Die mathematische Bedingung für diesen Zustand ist $F_{res} = 0$. Sie ist immer notwendig, aber nicht immer ausreichend. Ausführlich wird dieses Thema im Kapitel 6 behandelt.

Die analytischen und graphischen Verfahren zur Bestimmung der Resultierenden werden anschließend für folgende Kräftesysteme abgeleitet.

1. Kräftesystem mit gemeinsamem Angriffspunkt.
2. Parallele Kräfte.
   Hier wird das *Moment einer Kraft* definiert. Das führt zu dem *Kräftepaar*, das keine Kraftwirkung hat, da dessen Resultierende null ist. In diesem Abschnitt wird in einem Beispiel das nächste Kapitel (Schwerpunktbestimmung) vorbereitet.
3. Allgemeines Kräftesystem.
   Dieses entsteht durch Überlagerung von zwei Systemen paralleler Kräfte, deren Wirkungsrichtung unterschiedlich ist. Bei der Lösung kann man deshalb auf den vorigen Punkt zurückgreifen.

Im Zeitalter der Computer und der elektronischen Rechner ist es zwingend, die Anwendung der graphischen Verfahren zu rechtfertigen. Zunächst kann man sich die Zusammenhänge an Kräfte- und Lageplan besser klar machen als an Gleichungen, die letztlich den physikalischen Vorgang nur abstrakt wiedergeben. Weiterhin ist mit Hilfe der graphischen Verfahren eine unabhängige Kontrolle möglich und auch sinnvoll. Ein weiteres und durchaus gewichtiges Argument ist die Möglichkeit, beide Verfahren zu kombinieren. Es genügt, die Kraftecke zu skizzieren und mit Hilfe der Winkelfunktionen die Kräfte und/oder Winkel zu berechnen. In vielen Fällen ist das der schnellste Weg zum Ergebnis.

3.2 Gemeinsamer Angriffspunkt

Ein Kräftesystem mit gemeinsamem Angriffspunkt ist nicht immer auf den ersten Blick als solches erkennbar. Es kommt hier nicht auf den konstruktiv festgelegten Angriffspunkt der Kraft an (z.B. Bolzen), sondern nur auf den Schnittpunkt der Wirkungslinien. Das folgt aus der Verschiebbarkeit der Kräfte entlang der Wirkungslinie (3. Lehrsatz). Ein Beispiel dafür zeigt die Abb. 3-2.

An einem gemeinsamen Angriffspunkt greifen mehrere Kräfte an (Abb. 3-3). Die Kräfte sind nach Größe und Richtung bekannt. Zu bestimmen ist analytisch und graphisch die resultierende Kraft.

Analytische Lösung

Es ist zweckmäßig, sich zunächst mit der *Zerlegung einer Kraft in vorgegebene Richtungen* zu befassen.

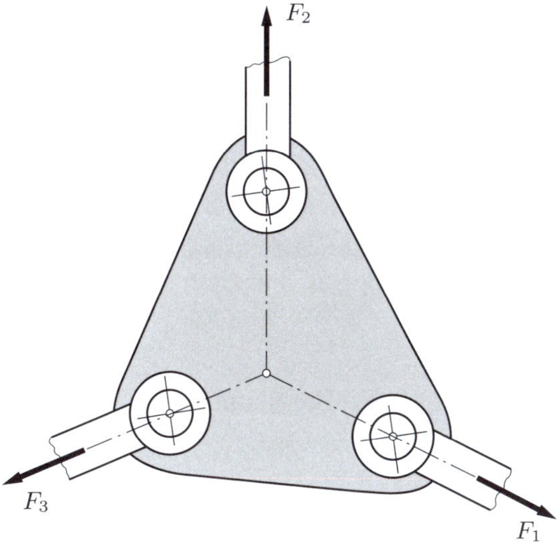

Abb. 3-2: Knotenblech mit drei Stäben

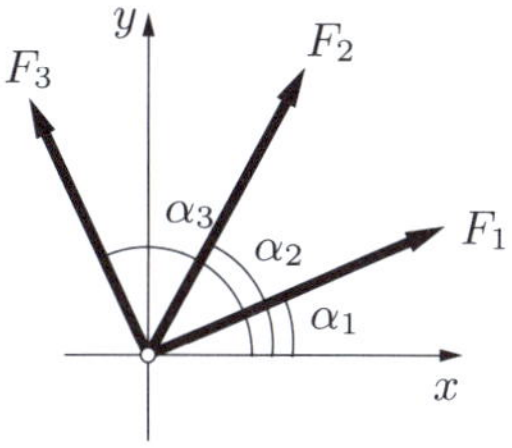

Abb. 3-3: Kräfte mit gemeinsamem Angriffspunkt

Eine nach Größe und Richtung gegebene Kraft $\vec{F}$ soll nach Abb. 3-4 in die vorgegebenen Richtungen 1 und 2 zerlegt werden. Das erfolgt nach dem Lehrsatz vom Parallelogramm der Kräfte. Man geht folgendermaßen vor. Der Vektor $\vec{F}$ wird gezeichnet (Kräfteplan). Jeweils in den Anfangs- und Endpunkt werden Linien der Richtungen (1) und (2) gezogen. So entsteht ein Parallelogramm, dessen Seiten die gesuchten Kräfte $\vec{F_1}$ und $\vec{F_2}$ darstellen. Diese nennt man *Komponenten* der Kraft $\vec{F}$.

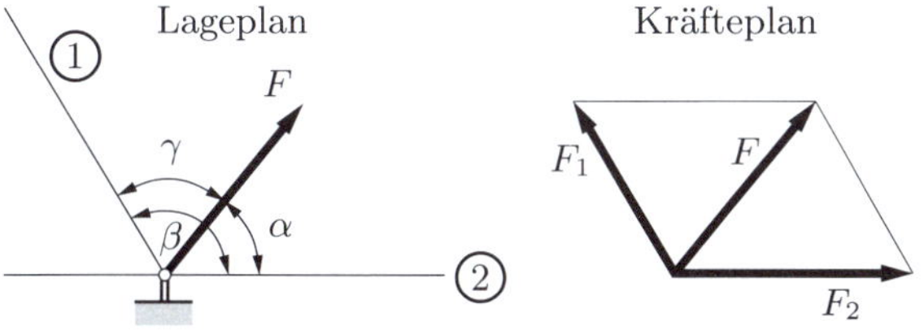

Abb. 3-4: Zerlegung einer Kraft in zwei Richtungen

Die eindeutige Zerlegung einer Kraft in mehr als zwei vorgegebene Richtungen ist nicht möglich. Das ist in Abb. 3-5 für drei Wirkungslinien gezeigt. Es gibt beliebig viele Möglichkeiten, die Kraft $\vec{F}$ aus den Komponenten $\vec{F_1}\vec{F_2}\vec{F_3}$ zusammenzusetzen.

Da Berechnungen meistens im Kartesischen Koordinatensystem durchgeführt werden, ist die Zerlegung einer Kraft in die x- und y-Richtung besonders wichtig.

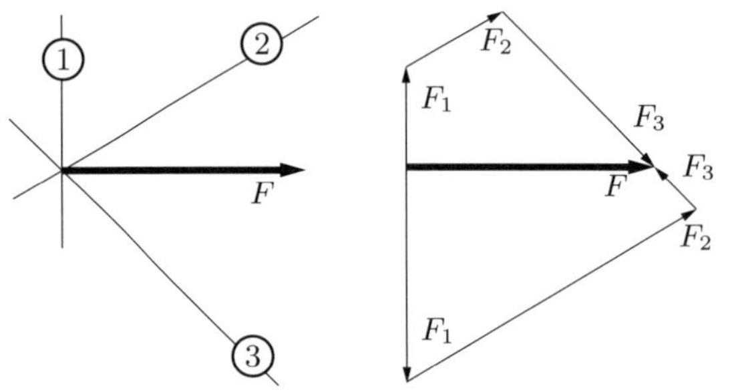

Abb. 3-5: Mehrdeutigkeit der Zerlegung einer Kraft in mehr als zwei Richtungen

Wie man aus Abb. 3-6 ersieht, ergeben sich folgende Beziehungen:

$$F_x = F \cdot \cos\alpha; \qquad F_y = F \cdot \sin\alpha$$
$$\tan\alpha = \frac{F_y}{F_x} \tag{3-1}$$
$$F = \sqrt{F_x^2 + F_y^2}$$

Will man mehrere Kräfte analytisch zu einer Resultierenden zusammenfassen, dann ist es zweckmäßig, zunächst alle Kräfte in die x- und y-Richtung zu zerlegen. In der Abb. 3-7 sind zunächst nach dem 5. Lehrsatz $\vec{F}_1$ und $\vec{F}_2$ zur Resultierenden $\vec{F}_{\text{res12}}$ zusammengesetzt. Diese mit $\vec{F}_3$ vereinigt, ergibt die gesuchte Resultierende aller Kräfte. Aus der Konstruktion ersieht man, dass die x-Komponente der Resultierenden $\vec{F}_{\text{res x}}$ die Summe der x-Komponenten der Einzelkräfte ist. Analoges gilt für die y-Richtung.

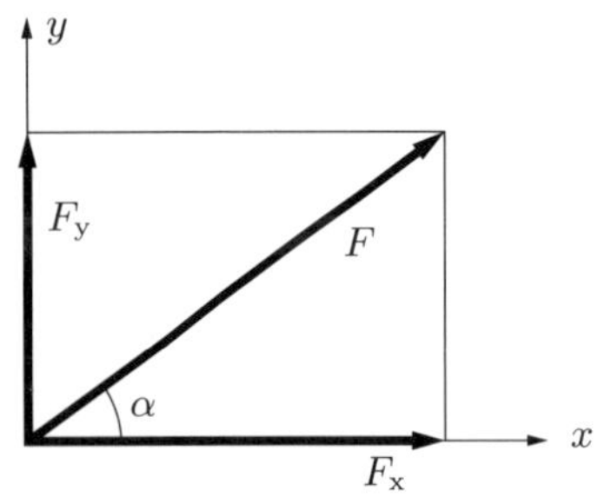

Abb. 3-6: Zerlegung einer Kraft im Kartesischen Koordinatensystem

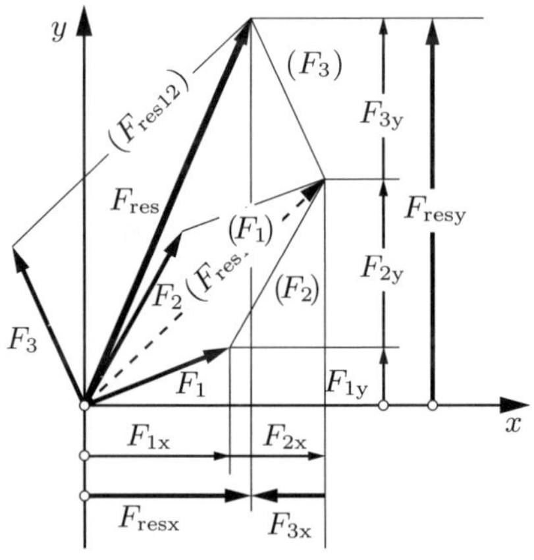

Abb. 3-7: Resultierende Kraft und ihre Komponenten im Kartesischen Koordinatensystem

Daraus folgen die Berechnungsgleichungen

$$F_{\text{res x}} = \sum F_{\text{x}} \qquad F_{\text{res y}} = \sum F_{\text{y}}$$

$$F_{\text{res}} = \sqrt{F^2_{\text{res x}} + F^2_{\text{res y}}} \tag{3-2}$$

$$\tan \alpha = \frac{F_{\text{res y}}}{F_{\text{res x}}}$$

Die Vorzeichen von $F_{\text{res x}}$ und $F_{\text{res y}}$ ergeben die Richtung und den Wirkungssinn der resultierenden Kraft. Die einzelnen Kombinationen sind in Tabelle 3-1 zusammengefasst.

	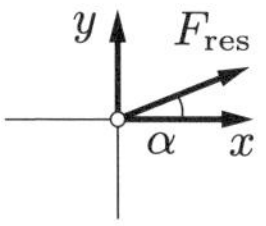	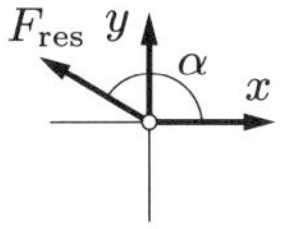	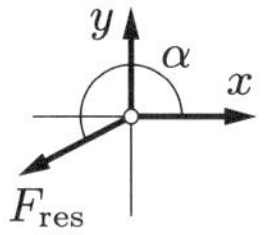	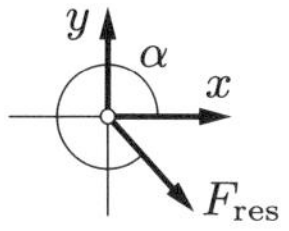
$F_{\text{res x}}$	+	−	−	+
$F_{\text{res y}}$	+	+	−	−
Quadrant	1.	2.	3.	4.

Tabelle 3-1: Lage der Resultierenden

Graphische Lösung

Man kann jeweils zwei Kräfte nach dem Parallelogramm der Kräfte (5. Lehrsatz) zusammenfassen und dieses Verfahren so lange fortsetzen, bis eine Kraft, nämlich die gesuchte Resultierende, übrig bleibt. Dieses Verfahren ist umständlich. Man kann es vereinfachen, wenn man bedenkt, dass die Diagonale ein Parallelogramm in zwei kongruente Dreiecke teilt (s. Abb. 2-5a).

Für eine rationelle Lösung des Problems ist es notwendig, sich zwei Darstellungsarten zu eigen zu machen und diese streng voneinander zu trennen. Es handelt sich um den *Lageplan* und den *Kräfteplan*.

Lageplan

Dieser stellt eine Bauteilzeichnung dar, die für eine statische Berechnung in der Struktur vereinfacht sein kann. Die am Bauteil angreifenden Kräfte müssen jedoch in ihrer Lage zueinander und in der Richtung richtig eingetragen sein. Für eine graphische Lösung muss die Zeichnung maßstäblich sein, soweit dies die Abmessungen des Teils betrifft. Die Pfeillängen, die die Kraftgröße darstellen sollen, müssen nicht maßstäblich sein, wenn die Kräfte anderweitig angegeben sind. Als Beispiele für einen Lageplan kann neben der Abb. 3-3 auch die Abb. 6-24 gelten.

Kräfteplan

Im Kräfteplan müssen die Kräfte in ihrer Größe und Richtung, jedoch nicht in ihrer Lage zueinander richtig dargestellt werden. Das erfordert die Angabe eines Kräftemaßstabs. Das kann durch Einzeichnen einer bestimmten Länge erfolgen, die einer vorgegebenen Kraftgröße entspricht. Eine andere Methode, die aus satztechnischen Gründen im Buch nicht angewendet wird, ist die Angabe einer Maßstabskonstanten, z.B. $m_F = 100\,\text{kN/cm}$. In diesem Falle entspricht eine Pfeillänge von 1 cm einer Kraft von 100 kN. Nach diesen Ausführungen stellt die Abb. 2-5b einen Kräfteplan dar, denn hier ist jeweils eine Kraft parallel verschoben. Diese Operation ist im Lageplan nicht erlaubt (s. 3. Lehrsatz). Wie die Abb. 6-25 zeigt, sind die Kräfte aus dem Lageplan parallel in den Kräfteplan verschoben und dort aneinandergesetzt (Krafteck).

Auf die Angabe eines Kräftemaßstabes kann man im Kräfteplan verzichten, wenn es sich um eine Überlegungsskizze handelt, die für eine Berechnung der einzelnen Größen dient.

Nach diesen Ausführungen soll auf die ursprüngliche Aufgabenstellung eingegangen werden. In einem Kräfteplan nach Abb. 3-8 kann man durch Aneinandersetzen der Kräfte nach dem 5. Lehrsatz zunächst z.B. die Reslutierende von $\vec{F_1}$ und $\vec{F_2}$ ermitteln (dünn eingezeichnet). Dieser wird vektoriell die Kraft $\vec{F_3}$ hinzuaddiert. Man erhält die resultierende Kraft $\vec{F}_{\text{res}}$. Die vektorielle Addition kann in beliebiger Reihenfolge vorgenommen werden (Abb. 2-5b). Das zeigt der gestrichelte Linienzug in Abb. 3-8.

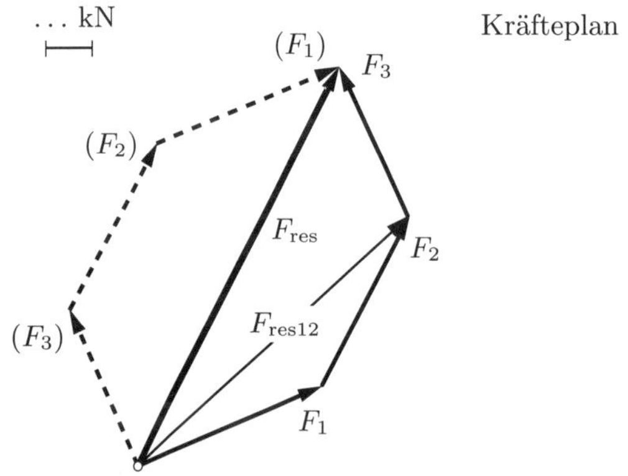

Abb. 3-8: Vektorielle Addition von Kräften

Zusammenfassend kann man feststellen:

Die Resultierende beliebig vieler Kräfte, die an einem gemeinsamen Angriffspunkt angreifen, erhält man durch geometrische Addition der Kräfte in beliebiger Reihenfolge.

Beispiel 1 (Abb. 3-9)

Für das gegebene Kräftesystem ist die resultierende Kraft nach Größe und Richtung zu bestimmen.

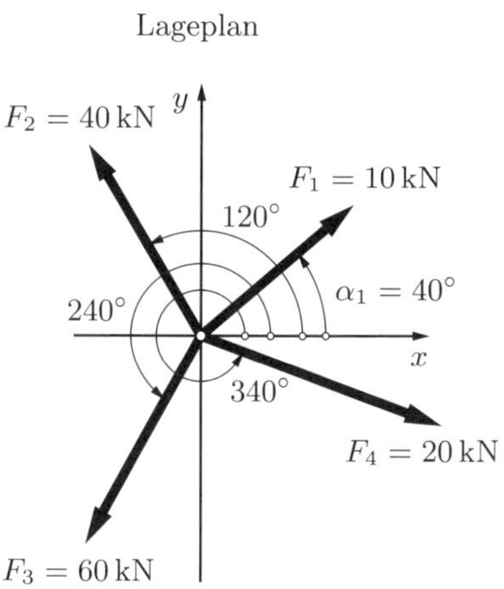

Abb. 3-9: Kräfte mit gemeinsamem Angriffspunkt

Analytische Lösung

Es müssen die Gleichungen (3-2) ausgewertet werden. Die Kräfte sind in Form von Polarkoordinaten gegeben (Winkel und Länge der Vektoren).

Man kann mit dem Rechner auf Kartesische Koordinaten, d.h. auf x- und y-Komponenten übergehen und diese jeweils in einen addierenden Speicher geben. Es ist auch möglich, die Komponenten einzeln nach Gl. (3-1) zu ermitteln und sie zu addieren, was am einfachsten tabellarisch erfolgt:

i	$\frac{\alpha}{°}$	$\frac{F}{\text{kN}}$	$\frac{F_x}{\text{kN}}$	$\frac{F_y}{\text{kN}}$
1	40	10	7,66	6,43
2	120	40	−20,00	34,64
3	240	60	−30,00	−51,96
4	340	20	18,79	− 6,84
			$\sum$ −23,55	$\sum$ −17,73
			$= F_{\text{res x}}$	$= F_{\text{res y}}$

Die Komponenten der resultierenden Kraft werden nach den Gleichungen (3-2) zusammengesetzt. Das kann auch mit dem Rechner so geschehen, dass man diese

Werte als x- und y-Werte eingibt und in Polarkoordinaten umwandelt. Man erhält:

$$F_{res} = \sqrt{F^2_{res\,x} + F^2_{res\,y}} = \sqrt{23{,}55^2 + 17{,}73^2}\,\text{kN}$$

$$\underline{F_{res} = 29{,}48\,\text{kN}}$$

$$\tan\alpha = \frac{F_{res\,y}}{F_{res\,x}} = \frac{-17{,}73\,\text{kN}}{-23{,}55\,\text{kN}}; \qquad \underline{\alpha = 217{,}0°}$$

Die resultierende Kraft liegt im dritten Quadranten.

Graphische Lösung (Abb. 3-10)

Nach Festlegung eines Kräftemaßstabes werden die Kräfte in beliebiger Reihenfolge vektoriell addiert. Die Verbindung vom Ursprungspunkt der Konstruktion zur letzten Pfeilspitze ergibt die gesuchte resultierende Kraft nach Größe und Richtung.

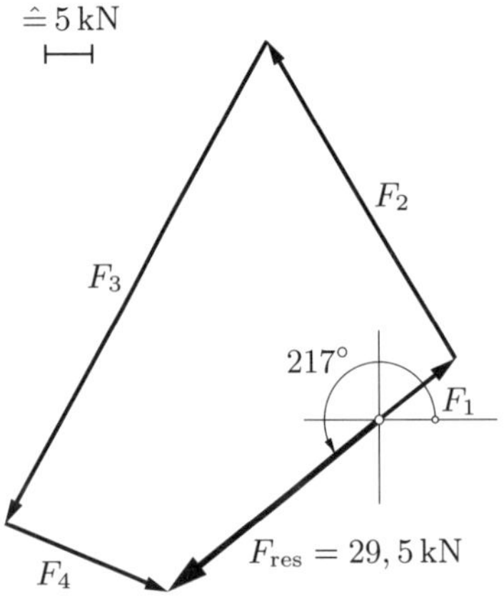

Abb. 3-10: Vektorielle Addition der Kräfte von Abb. 3-9

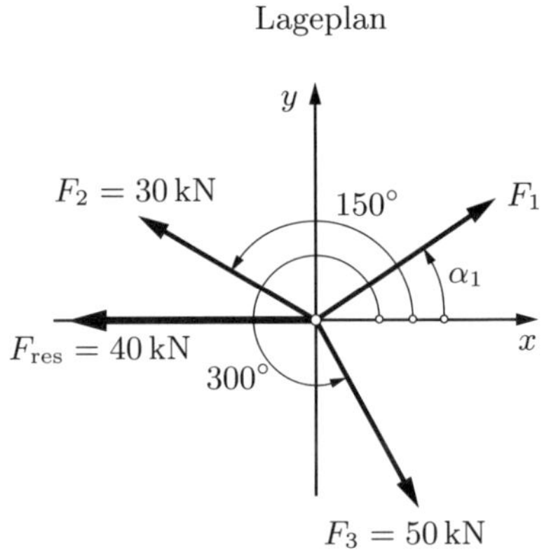

Abb. 3-11: Kräfte mit gemeinsamem Angriffspunkt

Beispiel 2 (Abb. 3-11)

Die Kraft F_1 ist nach Größe und Richtung so zu bestimmen, dass die Resultierende des Kräftesystems wie angegeben wirkt.

Analytische Lösung

Ausgegangen wird von den Gleichungen (3-2):

$$\sum F_x = F_{\text{res}\,x}$$

$$F_{1x} + F_{2x} + F_{3x} = F_{\text{res}\,x}$$

$$F_{1x} = F_{\text{res}\,x} - F_{2x} - F_{3x} \qquad F_{\text{res}\,x} = -40\,\text{kN}$$

$$F_{1x} = -40\,\text{kN} - 30\,\text{kN} \cdot \cos 150^\circ - 50\,\text{kN} \cdot \cos 300^\circ$$

$$F_{1x} = -39{,}02\,\text{kN}$$

$$\sum F_y = F_{\text{res}\,y} = 0$$

$$F_{1y} + F_{2y} + F_{3y} = 0$$

$$F_{1y} = -F_{2y} - F_{3y} = -30\,\text{kN} \cdot \sin 150^\circ - 50\,\text{kN} \cdot \sin 300^\circ$$

$$F_{1y} = +28{,}301\,\text{kN}.$$

Die beiden Komponenten ergeben mit Hilfe der Gleichungen (3-1) die Kraft

$$\underline{F_1 = 48{,}20\,\text{kN}} \qquad \underline{\alpha_1 = 144{,}0^\circ}.$$

Diese liegt im zweiten Quadranten.

Graphische Lösung (Abb. 3-12)

Es muss sich bei der vektoriellen Addition ein Linienzug

$$\vec{F}_2 + \vec{F}_3 + \vec{F}_1 = \vec{F}_{\text{res}}$$

ergeben. Von diesen Größen ist nur $\vec{F}_1$ unbekannt. Die Verbindungslinie Pfeilspitze $\vec{F}_3$ zur Pfeilspitze $\vec{F}_{\text{res}}$ ist die gesuchte Kraft $\vec{F}_1$ nach Größe und Richtung.

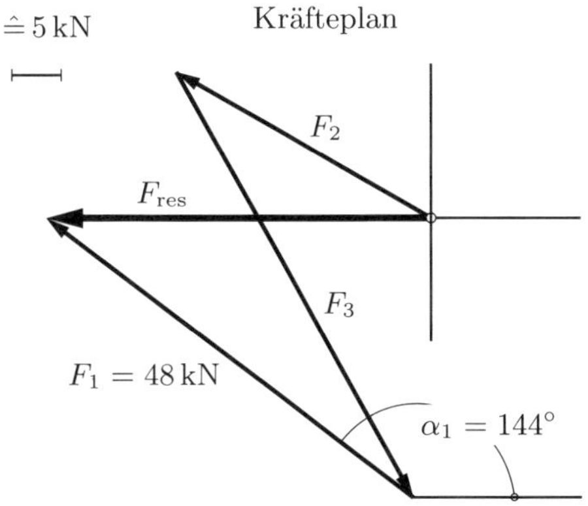

Abb. 3-12: Vektorielle Addition der Kräfte von Abb. 3-11

Beispiel 3 (Abb. 3-13)

Auf einer schiefen Ebene liegt nach Skizze ein Block der Masse $m = 30\,\text{kg}$. Er wird durch eine Stange am Herabgleiten gehindert. Block und Unterlage sind sehr glatt. Deshalb kann an der Berührungsstelle eine Kraft nur senkrecht zur Oberfläche angreifen. Wie groß sind Stangenkraft F_S und Kraft an der Auflagenseite des Blocks F_A, wenn die resultierende Kraft am Block gleich null sein soll?

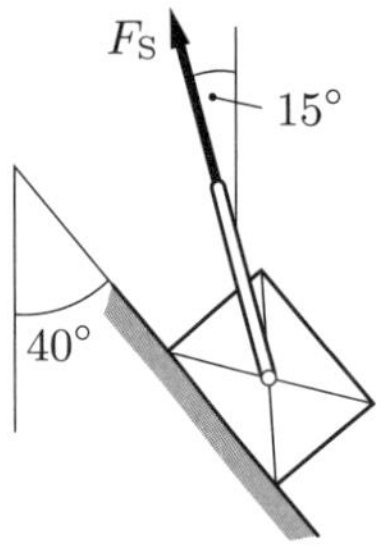

Abb. 3-13: Block auf schiefer Ebene

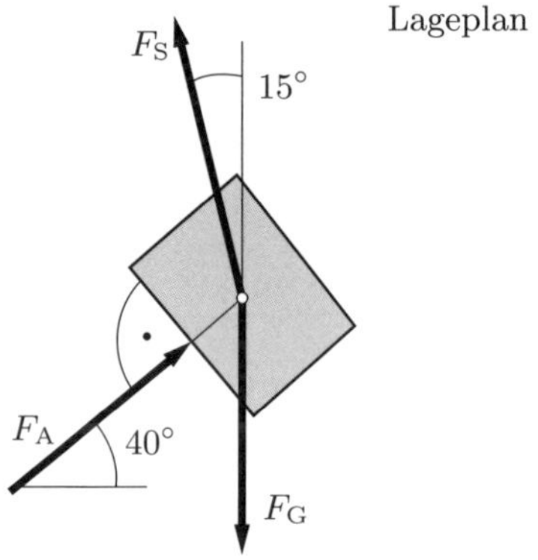

Abb. 3-14: Freigemachter Block

Analytische Lösung (Abb. 3-13/3-14)

Zunächst ist es notwendig, sich an Hand einer Skizze über die Wirkung der Kräfte klar zu werden. Es wird der *Lageplan* nach Abb. 3-14 gezeichnet. Die Gewichtskraft wirkt senkrecht nach unten, die Auflagekraft senkrecht zur Oberfläche und damit unter 40° zur Horizontalen. Für dieses Kräftesystem wird die Bedingung $F_{res} = 0$ nach den Gleichungen (3-2) angesetzt. Es stehen die Gleichungen $\sum F_x = 0$ und $\sum F_y = 0$ für die Berechnung der beiden Unbekannten F_S und F_A zur Verfügung. Bei Verwendung eines gedrehten Koordinatensystems kann man jeweils eine Gleichung nach einer Unbekannten auflösen. So vermeidet man das simultane Lösen beider Gleichungen. Das Koordinatensystem muss so gedreht werden, dass eine Achse in Richtung einer Unbekannten fällt. Hier wurde die x-Achse in die Wirkungslinie von F_A gelegt (Abb. 3-15). Für die Summation der Kräfte in die y-Richtung geht F_A nicht ein.

$$\sum F_y = 0 \qquad F_S \cdot \cos 25^\circ - F_G \cdot \cos 40^\circ = 0$$

$$F_S = \frac{\cos 40^\circ}{\cos 25^\circ} \cdot F_G$$

Mit $F_G = m \cdot g = 30\,kg \cdot 9{,}81\,m/s^2 = 294\,N$ ist $\underline{F_S = 249\,N}$

$$\sum F_x = 0 \qquad F_A + F_S \cdot \sin 25° - F_G \cdot \sin 40° = 0$$

$$F_A = F_G \cdot \sin 40° - F_S \cdot \sin 25°$$

$$F_A = 294\,N \cdot \sin 40° - 249\,N \cdot \sin 25°$$

$$\underline{F_A = 84\,N}$$

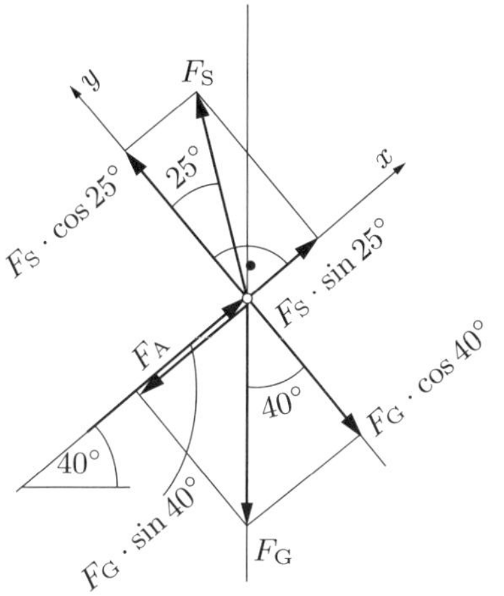

Abb. 3-15: Kräftesystem für Block

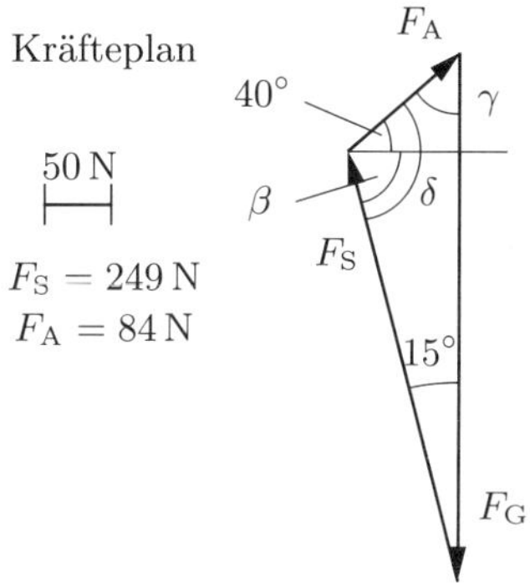

Abb. 3-16: Vektorielle Addition der Kräfte am Block

Graphische Lösung (Abb. 3-16)

Wenn $F_{res} = 0$ sein soll, muss die vektorielle Addition der drei Kräfte auf den Ausgangspunkt der Konstruktion zurückführen. Nach Festlegung eines Maßstabs beginnt die Konstruktion des *Kräfteplans* mit der bekannten Kraft F_G. Am Ende dieses Vektors wird die Wirkungslinie von F_S, vom Ausgangspunkt die von F_A gezogen. Bei der vektoriellen Addition werden Pfeile aneinandergesetzt. Diese Überlegung ergibt die Lage der Pfeilspitzen und damit die Kraftrichtungen.

Besonders günstig kann man das Problem lösen, wenn man von einer nicht maßstäblichen Skizze nach Abb. 3-16 ausgeht. Die Winkel im Dreieck betragen

$$\beta = 90° - 15° = 75°$$

$$\delta = \beta + 40° = 115°$$

$$\gamma = 90° - 40° = 50°$$

Es wird der sin-Satz angewendet.

$$\frac{F_\mathrm{S}}{\sin 50°} = \frac{F_\mathrm{G}}{\sin 115°}; \qquad \underline{F_\mathrm{S}} = \frac{\sin 50°}{\sin 115°} \cdot 294\,\mathrm{N} \underline{= 249\,\mathrm{N}}$$

$$\frac{F_\mathrm{A}}{\sin 15°} = \frac{F_\mathrm{G}}{\sin 115°}; \qquad \underline{F_\mathrm{A}} = \frac{\sin 15°}{\sin 115°} \cdot 294\,\mathrm{N} \underline{= 84\,\mathrm{N}}$$

Die Bedingung $\vec{F}_\mathrm{res} = 0$ bedeutet, alle Kräfte heben sich in ihrer Wirkung gegenseitig auf. Damit bleibt die Masse in Ruhe, d.h. im Gleichgewicht. Die oben berechnete Stangenkraft würde sich im vorliegenden Fall tatsächlich in der Stange einstellen.

Aufgaben zum Abschnitt 3.2

Hinweis: Alle Aufgaben sollen analytisch gelöst werden. Die Ergebnisse sind mit dem graphischen Verfahren zu kontrollieren.

A3-1 bis A3-3 Für das abgebildete Kräftesystem sind zu bestimmen:

a) die x- und y-Komponente der resultierenden Kraft,
b) die resultierende Kraft nach Größe und Richtung.

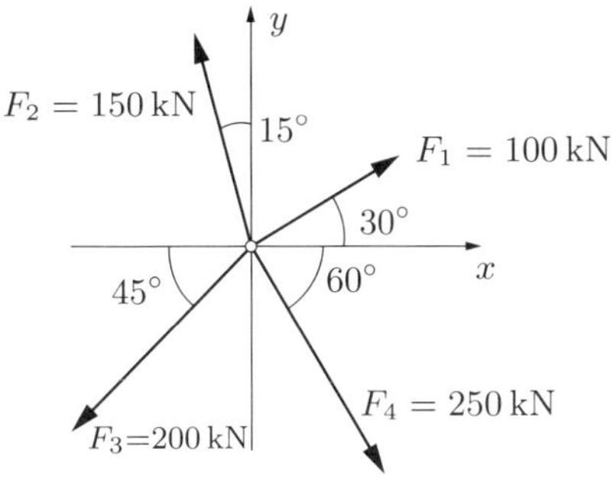

Abb. A3-1

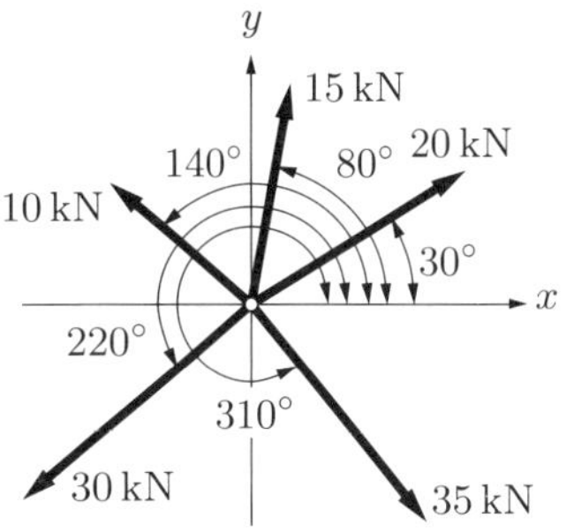

Abb. A3-2

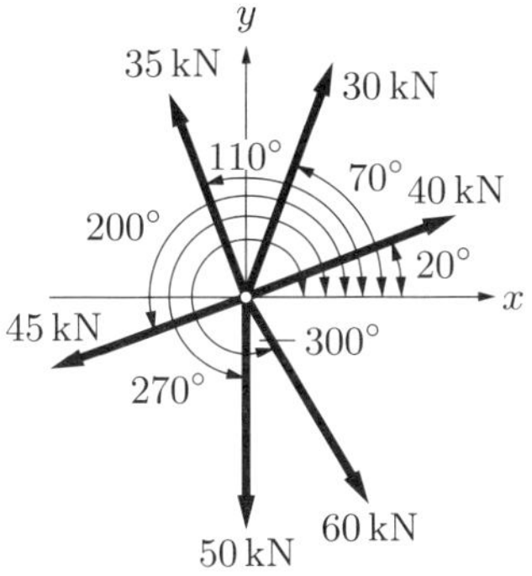

Abb. A3-3

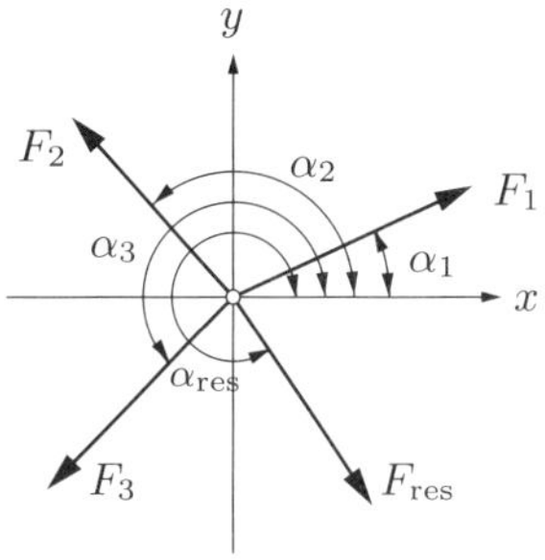

Abb. A3-4

A3-4 In dem skizzierten Kräftesystem sind $F_2; \alpha_2$ so zu bestimmen, dass die resultierende Kraft wie angegeben angreift.

$$F_1 = 100\,\text{kN}; \quad \alpha_1 = 35^\circ;$$
$$F_3 = 200\,\text{kN}; \quad \alpha_3 = 250^\circ;$$
$$F_{\text{res}} = 300\,\text{kN}; \quad \alpha_{\text{res}} = 300^\circ$$

A3-5 Zu bestimmen ist die Resultierende des skizzierten Kräftesystems für

$$F_1 = 200\,\text{kN};\quad F_2 = 300\,\text{kN};$$
$$a = 4;\quad b = 5;\quad c = -3.$$

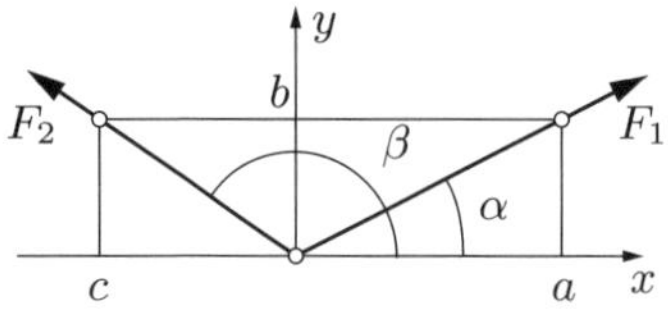

Abb. A3-5

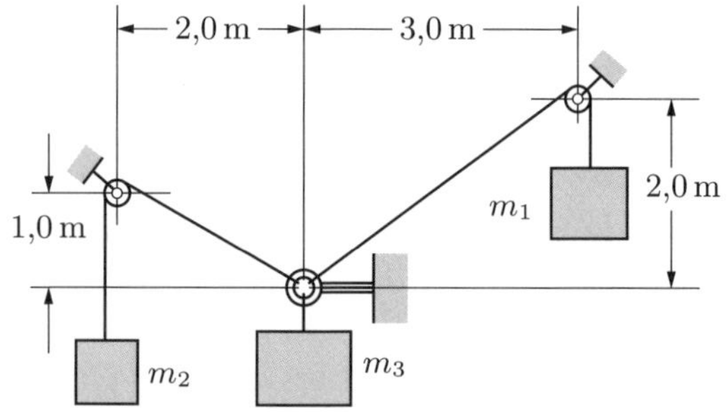

Abb. A3-6

A3-6 Eine Halterung ist nach Skizze belastet. Zu bestimmen ist die resultierende Kraft an der Öse für folgende Daten:

$$m_1 = 500\,\text{kg};\qquad m_2 = 300\,\text{kg};\qquad m_3 = 600\,\text{kg}.$$

(Rollen klein und reibungsfrei.)

A3-7 Zwei Kräfte greifen nach Skizze an einem Haltestab an. Mit welcher resultierenden Komponente wird am Stab gezogen und mit welcher gebogen? Lösung allgemein und für

$$F_1 = 10{,}0\,\text{kN};\quad \alpha_1 = 20°;$$
$$F_2 = \ 6{,}0\,\text{kN};\quad \alpha_2 = 40°.$$

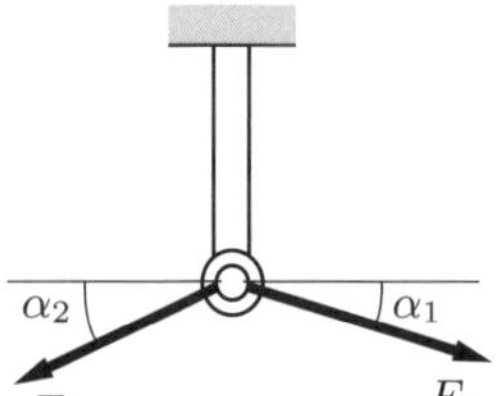

Abb. A3-7

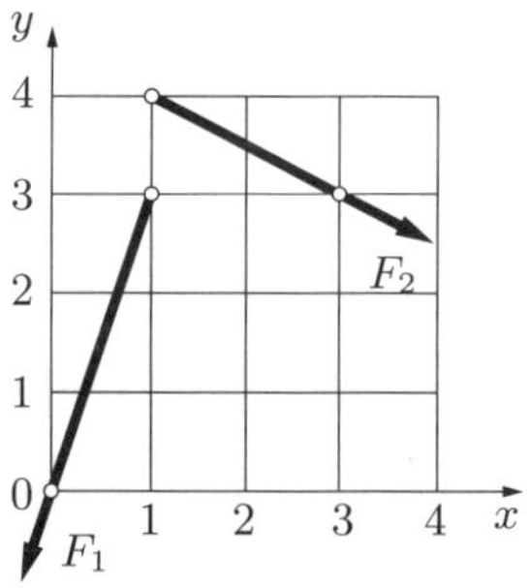

Abb. A3-8

A3-8 An einer Scheibe greifen nach Skizze zwei Kräfte an. Zu bestimmen ist die Resultierende und die Gleichung der zugehörigen Wirkungslinie für das eingezeichnete Koordinatensystem.

$$F_1 = 500\,\text{kN};\quad F_2 = 700\,\text{kN}.$$

Zusatzfrage: Wie müsste eine dritte Kraft wirken, damit $F_{res} = 0$ ist und welche physikalische Bedeutung hätte dieser Zustand?

A3-9 Für das abgebildete Kräftesystem ist eine fünfte Kraft nach Größe und Richtung für die Bedingung $F_{res} = 0$ zu bestimmen.

i	1	2	3	4
F_i(kN)/α_i(°)	3,0/0	5,0/45	4,0/210	2,0/300

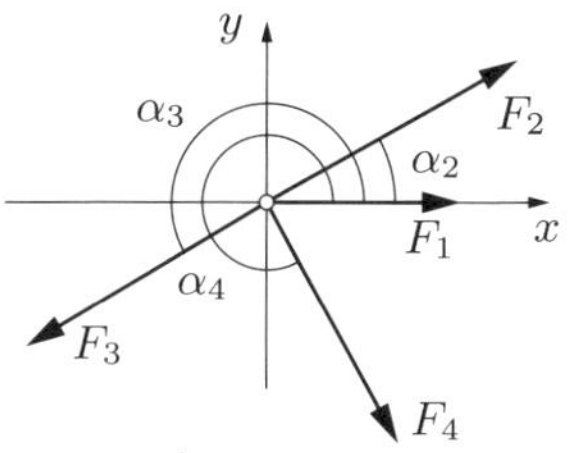

Abb. A3-9

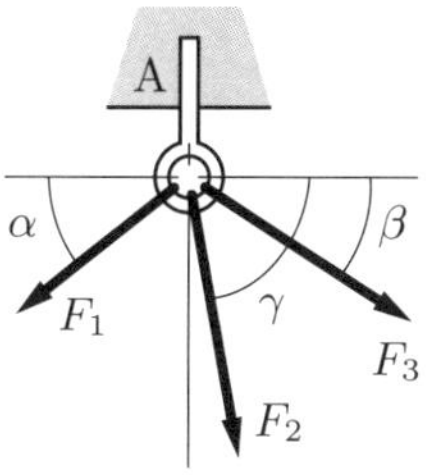

Abb. A3-10

A3-10 An der skizzierten Halterung sind drei Seile befestigt. Alle Seilkräfte und die Winkel β und γ sind vorgegeben. Die Kraft F_1 soll in der Richtung so eingestellt werden, dass die Befestigung in A nur vertikal belastet wird. Die Lösung soll allgemein erfolgen und anschließend für folgende Daten ausgewertet werden.

$$F_1 = 3{,}0\,\text{kN}; \quad F_2 = 2{,}5\,\text{kN}; \quad F_3 = 1{,}8\,\text{kN};$$
$$\beta = 30°; \quad \gamma = 80°$$

A3-11 Zwei Schlepper ziehen geradlinig wie abgebildet ein Schiff. Die Seilkraft F_2 und die beiden Winkel werden gemessen. Zu bestimmen sind die Seilkraft F_1 und die am Schiff angreifende Resultierende. Die allgemeine Lösung soll für folgende Daten ausgewertet werden.

$$F_2 = 50{,}0\,\text{kN}; \quad \alpha = 22°; \quad \beta = 30°$$

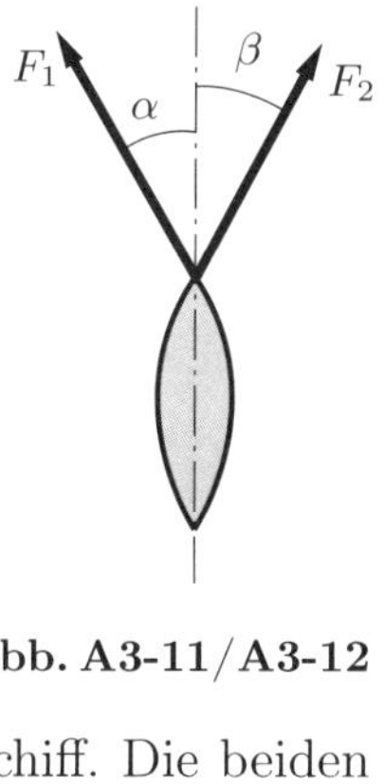

Abb. A3-11/A3-12

A3-12 Zwei Schlepper ziehen geradlinig wie abgebildet ein Schiff. Die beiden Kräfte und der Winkel β werden gemessen. Zu bestimmen sind die am Schiff angreifende Resultierende und die Richtung der Seilkraft F_1. Die allgemeine Lösung soll für folgende Daten ausgewertet werden.

$$F_1 = 40{,}0\,\text{kN}; \quad F_2 = 50{,}0\,\text{kN}; \quad \beta = 30°$$

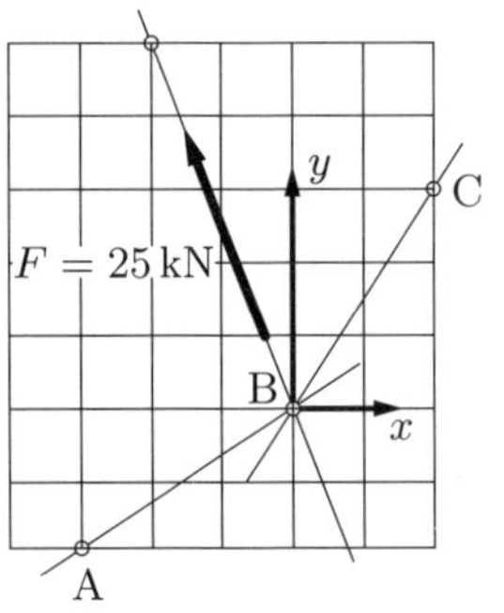

Abb. A3-13/A3-14

A3-13 An einer quadratisch gerasterten Scheibe greift nach Skizze eine Kraft an. Diese ist in die x- und y-Richtung zu zerlegen.

A3-14 An einer quadratisch gerasterten Scheibe greift nach Skizze eine Kraft an. Diese ist in die Richtungen A-B und B-C zu zerlegen.

A3-15 Ein Stabverband ist am Knoten nach Abbildung mit einer Masse m belastet. Die Gewichtskraft ist auf die beiden Stäbe aufzuteilen. Lösung allgemein und für $m = 1500\,\text{kg}; \beta = 25°$.

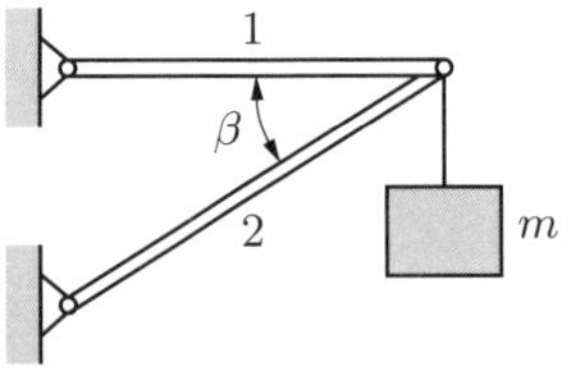

Abb. A3-15

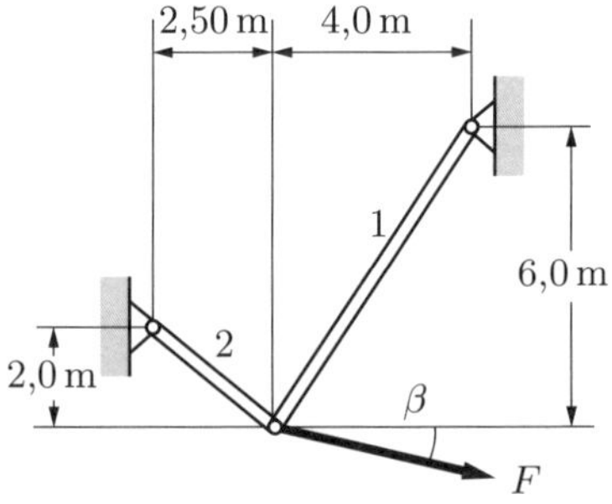

Abb. A3-16

A3-16 Die nach Skizze am Knoten schräg angreifende Kraft ist auf die beiden Stäbe aufzuteilen.

$$F = 25\,\text{kN}; \qquad \beta = 10°$$

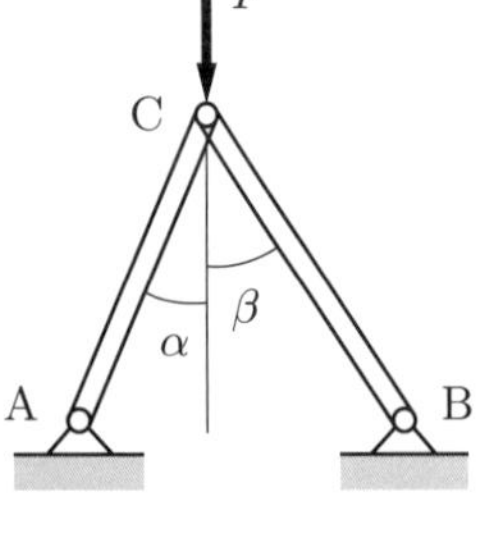

Abb. A3-17

A3-17 Welche Stabkräfte S_1 und S_2 müssen im abgebildeten Stabverband auf das Gelenk C übertragen werden, wenn dort $F_{\text{res}} = 0$ gelten soll? Lösung allgemein und für

$$F = 50{,}0\,\text{kN}; \quad \alpha = 30°; \quad \beta = 45°.$$

A3-18 Abgebildet ist ein Keil, auf den eine Kraft F wirkt. Diese ist in die Normalrichtungen n zu zerlegen. Diese Kraftkomponenten würden sich für den reibungsfreien Fall an den Keilflächen einstellen. Die Lösung soll allgemein erfolgen und diskutiert werden.

A3-19 Abgebildet ist ein Keil, auf den eine Kraft F wirkt. Diese ist in die Richtungen R zu zerlegen. Diese Kraftkomponenten würden sich bei vorhandener Reibung an den Keilflächen einstellen (ϱ = Reibungswinkel). Die Lösung soll allgemein und für $F = 1{,}0\,\mathrm{kN}; \alpha = 10°; \varrho = 6°$ durchgeführt werden.

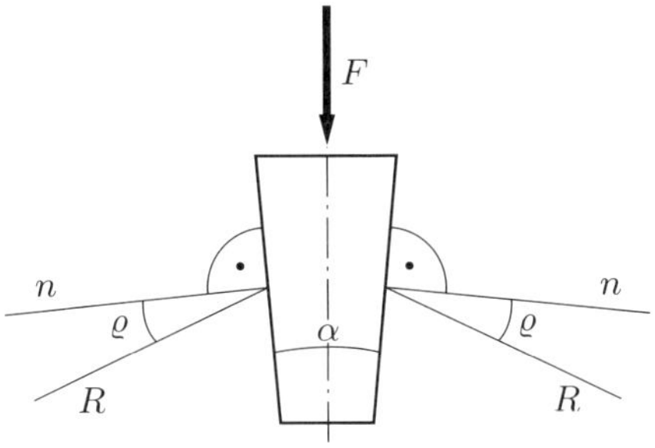

Abb. A3-18/A3-19

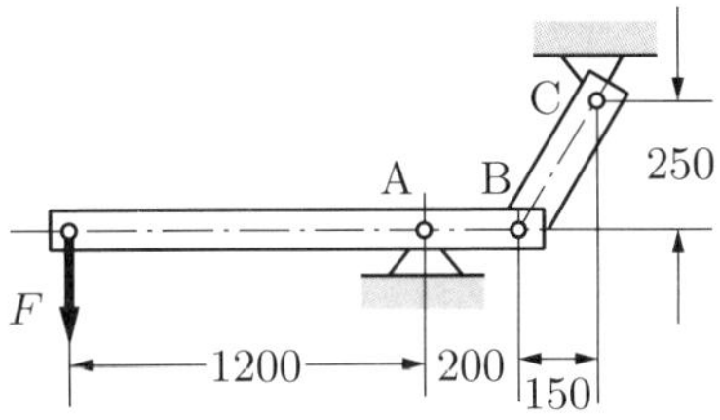

Abb. A3-20

A3-20 Der skizzierte Hebel ist mit $F = 10{,}0\,\mathrm{kN}$ belastet. Nach dem Hebelgesetz ist für Gleichgewicht in B eine vertikale Haltekraft von 60 kN notwendig. Zu bestimmen ist die Stabkraft F_B.

A3-21 Die Abbildung zeigt die Keilnutführung eines Werkzeugschlittens. Diese soll anteilmäßig die Kraft F übertragen. Die dadurch verursachten Flächenbelastungen sind durch Zerlegung von F in die Richtungen senkrecht zu den Flächen zu ermitteln. Die Lösung soll allgemein durchgeführt und für $F = 10{,}0\,\mathrm{kN}$; $\alpha = 65°; \beta = 35°; \gamma = 70°$ ausgewertet werden.

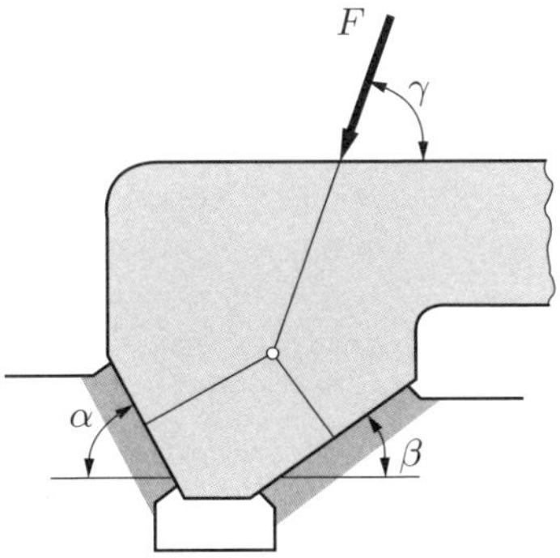

Abb. A3-21

A3-22 Ein Wagen soll eine Rampe hinaufgeschoben werden. Die in angegebener Weise angreifende Kraft F soll eine zur Rampe parallele Komponente von 2,0 kN haben. Zu bestimmen ist die Kraft F und ihre Komponente senkrecht zur Rampe.

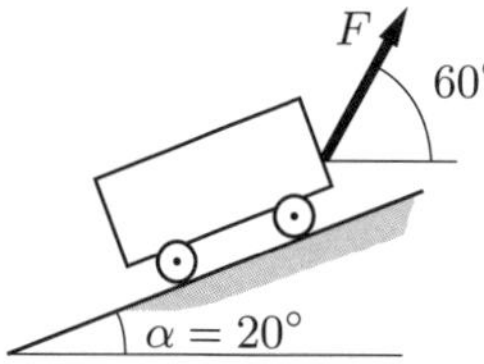

Abb. A3-22

A3-23 Ein Wagen der Masse m steht wie skizziert auf einer schiefen Ebene. Eine Stütze verhindert ein Herunterrollen. Die Stützkraft muss so groß sein, dass ihre Komponente parallel zur schiefen Ebene gleich der Hangabtriebskraft ist. Zu bestimmen ist die Stützkraft in allgemeiner Form und für $m = 200\,\text{kg}; \alpha = 30°$ und $\beta = 20°$.

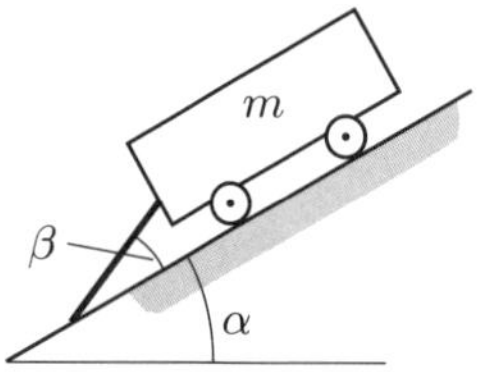

Abb. A3-23

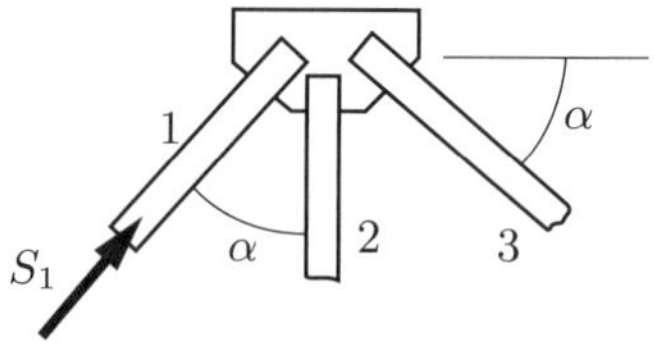

Abb. A3-24

A3-24 Der skizzierte Fachwerksknoten wird durch eine Stabkraft S_1 belastet. a) Welche resultierende Kraft müssen die Stäbe 2 und 3 erzeugen, damit am Knoten $F_{\text{res}} = 0$ gilt? b) Wie groß müssen S_2 und S_3 für diese Bedingung sein? Lösung allgemein. (Hinweis: Wirkungslinien liegen in den Stabachsen)

3.3 Parallele Kräfte

3.3.1 Das Moment einer Kraft

Das Bestreben einer Kraft, einen starren Körper um eine Achse zu drehen, ist um so größer, je größer die Kraft und je länger der Hebelarm ist. Dieses Bestreben, das man *Moment der Kraft* nennt, ist demnach proportional zu den beiden Größen. Man definiert deshalb

$$M = F \cdot d \qquad F \perp d \tag{3-3}$$

Die geometrischen Zusammenhänge zeigt die Abb. 3-17. Den Durchstoßpunkt der Drehachse durch die Ebene, in der die Kraft liegt, nennt man *Pol.* Das Lot vom Pol auf die Wirkungslinie hat die Länge d. Anders ausgedrückt, Wirkungslinie der Kraft und Hebelarm der Länge d stehen senkrecht aufeinander.

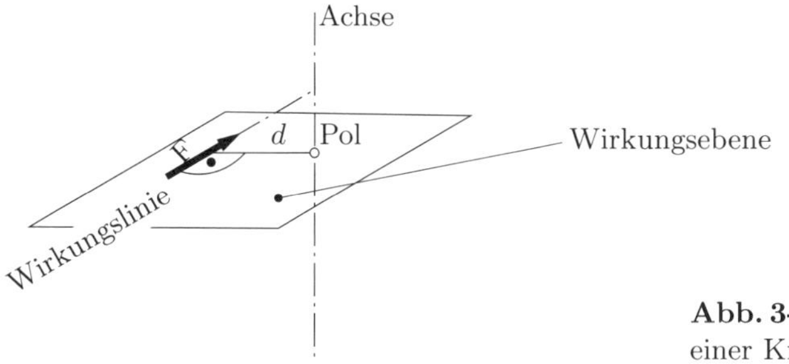

Abb. 3-17: Zur Definition des Momentes einer Kraft

Die Dimension des Momentes ist Kraft × Länge. Als Einheiten sind je nach Größenordnung Nm; kNm; Ncm usw. üblich. Da ein Moment in beiden Drehrichtungen wirken kann, ist eine Vorzeichendefinition notwendig. Sie kann für jede Rechnung beliebig festgelegt werden. Wenn man konsequent mit dem Kartesischen Koordinatensystem arbeitet, ist der mathematisch positive Drehsinn „entgegengesetzt Uhrzeiger".

Ein Moment hat wie eine Kraft Vektoreigenschaft. Das wird im Kapitel 12 gezeigt.

Die Abb. 3-18 zeigt eine Scheibe, an der eine Kraft F in angegebener Richtung angreift. Das Moment dieser Kraft in Bezug auf den Pol A ist

$$M_{\mathrm{A}} = F \cdot d.$$

Nach dem 5. Lehrsatz ist es möglich, die Kraft F in zwei beliebig gewählte Richtungen 1 und 2 zu zerlegen. Die beiden Komponenten F_1 und F_2 haben in

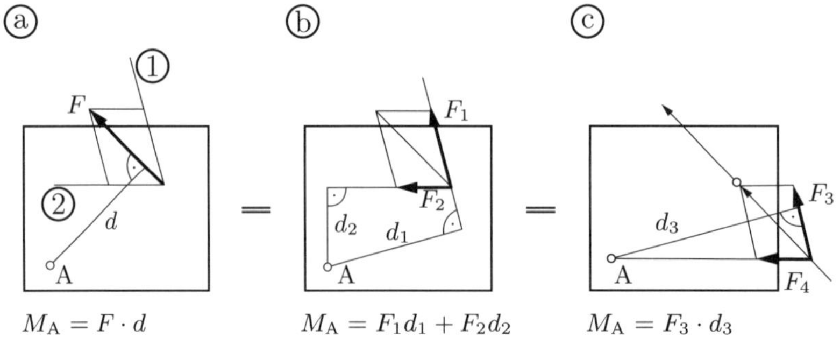

Abb. 3-18: Gleichwertige Momente an einer starren Scheibe

jeder Beziehung die gleiche Wirkung wie F, somit muss auch das gleiche Moment M_A erzeugt werden.

Es gilt demnach:

$$M_A = F_1 \cdot d_1 + F_2 \cdot d_2.$$

Die Zerlegung von F in die beiden Richtungen kann auch vorgenommen werden, nachdem die Kraft vorher nach dem 3. Lehrsatz entlang der Wirkungslinie verschoben wurde. Dabei geht im vorliegenden Fall eine Wirkungslinie durch den Pol und verursacht damit kein Moment in Bezug auf den Punkt A. Es gilt jetzt:

$$M_A = F_3 \cdot d_3.$$

Die Verschiebung und Zerlegung einer Kraft an einem geschickt gewählten Punkt liefert oft eine z.T. erhebliche Vereinfachung der Berechnung wirkender Momente.

Aus dem oben Gesagten folgt (s. Abb. 3-18b mit Gleichung), *dass das resultierende Moment (Gesamtmoment) sich unter Berücksichtigung der Vorzeichen aus den Einzelmomenten verschiedener Kräfte zusammensetzt.*

$$M_{res} = \sum M_i \tag{3-4}$$

Beispiel 1 (Abb. 3-19)

An der skizzierten Scheibe greift die Kraft F an. Sie soll entlang der Wirkungslinie in die Position B; C; D geschoben werden. Für alle drei Fälle ist das in Bezug auf den Pol A wirkende Moment zu berechnen.

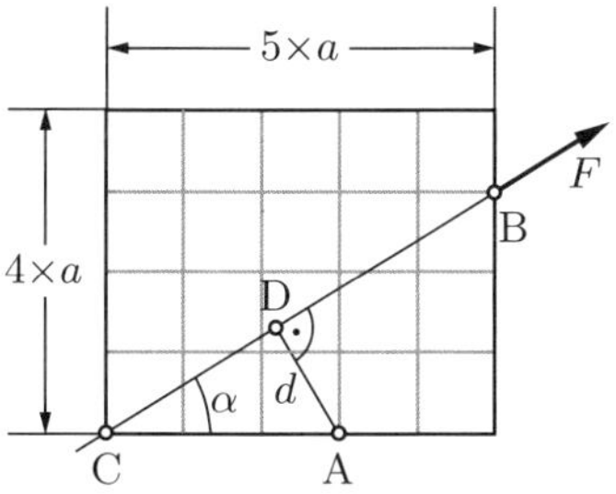

Abb. 3-19: Verschiebung einer Kraft und Moment

Lösung

Position B
Der Winkel α beträgt $\alpha = \arctan \frac{3}{5} = 31{,}0°$
Damit sind $F_x = F \cdot \cos\alpha = 0{,}857 \cdot F$
$F_y = F \cdot \sin\alpha = 0{,}514 \cdot F$
Das führt auf

$$M_{AB} = -3a \cdot F_x + 2a \cdot F_y$$
$$\underline{M_{AB}} = -Fa(3 \cdot \cos\alpha - 2 \cdot \sin\alpha) = \underline{-1{,}543 \cdot F \cdot a}$$

Position C
In dieser Lage hat die x-Komponente der Kraft kein Moment in Bezug auf den Pol A. Das führt auf

$$\underline{M_{AC}} = -3a \cdot F_y = -3a \cdot F \cdot \sin\alpha = \underline{-1{,}543 \cdot F \cdot a}$$

Position D
Der kürzeste Abstand vom Pol zur Wirkungslinie beträgt $d = 3a \cdot \sin\alpha$.

Damit ist

$$\underline{M_D} = -F \cdot d = \underline{-1{,}543 \cdot F \cdot a}$$

Das Beispiel sollte das Wissen folgender Fakten vertiefen:

1. Das Moment einer Kraft in Bezug auf einen Pol ist *unabhängig* von der Position der Kraft auf der Wirkungslinie.
2. Daraus folgt: Für die Berechnung des Momentes ist es günstig, die Kraft so zu verschieben, dass eine Kraftkomponente kein Moment auf den Pol ausübt. Eine weitere Schlussfolgerung ist, ein in den Schnittpunkt von zwei unbekannten Kräften gelegter Pol eliminiert in der Momentengleichung zwei Unbekannte. Das vereinfacht die Berechnung weiterer Kräfte.

Beispiel 2 (Abb. 3-20)

An einer aus einem quadratischen Raster bestehenden Scheibe greifen die Kräfte F_1 bis F_4 an. Zu bestimmen ist das im Bezug auf den Punkt A (Pol) wirkende Moment dieser Kräfte.

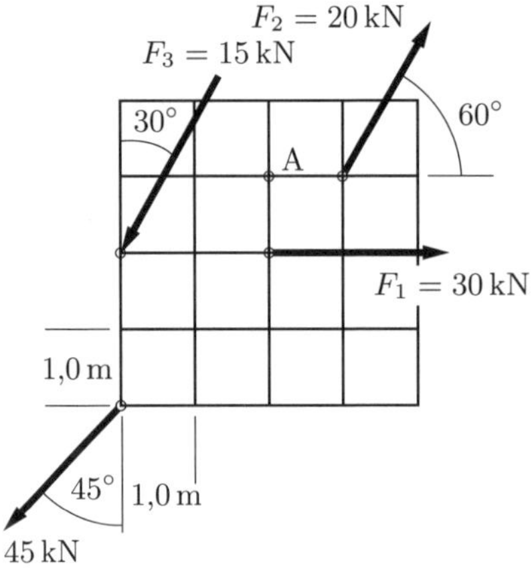

Abb. 3-20: Kräfte an einer starren Scheibe

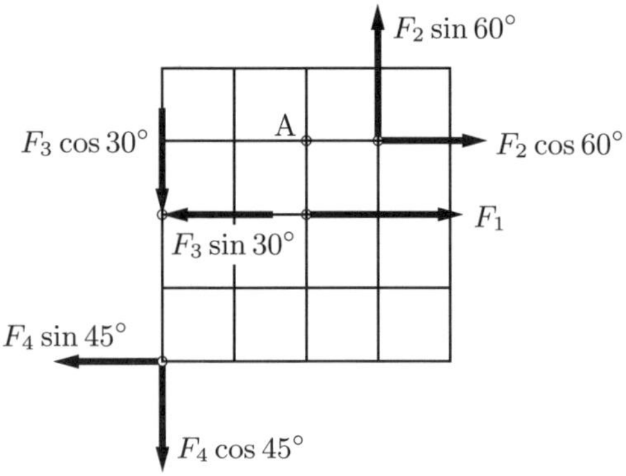

Abb. 3-21: Zweckmäßige Kräftezerlegung für Momentenberechnung

Lösung (Abb. 3-21)

Es ist zwar nicht notwendig, für Ungeübte jedoch zu empfehlen, eine neue Skizze anzufertigen, in der die Kräfte in die x- und y-Komponenten zerlegt sind. Man beachte, dass die Komponente $F_2 \cdot \cos 60°$ kein Moment in Bezug auf den Punkt A hat, da ihre Wirkungslinie durch diesen Punkt geht. Führt man für die Abmessung 1,0 m die Größe a ein, so ergibt sich folgende Gleichung für M_A:

$$\curvearrowleft\!+\; M_A = +F_1 \cdot a + F_2 \cdot \sin 60° \cdot a + F_3 \cdot \cos 30° \cdot 2a$$
$$-F_3 \cdot \sin 30° \cdot a - F_4 \cdot \sin 45° \cdot 3a + F_4 \cdot \cos 45° \cdot 2a.$$

Nach dem Einsetzen der gegebenen Werte erhält man:

$\underline{M_A = +33{,}98\,\text{kNm}}$ ($\curvearrowleft$)

Beispiel 3 (Abb. 3-22)

Das abgebildete Fachwerk ist wie skizziert durch Kräfte belastet. Zu bestimmen ist das Moment aller Kräfte in Bezug auf den Punkt A.

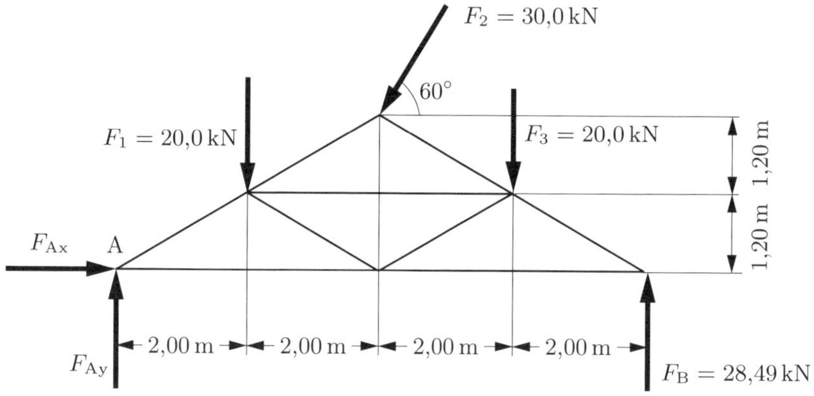

Abb. 3-22: Kräfte am Fachwerk

Lösung

Die Kraft F_2 wird zweckmäßigerweise für die Berechnung in die Komponenten $F_x = F_2 \cos 60°$ und $F_y = F_2 \sin 60°$ zerlegt. Dazu ist nicht unbedingt eine neue Zeichnung erforderlich.

$$\curvearrowleft\!+\; M_A = -20\,\mathrm{kN} \cdot 2\,\mathrm{m} - 30\,\mathrm{kN} \cdot \sin 60° \cdot 4\,\mathrm{m}$$
$$+\, 30\,\mathrm{kN} \cdot \cos 60° \cdot 2{,}4\,\mathrm{m} - 20\,\mathrm{kN} \cdot 6\,\mathrm{m} + 28{,}49\,\mathrm{kN} \cdot 8\,\mathrm{m}$$
$$\underline{M_A = 0}$$

In diesem Falle ist das Moment um den Punkt A gleich null. Die wirkenden Kräfte haben nicht das Bestreben, das Fachwerk um den Punkt A zu drehen. Die Kraft F_B wird deshalb in diesem Gleichgewichtszustand vom Auflager auf das Fachwerk ausgeübt, bzw. das Fachwerk stützt sich mit der Reaktionskraft zu F_B auf dem Lager ab.

3.3.2 Die Resultierende paralleler Kräfte

Analytische Lösung

Ausgegangen wird vom System paralleler Kräfte nach Abb. 3-23, für das die Resultierende bestimmt werden soll.

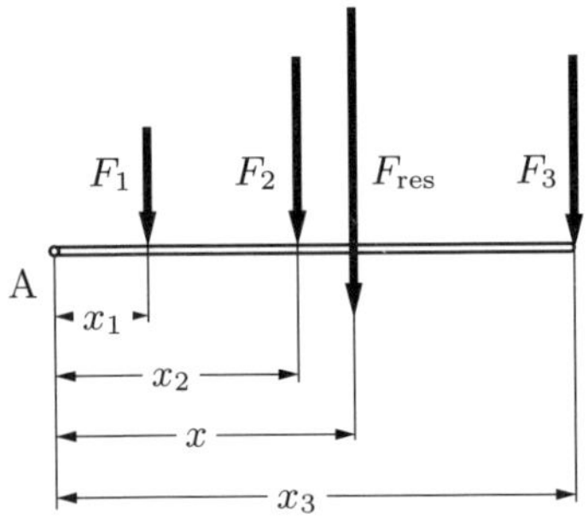

Abb. 3-23: Parallele Kräfte

Die Wirkung aller Kräfte wird von der Resultierenden übernommen, d.h.

$$F_{\text{res}} = \sum F$$

in gleicher Richtung wirkend. Diese Kraft muss das gleiche Moment ausüben wie alle Einzelkräfte. Diese Aussage gilt für jeden beliebigen Pol.

$$F_{\text{res}} \cdot x = \sum F_{\text{i}} \cdot x_{\text{i}}$$

Insgesamt stehen zwei Gleichungen zur Verfügung, aus denen die Größe und Lage der resultierenden Kraft berechnet werden können.

$$F_{\text{res}} = \sum F \qquad x = \frac{\sum F_{\text{i}} \cdot x_{\text{i}}}{F_{\text{res}}} \qquad F_{\text{res}} \| F \tag{3-5}$$

Bei konsequenter Verwendung des Kartesischen Koordinatensystems mit dem mathematisch positiven Drehsinn für das Moment ergibt das Vorzeichen von x die Lage der Resultierenden in Bezug auf den Pol.

In vielen Fällen muss man jedoch von dieser Regel abweichen. Es ist z.B. einfach nicht üblich und auch nicht zweckmäßig, für Gewichtskräfte, die immer nach unten wirken, negative Werte anzugeben. In solchen Fällen muss man durch Überlegung bestimmen, ob die Resultierende rechts oder links vom Pol liegt, d.h. die Gleichungen werden in folgender Form angewendet.

$$F_{\text{res}} = \sum F; \qquad \text{mit Angabe } (\uparrow) \text{ oder } (\downarrow)$$

$$M_{\text{ges}} = \sum M; \qquad \text{mit Angabe } (\curvearrowleft) \text{ oder } (\curvearrowright)$$

$$x = \left| \frac{M_{\text{ges}}}{F_{\text{res}}} \right| \qquad \text{ergibt nur den Abstand}$$

Überlegung ob F_{res} rechts oder links vom Pol liegt:

M ↶ F_{res}↑ — F_{res} rechts vom Pol	M ↶ F_{res}↓ — F_{res} links vom Pol
M ↷ F_{res}↑ — F_{res} links vom Pol	M ↷ F_{res}↓ — F_{res} rechts vom Pol

Die Streckenlast

Kontinuierlich verteilte Lasten (z.B. Eigengewichte von Balken, Schneelast, durch Windkräfte verursachte Belastung) stellen ein paralleles Kräftesystem dar. Man bezeichnet diese Lasten als Streckenlasten. Ihre Dimension ist nach dem oben Gesagten, Kraft pro Trägerlänge, z.B. kN/m. Sie werden mit q bezeichnet. Die Streckenlast kann sich von Punkt zu Punkt ändern (Abb. 3-24). Sie sagt etwas über die Belastungsintensität oder über den Belastungszustand an einer gegebenen Stelle des Balkens aus.

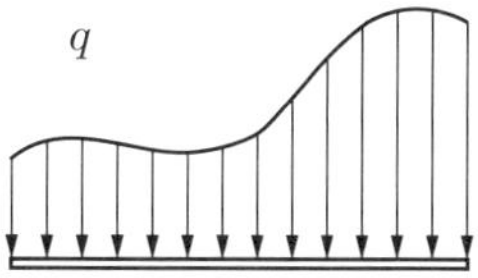

Abb. 3-24: Streckenlast

Die Lage und Größe der Resultierenden soll an dieser Stelle des Buches nur für zwei Belastungsfälle gegeben werden.

1. Konstante Streckenlast (Abb. 3-25)
   In diesem Fall liegt die Resultierende aus Symmetriegründen in der Mitte der Streckenlast, denn in Bezug auf diesen Punkt heben sich die Momente des rechten und linken Teils der Streckenlast auf. Die Größe der Resultierenden ist nach der Definition

   $$F_{\text{res}} = q \cdot l$$

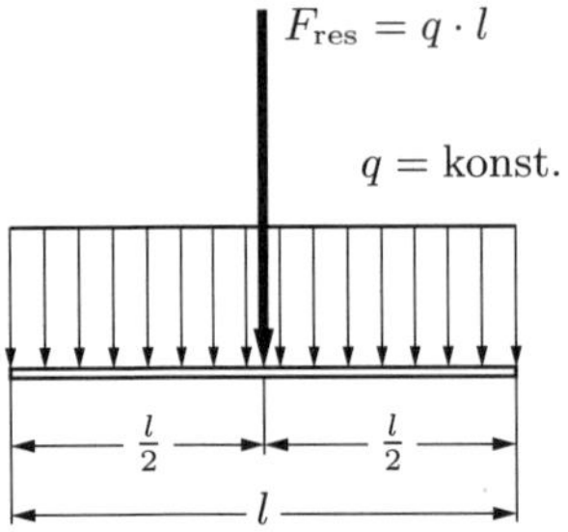

Abb. 3-25: Konstante Streckenlast

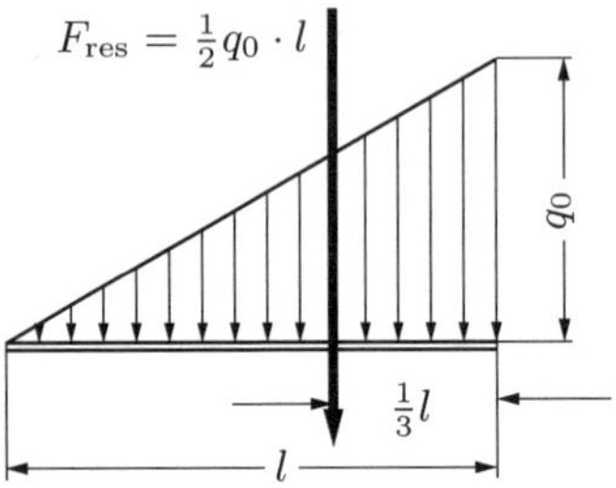

Abb. 3-26: Dreiecksförmige Streckenlast

2. Linear sich ändernde Streckenlast (Dreieck) (Abb. 3-26)
   Diese wird durch die maximale Belastungsintensität q_0 festgelegt. Die Größe der Resultierenden ist

$$F_{res} = \frac{1}{2} \cdot q_0 \cdot l$$

   Diese Kraft liegt im Abstand $l/3$ vom Rand maximaler Belastung. Das ist die Schwerpunktlage der Dreiecksfläche, die auch aus einer Momentgleichung berechnet wird (siehe Kapitel 4).
   Die Größe der Resultierenden entspricht der eingeschlossenen Fläche, die Lage wird durch den Flächenschwerpunkt festgelegt.

Graphische Lösung

Die beiden parallelen Kräfte F_1 und F_2 nach Abb. 3-27 sollen graphisch zur Resultierenden zusammengefasst werden.

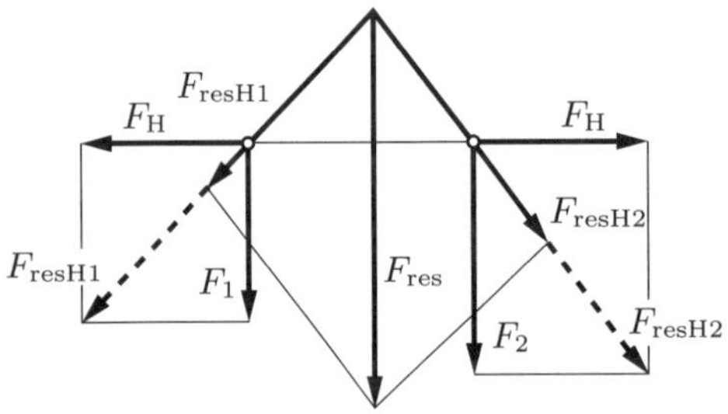

Abb. 3-27: Zwei parallele Kräfte mit überlagerten Hilfskräften

Da die Wirkungslinien dieser beiden Kräfte keinen gemeinsamen Schnittpunkt haben, ist das in Abschnitt 3.2 behandelte Verfahren nicht durchführbar. Man kann jedoch nach dem 4. Lehrsatz die beiden Hilfskräfte F_H überlagern. Sind beide gleich groß, entgegengesetzt gerichtet und kollinear, haben sie keinen Einfluss auf das ursprüngliche System. Je eine Kraft F_H wird mit F_1 und F_2 zu den

Resultierenden F_{resH1} und F_{resH2} zusammengefasst. Diese beiden werden in den gemeinsamen Schnittpunkt verschoben und zusammengesetzt.

Grundsätzlich ist die Aufgabe, die Lage der Resultierenden graphisch zu bestimmen, gelöst. Bei mehr als zwei Kräften kann man jeweils zwei Kräfte zusammenfassen und das Verfahren so lange durchführen, bis die Gesamtresultierende ermittelt ist. Dieses Verfahren ist umständlich und nur des Verständnisses wegen hier angeführt.

Beispiel 1 (Abb. 3-28)

Die Abbildung zeigt eine Welle, die aus drei Abschnitten besteht. Die Massen der einzelnen Abschnitte betragen 30 kg, 80 kg, 50 kg in der Reihenfolge A, B, C aufgezählt. Die Gewichtskräfte greifen aus Symmetriegründen in den so bezeichneten Punkten an. Zu bestimmen ist die resultierende Gewichtskraft nach Lage und Größe.

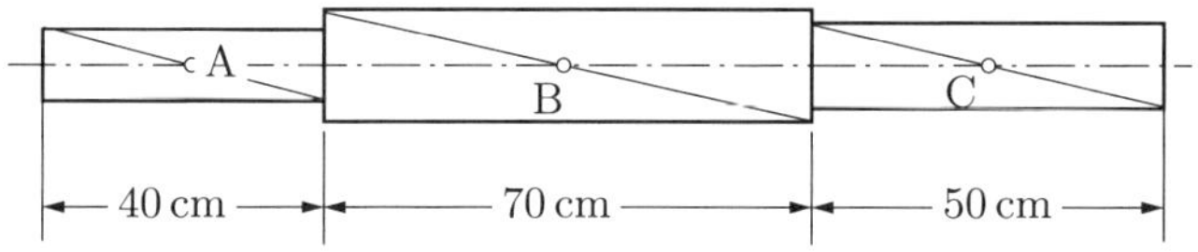

Abb. 3-28: Welle

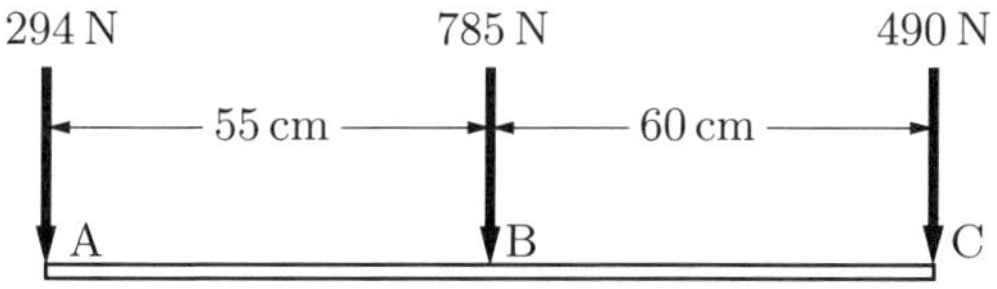

Abb. 3-29: Gewichtskräfte der Wellenabschnitte

Lösung (Abb. 3-29)

Aus der Beziehung $F = m \cdot g$ erhält man die einzelnen Gewichtskräfte:

$$F_A = 294\,\text{N} \quad F_B = 785\,\text{N} \quad F_C = 490\,\text{N}$$

und die Größe der resultierenden Kraft aus der Summierung

$$F_{res} = 1569\,\text{N}.$$

Damit kann man den Lageplan wie abgebildet zeichnen.

Mit Hilfe einer Momentengleichung ist die Lage der Wirkungslinie zu bestimmen. Der Bezugspunkt ist frei wählbar. Es soll hier der Punkt B verwendet werden.

$$\curvearrowleft\!\!+\; M_B = +294\,\text{N} \cdot 55\,\text{cm} + 0 - 490\,\text{N} \cdot 60\,\text{cm}$$
$$M_B = -13\,230\,\text{Ncm}\ (\curvearrowright).$$

Die Einzelkräfte erzeugen ein rechtsdrehendes Moment. Das gleiche muss die Resultierende tun. Da sie nach unten gerichtet ist, muss sie deshalb rechts von B liegen. Der Abstand beträgt

$$\underline{x} = \left|\frac{M_B}{F_{res}}\right| = \frac{13\,230\,\mathrm{Ncm}}{1569\,\mathrm{N}} \underline{= 8{,}43\,\mathrm{cm}}$$

vom Punkt B oder 63,43 cm von der linken Kante der Welle. Dem aufmerksamen Leser wird nicht entgangen sein, dass der errechnete Abstand die Lage des Schwerpunktes angibt.

Kontrolle: $\sum M = 0$ für Wirkungslinie von F_{res}.

Beispiel 2 (Abb. 3-30)

Die Resultierende des parallelen Kräftesystems ist nach Größe und Lage zu bestimmen.

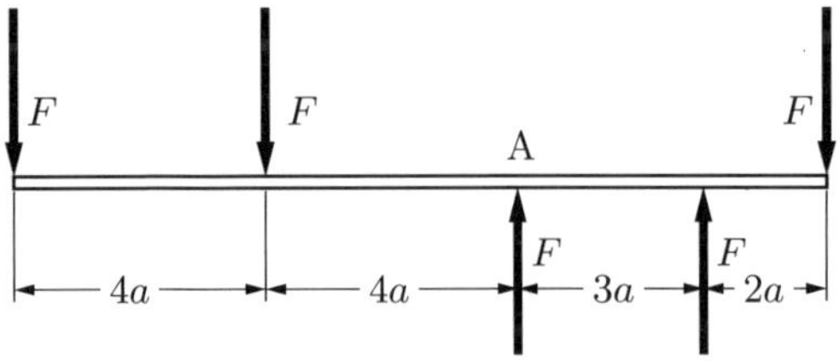

Abb. 3-30: Parallele Kräfte am Träger

Lösung

$$(\uparrow +) F_{res} = \sum F_i; \qquad F_{res} = +2F - 3F; \qquad \underline{F_{res} = -F(\downarrow)}.$$

Als Pol wird der Punkt A gewählt.

$$\begin{aligned} \curvearrowleft\!+\; M_A &= 8a \cdot F + 4a \cdot F + 3a \cdot F - 5a \cdot F \\ M_A &= +10aF(\curvearrowleft). \end{aligned}$$

$$\underline{x} = \frac{M_A}{F_{res}} = \frac{10aF}{-F} \underline{= -10a}.$$

Da die Vorzeichen des Kartesischen Koordinatensystems eingehalten wurden, sagt das negative Vorzeichen aus, dass die Resultierende von der Größe F im Abstand $10a$ links von A liegt und nach unten wirkt. In diesem Falle liegt die Resultierende außerhalb des Kräftesystems.

Kontrolle: $\sum M = 0$ für Wirkungslinie von F_{res}.

3.3.3 Das Kräftepaar

Nach dem im obigen Abschnitt abgeleiteten Verfahren soll versucht werden, zwei Kräfte zusammenzusetzen, die gleich groß, entgegengesetzt gerichtet und parallel verschoben sind (Abb. 3-31).

Die Rechnung ergibt $F_{\text{res}} = F - F = 0$ und das zeichnerische Verfahren mit den Hilfskräften führt nicht zum Ziel, da die Resultierenden F_{resH1} und F_{resH2} (Abb. 3-27) für diesen Fall auch wieder parallel sind. Es ist also offensichtlich nicht möglich, diese Kombination von zwei Kräften, die *Kräftepaar* genannt wird, durch eine einzige Kraft zu ersetzen. Anders ausgedrückt, ein *Kräftepaar hat keine Kraftwirkung, sondern übt ein Moment* aus, versucht demnach eine Drehung einzuleiten.

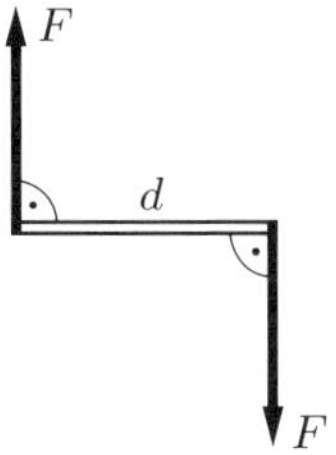

Abb. 3-31: Kräftepaar

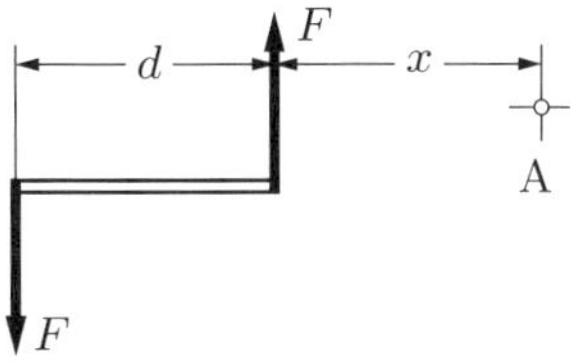

Abb. 3-32: Zur Berechnung des Momentes eines Kräftepaars

Die Größe dieses Momentes soll für einen beliebigen Pol A (Abb. 3-32) ermittelt werden.

$$M_{\text{A}} = F \cdot (d + x) - Fx$$
$$M_{\text{A}} = F \cdot d$$

M_{A} ist also von x unabhängig.

Das Kräftepaar hat die Wirkung eines Momentes, dessen Größe $F \cdot d$ unabhängig von der Lage des Poles ist.

Daraus resultieren folgende Sätze:

1. **Ein Kräftepaar kann in seiner Wirkungsebene beliebig verschoben werden. Die Wirkung auf einen starren Körper bleibt unverändert.**
   Die Abb. 3-33 zeigt eine Anwendung dieses Satzes. Die direkt auf den Schlüsselkopf wirkende Kraft erscheint unnötig, da sie kein Moment ausübt. Sie muss wirksam sein, wenn in der Wirkungsebene ein reines Moment

ausgeübt werden soll. Wird sie weggelassen, so wird der Steckschlüssel zusätzlich auf Biegung beansprucht.

Wie im Kapitel 12 gezeigt wird, hat das Kräftepaar Vektoreigenschaft. Der Vektor steht senkrecht auf der Wirkungsebene der Kräfte. Zusammenfassend kann man formulieren: *Der Momentenvektor ist parallel verschieblich.*

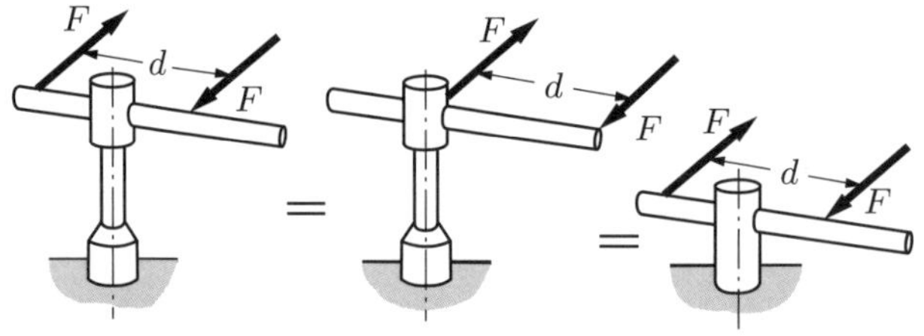

Verschiebung des Kräftepaars in der Wirkungsebene

Verschiebung des Kräftepaars in eine parallele Wirkungsebene

Abb. 3-33: Verschiebbarkeit eines Kräftepaars

2. **Ein Kräftepaar kann in eine neue, parallel liegende Wirkungsebene verschoben werden.**
   Die Wirkung eines langen und kurzen Steckschlüssels ist gleich, wie in der Abb. 3-33 gezeigt ist.
3. **Ein Kräftepaar kann durch ein anderes Kräftepaar ersetzt werden.**
   Dieses kann sowohl analytisch als auch graphisch bestimmt werden.
   Ein Kräftepaar $F_1 \cdot d_1$ ist durch ein zweites $F_2 \cdot d_2$ zu ersetzen. Da dabei die Wirkung gleich bleiben soll, muss gelten $F_1 \cdot d_1 = F_2 \cdot d_2$. Bei Vorgabe z.B. des Abstandes d_2 kann F_2 berechnet werden.
4. **Mehrere Kräftepaare lassen sich zu einem resultierenden Kräftepaar durch algebraische Addition zusammensetzen. Den Drehsinn ergibt das Vorzeichen.**

Symbolisch dargestellt wird das Kräftepaar wie in Abb. 3-34 angegeben.

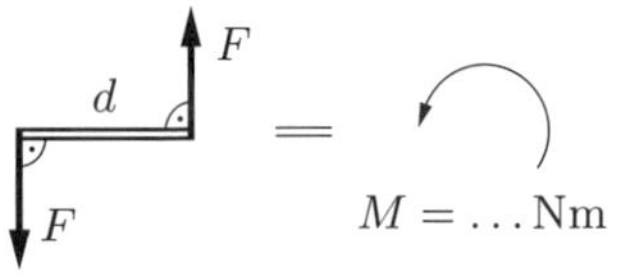

Abb. 3-34: Darstellung eines Kräftepaars

Beispiel 1 (Abb. 3-35)

Ein Stempel, der nach Skizze mit Hebeln versehen ist, wird hinten in einer Einspannung festgehalten. Es greift wie abgebildet ein Kräftepaar an. Dieses ist zu ersetzen durch

a) ein Kräftepaar, dessen Kräfte vertikal liegen und in C und D angreifen, und
b) durch ein Kräftepaar, dessen Kräfte horizontal liegen und in den Punkten E und H angreifen.

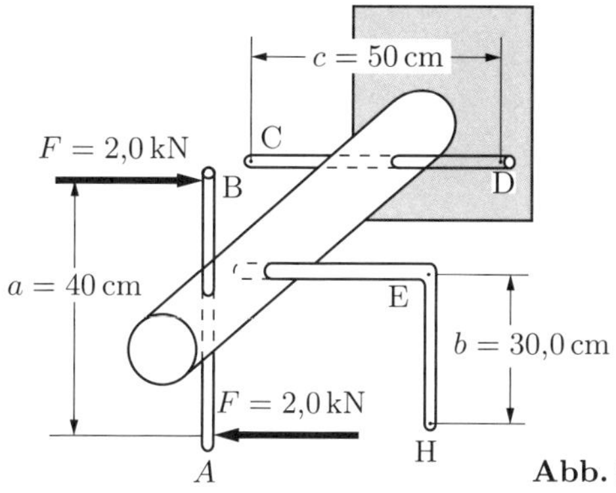

Abb. 3-35: Hebelsystem mit Kräftepaaren

Lösung

zu a) Ein Kräftepaar kann in der Wirkungsebene verschoben und durch ein gleichwertiges ersetzt werden. Es ist besonders zu beachten, dass die Hebel nicht symmetrisch sitzen müssen (1. Satz):

$$F \cdot a = F_{\mathrm{C}} \cdot c \quad \Rightarrow \quad F_{\mathrm{C}} = \frac{a}{c} \cdot F = \frac{40\,\mathrm{cm}}{50\,\mathrm{cm}} \cdot 2{,}0\,\mathrm{kN}$$

$$\underline{F_{\mathrm{C}} = 1{,}60\,\mathrm{kN}(\uparrow)} \quad \underline{F_{\mathrm{D}} = 1{,}60\,\mathrm{kN}(\downarrow)}.$$

zu b) Ein Kräftepaar kann beliebig verschoben werden:

$$F \cdot a = F_{\mathrm{E}} \cdot b$$

$$F_{\mathrm{E}} = \frac{a}{b} \cdot F = \frac{40\,\mathrm{cm}}{30\,\mathrm{cm}} \cdot 2{,}0\,\mathrm{kN}$$

$$\underline{F_{\mathrm{E}} = 2{,}67\,\mathrm{kN}(\rightarrow)} \qquad \underline{F_{\mathrm{H}} = 2{,}67\,\mathrm{kN}(\leftarrow)}.$$

Dass dieses Kräftepaar das vorgegebene ersetzt, ist durchaus schwer vorstellbar. Es handelt sich um die *äußere* Wirkung des Kräftepaars auf den *starren* Stempel, die für alle drei Kräftepaare gleich ist.

Beispiel 2 (Abb. 3-36)

Skizziert ist ein Getriebe mit Leistungsverzweigung. Die auf das Getriebe wirkenden Momente sind eingetragen. Welche vertikalen Kräfte müssen in A und B wirken, damit das resultierende Moment kompensiert wird?

$$M_1 = 500\,\text{Nm}; \qquad M_2 = 60\,\text{Nm}; \qquad M_3 = 40\,\text{Nm}; \qquad l = 350\,\text{mm}.$$

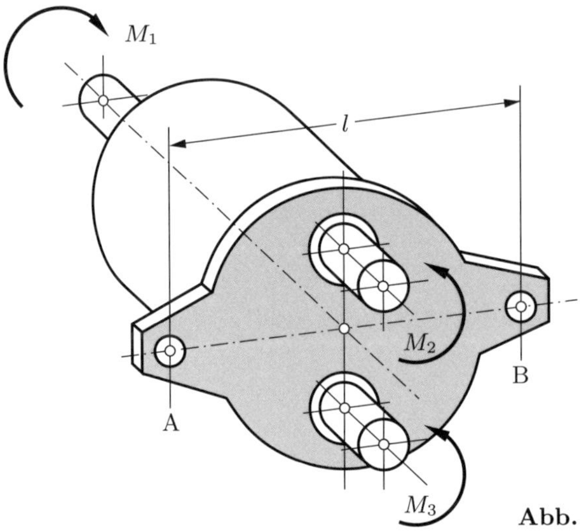

Abb. 3-36: Getriebe

Lösung

Das resultierende Moment beträgt

$$\curvearrowleft\!+\; M_{\text{res}} = M_2 + M_3 - M_1 = -400\,\text{Nm}\ (\curvearrowright)$$

Es muss durch ein Kräftepaar mit umgekehrtem Drehsinn kompensiert werden

$$M_{\text{AB}} = F_{\text{A}} \cdot l \ \curvearrowleft \qquad F_{\text{A}} = \frac{M_{\text{AB}}}{l} = \frac{400\,\text{Nm}}{0{,}35\,\text{m}}$$

$$\underline{F_{\text{A}} = 1{,}14\,\text{kN} \downarrow} \qquad \underline{F_{\text{B}} = 1{,}14\,\text{kN} \uparrow}$$

Getriebe sind Momentenwandler, deren Differenzmoment auf das Fundament abgeleitet werden muss. Im Gegensatz dazu stehen Kupplungen, die ein Moment vom Antrieb zum Abtrieb ohne Änderung übertragen und die deshalb ohne Abstützung zwischen beiden montiert werden können. Schlussfolgerung: Ein Getriebe, das aus seiner Abstützung gelöst wird, arbeitet als Kupplung. Das macht man sich z.B. in Kfz-Getrieben zu Nutze.

3.3.4 Die Parallelverschiebung von Kräften

In diesem Abschnitt soll untersucht werden, unter welchen Voraussetzungen eine Parallelverschiebung von Kräften möglich ist. Die im Punkt A eines Körpers (Abb. 3-37a) wirkende Kraft F soll nach Punkt B parallel verschoben werden, wobei die Wirkung auf den Körper unverändert bleiben soll.

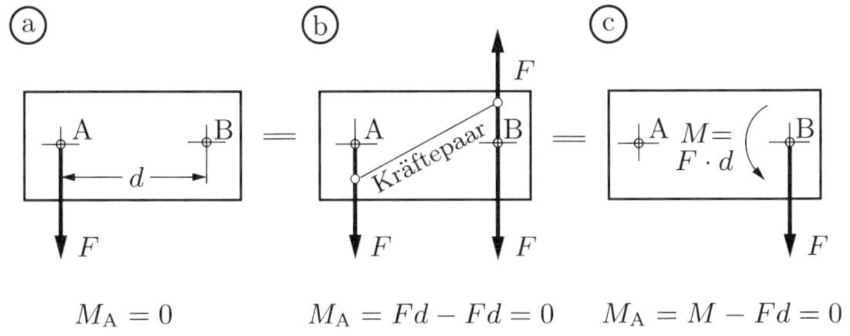

Abb. 3-37: Parallelverschiebung einer Kraft

Das ist auf folgendem Wege möglich:

1. Schritt: Die Kraft F wird in B eingetragen. Damit würde aber die Wirkung geändert. Um das auszugleichen, muss in B eine gleich große, entgegengesetzt gerichtete Kraft gezeichnet werden (Abb. 3-37b).
2. Schritt: Das entstandene Kräftesystem kann in ein Kräftepaar und die in B verbleibende Kraft F aufgeteilt werden. Da ein Kräftepaar ein Moment erzeugt, dessen Größe vom Pol unabhängig ist, kann dieses Moment auch in B angetragen werden. Damit ist die Kraft von A und B parallel verschoben.

Verschiebt man eine Kraft F parallel um den Betrag d, dann entsteht in Bezug auf den Ausgangspunkt ein vorher nicht vorhandenes Moment $F \cdot d$. Dieses muss durch ein Moment gleicher Größe, aber vom umgekehrten Drehsinn ausgeglichen werden.

Die hier beschriebene Operation wird u.a. bei der Festigkeitsberechnung exzentrisch belasteter Bauteile gebraucht. Man kann eine solche Beanspruchung aufteilen in eine zentrische Kraft und ein reines Moment. Die verschobene Kraft verursacht Zug/Druck, das Moment Biegung. Das ist aus der Anschauung auch an dieser Stelle verständlich. Ausführlich wird der Fall in der Festigkeitslehre behandelt.

Beispiel 1 (Abb. 3-38)

Auf einen Block wirkt exzentrisch eine Kraft F. Diese Kraft ist parallel in die Achse zu verschieben.

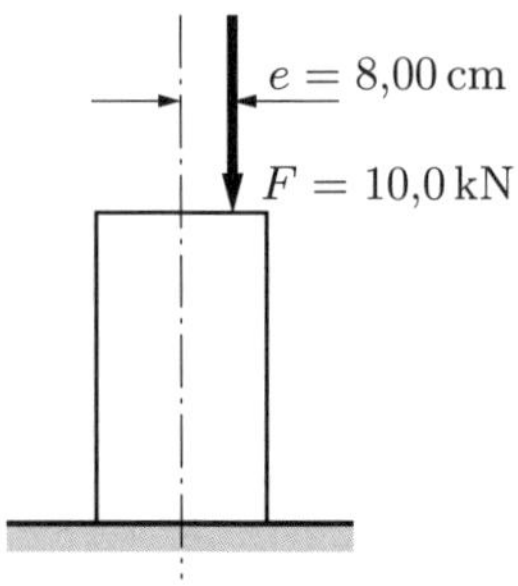

Abb. 3-38: Exzentrisch belasteter Block

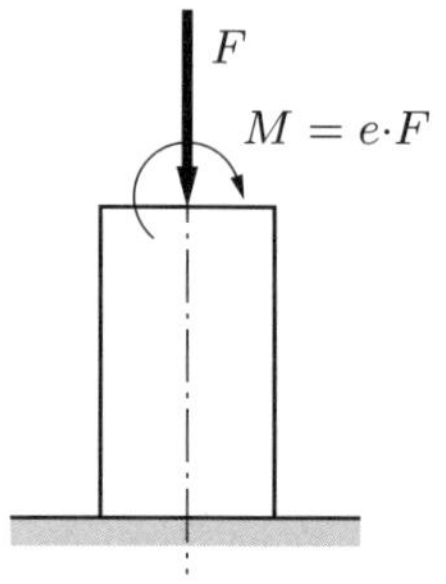

Abb. 3-39: Ersatz einer exzentrischer Kraft durch eine zentrische Kraft und ein Moment

Lösung

Bei der Verschiebung nach links entsteht bezogen auf den Angriffspunkt der Kraft ein mathematisch positives Moment, das durch ein gleich großes negatives Moment (↷) kompensiert werden muss.

$$M = -F \cdot e = -10\,\text{kN} \cdot 0{,}08\,\text{m}$$

$$\underline{M = -0{,}8\,\text{kNm}(\curvearrowright)}.$$

Man kann auch von folgender Überlegung ausgehen. Vorher hat die Kraft in Bezug auf die Achse ein Moment im Uhrzeigersinn ausgeübt. Dieses muss auch nach der Verschiebung der Kraft vorhanden sein. Das ergibt ein System nach Abb. 3-39.

Beispiel 2 (Abb. 3-40)

Abgebildet ist ein Teil eines Kranauslegers mit zwei reibungsfrei gelagerten Rollen. Über diese ist ein belastetes Seil geführt. Die Seilkräfte sind in die Gelenke A und B parallel zu verschieben.

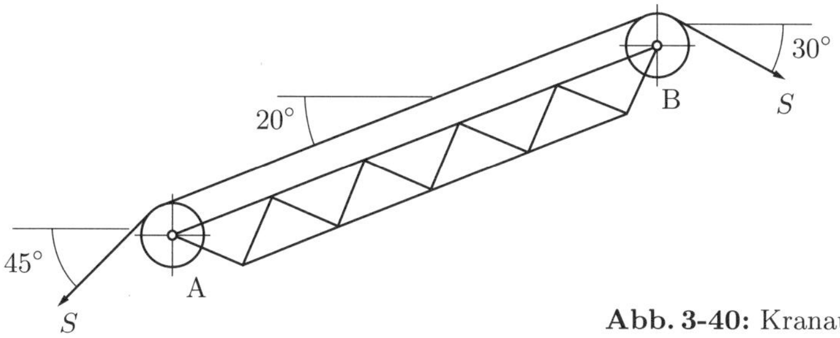

Abb. 3-40: Kranausleger mit belastetem Seil

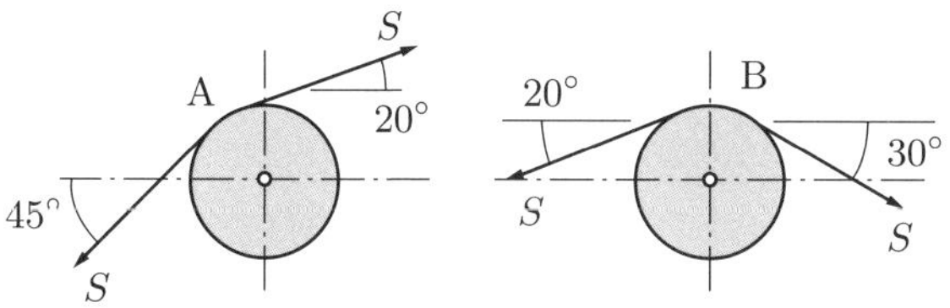

Abb. 3-41: Freigemachte Rollen

Lösung

Eine reibungsfrei gelagerte Rolle kann eine Kraft lediglich umlenken. Die Größe der Kraft wird dabei nicht geändert. Diese Überlegung führt auf ein System nach Abb. 3-41. Bei der Parallelverschiebung der Seilkräfte entstehen an jeder Rolle zwei Momente. Diese sind gleich groß und entgegengesetzt gerichtet, heben sich demnach auf (Abb. 3-42). Das führt im Endergebnis auf eine Belastung, wie sie in Abb. 3-43 dargestellt ist.

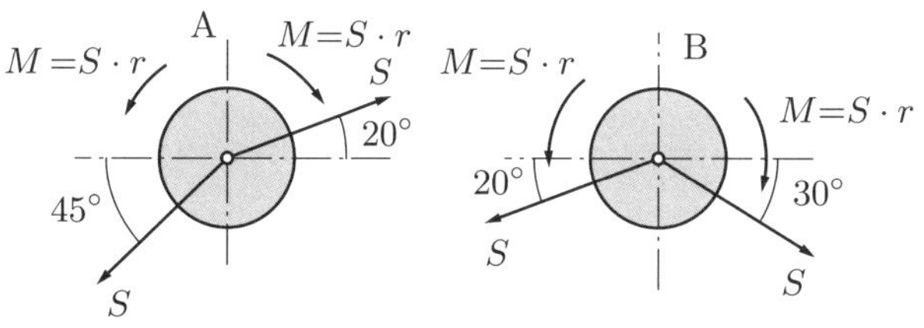

Abb. 3-42: Parallele Verschiebung der Kräfte an den Seilrollen

Zusammenfassend soll festgehalten werden:

1. *An einer reibungsfreien Rolle mit Seil wirken immer zwei gleich große Seilkräfte.*
2. *Diese beiden Kräfte können in das Rollenlager übertragen werden.*

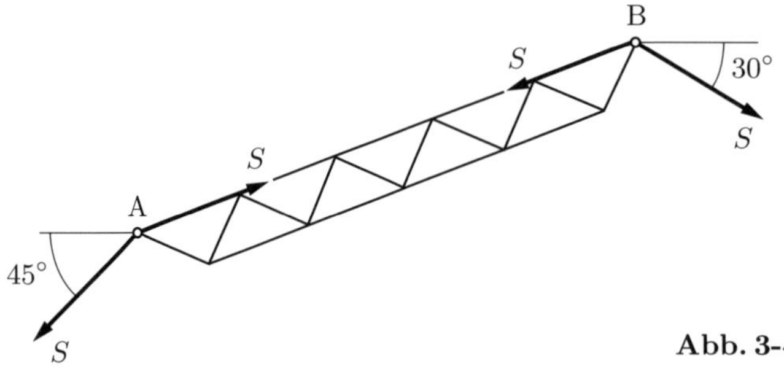

Abb. 3-43: Freigemachter Kranausleger

Die oben gemachte Aussage kann dadurch bestätigt werden, dass beide Seilkräfte zu einer Resultierenden zusammengefasst und in das Gelenk verschoben werden.

Im Kapitel 5 wird das Freimachen behandelt. Der so bezeichnete Vorgang ist die Vorbereitung und damit die Voraussetzung der statischen Berechnung von Bauteilen. Das Freimachen von Elementen mit Seilrollen wird wesentlich vereinfacht, wenn man sich das in diesem Beispiel behandelte Prinzip zu eigen macht.

Aufgaben zum Abschnitt 3.3

A3-25 bis A3-27 An einem starren Körper greifen nach Skizze Kräfte an. Zu bestimmen ist das Moment dieser Kräfte in Bezug auf den Punkt A.

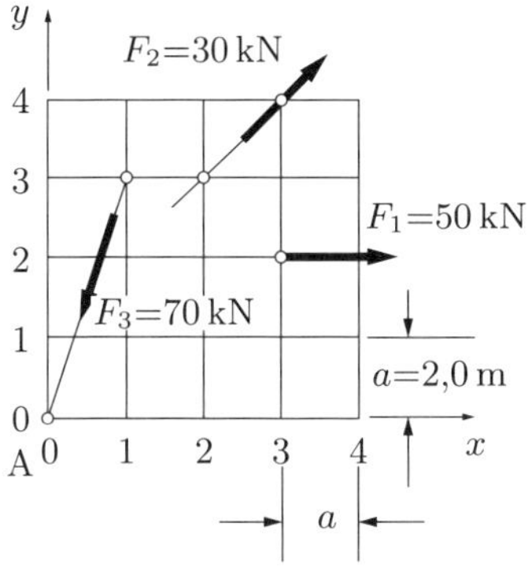

Abb. A3-25/A3-55

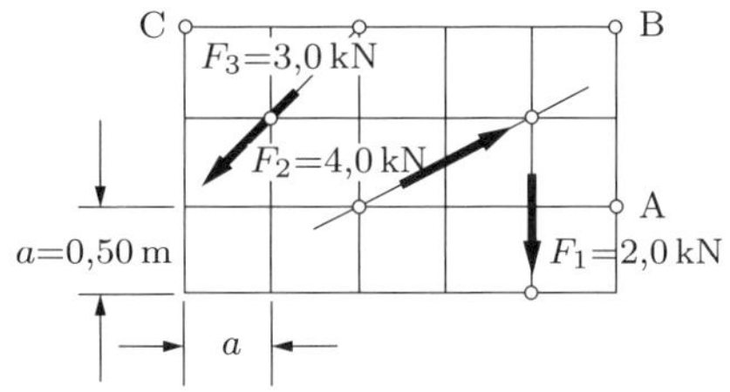

Abb. A3-26/A3-56

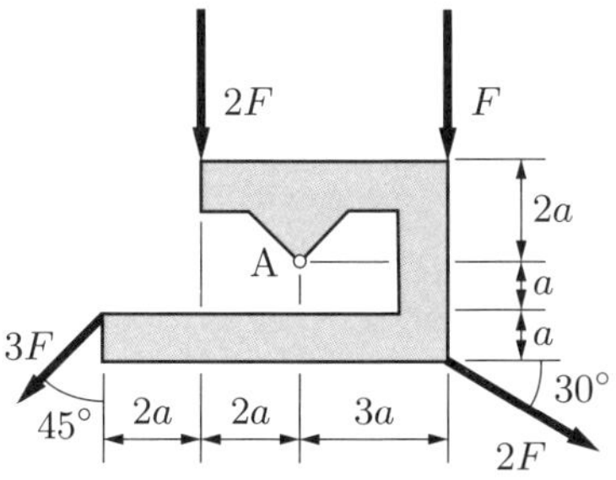

Abb. A3-27/A3-57

A3-28/A3-29 Abgebildet ist ein belastetes Tragwerk, das in A und B gelagert ist. Die in B wirkende vertikale Kraft ist so zu bestimmen, dass das resultierende Moment bezogen auf A verschwindet. Welche physikalische Bedeutung hat diese Bedingung?

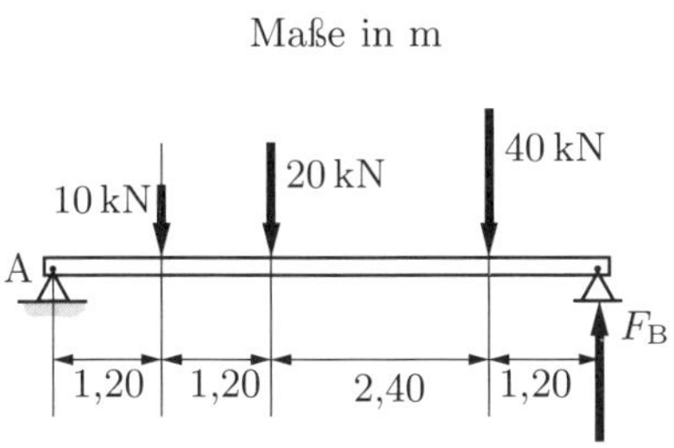

Abb. A3-28/A3-58

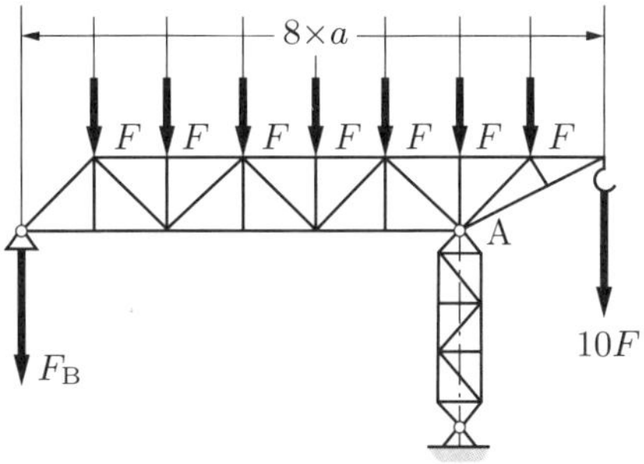

Abb. A3-29

A3-30 Abgebildet ist eine Kurbelschwinge. An der Kurbel MA greift ein Moment $M = 500\,\mathrm{Nm}$ an. Zu bestimmen sind das Moment M_B an der Schwinge AB und die Verschiebekraft am Kulissenstein D für die skizzierte Position. Abstand $\mathrm{DB} = 1{,}60\,\mathrm{m}$.

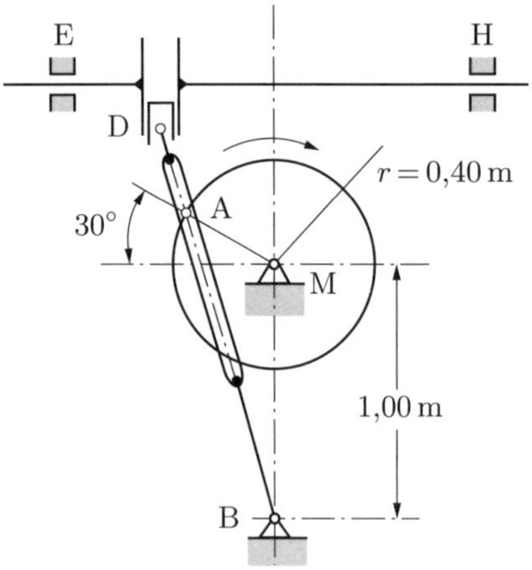

Abb. A3-30/A8-19

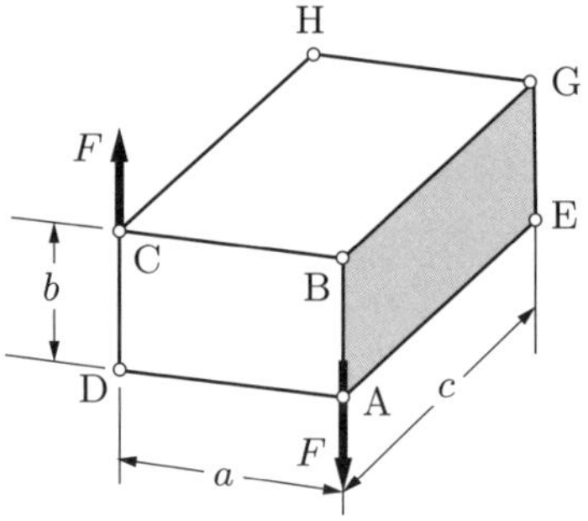

Abb. A3-31

A3-31 An einem Quader greift nach Skizze ein Kräftepaar an. Dieses ist nach Tabelle durch ein gleichwertiges zu ersetzen.

	Angriffspunkte	vertikale Kräfte	horizontale Kräfte
1	DB	×	
2	AC		×
3	HG	×	
4	EH		×

A3-32 Die Platte wird nach Skizze nacheinander an den Stellen 1 bis 4 gebohrt. Dabei wird jeweils das Moment M (Uhrzeigersinn) eingeleitet. Welche Kräfte werden bei den einzelnen Belastungen auf die Stützstellen A und B übertragen?

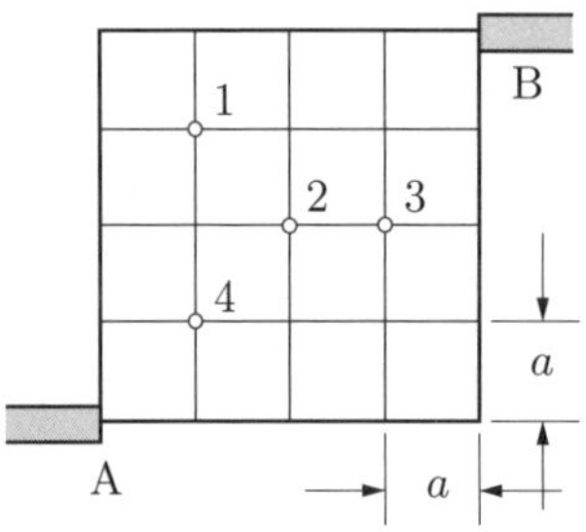

Abb. A3-32/A3-33

A3-33 Wie A3-32, jedoch werden alle Bohrungen gleichzeitig mit unterschiedlichen Momenten ausgeführt.

A3-34/A3-35 Die Resultierende des skizzierten Kräftesystems ist zu bestimmen. Das Ergebnis ist mit einer Momentengleichung für einen anderen Pol zu kontrollieren.

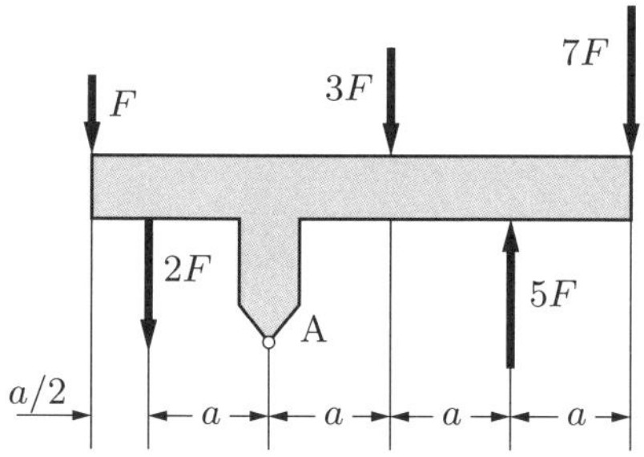

Abb. A3-34

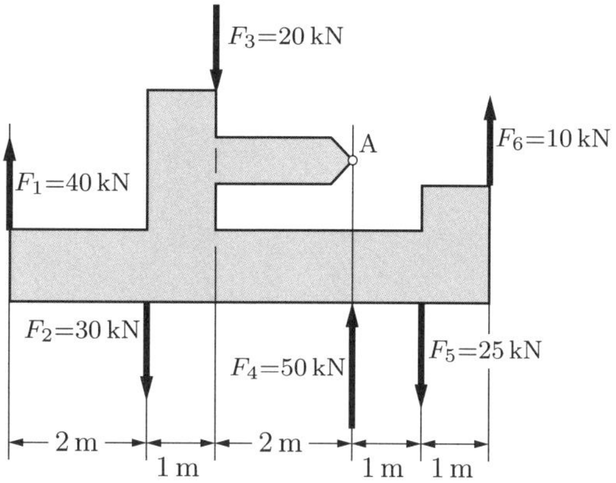

Abb. A3-35

A3-36 An der skizzierten Scheibe greifen zwei Kräftepaare so an, dass sich $M_{\text{res}} = 0$ ergibt. Für diesen Fall sollen die Resultierenden von F_1 und F_2 gebildet und so $M_{\text{res}} = 0$ veranschaulicht werden.

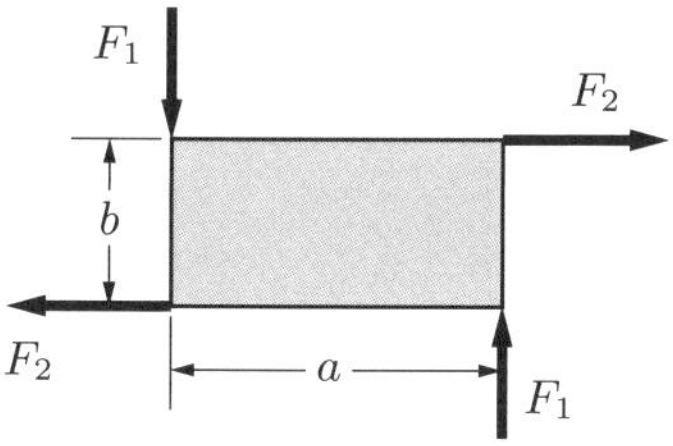

Abb. A3-36

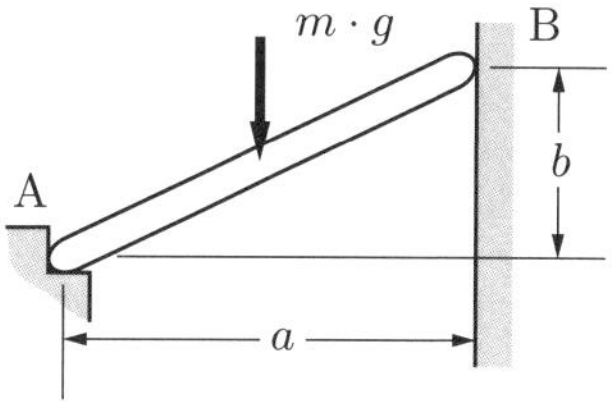

Abb. A3-37

A3-37 Eine homogene Masse ist nach Skizze gelagert. Die Gewichtskraft muss in A durch eine gleich große Kraft nach oben kompensiert werden. Das so entstehende Kräftepaar wird durch ein aus horizontalen Kräften gebildetes Kräftepaar ausgeglichen. Aus diesem Ansatz sind die horizontalen Kräfte in A und B zu berechnen, die von den Wandungen auf die Masse ausgeübt werden.

A3-38 Der nach Abbildung mit einer Streckenlast beaufschlagte Träger ist mit einem Seil verspannt. Die Seilkraft S ist für $M_A = 0$ zu berechnen.

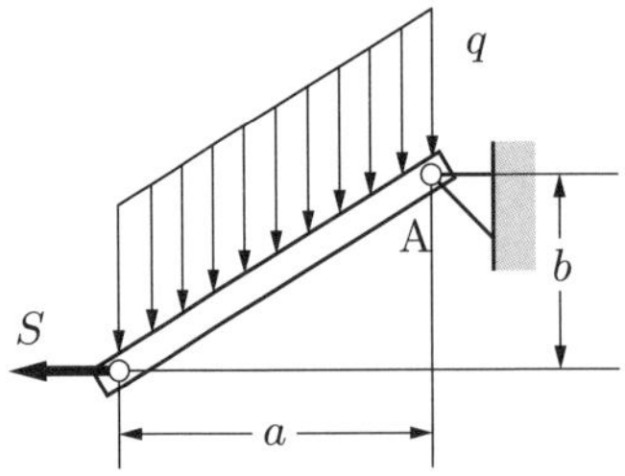

Abb. A3-38

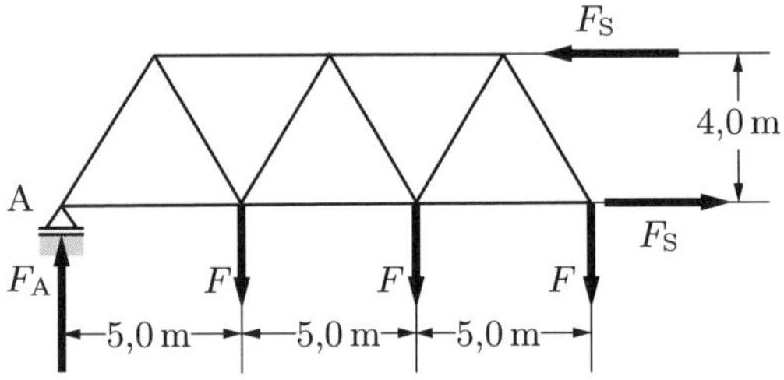

Abb. A3-39

A3-39 Die Abbildung zeigt einen Teilabschnitt eines Fachwerks. Die Auflagerkraft F_A beträgt 3000 kN. Die in den Knoten wirkenden Kräfte $F = 1000\,\text{kN}$ sind in der Skizze eingetragen. Wie groß müssen die Stabkräfte F_S sein, wenn das resultierende Moment für einen beliebigen Pol null ist? Welche physikalische Bedeutung hat diese Bedingung?

A3-40 Abgebildet ist ein Teilabschnitt eines H-Trägers, der bei A gelagert ist. Dort wird die Stützkraft F_A übertragen. Die im Inneren der Flansche am rechten Rand wirkenden Kräfte F_F sollen so bestimmt werden, dass $M_{res} = 0$ ist. Welche physikalische Bedeutung hat diese Bedingung?

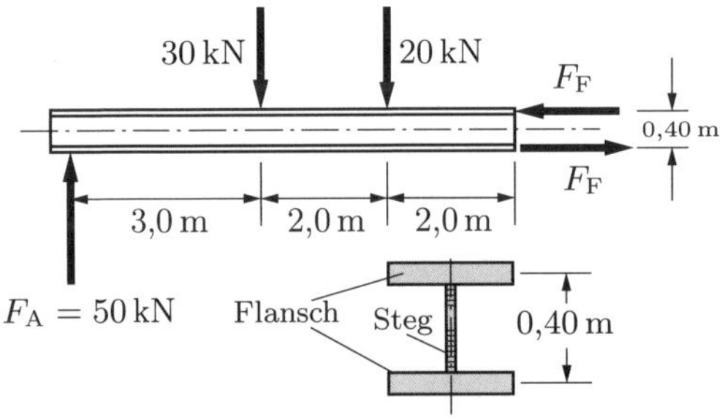

Abb. A3-40

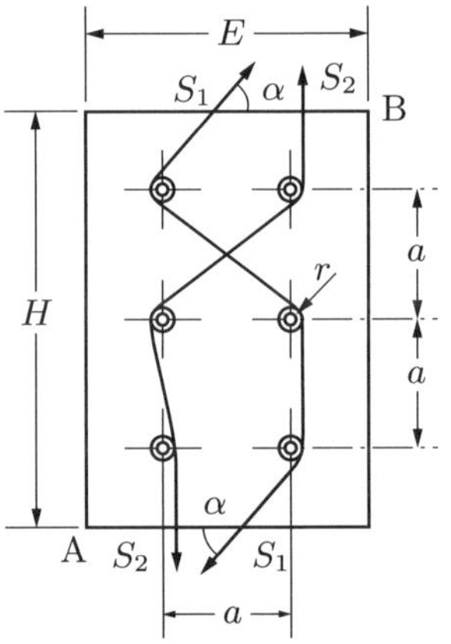

Abb. A3-41/A3-42

A3-41 Um die reibungslosen Rollen der skizzierten Scheibe sind Bänder gelegt. In allgemeiner Form ist das Verhältnis von S_2 und S_1 für $M_{res} = 0$ aufzustellen.

A3-42 Für das skizzierte System sind horizontale Kräfte in A und B so zu bestimmen, dass für die unten gegebenen Daten $M_{\mathrm{res}} = 0$ gilt.

$$S_1 = 100\,\mathrm{N};\quad S_2 = 50\,\mathrm{N};\quad \alpha = 0^\circ;\quad a = 100\,\mathrm{mm};\quad r = 10\,\mathrm{mm};$$
$$E = 200\,\mathrm{mm};\quad H = 300\,\mathrm{mm}$$

A3-43 Abgebildet ist ein Hebel, mit dem durch die Kraft F_{C} die Masse m verschoben wird. Für eine vorgegebene Kraft F_{C} ist in allgemeiner Form die Verschiebekraft F_{B} zu bestimmen.

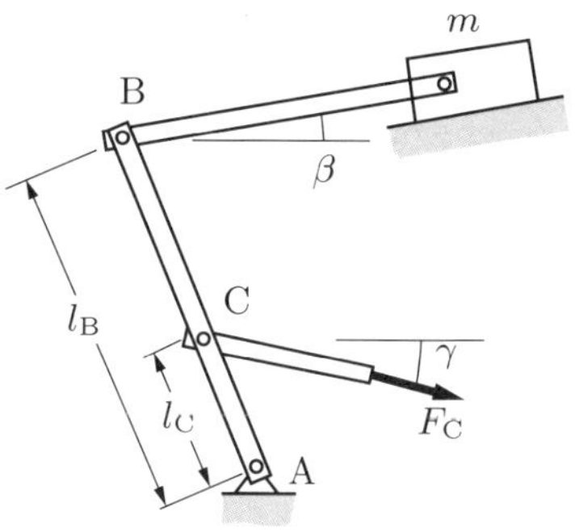

Abb. A3-43

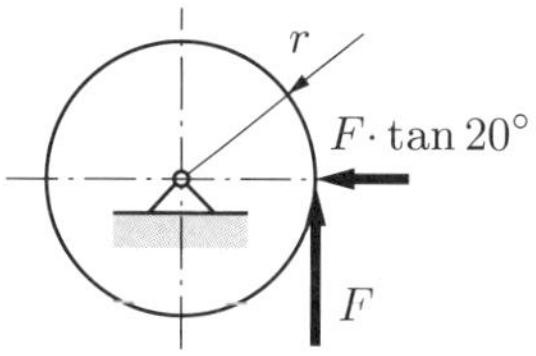

Abb. A3-44

A3-44 An einem Zahnrad mit einem Eingriffswinkel $\alpha = 20^\circ$ wirken die Umfangskraft und die durch diese verursachte Radialkraft wie angegeben. Diese Kräfte sind in der Drehachse durch eine Kraft und ein Moment zu ersetzen.

A3-45 Die an den abgebildeten Rollen wirkenden Seilkräfte sind in den Lagerachsen durch jeweils eine Kraft zu ersetzen.

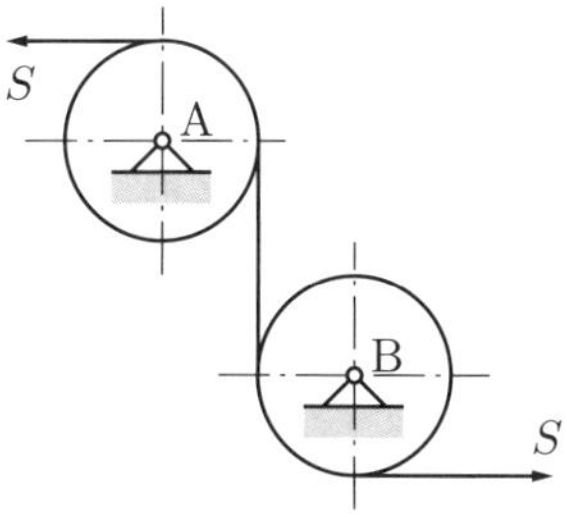

Abb. A3-45

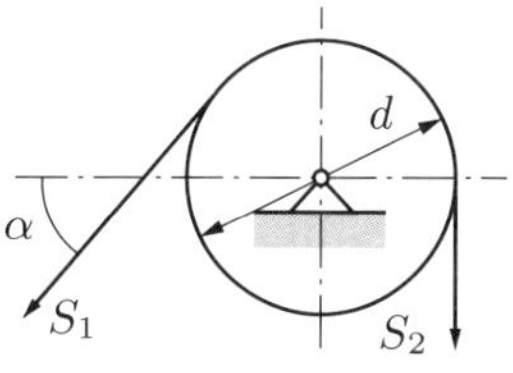

Abb. A3-46

A3-46 An einem Riementrieb wirken die beiden Kräfte wie skizziert. Sie sind in der Lagerachse durch eine Kraft und ein Moment zu ersetzen.

$$S_1 = 2{,}0\,\mathrm{kN};\quad S_2 = 1{,}0\,\mathrm{kN};\quad \alpha = 45^\circ;\quad d = 300\,\mathrm{mm}.$$

A3-47 Auf das Ende eines H-Trägers ist nach Skizze eine Lasche geschweißt, an der eine Kraft angreift. Für die Berechnung des Trägers ist diese Belastung durch eine gleichwertige in der Trägerachse zu ersetzen.

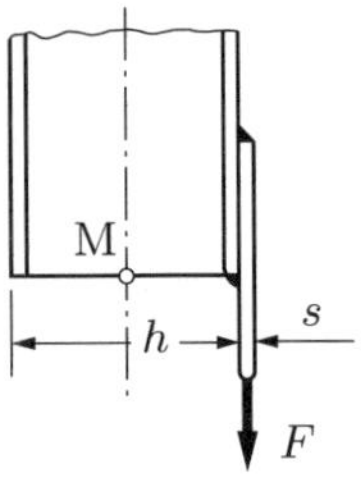

Abb. A3-47

A3-48 Ein T-Stahl ist nach Skizze über eine angeschweißte Lasche mit der Kraft $F = 20\,\text{kN}$ belastet. Die Kraft F ist in die Schwerpunktachse des T-Stahls zu verschieben. Die auf diese Achse bezogene Beanspruchung ist anzugeben.

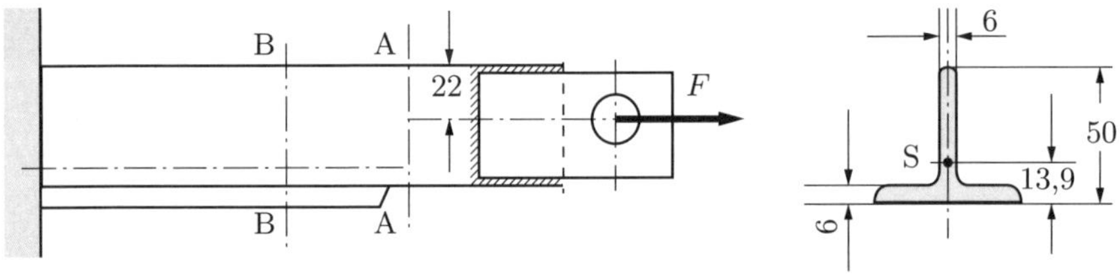

Abb. A3-48

A3-49 Die Abbildung zeigt eine Bruchsicherung, wie sie z.B. in Pressen verwendet wird. Bei Überlastung durch die Kräfte F soll der eingekerbte Flachstahl einknicken. Für $b = 8{,}0\,\text{mm}$ und $F = 2{,}0\,\text{kN}$ ist die auf die Mittelachse des engsten Querschnitts bezogene Beanspruchung anzugeben.

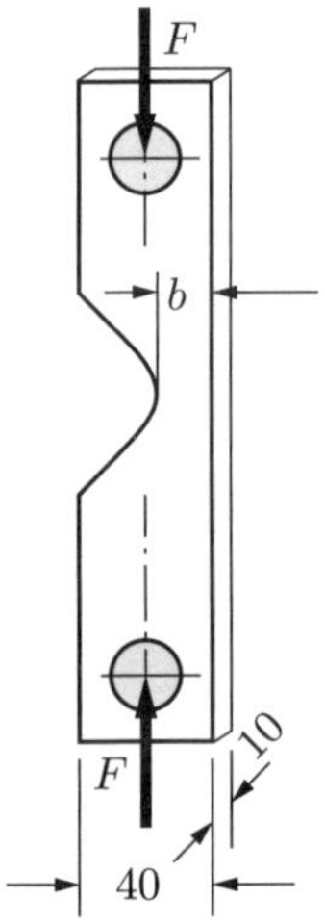

Abb. A3-49

A3-50 An der verschieblichen Muffe des skizzierten Systems greift in horizontaler Richtung die Kraft $F_{\mathrm{Bx}} = 1{,}0\,\mathrm{kN}$ an. Zu bestimmen ist für diese Position das Moment an der Scheibe. Der Abstand AM beträgt 300 mm, AB = 900 mm.

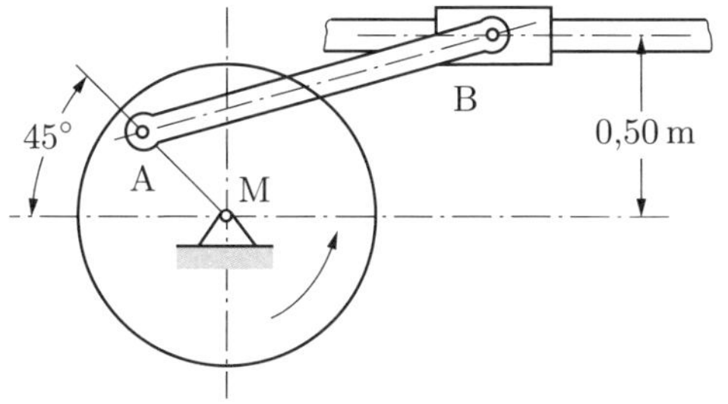

Abb. A3-50

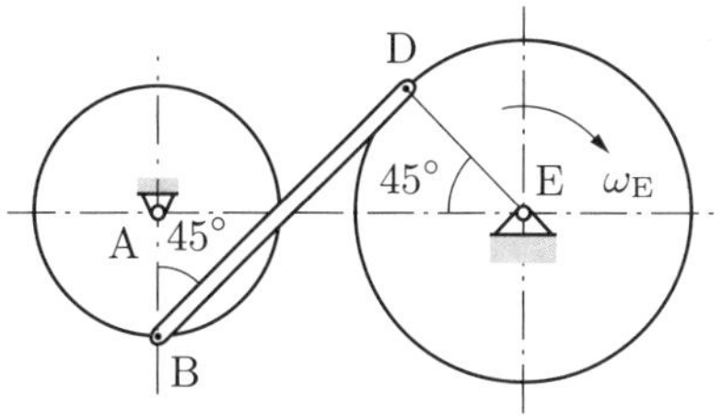

Abb. A3-51

A3-51 An der linken Scheibe des skizzierten Systems greift ein Moment von 200 Nm an. Zu bestimmen ist das an der rechten Scheibe wirkende Moment. Die Radien betragen $r_{\mathrm{B}} = 250\,\mathrm{mm}$ und $r_{\mathrm{D}} = 350\,\mathrm{mm}$.

3.4 Das allgemeine Kräftesystem

3.4.1 Analytische Methode

In diesem Abschnitt werden Kräftesysteme behandelt, deren Kräfte weder parallel sind noch einen gemeinsamen Schnittpunkt haben. Ein solches System kann man nach Abb. 3-44 auf zwei Systeme mit parallelen Kräften reduzieren. Dies geschieht durch Zerlegung jeder Kraft in zwei Komponenten in Richtung dieser parallelen Kräfte. Für die Berechnung verwendet man ein Kartesisches Koordinatensystem. Deshalb zerlegt man jede Kraft in x- und y-Richtung und erhält so ein System paralleler Kräfte in x- und eines in y-Richtung. Für jedes System kann man nach den im Abschnitt 3.3 behandelten Verfahren die Resultierenden, d.h. die Größen $F_{\mathrm{res\,x}}$ und $F_{\mathrm{res\,y}}$ ermitteln. Diese beiden Kräfte ergeben bei geometrischer Addition die Resultierende des Kräftesystems.

Man umgeht die Bestimmung der Lage von $F_{\mathrm{res\,x}}$ und $F_{\mathrm{res\,y}}$, wenn man das im Folgenden beschriebene Verfahren anwendet (Abb. 3-45). Zunächst werden $F_{\mathrm{res\,x}}$ und $\mathrm{F}_{\mathrm{res\,y}}$ nach Größe und Vorzeichen aus den für parallele Kräftesysteme geltenden Beziehungen (Gl. 3-2) bestimmt:

$$F_{\mathrm{res\,x}} = \sum F_{\mathrm{x}}; \quad F_{\mathrm{res\,y}} = \sum F_{\mathrm{y}}$$

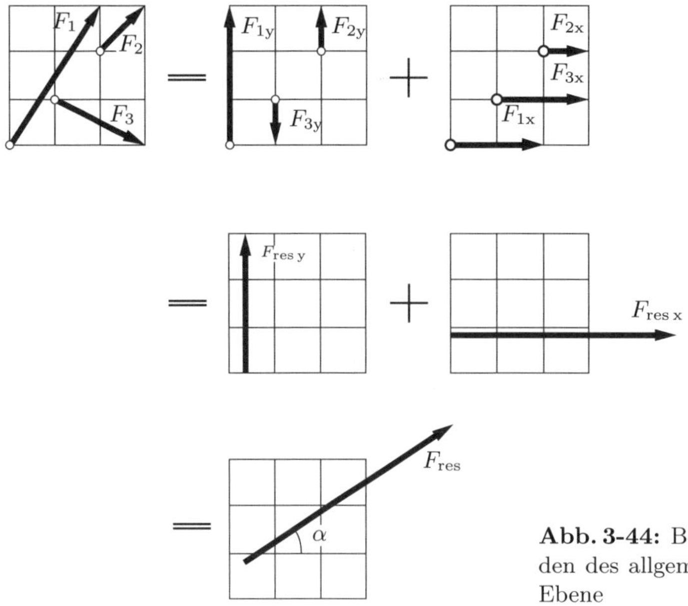

Abb. 3-44: Bestimmung der Resultierenden des allgemeinen Kräftesystems in der Ebene

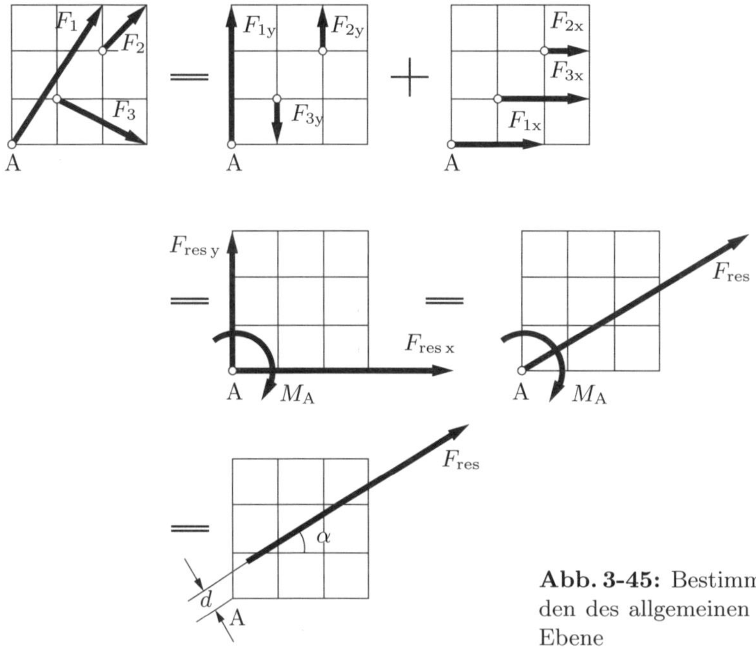

Abb. 3-45: Bestimmung der Resultierenden des allgemeinen Kräftesystems in der Ebene

Das resultierende Moment aller Kräfte F_x und F_y in Bezug auf einen beliebig wählbaren Punkt A wird aus

$$M_A = \sum M$$

errechnet. Alle wirkenden Kräfte können also im Punkt A durch die Resultierende F_{res} und das in Bezug auf A wirkende Moment M_A ersetzt werden.

Im Abschnitt 3.3.4 wurde abgeleitet, dass bei der Parallelverschiebung einer Kraft ein Moment zu addieren ist, das das bei der Verschiebung entstehende Moment kompensiert. Hier soll dieses zu addierende Moment das Moment M_A aufheben. In einem letzten Schritt wird deshalb die Kraft F_{res} parallel so verschoben, dass sie in Bezug auf A das vorher berechnete Moment M_A ausübt. Dieser Abstand ist

$$d = \frac{M_A}{F_{res}}$$

Aus den Ausführungen und den Abb. 3-44/3-45 folgt:

Ein allgemeines ebenes Kräftesystem kann im beliebigen Punkt der Ebene durch die resultierende Kraft und ein Moment (Kräftepaar) ersetzt werden. Das Kräftepaar ist dabei nicht an diesen Punkt gebunden, sondern kann in der Ebene verschoben werden (Verschiebbarkeit von Kräftepaaren).

Beispiel 1 (Abb. 3-46)

An einem Fachwerk greifen die eingezeichneten Kräfte an. Zu bestimmen ist die resultierende Kraft nach Lage, Größe und Richtung.

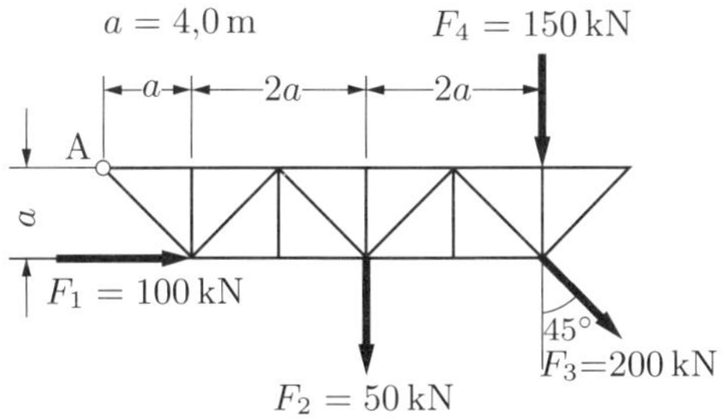

Abb. 3-46: Kräfte am Fachwerk

Lösung (Abb. 3-47)

Das gegebene Kräftesystem soll zunächst durch die Resultierende und ein Moment im Punkt A ersetzt werden.

$$F_{res\,x} = \sum F_x = F_1 + F_3 \cdot \sin 45^\circ$$

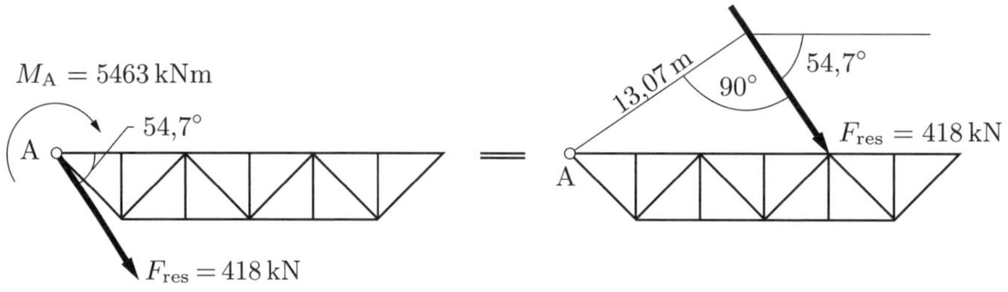

Abb. 3-47: Parallelverschiebung der resultierenden Kraft am Fachwerk

$$\begin{aligned}
F_{\text{res x}} &= 241{,}4\,\text{kN}(\rightarrow) \\
F_{\text{res y}} &= \sum F_y = -F_2 - F_3 \cdot \cos 45^\circ - F_4 \\
F_{\text{res y}} &= -341{,}4\,\text{kN}(\downarrow) \\
\curvearrowleft\!+\; M_A &= +F_1 \cdot a - F_2 \cdot 3a - F_4 \cdot 5a - F_3 \cdot \cos 45^\circ \cdot 5a + F_3 \cdot \sin 45^\circ \cdot a \\
M_A &= -5463\,\text{kNm}(\curvearrowright).
\end{aligned}$$

Die Resultierende ist nach Gl. (3-2)

$$\underline{F_{\text{res}} = 418{,}1\,\text{kN}} \text{ unter } \underline{\alpha = -54{,}7^\circ}$$

zur positiven x-Achse.

Es ergibt sich das links abgebildete System der Abb. 3-47. Im nächsten Schritt wird die resultierende Kraft so nach rechts verschoben, dass das Moment verschwindet.

$$\underline{d} = \left| \frac{M_A}{F_{\text{res}}} \right| = \frac{5463\,\text{kNm}}{418{,}1\,\text{kN}} = \underline{13{,}07\,\text{m}}.$$

Um diesen Betrag muss die Resultierende nach Skizze parallel verschoben werden, um, alleine wirkend, alle Kräfte bzw. Kraft und Moment in A zu ersetzen.

Kontrolle: Bezogen auf einen beliebigen Pol müssen die Ausgangskräfte das gleiche Moment ausüben wie die Resultierende.

Beispiel 2 (Abb. 3-48)

Die Abbildung zeigt einen Winkelhebel. Die beiden Stangen in A und B sollen Kräfte so einleiten, dass am Vierkant Kraft und Moment wie eingezeichnet wirken. Zu bestimmen sind für die gegebenen Daten die horizontale Kraft F_A und die Kraft F_B nach Größe und Richtung.

$$F = 200\,\text{N}; \quad M = 80\,\text{Nm}; \quad a = 200\,\text{mm} \quad b = 300\,\text{mm}.$$

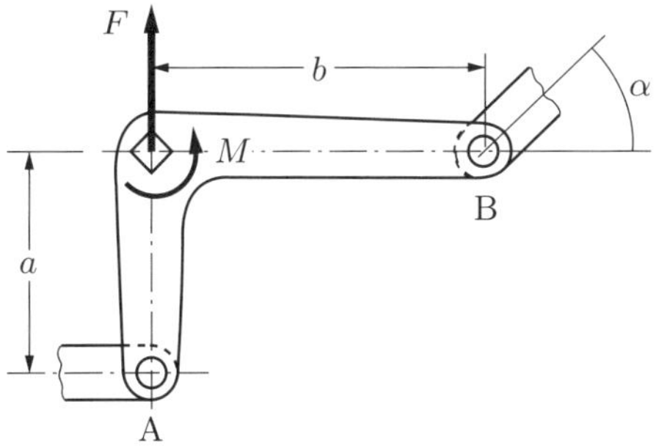

Abb. 3-48: Winkelhebel

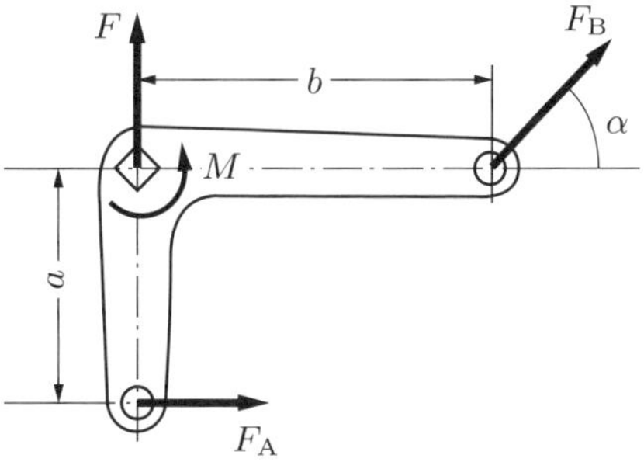

Abb. 3-49: Freigemachter Winkelhebel

Lösung (Abb. 3-49/3-50)

Es handelt sich im Prinzip um die Umkehrung des Beispiels 1. Es wird von der resultierenden Kraft und dem resultierenden Moment ausgegangen und auf die erzeugenden Kräfte zurückgerechnet. Der Leser überlege sich, ob auch die Richtung der Kraft A berechenbar ist.

Zunächst werden die Kräfte nach Abb. 3-49 angenommen. Die Gleichungen (3-2)/(3-4) ergeben

$$\sum F_\mathrm{y} = F_{\mathrm{res\,y}} = F = F_\mathrm{B} \cdot \sin\alpha \tag{1}$$

$$\sum F_\mathrm{x} = F_{\mathrm{res\,x}} = 0 = F_\mathrm{A} + F_\mathrm{B} \cdot \cos\alpha \tag{2}$$

$$\sum M = M = F_\mathrm{B} \cdot \sin\alpha \cdot b + F_\mathrm{A} \cdot a. \tag{3}$$

Das sind drei Bestimmungsgleichungen für die unbekannten Größen F_A; F_B und den Winkel α.

Aus (1) erhält man

$$F_\mathrm{B} = \frac{F}{\sin\alpha}.$$

Die Gleichung (2) liefert damit $F_\mathrm{A} = -\dfrac{F}{\tan\alpha}$.

Diese Größen werden in (3) eingesetzt und ergeben:

$$\tan\alpha = \frac{1}{\dfrac{b}{a} - \dfrac{M}{F \cdot a}}.$$

Zunächst muss der Winkel α berechnet werden.

$$\tan\alpha = \frac{1}{\dfrac{0{,}30\,\text{m}}{0{,}20\,\text{m}} - \dfrac{80\,\text{Nm}}{200\,\text{N}\cdot 0{,}20\,\text{m}}}; \qquad \underline{\alpha = -63{,}4^\circ}$$

Jetzt sind die Kräfte bestimmbar.

$$\underline{F_\text{A}} = -\frac{200\,\text{N}}{\tan(-63{,}4^\circ)} \underline{= +100\,\text{N}};$$

$$\underline{F_\text{B}} = \frac{200\,\text{N}}{\sin(-63{,}4^\circ)} \underline{= -223{,}6\,\text{N}}$$

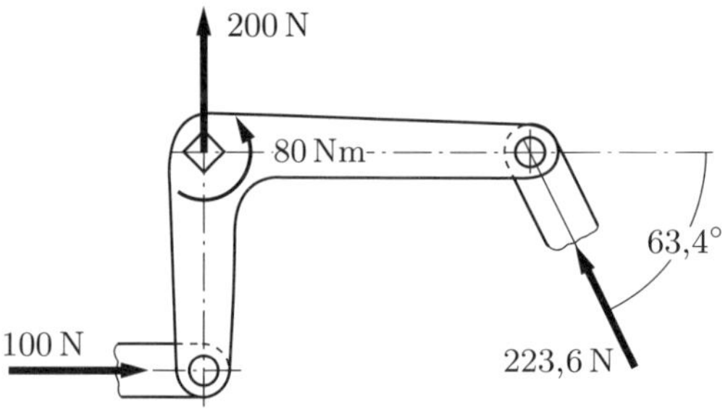

Abb. 3-50: Kräfte und Moment am Winkelhebel

Die Deutung der Vorzeichen ergibt ein Kräftesystem nach Abb. 3-50, das leicht auf seine Richtigkeit zu kontrollieren ist.

3.4.2 Graphische Methode (Seileck)

Die Seileckkonstruktion wird zur Lösung von allgemeinen, ebenen Kräftesystemen nicht mehr angewendet. Als Begründung dafür kann man die weitgehende Verwendung von Rechnern und Computern angeben. Deshalb soll erklärt werden, warum diese Methode hier, zwar gekürzt und nur in einem Beispiel angewendet, trotzdem gebracht wird.

In der Festigkeitslehre (Band 2) wird gezeigt werden, dass es eine Analogie zwischen dem Seileck und der Deformation einer auf Biegung beanspruchten Welle gibt. Die Seileckkonstruktion ist eine zweifache graphische Integration, was an dieser Stelle weder erkennbar noch beweisbar ist. Auf dieser Tatsache beruht zunächst ein graphisches Verfahren nach MOHR[1] zur Bestimmung der Wellendeformation. Dessen hauptsächliche Bedeutung liegt darin, dass es die Basis für

[1] MOHR, Otto (1835-1918), deutscher Ingenieur.

eine sehr preiswerte und einfach zu programmierbare Rechenmethode zur Bestimmung von Wellendurchbiegungen ist. Diese kann die nicht immer preiswerten Programme zur Berechnung von mehrfach besetzten Wellen und mehrfach abgesetzten Wellen ersetzen. Das ist der Hauptgrund für die nachfolgenden Ausführungen.

Ausgegangen wird von zwei Kräften F_1 und F_2, die nach Abb. 3-51 ein ideal flexibles Seil belasten. Dieses ist an zwei Gelenken A und B befestigt. Im Ruhezustand stellt sich das System wie skizziert ein. Die Seilabschnitte werden mit 0; 1; 2 bezeichnet. Es ist einleuchtend, dass sie mit den Kraftkomponenten S_0; S_1; S_2 belastet werden. Die Komponenten S_0 und S_1 ersetzen die Kraft F_1. Analog gilt das für $S_1; S_2$ und F_2. Im System heben sich die beiden Komponenten S_1 auf (1. Lehrsatz). Es verbleiben S_0 und S_2, die damit für F_1 und F_2 stehen. Sie werden in den gemeinsamen Schnittpunkt geschoben und zur Resultierenden F_{res} zusammengesetzt. Für mehr als zwei Kräfte kann man folgende Schlussfolgerungen ziehen:

1. *Der Schnittpunkt des* 0*-ten und letzten Seilstrahls, liegt auf der Wirkungs linie der Resultierenden der Lastkräfte F.*
2. *Die Resultierende ist das Ergebnis der vektoriellen Addition der* 0*-ten und letzten Seilkraft.*

Im zugehörigen Kräfteplan der Abb. 3-51 sind die Kraftecke dargestellt. Man findet die zweite Aussage bestätigt. Der Vergleich von Lage- und Kräfteplan führt auf folgende Analogie:

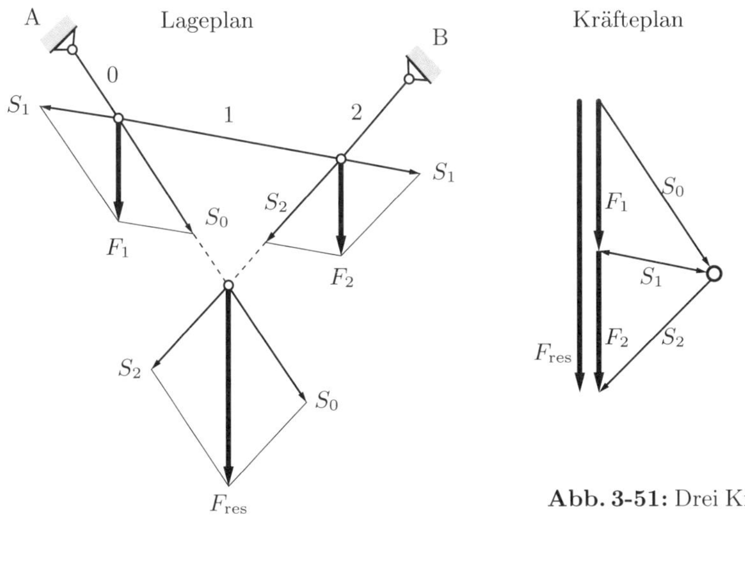

Abb. 3-51: Drei Kräfte am starren Körper

Ein Punkt im Lageplan entspricht einem Dreieck im Kräfteplan. Beispiel: Schnittpunkt S_0; S_1; F_1 im Lageplan entspricht dem Dreieck S_0; S_1; F_1 im Kräfteplan.

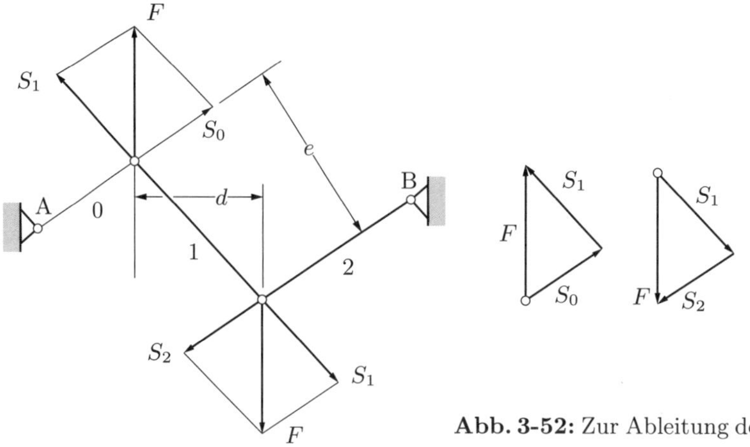

Abb. 3-52: Zur Ableitung der Seileckkonstruktion

Die Abb. 3-52 zeigt ein Seil, das mit einem Kräftepaar belastet ist. Das Seil stellt sich in der Ruhelage so ein, dass die beiden Seile 0 und 2 parallel sind. Grund: Die Gelenke A und B nehmen über die Seile das Kräftepaar auf, müssen deshalb über die Seilkräfte in 0 und 2 dieses kompensieren. Auch in diesem Fall heben sich die beiden Komponenten S_1 auf. Die beiden Kräfte F sind ersetzt durch S_0 und S_2. Das Moment $F \cdot d$ ist ersetzt durch $e \cdot S_0 = e \cdot S_2$. Die Schlussfolgerung für ein System paralleler Kräfte, deren Resultierende null ist, die jedoch ein Moment erzeugen, ist: Die 0-te und die letzte Seilkraft sind gleich groß und entgegengesetzt gerichtet. Die Wirkungslinien liegen parallel. Das Moment, das die Kräfte insgesamt ausüben, errechnet sich aus dem Abstand der Wirkungslinien e multipliziert mit der 0-ten (oder letzten) Seilkraft.

Der aus dieser Aussage gezogene Umkehrschluss ist in der Anwendung besonders wichtig: Liegen der 0-te und letzte Seilstrahl kollinear, verschwindet e und damit das Moment. Anders ausgedrückt:

Für einen geschlossenen Seilzug gilt $M_{\text{res}} = 0$.

Die Seileckkonstruktion wird in einem Beispiel des Abschnittes 6.3 angewendet.

Aufgaben zum Abschnitt 3.4

A3-52 bis A3-54 Die Resultierende des skizzierten Kräftesystems ist zu bestimmen. Das Ergebnis ist mit einer Momentengleichung für einen zweiten Pol zu kontrollieren.

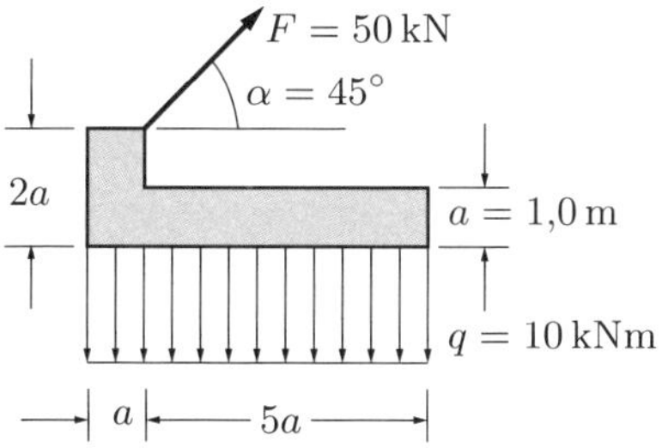

Abb. A3-52

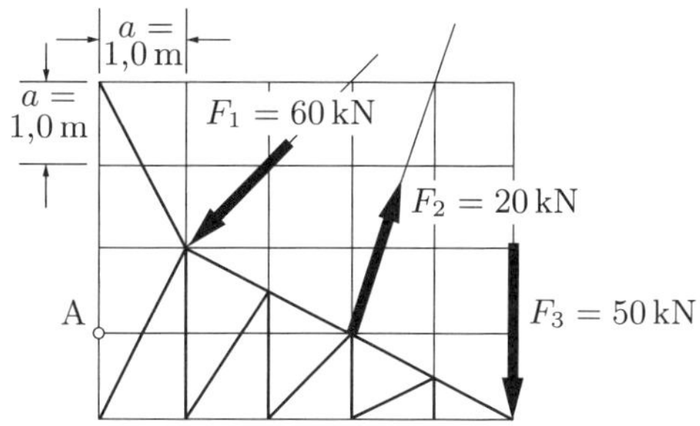

Abb. A3-53

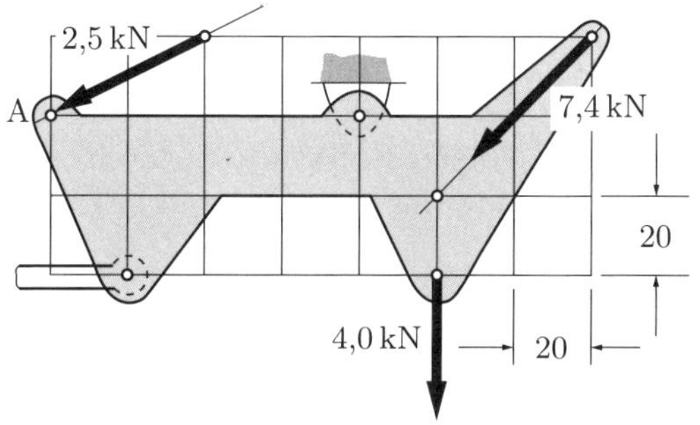

Maße in cm

Abb. A3-54

A3-55 Das Kräftesystem A3-25 ist durch eine Kraft und ein Moment im Pol A zu ersetzen. Die Gleichung der Wirkungslinie der Resultierenden ist aufzustellen.

A3-56 Das Kräftesystem A3-26 ist durch eine Kraft in A und zwei gleich große, entgegengesetzt gerichtete, vertikale Kräfte in B und C zu ersetzen.

A3-57 Für das Kräftesystem A3-27 ist die Lage der Wirkungslinie der Resultierenden zu bestimmen. Anzugeben sind Steigung und Lage in Bezug auf den Pol A.

3.5 Zusammenfassung

Die Resultierende hat auf einen starren Körper die gleiche Wirkung wie die Kräfte, aus denen sie ermittelt ist. Ihre Größe und Richtung können aus folgenden Gleichungen berechnet werden:

$$F_{\text{res x}} = \sum F_{\text{x}} \qquad F_{\text{res y}} = \sum F_{\text{y}}$$

$$F_{\text{res}} = \sqrt{F_{\text{res x}}^2 + F_{\text{res y}}^2} \tag{3-2}$$

$$\tan\alpha = \frac{F_{\text{res y}}}{F_{\text{res x}}}.$$

Für das allgemeine Kräftesystem und für parallele Kräfte muss zusätzlich die Lage der Wirkungslinie ermittelt werden. Es wird die Bedingung aufgestellt, dass in Bezug auf einen beliebigen Punkt die Resultierende das gleiche Moment ausüben muss wie die Kräfte, die sie ersetzt. Der Abstand der gesuchten Wirkungslinie vom gewählten Punkt ist

$$\text{x} = \frac{\sum M_{\text{i}}}{F_{\text{res}}} \tag{3-5}$$

Man kann ein ebenes Kräftesystem an einem beliebigen Punkt durch die Resultierende und ein Moment ersetzen, das gleich der Summe der Momente in Bezug auf diesen Punkt ist.

Graphisch erhält man die Größe und Richtung der Resultierenden aus der vektoriellen Addition der Einzelkräfte. Die Lage der Wirkungslinie ergibt sich durch schrittweise Zusammensetzung zweier Kräfte oder sie kann mit der Seileckkonstruktion ermittelt werden.

Sonderfälle.

1. Zwei gleich große, entgegengesetzt wirkende Kräfte, deren Wirkungslinien parallel liegen, nennt man Kräftepaar. Dieses kann nicht durch eine Kraft ersetzt werden. Es übt ein Moment

   $$M = F \cdot d \quad F \perp d \tag{3-3}$$

   aus, das unabhängig von der Lage des Bezugspunktes ist. Daraus folgt: Kräftepaare können sowohl auf der Ebene, in der sie wirken, als auch in eine parallele Ebene verschoben werden.
2. Wird eine Kraft F um den Betrag d parallel verschoben, dann muss ein Moment $F \cdot d$ addiert werden, dessen Drehsinn entgegengesetzt dem bei der Verschiebung entstehenden Moment ist.
3. Sind Kräftepolygon und Seileck geschlossen, dann verschwinden sowohl resultierende Kraft als auch resultierendes Moment.

4 Der Schwerpunkt

4.1 Einführung

Einen starren Körper kann man sich aus einzelnen Masseteilen zusammengesetzt denken. Diese können im Extremfall beliebig klein sein (Differentiale $\mathrm{d}m$). An jedem dieser Teile greift die dazugehörige Gewichtskraft an. Insgesamt erzeugt das Gravitationsfeld der Erde in jedem Körper ein System paralleler Kräfte, deren Resultierende die Gewichtskraft ist. Ihre Wirkungslinie wird *Schwerelinie* genannt. Dreht man den betrachteten Körper, dann bleibt die Schwerelinie vertikal gerichtet, sie verändert ihre Lage innerhalb des sich drehenden Körpers. Demonstriert wird das an einem Versuch nach Abb. 4-1. Es gibt bei diesem Vorgang einen Punkt, durch den unabhängig von der Lage des Körpers die Schwerelinie geht. Das ist der *Schwerpunkt*. Der Umkehrschluss ist: Die Gewichtskraft kann man sich im Schwerpunkt angreifend denken.

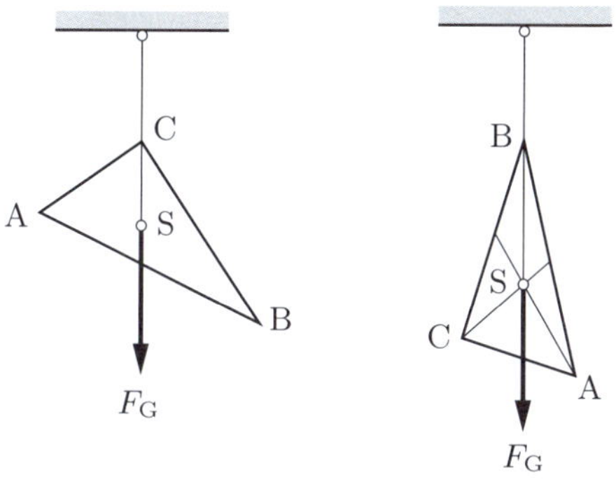

Abb. 4-1: Versuch zur Bestimmung der Schwerpunktlage

Die Berechnung der Koordinaten des Schwerpunktes ist auf die Aufgabe reduziert, die Lage der Resultierenden von parallelen Kräften zu bestimmen. Das Problem wurde im Abschnitt 3.3.2 gelöst. Im Beispiel 1 ist zur Vorbereitung dieses Kapitels bereits eine Schwerpunktberechnung gebracht worden.

Im nächsten Abschnitt wird die Lage des Massenschwerpunktes bestimmt. Die Schwerpunktachsen einer Masse haben in der Kinetik eine besondere Bedeutung. Im Band 3 wird darauf ausführlich eingegangen. Für den homogenen Körper ist die Lage des Schwerpunktes unabhängig von der Dichte. Man spricht von *Volumenschwerpunkt*, obwohl das Volumen eine geometrische Größe ist. Im nächsten Schritt werden die Bestimmungsgleichungen für eine dünne homogene Platte konstanter Dicke aufgestellt. Das führt auf den Begriff *Flächenschwerpunkt*. Auch dieser Begriff ist nicht korrekt, genauso wie der nächste. Diese Größe geht in vielfältiger Weise z.B. in der Festigkeitslehre ein. Aus der dünnen Platte wird ein schmaler Streifen herausgeschnitten gedacht. So erhält man die Gleichungen für den *Linienschwerpunkt*.

Der letzte Abschnitt bringt die Regeln von GULDIN[1] und PAPPUS[2]. Mit Hilfe je einer Schwerpunktkoordinate können Oberflächen und Volumina von rotationssymmetrischen Körpern berechnet werden.

4.2 Der Massenschwerpunkt

4.2.1 Der inhomogene Körper

Einen Körper der Masse m (Abb. 4-2) kann man sich aus vielen Einzelmassen Δm aufgebaut denken. Der Körper ist inhomogen, wenn diese Einzelteile unterschiedliche Dichten ϱ haben.

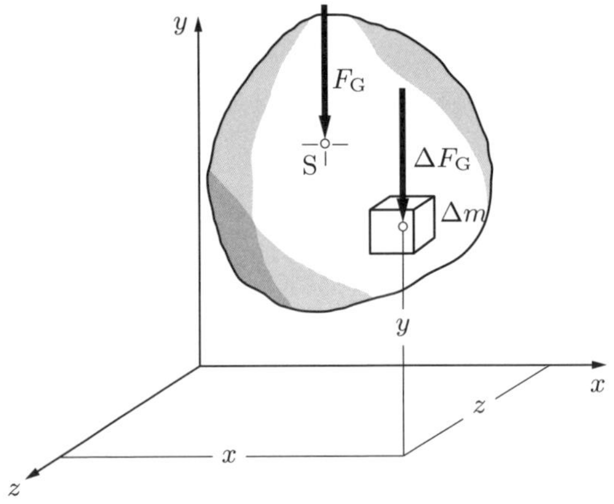

Abb. 4-2: Inhomogener Körper im räumlichen Koordinatensystem

An jeder Einzelmasse greift die Gewichtskraft ΔF_G an. Die Resultierende aller Teilgewichtskräfte ΔF_G ist die Gewichtskraft, die insgesamt auf den Körper wirkt. Ihre Wirkungslinie geht durch den Schwerpunkt. Die Lage der Wirkungslinie errechnet sich aus der Momentengleichung:

„Summe der Momente der Einzelkräfte gleich Moment der resultierenden Kraft".

[1] GULDIN, (1577-1643), schweizer Jesuitenpater

[2] PAPPUS, ca. 300 n.Chr., griechischer Mathematiker

Diese Momentengleichung kann für die drei Achsen x, y, z angewendet werden. Da die Gewichtskräfte immer lotrecht nach unten wirken, muss man sich das System um 90° um die z-Achse gedreht denken, wenn man die Momentengleichung für die y-Achse aufstellen will.

Für die Auswertung müsste man die Einzelteile durchnummerieren. In der Abb. 4-2 ist aus Gründen der Übersichtlichkeit nur ein Teilelement eingezeichnet.

In Bezug auf die z-Achse erhält man

$$x_1 \cdot \Delta F_{\mathrm{G1}} + x_2 \cdot \Delta F_{\mathrm{G2}} + \cdots = x_{\mathrm{s}} \cdot F_{\mathrm{G}} = \sum (x_{\mathrm{i}} \cdot \Delta F_{\mathrm{G}i})$$

Dabei ist

$$F_{\mathrm{G}} = \sum (\Delta F_{\mathrm{Gi}})$$

Nach den NEWTONschen Gesetz ist $F_{\mathrm{G}} = m \cdot g$ und damit ist

$$g \sum (x_{\mathrm{i}} \cdot \Delta m_{\mathrm{i}}) = x_{\mathrm{s}} \cdot m \cdot g.$$

Der inhomogene Körper, dessen Werkstoff sich von Punkt zu Punkt in seiner Dichte ändert, erfordert für die exakte Lösung den Übergang zu unendlich vielen und unendlich kleinen Teilelementen. Aus der Differenz Δm wird das Differential $\mathrm{d}m$ und die Summation wird zur Integration:

$$\int x \cdot \mathrm{d}m = x_{\mathrm{s}} \cdot m \quad \text{mit} \quad m = m_{\mathrm{ges}} = \int \mathrm{d}m.$$

Man kann die Gleichungen für alle Achsen aufstellen und erhält damit drei Bestimmungsgleichungen für die Koordinaten des Schwerpunktes.

$$x_{\mathrm{s}} = \frac{\int x \cdot \mathrm{d}m}{m_{\mathrm{ges}}}; \quad y_{\mathrm{s}} = \frac{\int y \cdot \mathrm{d}m}{m_{\mathrm{ges}}}; \quad z_{\mathrm{s}} = \frac{\int z \cdot \mathrm{d}m}{m_{\mathrm{ges}}}. \tag{4-1}$$

Liegt das Koordinatensystem im Schwerpunkt, dann gilt $x_{\mathrm{s}} = y_{\mathrm{s}} = z_{\mathrm{s}} = 0$. Das ist die *Bedingung für die Schwerpunktachsen*, die zu folgenden Gleichungen führt:

$$\int x \cdot \mathrm{d}m = 0; \quad \int y \cdot \mathrm{d}m = 0; \quad \int z \cdot \mathrm{d}m = 0. \tag{4-2}$$

Viele inhomogene Körper sind aus homogenen Teilen zusammengesetzt, wobei diese unterschiedliche Dichten haben. Bestehen diese auch noch aus geometrischen Grundfiguren, deren Schwerpunktlage bekannt ist, dann ist es zweckmäßig, mit Summengleichungen zu arbeiten.

$$x_s = \frac{\sum x_i \cdot m_i}{\sum m_i}; \quad y_s = \frac{\sum y_i \cdot m_i}{\sum m_i}; \quad z_s = \frac{\sum z_i \cdot m_i}{\sum m_i}. \tag{4-3}$$

Die Auswertung der Gleichungen erfolgt für größere Gebilde am besten tabellarisch mit dem Rechner. Die Koordinaten $x_i; y_i; z_i$ geben die Schwerpunktlage der als Grundfigur gestalteten Masse m_i an. Für eine Auswahl von Grundfiguren sind in der Tabelle 4-1 die Schwerpunktlagen gegeben.

4.2.2 Der homogene Körper

Alle Teilelemente eines homogenen Körpers bestehen aus dem gleichen Material, d.h. haben die gleiche Dichte ϱ. Diese Bedingung wird in der Gleichung (4-1) eingeführt:

$$\mathrm{d}m = \varrho \cdot \mathrm{d}V \quad \text{mit} \quad \varrho = \text{konst.}$$

$$m = \varrho\, V$$

$$x_s = \frac{\int x \cdot \varrho \cdot \mathrm{d}V}{\varrho \cdot V} = \frac{\varrho \cdot \int x \cdot \mathrm{d}V}{\varrho \cdot V} = \frac{\int x \cdot \mathrm{d}V}{V}.$$

Analoge Gleichungen erhält man für y_s und z_s.

$$x_s = \frac{\int x \cdot \mathrm{d}V}{V_{ges}}; \quad y_s = \frac{\int y \cdot \mathrm{d}V}{V_{ges}}; \quad z_s = \frac{\int z \cdot \mathrm{d}V}{V_{ges}}. \tag{4-4}$$

Das Kürzen der Dichte bedeutet, dass die Lage des Schwerpunktes eines homogenen Körpers unabhängig von der Dichte ist. Eine kreisrunde Scheibe gleicher Dicke hat unabhängig vom Material den Schwerpunkt in der Mitte.

Da die Lage des Schwerpunktes eines homogenen Körpers nicht von der Masse, sondern nur von der Volumenverteilung abhängt, nennt man den Schwerpunkt auch *Volumenschwerpunkt*.

Die Bedingung $x_s = y_s = z_s = 0$ *(Schwerpunktachsen)* ergibt:

$$\int x \cdot \mathrm{d}V = 0; \quad \int y \cdot \mathrm{d}V = 0; \quad \int z \cdot \mathrm{d}V = 0. \tag{4-5}$$

Aus dem bisher Ausgeführten (z.B. Abb. 4-1) folgt, dass Symmetrieachsen bzw. -ebenen eines homogenen Körpers gleichzeitig Schwerelinien bzw. Schwerebenen sind. Der Schwerpunkt eines symmetrischen, homogenen Körpers liegt in der Symmetrieebene bzw. in der Symmetrieachse.

Für geometrische Grundformen sind die Schwerpunkte in Tabelle 4-1 angegeben. Es handelt sich hier um eine Auswahl. Ausführliche Tabellen enthalten die einschlägigen Taschenbücher.

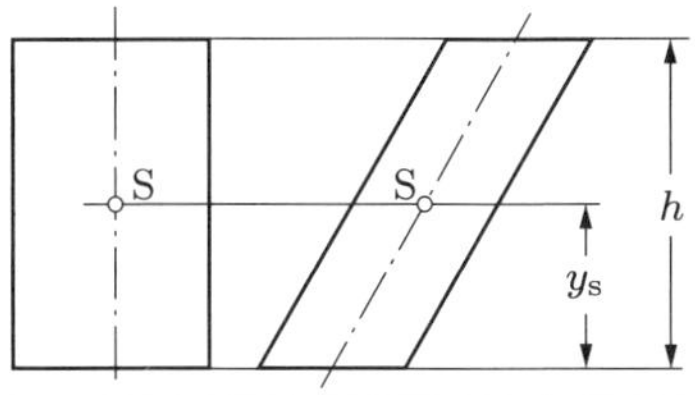	**Gerades und schiefes Prisma (Zylinder) mit parallelen Begrenzungsflächen** S liegt auf der Verbindungslinie der beiden Schwerpunkte der Begrenzungsflächen	$y_S = \frac{h}{2}$
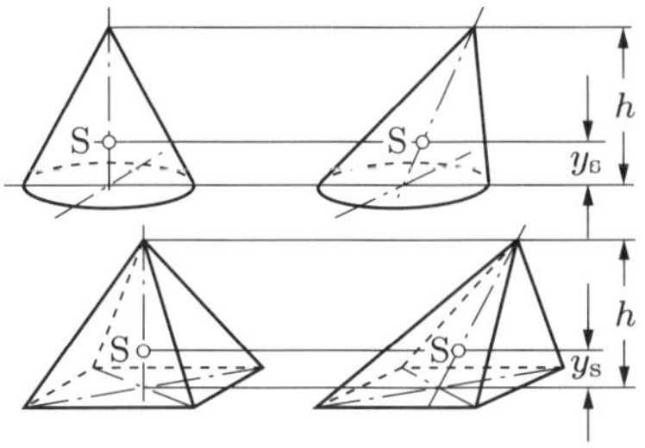	**Gerader und schiefer Kegel und gerade und schiefe Pyramide** S liegt auf Verbindungslinie Schwerpunkt Grundfläche und Spitze	$y_S = \frac{h}{4}$
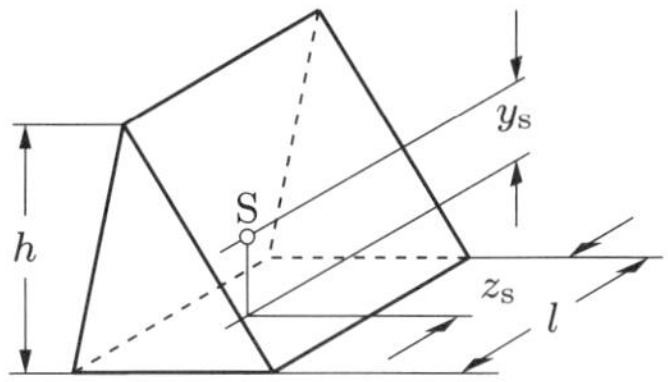	**Gerader und schiefer Keil** (siehe auch unter Prisma)	$y_S = \frac{h}{4}$ $z_S = \frac{l}{2}$
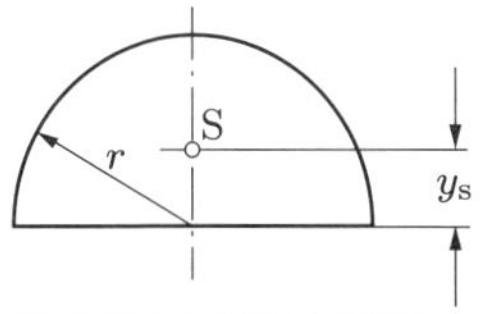	**Halbkugel**	$y_S = \frac{3}{8} r$
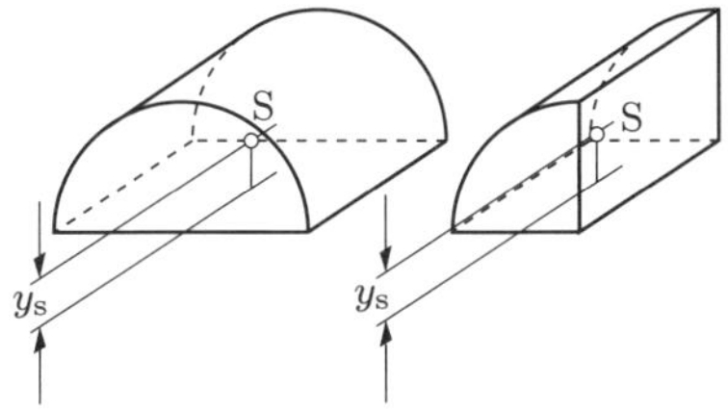	**Halb- und Viertelzylinder** S liegt in der Schnittgeraden der beiden Symmetrieebenen im Abstand y_S von der Auflagefläche	$y_S = \frac{4}{3\pi} r$

Tabelle 4-1: Schwerpunktskoordinaten homogener Körper.

Viele in der Technik verwendete Körper sind aus geometrischen Grundfiguren aufgebaut. In diesem Falle arbeitet man mit Summengleichungen, die analog zu den Gleichungen (4-4) aufgebaut sind.

$$x_s = \frac{\sum x_i \cdot V_i}{\sum V_i}; \quad y_s = \frac{\sum y_i \cdot V_i}{\sum V_i}; \quad z_s = \frac{\sum z_i \cdot V_i}{\sum V_i}. \tag{4-6}$$

Es gilt dasselbe, was zu den Gleichungen (4-3) gesagt wurde. Die Auswertung kann tabellarisch mit einem Rechner erfolgen. Diese Gleichungen eignen sich auch für die Schwerpunktbestimmung komplizierter Körper, wenn die geschlossene Lösung der Integrale nicht möglich ist. In einem solchen Falle zerlegt man diesen Körper in schmale Teilstücke V_i, für die der Schwerpunkt genügend genau bestimmbar ist, und wertet die Gleichungen (4-6) aus.

Beispiele zum Abschnitt 4.2

Beispiel 1 (Abb. 4-3)

Die Lage des Schwerpunktes eines homogenen Paraboloids ist zu bestimmen.

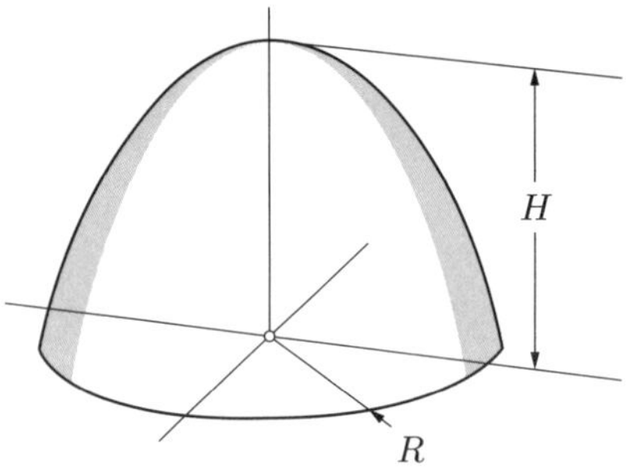

Abb. 4-3: Homogenes Paraboloid

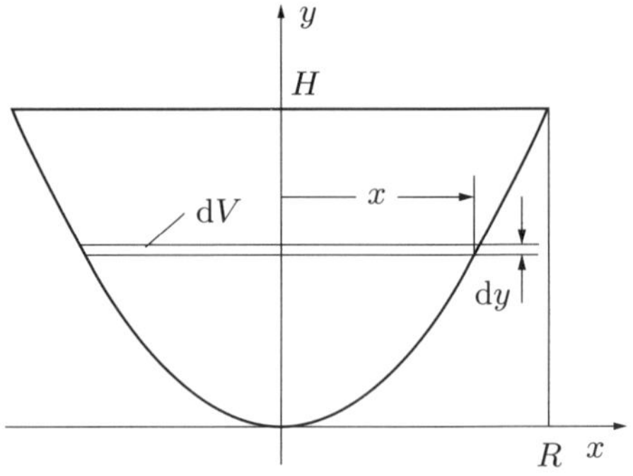

Abb. 4-4: Paraboloid im Koordinatensystem

Lösung (Abb. 4-4)

Es handelt sich um einen homogenen, rotationssymetrischen Körper. Aus diesem Grunde liegt der Schwerpunkt in der Rotationsachse. Deshalb genügt es, den Abstand von S auf dieser Achse zu bestimmen. Dazu wird das Paraboloid nach Abbildung in ein Koordinatensystem gesetzt. Die Umrisslinie in der x-y-Ebene genügt in diesem System der Parabelgleichung

$$y = k \cdot x^2. \tag{1}$$

Die Gleichung (4-4) muss ausgewertet werden.

$$y_\text{s} = \frac{\int y \cdot \mathrm{d}V}{V}$$

Das Paraboloid wird aus dünnen Kreisscheiben zusammengesetzt.

$$\mathrm{d}V = \pi \cdot x^2 \cdot \mathrm{d}y$$

Die Variable x wird durch y ersetzt. Dazu steht die Parabelgleichung (1) zur Verfügung. Das führt auf

$$\mathrm{d}V = \pi \cdot \frac{y}{k} \cdot \mathrm{d}y \qquad (2)$$

Das Integral kann man jetzt folgendermaßen schreiben.

$$\int y \cdot \mathrm{d}V = \frac{\pi}{k} \cdot \int_0^H y^2 \cdot \mathrm{d}y = \frac{\pi}{k} \cdot \frac{H^3}{3} \qquad (3)$$

Das Volumen des Paraboloids ist unter Verwendung von (2)

$$V = \int \mathrm{d}V = \frac{\pi}{k} \cdot \int_0^H y \cdot \mathrm{d}y = \frac{\pi}{k} \cdot \frac{H^2}{2} \qquad (4)$$

Der Endpunkt der Parabel $x = R; y = H$ führt mit Hilfe von (1) auf die Formel für das Volumen, das halb so groß ist wie das eines entsprechenden Kreiszylinders

$$H = k \cdot R^2 \quad \Rightarrow \quad k = \frac{H}{R^2}; \quad V = \frac{1}{2} \cdot \pi \cdot R^2 \cdot H$$

Die Auswertung der Gleichung (4-4) kann nunmehr mit (3) und (4) erfolgen

$$\underline{y_\text{s}} = \frac{\pi \cdot H^3 \cdot k \cdot 2}{k \cdot 3 \cdot \pi \cdot H^2} = \underline{\frac{2}{3} H}$$

Der Schwerpunkt S liegt von der Grundfläche $H/3$ entfernt.

Beispiel 2 (Abb. 4-5)

In den abgebildeten Block aus Aluminium wird nach Skizze ein Zylinder von 8,0 cm Durchmesser aus Kupfer eingesetzt. Für das vorgegebene Koordinatensystem ist die Lage des Schwerpunktes zu bestimmen.

Aluminium $\varrho = 2{,}6\,\mathrm{g/cm^3}$; Kupfer $\varrho = 8{,}9\,\mathrm{g/cm^3}$.

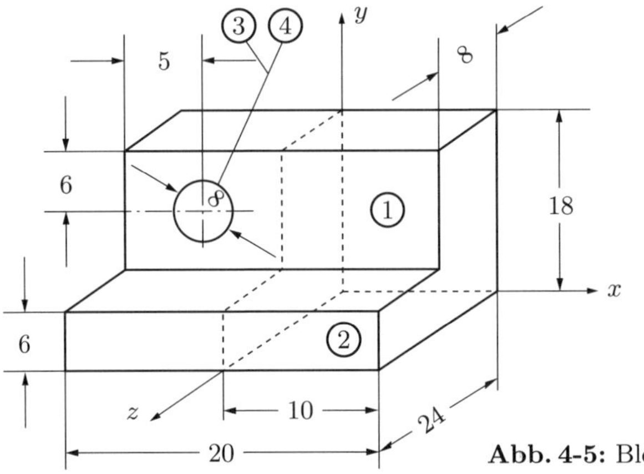

Abb. 4-5: Block mit eingeschobenem Bolzen

Lösung

Die einzelnen Teile werden zunächst nummeriert:

Nr. 1 Voller Block 18 cm × 8 cm × 20 cm
Nr. 2 Block 16 cm × 20 cm × 6 cm
Nr. 3 Herausgebohrter Zylinder, d.h. die Masse wird abgezogen. Deshalb hat sie ein negatives Vorzeichen.
Nr. 4 Hineingeschobener Zylinder aus Kupfer.

Besonders zu beachten ist hier das konsequente Rechnen mit Vorzeichen. Es wird empfohlen, die Gleichungen (4-3) tabellarisch auszuwerten und die Vorzeichen vor der Rechnung in die Tabelle einzutragen. Negative Vorzeichen ergeben sich bei entsprechender Lage im Koordinatensystem und bei subtrahierten Massen.

i	$\frac{V_i}{cm^3}$	$\frac{m_i}{kg}$	$\frac{x_i}{cm}$	$\frac{x_i \cdot m_i}{cm \cdot kg}$	$\frac{y_i}{cm}$	$\frac{y_i \cdot m_i}{cm \cdot kg}$	$\frac{z_i}{cm}$	$\frac{z_i \cdot m_i}{cm \cdot kg}$
1	2880	7,488	0	0	9,0	67,39	4,0	29,95
2	1920	4,992	0	0	3,0	14,98	16,0	79,87
3	−402,1	−1,046	−5,0	+ 5,23	12,0	−12,55	4,0	−4,18
4	+402,1	3,579	−5,0	−17,90	12,0	42,95	4,0	14,32
		Σ 15,013		Σ −12,67		Σ 112,77		Σ 119,96

Die Schwerpunktskoordinaten errechnen sich aus Gleichung (4-3):

$$\underline{x_s} = \frac{\sum x_i \cdot m_i}{\sum m_i} = \frac{-12{,}67\,\text{cm kg}}{15{,}01\,\text{kg}} \underline{= -0{,}84\,\text{cm}};$$

$$\underline{y_s} = \frac{\sum y_i \cdot m_i}{\sum m_i} = \frac{112{,}77\,\text{cm kg}}{15{,}01\,\text{kg}} \underline{= 7{,}51\,\text{cm}};$$

$$\underline{z_s} = \frac{\sum z_i \cdot m_i}{\sum m_i} = \frac{119{,}96\,\text{cm kg}}{15{,}01\,\text{kg}} \underline{= 7{,}99\,\text{cm}}.$$

Kontrolle: Für Schwerpunktachsen müssen Momentengleichungen null ergeben.

Aufgaben zum Abschnitt 4.2

A4-1 Der skizzierte Körper besteht aus zwei Zylindern unterschiedlicher Dichten. Allgemein und für die unten gegebenen Daten ist die Schwerpunktlage zu berechnen.

i	l_i/ cm	d_i/ cm	$\varrho_i/(\text{g}/\text{cm}^3)$
1	40,0	3,0	2,0
2	10,0	8,0	8,0

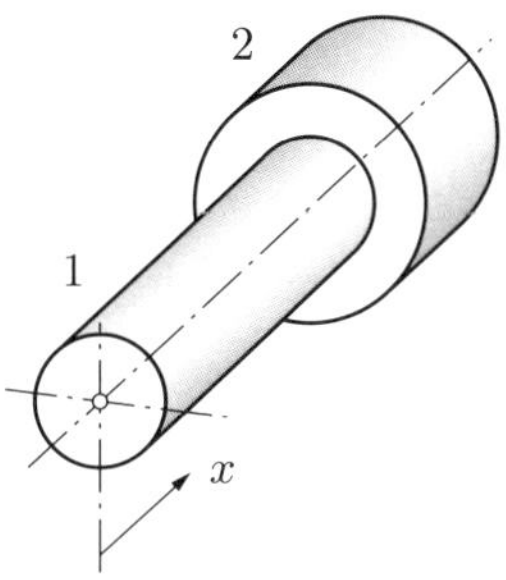

Abb. A4-1

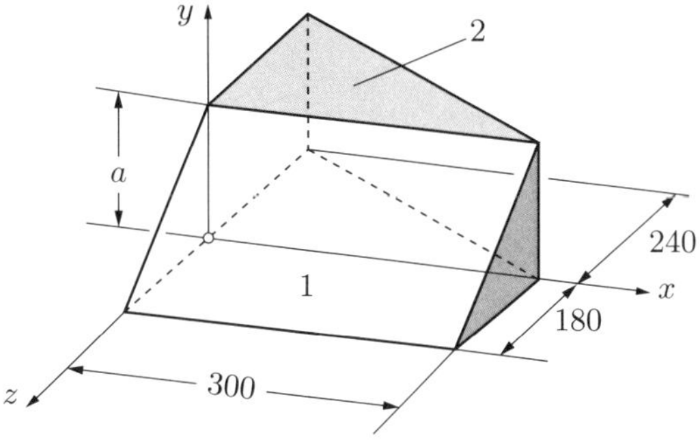

Abb. A4-2

A4-2 Der abgebildete Körper besteht aus zwei Blöcken unterschiedlicher Dichte: Teil 1 aus Kupfer ($\varrho_1 = 8{,}96\,\text{g}/\text{cm}^3$), Teil 2 aus Stahl ($\varrho_2 = 7{,}85\,\text{g}/\text{cm}^3$). Die Abmessung a soll so bestimmt werden, dass $m_{\text{ges}} = 50\,\text{kg}$ ist. Für diesen Körper ist die Lage des Schwerpunktes zu berechnen. Die Grenzfläche beider Körper ist die x-y-Ebene.

A4-3 Der Alu-Block ($\varrho = 2{,}60\,\text{g}/\text{cm}^3$) ist nach Skizze parallel zur x-Achse 250 mm tief gebohrt. Das Bohrungsende ist eben. In der Bohrung sitzt spielfrei ein Stahlbolzen ($\varrho = 7{,}85\,\text{g}/\text{cm}^3$). Zu bestimmen ist die Lage des Schwerpunktes.

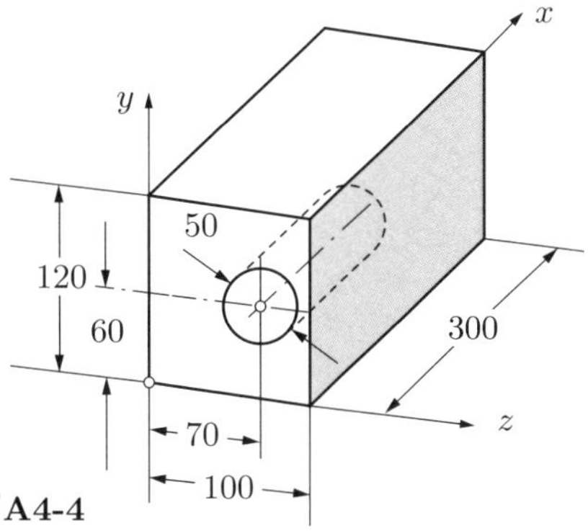

Abb. A4-3/A4-4

A4-4 Diese Aufgabe entspricht A4-3, jedoch ist die Länge der voll vom Bolzen ausgefüllten Bohrung nicht bekannt. Die Gesamtmasse beträgt 11,0 kg. Zu bestimmen ist die Lage des Schwerpunktes.

A4-5 Der Mantel des abgebildeten Drehteils besteht aus Stahl ($\varrho = 7{,}85\,\mathrm{g/cm^3}$). Der Innenraum ist nach Skizze mit einem Material der Dichte $\varrho = 2{,}25\,\mathrm{g/cm^3}$ gefüllt. Zu bestimmen ist die Lage des Schwerpunktes.

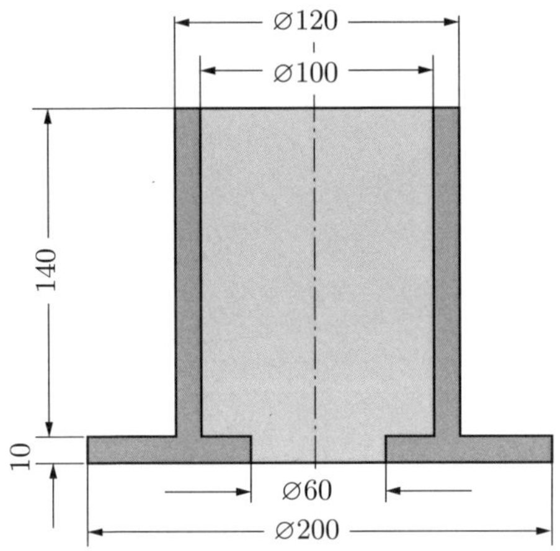

Abb. A4-5

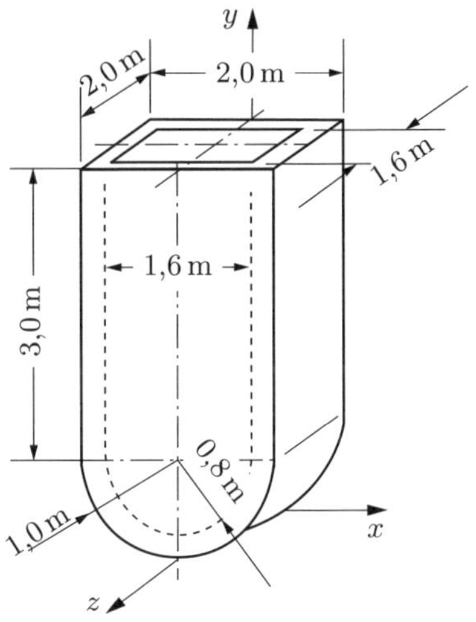

Abb. A4-6/A4-12

A4-6 Abgebildet ist ein Behälter aus Stahlbeton ($\varrho = 2400\,\mathrm{kg/m^3}$), der mit einem halbkreisförmigen Boden ausgeführt ist. Er ist bündig mit einem Stoff der Dichte $\varrho = 1300\,\mathrm{kg/m^3}$ gefüllt. Für den gefüllten Behälter ist die Lage des Schwerpunktes zu bestimmen.

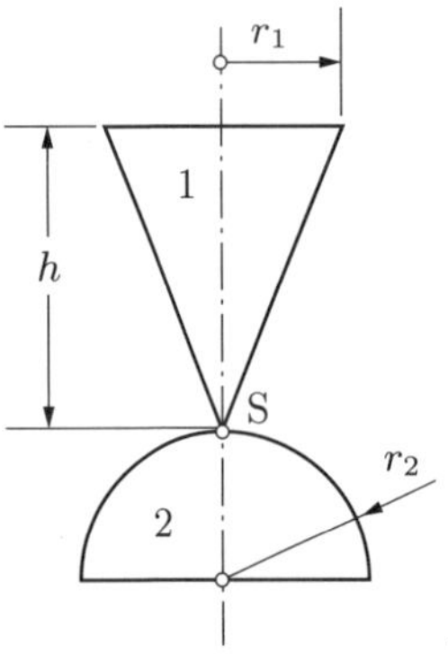

Abb. A4-7

A4-7 Der abgebildete Körper besteht aus einem homogenen Kegel (1) und einer homogenen Halbkugel (2). Die Dichten sind unterschiedlich. Der Schwerpunkt soll wie angegeben liegen. Aus dieser Bedingung ist eine Gleichung für h aufzustellen.

A4-8 bis A4-11 Zu bestimmen ist die Lage des Schwerpunktes des abgebildeten homogenen Körpers.

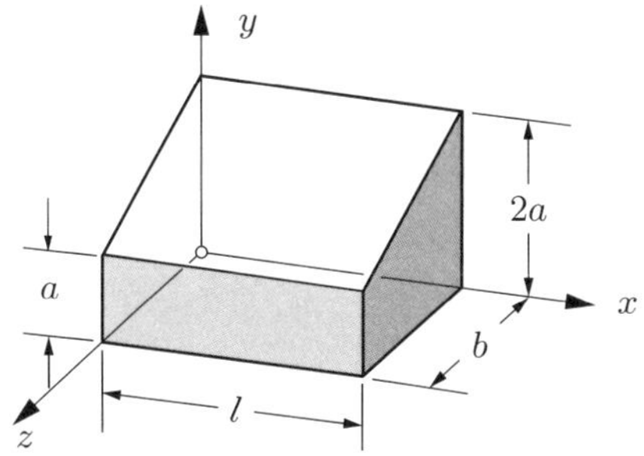

Abb. A4-8

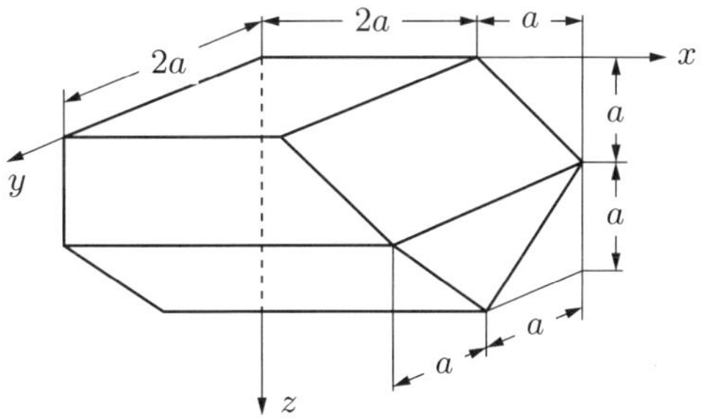

Abb. A4-9

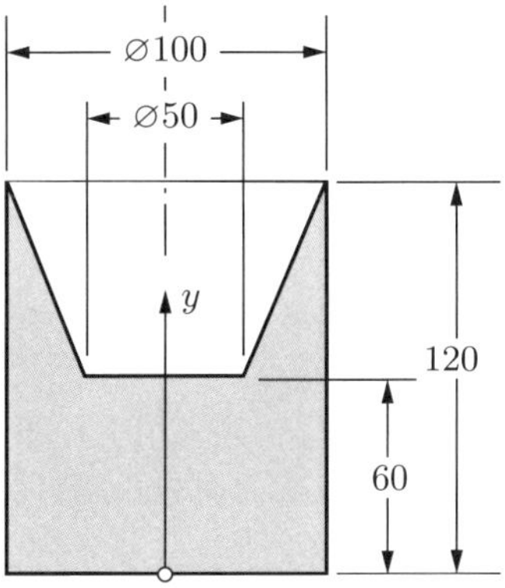

Abb. A4-10

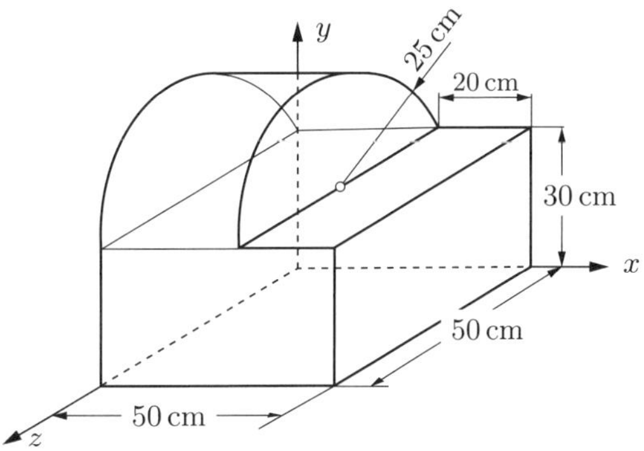

Abb. A4-11

A4-12 Die Lage des Schwerpunktes des leeren Behälters A4-6 ist zu berechnen.

A4-13 Die an einer Schiene hängende Ladefläche eines Kettenförderers soll im unbeladenen Zustand horizontal liegen. Dazu soll am rechten Rand eine Masse m_4 befestigt werden. Deren Größe ist für $m_1 = 4{,}0\,\text{kg}; m_2 = 8{,}0\,\text{kg}$ und für $m_3 = 12\,\text{kg}$ zu bestimmen. Alle Teile können homogen angenommen werden.

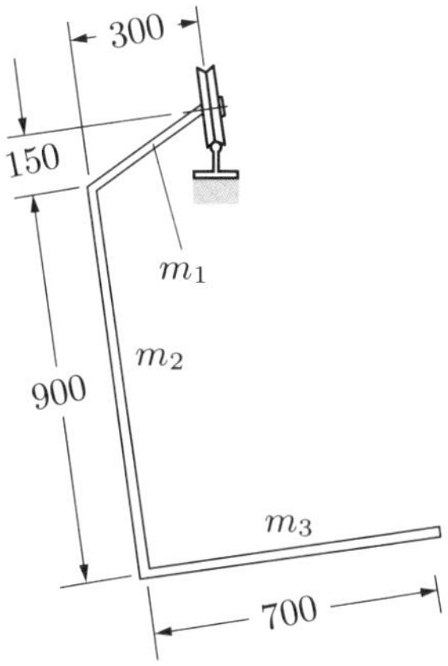

Abb. A4-13

4.3 Der Flächenschwerpunkt

Der Schwerpunkt einer beliebig geformten Schale konstanter Dicke s, die aus homogenem Material gefertigt ist, soll bestimmt werden. Die genannten Bedingungen können folgendermaßen formuliert werden (s. Abb. 4-6)

$$\mathrm{d}m = \varrho \cdot \mathrm{d}V = \varrho \cdot s \cdot \mathrm{d}A \qquad \text{mit} \quad \varrho = \text{konst.};\; s = \text{konst.}$$
$$m = \varrho \cdot s \cdot A.$$

Diese Beziehungen werden in die Gleichungen (4-1) eingeführt.

$$x_\mathrm{s} = \frac{\int x \cdot \varrho \cdot s \cdot \mathrm{d}A}{\varrho \cdot s \cdot A} = \frac{\varrho \cdot s \cdot \int x \cdot \mathrm{d}A}{\varrho \cdot s \cdot A} = \frac{\int x \cdot \mathrm{d}A}{A}.$$

Analoge Beziehungen ergeben sich für die anderen Koordinaten

$$x_\mathrm{s} = \frac{\int x \cdot \mathrm{d}A}{A_\mathrm{ges}}; \quad y_\mathrm{s} = \frac{\int y \cdot \mathrm{d}A}{A_\mathrm{ges}}; \quad z_\mathrm{s} = \frac{\int z \cdot \mathrm{d}A}{A_\mathrm{ges}}. \tag{4-7}$$

Die Bedingungsgleichungen für die *Schwerpunktachsen* $x_\mathrm{s} = y_\mathrm{s} = z_\mathrm{s} = 0$ lauten:

$$\int x \cdot \mathrm{d}A = 0; \quad \int y \cdot \mathrm{d}A = 0; \quad \int z \cdot \mathrm{d}A = 0. \tag{4-8}$$

Die Lage des Schwerpunktes hängt demnach nur von der Flächenverteilung ab. Aus diesem Grunde nennt man diesen Schwerpunkt den *Flächenschwerpunkt.*

Auch in diesem Falle sind Symmetrieachsen identisch mit Schwerelinien. *Der Schwerpunkt liegt auf einer eventuell vorhandenen Symmetrieachse oder bei mehreren Symmetrieachsen auf ihrem Schnittpunkt.*

Viele Flächen sind aus geometrischen Grundfiguren aufgebaut. Die Schwerpunktsberechnung erfolgt hier mit Hilfe von Summengleichungen.

$$x_\mathrm{s} = \frac{\sum x_\mathrm{i} \cdot A_\mathrm{i}}{\sum A_\mathrm{i}}; \quad y_\mathrm{s} = \frac{\sum y_\mathrm{i} \cdot A_\mathrm{i}}{\sum A_\mathrm{i}}; \quad z_\mathrm{s} = \frac{\sum z_\mathrm{i} \cdot A_\mathrm{i}}{\sum A_\mathrm{i}}. \tag{4-9}$$

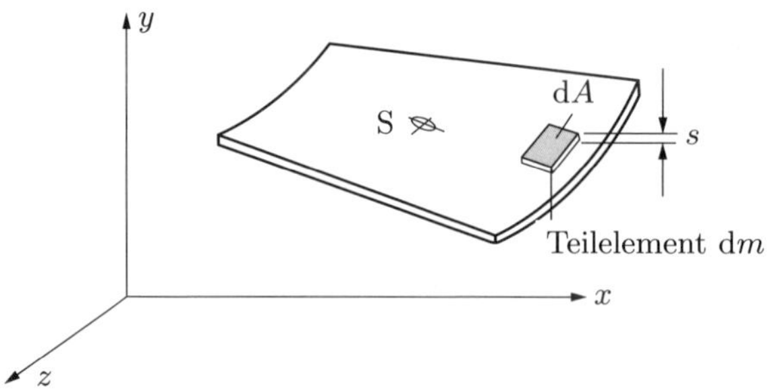

Abb. 4-6: Zur Definition des Flächenschwerpunktes

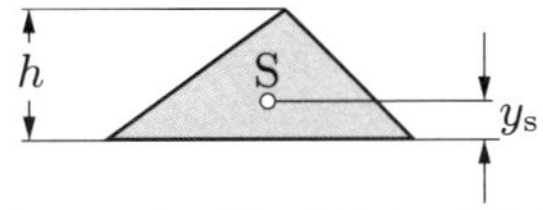	**Dreiecksfläche** S liegt im Schnittpunkt der Seitenhalbierenden	$y_s = \frac{1}{3} h$
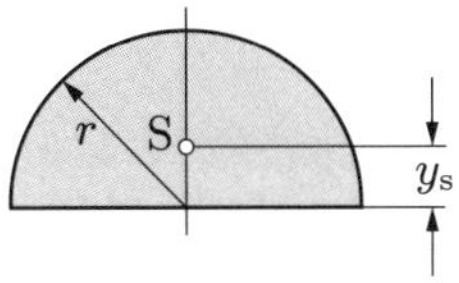	**Halbkreisfläche**	$y_s = \frac{4}{3\pi} r$
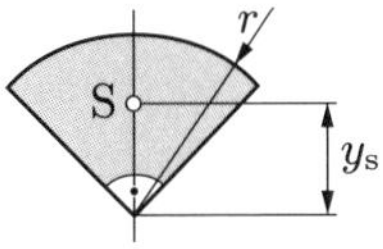	**Viertelkreisfläche**	$y_s = \frac{4\sqrt{2}}{3\pi} r$
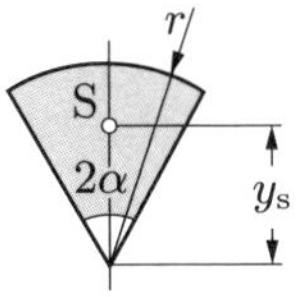	**Kreisausschnitt**	$y_s = \frac{2}{3} \frac{r \sin \alpha}{\alpha}$
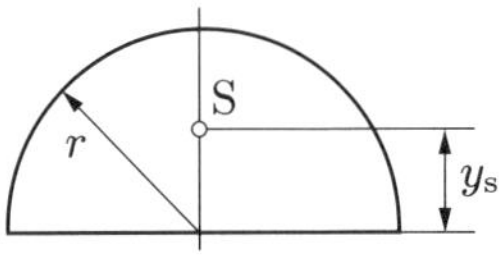	**Halbkreisbogen**	$y_s = \frac{2}{\pi} r$
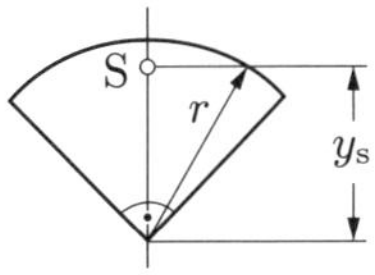	**Viertelkreisbogen**	$y_s = \frac{2\sqrt{2}}{\pi} r$

Tabelle 4-2: Schwerpunktskoordinaten von Flächen und Linien

Die Koordinaten $x_i; y_i; z_i$ geben die Schwerpunktlage der als Grundfigur gestalteten Fläche A_i an. Für eine Auswahl von Grundfiguren sind in der Tabelle 4-2 die Schwerpunktlagen gegeben.

Die Gleichungen (4-9) eignen sich auch dazu, für unregelmäßig begrenzte ebene Flächen die Schwerpunktlage zu bestimmen. In diesem Falle wird diese Fläche in Teilflächen A_i eingeteilt. Die Auswertung erfolgt tabellarisch.

Auf einige Anwendungen der Bestimmung der Flächenschwerpunkte soll hier hingewiesen werden. In der Festigkeitslehre wird bewiesen, dass bei der Axialbelastung eines zylindrischen Stabes nur dann die Spannung gleichmäßig verteilt ist, wenn die Kraft in der Schwerachse der Querschnittfläche angreift. Bei Biegung geht die neutrale Faser durch den Schwerpunkt der Querschnittfläche. Die Berechnung der Volumina von Rotationskörpern erfolgt über den Flächenschwerpunkt (s. Abschn. 4.5).

Beispiel 1 (Abb. 4-7)

Der Schwerpunktabstand y_s der skizzierten Dreiecksfläche ist zu bestimmen.

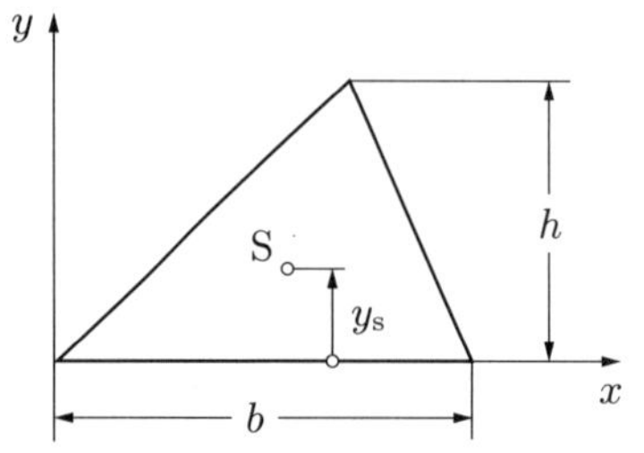

Abb. 4-7: Schwerpunkt einer Dreiecksfläche

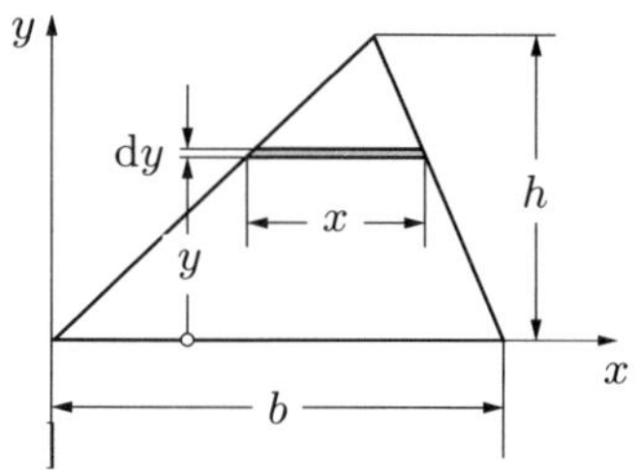

Abb. 4-8: Festlegung des Flächenelements

Lösung (Abb. 4-8)

Es muss die Gleichung (4-7)

$$y_s = \frac{\int y \cdot dA}{A_{ges}}$$

gelöst werden. Dabei muss der Schwerpunkt des Flächenelements die Ordinate y haben. Diese Bedingung ist für das eingezeichnete Element $dA = x \cdot dy$ gegeben. Man erhält damit

$$y_s = \frac{1}{A_{ges}} \int x \cdot y \cdot dy.$$

Es wird x durch y ausgedrückt. Der Strahlensatz ergibt

$$\frac{x}{b} = \frac{h-y}{h} \qquad x = \frac{b}{h}(h-y)$$

Es gilt weiter $A_{ges} = \frac{1}{2} b \cdot h$. Die Grenzen des Integrals sind $y = 0$ und $y = h$. Insgesamt erhält man:

$$y_s = \frac{2}{b \cdot h} \int_0^h \frac{b}{h}(h-y) \cdot y \cdot dy$$

$$\underline{\underline{y_s}} = \frac{2}{h^2}\left(h \cdot \frac{h^2}{2} - \frac{h^3}{3}\right) \underline{\underline{= \frac{h}{3}}}$$

Jede Seite des Dreiecks kann als Grundseite betrachtet werden. Der Schwerpunkt ist jeweils $\frac{1}{3}h$ (Höhe) von der Grundseite entfernt.

Beispiel 2 (Abb. 4-9)

Für die abgebildete Fläche ist die Lage des Schwerpunktes zu berechnen. Dabei ist das eingezeichnete Koordinatensystem zu verwenden.

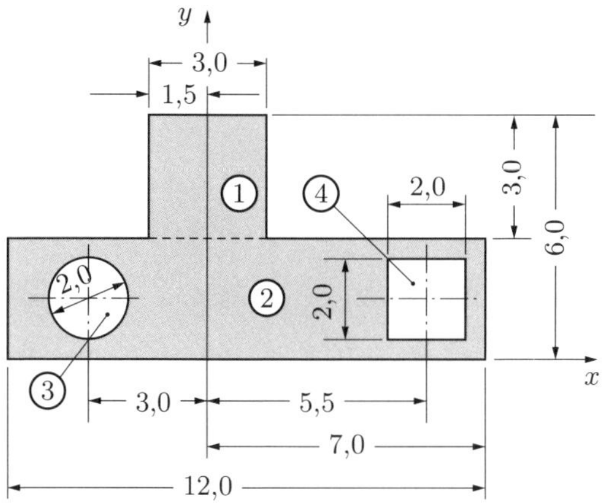

Maße in cm

Abb. 4-9: Aus geometrischen Grundfiguren aufgebaute Fläche

Lösung

Die Fläche wird in Einzelflächen eingeteilt, die durchnummeriert werden.

Nr. 1 Rechteck 3 cm × 3 cm.
Nr. 2 Volles Rechteck 3 cm × 12 cm.
Nr. 3 Kreisfläche; negativ, da von Nr. 2 subtrahiert.
Nr. 4 Rechteckfläche 2 cm × 2 cm; negativ, da von Nr. 2 subtrahiert.

Es empfiehlt sich, die Gleichungen (4-9) tabellarisch auszuwerten. Auch hier ist auf richtige Vorzeichenrechnung besonders zu achten.

i	$\frac{A_i}{\text{cm}^2}$	$\frac{x_i}{\text{cm}}$	$\frac{A_i x_i}{\text{cm}^3}$	$\frac{y_i}{\text{cm}}$	$\frac{A_i y_i}{\text{cm}^3}$
1	9,00	0	0	4,5	40,50
2	36,00	1,0	36,00	1,5	54,00
3	−3,14	−3,0	9,42	1,5	−4,71
4	−4,00	5,5	−22,00	1,5	−6,00
	Σ 37,86		Σ 23,42		Σ 83,79

$$\underline{x_s} = \frac{\sum A_i x_i}{\sum A_i} = \frac{23{,}42\,\text{cm}^3}{37{,}86\,\text{cm}^2} = \underline{0{,}62\,\text{cm}};$$

$$\underline{y_s} = \frac{\sum A_i y_i}{\sum A_i} = \frac{83{,}79\,\text{cm}^3}{37{,}86\,\text{cm}^2} = \underline{2{,}21\,\text{cm}}.$$

Beispiel 3 (Abb. 4-10)

Das aus dünnen Blechen gefertigte räumliche Gebilde besteht aus einer Halbkreisschale (Nr. 1), die nur rechts mit dem Halbkreisdeckel (Nr. 2) verschlossen ist. Oben aufgesetzt ist eine dreieckförmige Platte (Nr. 3). Für das eingezeichnete Koordinatensystem ist der Schwerpunkt zu bestimmen.

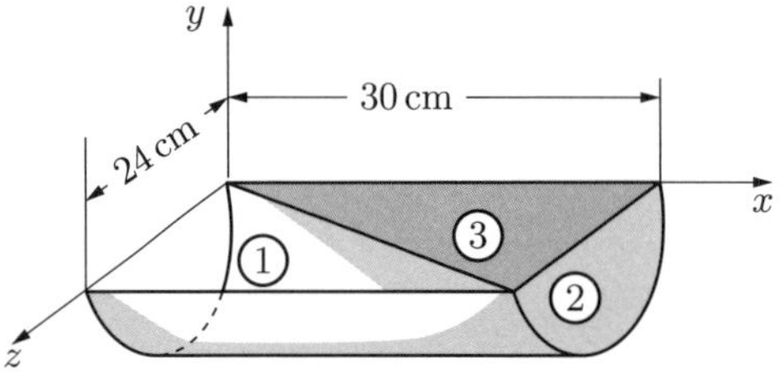

Abb. 4-10: Räumliches System von dünnen Scheiben

Lösung

Teil 1:

$$A = r \cdot \pi \cdot l = 12,0\,\text{cm} \cdot \pi \cdot 30,0\,\text{cm} = 1131\,\text{cm}^2$$

$$y_\text{s} = -\frac{2}{\pi} \cdot 12,0\,\text{cm} = -7,64\,\text{cm}. \qquad \text{(s. Tabelle 4-2)}$$

Teil 2:

$$A = \frac{1}{2} \cdot \pi \cdot \text{r}^2 = 226,2\,\text{cm}^2$$

$$y_\text{s} = -\frac{4}{3\pi} \cdot 12\,\text{cm} = -5,093\,\text{cm} \qquad \text{(s. Tabelle 4-2).}$$

Damit können die Gleichungen (4-9) tabellarisch ausgewertet werden.

i	$\frac{A_\text{i}}{\text{cm}^2}$	$\frac{x_\text{i}}{\text{cm}}$	$\frac{A_\text{i}x_\text{i}}{\text{cm}^3}$	$\frac{y_\text{i}}{\text{cm}}$	$\frac{A_\text{i}y_\text{i}}{\text{cm}^3}$	$\frac{z_\text{i}}{\text{cm}}$	$\frac{A_\text{i}z_\text{i}}{\text{cm}^3}$
1	1 131	15,0	16 965	−7,639	−8 640	12,0	13 572
2	226	30,0	6 786	−5,093	−1 152	12,0	2 714
3	360	20,0	7 200	0	0	8,0	2 880
	Σ 1 717		Σ 30 951		Σ − 9 792		Σ 19 166

$$\underline{x_\text{s}} = \frac{30\,951\,\text{cm}^3}{1\,717\,\text{cm}^2} \underline{= 18,02\,\text{cm};}$$

$$\underline{y_\text{s}} = \frac{-9\,792\,\text{cm}^3}{1\,717\,\text{cm}^2} \underline{= -5,70\,\text{cm};}$$

$$\underline{z_\text{s}} = \frac{19\,166\,\text{cm}^3}{1\,717\,\text{cm}^2} \underline{= 11,16\,\text{cm}.}$$

Kontrolle: Für die Schwerpunktskoordinaten muss die Summe der Momente gleich null sein.

Beispiel 4 (Abb. 4-11)

Die Skizze zeigt ein I-Profil. Die Breite b des oberen Flansches ist so zu bestimmen, dass der Flächenschwerpunkt wie angegeben liegt.

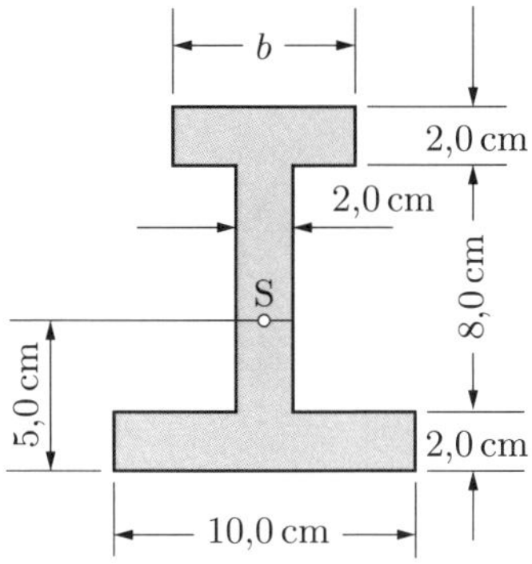

Abb. 4-11: Fläche mit vorgegebener Lage des Schwerpunktes

Lösung

Die Momentengleichung für die untere Kante der Fläche wird aufgestellt.

$$A_{\text{ges}} \cdot y_{\text{s}} = \sum A_{\text{i}} \cdot y_{\text{i}}$$

$$(10 \cdot 2\,\text{cm}^2 + 8 \cdot 2\,\text{cm}^2 + b \cdot 2\,\text{cm}) \cdot 5\,\text{cm}$$
$$= 10 \cdot 2 \cdot 1\,\text{cm}^3 + 8 \cdot 2 \cdot 6\,\text{cm}^3 + b \cdot 2\,\text{cm} \cdot 11\,\text{cm}.$$

Die Auflösung dieser Gleichung nach b ergibt:

$$\underline{b = 5{,}33\,\text{cm}.}$$

Kontrolle: Für die durch S gehende x-Achse muss das Moment verschwinden.

Aufgaben zum Abschnitt 4.3

A4-14 bis A4-22

Die Schwerpunktlage der skizzierten Fläche ist zu bestimmen.

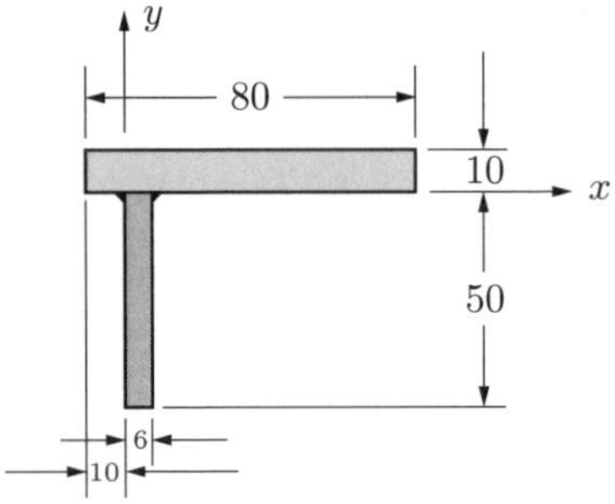

Abb. A4-14

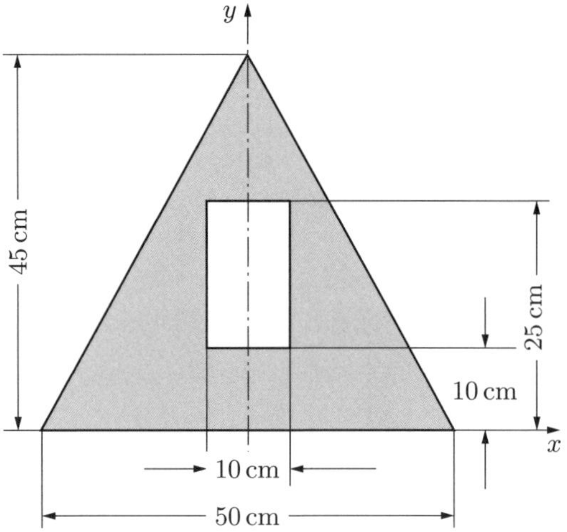

Abb. A4-15

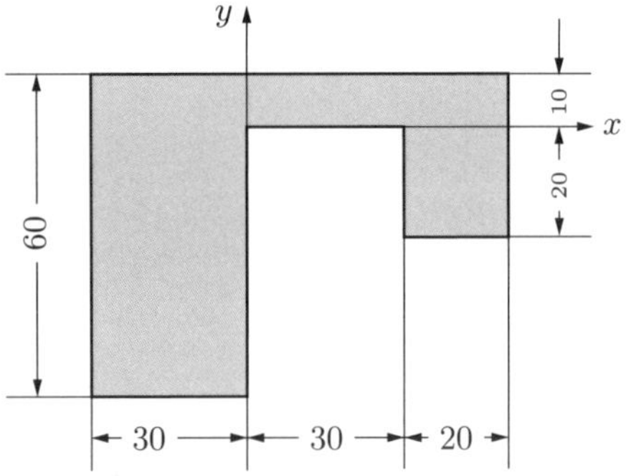

Abb. A4-16

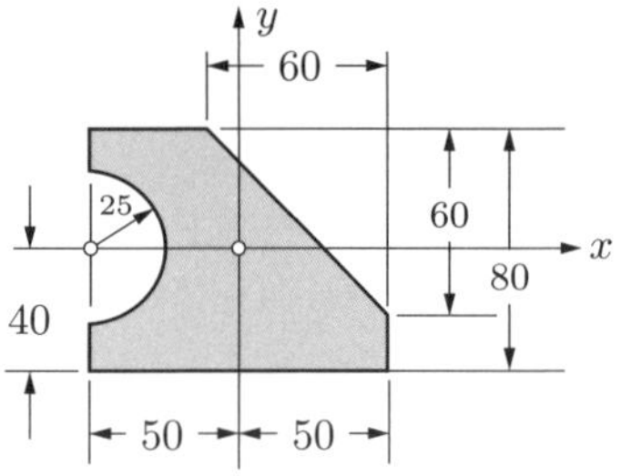

Abb. A4-17

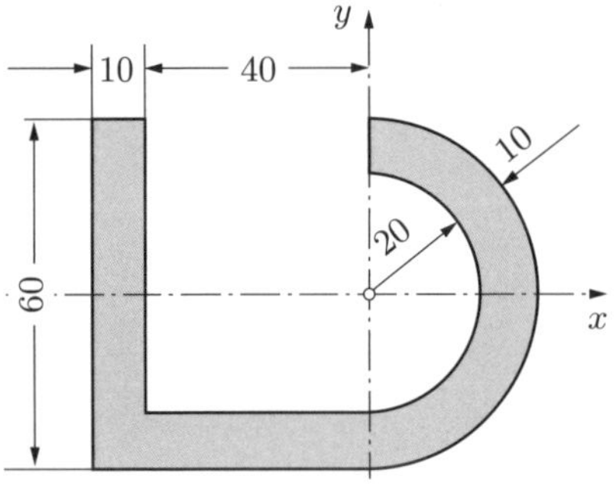

Abb. A4-18/A4-39

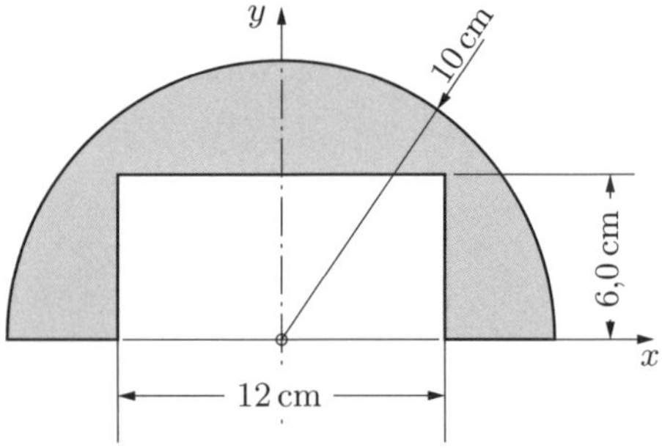

Abb. A4-19

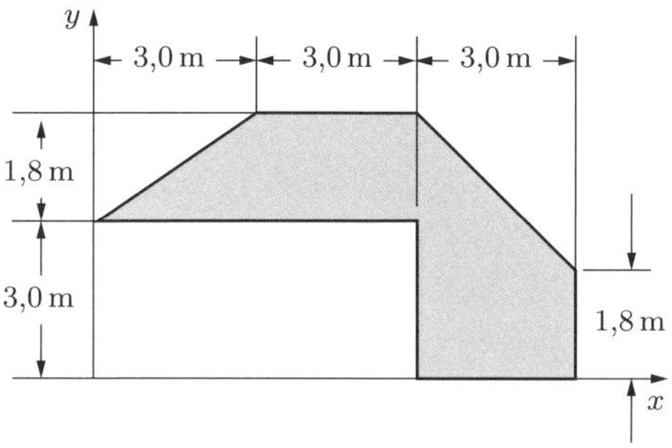

Abb. A4-20

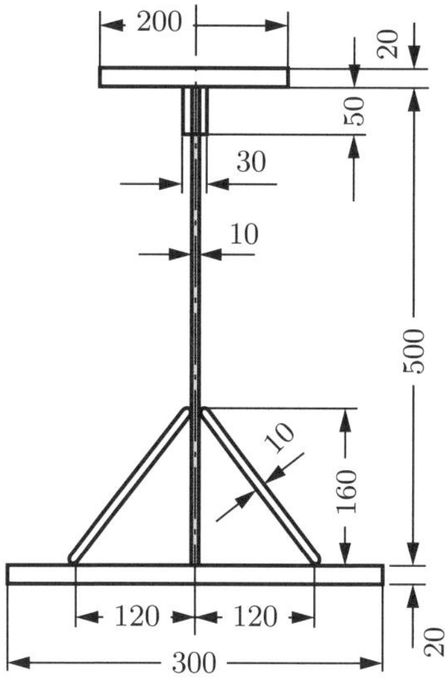

Abb. A4-21

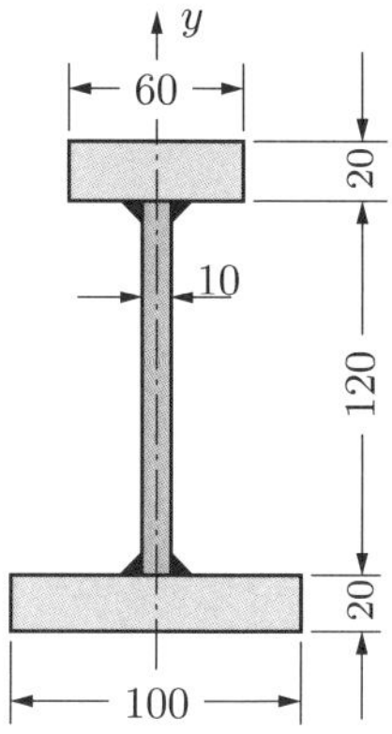

Abb. A4-22

A4-23/A3-24 Abgebildet ist der Querschnitt eines aus Walzprofilen zusammengeschweißten Trägers. Zu bestimmen ist die Lage des Flächenschwerpunktes. Daten können Tabellen entnommen werden; z.B. Anhang Band 2 Festigkeitslehre.

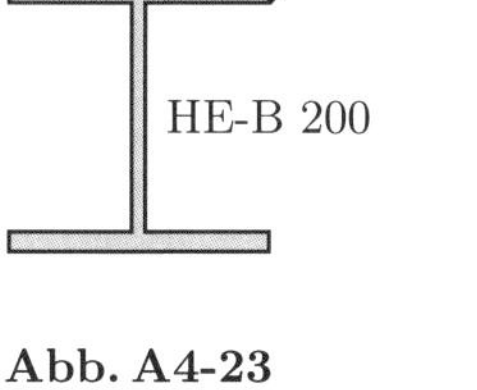

Abb. A4-23

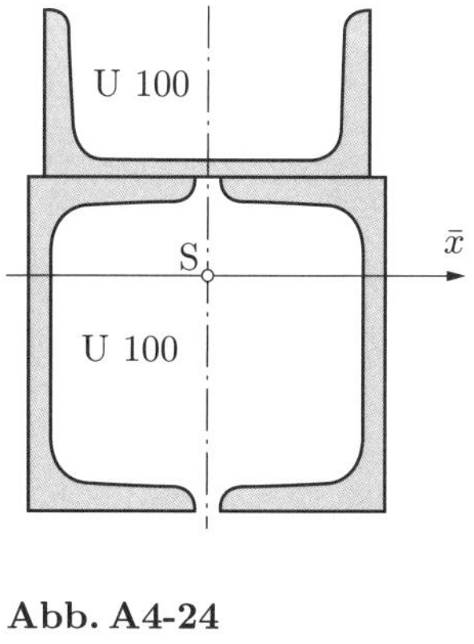

Abb. A4-24

A4-25 Der abgebildete Trägerquerschnitt besteht aus Stahlprofil HE-B 200, auf dessen Flansch zwei Flachstähle geschweißt sind. Zu bestimmen ist die Lage des Schwerpunktes (s. Hinweis A4-23/A4-24).

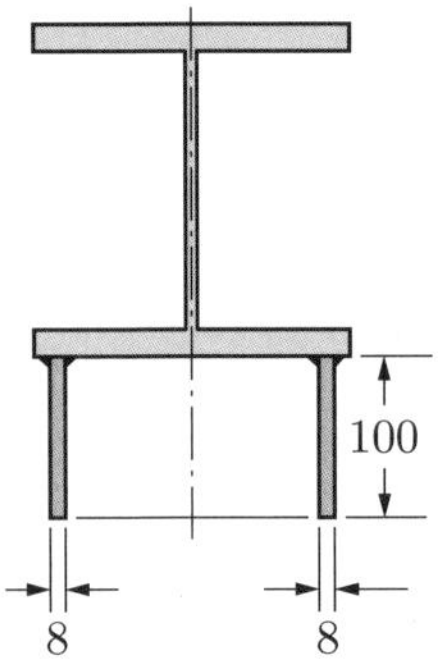

Abb. A4-25

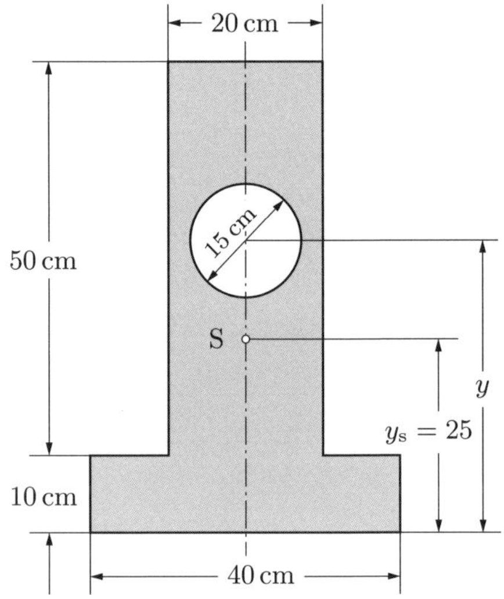

Abb. A4-26

A4-26 In welchem Abstand y muss das Loch in die abgebildete Platte eingeschnitten werden, wenn der Schwerpunkt die eingezeichnete Lage haben soll?

A4-27 In eine dünne, homogene Platte nach Abbildung soll ein Quadrat $a \times a$ so ausgeschnitten werden, dass der Schwerpunkt im Abstand x_s von der Kante entfernt liegt. Lösung allgemein.

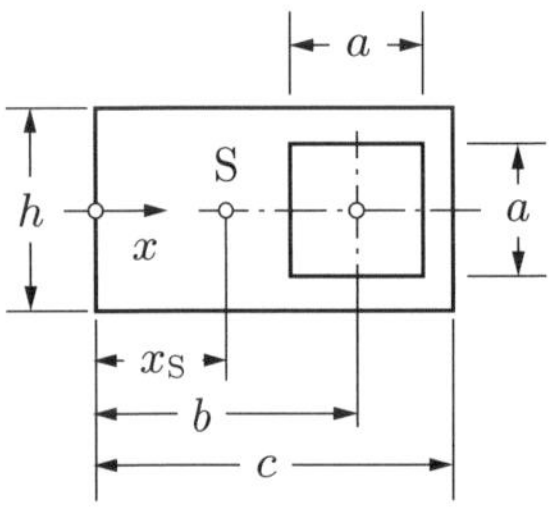

Abb. A4-27

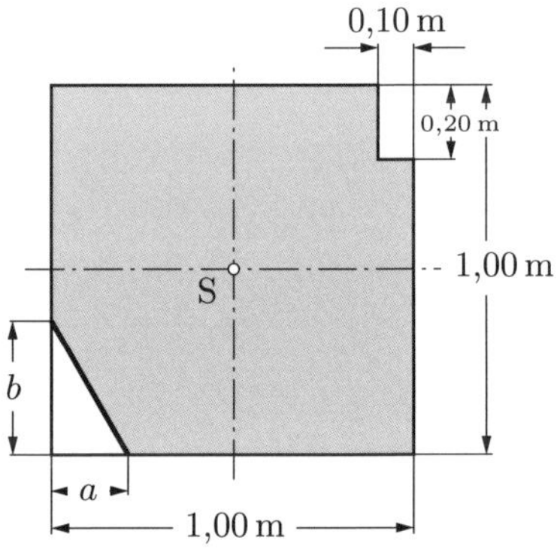

Abb. A4-28

A4-28 An der abgebildeten homogenen Platte gleicher Dicke soll ein dreieckförmiger Abschnitt ab so abgeschnitten werden, dass der Schwerpunkt in der Mitte liegt. Zu bestimmen sind a und b.

A4-29 In dem abgebildeten Gebilde aus dünnen, homogenen Platten gleicher Dichte soll ein Rechteck $a \times b$ ($a/b = 1{,}5$) so ausgeschnitten werden, dass der Schwerpunkt in der y-z-Ebene liegt. Für diesen Körper ist die Lage des Schwerpunktes zu berechnen.

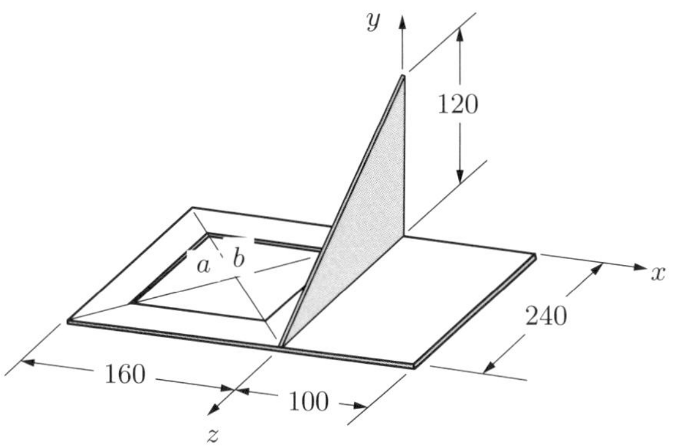

Abb. A4-29

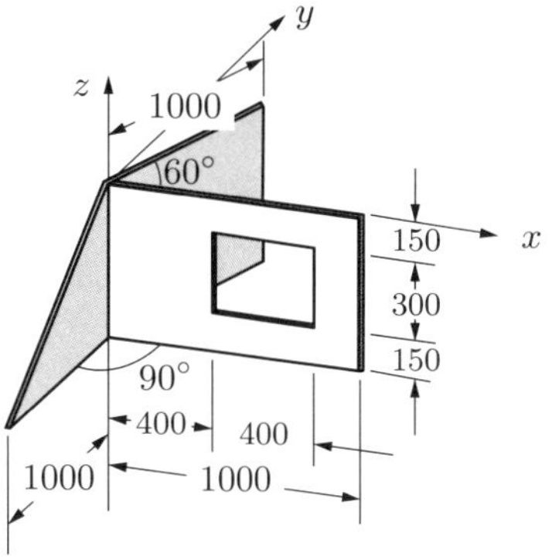

Abb. A4-30

A4-30 Die Schwerpunktlage des skizzierten Körpers, der aus dünnen, homogenen Platten gleicher Dichte besteht, ist zu berechnen.

4.4 Der Linienschwerpunkt

Die Gleichungen (4-1) zur Bestimmung der Schwerpunktlage eines homogenen Körpers sollen auf einen dünnen Draht von konstanter Querschnittfläche A und von der Länge l angewendet werden (Abb. 4-12). Für einen Teilabschnitt des Drahtes gilt:

$$\mathrm{d}m = \varrho \cdot \mathrm{d}V = \varrho \cdot A \cdot \mathrm{d}l$$

$$m = \varrho \cdot A \cdot l.$$

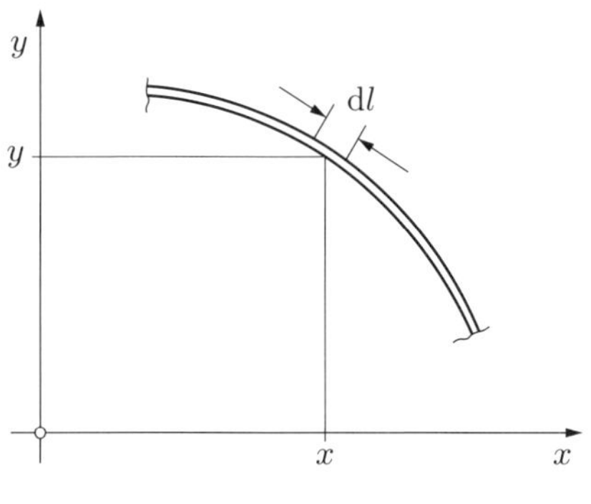

Abb. 4-12: Zur Definition des Linienschwerpunktes

Damit ergibt sich aus der Gleichung (4-1)

$$x_\mathrm{s} = \frac{\int x \cdot \varrho \cdot A \cdot \mathrm{d}l}{\varrho \cdot A \cdot l} = \frac{\varrho \cdot A \cdot \int x \cdot \mathrm{d}l}{\varrho \cdot A \cdot l} = \frac{\int x \cdot \mathrm{d}l}{l}$$

und analog für die anderen Koordinaten

$$x_\mathrm{s} = \frac{\int x \cdot \mathrm{d}l}{l_\mathrm{ges}}; \qquad y_\mathrm{s} = \frac{\int y \cdot \mathrm{d}l}{l_\mathrm{ges}}; \qquad z_\mathrm{s} = \frac{\int z \cdot \mathrm{d}l}{l_\mathrm{ges}}. \tag{4-10}$$

Die Bedingungen für die *Schwerpunktachsen* lauten:

$$\int x \cdot \mathrm{d}l = 0; \qquad \int y \cdot \mathrm{d}l = 0; \qquad \int z \cdot \mathrm{d}l = 0. \tag{4-11}$$

Da die Lage des Schwerpunktes nur vom Verlauf der Linie abhängt, nennt man den Schwerpunkt auch *Linienschwerpunkt.*

Alle Symmetriebedingungen sind auch hier gültig. *Der Schwerpunkt liegt in evtl. vorhandenen Symmetrieachsen bzw. Symmetrieebenen.*

Für einige Linien ist die Schwerpunktlage in Tabelle 4-2 gegeben.

Für viele Fälle ist es zweckmäßig, mit Summengleichungen zu arbeiten

$$x_\mathrm{s} = \frac{\sum x_\mathrm{i} \cdot l_\mathrm{i}}{\sum l_\mathrm{i}}; \qquad y_\mathrm{s} = \frac{\sum y_\mathrm{i} \cdot l_\mathrm{i}}{\sum l_\mathrm{i}}; \qquad z_\mathrm{s} = \frac{\sum z_\mathrm{i} \cdot l_\mathrm{i}}{\sum l_\mathrm{i}}. \tag{4-12}$$

Es gilt sinngemäß alles, was zu der Gleichung (4-9) angeführt wurde.

Auch in diesem Abschnitt soll auf technische Anwendungen hingewiesen werden. Die Bestimmung der Lage des Linienschwerpunktes ist z.B. bei der Konstruktion von Schnittwerkzeugen notwendig. Die Achse des Stempels, durch den die Schnittkraft eingeleitet wird, soll durch den Schwerpunkt der gestanzten Linie gehen, wenn ein Kanten des Schnittwerkzeuges vermieden werden soll. Weiterhin braucht man den Linienschwerpunkt für die Berechnung der Oberflächen von Rotationskörpern (s. Abschnitt 4.5).

Beispiel 1 (Abb. 4-13)

Der Schwerpunktabstand y_s der skizzierten Halbkreislinie ist zu bestimmen.

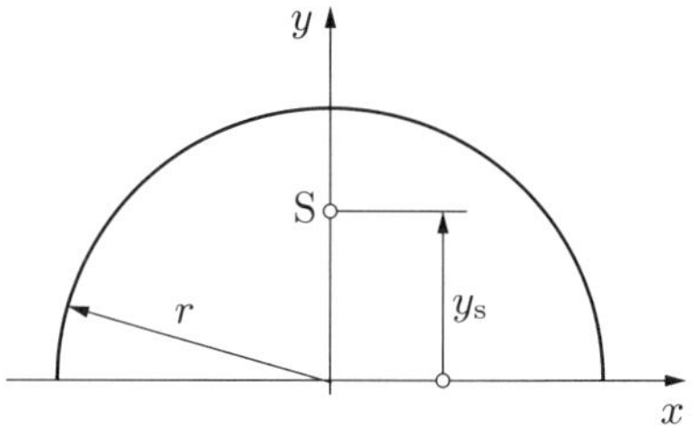

Abb. 4-13: Schwerpunkt eines Halbkreisbogens

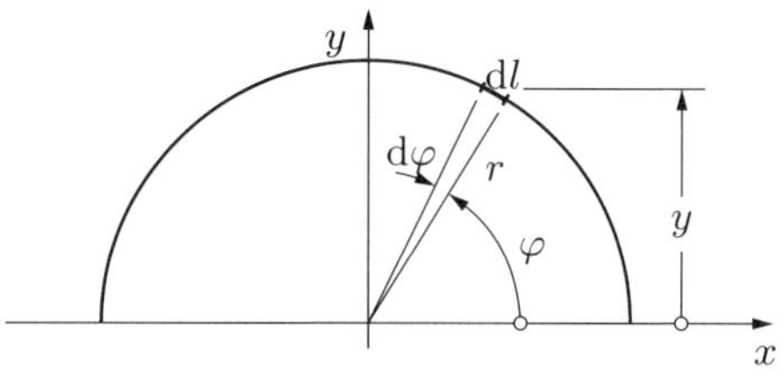

Abb. 4-14: Festlegung der Koordinaten des Halbkreisbogens

Lösung (Abb. 4-14)

Die Gleichung (4-10) wird ausgewertet

$$y_s = \frac{\int y \cdot \mathrm{d}l}{l_{ges}}.$$

Es gilt (s. Abbildung)

$$\mathrm{d}l = r \cdot \mathrm{d}\varphi; \qquad y = r \cdot \sin\varphi; \qquad l_{ges} = r \cdot \pi.$$

Die Grenzen des Integrals sind 0° und 180°.

$$y_s = \frac{1}{r \cdot \pi} \int\limits_{0^\circ}^{180^\circ} r^2 \cdot \sin\varphi \cdot \mathrm{d}\varphi = \frac{r}{\pi}[-\cos\varphi]_{0^\circ}^{180^\circ}$$

$$y_s = \frac{r}{\pi}\,[-(-1-1)] \qquad \underline{y_s = \frac{2r}{\pi}}.$$

Beispiel 2 (Abb. 4-15)

Gegeben ist ein räumliches Kreuz mit den Stablängen a, das nach Skizze durch zwei weitere Stäbe ergänzt ist. Zu bestimmen ist die Lage des Schwerpunktes. Die Stabquerschnittsabmessungen sind gegenüber a vernachlässigbar.

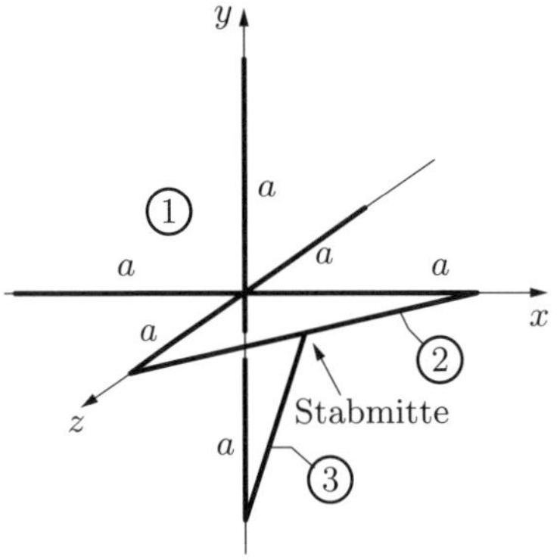

Abb. 4-15: Räumliches Stabgebilde

Lösung

Zur Vorbereitung einer tabellarischen Auswertung werden die einzelnen Bauelemente nummeriert (Abb. 4-15).

Nr. 1 Räumliches Kreuz, das aus sechs Einzelstäben besteht. Der Schwerpunkt liegt im Ursprungspunkt des Koordinatensystems.

Nr. 2 Einzelstab in der x-z-Ebene.

Nr. 3 Im Raum liegender Einzelstab.

Die Längen betragen

$$l_2 = \sqrt{a^2 + a^2} = 1{,}414a; \qquad l_3 = \sqrt{a^2 + (a \cdot \sin 45°)^2} = 1{,}225a$$

i	l_i	x_i	$x_i l_i$	y_i	$y_i l_i$	z_i	$z_i l_i$
1	$6a$	0	0	0	0	0	0
2	$1{,}414a$	$0{,}50a$	$0{,}707a^2$	0	0	$0{,}50a$	$0{,}707a^2$
3	$1{,}225a$	$0{,}25a$	$0{,}306a^2$	$-0{,}50a$	$-0{,}612a^2$	$0{,}25a$	$0{,}306a^2$
	$\Sigma\ 8{,}639a$		$\Sigma\ 1{,}013a^2$		$\Sigma\ -0{,}612a^2$		$\Sigma\ 1{,}013a^2$

$$\underline{x_s} = z_s = \frac{1{,}013a^2}{8{,}639a} \underline{= 0{,}117a} \text{ (Symmetrie);}$$

$$\underline{y_s} = \frac{-0{,}612a^2}{8{,}639a} \underline{= -0{,}0709a}\,.$$

Beispiel 3 (Abb. 4-16)

Abgebildet ist ein Knethaken, der um die vertikale Achse rotieren soll. Deshalb ist l so zu bestimmen, dass der Gesamtschwerpunkt in der Drehachse liegt.

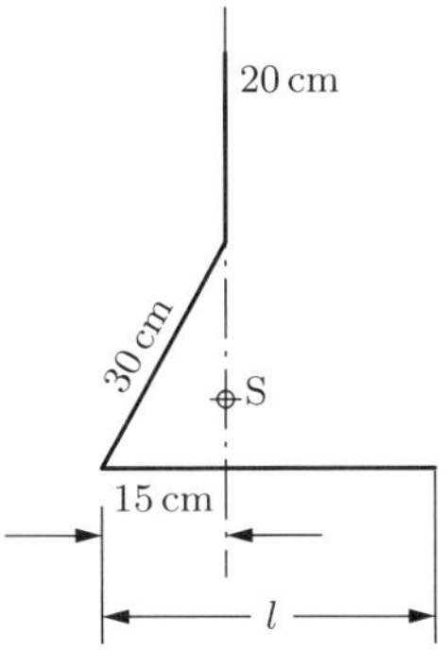

Abb. 4-16: Knethaken mit Schwerpunkt in der Drehachse

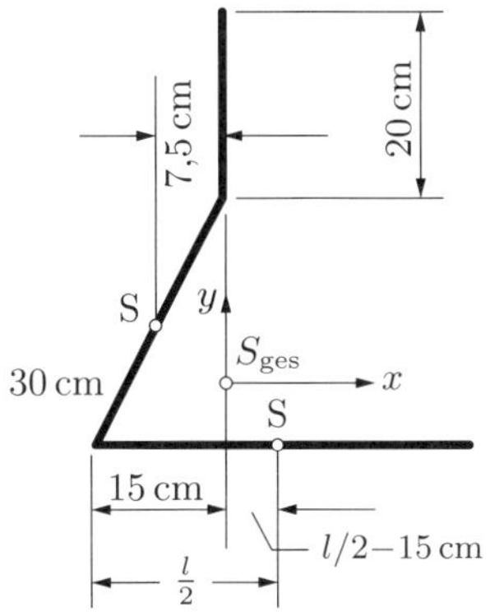

Abb. 4-17: Festlegung des Koordinatensystems für den Knethaken

Lösung (Abb. 4-17)

Für die skizzierte y-Achse muss die Summe der Momente verschwinden (Gl. (4-11)).

$$0 = 20\,\text{cm} \cdot 0 - 7{,}5\,\text{cm} \cdot 30\,\text{cm} + \left(\frac{l}{2} - 15\,\text{cm}\right) \cdot l.$$

Das ergibt folgende quadratische Gleichung für l:

$$l^2 - 30l - 450 = 0 \qquad l \text{ in cm},$$

deren Lösung $\underline{l = 40{,}98\,\text{cm}}$ ist.

Aufgaben zum Abschnitt 4.4

A4-31 bis A4-35 Für das aus dünnem homogenen Draht gebogene Gebilde ist die Lage des Schwerpunktes zu bestimmen.

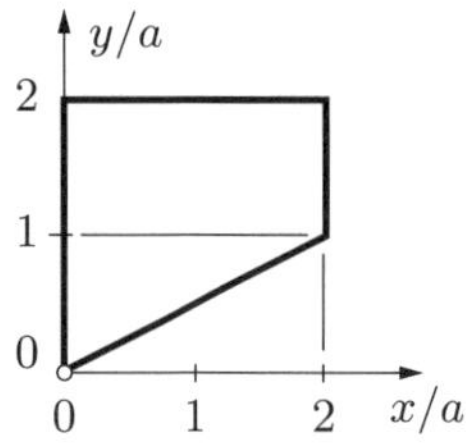

Abb. A4-31

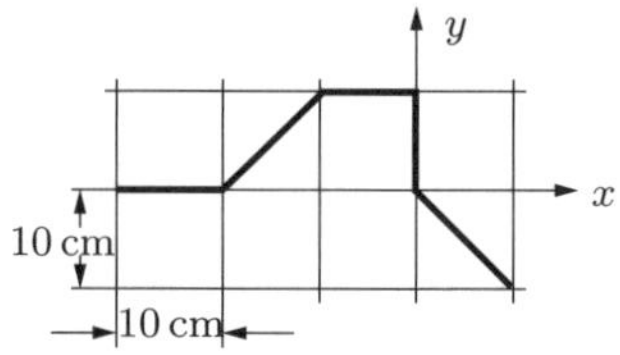

Abb. A4-32

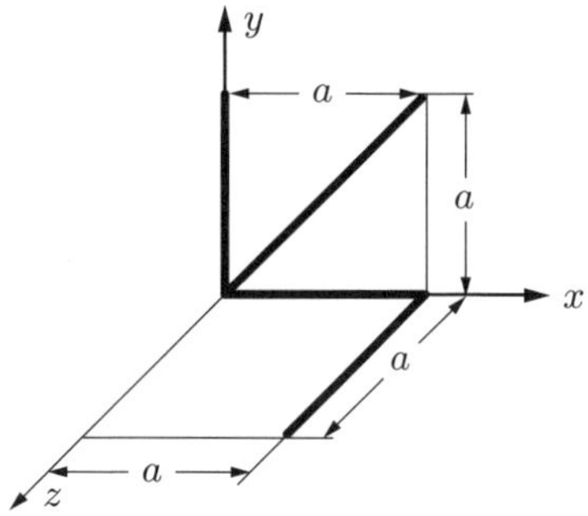

Abb. A4-33

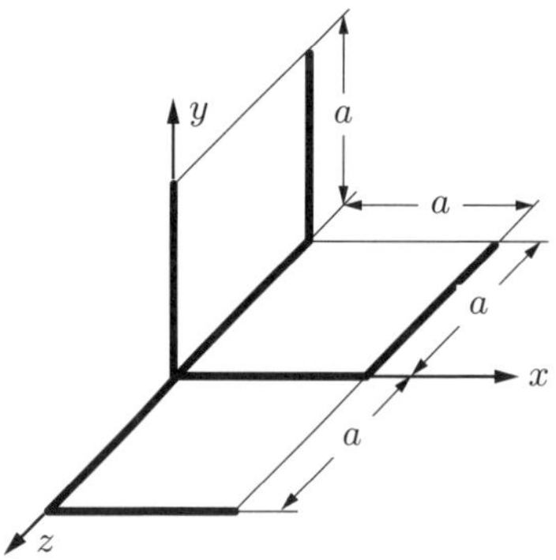

Abb. A4-34

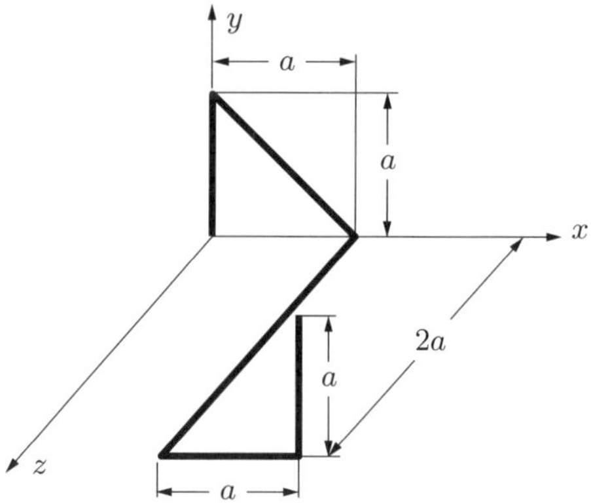

Abb. A4-35

A4-36 Das skizzierte Fachwerk ist aus homogenen Stäben der Masse 10,0 kg/m gefertigt. Zu bestimmen sind Größe und Lage der Gewichtskraft.

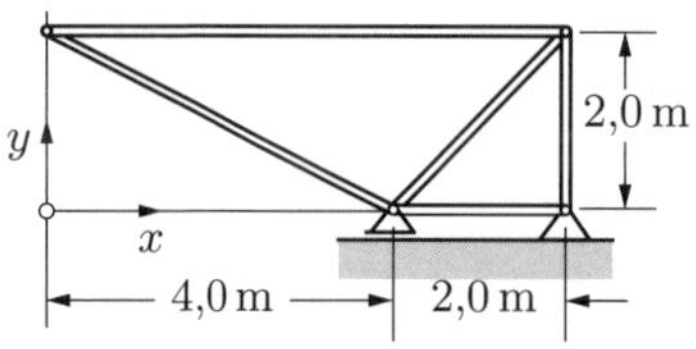

Abb. A4-36

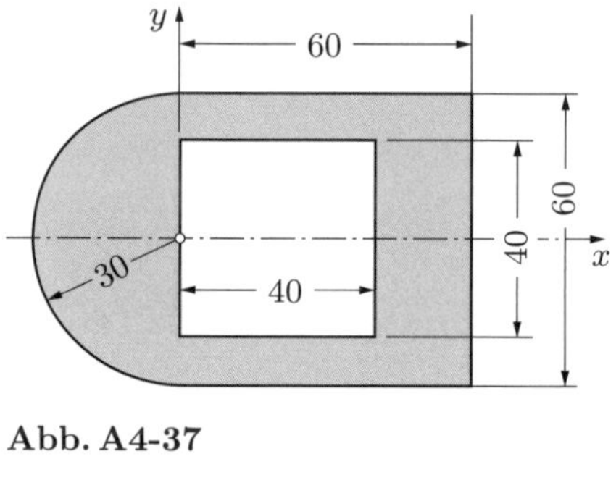

Abb. A4-37

A4-37 Die Abbildung zeigt ein Blechteil, das in einem Schnitt gestanzt wird. Zu bestimmen ist die Lage des Schwerpunktes der Umrisslinie.

4.5 Die Regeln von Guldin und Pappus

In diesem Abschnitt werden Volumen und Oberfläche von Rotationskörpern berechnet. Die Berechnungsgleichungen sind erstmalig von dem griechischen Mathematiker Pappus, etwa 300 n.Chr., formuliert worden. Sie sind in Vergessenheit geraten und wurden unabhängig von ihm von dem Schweizer Jesuitenpater Guldin (1577–1643) entwickelt.

Ein Rotationskörper wird bei Drehung einer Fläche um eine Achse beschrieben (Abb. 4-18). Dabei darf die Rotationsachse die erzeugende Fläche nicht schneiden. Zum Beispiel erzeugt eine um die Grundlinie gedrehte Halbkreisscheibe eine Kugel, ein um die Kathete gedrehtes Dreieck einen Kreiskegel und eine außerhalb der Achse liegende Kreisscheibe einen Torus (aufgepumpter Fahrradschlauch). In diesem Abschnitt soll das Volumen solcher Rotationskörper bestimmt werden.

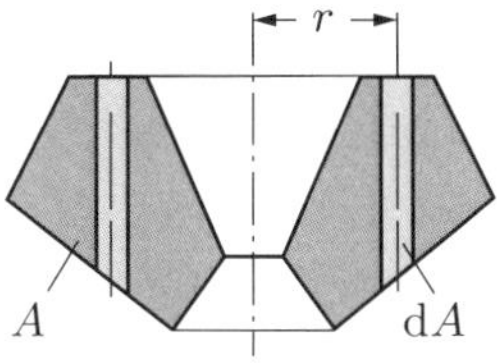

Abb. 4-18: Rotationskörper

Man kann einen beliebigen Rotationskörper aus dünnen Ringen zusammensetzen. Ein solcher Ring hat das Volumen (Abb. 4-18)

$$\mathrm{d}V = 2\pi r \cdot \mathrm{d}A$$

Summiert man alle Ringe, so erhält man das Volumen des Rotationskörpers

$$V = \int \mathrm{d}V = \int 2\pi r \cdot \mathrm{d}A = 2\pi \int r \cdot \mathrm{d}A.$$

Wenn die erzeugende Fläche aus einzelnen Grundfiguren (z.B. Dreieck, Halbkreis) zusammengesetzt ist, arbeitet man vorteilhaft mit der Gleichung

$$V = 2\pi \sum r_\mathrm{i} \cdot A_\mathrm{i} \tag{4-13}$$

Nach Gleichung (4-7) ist für $x = r$

$$\int r \cdot \mathrm{d}A = r_\mathrm{s} \cdot A$$

wobei r_s der Abstand des Schwerpunktes der erzeugenden Fläche von der Drehachse ist. Damit erhält man

$$V = 2\pi r_\mathrm{s} \cdot A. \tag{4-14}$$

Das Volumen eines Rotationskörpers erhält man durch Multiplikation der erzeugenden Fläche mit dem bei Beschreibung des Volumens vom Flächenschwerpunkt zurückgelegten Weg.

Voraussetzung ist, dass die Rotationsachse die erzeugende Fläche nicht schneidet.

Nachdem das Volumen eines Rotationskörpers bestimmt wurde, soll eine Gleichung für die Bestimmung der Oberfläche abgeleitet werden. Diese wird von der Umrisslinie der erzeugenden Fläche beschrieben. Zum Beispiel beschreibt ein um die Grundlinie rotierender Halbkreisbogen eine Kugelfläche. Für die Ableitung der Bestimmungsgleichung wird vom Torus nach Abb. 4-19 ausgegangen. Dieser entsteht bei der Rotation einer Kreislinie um die Drehachse. Die gesuchte Oberfläche ist die Summe der Teilflächen (Zylinder).

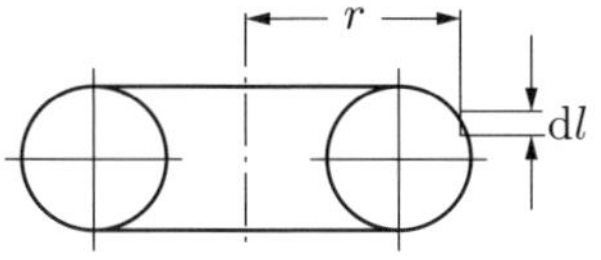

Abb. 4-19: Torus

$$\mathrm{d}O = 2\pi \cdot r \cdot \mathrm{d}l$$
$$O = \int \mathrm{d}O = \int 2\pi r \cdot \mathrm{d}l = 2\pi \int r \cdot \mathrm{d}l.$$

Auch hier kann man für den Fall, dass die erzeugende Linie aus Grundfiguren (z.B. gerade Linien, Halbkreisbogen) zusammengesetzt ist, vorteilhaft mit der nachfolgenden Gleichung arbeiten.

$$O = 2\pi \sum r_{\mathrm{i}} \cdot l_{\mathrm{i}} \tag{4-15}$$

Die weitere Ableitung erfolgt analog zu der oben. Als Endergebnis erhält man

$$O = 2\pi \cdot r_{\mathrm{s}} \cdot L. \tag{4-16}$$

Dabei ist r_{s} der Abstand des Linienschwerpunktes der erzeugenden Linie von der Rotationsachse.

Die Oberfläche eines Rotationskörpers erhält man durch Multiplikation der Länge des erzeugenden Linienzuges mit dem bei Beschreibung der Oberfläche vom Linienschwerpunkt zurückgelegten Weg.

Beispiel

Das Volumen und die Oberfläche eines Kreiskegels sind in allgemeiner Form zu bestimmen.

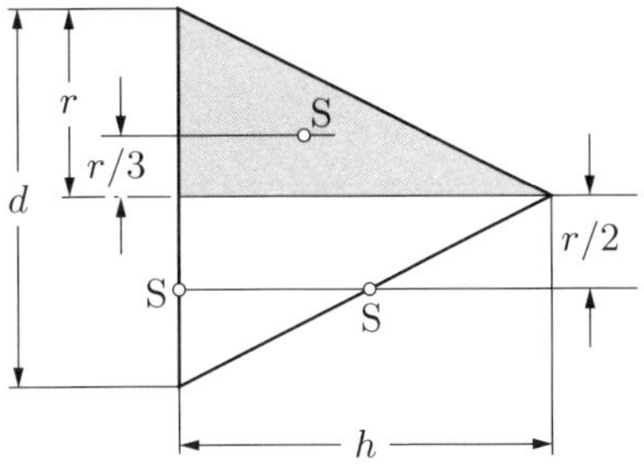

Abb. 4-20: Kreiskegel, durch Rotation einer Dreiecksfläche entstanden

Lösung (Abb. 4-20)

Der Kegel wird bei Rotation eines rechtwinkligen Dreiecks erzeugt. Die Fläche des Dreiecks beträgt $A = r \cdot h/2$. Der Schwerpunktsachsenabstand von der Drehachse beträgt $r/3$.

Gl. (4-14) $V = 2\pi \cdot r_\mathrm{S} \cdot A;$ $V = 2\pi \frac{1}{3} r \cdot \frac{1}{2} r \cdot h;$

$$V = \frac{1}{3} \pi \cdot r^2 \cdot h.$$

Die Oberfläche des Kegels wird von den Linien des Dreiecks erzeugt. Die Anwendung der Gleichung (4-15) ergibt:

$$O = 2\pi \left(r \cdot \frac{r}{2} + \sqrt{r^2 + h^2} \cdot \frac{r}{2} \right);$$

$$O = \pi \cdot r(r + \sqrt{r^2 + h^2}).$$

Aufgaben zum Abschnitt 4.5

A4-38/A4-39 Zu bestimmen sind Volumen und Oberfläche des abgebildeten Rotationskörpers.

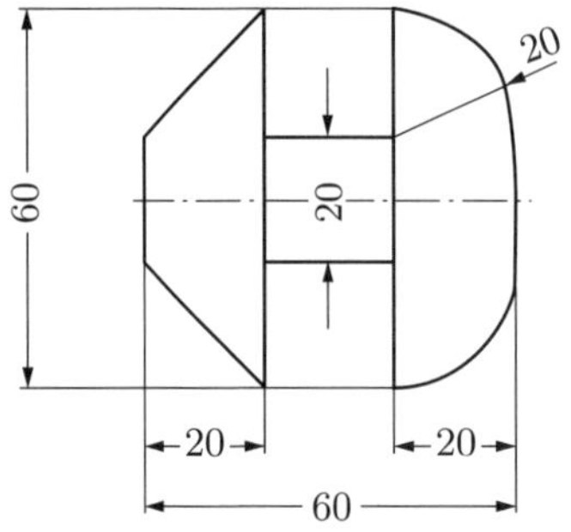

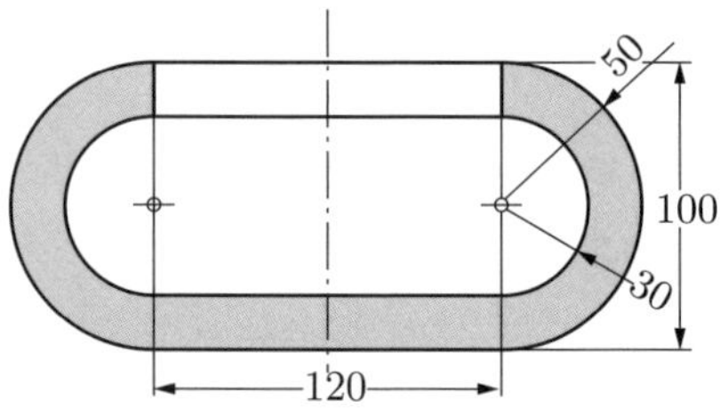

Abb. A4-38 **Abb. A4-39**

A4-40 Zu bestimmen sind Volumen und Oberfläche des abgebildeten Rohrkrümmers.

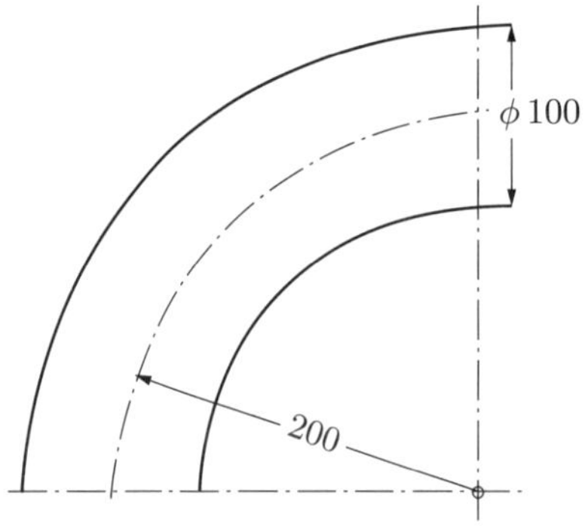

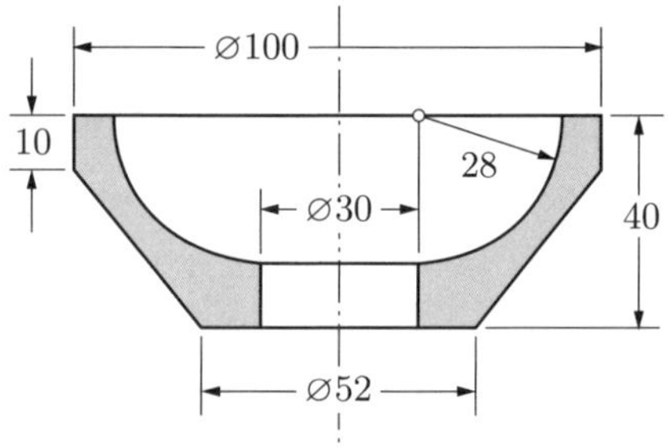

Abb. A4-40 **Abb. A4-41**

A4-41 Für den aus Stahl gefertigten Drehkörper ist die Masse zu berechnen.

4.6 Zusammenfassung

Der Schwerpunkt ist der Schnittpunkt der Schwerelinien eines Körpers (Abb. 4-1). Bei homogenen Körpern, Flächen und Linien liegt er in eventuell vorhandenen Symmetrieebenen bzw. -achsen. Bei mehreren Symmetrieebenen bzw. -achsen liegt er in der Schnittgeraden bzw. im Schnittpunkt.

Die Berechnung der Koordinaten des Schwerpunktes erfolgt für inhomogene Körper nach den Gleichungen

$$x_\mathrm{s} = \frac{\int x \cdot \mathrm{d}m}{m_\mathrm{ges}}; \qquad y_\mathrm{s} = \frac{\int y \cdot \mathrm{d}m}{m_\mathrm{ges}}; \qquad z_\mathrm{s} = \frac{\int z \cdot \mathrm{d}m}{m_\mathrm{ges}}. \tag{4-1}$$

In der Summenschreibweise

$$x_\mathrm{s} = \frac{\sum x_\mathrm{i} \cdot m_\mathrm{i}}{\sum m_\mathrm{i}}; \qquad y_\mathrm{s} = \frac{\sum y_\mathrm{i} \cdot m_\mathrm{i}}{\sum m_\mathrm{i}}; \qquad z_\mathrm{s} = \frac{\sum z_\mathrm{i} \cdot m_\mathrm{i}}{\sum m_\mathrm{i}}. \tag{4-3}$$

Für die Schwerpunktachsen gilt

$$\int x \cdot \mathrm{d}m = 0; \qquad \int y \cdot \mathrm{d}m = 0; \qquad \int z \cdot \mathrm{d}m = 0. \tag{4-2}$$

Folgende Größen werden in den obigen Gleichungen für m eingeführt:

Homogener Körper	V	Gl. (4-4)/(4-5)/(4-6)
Flächenschwerpunkt	A	Gl. (4-7)/(4-8)/(4-9)
Linienschwerpunkt	l	Gl. (4-10)/(4-11)/(4-12)

Die Schwerpunkte der wichtigsten geometrischen Grundfiguren sind in den Tabellen 4-1 und 4-2 gegeben.

Lässt sich ein Körper nicht aus geometrischen Grundfiguren zusammensetzen und ist eine Integration nicht möglich, dann kann man die Summengleichungen tabellarisch auswerten, nachdem der Körper in eine genügende Anzahl von Teilabschnitten zerlegt wurde.

Ein Rotationskörper wird bei der Drehung einer Fläche, eine Rotationsfläche wird bei der Drehung einer Linie um eine Achse beschrieben. Die Berechnung des Volumens bzw. der Oberfläche erfolgt nach den Gleichungen (4-14)/(4-16).

5 Aktions- und Reaktionskräfte; das Freimachen

5.1 Einführung

Das Ziel statischer Berechnungen ist in der Regel die Bestimmung von Kräften und/oder Momenten, die an einem starren Körper angreifen. Deshalb muss zunächst Klarheit bestehen, wo und wie diese wirken. Normalerweise kann man davon ausgehen, dass äußere Belastungen vorgegeben sind. Man spricht von *äußeren Kräften/Momenten*. Ein starrer Körper ist in seiner Umgebung gelagert. Es gibt darüber hinausgehend belastbare Gebilde, die aus mehreren starren Körpern bestehen, die eindeutig miteinander verbunden sind (Kap. 10). Die Lager- und Verbindungselemente übertragen je nach konstruktiver Ausführung verschiedene Belastungen. Das sind die *inneren Kräfte/Momente*, die normalerweise berechnet werden sollen. Diese zu erkennen und in die Rechenansätze richtig einzuführen, soll dieses Kapitel vermitteln.

Zunächst muss der starre Körper durch einen gedachten Schnitt aus seiner Umgebung herausgeschnitten betrachtet werden. Das hier angewendete *Schnittprinzip* ist nicht auf die Statik beschränkt und geht auf EULER[1] zurück. Den Vorgang nennt man *Freimachen* oder auch *Freischneiden*.

Im folgenden Abschnitt wird dieses Verfahren in einem Beispiel angewendet. Es folgt die Beschreibung einzelner Lagerarten und der von diesen übertragenen Reaktionen. In diesem Zusammenhang wird der Begriff „*Wertigkeit*“ einer Lagerung eingeführt.

5.2 Das Freimachen

Das Freimachen wird nachfolgend an einem Träger nach Abb. 5-1 beschrieben. Dieser ist mit einer Streckenlast beansprucht. Er ist in B in einem Gelenk gelagert und wird in A von einem Seil gehalten. Das Freimachen soll mit dem Ziel erfolgen, die Seil- und Gelenkkraft zu berechnen. Der herauslösende Schnitt muss deshalb

[1] EULER, Leonhard (1707–1783), schweizer Mathematiker

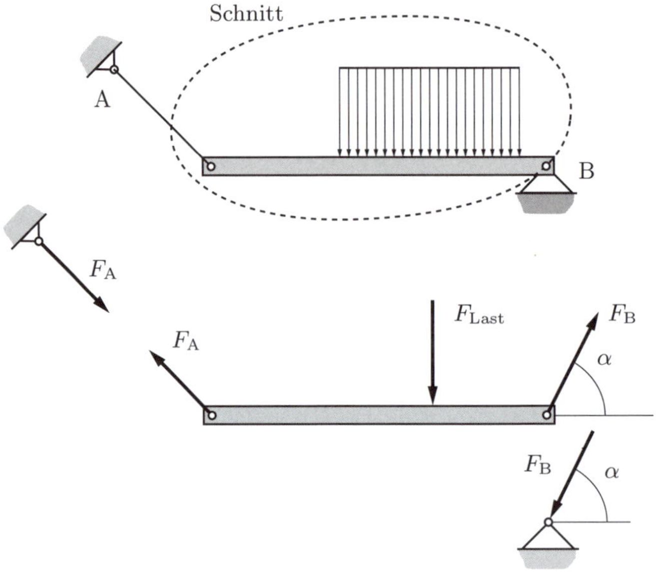

Abb. 5-1: Freimachen eines belasteten Trägers

diese beiden Elemente trennen. Würde man das Seil materiell durchschneiden, müsste der Träger durch eine jetzt von außen angreifende Kraft F_A gehalten werden. Diese müsste so groß sein wie die vorher im Seil wirkende Kraft. Die dazugehörige Gegenkraft belastet das Lager A. Analoges gilt für das Gelenk B. Hier belastet der Träger das Lager B mit einer Kraft F_B, deren Reaktionskraft am Träger wirkt und diesen stützt.

Zusammenfassend sollen die einzelnen Arbeitsschritte festgehalten werden.

1. Zeichnen des Körpers, herausgelöst aus allen Verbindungen.
2. Einführung und Bezeichnung von Kräften bzw. Momenten an den geschnittenen Stellen.
3. Bei Zerlegung eines Systems, das aus mehreren Teilen besteht, Durchführung einer Kontrolle, ob alle inneren Kräfte zweimal mit umgekehrtem Richtungssinn auftreten (actio = reactio).

In den nachfolgenden Abschnitten wird untersucht, welche Kräfte die einzelnen Bauelemente (Lager, Stützen, Seile usw.) übertragen können.

5.3 Bauelemente, die Kräfte in vorgegebener Richtung übertragen

Das sind Bauelemente, die in der Lage sind, Bewegung nur in einer Richtung zu verhindern.

Ein Seil kann nur eine Zugkraft entlang der Seilachse aufnehmen. Bei anderen Belastungen weicht es aus. Ein Stab, auf den keine Querbelastung wirkt, überträgt Kräfte nur entlang der Stabachse. Diese Kraft kann im Gegensatz zum Seil den Stab sowohl ziehen als auch drücken, d.h. in beiden Richtungen wirksam sein.

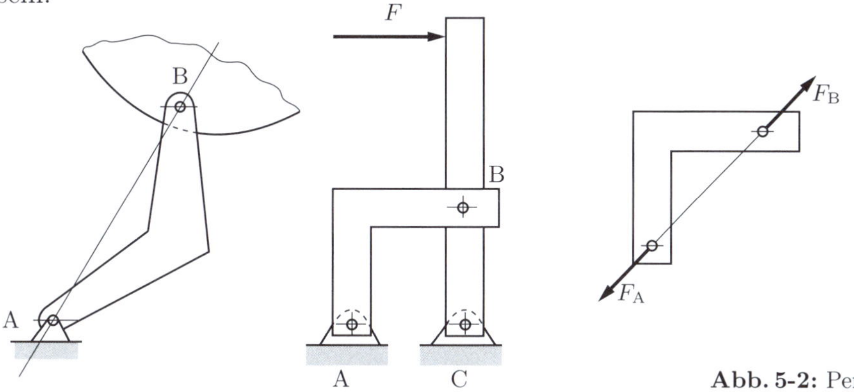

Abb. 5-2: Pendelstützen

Wenn an einem Körper zwei Kräfte angreifen und dieser Körper im Gleichgewicht ist, dann müssen diese beiden Kräfte kollinear und gleich groß sein (1. Lehrsatz). Jedes beliebige Bauelement, an dem nur zwei Kraftangriffspunkte vorliegen, entspricht deshalb einem Stab, wobei die Wirkungslinie der Kraft die beiden Kraftangriffspunkte verbindet. Diese müssen konstruktiv als reibungsfreie Gelenke ausgeführt sein bzw. als solche angenommen werden können. Für den

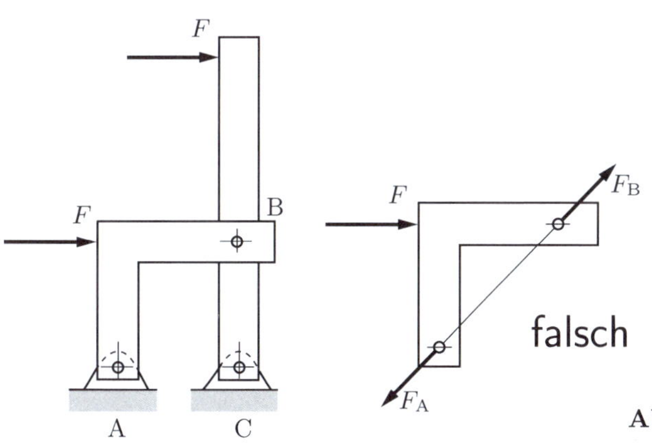

Abb. 5-3: System ohne Pendelstützen

diskutierten Fall zeigt die Abb. 5-2 zwei Beispiele. Der gekröpfte Träger, der den senkrechten Holm abstützt, kann nur Kräfte übertragen, deren Wirkungslinie die Punkte A und B verbindet. Man nennt ein solches Bauelement eine *Pendelstütze*.

Es soll mit Nachdruck darauf hingewiesen werden, dass das freigemachte System nach Abb. 5-3 falsch ist. Hier wirkt außer den in den Punkten A und B angreifenden Kräften noch eine zusätzliche Kraft. Wenn zwei von drei Kräften gleich groß, entgegengesetzt gerichtet und kollinear sind, sind sie nach dem 1. Lehrsatz im Gleichgewicht. Damit ist ein Gleichgewicht mit einer dritten Kraft nicht mehr möglich. Das richtige Freimachen eines Systems nach Abb. 5-3 wird weiter unten behandelt (s. auch Beispiel 2).

Auf eine glatte Oberfläche können nur senkrechte Kräfte ausgeübt werden. Zu

	Wirkende Kräfte	Wertigkeit
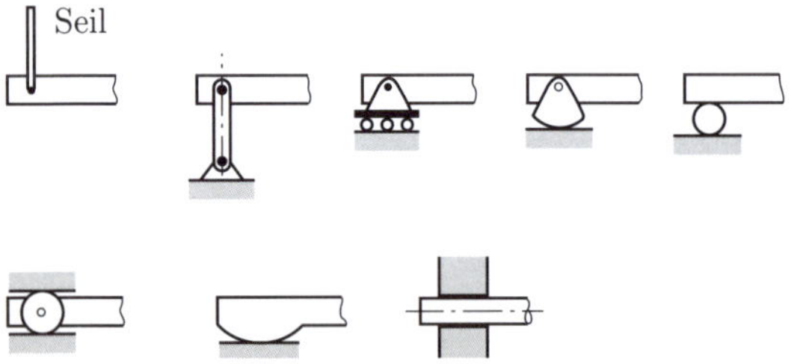	 Kraft mit bekannter Wirkungslinie	1
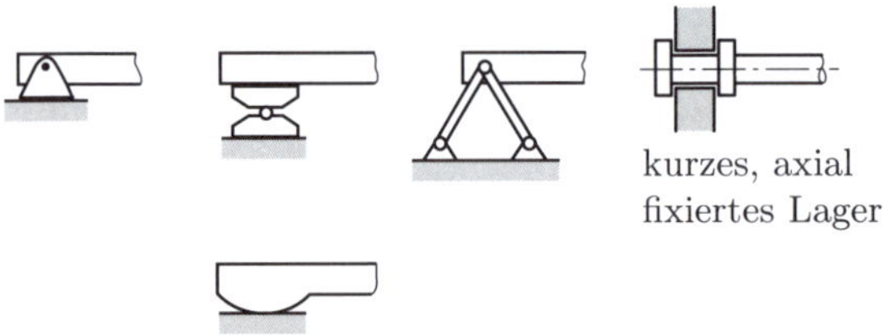	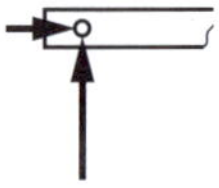 Kraft mit unbekannter Wirkungslinie	2
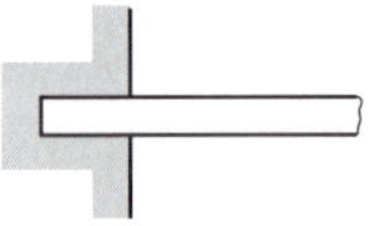	 Kraft mit unbekannter Wirkungslinie und Moment	3

Tabelle 5-1: Lagerungsarten in der Ebene und deren Wertigkeit

den glatten Oberflächen gehören in diesem Zusammenhang auch längsverschiebliche Gleit- oder auch Wälzlager, die Kräfte nur in radialer Richtung aufnehmen können. Das gleiche gilt analog für eine Rolle, ein Rollensegment und ein Rollenlager eines Trägers. Auch hier können Kräfte nur senkrecht zur Oberfläche aufgenommen werden, da eine tangentiale Komponente durch eine entsprechende Verlagerung aufgenommen wird (Wärmedehnung von Brücken, Wellen usw.).

Beim Freimachen eines Körpers, der über oben beschriebene Bauelemente mit anderen Teilen verbunden ist, muss eine Kraft unbekannter Größe und bekannter Wirkungslinie eingeführt werden. Die Kraftrichtung (Wirkungssinn) ist für ein Seil und eine glatte Oberfläche bekannt. Im ersten Fall, weil ein Seil nur auf Zug belastbar ist, im zweiten ist nur eine senkrecht wirkende Stützkraft möglich. Für z.B. ein Loslager ist die Richtung der Auflagerreaktion u.U. zunächst nicht bekannt. *Hier kann eine Richtung angenommen werden. Ein positives Vorzeichen des Rechenergebnisses sagt aus, dass die Annahme richtig war. Die Deutung eines negativen Vorzeichens ist: Kraft wirkt umgekehrt wie angenommen.*

Für die Kennzeichnung einer Lagerart wird in einigen Bereichen der Begriff Wertigkeit verwendet. Diese wird durch die Zahl ausgedrückt, die der Anzahl der Auflagerreaktionen entspricht. Alle hier besprochenen Lagerarten sind einwertig. Auf den Begriff Wertigkeit wird im Kapitel 9 zurückgegriffen.

Eine Zusammenfassung enthält Tabelle 5-1.

5.4 Bauelemente, die Kräfte in beliebiger Richtung übertragen

Das sind Bauelemente, die eine Verschiebung vollkommen verhindern, jedoch eine Drehung zulassen.

Ein festes Gelenk ohne Reibung erfüllt diese Bedingung. Dieses Gelenk kann unmittelbar an einem Festpunkt sitzen, es kann aber auch konstruktiv als Schnittpunkt zweier Stäbe ausgeführt werden. Das Festlager einer Welle, das axiale Kräfte aufnimmt und in gewissen Grenzen eine Schiefstellung der Welle zulässt, gehört zu den hier behandelten Elementen. Eine raue Oberfläche kann, soweit es die Reibung zulässt, eine Tangentialkomponente der Kraft übertragen. Beim Freimachen von Bauelementen dieser Art erhält man demnach zwei Unbekannte, entweder die Kraft und den Winkel der Wirkungslinie oder die x- und y-Komponente der Kraft (Tabelle 5-1). Nach den Ausführungen oben sind diese Lager zweiwertig.

5.5 Die Einspannung

Die Einspannungsstelle verhindert sowohl eine Verschiebung als auch eine Verdrehung. Sie muss demnach sowohl Kräfte in beliebiger Richtung als auch ein Moment übertragen können.

Man kann eine Einspannung als eine Kombination eines Fest- und Loslagers betrachten, wobei beide Lager einen sehr kleinen Abstand haben. Das Festlager überträgt die Längskraft. In beiden Lagern treten Querkräfte entgegengesetzter Richtung auf (Abb. 5-4). Die größere Querkraft kann man so aufteilen, dass ein Kräftepaar und eine Querkraft entstehen. Als Endergebnis erhält man die Kräfte F_{Ax} und F_{Ay} und das Moment M_{A}, das in diesem Fall Einspannmoment genannt wird.

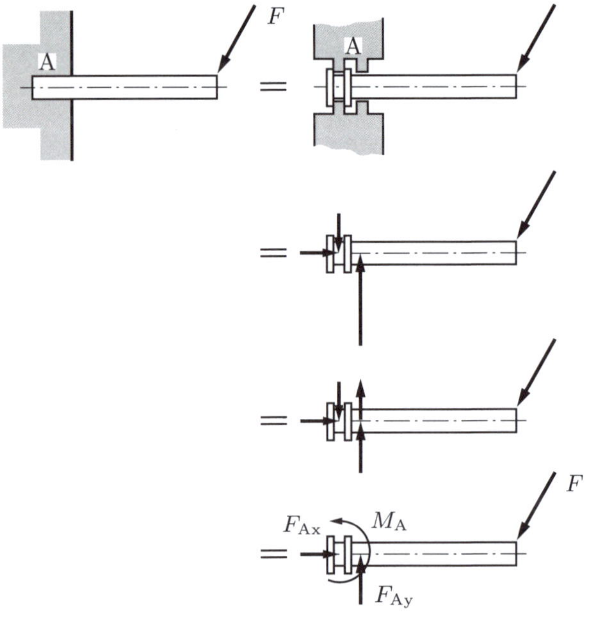

Abb. 5-4: Zum Begriff Einspannmoment

Beim Freimachen einer Einspannstelle erhält man drei Unbekannte; die Größe der Kraft, den Winkel der Wirkungslinie und das Moment oder die x- und y-Komponenten der Kraft und das Moment. Die Einspannung ist dreiwertig.

Beispiele zum Kapitel 5

Beispiel 1 (Abb. 5-5)

Zwei Massen sind wie abgebildet aufgehängt. Die Verbindungsknoten und die Aufhängepunkte sind freizumachen.

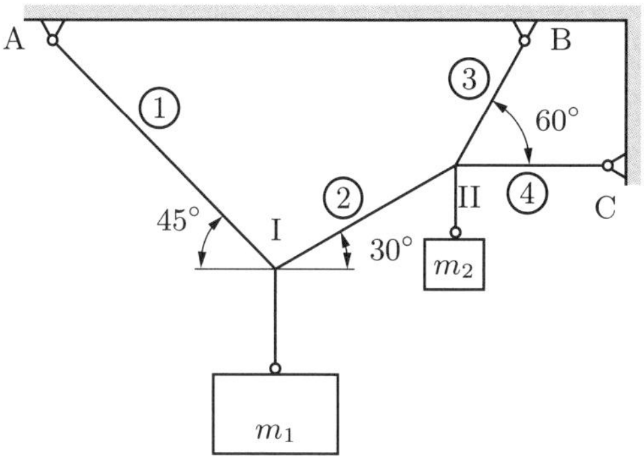

Abb. 5-5: Seilverbund mit Massen belastet

Lösung (Abb. 5-6)

Das System besteht nur aus Seilen, deren Mittellinien identisch mit Wirkungslinien der Kräfte sind.

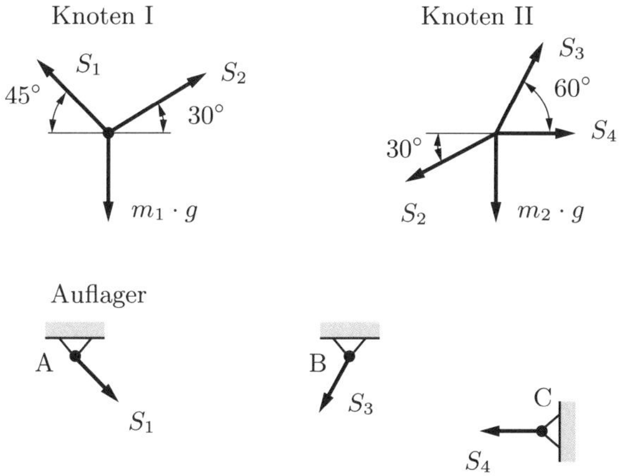

Abb. 5-6: Freigemachte Seilknoten

Beispiel 2 (Abb. 5-7)

Alle Teile des abgebildeten Systems sind freizumachen.

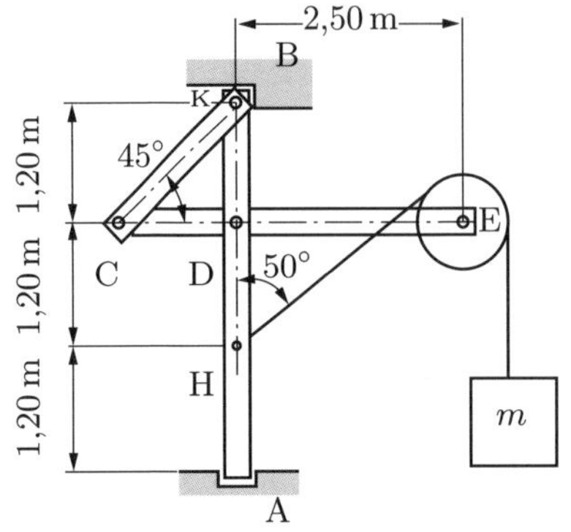

Abb. 5-7: Mehrteiliges System

Lösung (Abb. 5-8)

Alle Teile, aus denen das System besteht, müssen getrennt gezeichnet werden. Die in den Verbindungsbolzen bzw. in den Auflagern wirkenden inneren Kräfte müssen als äußere Kräfte an diesen Punkten eingezeichnet werden. Dabei ist zu beachten, dass der 2. Lehrsatz actio = reactio nicht verletzt wird. Jeder Punkt erscheint zweimal, z.B. D in Teil II und IV. Wählt man für F_{Dx} in IV den positiven Wirkungssinn, dann muss F_{Dx} im Teil II in negativer Richtung wirken. Für alle Verbindungsstellen, an denen keine äußeren Kräfte angreifen, muss beim

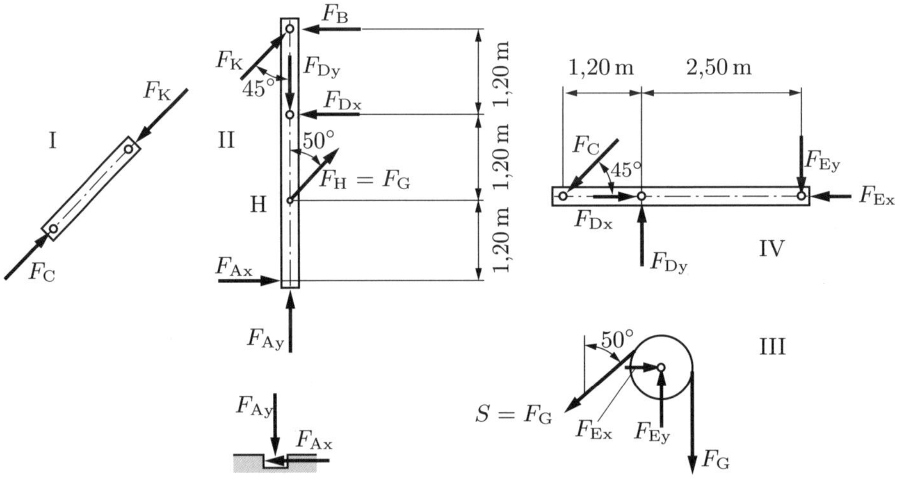

Abb. 5-8: Freigemachte Bauteile des mehrteiligen Systems

Zusammensetzen der Teile die Summe aller inneren Kräfte null ergeben. Diese Kontrolle sollte immer durchgeführt werden.

In welcher Richtung die Kräfte an den einzelnen Teilen wirklich angreifen, ist für das Freimachen belanglos. *Den richtigen Wirkungssinn ergibt das Vorzeichen der Berechnung. Dabei bedeuten positives Vorzeichen – Kraft bzw. Moment wirken wie angenommen, negatives Vorzeichen – Kraft bzw. Moment wirken umgekehrt wie angenommen.* Soweit möglich, sollten der Anschaulichkeit wegen jedoch die Kräfte und Momente in der richtigen Richtung eingetragen werden.

Teil I ist ein Stab ohne Querbelastung, kann also nur Kräfte in Richtung der Achse aufnehmen. Die Kräfte werden in C und K eingeleitet. Nach der vorliegenden Belastung ist es offensichtlich, dass der Stab gedrückt wird.

Am Teil II greifen folgende Kräfte an. In K die Reaktionskraft von Teil I. Im Auflager B stützt sich der Träger an einer glatt angenommenen Oberfläche ab. Aus diesem Grund ist $F_{\mathrm{By}} = 0$ und $F_{\mathrm{Bx}} = F_{\mathrm{B}}$. D ist ein festes Gelenk, in dem die beiden Komponenten F_{Dx} und F_{Dy} wirken, dabei ist, wie eben schon ausgeführt, der Wirkungssinn gleichgültig. In H greift die Seilkraft in bekannter Richtung an. Da das Seil über eine reibungsfreie Rolle geführt wird, muss die Seilkraft gleich der Gewichtskraft F_{G} sein. Bei A wird der Träger durch seitliche Anschläge am Weggleiten gehindet. Es muss demnach neben der Komponente F_{Ay} auch F_{Ax} wirken.

Am Teil III greifen die beiden Seilkräfte an, die beide gleich F_{G} sein müssen. Am Lagerbolzen der Rolle sind wie in einem festen Gelenk F_{Ex} und F_{Ey} wirksam.

Am Teil IV wirken in C die Reaktionskraft von Teil I, in D und E die Reaktionskräfte der Teile II bzw. III.

Beispiel 3

Die Abbildung 9-14 zeigt das Hubwerk eines Radladers. Die durch die Belastung F_{s} an der Schaufel verursachten Gelenkkräfte in A bis O sind zu berechnen. Das System ist entsprechend freizumachen.

Lösung

In Abb. 9-15 sind die Einzelteile getrennt gezeichnet. In allen Gelenken ist jeweils eine x- und y-Komponente der Gelenkkraft einzutragen. Dabei ist zu beachten, dass der Lehrsatz actio = reactio erfüllt ist. Beim Zusammensetzen des Systems müssen sich alle inneren Kräfte gegenseitig aufheben.

Die Teile AC; DH; LM; KN sind Pendelstützen bzw. Zuganker. Die Wirkungslinien der durch diese Teile hindurchgeleiteten Kräfte verbinden die jeweiligen

Gelenkpunkte dieser Bauteile. Für eine graphische Lösung müssen die resultierenden Gelenkkräfte in den genannten Teilen so eingeführt werden, dass sie die oben beschriebene Bedingung erfüllen. Für eine analytische Lösung muss diese Bedingung rechnerisch formuliert werden, z.B. für das Teil AC:

$$\frac{F_{\mathrm{Ay}}}{F_{\mathrm{Ax}}} = \frac{y_{\mathrm{A}} - y_{\mathrm{C}}}{x_{\mathrm{A}} - x_{\mathrm{C}}} = \frac{F_{\mathrm{Cy}}}{F_{\mathrm{Cx}}}$$

Diese Gleichungen entsprechen $\Sigma M = 0$ für jeweils ein Gelenk. Damit ist eine zusätzliche Gleichung verfügbar, die z.B. an der Schaufel die Berechnung der vier Unbekannten F_{Ax}; F_{Ay}; F_{Bx}; F_{By} ermöglicht.

Beispiel 4 (Abb. 5-9)

Abgebildet ist in vereinfachter Form ein Getriebe mit einem schrägverzahnten Zahnradpaar. Der Getriebekasten ist geöffnet dargestellt. Angetrieben wird die Welle A-B bei A in angegebener Richtung. Der Abtrieb ist bei D. Die Lager A und C sind Festlager, die Lager B und D sind längsverschieblich. Das System ist für eine Berechnung der Eingriffskräfte der Zahnräder und der Lagerkräfte freizumachen.

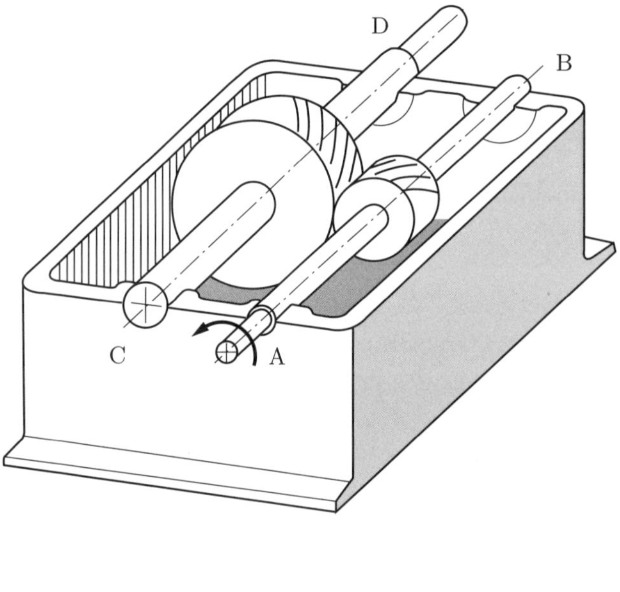

Abb. 5-9: Zahnradgetriebe

Lösung (Abb. 5-10)

Es handelt sich um ein räumliches Kräftesystem. Deshalb werden die Wellen und der Getriebekasten perspektivisch dargestellt.

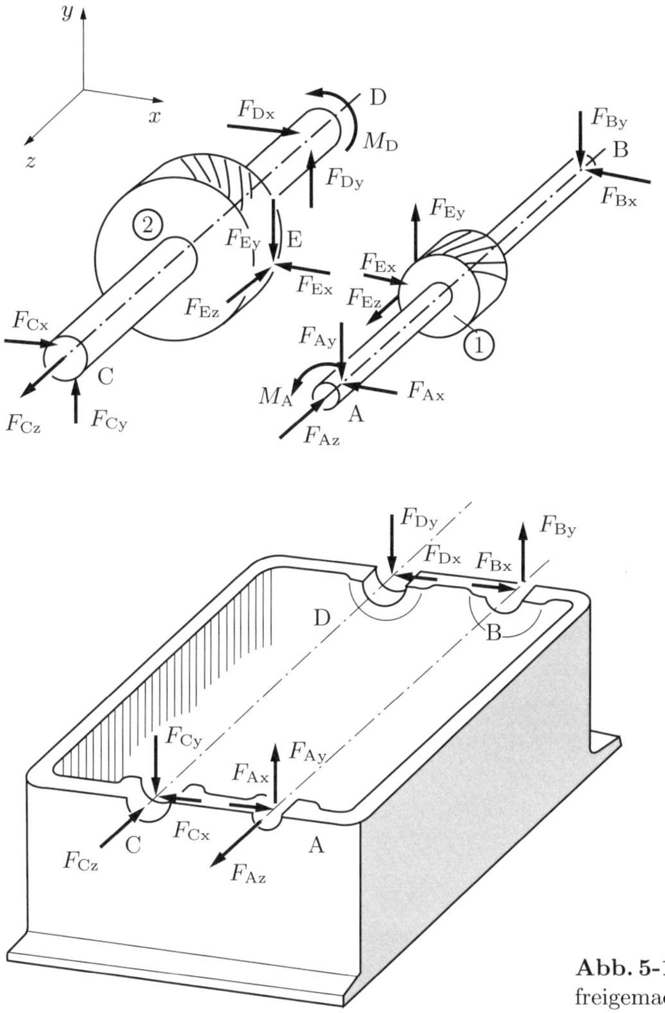

Abb. 5-10: Freigemachte Wellen und freigemachter Getriebekasten

Am Eingriffspunkt E beider Zahnräder treten folgende Kräfte auf. Der Zahneingriff verursacht radiale Kräfte, die die Zahnräder auseinander zu drücken versuchen. Diese Kräfte sind als actio und reactio eingetragen und mit F_{Ex} bezeichnet. Die Schrägverzahnung verursacht eine axiale Kraft F_{Ez}, die in diesem Falle, wie man es sich leicht klar machen kann, an der Welle CD in Richtung D wirkt. Die Reaktionskraft dazu greift am Zahnrad 1 an. Das angegebene Antriebsmoment verursacht am Zahnrad 2 eine Umfangskraft F_{Ey}, die nach unten gerichtet ist.

Diese hat eine umgekehrte wirkende Reaktionskraft am Zahnrad 1 zur Folge.

Die an der Eingriffsstelle der Zahnräder angreifenden Kräfte stellen die Belastung der Wellen dar und werden von den Lagern aufgenommen.

Welle AB
Am Festlager A verursacht die Kraft F_{Ez} die Axialkraft F_{Az}. Die Eingriffskraft F_{Ex} wird von den beiden Lagerkräften F_{Ax} und F_{Bx} aufgenommen, die Umfangskraft F_{Ey} von F_{Ay} und F_{By}.

Welle CD
Es gilt sinngemäß alles, was zur Welle AB gesagt wurde. Besonders sei darauf hingewiesen, dass der Momentenpfeil M_{D} nicht die Drehrichtung angibt. Es handelt sich hier um das Reaktionsmoment, das von der angetriebenen Maschine auf das Getriebe ausgeübt wird. Das Moment an der angetriebenen Maschine wirkt umgekehrt.

Getriebekasten
An den vier Lagerstellen wirken jeweils die Reaktionskräfte von den Wellen. Die rechte Welle drückt von unten gegen den Getriebedeckel, während die linke Welle das Getriebeunterteil belastet.

Aus Gründen der Anschaulichkeit wurden bei der Lösung dieser Aufgabe die Kräfte jeweils so angenommen, wie sie tatsächlich wirken. Es sei hier jedoch nochmals darauf hingewiesen, dass die Auflagerreaktionen im Wirkungssinn beliebig angenommen werden können. Es muss nur der Lehrsatz actio = reactio erfüllt sein (z.B. Welle-Getriebekasten). Den tatsächlichen Wirkungssinn ergibt das Vorzeichen, wobei + „richtige Annahme“ bedeutet und – „umgekehrt wie angenommen“.

Aufgaben zum Kapitel 5

A5-1 bis A5-13 Das abgebildete System ist freizumachen. Alle Oberflächen sollen reibungsfrei angenommen werden.

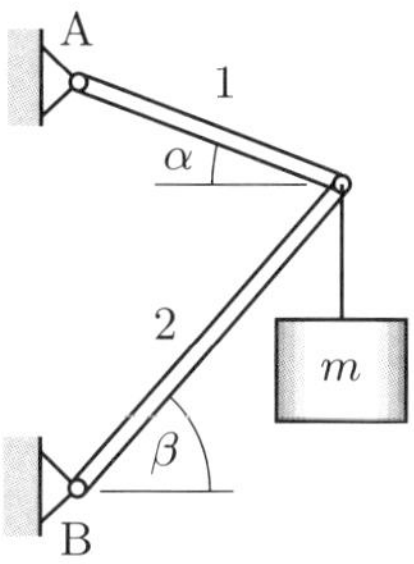

Abb. A5-1

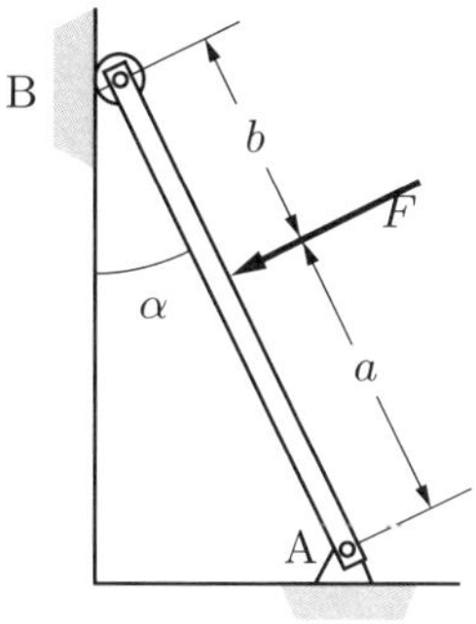

Abb. A5-2/A6-37

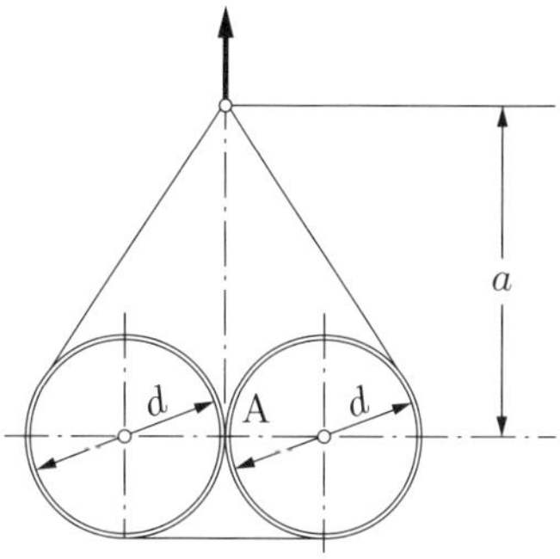

Abb. A5-3/A6-9

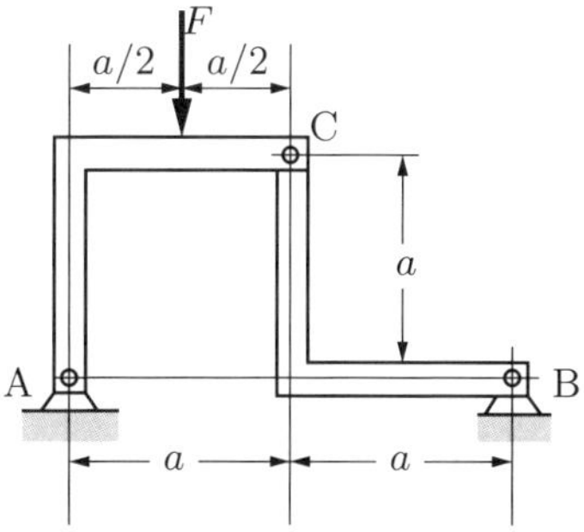

Abb. A5-4/A6-38

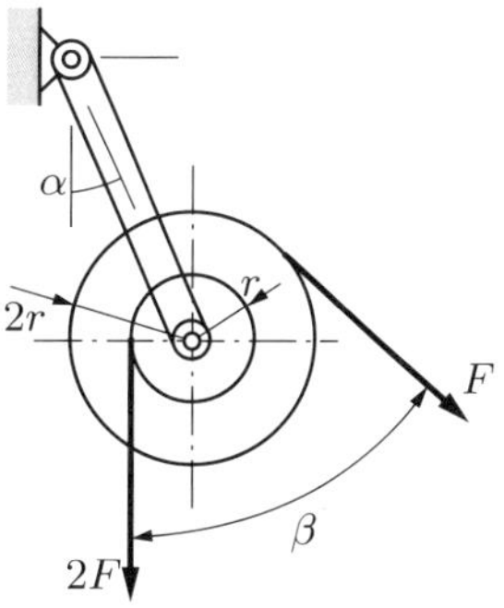

Abb. A5-5/A6-14

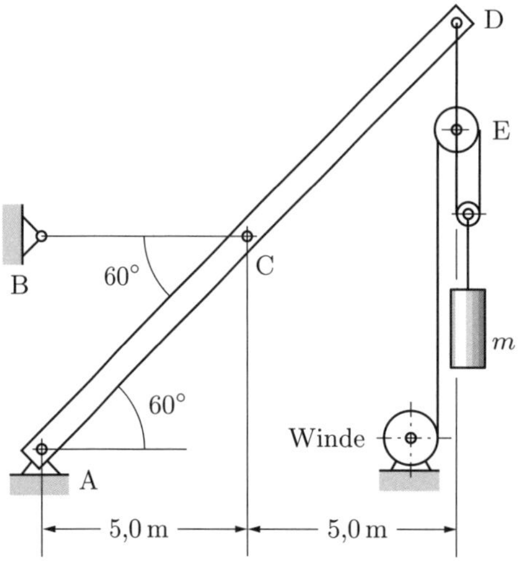

Abb. A5-6/A6-61

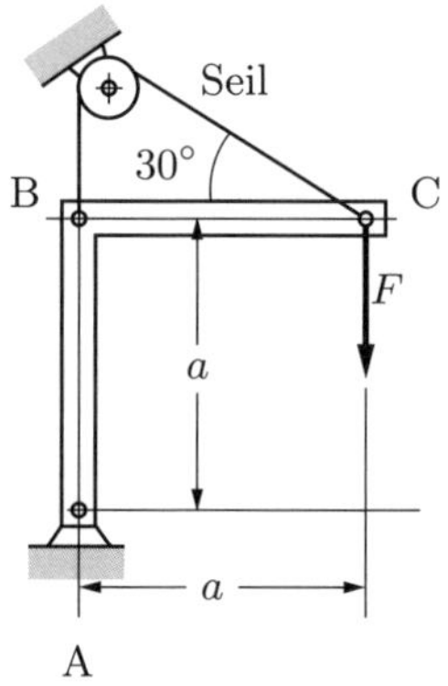

Abb. A5-7/A6-62

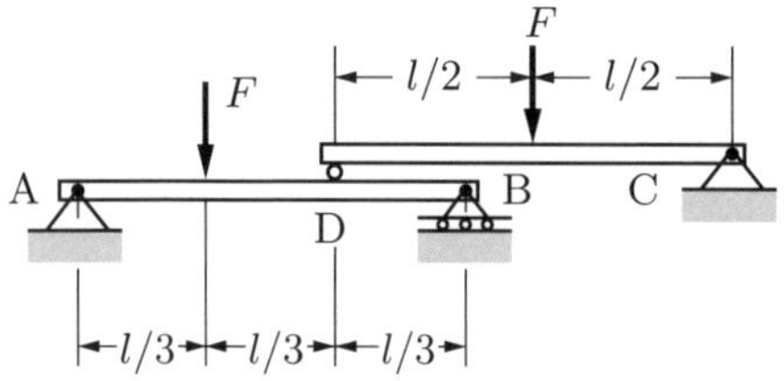

Abb. A5-8/A6-23

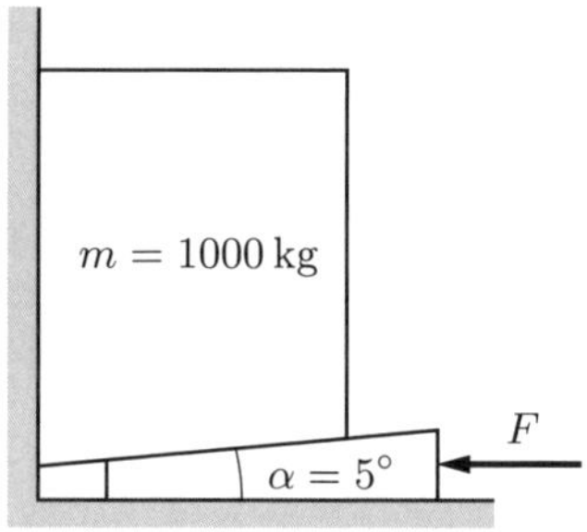

Abb. A5-9/A11-17

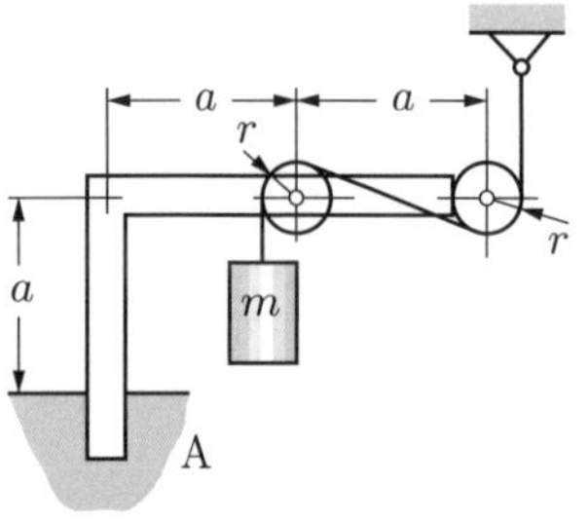

Abb. A5-10/A6-31

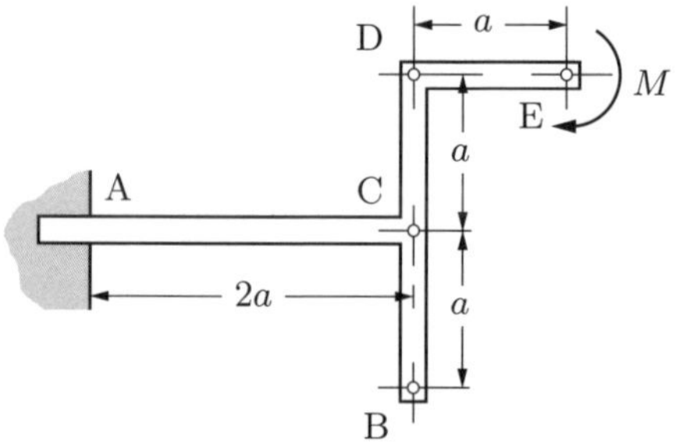

Abb. A5-11/A7-22

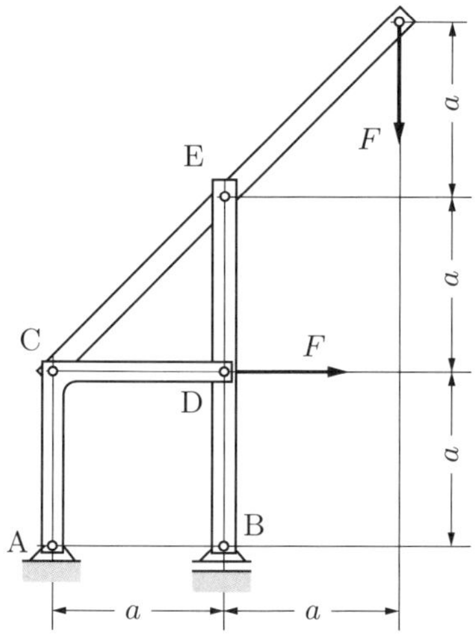

Abb. A5-12/A9-11

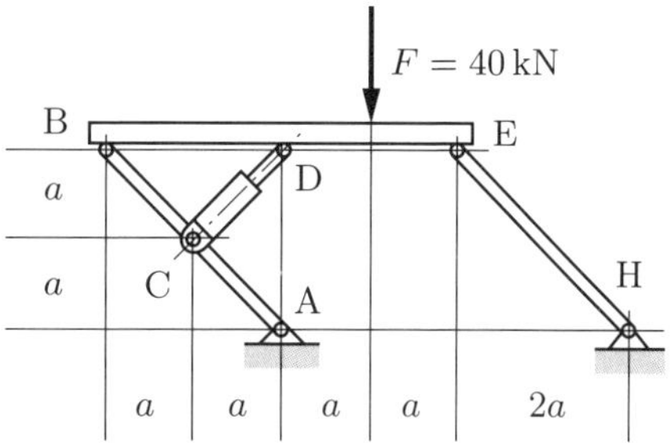

Abb. A5-13/A9-12

A5-14 Zu untersuchen ist, ob die in der Tabelle aufgeführten Systeme richtig bzw. vollständig freigemacht sind.

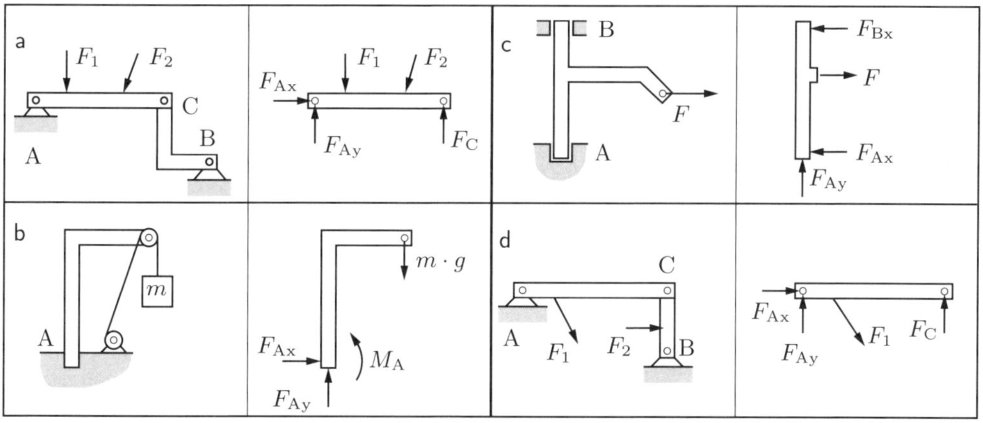

Abb. A5-14

6 Die Gleichgewichtsbedingungen für das ebene Kräftesystem

6.1 Einführung

Ein starrer Körper ist im Gleichgewicht, wenn sich alle am Körper angreifenden Kräfte und Momente gegenseitig aufheben.

In diesem Falle sind die resultierende Kraft und das resultierende Moment gleich null. Der starre Körper kann, sofern er in Ruhe ist, nicht aus diesem Zustand herauskommen. Sollte er im Zustand der Bewegung sein, dann kann diese nur geradlinig und gleichförmig sein. Es ist keine überschüssige Kraft vorhanden, um eine Beschleunigung oder Verzögerung zu verursachen und/oder eine Richtungsänderung einzuleiten (Beharrungsprinzip 6. Lehrsatz).

Die beiden oben formulierten Gleichgewichtsbedingungen der Statik

$$F_{\text{res}} = 0; \quad M_{\text{res}} = 0$$

gelten demnach für den Ruhezustand und den Zustand der gleichförmigen, geradlinigen Bewegung. Sie werden in den nachfolgenden Abschnitten auf die verschiedenen Kräftesysteme angewendet.

1. Gemeinsamer Angriffspunkt der Kräfte.
2. Parallele Kräfte. Es kommen die analytischen Gleichgewichtsbedingungen zur Anwendung. Im Vorgriff auf die Festigkeitslehre (Bd. 2) wird in einem Beispiel das Seileckverfahren angewendet.
3. Allgemeines Kräftesystem. Der Schwerpunkt der Lösungsansätze liegt bei den analytischen Verfahren. Zur Veranschaulichung und zur Kontrolle wird in geeigneten Beispielen das Verfahren nach CULMANN[1] herangezogen.

Im letzten Abschnitt werden die Begriffe „statisch bestimmt“ und „statisch unbestimmt“ erklärt.

---

[1] CULMANN, Carl (1821–1881), Professor, Polytechnikum Zürich.

6.2 Gemeinsamer Angriffspunkt

6.2.1 Analytische Methode

Soll die Resultierende null sein, dann müssen es auch ihre x- und y-Komponenten sein. Das liefert die beiden Gleichungen

$$F_{\mathrm{res\,x}} = 0; \qquad F_{\mathrm{res\,y}} = 0.$$

Da aber $F_{\mathrm{res\,x}} = \sum F_{\mathrm{x}}$ und $F_{\mathrm{res\,y}} = \sum F_{\mathrm{y}}$ ist, können diese Gleichungen in die Form

$$\sum F_{\mathrm{x}} = 0; \quad \sum F_{\mathrm{y}} = 0 \tag{6-1}$$

gebracht werden.

Die Gleichungen (6-1) sind die analytischen Gleichgewichtsbedingungen für ein ebenes Kräftesystem mit gemeinsamem Angriffspunkt.

Mit diesen beiden Gleichungen können zwei Unbekannte, z.B. zwei Stabkräfte berechnet werden (vgl. auch Abschnitt 3.2).

6.2.2 Graphische Methode

Die Resultierende erhält man graphisch durch geometrische Addition der wirkenden Kräfte im Kräfteplan (Abb. 3-8). Für den Fall $F_{\mathrm{res}} = 0$ muss sich der von den Kräften gebildete Linienzug gleichsinnig (mit eindeutigem Umfahrungssinn) schließen.

Die graphische Bedingung für Gleichgewicht am gemeinsamen Angriffspunkt lautet demnach: Das Kräftepolygon (Kräftevieleck) muss gleichsinnig geschlossen sein.

6.2.3 Drei nichtparallele Kräfte im Gleichgewicht

Die Abb. 6-1 zeigt eine Scheibe, an der die drei Kräfte $F_1 F_2 F_3$ in den Punkten ABC angreifen. Das System ist im Gleichgewicht.

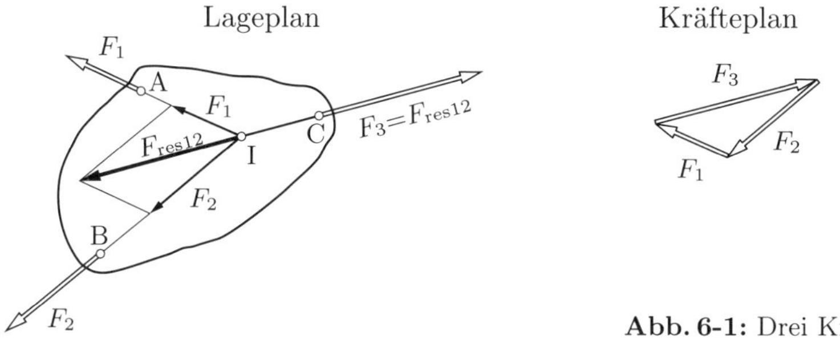

Abb. 6-1: Drei Kräfte an starrer Scheibe

Die Kräfte F_1 und F_2 werden in den gemeinsamen Schnittpunkt I verschoben und dort zu der Resultierenden F_{res12} zusammengesetzt. Soll Gleichgewicht herrschen, dann müssen F_{res12} und F_3 gleich groß, entgegengesetzt gerichtet und kollinear sein (1. Lehrsatz). Daraus folgt, dass F_1, F_2 und F_3 einen gemeinsamen Schnittpunkt (I) haben müssen.

Drei nichtparallele Kräfte sind im Gleichgewicht, wenn

a) ihre Wirkungslinien einen gemeinsamen Schnittpunkt haben,
b) das Kräftedreieck gleichsinnig geschlossen ist.

Diese Bedingung für eine graphische Lösung kann nach Anfertigen einer Skizze in Berechnungsgleichungen umgesetzt werden. Es handelt sich um Längen- bzw. Winkelbestimmungen am Dreieck. Einen graphischen Ansatz in eine Berechnung umzusetzen, führt bei Systemen von drei Kräften am schnellsten zum Ziel. Oft kann man umfangreichere Systeme durch Zusammenfassung auf drei Kräfte zurückführen und sie so besonders günstig berechnen.

Beispiele zum Abschnitt 6.2

Beispiel 1 (Abb. 6-2)

Skizziert ist ein Hubsystem, das aus einem abgespannten Gittermast und einer Winde besteht. Zu bestimmen sind die Seilkraft in C, die Lagerkraft in B und die Seilkraft an der Winde für $m = 5000\,\text{kg}$.

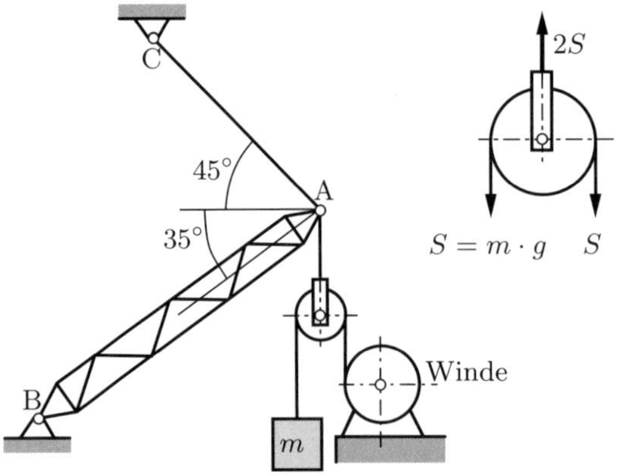

Abb. 6-2: Hubwerk

Analytische Lösung

Um die Belastung von A durch die angehängte Masse zu bestimmen, muss die Rolle freigemacht werden. Man erkennt, der Aufhängepunkt wird mit $2S$ belastet. Dabei ist $S = m \cdot g = 49{,}05\,\text{kN}$.

Den freigemachten Knoten zeigt die Abb. 6-3. Es ist vorteilhaft, mit einem gedrehten Koordinatensystem zu arbeiten, dessen eine Achse kollinear mit einer Unbekannten liegt. Das ist hier die x-Achse in Richtung F_C. Die Kräftesummation erfolgt für die dazu senkrechte Achse.

$$\sum F_\text{y} = 0 \qquad -2S \cdot \cos 45^\circ + F_\text{B} \cdot \cos 10^\circ = 0$$

$$\underline{F_\text{B}} = 2S \cdot \frac{\cos 45^\circ}{\cos 10^\circ} \underline{= 70{,}44\,\text{kN}\ (\nearrow)}$$

$$\sum F_\text{x} = 0 \qquad +2S \cdot \sin 45^\circ - F_\text{C} + F_\text{B} \cdot \sin 10^\circ = 0$$

$$\underline{F_\text{C}} = 2S \cdot \sin 45^\circ + F_\text{B} \cdot \sin 10^\circ \underline{= 81{,}60\,\text{kN}\ (\nwarrow)}$$

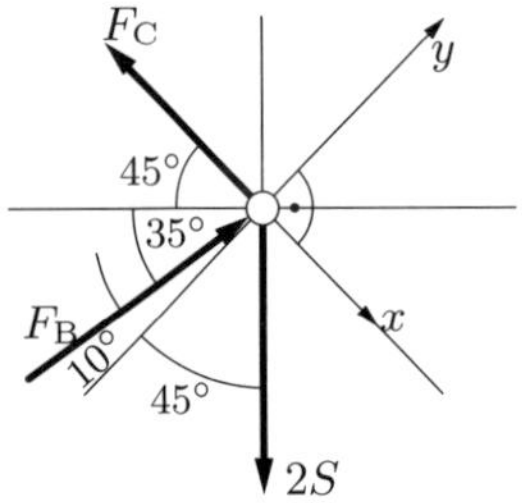

Abb. 6-3: Freigemachter Punkt A

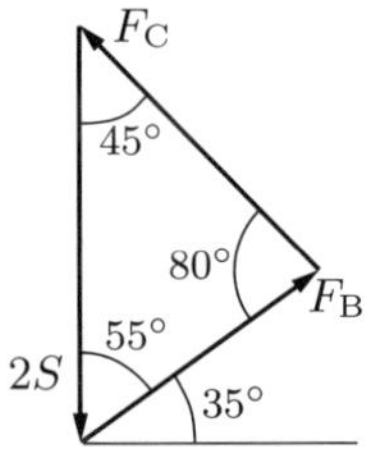

Abb. 6-4: Kraftdreieck für Punkt A

Graphische Lösung

Das Kräftedreieck zeigt die Abb. 6-4. Von einer nicht maßstäblichen Skizze ausgehend, kann man mit dem sin-Satz die unbekannten Kräfte ausrechnen.

$$\frac{F_B}{\sin 45^\circ} = \frac{2S}{\sin 80^\circ} \qquad \underline{F_B} = 2S \cdot \frac{\sin 45^\circ}{\sin 80^\circ} \underline{= 70{,}44\,\text{kN}}$$

$$\frac{F_C}{\sin 55^\circ} = \frac{2S}{\sin 80^\circ} \qquad \underline{F_C} = 2S \cdot \frac{\sin 55^\circ}{\sin 80^\circ} \underline{= 81{,}60\,\text{kN}}$$

Beispiel 2 (Abb. 6-5)

Zwei Massen sind in der angegebenen Weise an Seilen aufgehängt. Zu bestimmen sind die Seilkräfte S_1 bis S_4 für $m_1 = 300\,\text{kg}$ und $m_2 = 200\,\text{kg}$.

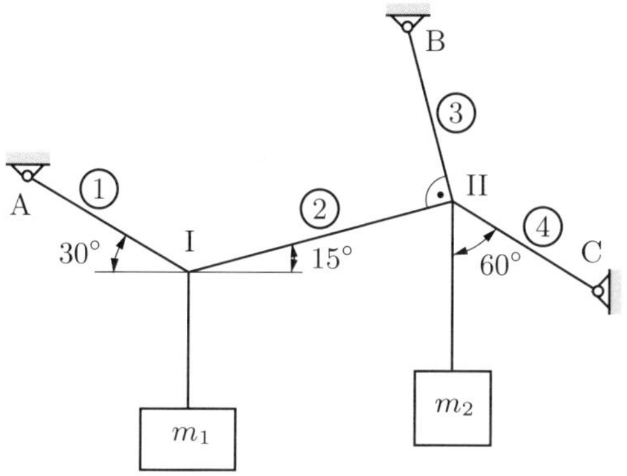

Abb. 6-5: Seilverbund mit Massen

Analytische Lösung (Abb. 6-6)

Das System wird in den Knoten freigemacht. Man erhält zwei Kräftesysteme mit gemeinsamem Angriffspunkt. Die Gewichtskräfte betragen

$$F_{G1} = m_1 \cdot \text{g} = 300\,\text{kg} \cdot 9{,}81\,\text{m/s}^2 = 2943\,\text{N}$$
$$F_{G2} = m_2 \cdot \text{g} = 200\,\text{kg} \cdot 9{,}81\,\text{m/s}^2 = 1962\,\text{N}$$

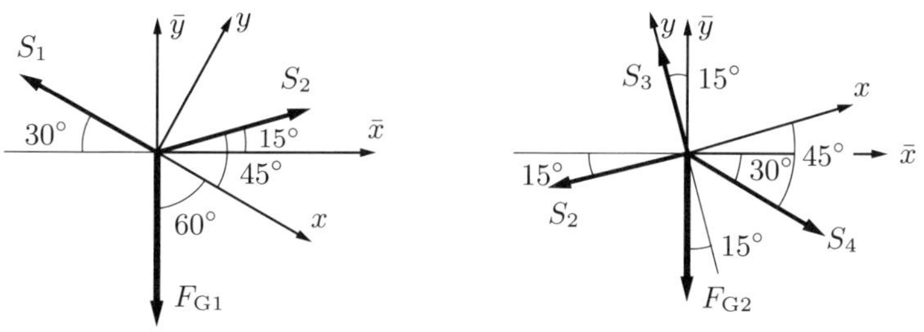

Abb. 6-6: Freigemachte Seilknoten mit gedrehten Koordinatensystemen

Es empfiehlt sich, ein gedrehtes Koordinatensystem anzuwenden, dessen eine Koordinatenachse mit einer unbekannten Seilkraft zusammenfällt. In Abb. 6-6 sind das die Koordinatensysteme x und y. Die erste Gleichung setzt man für die Richtung an, in die eine Unbekannte keine Komponente hat. Die Berechnung muss am Knoten I beginnen, da dort im Gegensatz zu Knoten II nur zwei Unbekannte, nämlich S_1 und S_2 sind.

Knoten I

$$\sum F_{\mathrm{y}} = 0; \qquad S_2 \cdot \sin 45° - F_{\mathrm{G1}} \cdot \sin 60° = 0$$

$$S_2 = \frac{\sin 60°}{\sin 45°} \cdot F_{\mathrm{G1}}; \qquad \underline{S_2 = 3{,}60\,\mathrm{kN}}$$

$$\sum F_{\mathrm{x}} = 0; \qquad S_2 \cdot \cos 45° + F_{\mathrm{G1}} \cdot \cos 60° - S_1 = 0$$

$$S_1 = S_2 \cdot \cos 45° + F_{\mathrm{G1}} \cdot \cos 60°$$

$$S_1 = 3{,}60\,\mathrm{kN} \cdot \cos 45° + 2{,}94\,\mathrm{kN} \cdot \cos 60°$$

$$\underline{S_1 = 4{,}02\,\mathrm{kN}}$$

Knoten II

$$\sum F_{\mathrm{x}} = 0; \qquad S_4 \cdot \cos 45° - F_{\mathrm{G2}} \cdot \sin 15° - S_2 = 0$$

$$S_4 = \frac{1}{\cos 45°}(F_{\mathrm{G2}} \cdot \sin 15° + S_2)$$

$$S_4 = \frac{1}{\cos 45°}(1{,}96\,\mathrm{kN} \cdot \sin 15° + 3{,}60\,\mathrm{kN})$$

$$\underline{S_4 = 5{,}81\,\mathrm{kN}}$$

$$\sum F_{\mathrm{y}} = 0; \qquad S_3 - F_{\mathrm{G2}} \cdot \cos 15° - S_4 \cdot \sin 45° = 0$$

$$S_3 = F_{\mathrm{G2}} \cdot \cos 15° + S_4 \cdot \sin 45°$$

$$S_3 = 1{,}96\,\mathrm{kN} \cdot \cos 15° + 5{,}81\,\mathrm{kN} \cdot \sin 45°$$

$$\underline{S_3 = 6{,}00\,\mathrm{kN}}$$

Graphische Lösung (Abb. 6-7)

Aus dem gleichen Grunde wie bei der analytischen Lösung muss vom Knoten I ausgegangen werden. Das Kräftedreieck nach Abb. 6-7 entsteht in folgender Reihenfolge. Zunächst wird die einzige bekannte Kraft F_{G1} gezeichnet. An das Ende des Vektors wird die Wirkungslinie von S_1, an den Anfang die von S_2 gezogen (das kann auch umgekehrt erfolgen). Beide schneiden sich und ergeben

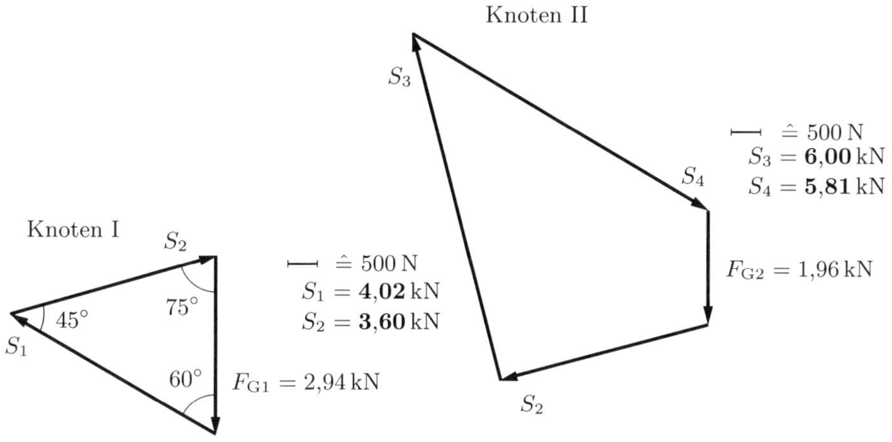

Abb. 6-7: Kraftecke für Seilknoten

das abgebildete Dreieck. Die Bedingung „gleichsinnig geschlossen" führt auf die Pfeilspitzen und damit die Kraftrichtungen.

Im Knoten II sind die Kräfte F_{G2} und S_2 bekannt. Mit diesen muss die Konstruktion beginnen. Die Wirkungslinien von S_3 und S_4 werden an den End- bzw. Anfangspunkt der beiden Ausgangsvektoren gezogen. Man erhält das gezeigte Krafteck. Der einheitliche Umfahrungssinn liefert die Richtungen der Kräfte.

Es ist möglich, unter Verwendung von nicht maßstabsgerechten Skizzen nach Abb. 6-7 mit Hilfe geometrischer Beziehungen die unbekannten Größen auszurechnen. Für Knoten I ergibt sich nach dem sin-Satz

$$\underline{S_1} = \frac{\sin 75°}{\sin 45°} \cdot F_{G1} \underline{= 4{,}02\,\mathrm{kN}}$$
$$\underline{S_2} = \frac{\sin 60°}{\sin 45°} \cdot F_{G1} \underline{= 3{,}60\,\mathrm{kN}}.$$

Für das Viereck muss man die Resultierende von F_{G2} und S_2 nach Größe und Richtung bestimmen (Abschnitt 3.2). Damit ist die Aufgabe auf den vorher besprochenen Fall eines Dreiecks reduziert.

Beispiel 3 (Abb. 6-8)

Das skizzierte Hubwerk ist mit einer Masse von 400 kg belastet. Zu bestimmen sind die Kräfte in den Gelenken A, B und C.

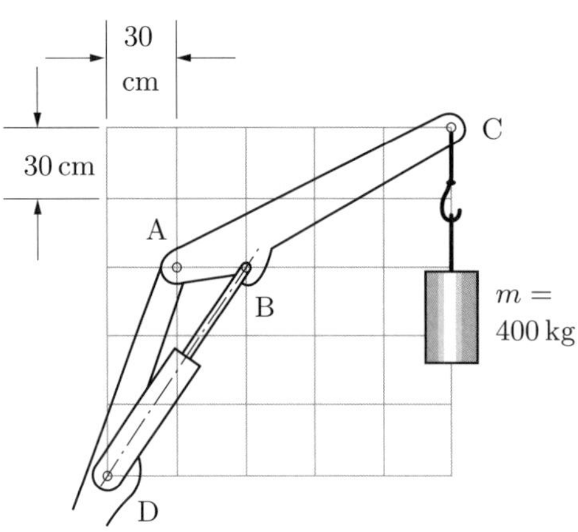

Abb. 6-8: Hubwerk

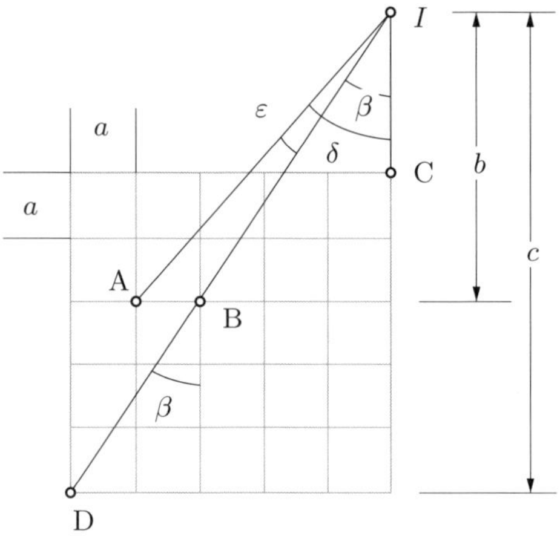

Abb. 6-9: Geometrie des Hubwerks

Lösung (Abb. 6-9/6-10/6-11)

An dem Auslegerarm greifen drei Kräfte an. Das sind die Gewichtskraft F_G, die vom hydraulischen Hubkolben ausgeübte Kraft F_B und die Gelenkkraft F_A. Bekannt sind die Wirkungslinien der Gewichtskraft F_G und der Kraft F_B, da der Hubkolben der Definition einer Pendelstütze genügt. Damit liegt der Schnittpunkt I der Wirkungslinien fest, durch den auch die Wirkungslinie von F_A gehen muss (gemeinsamer Schnittpunkt der Wirkungslinien von drei Kräften im Gleichgewicht.)

Unabhängig vom weiteren Vorgehen muss zunächst die Geometrie erfasst werden. Das Rastermaß wird mit a bezeichnet. Aus dem Raster ergibt sich nach Abb. 6-9

$$\tan\beta = \frac{2a}{3a} \qquad \beta = 33{,}7^\circ$$

Damit ist

$$c = \frac{5a}{\tan\beta} = \frac{5 \cdot 30\,\text{cm}}{\tan 33{,}7^\circ} = 225\,\text{cm}$$

und

$$b = c - 3a = 225\,\text{cm} - 3 \cdot 30\,\text{cm} = 135\,\text{cm}$$

Jetzt kann man den Winkel δ berechnen

$$\tan\delta = \frac{4a}{b} = \frac{4 \cdot 30\,\mathrm{cm}}{135\,\mathrm{cm}} \qquad \delta = 41{,}6^\circ$$

Ein günstiger Lösungsweg soll vorgeführt werden. Ausgangspunkt ist eine nicht maßstäbliche Skizze des Kräfteplans nach Abb. 6-10. Das Dreieck wird folgen-

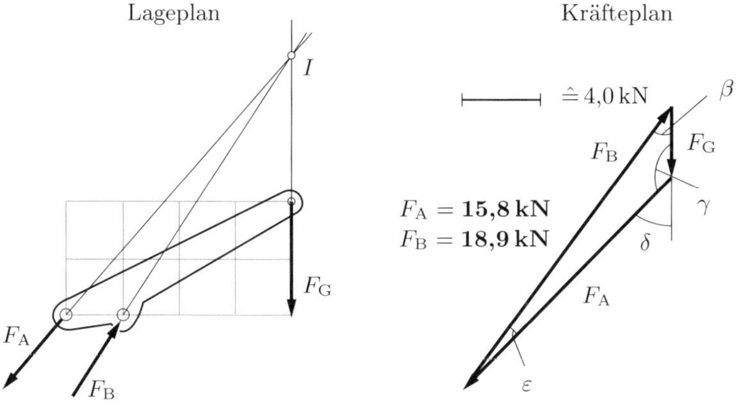

Abb. 6-10: Freigemachter Ausleger mit Kräftedreieck

dermaßen gezeichnet. Begonnen wird mit der bekannten Kraft F_G. Unter dem Winkel δ wird die Wirkungslinie der Kraft F_A angesetzt. Ausgehend vom Ausgangspunkt wird jene von F_B gezeichnet. Die Winkel im Dreieck betragen

$$\gamma = 180^\circ - \delta = 138{,}4^\circ \qquad \varepsilon = 180^\circ - \beta - \gamma = 7{,}9^\circ$$

Mit Hilfe des sin-Satzes werden die Kräfte F_A und F_B berechnet.

$$\frac{F_A}{\sin\beta} = \frac{F_G}{\sin\varepsilon} \qquad \underline{F_A = 15{,}84\,\mathrm{kN}}$$

$$\frac{F_B}{\sin\gamma} = \frac{F_G}{\sin\varepsilon} \qquad \underline{F_B = 18{,}95\,\mathrm{kN}}$$

Eine maßstabsgerechte Zeichnung des Kräftedreiecks liefert als Kontrolle die oben berechneten Werte.

Für die analytische Lösung werden alle Kräfte in den Punkt I verschoben (Abb. 6-11). Man erhält folgende Bestimmungsgleichungen für F_A und F_B.

$$\sum F_x = 0 \qquad F_B \cdot \sin\beta - F_A \cdot \sin\delta = 0$$

$$\sum F_y = 0 \qquad F_B \cdot \cos\beta - F_A \cdot \cos\delta - F_G = 0$$

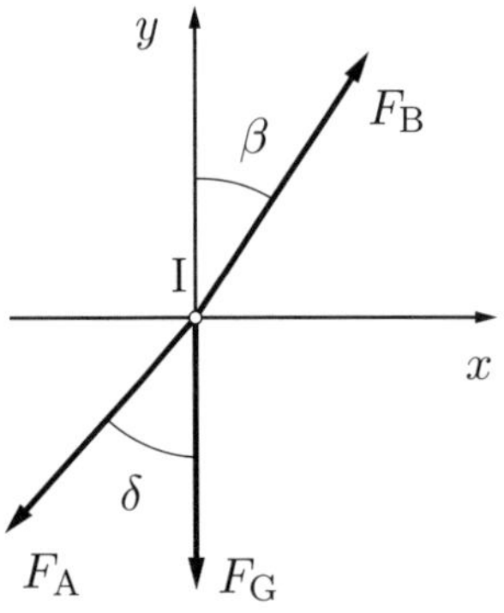

Abb. 6-11: Auslegerkräfte im gemeinsamen Angriffspunkt

Die Verwendung eines gedrehten Koordinatensystems ermöglicht eine günstige Lösung. Dieser Weg sei als Übungsaufgabe empfohlen.

Diese Aufgabe ist auch lösbar, wenn man nicht erkennt, dass ein gemeinsamer Schnittpunkt aller Kräfte vorliegt. Jedoch muss man den Hydraulikkolben als Pendelstütze identifizieren. Die in der Richtung festliegende Kolbenkraft F_B wird in die x- und y-Komponenten zerlegt. Im Punkt B greifen demnach $F_B \cdot \sin\beta$ und $F_B \cdot \cos\beta$ an. Im Punkt A müssen die Komponenten F_{Ax} und F_{Ay} eingeführt werden. Im Prinzip ergibt das einen Träger auf zwei Stützen, der weiter unten behandelt wird.

Aufgaben zum Abschnitt 6.2

Hinweis: Die Aufgaben sind analytisch zu lösen. Jedoch kann auch von Kraftecken ausgegangen werden, deren Geometrie berechnet wird. Alle Ergebnisse sind graphisch zu kontrollieren.

A6-1 Eine homogene Walze liegt in einer prismatischen Führung. Die Auflagerreaktionen in A und B sind allgemein so zu bestimmen, dass für einen vorgegebenen Winkel α die Kraft F_B ein Minimum wird. Für diese Bedingung ist β in Abhängigkeit von α anzugeben.

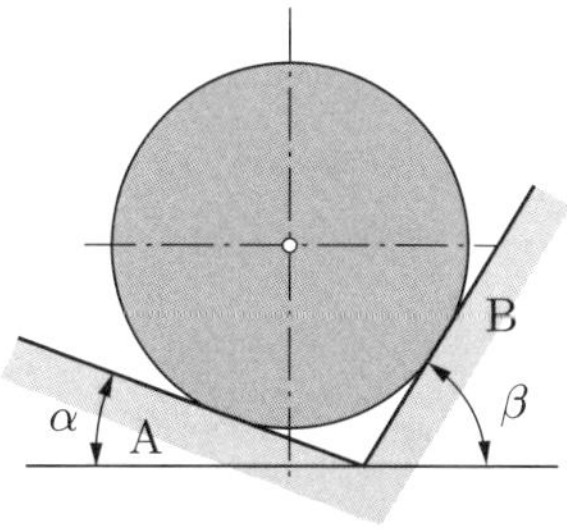

Abb. A6-1

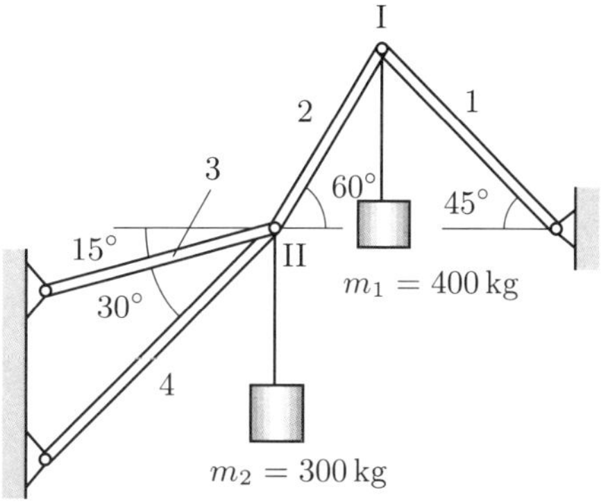

Abb. A6-2

A6-2 Alle Stabkräfte des abgebildeten Stabverbands sind zu bestimmen. Es ist anzugeben, ob die Stäbe auf Druck oder Zug belastet sind.

A6-3 Im skizzierten Stabverband ist für die unten gegebenen Daten der Winkel γ so zu bestimmen, dass die Stabkraft 4 ein Minimum wird. Für diesen Winkel sind alle Stabkräfte zu ermitteln.

$$F = 100\,\mathrm{kN};\quad \alpha = 60^\circ;\quad \beta = 45^\circ.$$

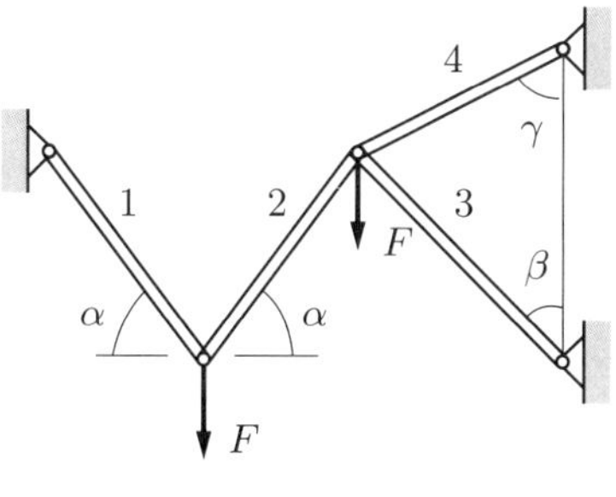

Abb. A6-3

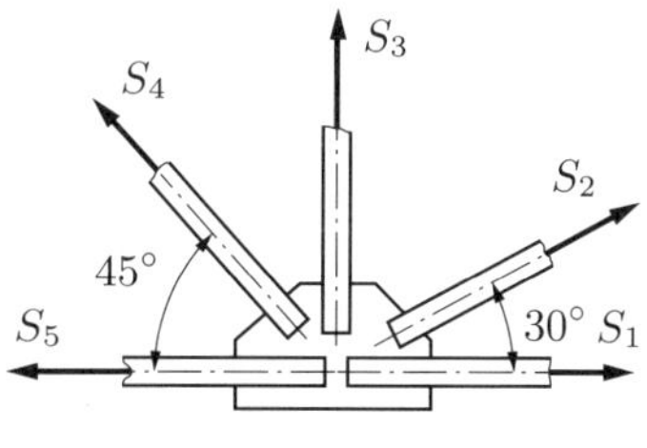

Abb. A6-4/A6-5

A6-4 Abgebildet ist ein freigemachter Knoten eines Fachwerks, der fünf Stäbe verbindet. Bekannt sind die Stabkräfte (negatives Vorzeichen = Kraft zum Knoten gerichtet)

$$S_1 = -20{,}0\,\text{kN}; \quad S_2 = 30{,}0\,\text{kN}; \quad S_3 = 25{,}0\,\text{kN}$$

Zu bestimmen sind die Stabkräfte S_4 und S_5. Es ist anzugeben, ob die Stäbe auf Druck oder Zug belastet sind.

A6-5 Wie Aufgabe A6-4, jedoch

$$S_1 = -30{,}0\,\text{kN}; \quad S_3 = 40{,}0\,\text{kN}; \quad S_5 = -20{,}0\,\text{kN}$$

Zu bestimmen sind die Stabkräfte S_2 und S_4. Hinweis: gedrehtes Koordinatensystem verwenden.

A6-6 Im Stabverband A5-1 soll die Schräglage des Stabes 1 so bestimmt werden, dass dieser minimal belastet wird.

$$m = 3000\,\text{kg}; \quad \beta = 40°.$$

A6-7 Zwei Stäbe sind nach Skizze am Knoten mit einer Kraft F belastet. Die zulässige Stabkraft sei für beide gleich. Zu bestimmen ist die Kraft F nach Größe und Richtung so, dass beide Stäbe voll ausgelastet sind. Die allgemeine Lösung soll für $S_{\text{zul}} = 12{,}0$ kN; $\beta = 40°$ und $\gamma = 30°$ ausgewertet werden.

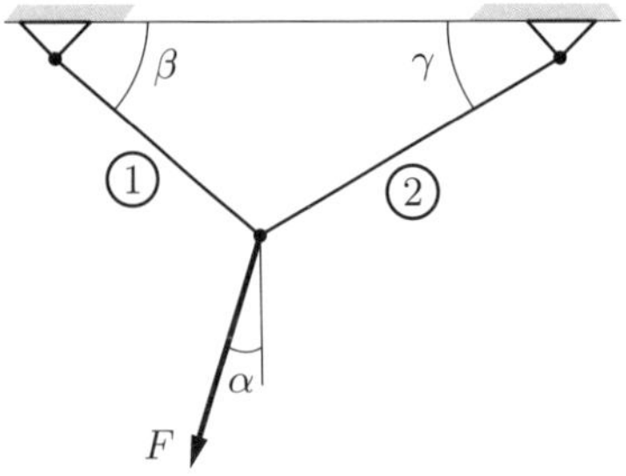

Abb. A6-7

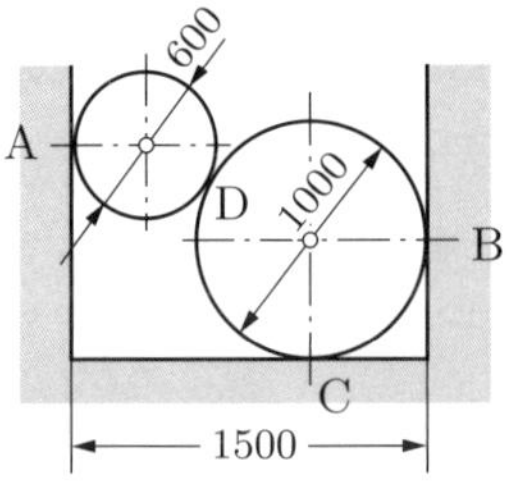

Abb. A6-8

A6-8 Zwei Walzen liegen nach Skizze in einem Schacht. Die Masse der kleineren beträgt 1000 kg, die der größeren 2000 kg. Zu bestimmen sind die Auflagerreaktionen in allen Auflagepunkten.

A6-9 Zwei Rohre der Masse $m = 300\,\text{kg}$ sind an den Enden nach Abb. A5-3 in einer Schlaufe aufgehängt. Zu bestimmen sind die Kraft in der Schlaufe und die Berührungskraft zwischen den Rohren für $d = 500\,\text{mm}$ und $a = 800\,\text{mm}$.

A6-10 Für das skizzierte System sind die Auflagerreaktionen in A und B zu bestimmen.

$$F = 200\,\text{kN}; \quad \beta = 45°; \quad a = 3{,}0\,\text{m}.$$

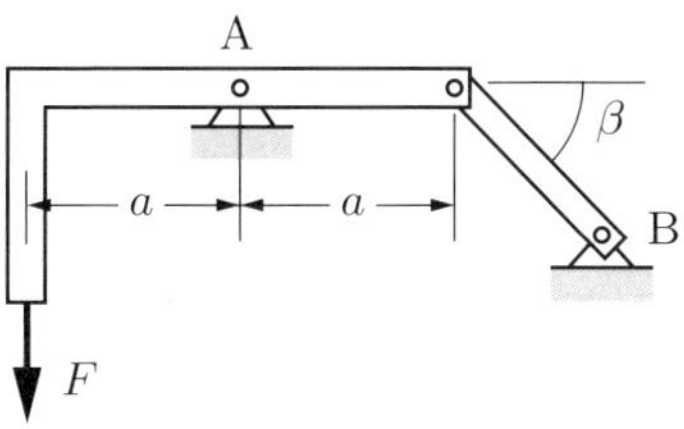

Abb. A6-10

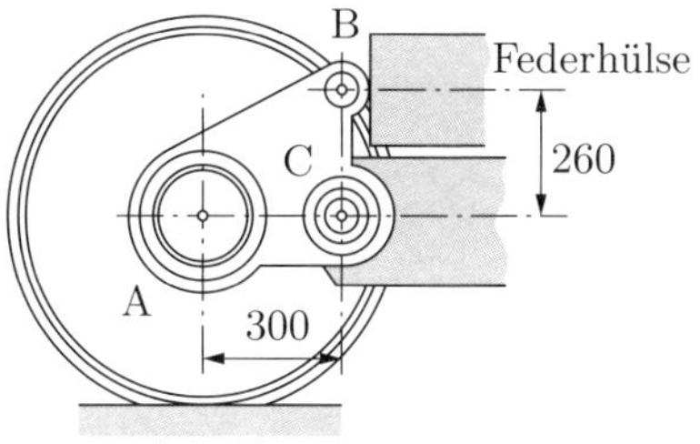

Abb. A6-11/A6-39

A6-11 Die Abbildung zeigt in vereinfachter Form einen Dreieckslenker am Radsatz eines Eisenbahnwagens. Für eine Radlast von 300 kN sind die Kräfte am Gelenk und in der Federhülse zu bestimmen.

A6-12 Die abgebildete Kippvorrichtung dient zum Umsetzen einer Masse von 200 kg. Für die skizzierte Position sind die Kraft im Hubkolben und im Drehgelenk zu bestimmen.

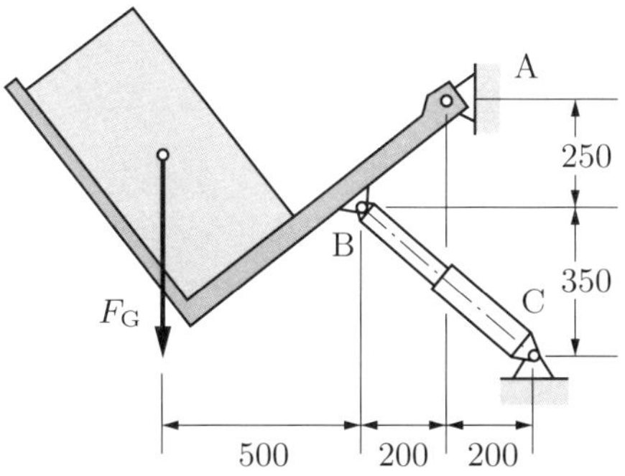

Abb. A6-12/A6-40

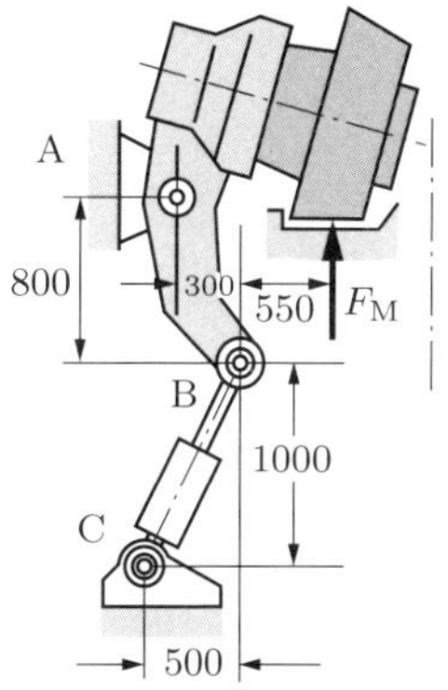

Abb. A6-13/A6-41

A6-13 Die Abbildung zeigt in vereinfachter Form die Kegelwalzen einer Kohlenmühle. Für eine Mahlkraft $F_M = 20\,\text{kN}$ sind die notwendige Kraft im Hydraulikkolben und die Gelenkkraft in A zu bestimmen.

A6-14 Eine Stufenrolle A5-5 ist pendelnd aufgehängt. Die beiden Seile sind jeweils auf der Rolle befestigt und wie angegeben belastet. Zu bestimmen ist in Abhängigkeit vom Winkel β der Winkel α, unter dem sich das System einstellt. Lösung allgemein.

A6-15 Skizziert ist eine Last, die auf einem Seil an einer Rolle hängend heraufgezogen wird. Zu bestimmen sind die Kraft im Schlepp- und im Tragseil.

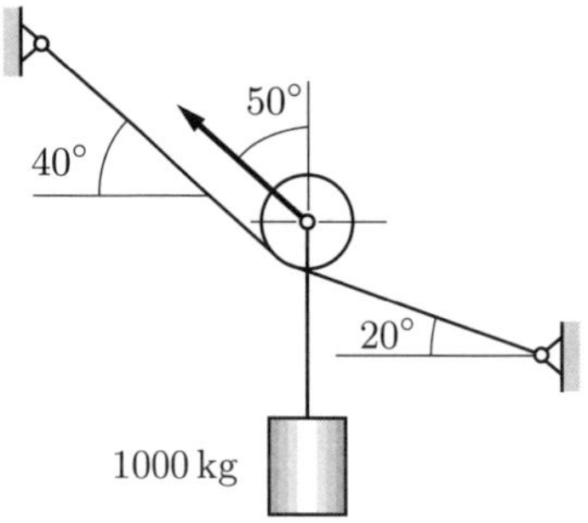

Abb. A6-15

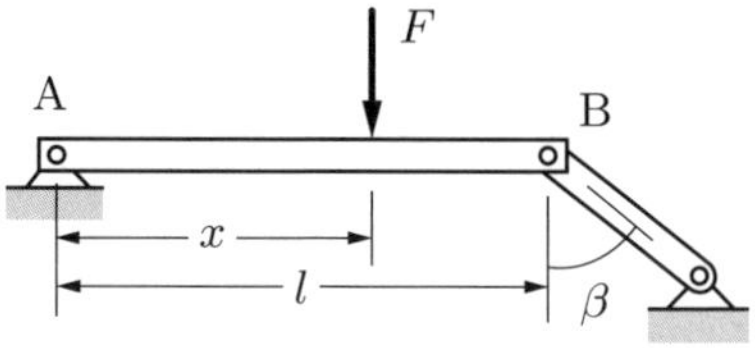

Abb. A6-16

A6-16 Ein Träger ist nach Skizze gelagert und durch eine Kraft F belastet. An welcher Stelle x muss diese angreifen, damit F_{A} ein Minimum wird? Die allgemeine Lösung soll ausgewertet werden für

$$F = 6{,}0\,\mathrm{kN}; \quad l = 5{,}0\,\mathrm{m}; \quad \beta = 30°.$$

A6-17 Eine starre, masselose Scheibe ist wie abgebildet gelagert. Zu bestimmen sind die Auflagerreaktionen für $F = 50\,\mathrm{kN}$.

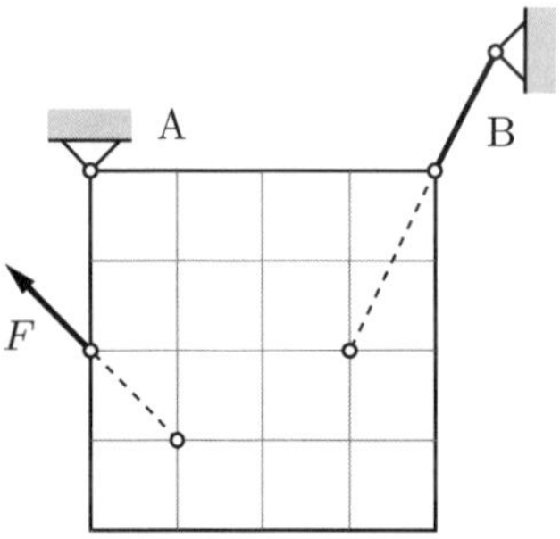

Abb. A6-17

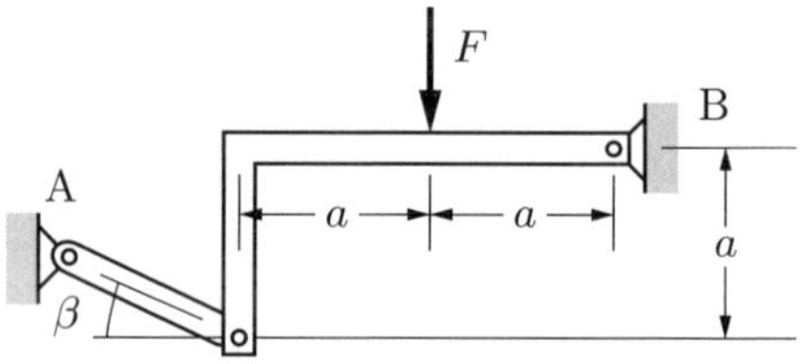

Abb. A6-18

A6-18 Ein gekröpfter Träger ist mit einem Stab abgehängt und nach Skizze belastet. Zu bestimmen sind die Auflagerreaktionen für

$$F = 10\,\mathrm{kN}; \quad \beta = 30°.$$

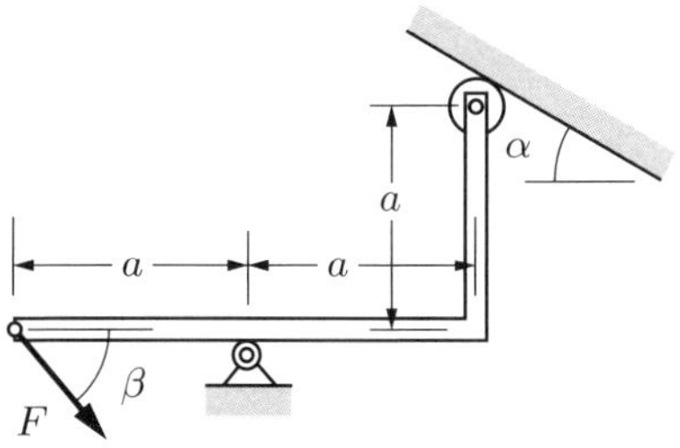

Abb. A6-19

A6-19 In welchem Zusammenhang müssen die Winkel α und β stehen, damit das skizzierte System im labilen Gleichgewicht bleibt?

6.3 Parallele Kräfte

6.3.1 Analytische Methode

Die Bedingung $F_{\text{res}} = 0$ ist als Gleichgewichtsbedingung für ein paralleles Kräftesystem nicht ausreichend. Das sieht man an einem Kräftepaar, für das $F_{\text{res}} = 0$ gilt, das aber eine Drehung einleitet. Soll diese verhindert werden, muss $M_{\text{res}} = 0$ sein.

Die analytischen Gleichgewichtsbedingungen für ein paralleles Kräftesystem sind demnach

$$\sum F = 0; \quad \sum M = 0. \tag{6-2}$$

Der Pol für die Momentengleichung ist frei wählbar.

Anstatt der Gleichungen (6-2) kann als äquivalentes Gleichungssystem

$$\sum M_{\text{I}} = 0; \quad \sum M_{\text{II}} = 0 \tag{6-3}$$

verwendet werden, wobei die Punkte I und II frei wählbar sind.

6.3.2 Graphische Methode

Die Bedingung $F_{\text{res}} = 0$ wird durch ein gleichsinnig geschlossenes Krafteck erfüllt, das beim parallelen Kräftesystem eine Doppellinie darstellt.

Im Abschnitt 3.4.2 wurde ausgeführt, dass mit Hilfe eines Seilecks sowohl die Resultierende von Kräften als auch Momente bestimmt werden können. Aus der zweiten Aussage wurde die Schlussfolgerung gezogen, dass für einen geschlossenen Seilzug das Moment der Kräfte null ist. Daraus folgt:

Die graphischen Bedingungen für das Gleichgewicht eines parallelen Kräftesystems sind:

1. *das zu einer Doppellinie reduzierte Kräftepolygon muss gleichsinnig geschlossen sein*
2. *das Seileck muss geschlossen sein.*

Beispiele zum Abschnitt 6.3

Beispiel 1 (Abb. 6-12)

Ein Träger ist bei A fest, bei B horizontal beweglich gelagert. Er ist vertikal mit den Kräften F_1 bis F_3 belastet. Zu bestimmen sind die Auflagerreaktionen in A und B.

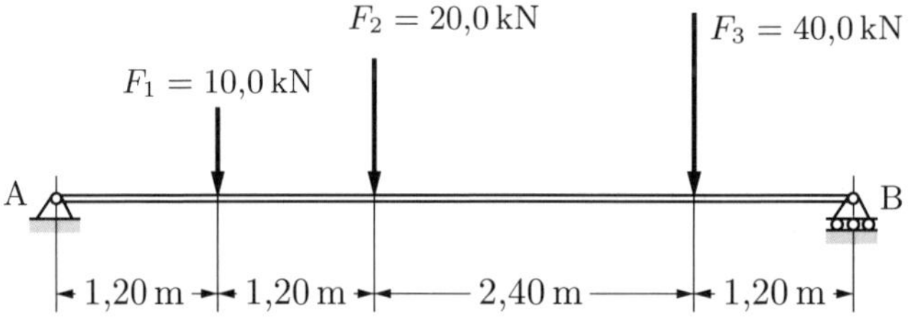

Abb. 6-12: Träger mit parallelen Kräften belastet

Analytische Lösung (Abb. 6-13)

Das System muss zunächst freigemacht werden. Im Lager B kann eine Kraft nur senkrecht zur Oberfläche wirken. Aus diesem Grunde ist Gleichgewicht nur möglich, wenn F_{Ax} gleich null ist. Damit verbleibt auch bei A eine senkrechte Kraft.

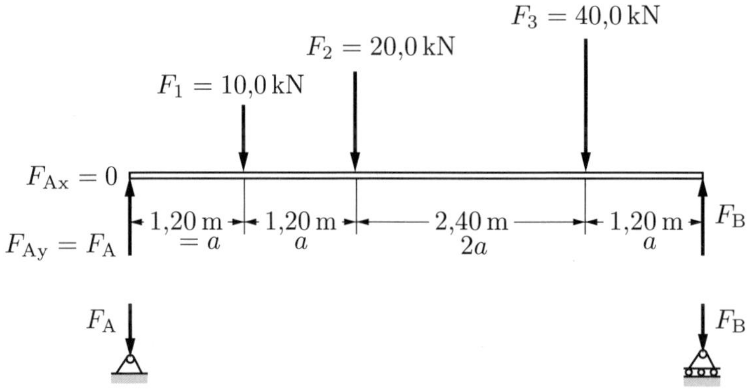

Abb. 6-13: Freigemachter Träger

Für dieses System müssen die Gleichgewichtsbedingungen

$$\sum F = 0; \quad \sum M = 0$$

bzw.

$$\sum M_{\mathrm{I}} = 0; \quad \sum M_{\mathrm{II}} = 0$$

ausgewertet werden. Das sind je zwei Gleichungen für die Berechnung der zwei Unbekannten F_{A} und F_{B}.

Am günstigsten beginnt man mit einer Momentengleichung für einen Pol, der auf der Wirkungslinie einer Unbekannten liegt. Damit eliminiert man zunächst diese und kann die andere Unbekannte unmittelbar berechnen. Hier wird das Lager A als Pol gewählt.

$$\sum M_{\mathrm{A}} = 0; \qquad -F_1 \cdot a - F_2 \cdot 2a - F_3 \cdot 4a + F_{\mathrm{B}} \cdot 5a = 0$$

$$F_{\mathrm{B}} = \frac{1}{5}(F_1 + 2F_2 + 4F_3) = \frac{1}{5}(10 + 40 + 160)\,\mathrm{kN}$$

$$\underline{F_{\mathrm{B}} = 42{,}0\,\mathrm{kN}}$$

Die zweite Gleichung ergibt

$$\sum F = 0; \qquad F_{\mathrm{A}} + F_{\mathrm{B}} - F_1 - F_2 - F_3 = 0$$

$$F_{\mathrm{A}} = F_1 + F_2 + F_3 - F_{\mathrm{B}} = 70\,\mathrm{kN} - 42\,\mathrm{kN}$$

$$\underline{F_{\mathrm{A}} = 28{,}0\,\mathrm{kN}}$$

Man kann die Rechnung durch den Ansatz einer Momentengleichung für einen zweiten beliebigen Punkt kontrollieren, z.B.

$$\sum M_{\mathrm{B}} = 0; \qquad -F_{\mathrm{A}} \cdot 5a + F_1 \cdot 4a + F_2 \cdot 3a + F_3 \cdot a = 0$$

Diese Gleichung ist erfüllt.

Graphische Lösung (Abb. 6-14)

1. Zeichnen des maßstabgerechten Lageplanes mit den Wirkungslinien aller Kräfte.
2. Festlegen eines Kräftemaßstabes und zeichnen des Linienzuges $F_1 + F_2 + F_3$ im Kräfteplan.
3. Festlegen des Poles. Zur Zeichenvereinfachung wurden die Polstrahlen 0 und 3 unter 45° gewählt.

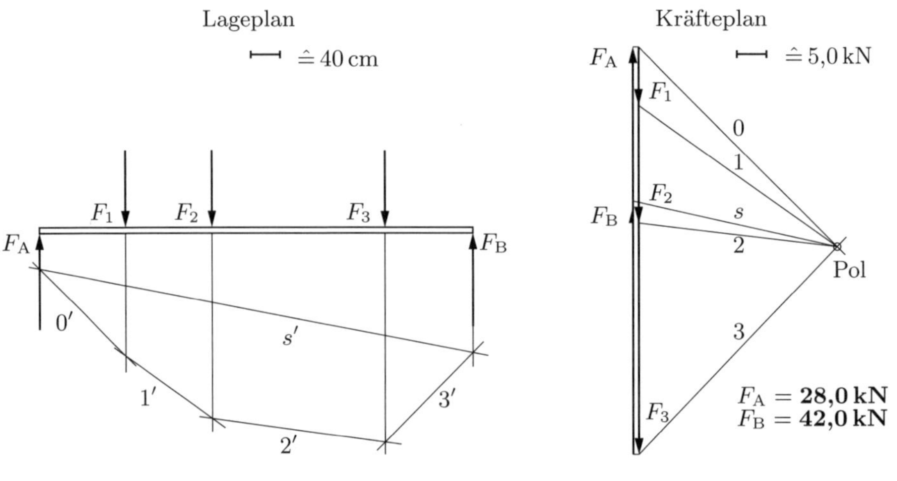

Abb. 6-14: Seileckkonstruktion für parallele Kräfte

4. Ziehen und bezeichnen der Polstrahlen.
5. Wahl eines beliebigen Punktes auf der Wirkungslinie von F_1. Zeichnen der Seilstrahlen $0'$ und $1'$ durch diesen Punkt parallel zu 0; 1.
6. Nach der Analogie, Dreieck im Kräfteplan entspricht Punkt im Lageplan, zeichnen der Seilstrahlen $2'$ und $3'$.
7. Die Gleichgewichtsbedingung „geschlossenes Seileck“ wird mit der Schlusslinie s' im Lageplan erfüllt. Das geschlossene Seileck besteht aus $0'1'2'3's'$. Die Resultierende der Belastung geht durch den Schnittpunkt $0'3'$.
8. Parallelverschiebung von s' in den Lageplan ergibt Polstrahl s im Kräfteplan.
9. Bestimmung der Auflagerkraft F_B (Schnittpunkt $s'3'$B im Lageplan entspricht Dreieck s 3 F_B im Kräfteplan).
10. Bestimmung der Auflagerkraft F_A analog zu 9. Damit ist die Bedingung „gleichsinnig geschlossenes Krafteck“ erfüllt.

Beispiel 2 (Abb. 6-15)

Ein eingespannter Träger ist nach Skizze belastet. Winde, Motor und Getriebe sind auf dem Träger montiert. Die Last wird mit konstanter Geschwindigkeit beim Heben und Senken bewegt. Zu bestimmen sind die Auflagerreaktionen für

$$m = 1000\,\text{kg}; \quad q = 10{,}0\,\text{kN/m}; \quad r = 0{,}3 \cdot a;$$
$$F = 40{,}0\,\text{kN}; \quad a = 1{,}0\,\text{m}.$$

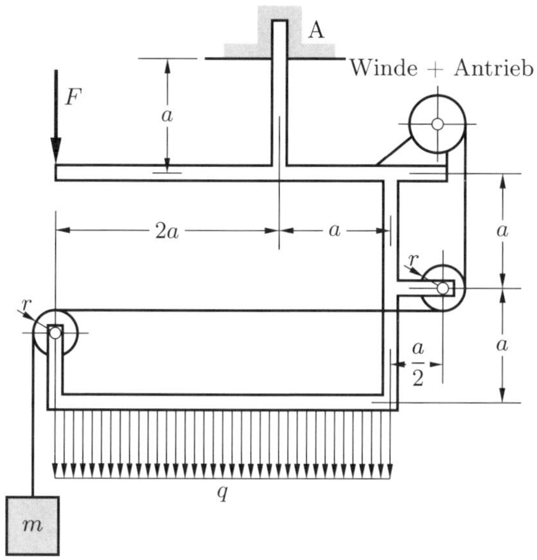

Abb. 6-15: Eingespannter Träger

Lösung (Abb. 6-16)

Beim Freimachen muss zunächst geklärt werden, wie Winde, Motor und Rollen zu behandeln sind. Alle Rollenkräfte und die Fundamentkräfte von Winde und Motor sind innere Kräfte. Sie heben sich nach actio = reactio gegenseitig auf.

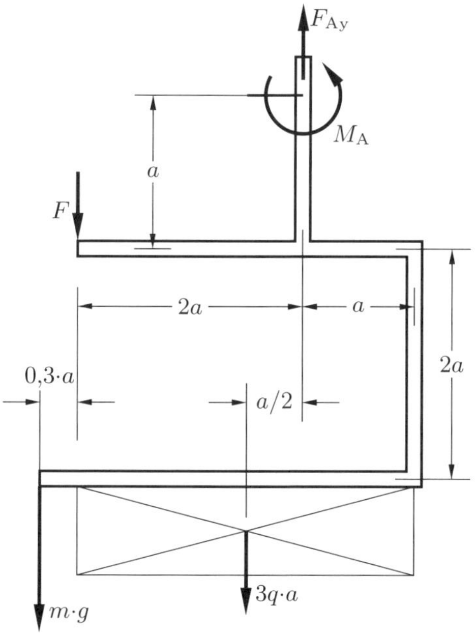

Abb. 6-16: Eingespannter Träger freigemacht

Von außen greift nur die Gewichtskraft der Masse an. Wäre der Antriebsmotor außerhalb des Trägers montiert, müsste das übertragene Moment als äußere Belastung eingeführt werden. Es ist zweckmäßig, mit einer Momentengleichung für die Einspannstelle zu beginnen.

$$\sum M_\text{A} = 0 \qquad M_\text{A} + q \cdot 3a \cdot 0{,}50 \cdot a + m \cdot g \cdot 2{,}3 \cdot a + F \cdot 2a = 0$$

$$M_\text{A} = a \cdot (-q \cdot 3a \cdot 0{,}50 - m \cdot g \cdot 2{,}30 - F \cdot 2)$$

$$\underline{M_\text{A} = -117{,}6\,\text{kN m}\ (\curvearrowright)}$$

$$\sum F_\text{y} = 0 \qquad F_\text{Ay} - F - m \cdot g - q \cdot l = 0$$

$$\underline{F_\text{Ay}} = F + m \cdot g + q \cdot l \underline{= 79{,}8\,\text{kN}\ (\uparrow)}$$

Kontrolle: Momentengleichung für einen beliebigen Pol.

Aufgaben zum Abschnitt 6.3

Hinweis: Die Aufgaben sind analytisch zu lösen. Die Ergebnisse sind mit Hilfe unabhängiger Gleichungen zu kontrollieren.

A6-20/A6-21 Für den abgebildeten Träger sind die Auflagerreaktionen in A und B zu bestimmen.

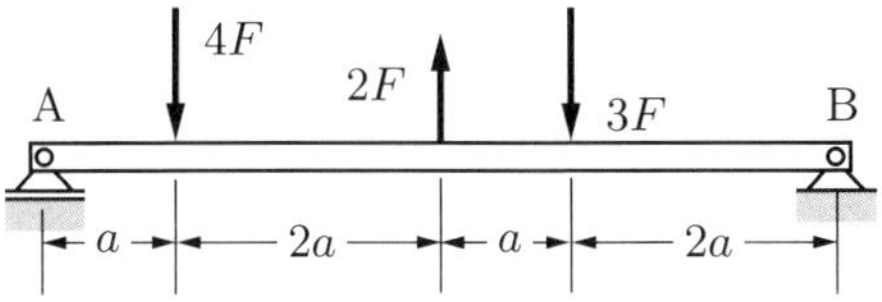

Abb. A6-20

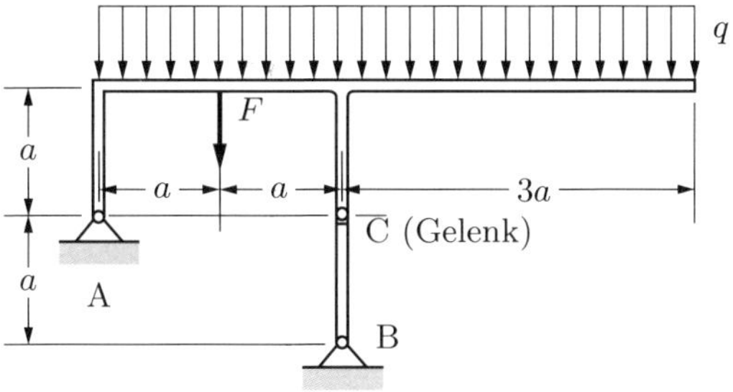

Abb. A6-21

A6-22 Der abgebildete Träger hat eine Masse von 500 kg/m. Zu bestimmen sind die Auflagerreaktionen in A und B.

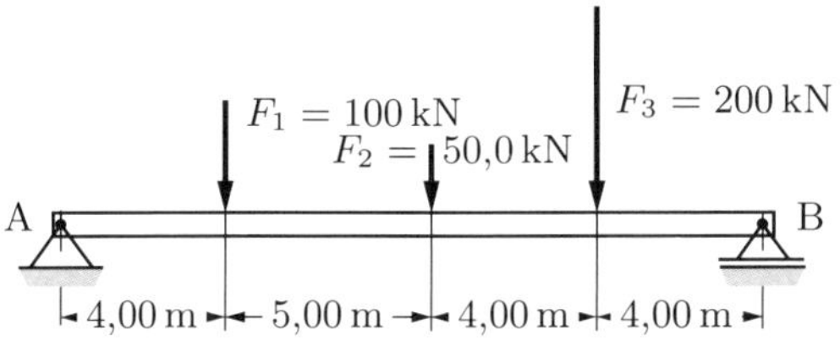

Abb. A6-22

A6-23 Das System Abb. A5-8 ist mit der Kraft $F = 60{,}0\,\mathrm{kN}$ belastet. Zu bestimmen sind die Auflagerreaktionen in A; B und C.

A6-24 An dem skizzierten Träger ist das überragende Ende so lang auszuführen, dass das Lager A vollständig entlastet wird.

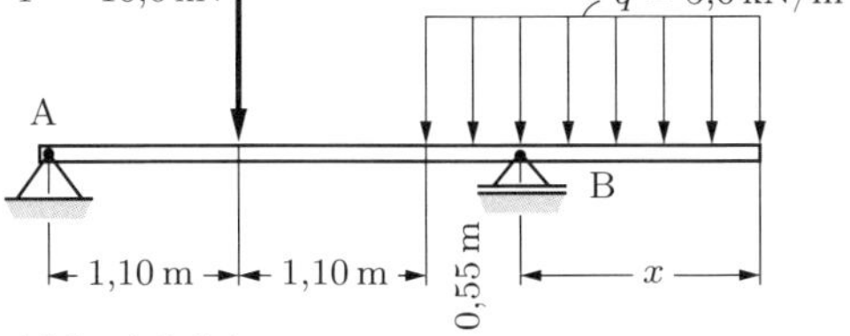

Abb. A6-24

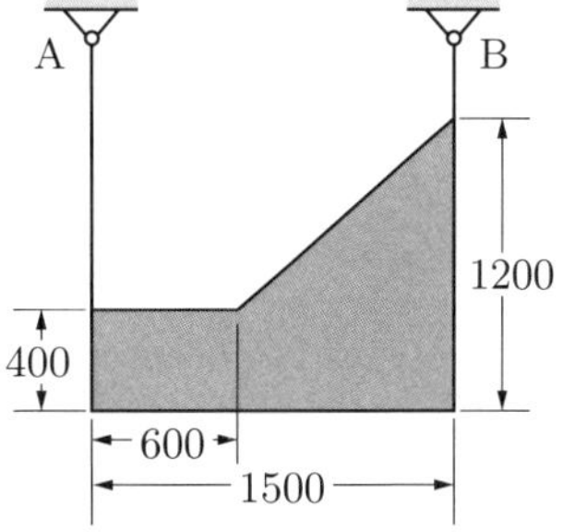

Abb. A6-25/A6-26

A6-25 Eine homogene Platte der Masse $m = 120\,\text{kg/m}^2$ ist wie skizziert aufgehängt. Zu bestimmen sind die Kräfte in den Aufhängeseilen.

A6-26 Die Aufhängung der skizzierten homogenen Platte ist einseitig so zu ändern, dass beide Seile gleich belastet sind. Welches Seil muss in welche Position parallel verschoben werden, damit diese Bedingung erfüllt ist?

A6-27 Durch einseitiges Wiegen soll die Schwerpunktlage eines Pleuels bestimmt werden. Für die in der Abbildung gezeigte Anordnung ergibt sich links eine Kraft von 4,71 N für ein 800 g schweres Pleuel. Zu bestimmen sind die Schwerpunktlage und die Kraft in der rechten Aufhängung.

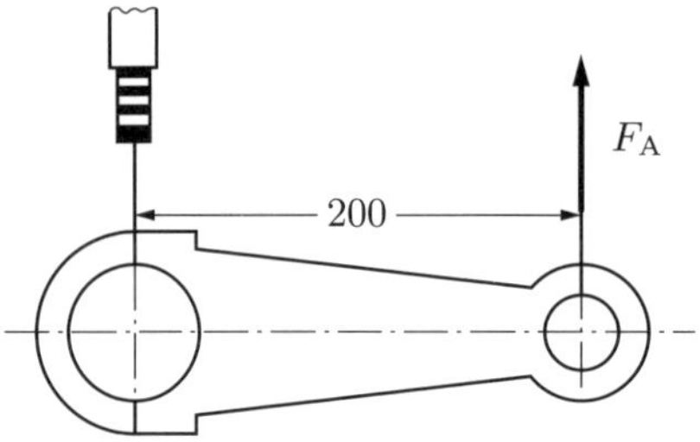

Abb. A6-27

A6-28 Die Achsbelastungen eines PKW werden ausgewogen. Man erhält folgende Werte: Vorderachse 6,80 kN, Hinterachse 5,70 kN. Der Achsabstand beträgt 2,60 m. Zu bestimmen ist die Schwerpunktlage.

A6-29 Für den abgebildeten Kranwagen sind die Gegenmasse m_3 und deren Lage x so zu bestimmen, dass der mit der Maximallast m_1 beladene Kran nicht nach rechts und der völlig entlastete Kran nicht nach links umkippt. Mit m_2 ist die Masse des Kranwagens ohne Gegenmasse und Last bezeichnet. Der dazugehörige Schwerpunkt ist durch das Maß b festgelegt. Die Aufgabe soll für den

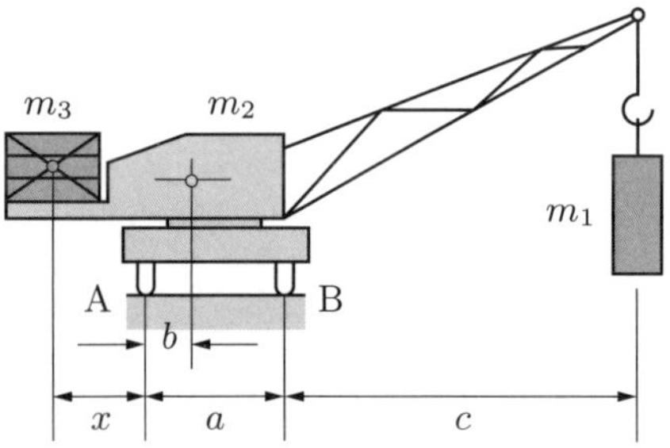

Abb. A6-29

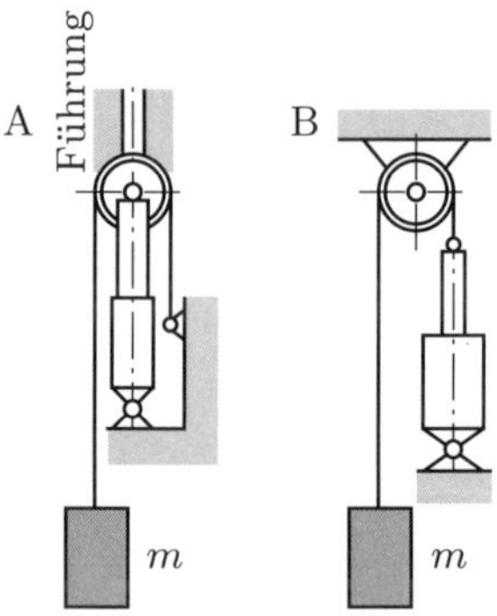

Abb. A6-30

Grenzfall des Kippens ohne Standsicherheit gelöst werden. Dies könnte durch ausschwenkbare Stützen erreicht werden. (Zum Begriff Standsicherheit siehe die Aufgaben A6-70/A6-71). Die allgemeine Lösung ist für $a = 2{,}0\,\text{m}$; $b = 0{,}60\,\text{m}$; $c = 5{,}0\,\text{m}$; $m_1 = 2800\,\text{kg}$; $m_2 = 5000\,\text{kg}$ auszuwerten.

A6-30 Die Abbildung zeigt zwei Varianten einer Hubvorrichtung. Eine an einer Kette hängende Masse wird mit Hilfe eines Hydraulikkolbens gehoben. Die Kette ist über ein reibungslos angenommenes Kettenrad gelegt. Für beide Varianten sind folgende Größen zu bestimmen: die Kraft am Hydraulikkolben F_{H}, die in der Kette wirkende Kraft F_{K} und die notwendige Verstellänge l_{H} des Hydraulikkolbens für eine vorgegebene Hubhöhe der Last l_{L}. Die allgemeine Lösung ist für $m = 1000\,\text{kg}$ und $l_{\text{L}} = 1{,}0$ m auszuwerten.

A6-31 Der gekröpfte, eingespannte Träger A5-10 ist nach Skizze belastet. Zu bestimmen sind die Auflagerreaktionen in A.

A6-32 Die Abbildung zeigt einen Flaschenzug mit sechs Rollen, die alle einzeln gelagert sind. Das Seil geht von einem Fixpunkt aus und wird wie angegeben um die Rollen gelegt. Am freien Seilende greift die Kraft an, mit der die angehängte Masse m gehoben wird.

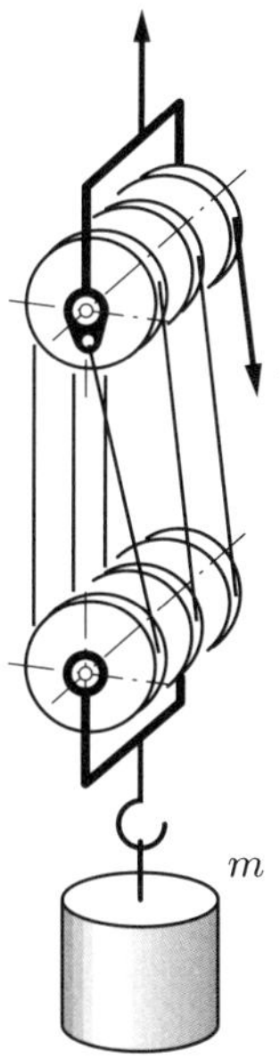

Abb. A6-32

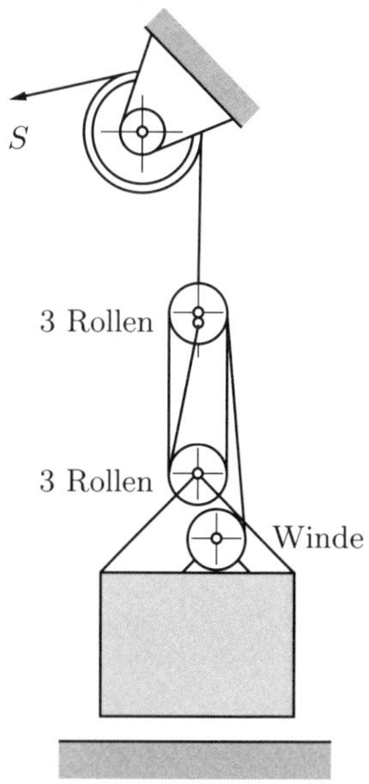

Abb. A6-33

Für den reibungsfreien Fall und parallele Seile sind zu bestimmen

a) die zum Heben der Last mit konstanter Geschwindigkeit notwendige Kraft F,
b) die vom Flaschenzug abzuwickelnde Seillänge l, wenn die Last auf die Höhe h gehoben wird.

A6-33 Abgebildet ist eine Masse, die im Bedarfsfall ein Seil mit der Kraft S spannen soll. Die Winde, die dies mit Hilfe eines Flaschenzuges tun soll, ist auf dieser Masse montiert. Unter Annahme reibungsloser Rollen ist für eine Gesamtmasse von 1000 kg die an der Winde notwendige Seilkraft zu berechnen.

A6-34 Abgebildet ist das Antriebssystem für den Fahrstuhl im EIFFELturm. Die Anlage wurde von EIFFEL selbst entworfen und ist noch in Betrieb. Das System besteht aus den Rollen A und B. Alle sind einzeln gelagert. Die Rollen B befinden sich auf der verschieblichen Achse CD. Das Tragseil ist wie skizziert durchgezogen. Reibungseinflüsse und Schrägstellungen der Seile sollen außer Betracht bleiben. Welche Antriebskraft ist am Schlitten CD für die Bewegung der Kabine von 20 000 kg notwendig? Um welchen Betrag muss der Schlitten verschoben werden, wenn die Hubhöhe der Kabine 128 m beträgt?

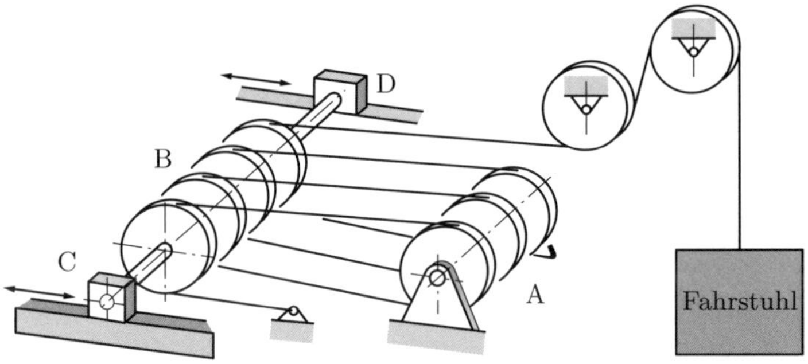

Abb. A6-34

A6-35 Abgebildet ist ein Differentialflaschenzug. Die eingelegte Kette kann nicht gleiten. In allgemeiner Form sind zu bestimmen:

a) die Handkraft F_H, die die angehängte Masse m im Gleichgewicht hält,
b) das Verhältnis der beim Heben der Last zurückgelegten Wege s_H/s_M von Hand und Masse.

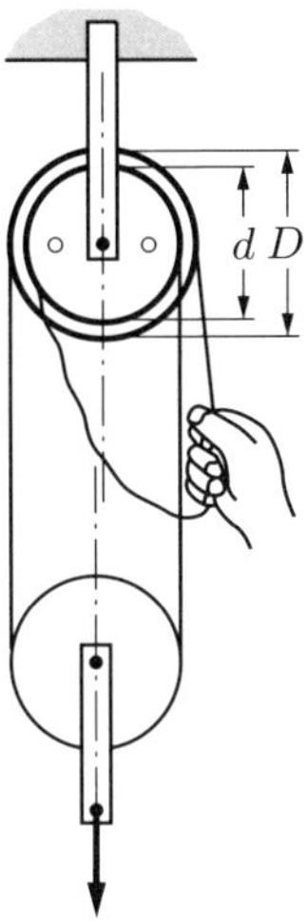

Abb. A6-35

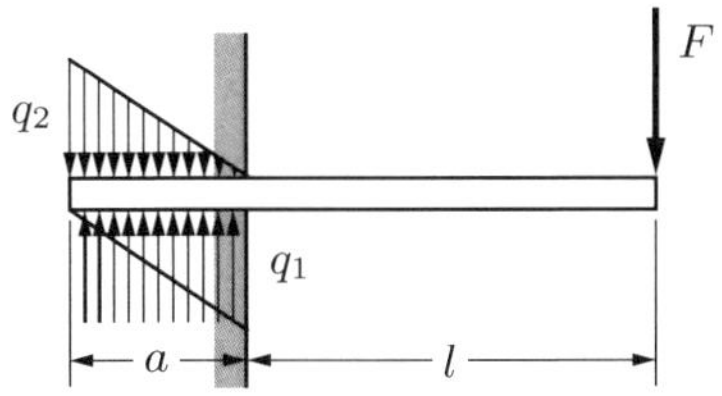

Abb. A6-36

A6-36 In diesem Beispiel soll die Belastung innerhalb einer Einspannstelle untersucht werden. Ein nach Skizze belasteter, eingespannter Träger ist innerhalb der Einspannung unten rechts und oben links am höchsten belastet. Weitgehend entlastet ist er jeweils in den diagonal entgegengesetzt liegenden Punkten. Unter Annahme einer linearen Verteilung der Streckenlast sollen q_1, q_2 und M allgemein und für $l = 1{,}0\,\mathrm{m}$; $a = 0{,}20\,\mathrm{m}$; $F = 1{,}0\,\mathrm{kN}$ berechnet werden.

6.4 Das allgemeine Kräftesystem

6.4.1 Analytische Methode

Ein allgemeines, ebenes Kräftesystem kann in zwei parallele Kräftesysteme zerlegt werden (s. Abschnitt 3.4.1). Es bietet sich an, diese Zerlegung in x- und y-Richtung vorzunehmen. Das führt auf drei Gleichgewichtsbedingungen.

$$\sum F_x = 0; \qquad \sum F_y = 0; \qquad \sum M = 0. \tag{6-4}$$

Man kann anstatt einer Kräftegleichung eine Momentengleichung anwenden. Das ist für viele Aufgaben vorteilhaft. Als äquivalente Gleichungssysteme erhält man demnach

$$\sum F = 0; \qquad \sum M_{\mathrm{I}} = 0; \qquad \sum M_{\mathrm{II}} = 0 \tag{6-5}$$

$$\sum M_{\mathrm{I}} = 0; \qquad \sum M_{\mathrm{II}} = 0; \qquad \sum M_{\mathrm{III}} = 0. \tag{6-6}$$

Die als Pole gewählten Punkte sind frei wählbar. Es gibt zwei Ausnahmen:

1. Für die Gleichungen (6-5) darf die Verbindungslinie I-II nicht senkrecht auf der Richtung stehen, für die die Kräftegleichung angesetzt wurde. Das ergäbe drei nicht unabhängige Gleichungen.
2. Für die Gleichung (6-6) dürfen die Punkte I, II und III nicht auf einer Geraden liegen, weil auch dann die Gleichungen nicht unabhängig sind.

Es empfiehlt sich, als Pole die Schnittpunkte von jeweils zwei unbekannten Kräften zu nehmen. Damit umgeht man das simultane Lösen mehrerer Gleichungen.

6.4.2 Graphische Methode; das CULMANNsche Verfahren

Grundsätzlich ist eine graphische Lösung für ein allgemeines Kräftesystem mit der Seileckkonstruktion möglich. Hier soll auf eine Darstellung verzichtet werden. Für vier Kräfte im Gleichgewicht, die keinen gemeinsamen Schnittpunkt haben und nicht parallel sind, gibt es eine nach CULMANN[2] benannte Methode. Bei mehr Kräften kann man durch Zusammensetzung deren Anzahl auf vier reduzieren und auch in diesem Fall zu einer Lösung kommen (siehe nachfolgendes Beispiel 2).

Ausgegangen wird von dem Kräftesystem nach Abb. 6-17. Von den vier Kräften kann man jeweils zwei zu einer Resultierenden zusammenfassen. Die in den Punkten A und D wirkenden Kräfte F_1 und F_4 werden in den Schnittpunkt der Wirkungslinien I verschoben und zur Resultierenden $F_{\mathrm{res}\,14}$ zusammengelegt. Das gleiche geschieht mit den Kräften 2 und 3 im Punkt II. Diese beiden Kräfte ergeben die Resultierende $F_{\mathrm{res}\,23}$.

Soll Gleichgewicht herrschen, dann müssen die beiden Resultierenden gleich groß, entgegengesetzt gerichtet und kollinear sein. Die letzte Bedingung kann nur erfüllt werden, wenn die Resultierenden auf der Verbindungslinie der Schnittpunkte von jeweils zwei Kräften liegen. Diese Linie nennt man die CULMANNsche Gerade und bezeichnet sie mit Cu. Im Kräfteplan liegt die CULMANNsche Gerade, da

[2] CULMANN, Carl (1821–1881), Professor, Polytechnikum Zürich.

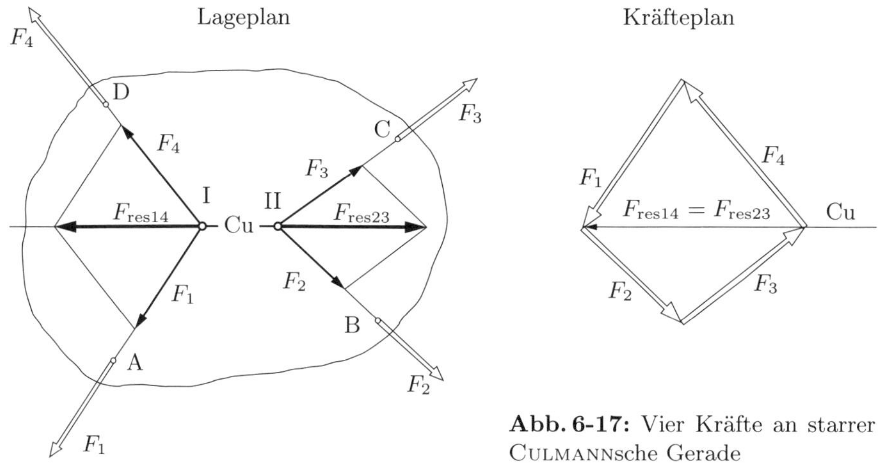

Abb. 6-17: Vier Kräfte an starrer Scheibe – CULMANNsche Gerade

sie mit den Resultierenden zusammenfällt, in der Diagonale des Kräftevierecks. Hätte man im Lageplan die Schnittpunkte von $F_1 F_2$ und $F_3 F_4$ miteinander verbunden, dann ergäbe das eine andere CULMANNsche Gerade, die im Kräfteplan als die zweite Diagonale erschiene. Weitere Kombinationen von Schnittpunkten und CULMANNscher Gerade überlege sich der Leser.

Beispiele zum Abschnitt 6.4

Beispiel 1 (Abb. 6-18)

Das skizzierte System wird mit der Kraft F und mit der Masse m belastet. Der Antriebsmotor und das Getriebe des Hubwerks befinden sich außerhalb des Trägers. Zu bestimmen sind die Kräfte in A; B und C für die nachfolgend gegebenen Daten.

$$F = 5{,}0\,\mathrm{kN}; \quad m = 1200\,\mathrm{kg}; \quad a = 1{,}50\,\mathrm{m}; \quad r = 0{,}50a; \quad \alpha = 30^\circ.$$

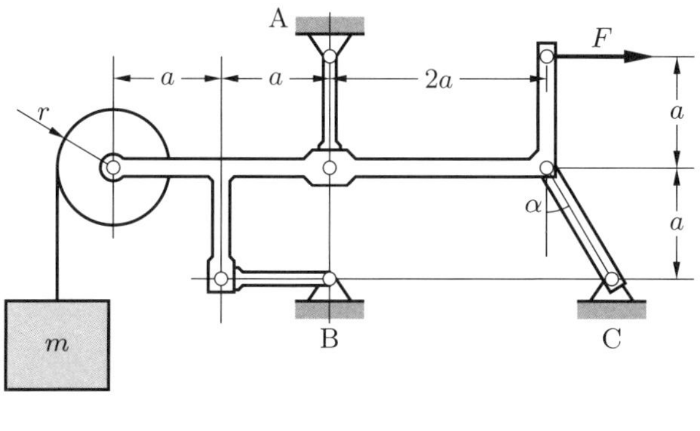

Abb. 6-18: Träger mit allgemeiner Belastung

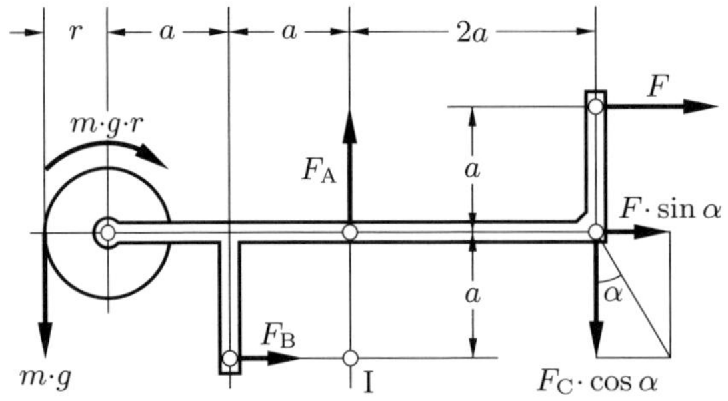

Abb. 6-19: Freigemachter Träger

Lösung (Abb. 6-19)

Das freigemachte System zeigt die Abb. 6-19. Von außen greift an der Windentrommel das Moment $m \cdot g \cdot r$ an. Die Kupplung Getriebe/Winde wird dabei geschnitten gedacht. Das Moment ist in Größe und Richtung beim Heben und Senken mit konstanter Geschwindigkeit gleich (das begründe der Leser). Es ist zweckmäßig, mit einer Momentengleichung zu beginnen, deren Pol im Schnittpunkt von zwei Unbekannten liegt. Das soll hier der Punkt I sein.

$$\sum M_{\mathrm{I}} = 0 \qquad m \cdot g \cdot 2{,}5 \cdot a - m \cdot g \cdot 0{,}5 \cdot a - F \cdot 2a - F_{\mathrm{C}} \cdot \sin\alpha \cdot a - F_{\mathrm{C}} \cdot \cos\alpha \cdot 2a = \sigma$$

$$\underline{F_{\mathrm{C}}} = \frac{1}{\sin\alpha + 2\cos\alpha}(m \cdot g \cdot 2 - 2F) \underline{= 6{,}07\,\mathrm{kN}\ (\searrow)}$$

$$\sum F_{\mathrm{x}} = 0 \qquad F_{\mathrm{B}} + F + F_{\mathrm{C}} \cdot \sin\alpha = 0$$

$$\underline{F_{\mathrm{B}}} = -F - F_{\mathrm{C}} \cdot \sin\alpha \underline{= -8{,}03\,\mathrm{kN}\ (\leftarrow)}$$

$$\sum F_{\mathrm{y}} = 0 \qquad F_{\mathrm{A}} - m \cdot g - F_{\mathrm{C}} \cdot \cos\alpha = 0$$

$$\underline{F_{\mathrm{A}}} = m \cdot g + F_{\mathrm{C}} \cdot \cos\alpha \underline{= 17{,}03\,\mathrm{kN}\ (\uparrow)}$$

Man könnte die Gewichtskraft in die Drehachse der Trommel parallel verschieben. Diese Operation würde das Windenmoment kompensieren. Das erkennt man an der obigen Momentengleichung (s. auch Abschnitt 3.3.4).

Kontrolle: Momentengleichung für einen beliebigen Pol.

Beispiel 2 (Abb. 6-20)

Abgebildet ist der Werkzeugträger einer Werkzeugmaschine. Für die nachfolgend gegebenen Daten sind die auf die Führungsbahnen A; B; C wirkenden Kräfte bei Schnittbelastung zu ermitteln.

Gewichtskraft $F_G = 6{,}0\,\text{kN}$

Schnittkräfte $F_{Sx} = 2{,}0\,\text{kN}$; $F_{Sy} = 0{,}50\,\text{kN}$

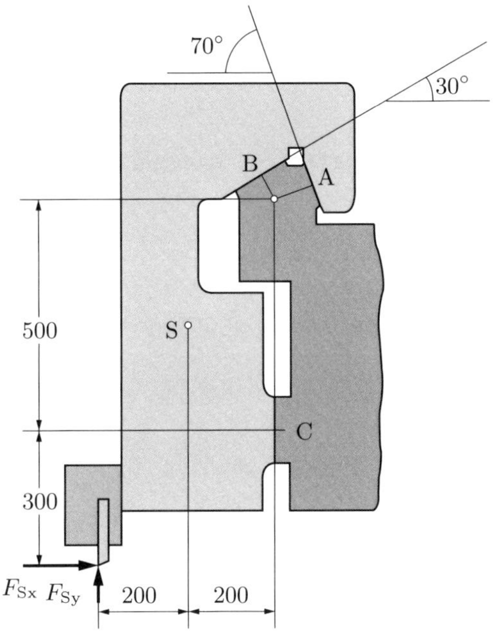

Abb. 6-20: Werkzeugschlitten

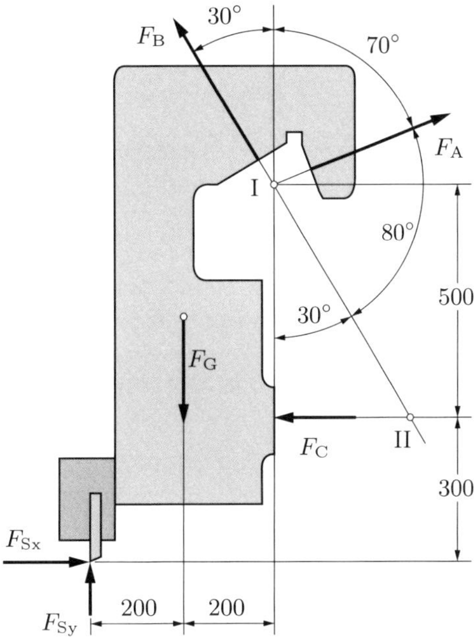

Abb. 6-21: Freigemachter Werkzeugschlitten

Analytische Lösung (Abb. 6-21)

Das System wird freigemacht. Die Reaktionskräfte in A; B und C wirken senkrecht auf den Führungsbahnen. Eine Zerlegung in x- und y-Komponenten wird nicht durchgeführt, da vorwiegend mit Momentengleichungen gearbeitet werden soll. Der Momentenpol wird in den Schnittpunkt der Wirkungslinien von zwei unbekannten Kräften gelegt. Das ist hier der Pol I.

$$\sum M_I = 0;$$

$$-F_C \cdot 0{,}50\,\text{m} + F_G \cdot 0{,}20\,\text{m} + F_{Sx} \cdot 0{,}80\,\text{m} - F_{Sy} \cdot 0{,}40\,\text{m} = 0$$

$$F_C = \frac{1}{0{,}50\,\text{m}}(F_G \cdot 0{,}20\,\text{m} + F_{Sx} \cdot 0{,}80\,\text{m} - F_{Sy} \cdot 0{,}40\,\text{m})$$

$$F_C = \frac{1}{0{,}50\,\text{m}}(6{,}0\,\text{kN} \cdot 0{,}20\,\text{m} + 2{,}0\,\text{kN} \cdot 0{,}80\,\text{m} - 0{,}50\,\text{kN} \cdot 0{,}40\,\text{m})$$

$$\underline{F_C = 5{,}20\,\text{kN}}$$

Es verbleiben noch die beiden Unbekannten F_A und F_B. Der Pol für eine weitere Berechnung wird auf die Wirkungslinie von F_B gelegt. Es bietet sich der Punkt II an. Zunächst müssen folgende Längen berechnet werden.

$$\text{I-II} = 500\,\text{mm}/\cos 30^\circ = 577\,\text{mm}$$

$$\text{II-C} = 500\,\text{mm} \cdot \tan 30^\circ = 289\,\text{mm}$$

Nicht die Kraft F_A, sondern ihre über cos 10° berechnete Komponente steht senkrecht auf der Verbindungslinie I-II.

$$\sum M_{II} = 0;$$

$$-F_A \cdot \cos 10^\circ \cdot 0{,}577\,\text{m} + F_G \cdot 0{,}489\,\text{m} + F_{Sx} \cdot 0{,}30\,\text{m} - F_{Sy} \cdot 0{,}689\,\text{m} = 0$$

$$F_A = \frac{1}{0{,}577\,\text{m} \cdot \cos 10^\circ}(F_G \cdot 0{,}489\,\text{m} + F_{Sx} \cdot 0{,}30\,\text{m} - F_{Sy} \cdot 0{,}689\,\text{m})$$

$$F_A = \frac{1}{0{,}577\,\text{m} \cdot \cos 10^\circ}(6{,}0\,\text{kN} \cdot 0{,}489\,\text{m} + 2{,}0\,\text{kN} \cdot 0{,}30\,\text{m} - 0{,}50\,\text{kN} \cdot 0{,}689\,\text{m})$$

$$\underline{F_A = 5{,}61\,\text{kN}}$$

Die Kraft F_B wird aus der Kräftesummation berechnet.

$$\sum F_y = 0 \qquad F_B \cdot \cos 30^\circ + F_A \cdot \cos 70^\circ - F_G + F_{Sy} = 0$$

$$F_B = \frac{1}{\cos 30^\circ}(F_G - F_{Sy} - F_A \cdot \cos 70^\circ)$$

$$F_B = \frac{1}{\cos 30^\circ}(6{,}0\,\text{kN} - 0{,}50\,\text{kN} - 5{,}61\,\text{kN} \cdot \cos 70^\circ)$$

$$\underline{F_B = 4{,}14\,\text{kN}}$$

Ein anderer Lösungsweg soll hier kurz beschrieben werden. Der Pol I kann als Gelenklager aufgefasst werden. Die Gelenkkräfte ergeben sich zu $F_{Ix} = 3{,}85\,\text{kN}$ und $F_{Iy} = 5{,}81\,\text{kN}$. Die Resultierende $F_I = 6{,}97\,\text{kN}$ unter einem Winkel von 56,4° zur positiven x- Achse wird in die Komponenten F_A und F_B zerlegt.

Kontrolle: $\sum F_x = 0$ und/oder Momentengleichung für beliebigen Pol.

Graphische Lösung (Abb. 6-22)

Es handelt sich hier um ein System von mehr als vier Kräften. Aus diesem Grunde müsste das Seileckverfahren zur Anwendung kommen. Das einfachere Verfahren nach CULMANN kann angewendet werden, wenn die bekannten Kräfte F_S und F_G zur Resultierenden zusammengefasst werden. Es verbleiben vier Kräfte, mit denen nach Abb. 6-22 die CULMANNsche Konstruktion durchgeführt wird. Die CULMANNsche Gerade verbindet den Pol I (Schnittpunkt von F_A und F_B) mit dem Schnittpunkt der Kräfte F_{res} und F_C. Nach Festlegung eines Kräftemaßstabs wird die Konstruktion mit der bekannten Kraft F_{res} begonnen und mit F_C fortgesetzt. Die CULMANNsche Kraft ist einerseits die Resultierende von F_C und F_{res}, andererseits die von F_A und F_B. Mit dieser Überlegung kann man das zweite Dreieck im Kräfteplan anschließen.

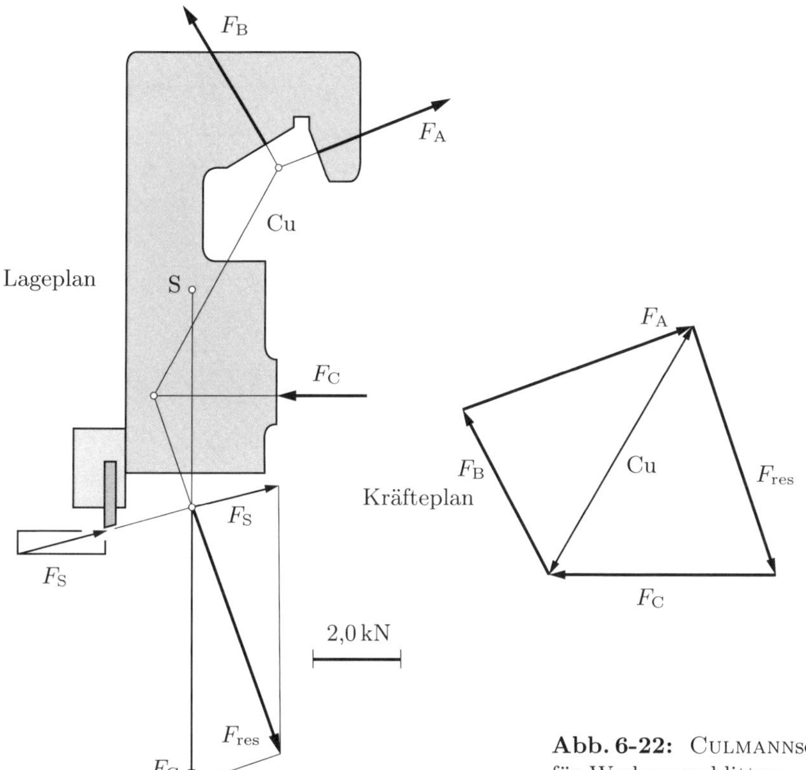

Abb. 6-22: CULMANNsche Konstruktion für Werkzeugschlitten

Beispiel 3 (Abb. 6-23)

Abgebildet ist ein Klemmkörper, der durch eine auf das Gelenk D ausgeübte Kraft in Position gebracht wird. Auf Grund der Oberflächenbeschaffenheit greifen die Kräfte in A und B unter 5° zur Normalen an. Dieser Winkel entspricht dem im Kapitel 11 behandelten Reibungswinkel. Für eine Zustellkraft von 200 N sind die Oberflächenkräfte in A und B und die Gelenkkraft in C zu bestimmen.

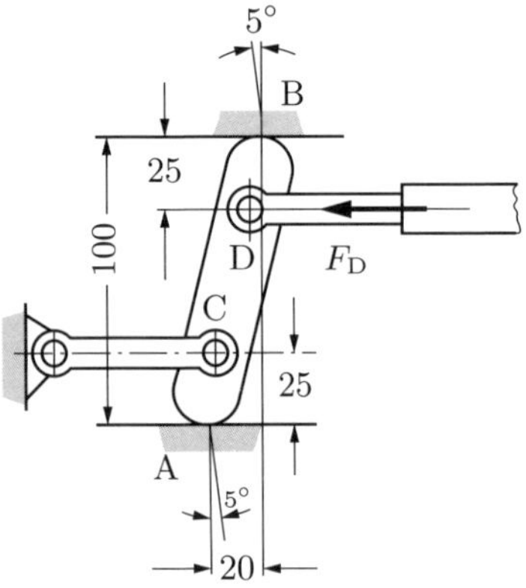

Abb. 6-23: Klemmkörper

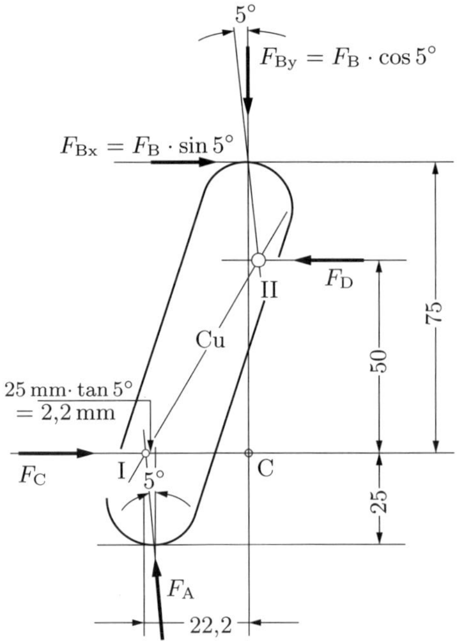

Abb. 6-24: Freigemachter Klemmkörper

Analytische Lösung (Abb. 6-24)

Das System wird freigemacht. Der Pol für eine Momentengleichung wird in den Schnittpunkt von zwei Auflagerreaktionen gelegt (I). Aus geometrischen Beziehungen wird der Abstand I-C berechnet. Nachdem die Kraft F_B in ihre Komponenten zerlegt wurde, kann die Momentengleichung in folgender Form geschrieben werden.

$$\sum M_I = 0$$

$$F_D \cdot 50\,\text{mm} - F_B \cdot \sin 5° \cdot 75\,\text{mm} - F_B \cdot \cos 5° \cdot 22{,}2\,\text{mm} = 0$$

$$F_B = \frac{F_D \cdot 50\,\text{mm}}{75\,\text{mm} \cdot \sin 5^\circ + 22{,}2\,\text{mm} \cdot \cos 5^\circ}$$

Mit $F_D = 200\,\text{N}$ erhält man

$$\underline{F_B = 349\,\text{N}\ (\downarrow)}$$

Die weiteren Gleichgewichtsbedingungen liefern

$$\sum F_y = 0 \qquad F_A \cdot \cos 5^\circ - F_B \cdot \cos 5^\circ = 0$$

$$\underline{F_A = 349\,\text{N}\ (\uparrow)}$$

$$\sum F_x = 0 \qquad F_C - F_D + F_B \cdot \sin 5^\circ - F_A \cdot \sin 5^\circ = 0$$

$$\underline{F_C = 200\,\text{N}\ (\rightarrow)}$$

Kontrolle: $\sum M = 0$ für beliebigen Punkt.

Graphische Lösung (Abb. 6-25)

Es handelt sich hier um vier Kräfte im Gleichgewicht. Die CULMANNsche Konstruktion muss deshalb zum Ziele führen. Die CULMANNsche Gerade verbindet die Schnittpunkte von jeweils zwei Kräften. Gewählt wurden hier die Punkte I und II. Es ist jedoch auch möglich, die CULMANNsche Gerade so zu legen, dass sie die Schnittpunkte $F_A F_D$ und $F_B F_C$ verbindet. Nach Festlegung eines Kräftemaßstabes wird die Konstruktion mit der bekannten Kraft F_D begonnen. $F_D F_B$ und Cu bilden im Lageplan Abb. 6-24 einen gemeinsamen Schnittpunkt, diese Größen müssen im Lageplan ein Dreieck bilden. Diese Überlegung ergibt mit der bekannten Größe F_D das gleichsinnig geschlossene Dreieck $F_D F_B$ Cu. Auf den Schnittpunkt II wirkt die CULMANNsche Kraft in umgekehrter Richtung,

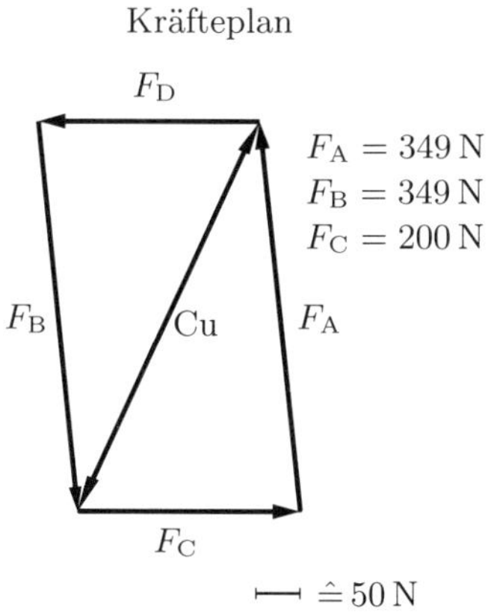

Abb. 6-25: CULMANNsche Konstruktion für Klemmkörper

man kann demnach anschließend das Dreieck Cu $F_C F_A$ zeichnen. Als Ergebnis erhält man das gleichsinnig geschlossene Kraftviereck $F_D F_B$ $F_C F_A$, wobei die CULMANNsche Kraft eine innere Kraft darstellt (actio = reactio).

Beispiel 4 (Abb. 6-26)

Skizziert ist ein Lastzug auf Steigfahrt mit konstanter Geschwindigkeit. Für die nachfolgend gegebenen Daten sind zu bestimmen:

a) alle Achslasten,
b) die in der Anhängerkupplung wirkende Kraft,
c) die an der Hinterachse des Lastwagens an den Reifen übertragene Antriebskraft.

Lastwagen $m_1 = 15\,000\,\text{kg}$
Anhänger $m_2 = 10\,000\,\text{kg}$
Steigung der Fahrstrecke 10%

Widerstandskräfte, verursacht durch Rollreibung und Luftverwirbelung, werden nicht berücksichtigt.

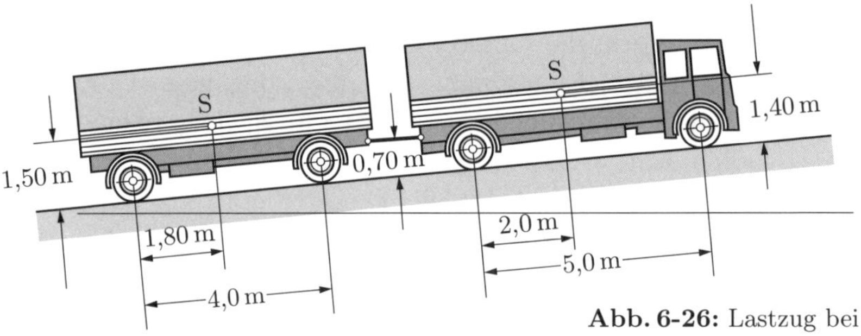

Abb. 6-26: Lastzug bei Steigfahrt

Lösung (Abb. 6-27)

Wagen und Anhänger werden freigemacht. In den Schwerpunkten wirken die Gewichtskräfte, die in die Normal- und Hangabtriebskomponente zerlegt werden. Die Kupplungskraft wird am Anhänger als Zugkraft, am Wagen als Belastung eingetragen. An den nicht angetriebenen Achsen A, C und D greifen wegen der Vernachlässigung der Reibung nur Kräfte senkrecht zur Auflagefläche an. An der angetriebenen Achse B wirkt zusätzlich die Antriebskraft F_{Bx} als Umfangskraft an den Reifen. Ihre Reaktionskraft greift tangential am Boden nach hinten an. Die Berechnung muss am Anhänger beginnen, da am Wagen vier Größen unbekannt sind.

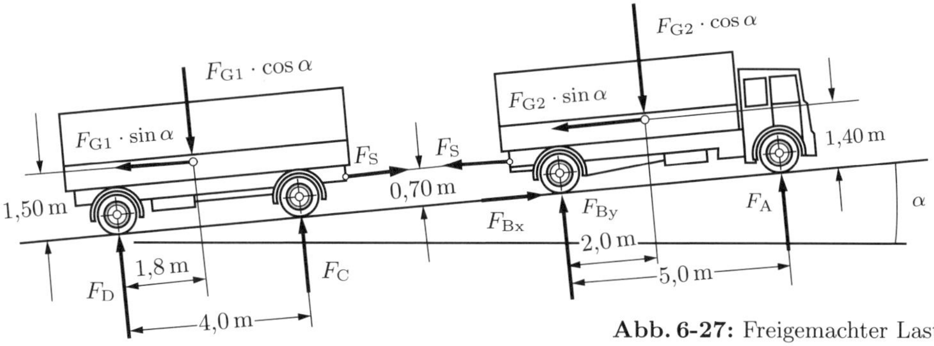

Abb. 6-27: Freigemachter Lastzug

Die Steigung ist definiert als der tan des Steigungswinkels.

$$\tan\alpha = 0{,}10 \qquad \alpha = 5{,}7°$$

Anhänger

Die Kräftesummation in x-Richtung (= Fahrtrichtung) ermöglicht die Berechnung der Kraft an der Anhängerkupplung.

$$F_{G1} = m_1 \cdot g = 10 \cdot 10^3\,\text{kg} \cdot 9{,}81\,\text{m/s}^2 \cdot \frac{\text{kN}}{10^3\,\text{N}} = 98{,}1\,\text{kN}$$

$$\sum F_x = 0 \qquad F_S - F_{G1} \cdot \sin\alpha = 0$$

$$\underline{F_S} = 98{,}1\,\text{kN} \cdot \sin 5{,}7° \underline{= 9{,}74\,\text{kN}}$$

Die Berechnung wird mit einer Momentengleichung fortgesetzt.

$$\sum M_D = 0;$$

$$F_{G1} \cdot \sin\alpha \cdot 1{,}5\,\text{m} - F_{G1} \cdot \cos\alpha \cdot 1{,}8\,\text{m} - F_S \cdot 0{,}70\,\text{m} + F_C \cdot 4{,}0\,\text{m} = 0$$

$$F_C = \frac{1}{4{,}0\,\text{m}}[F_{G1}(1{,}8\,\text{m} \cdot \cos\alpha - 1{,}5\,\text{m} \cdot \sin\alpha) + F_S \cdot 0{,}70\,\text{m}]$$

$$F_C = \frac{1}{4{,}0\,\text{m}}[98{,}1\,\text{kN}(1{,}8\,\text{m} \cdot \cos 5{,}7° - 1{,}5\,\text{m} \cdot \sin 5{,}7°) + 9{,}74\,\text{kN} \cdot 0{,}7\,\text{m}]$$

$$\underline{F_C = 41{,}98\,\text{kN}}$$

Es verbleibt

$$\sum F_y = 0; \qquad F_D + F_C - F_{G1} \cdot \cos\alpha = 0$$

$$F_D = F_{G1} \cdot \cos\alpha - F_C$$

$$F_D = 98{,}1\,\text{kN} \cdot \cos 5{,}7° - 41{,}98\,\text{kN}$$

$$\underline{F_D = 55{,}64\,\text{kN}}$$

Kontrolle: $\sum M_C = 0$

Lastwagen

$$F_{G2} = m_2 \cdot g = 15 \cdot 10^3\,\text{kg} \cdot 9{,}81\,\text{m/s}^2 \cdot \frac{\text{kN}}{10^3\,\text{N}} = 147{,}2\,\text{kN}$$

$$\sum F_x = 0 \qquad F_{Bx} - F_S - F_{G2} \cdot \sin\alpha = 0$$

$$F_{Bx} = F_S + F_{G2} \cdot \sin\alpha$$

$$F_{Bx} = 9{,}74\,\text{kN} + 147{,}2\,\text{kN} \cdot \sin 5{,}7°$$

$$\underline{F_{Bx} = 24{,}36\,\text{kN}}$$

Diese Kraft multipliziert mit der Geschwindigkeit ergibt die auf die Straße übertragene Leistung.

$$\sum M_B = 0;$$

$$F_S \cdot 0{,}7\,\text{m} + F_{G2} \cdot \sin\alpha \cdot 1{,}4\,\text{m} - F_{G2} \cdot \cos\alpha \cdot 2{,}0\,\text{m} + F_A \cdot 5{,}0\,\text{m} = 0$$

$$F_A = \frac{1}{5{,}0\,\text{m}}[F_{G2}(2{,}0\,\text{m} \cdot \cos\alpha - 1{,}4\,\text{m} \cdot \sin\alpha) - F_S \cdot 0{,}7\,\text{m}]$$

$$F_A = \frac{1}{5{,}0\,\text{m}}[147{,}2\,\text{kN}(2{,}0\,\text{m} \cdot \cos 5{,}7° - 1{,}4 \cdot \sin 5{,}7°) - 9{,}74\,\text{kN} \cdot 0{,}7\,\text{m}]$$

$$\underline{F_A = 53{,}13\,\text{kN}}$$

$$\sum F_y = 0 \qquad F_A + F_{By} - F_{G2} \cdot \cos\alpha = 0$$

$$F_{By} = F_{G2} \cdot \cos\alpha - F_A$$

$$F_{By} = 147{,}2\,\text{kN} \cdot \cos 5{,}7° - 53{,}13\,\text{kN}$$

$$F_{By} = 93{,}34\,\text{kN}$$

Kontrolle: $\sum M_A = 0$

Aufgaben zum Abschnitt 6.4

A6-37 Für den Träger A5-2 sind die Auflagerreaktionen allgemein und für nachfolgend gegebene Daten zu bestimmen.

$$F = 1{,}2\,\text{kN}; \qquad a = 1{,}10\,\text{m}; \qquad b = 0{,}75\,\text{m}; \qquad \alpha = 25^\circ.$$

A6-38 Für das System Abb. A5-4 sind für eine Belastung $F = 2{,}0\,\text{kN}$ die Gelenkkräfte in A, B und C zu bestimmen.

A6-39 bis A6-41 Die Bauteile nach Abb. A6-11/A6-12/A6-13 stellen Dreikräftesysteme dar. Sie sollen hier nicht als solche gelöst werden, sondern es sollen nach einer Kräftezerlegung die allgemeinen Gleichgewichtsbedingungen angewendet werden.

A6-42 Die Abbildung zeigt einen Schlüssel, wie er zum Anziehen von Ringmuttern verwendet wird. Dieser greift in die Nut B ein und stützt sich in A ab. Für eine Handkraft von $F = 150\,\text{N}$ sind die Tangential- und Normalkraft in B und die Abstützkraft in A zu bestimmen.

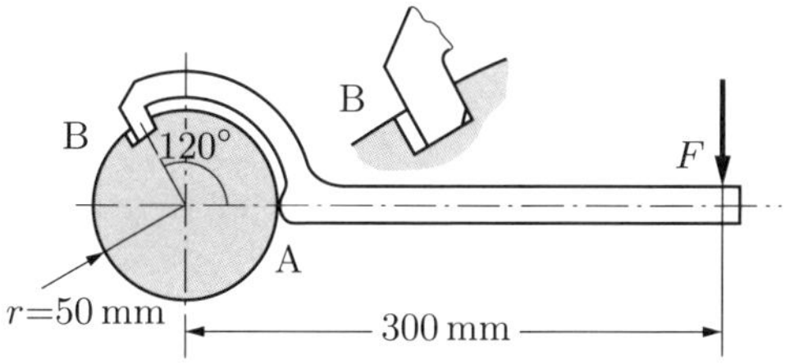

Abb. A6-42

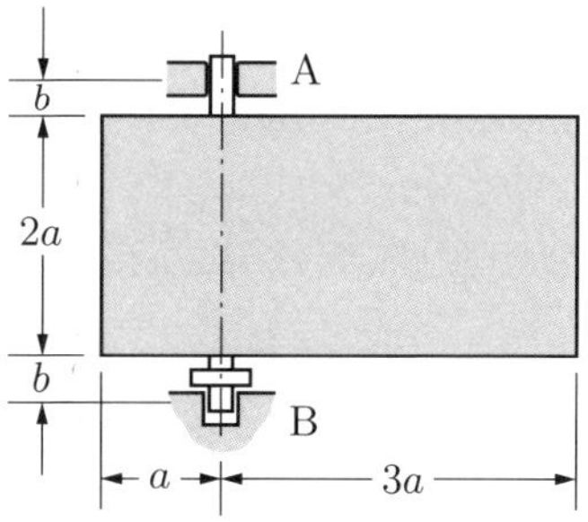

Abb. A6-43

A6-43 Die skizzierte, homogene Platte ist drehbar nach Skizze gelagert. Zu bestimmen sind die Auflagerreaktionen allgemein und für

$$m = 1000\,\text{kg}; \quad a = 1{,}0\,\text{m}; \quad b = 0{,}20\,\text{m}.$$

A6-44 Eine masselose Scheibe ist in A gelenkig gelagert und über die Rolle mit der Masse m nach Skizze belastet. Die Scheibe soll in B *oder* C abgestützt werden. Zu entscheiden ist, welche Stütze für $b/a = 1{,}6$ notwendig ist. Die Auflagerreaktionen sind zu bestimmen.

A6-45 Eine Kiste der Masse m, deren Schwerpunkt in der Raumdiagonalen liegt, soll nach Skizze auf der schiefen Ebene mit der Kraft F um die Kante

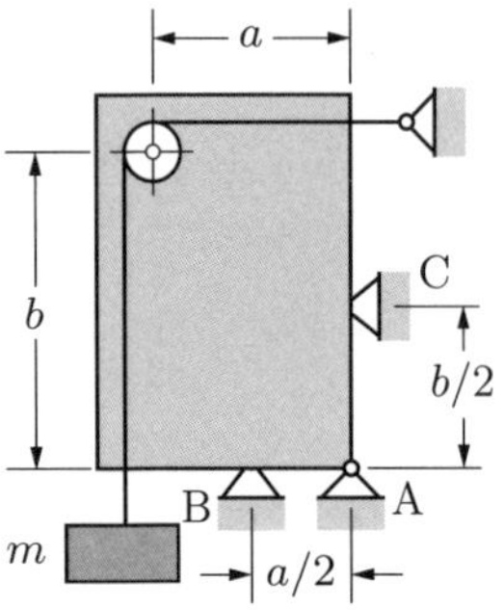

Abb. A6-44

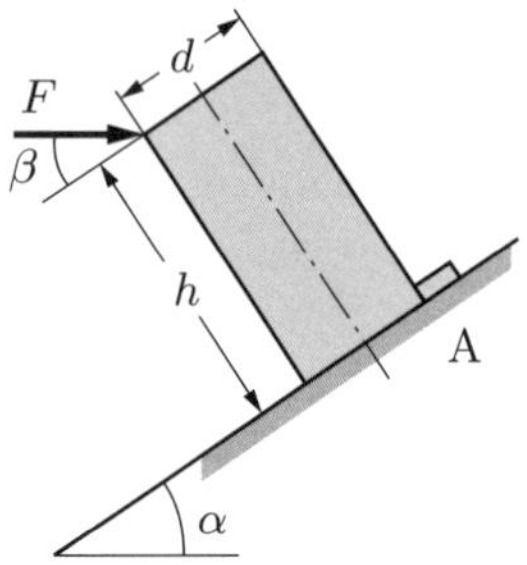

Abb. A6-45

A gekippt werden. Zu bestimmen ist die Kraft F. Die Lösung soll allgemein erfolgen und für $m = 200\,\mathrm{kg}$; $d = 0{,}80\,\mathrm{m}$; $h = 1{,}40\,\mathrm{m}$; $\alpha = 30°$ und $\beta = 20°$ ausgewertet werden. Für welchen Grenzwinkel β ist Kippen nicht möglich?

Hinweis für die Aufgaben A6-46 bis A6-50
Die analytische Lösung soll mit Hilfe unabhängiger Gleichgewichtsbedingungen und zusätzlich mit der CULMANNschen Konstruktion kontrolliert werden.

A6-46/A6-47 Das skizzierte System besteht aus einer starren Scheibe, die mit drei Stäben gehalten wird. Zu bestimmen sind die Stabkräfte mit der Angabe Zug/Druck. Es ist anzugeben, welcher Stab (welche Stäbe) durch ein Seil ersetzbar ist (sind).

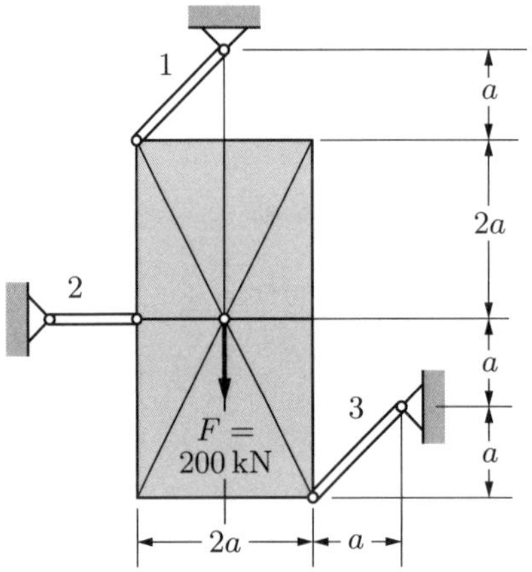

Abb. A6-46

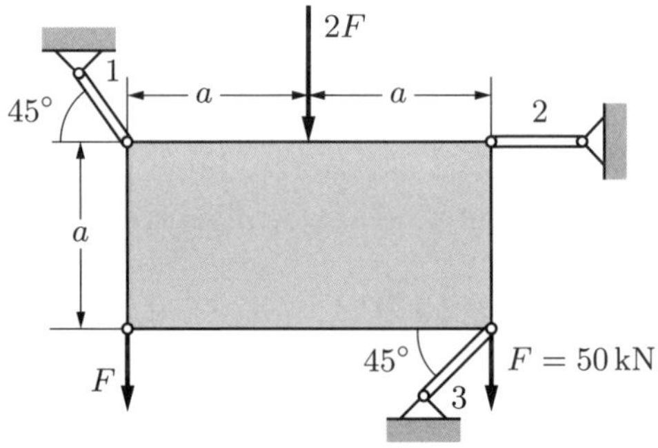

Abb. A6-47

A6-48 Das skizzierte System besteht aus einer starren Scheibe, die von drei Stäben gehalten wird. Die Belastung durch die Kraft F erfolgt unter einem Winkel $\alpha = 0$. Zu ermitteln sind die Stabkräfte mit der Angabe Zug/Druck.

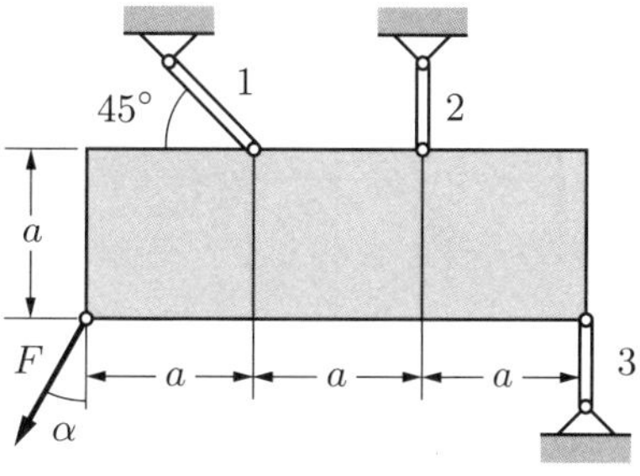

Abb. A6-48

A6-49 Wie A6-48, jedoch für $\alpha = 90°$.

A6-50 Die skizzierte homogene Scheibe hat eine Masse $m = 6000\,\text{kg}$. Zu bestimmen sind die Stabkräfte.

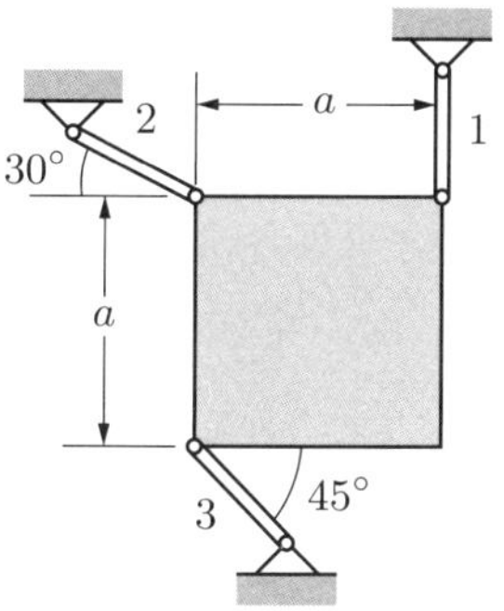

Abb. A6-50

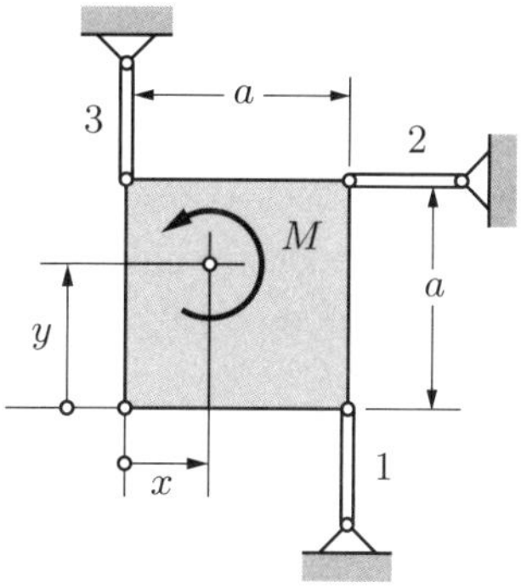

Abb. A6-51

A6-51 An der masselosen Platte greift, wie abgebildet, nacheinander ein Moment an. Zu berechnen sind für alle Varianten die Stabkräfte. Angriffspunkte:

x/a	0,25	0,50	0,75
y/a	0,75	0,50	0,25

A6-52 Die masselose Scheibe ist nach Skizze unten auf Rollen gelagert und oben von einem Stab gehalten. Zu bestimmen sind die Auflagerreaktionen.

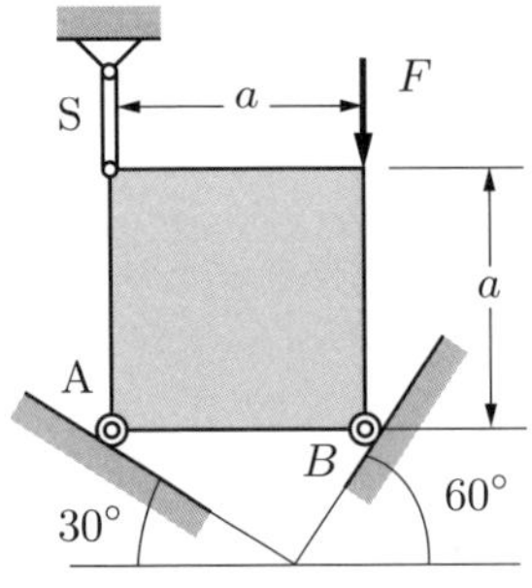

Abb. A6-52

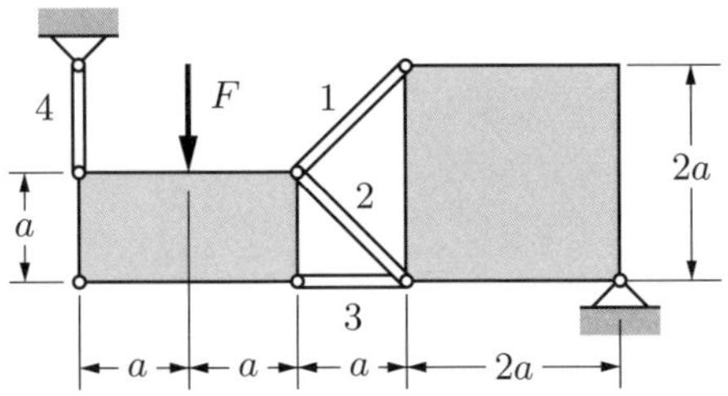

Abb. A6-53

A6-53 Das abgebildete System besteht aus zwei starren Scheiben, die mit drei Stäben verbunden sind. Zu bestimmen sind die drei Stabkräfte. Die starren Scheiben könnten als Fachwerke angesehen werden. Somit handelt es sich hier um die grundsätzliche Aufgabe, drei Kräfte für Stäbe innerhalb eines Fachwerks zu bestimmen.

A6-54 Die Abbildung zeigt einen Pfannendrehturm einer Gießereianlage. Die Lagerung des Auslegers besteht aus einem Axiallager C und den beiden Radiallagern A und B. Für eine Pfannenmasse von 300 t sind die Lagerkräfte zu berechnen.

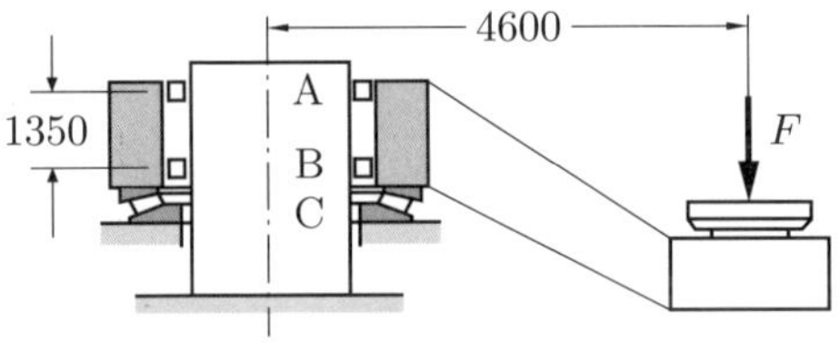

Abb. A6-54

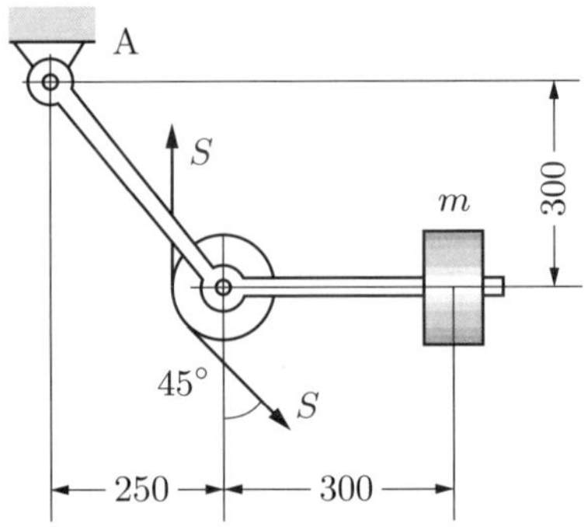

Abb. A6-55

A6-55 Die abgebildete Spannrolle soll einen Riemen so spannen, dass eine Riemenkraft S von 500 N entsteht. Dafür ist die Größe der Masse m zu bestimmen. Der Hebel hat eine Masse von etwa 10 kg, die Gewichtskraft liegt etwa in der Rollenachse.

A6-56 Ein Werkzeugschlitten ist wie abgebildet durch eine Schnittkraft F_S = 3,30 kN belastet. Zu bestimmen sind die dadurch verursachten Reaktionskräfte in den Führungen.

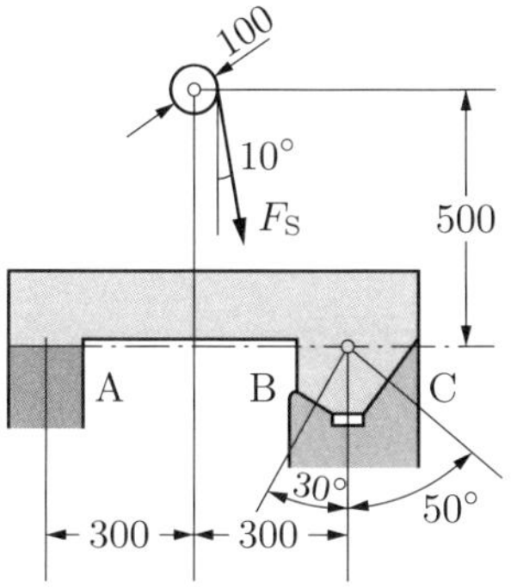

Abb. A6-56

A6-57 bis A6-60 Ein gekröpfter Träger ist mit der Masse m nach Skizze belastet. Zu bestimmen sind die Auflagerreaktionen in A und B. Die allgemeine Lösung soll für $m = 200$ kg; $a = 1{,}0$ m und $r = 0{,}10$ m ausgewertet werden.

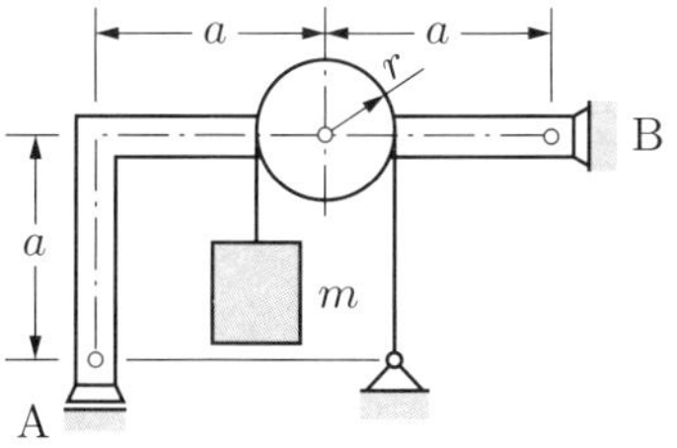

Abb. A6-57

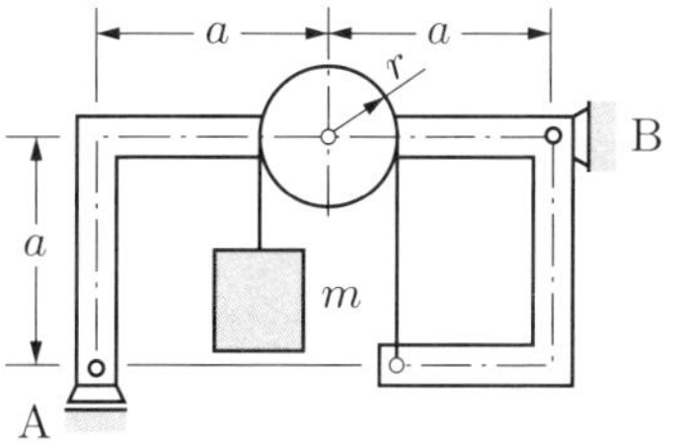

Abb. A6-58

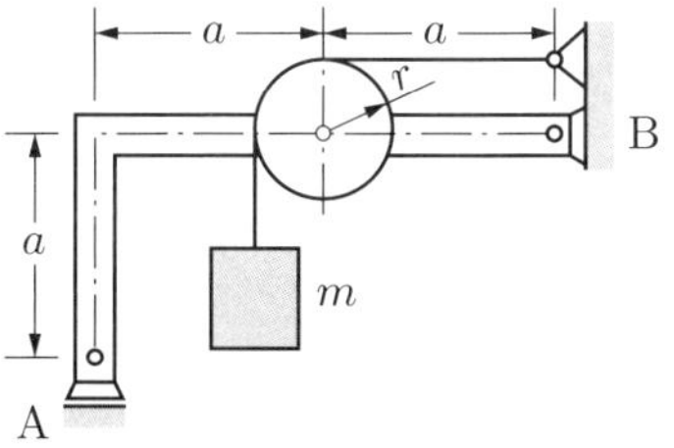

Abb. A6-59

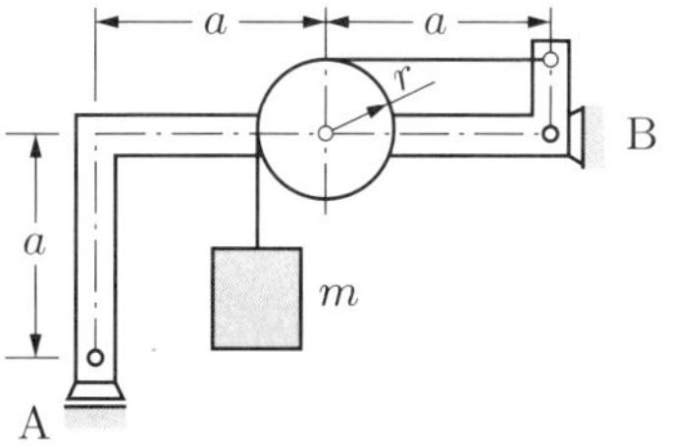

Abb. A6-60

A6-61 Der Hebebaum Abb. A5-6 besteht aus einem homogenen Träger der Masse m = 4000 kg. Für eine Last m = 2000 kg sind die Seilkraft und die Auflagerreaktionen in A zu bestimmen.

A6-62 Der gekröpfte Träger Abb. A5-7 ist mit F = 34,0 kN belastet. Zu bestimmen sind die Seilkraft und die Auflagerreaktion in A.

A6-63 Für den abgebildeten, mit einer konstanten Streckenlast belasteten Träger sind in allgemeiner Form die Seilkraft und die Auflagerreaktionen zu bestimmen.

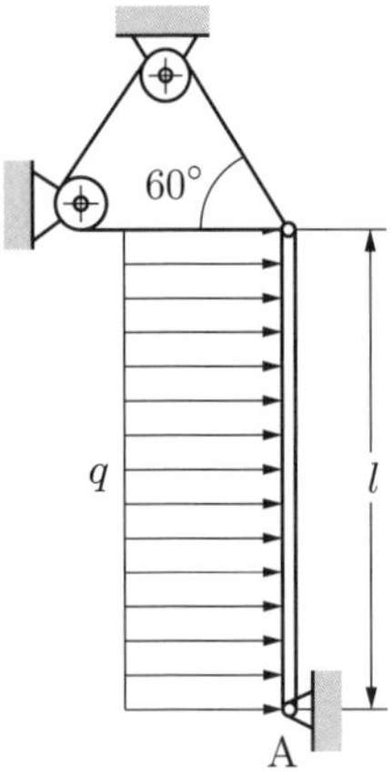

Abb. A6-63

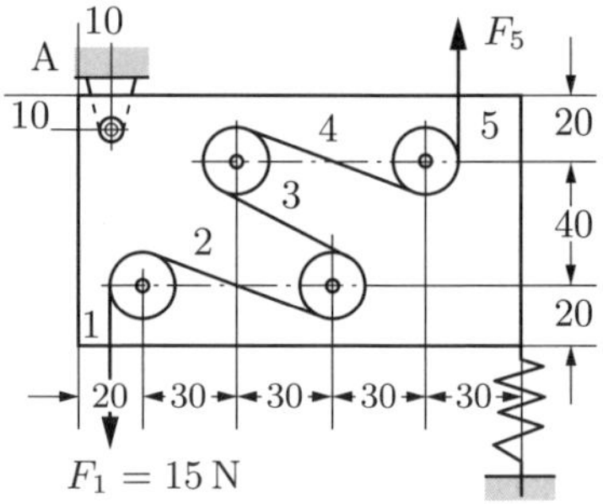

Abb. A6-64

A6-64 Die abgebildete Platte ist horizontal drehbar um den Punkt A gelagert. Das um die Rollen ($d = 20\,\mathrm{mm}$) geführte Band wird nach oben gezogen. Infolge Reibung erhöht sich die Bandkraft an jeder Rolle um 2%. Wie groß muss die Federkraft sein, wenn die Platte in der gezeichneten Position bleiben soll? Wie groß ist die Kraft am Rollengelenk 1–2?

A6-65 Abgebildet ist der Kurbeltrieb eines Kolbenverdichters. Im Zylinder sei ein Überdruck von 8,0 bar. Für einen Kolbendurchmesser von 100 mm sind die Gelenkkräfte am Pleuel, die Seitenführungskraft am Kolben und das notwendige Moment an der Kurbelwelle verursacht durch die Druckkraft für die angegebene Position zu berechnen.

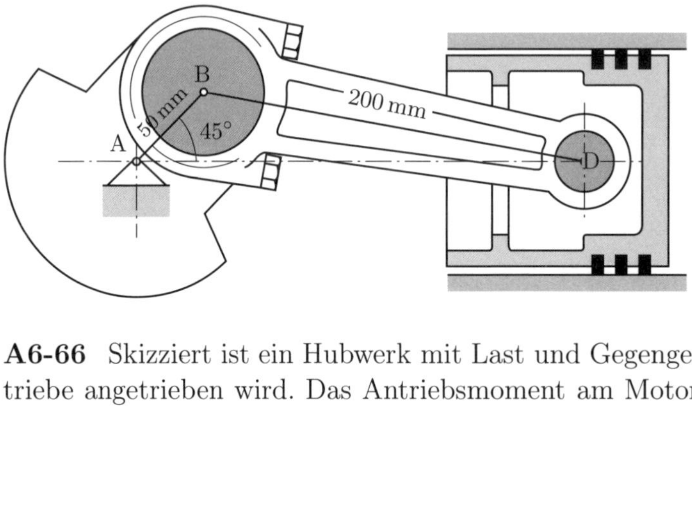

Abb. A6-65

A6-66 Skizziert ist ein Hubwerk mit Last und Gegengewicht, das über ein Getriebe angetrieben wird. Das Antriebsmoment am Motor ist ohne Berücksichti-

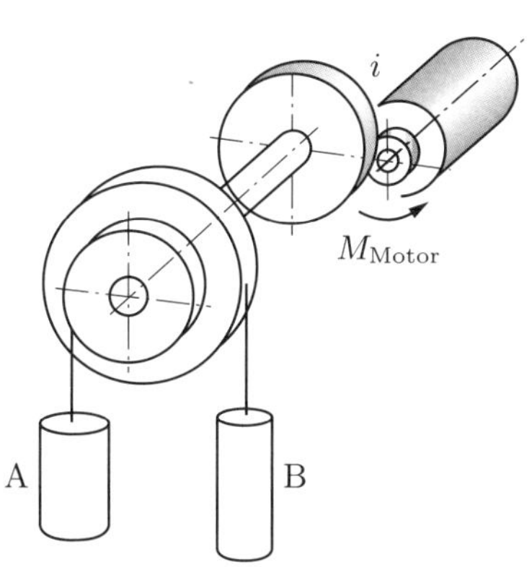

Abb. A6-66

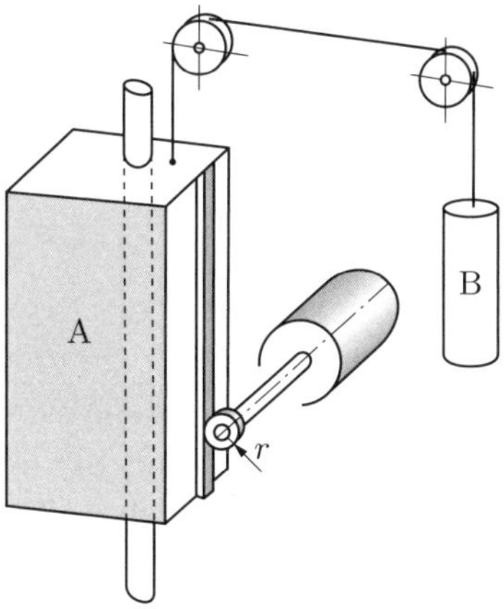

Abb. A6-67

gung der Reibung für konstante Hubgeschwindigkeit zu berechnen. Die allgemeine Lösung soll für $m_A = 20\,000\,\text{kg}$; $m_B = 6000\,\text{kg}$; $r_A = 150\,\text{mm}$; $r_B = 250\,\text{mm}$; Getriebeübersetzung $i = 8$ ausgewertet werden.

A6-67 Der skizzierte Werkzeugschlitten ist über eine Kette mit dem Gegengewicht verbunden. Er soll an einer Zahnstange mit einem Zahnritzel gehoben werden. Die Reibung ist nur in der Führung durch Annahme einer Widerstandskraft F_w zu berücksichtigen. Zu bestimmen sind für konstante Hubgeschwindigkeit in allgemeiner Form und für die nachfolgend gegebenen Daten die Hubkraft und das Moment am Zahnrad. $m_A = 1000\,\text{kg}$; $m_B = 600\,\text{kg}$; $F_w = 200\,\text{N}$; $r = 50\,\text{mm}$.

A6-68 Skizziert ist ein Hubwerk, das einen Wagen eine schiefe Ebene heraufzieht. Die Gegenmasse hängt an einer losen Rolle. Der Antrieb erfolgt über ein

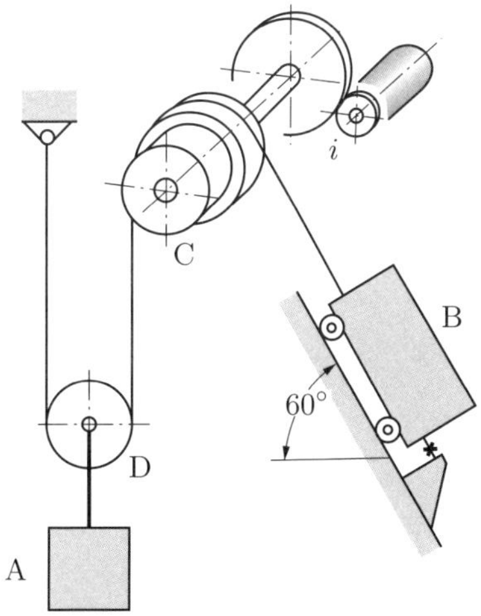

Abb. A6-68

Getriebe. Das Antriebsmoment des Motors ist ohne Berücksichtigung der Reibung für konstante Hubgeschwindigkeit des Wagens zu berechnen. Die allgemeine Lösung ist für $m_A = 20\,000\,\text{kg}$; $m_B = 30\,000\,\text{kg}$; $r_A = 300\,\text{mm}$; $r_B = 400\,\text{mm}$; Getriebeübersetzung $i = 12$ auszuwerten.

A6-69 Der abgebildete PKW fährt mit konstanter Geschwindigkeit auf einer Steigung von 10%. Die Summe der Fahrwiderstände beträgt $F_w = 700\,\text{N}$. Die Lage dieser Resultierenden wird im Abstand vom Boden $h = 650\,\text{mm}$ angenommen. Zu berechnen sind die senkrecht zum Boden wirkenden Achsbelastungen und die Antriebskraft, die an den Auflageflächen der Vorderreifen wirkt, für eine Wagenmasse von $m = 1000\,\text{kg}$.

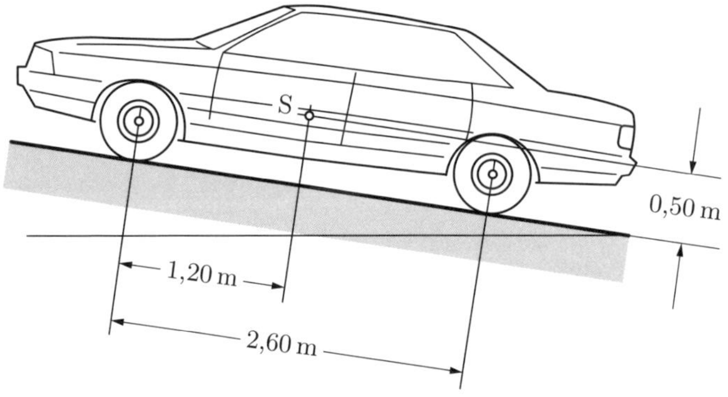

Abb. A6-69

A6-70 An einem homogenen Quader greift eine Kraft F an. Diese Kraft versucht diesen um die Kante A zu kippen. Als Standsicherheit s definiert man das Verhältnis des Momentes, das dem Kippen entgegenwirkt (Standmoment) zu dem Kippmoment. Für mehrere Kräfte gilt

$$s = \frac{\sum M_{\text{stand}}}{\sum M_{\text{kipp}}}$$

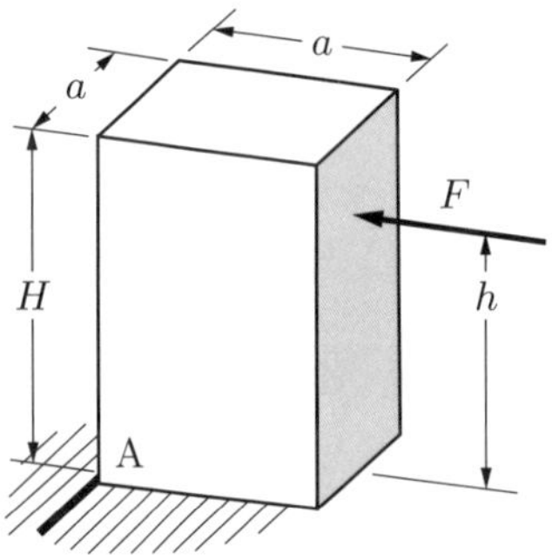

Abb. A6-70

Die Standsicherheit in Bezug auf die Kante A ist in allgemeiner Form abzuleiten. Die Lage der Resultierenden aus F und F_G ist für $s = 1$, $s < 1$ und $s > 1$ zu diskutieren.

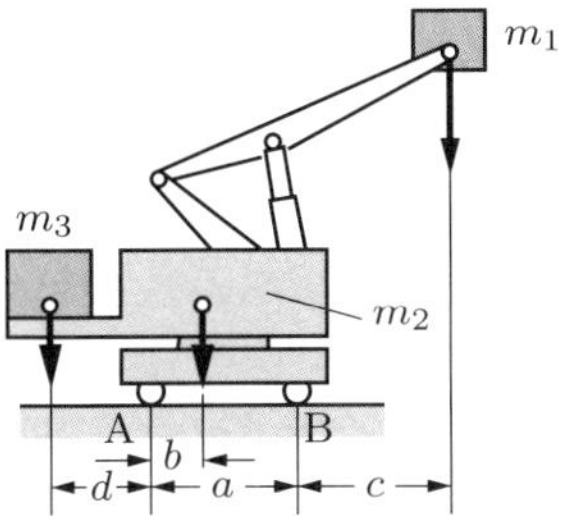

Abb. A6-71

A6-71 Die Abbildung zeigt eine fahrbare Arbeitsbühne. Für diese soll die Gegenmasse m_3 so festgelegt werden, dass für die Räder B die vorgegebene Standsicherheit s_B gewährleistet ist (zu diesem Begriff siehe Aufgabe A6-70). Die Gegenmasse soll allgemein in Abhängigkeit von den Abmessungen und den anderen Massen bestimmt werden. In einem zweiten Schritt ist die Standsicherheit s_A für die Räder A allgemein abzuleiten.

6.5 Die statisch bestimmte und statisch unbestimmte Lagerung

Die Lagerung eines starren Körpers ist statisch bestimmt, wenn man aus den verfügbaren Gleichgewichtsbedingungen die Auflagerreaktionen berechnen kann.

Ein Kräftesystem mit gemeinsamem Angriffspunkt hat zwei Gleichgewichtsbedingungen $\sum F_x = 0$; $\sum F_y = 0$, die für zwei Unbekannte gelöst werden können. Die Aufhängung nach Abb. 6-28a ist statisch bestimmt, denn hier ergeben die

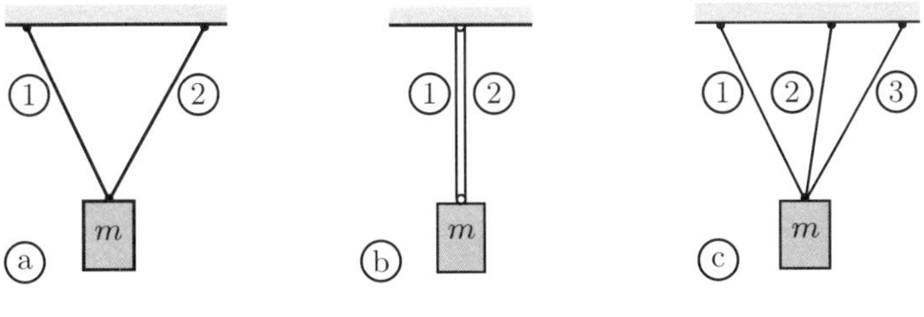

Abb. 6-28: Statisch bestimmte (a) und statisch unbestimmte (b/c) Aufhängung

beiden Gleichungen bzw. das geschlossene Krafteck die Größen S_1 und S_2. Obwohl bei der Aufhängung b) auch nur zwei Unbekannte auftreten, ist sie statisch unbestimmt. In diesem Falle ist die Gleichung $\sum F_x = 0$ ohnehin erfüllt ($0 = 0$), so dass aus der verbleibenden Gleichung $\sum F_y = 0$ zwei Seilkräfte errechnet werden müssten. Im Kräfteplan ist aus dem Dreieck eine Doppellinie geworden. Nur für den Fall mathematisch exakt gleicher Längen und gleicher Dehnung wäre $S_1 = S_2 = F_G/2$. Das ist dann gegeben, wenn es sich z.B. um ein durchgehendes Seil handelt, das um eine reibungslose Rolle geführt wird. Werden zwei Seile getrennt befestigt, kann bei ungleichen Längen im Extremfall ein Seil voll entlastet, das andere voll belastet sein. In diesem Falle können die Seilkräfte nur dann berechnet werden, wenn die Deformation (Dehnung) der Seile in die Berechnung mit einbezogen wird. Ein solches System ist statisch unbestimmt. Auch die Aufhängung c) ist statisch unbestimmt, da es nicht möglich ist, aus zwei Gleichungen drei Unbekannte auszurechnen. Die Seilkräfte hängen sehr stark von den Ausgangslängen und Dehnungen ab, z.B. kann eine Seilkraft null sein, wenn ein Seil zu lang gefertigt wird. Die Anzahl der Unbekannten (hier drei) minus der Anzahl der zur Verfügung stehenden Gleichungen (hier zwei) ist der Grad der statischen Unbestimmtheit. Die Aufhängung nach Abb. 6-28c ist einfach statisch unbestimmt. Bei Verwendung von vier Seilen wäre die Aufhängung zweifach statisch unbestimmt usw.

Für das parallele Kräftesystem stehen auch zwei Gleichungen zur Verfügung, es können demnach zwei Auflagerkräfte berechnet werden. Als Beispiel sei der aufgehängte Balken Abb. 6-29 betrachtet. Die beiden Gleichgewichtsbedingungen ermöglichen die Berechnung der Stabkräfte S_1 und S_2. Das System nach Abb. 6-30 ist einfach statisch unbestimmt. Die Symmetriebedingung $S_1 = S_3$ ist keine zusätzliche Bestimmungsgleichung, sie ist die vereinfachte Momentengleichung für den Pol C. Ein durchgehender, dreifach gelagerter Träger bzw. eine dreifach gelagerte Welle ist auch bei vorhandener Symmetrie einfach statisch unbestimmt. Die Auflagerreaktionen können nur über die Berechnung der Deformationen bestimmt werden. Die überschüssige Lagerkraft muss so groß sein, dass sie die an der Lagerstelle ohne Lagerung vorhandene Durchbiegung rückgängig macht.

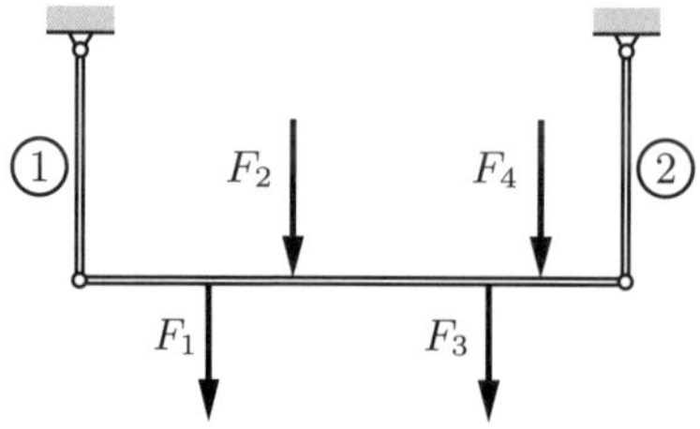

Abb. 6-29: Statisch bestimmte Lagerung bei Belastung mit parallelen Kräften

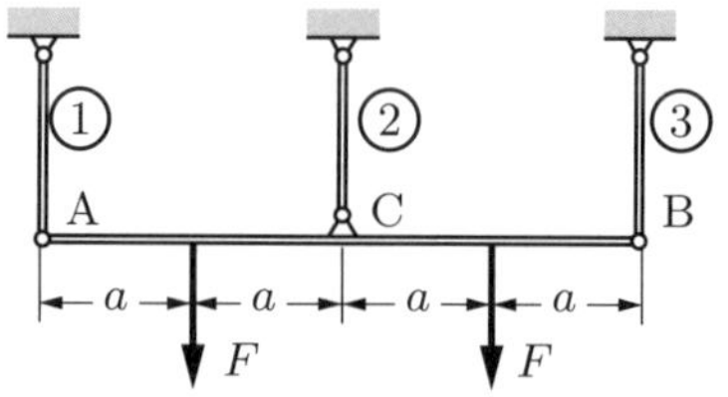

Abb. 6-30: Statisch unbestimmte Lagerung bei Belastung mit parallelen Kräften

Für das allgemeine ebene Kräftesystem stehen drei Gleichgewichtsbedingungen zur Verfügung, damit können drei Auflagerreaktionen berechnet werden. In Abb. 6-31 sind verschiedene Aufhängungen einer Platte gezeigt. Im Fall a) kann man

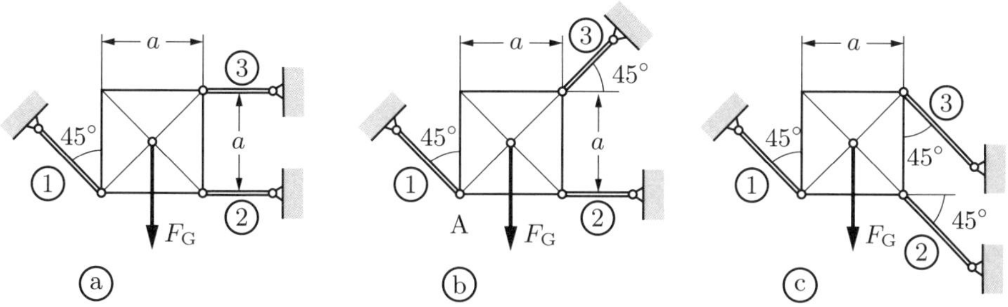

Abb. 6-31: Statisch bestimmte (a) und statisch unbestimmte (b/c) Lagerung einer starren Scheibe

die Momentengleichungen z.B. für drei Eckpunkte der Scheibe aufstellen und so problemlos die Stabkräfte bestimmen. Für das System b) lautet die Momentengleichung für den Pol A: $F_G \cdot (a/2) = 0$, denn die Wirkungslinien aller Stabkräfte schneiden sich in A. Diese Gleichung ist nur für $F_G = 0$ erfüllt. Gleichgewicht ist in dieser Form nicht möglich. Eine solche Befestigung ist technisch unbrauchbar. Es ergeben sich sehr hohe Stabbelastungen, die zu merklichen Deformationen führen. Die Wirkungslinien verlagern sich dabei so, dass es keinen gemeinsamen Schnittpunkt mehr gibt. Das System ist statisch unbestimmt, da in die Berechnung der Kräfte die Deformationen eingehen. Im Fall c) sind die drei Stäbe parallel. Die Kräftesummation für die zu den Stäben senkrechte Richtung lautet $F_G \cdot \sin 45° = 0$. Diese Beziehung ist nur für $F_G = 0$ erfüllt. Es gilt sinngemäß alles, was zur Lagerung b) ausgeführt wurde.

Zusammenfassend kann man sagen:

Ein starrer Körper ist für den allgemeinen ebenen Belastungsfall statisch bestimmt gelagert, wenn

a) *insgesamt drei Auflagerreaktionen vorliegen* (z.B. drei Stäbe; Festlager und Loslager; Einspannung; siehe Tabelle 5-1),
b) drei Lagerkräfte keinen gemeinsamen Schnittpunkt haben,
c) drei Lagerkräfte nicht parallel sind.

6.6 Zusammenfassung

Die analytischen Gleichgewichtsbedingungen für ein *allgemeines ebenes Kräftesystem* lauten:

$$\sum F_{\mathrm{x}} = 0; \qquad \sum F_{\mathrm{y}} = 0; \qquad \sum M = 0 \tag{6-4}$$

$$\sum F = 0; \qquad \sum M_{\mathrm{A}} = 0; \qquad \sum M_{\mathrm{B}} = 0 \tag{6-5}$$

$$\sum M_{\mathrm{A}} = 0; \qquad \sum M_{\mathrm{B}} = 0; \qquad \sum M_{\mathrm{C}} = 0. \tag{6-6}$$

Das sind drei äquivalente Gleichungssysteme mit je drei Gleichungen, die eine Berechnung von drei unbekannten Auflagerreaktionen gestatten.

Für *parallele Kräfte* entfällt je eine Kräftegleichung:

$$\sum F = 0; \qquad \sum M = 0 \tag{6-2}$$

$$\sum M_{\mathrm{A}} = 0; \qquad \sum M_{\mathrm{B}} = 0. \tag{6-3}$$

Es können zwei unbekannte Kräfte berechnet werden.

Für *Kräfte mit gemeinsamem Angriffspunkt* entfällt je eine Momentengleichung:

$$\sum F_{\mathrm{x}} = 0; \qquad \sum F_{\mathrm{y}} = 0. \tag{6-1}$$

Man kann auch in diesem Fall mit Momentengleichungen arbeiten, jedoch bringt das keine Vorteile. Auch hier können zwei Unbekannte berechnet werden.

Die graphischen Gleichgewichtsbedingungen für ein allgemeines ebenes Kräftesystem lauten:

a) das Krafteck muss gleichsinnig geschlossen sein (entspricht $\sum F_{\mathrm{x}} = 0$; $\sum F_{\mathrm{y}} = 0$),
b) das Seileck muss geschlossen sein (entspricht $\sum M = 0$).

Für ein Kräftesystem mit gemeinsamem Angriffspunkt entfällt Bedingung b.

Drei nichtparallele Kräfte sind im Gleichgewicht, wenn

a) ihre Wirkungslinien einen gemeinsamen Schnittpunkt haben,
b) das Kräftedreieck gleichsinnig geschlossen ist.

Die Gleichgewichtsbedingungen für vier nicht parallele Kräfte ohne gemeinsamen Schnittpunkt werden durch die CULMANNsche Konstruktion erfüllt.

Ein *starrer Körper ist in der Ebene statisch bestimmt gelagert*, wenn

a) insgesamt drei Auflagerreaktionen vorhanden sind,
b) diese drei Auflagerreaktionen keinen gemeinsamen Schnittpunkt haben,
c) diese drei Auflagerreaktionen nicht parallel sind.

7 Der statisch bestimmt gelagerte Träger mit Belastung in einer Ebene

7.1 Einführung

In diesem Kapitel werden Auflagerreaktionen von geraden und gekröpften Trägern berechnet. Das geschieht sowohl für zweifache Lagerung (Fest- und Loslager) als auch für eine Einspannung. Den Ansatz der Momentengleichung kann man besonders gut am gekröpften Träger üben. Zur Anwendung kommen die im vorigen Kapitel abgeleiteten Gleichgewichtsbedingungen. Für die Kontrolle der Ergebnisse können immer zusätzliche Gleichungen aufgestellt werden. Das ist ein Grund für den Verzicht auf die Anwendung der graphischen Verfahren.

7.2 Der zweifach gelagerte Träger

Beispiel 1 (Abb. 7-1)

Ein auskragender Träger ist bei A fest, bei B horizontal verschieblich gelagert. Dieser Träger wird von der Kraft F_2 und einem zweiten Träger wie abgebildet belastet. Zu ermitteln sind die Auflagerreaktionen in A und B.

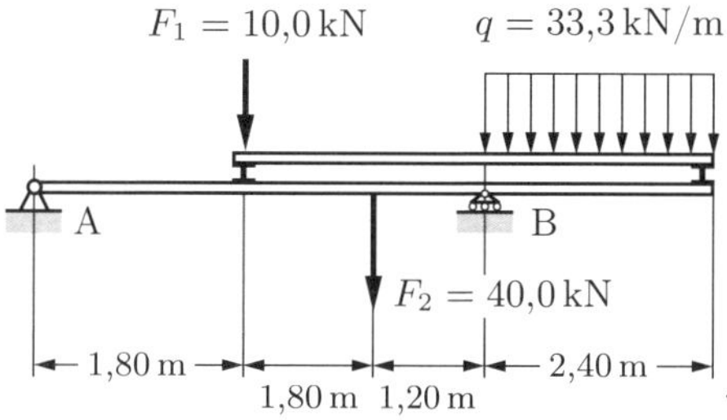

Abb. 7-1: Doppelträger

Lösung (Abb. 7-2)

Es ist nicht notwendig, die beiden Träger getrennt freizumachen, um die vom oberen Träger auf den unteren übertragenen Kräfte zu berechnen. Diese sind innere Kräfte, die sich gegenseitig aufheben (actio = reactio). Das System kann als starre Scheibe mit den Belastungen F und den Auflagerreaktionen in A und B betrachtet werden.

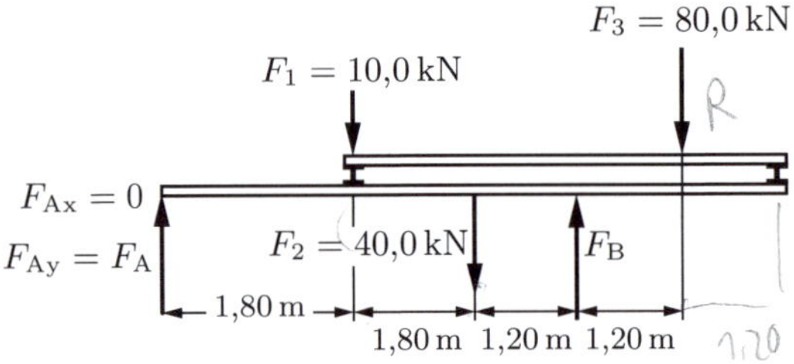

Abb. 7-2: Freigemachter Doppelträger

Die Berechnung beginnt mit einer Momentengleichung

$$\sum M_A = 0$$

$$-10\,\mathrm{kN} \cdot 1{,}8\,\mathrm{m} - 40\,\mathrm{kN} \cdot 3{,}6\,\mathrm{m} + F_B \cdot 4{,}8\,\mathrm{m} - 80\,\mathrm{kN} \cdot 6\,\mathrm{m} = 0$$

$$F_B = \frac{1}{4{,}8\,\mathrm{m}} \, (10 \cdot 1{,}8 + 40 \cdot 3{,}6 + 80 \cdot 6)\,\mathrm{kNm}$$

$$\underline{F_B = 133{,}75\,\mathrm{kN}\ (\uparrow)}$$

$$\sum F_y = 0; \qquad F_A + F_B - F_1 - F_2 - F_3 = 0$$

$$F_A = (-133{,}75 + 10 + 40 + 80)\,\mathrm{kN}$$

$$\underline{F_A = -3{,}75\,\mathrm{kN}\ (\downarrow)}$$

Das negative Vorzeichen der Auflagerreaktion in A zeigt an, dass die Kraft F_A umgekehrt wie im Lageplan angenommen wirkt. Die am auskragenden Teil angreifende Streckenlast überwiegt in ihrer Wirkung gegenüber den Einzelkräften. Aus diesem Grunde muss im Gelenk A die Kraft am Träger nach unten gerichtet sein.

Kontrolle: z.B. $\sum M_B = 0$.

Beispiel 2 (Abb. 7-3)

Eine zweifach gelagerte Welle ist wie abgebildet belastet. In A ist ein Loslager, in B ein Festlager eingebaut. Zu bestimmen sind die Auflagerreaktionen.

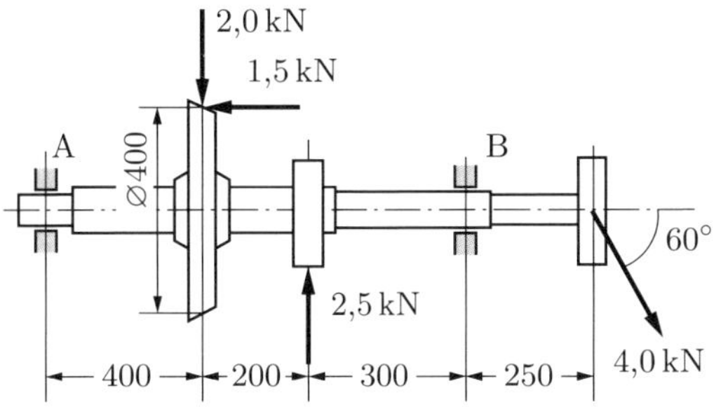

Abb. 7-3: Welle

Lösung (Abb. 7-4)

Das System wird freigemacht. Die Lagerkräfte werden, wie eingezeichnet, in ihrem Wirkungssinn angenommen.

$$\sum M_A = 0; \qquad F_{By} \cdot 0{,}9\,\text{m} + 1{,}5\,\text{kN} \cdot 0{,}2\,\text{m} - 2{,}0\,\text{kN} \cdot 0{,}4\,\text{m}$$
$$+ 2{,}5\,\text{kN} \cdot 0{,}6\,\text{m} - 4{,}0\,\text{kN} \cdot \sin 60^\circ \cdot 1{,}15\,\text{m} = 0$$
$$\underline{F_{By} = 3{,}32\,\text{kN}\ (\uparrow)}$$

$$\sum F_y = 0; \qquad F_A - 2{,}0\,\text{kN} + 2{,}5\,\text{kN} + F_{By} - 4{,}0\,\text{kN} \cdot \sin 60^\circ = 0$$
$$\underline{F_A = -0{,}35\,\text{kN}\ (\downarrow)}$$

$$\sum F_x = 0; \qquad F_{Bx} - 1{,}5\,\text{kN} + 4{,}0\,\text{kN} \cdot \cos 60^\circ = 0$$
$$\underline{F_{Bx} = -0{,}50\,\text{kN}\ (\leftarrow)}$$

Kontrolle: z.B. $\sum M_B = 0$.

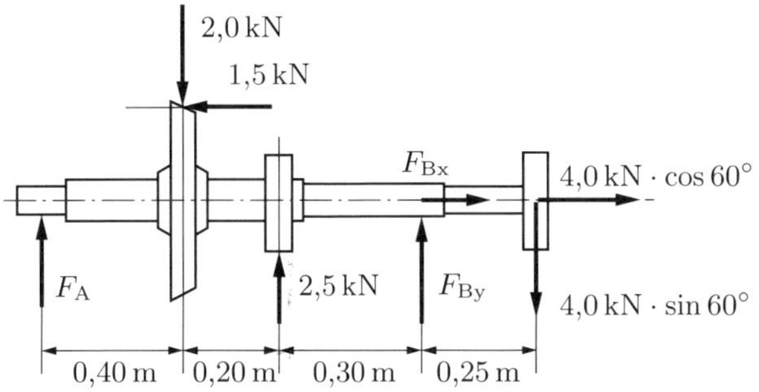

Abb. 7-4: Freigemachte Welle

Beispiel 3 (Abb. 7-5)

Für den skizzierten Träger sind die Auflagerreaktionen zu berechnen. Die Arbeitsmaschine wird von außen angetrieben. An der Kupplung wirkt auf die Maschine das eingezeichnete Moment.

$$F = 10{,}0\,\text{kN}; \quad M = 15{,}0\,\text{kNm}; \quad \alpha = 30°;$$
$$m_1 = 1000\,\text{kg}; \quad m_2 = 2000\,\text{kg}; \quad a = 1{,}50\,\text{m}$$

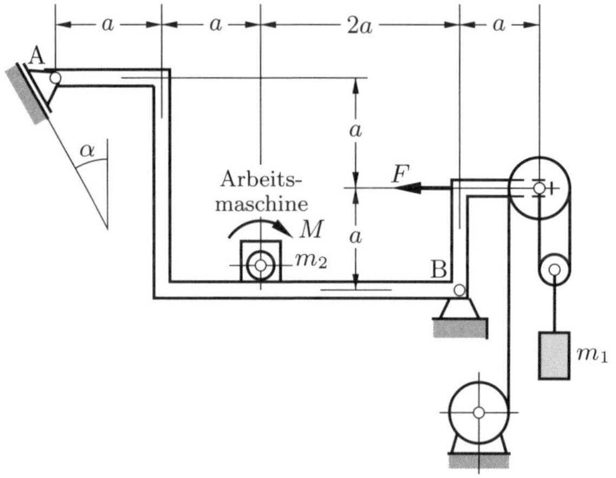

Abb. 7-5: Gekröpfter Träger

Lösung

Das freigemachte System zeigt die Abb. 7-6.

$$\sum M_{\text{B}} = 0 \qquad -F_{\text{A}} \cdot \cos\alpha \cdot 2a - F_{\text{A}} \cdot \sin\alpha \cdot 4a + m_2 \cdot g \cdot 2a$$
$$- M + F \cdot a - 1{,}50 \cdot m_1 \cdot g \cdot a = 0$$
$$F_{\text{A}} = \frac{1}{2 \cdot \cos\alpha + 4 \cdot \sin\alpha}(m_2 \cdot g \cdot 2 - M/a + F - 1{,}50 \cdot m_1 \cdot g)$$
$$\underline{F_{\text{A}} = 6{,}57\,\text{kN}\ (\nearrow)}$$

$$\sum F_{\text{x}} = 0 \qquad F_{\text{A}} \cdot \cos\alpha - F + F_{\text{Bx}} = 0$$
$$\underline{F_{\text{Bx}}} = F - F_{\text{A}} \cdot \cos \underline{\text{kN}\ (\rightarrow)}$$

$$\sum F_{\text{y}} = 0 \qquad F_{\text{A}} \cdot \sin\alpha - m_2 \cdot g + F_{\text{By}} - 1{,}50 \cdot m_1 \cdot g = 0$$
$$\underline{F_{\text{By}}} = -F_{\text{A}} \cdot \sin\alpha + m_2 \cdot g + 1{,}50 \cdot m_1 \cdot \underline{g = 31{,}1\,\text{kN}\ (\uparrow)}$$

Kontrolle: Momentengleichung für einen beliebigen Pol.

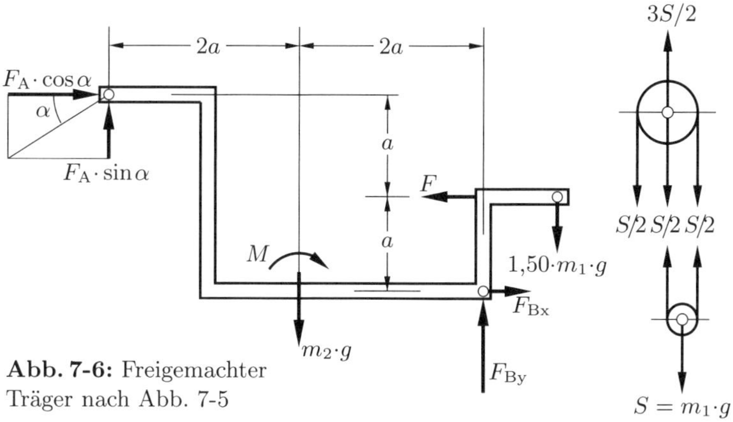

Abb. 7-6: Freigemachter Träger nach Abb. 7-5

Beispiel 4 (Abb. 7-7)

Ein Träger ist nach Abbildung vierfach gelagert, in A; B; C und D. Er wäre danach zweifach statisch unbestimmt (s. Abschnitt 6.5). Jedoch sind in den Träger zwei Gelenke bei E und H eingebaut. Zu bestimmen sind die Auflager- und Gelenkkräfte.

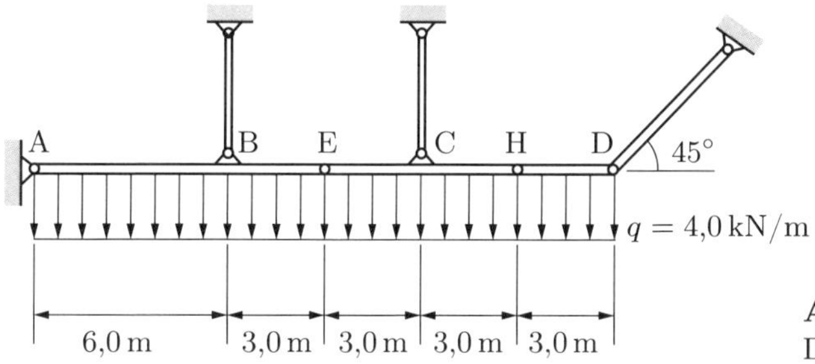

Abb. 7-7: Mehrfach aufgehängter Durchlaufträger

Lösung (Abb. 7-8)

Ein vierfach gelagerter Träger ist zweifach statisch unbestimmt gelagert, denn es sind zwei überschüssige Auflagerkräfte vorhanden. Da ein Gelenk keine Momente übertragen kann, ist es möglich, für E und H die Gleichung $\sum M = 0$ aufzustellen. Das sind die noch fehlenden zwei Bestimmungsgleichungen für die Auflager. Die Berechnung der Gelenkkräfte erfordert das Freimachen nach Abb. 7-8. Man kann das System auch aus drei Trägern bestehend auffassen. Das ergibt $3 \times 3 = 9$ Bestimmungs-Gleichungen, denen $2(\mathrm{A}) + 1(\mathrm{B}) + 1(\mathrm{C}) + 1(\mathrm{D}) + 2(\mathrm{E}) + 2(\mathrm{H}) = 9$ Unbekannte gegenüberstehen.

Aus den Erläuterungen folgt, dass ein *n-fach statisch unbestimmt gelagerter Träger (Durchlaufträger) durch Einbau von n Gelenken statisch bestimmt wird.* Ein

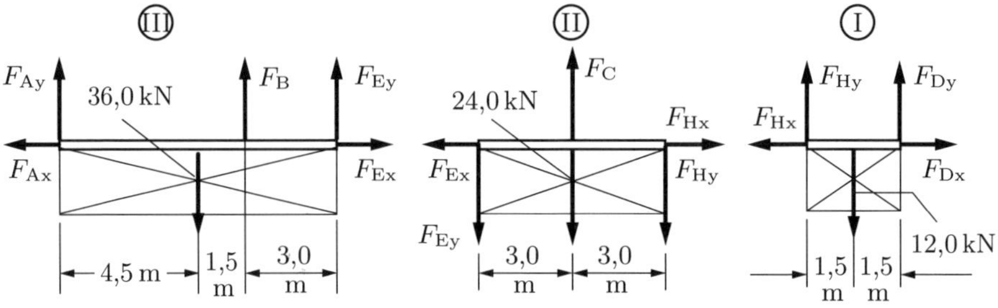

Abb. 7-8: Freigemachter Durchlaufträger

solcher Träger wird Gelenk- oder GERBERträger[1]) genannt. Der Leser überlege sich, ob es beliebig ist, wo die Gelenke eingebaut werden.

Für jedes Teilsystem werden die Gleichgewichtsbedingungen aufgestellt.

System I:

$$\sum M_H = 0; \qquad \underline{F_{Dy} = 6{,}0\,\text{kN}\ (\uparrow)}$$

$$\text{wegen } \alpha = 45^\circ \qquad \underline{F_{Dx} = 6{,}0\,\text{kN}\ (\rightarrow)}$$

$$\sum F_y = 0; \qquad \underline{F_{Hy} = 6{,}0\,\text{kN}\ (\uparrow \text{ Teil I})}$$

$$\sum F_x = 0; \qquad \underline{F_{Hx} = 6{,}0\,\text{kN}\ (\leftarrow \text{ Teil I})}\,.$$

Die Reaktionskräfte F_H von Teil I greifen am Teil II an.

System II:

$$\sum M_E = 0; \qquad \underline{F_C = 36{,}0\,\text{kN}\ (\uparrow)}$$

$$\sum F_y = 0; \qquad \underline{F_{Ey} = 6{,}0\,\text{kN}\ (\downarrow \text{ Teil II})}$$

$$\sum F_x = 0; \qquad \underline{F_{Ex} = 6{,}0\,\text{kN}\ (\leftarrow \text{ Teil II})}\,.$$

System III:

$$\sum M_A = 0; \qquad \underline{F_B = 18{,}0\,\text{kN}\ (\uparrow)}$$

$$\sum F_y = 0; \qquad \underline{F_{Ay} = 12{,}0\,\text{kN}\ (\uparrow)}$$

$$\sum F_x = 0; \qquad \underline{F_{Ax} = 6{,}0\,\text{kN}\ (\leftarrow)}\,.$$

Kontrolle: z.B. $\sum M_E = 0$.

[1] GERBER, Heinrich (1832–1912), deutscher Bauingenieur.

Aufgaben zum Abschnitt 7.2

Hinweis: Die Aufgaben sind analytisch zu lösen. Die Ergebnisse sind mit Hilfe unabhängiger Gleichungen zu kontrollieren.

A7-1 bis A7-11 Für den abgebildeten Träger sind die Auflagerreaktionen für die beiden Auflager zu bestimmen.

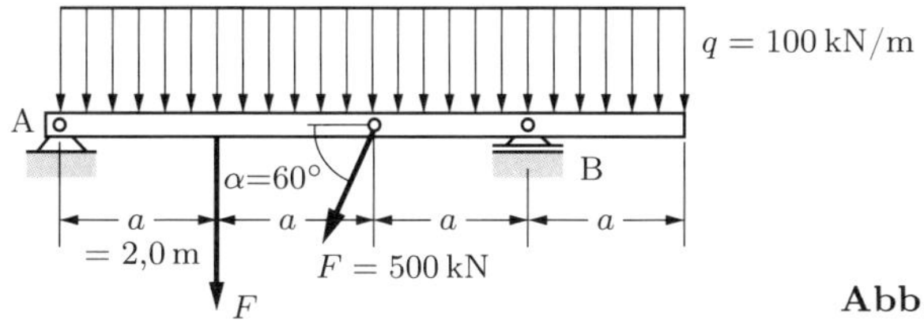

Abb. A7-1

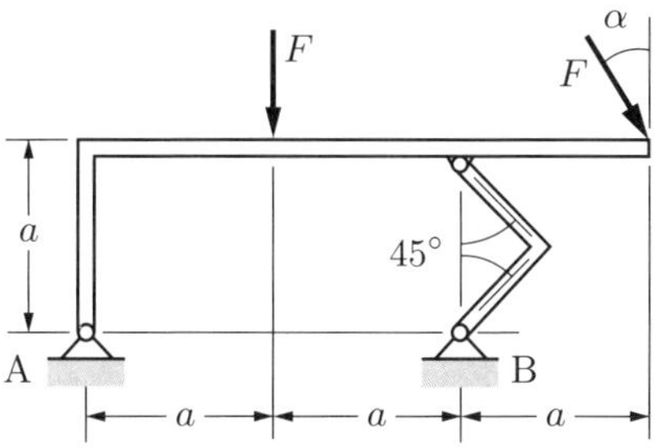

Abb. A7-2

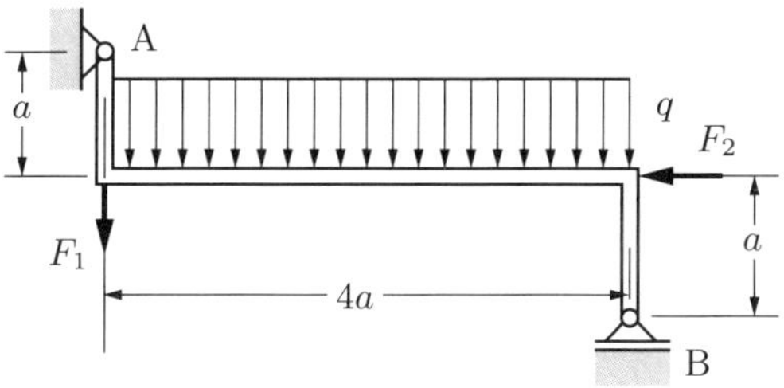

Abb. A7-3

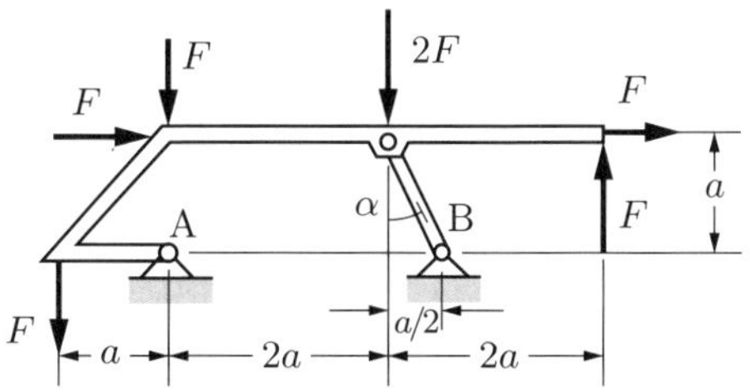

Abb. A7-4

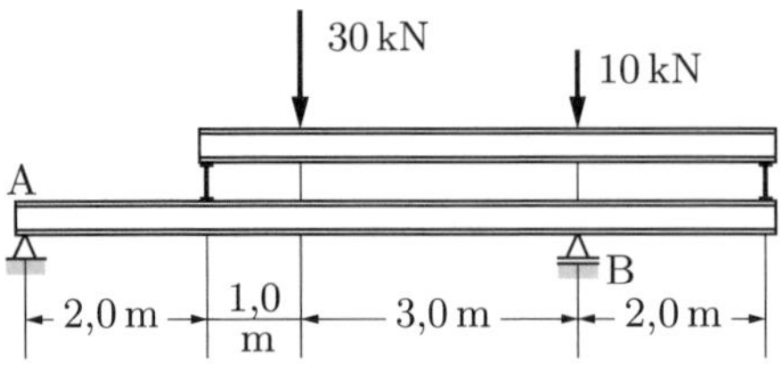

Abb. A7-5

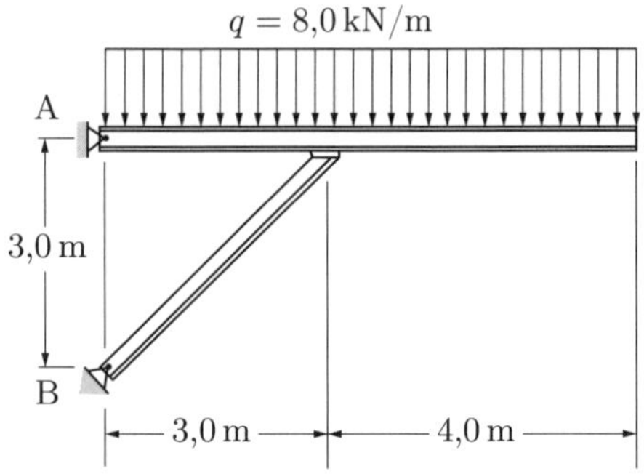

Abb. A7-6

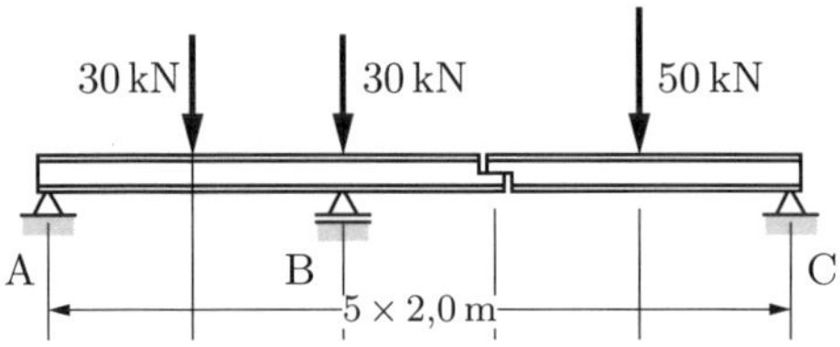

Abb. A7-7

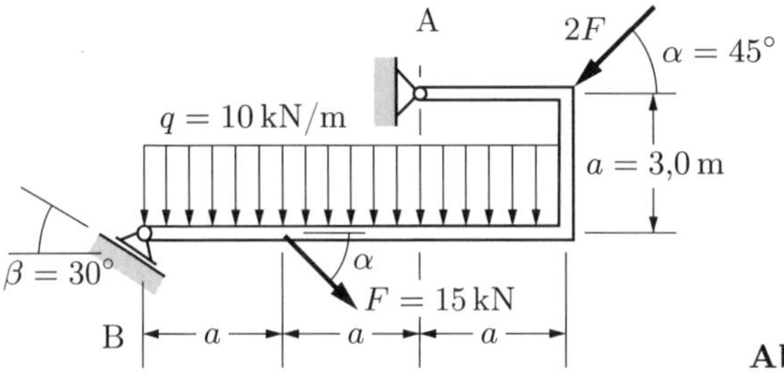

Abb. A7-8

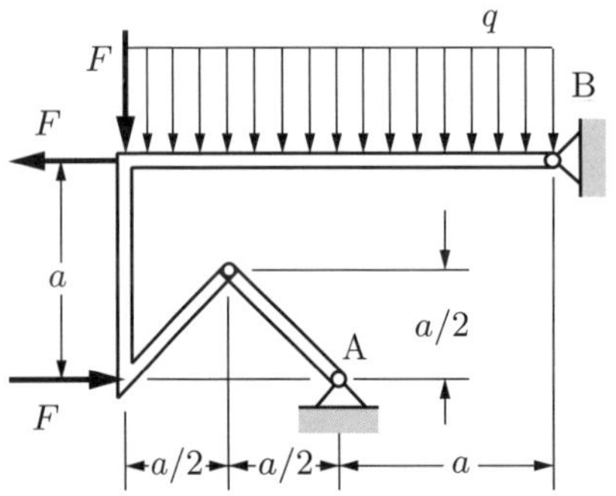

Abb. A7-9

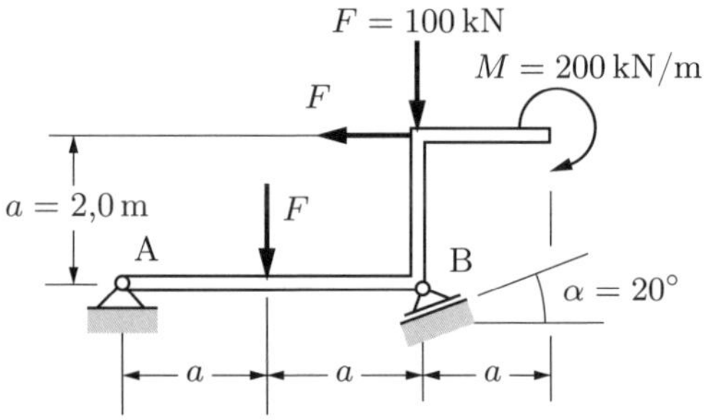

Abb. A7-10

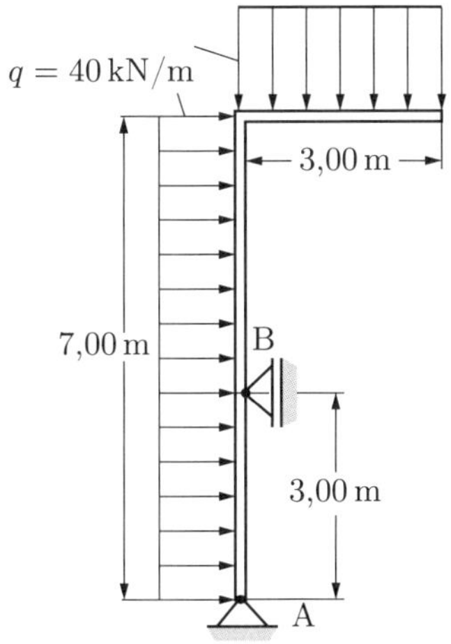

Abb. A7-11

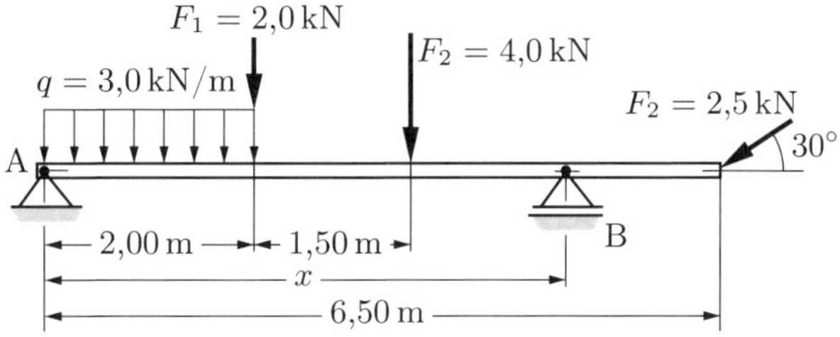

Abb. A7-12

A7-12 Für den abgebildeten Balken ist der Lagerabstand x so zu bestimmen, dass die beiden vertikalen Auflagerreaktionen gleich groß sind.

A7-13 Für den skizzierten Träger ist die Abmessung x so zu bestimmen, dass beide Lager gleich belastet sind.

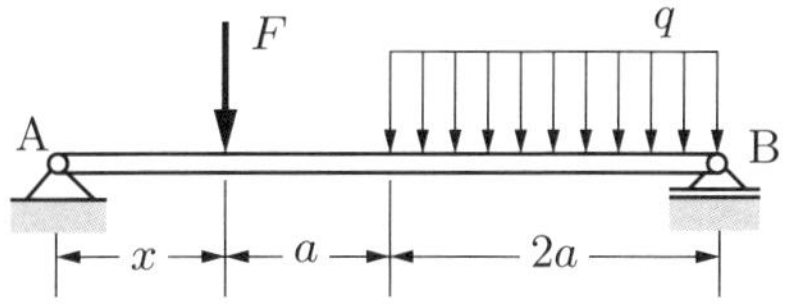

Abb. A7-13

A7-14 Für den nach Skizze gekröpften und belasteten Träger ist der Abstand y der Kraft F so zu bestimmen, dass die vertikalen Lagerkräfte gleich sind.

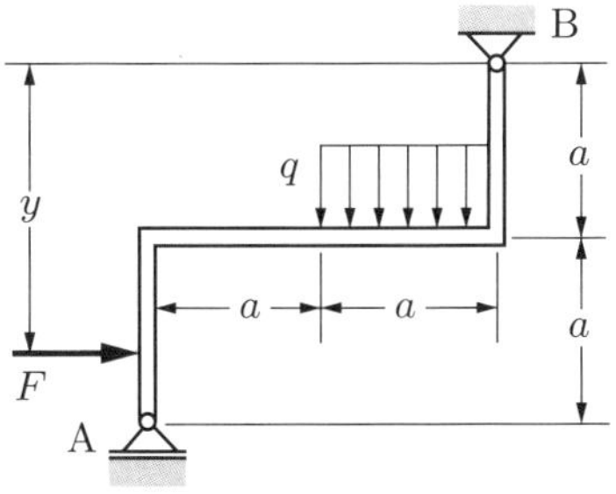

Abb. A7-14

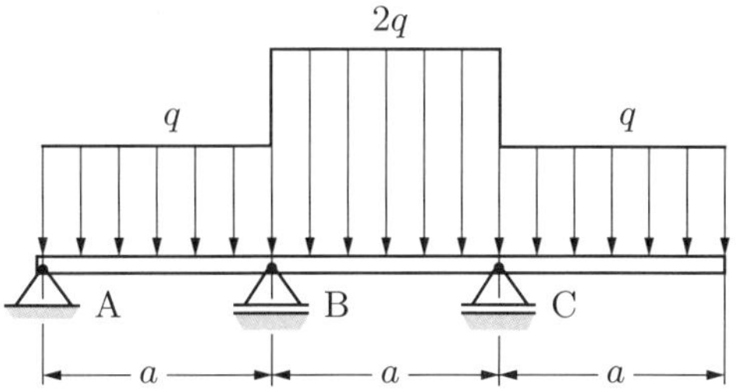

Abb. A7-15/A7-16

A7-15 Der abgebildete Träger ist wegen des dritten Auflagers statisch unbestimmt. Deshalb soll in der Mitte zwischen den Lagern B und C ein Gelenk eingebaut werden. Für diese Anordnung sind alle Auflagerreaktionen und die Gelenkkraft zu bestimmen. Die allgemeine Lösung soll für $a = 12{,}0\,\text{m}$ und $q = 100\,\text{kN/m}$ ausgewertet werden.

A7-16 An welcher Stelle zwischen den Lagern B und C des skizzierten Trägers muss ein Gelenk eingebaut werden, wenn die Gelenkkraft möglichst klein werden soll? Für diesen Fall sind die Auflagerkräfte zu bestimmen. Die allgemeine Lösung soll für $a = 12{,}0\,\text{m}$ und $q = 100\,\text{kN/m}$ ausgewertet werden.

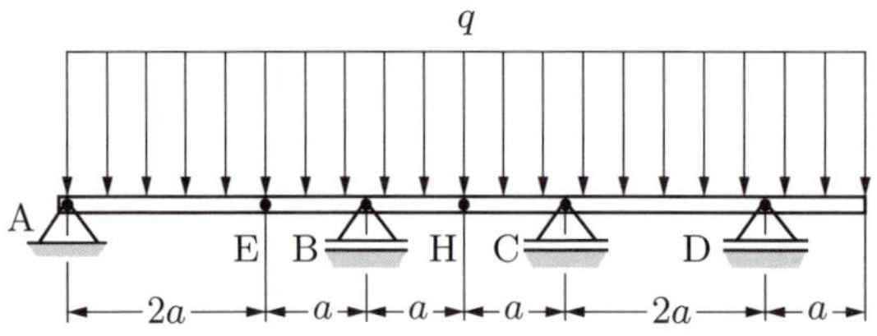

Abb. A7-17

A7-17 Der skizzierte, vierfach gelagerte Gelenkträger trägt eine konstante Streckenlast. Zu bestimmen sind alle Auflager- und Gelenkkräfte allgemein und für $a = 10{,}0\,\text{m}$; $q = 120\,\text{kNm}$.

7.3 Der eingespannte Träger

Die Einspannung kann sowohl x- und y-Komponenten als auch ein Einspannmoment, d.h. insgesamt drei Auflagerreaktionen übertragen. Da das allgemeine ebene Kräftesystem drei unabhängige Gleichgewichtsbedingungen hat, macht jede zusätzliche Lagerung einen eingespannten Träger statisch unbestimmt. Die Bestimmung der Auflagerreaktionen für einen geraden, eingespannten Träger mit parallelen Einzellasten wurde in Kapitel 6 durchgeführt (Abschnitt 6.3). Im Folgenden werden die Auflagerreaktionen gekröpfter Träger für nicht parallele Kräfte, Streckenlasten und Belastungen durch ein Moment bestimmt.

Beispiel 1 (Abb. 7-9)

Der eingespannte Träger ist wie abgebildet belastet. Winde, Getriebe und Motor bilden eine Einheit. Zu bestimmen sind die Auflagerreaktionen für

$$m_1 = 2000\,\mathrm{kg};\quad m_2 = 500\,\mathrm{kg};\quad F = 8{,}0\,\mathrm{kN};\quad q = 2{,}50\,\mathrm{kN/m};$$
$$a = 1{,}20\,\mathrm{m};\quad b = 0{,}70\,\mathrm{m};\quad r = 0{,}40 \cdot a\,.$$

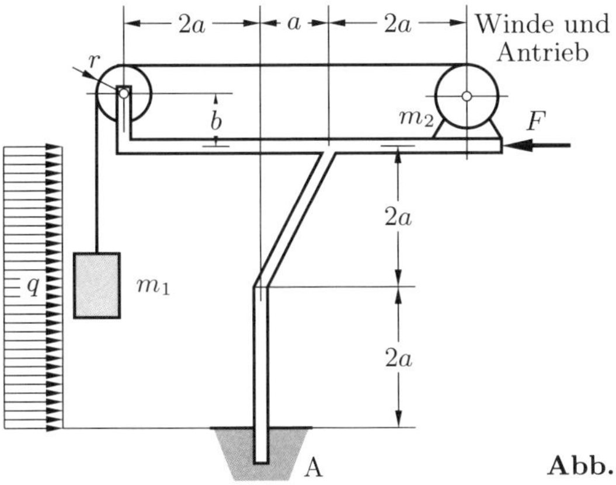

Abb. 7-9: Hubwerk auf eingespanntem Träger

Lösung

Das freigemachte System zeigt die Abb. 7-10. Bis auf die Gewichtskräfte von Last und Winde heben sich alle anderen Kräfte auf (innere Kräfte; actio = reactio).

$$\sum M_\mathrm{A} = 0 \qquad M_\mathrm{A} + m_1 \cdot g \cdot 2{,}40 \cdot a + F \cdot 4a - m_2 \cdot g \cdot 3a - q \cdot 4a \cdot 2a = 0$$
$$M_\mathrm{A} = a(-m_1 \cdot g \cdot 2{,}40 - 4F + m_2 \cdot g \cdot 3 + 8 \cdot q \cdot a)$$
$$\underline{M_\mathrm{A} = -48{,}45\,\mathrm{kNm}\ (\curvearrowright)}$$

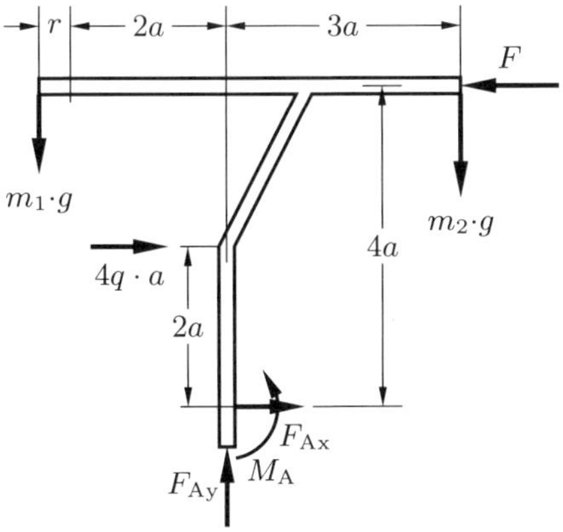

Abb. 7-10: Freigemachter Träger nach Abb. 7-9

$$\sum F_x = 0 \qquad F_{Ax} + 4q \cdot a - F = 0$$

$$\underline{F_{Ax}} = F - 4q \cdot a \underline{= -4{,}00\,\mathrm{kN}\ (\leftarrow)}$$

$$\sum F_y = 0 \qquad F_{Ay} - m_2 \cdot g - m_1 \cdot g = 0$$

$$\underline{F_{Ay}} = (m_1 + m_2) \cdot g \underline{= 24{,}53\,\mathrm{kN}\ (\uparrow)}$$

Kontrolle: Momentengleichung für beliebigen Pol.

Beispiel 2 (Abb. 7-11)

Die Abbildung zeigt einen eingespannten Träger, der oben eine Streckenlast aufnimmt und unten die gewichtsbelastete Spannvorrichtung für ein Seil trägt. Für die gegebenen Daten ist zunächst die Masse des Gegengewichts zu bestimmen. Für den so belasteten Träger sind die Auflagerreaktionen in der Einspannstelle zu berechnen.

Spannkraft $F_S = 3{,}0\,\mathrm{kN}$; Streckenlast $q = 2{,}0\,\mathrm{kN/m}$

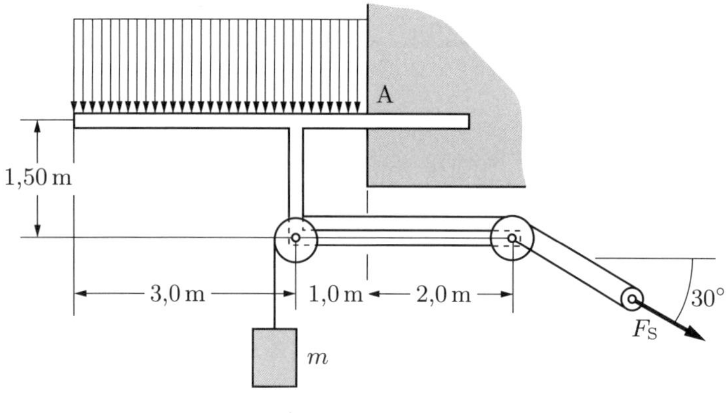

Abb. 7-11: Träger mit Streckenlast und Spannvorrichtung

Lösung (Abb. 7-12)

Das System wird freigemacht. Die Gelenke der Rollen sind wie angegeben belastet (s. dazu Beispiel 2 im Abschnitt 3.3.4). Danach muss an der linken Rolle die halbe Seilkraft wirken.

$$\frac{1}{2} F_S = m \cdot g \Rightarrow m = \frac{F_S}{2g} = \frac{3 \cdot 10^3\,\mathrm{N}}{2 \cdot 9{,}81\,\mathrm{m/s^2}} = 153\,\mathrm{kg}$$

Die beiden horizontalen Kräfte $F_S/2$ heben sich in ihrer äußeren Wirkung auf, d.h. sie beeinflussen die Auflagerreaktionen nicht. Sie beanspruchen jedoch den

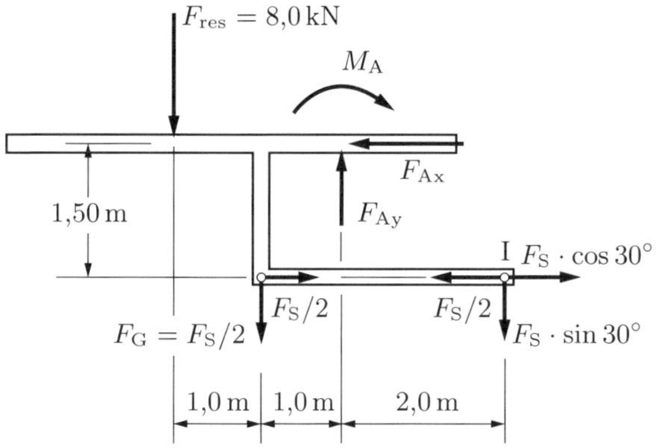

Abb. 7-12: Freigemachter Träger

Träger, in dem sie wirken. Damit befasst sich die Festigkeitslehre. Die Berechnung beginnt mit einer Momentengleichung für die Einspannstelle.

$$\sum M_A = 0$$

$$F_{res} \cdot 2{,}0\,m + \frac{1}{2} F_S \cdot 1{,}0\,m + F_S \cdot \cos 30° \cdot 1{,}5\,m - F_S \cdot \sin 30° \cdot 2{,}0\,m - M_A = 0$$

$$M_A = F_{res} \cdot 2{,}0\,m + \frac{1}{2} F_S \cdot 1{,}0\,m + F_S \cdot \cos 30° \cdot 1{,}5\,m - F_S \cdot \sin 30° \cdot 2{,}0\,m$$

$$M_A = (8 \cdot 2{,}0 + \frac{1}{2} 3{,}0 \cdot 1{,}0 + 3{,}0 \cdot \cos 30° \cdot 1{,}5 - 3{,}0 \cdot \sin 30° \cdot 2{,}0)\,kNm$$

$$\underline{M_A = 18{,}4\,kNm\ (\curvearrowright)}$$

$$\sum F_y = 0 \qquad F_{Ay} - F_{res} - \frac{1}{2} F_S - F_S \cdot \sin 30° = 0$$

$$F_{Ay} = F_{res} + \frac{1}{2} F_S + F_S \cdot \sin 30° = (8{,}0 + \frac{1}{2} \cdot 3{,}0 + 3{,}0 \sin 30°)\,kN$$

$$\underline{F_{Ay} = 11{,}0\,kN\ (\uparrow)}$$

$$\sum F_x = 0 \qquad -F_{Ax} + F_S \cdot \cos 30° = 0$$

$$\underline{F_{Ax}} = F_S \cdot \cos 30° \underline{= 2{,}60\,kN\ (\leftarrow)}$$

Alle errechneten Werte sind positiv, d.h. die Kraftrichtungen wurden beim Freimachen richtig angenommen. Die Ergebnisse sollen mit einer Momentengleichung für den Pol I kontrolliert werden.

$$8\,kN \cdot 4\,m + 1{,}5\,kN \cdot 3\,m - 11\,kN \cdot 2\,m + 2{,}6\,kN \cdot 1{,}5\,m - 18{,}4\,kNm = 0$$

Diese Gleichung ist erfüllt.

Aufgaben zum Abschnitt 7.3

A7-18 Ein gekröpfter Träger ist eingespannt und mit einer Masse m nach Abbildung belastet. Die Auflagerreaktionen in der Einspannstelle A sind für alle Belastungsvarianten zu bestimmen.

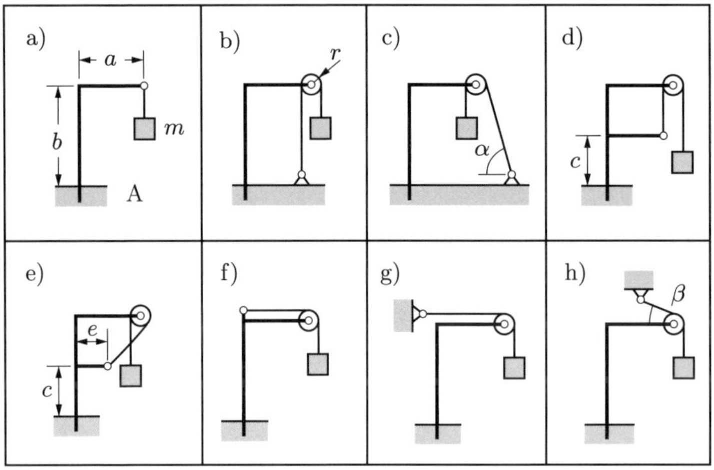

Abb. A7-18

A7-19 Für den skizzierten Träger sind die Auflagerreaktionen und die Gelenkkraft an der Rolle 2 zu bestimmen.

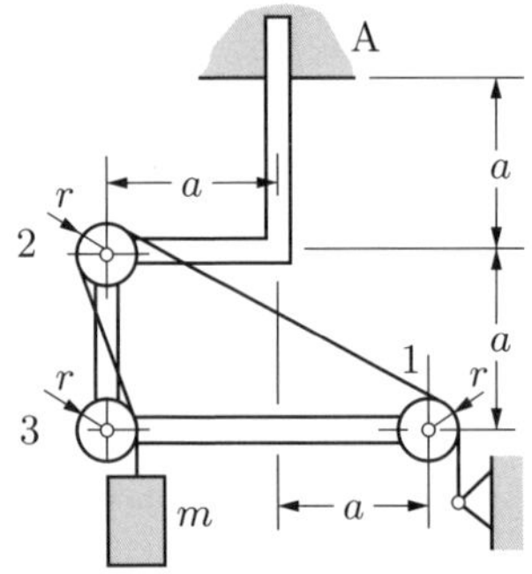

Abb. A7-19

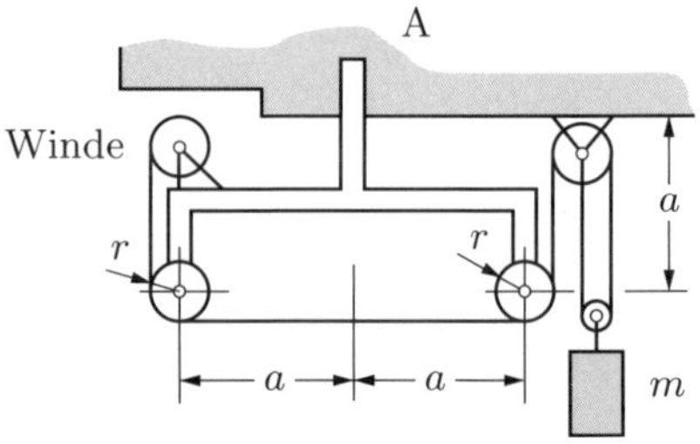

Abb. A7-20

A7-20 Für den skizzierten Träger sind die Auflagerreaktionen zu bestimmen. Ändern sich diese, wenn die Winde senkrecht nach oben verschoben und an der Decke befestigt wird?

A7-21 Für den skizzierten Träger sind die Auflagerreaktionen zu bestimmen.

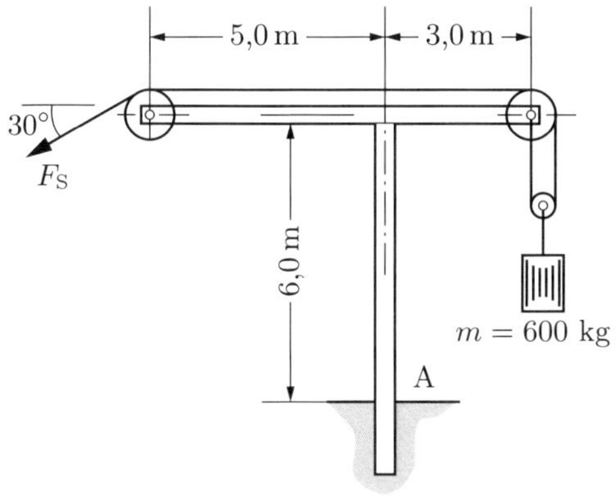

Abb. A7-21

A7-22 An dem eingespannten Träger A5-11 greift nacheinander ein Moment M in den Punkten B bis E an. Für alle Varianten sind die Auflagerreaktionen zu bestimmen.

A7-23 Die Abbildung zeigt ein Wehr, das zwei Becken mit unterschiedlichen Wasserständen trennt. Der Wasserdruck p nimmt mit der Wassertiefe t nach der Beziehung (Hydrostatik) $p = \varrho \cdot g \cdot t$ (ϱ Dichte) zu. Zu bestimmen sind die durch das Wasser am Wehrfundament verursachten Auflagerreaktionen Moment und horizontale Kraft in allgemeiner Form und für $H = 3{,}0\,\text{m}$; $h = 2{,}0\,\text{m}$; Wehrbreite $b = 5{,}0\,\text{m}$.

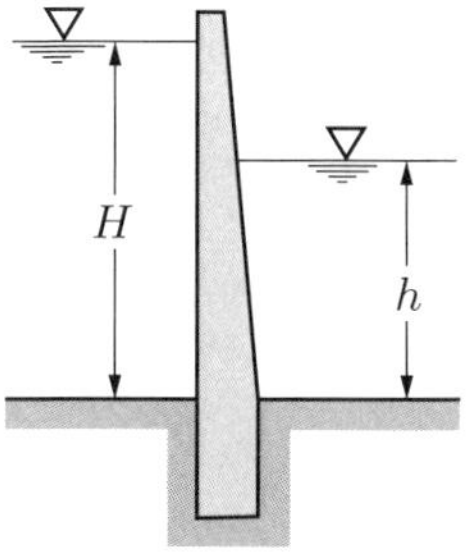

Abb. A7-23

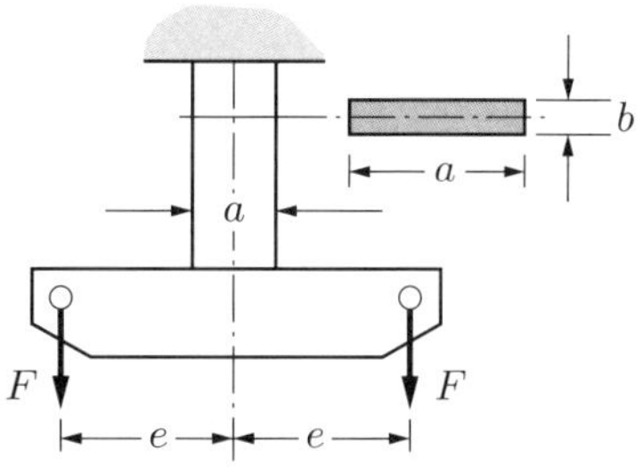

Abb. A7-24

A7-24 Für die skizzierte Konsole werden folgende Toleranzen angegeben: Kraft F +/_1%; Abstand e +/_3%. Wie groß ist das maximale Einspannmoment unter der Voraussetzung beidseitiger Belastung?

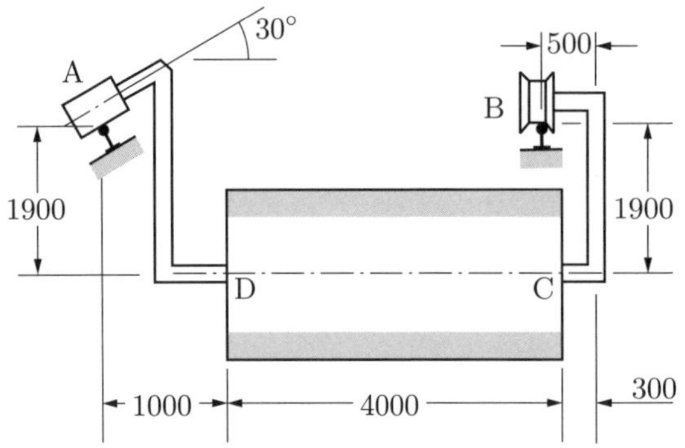

Abb. A7-25

A7-25 Eine homogene Masse $m = 6000\,\mathrm{kg}$ ist nach Skizze auf Rollen gelagert. Zu bestimmen sind die Auflagerreaktionen in den Befestigungen D und C.

7.4 Zusammenfassung

Ein Träger auf zwei Stützen (Fest- und Loslager) und ein eingespannter Träger sind statisch bestimmt gelagert. Beim Freimachen solcher Systeme ist es zweckmäßig, schräge Kräfte in x- und y-Richtung zu zerlegen und für Streckenlasten die Resultierende einzuführen. Die Berechnung beginnt man am besten mit einer Momentengleichung, deren Pol im festen Gelenk oder in der Einspannstelle liegt.

Statisch unbestimmt gelagerte Durchlaufträger können durch den Einbau von Gelenken statisch bestimmt gemacht werden (Gelenk- oder GERBER-Träger). Ein Gelenk überträgt kein Moment, liefert demnach eine zusätzliche Gleichung $\sum M = 0$. Daraus folgt, dass eine n-fach statisch unbestimmte Lagerung n Gelenke erfordert, soll sie statisch bestimmt werden. Dabei müssen die Gelenke so verteilt sein, dass sich keine beweglichen Mechanismen ergeben.

8 Schnittgrößen im Träger

8.1 Einführung

Das Schnittprinzip wurde bisher für das Freimachen von Bauteilen angewendet (Kap. 5). Es ermöglicht die Berechnung von Gelenkkräften und Auflagerreaktionen. Ein Beispiel dafür ist in den Abb. 8-1/8-2 dargestellt. Die Auflagerreaktionen – hier F_A und F_B – verursachen *im* Bauteil Beanspruchungen. Das Ziel dieses Kapitels ist, Methoden abzuleiten, um deren Art und Größe zu bestimmen. Das Schnittprinzip wird in der Anwendung erweitert. Es ist notwendig, den gedachten Schnitt *durch* das Bauteil zu führen.

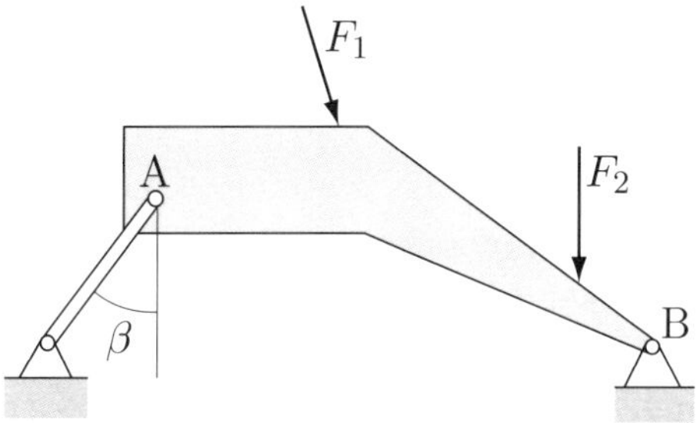

Abb. 8-1: Statisch bestimmt gelagerter Träger

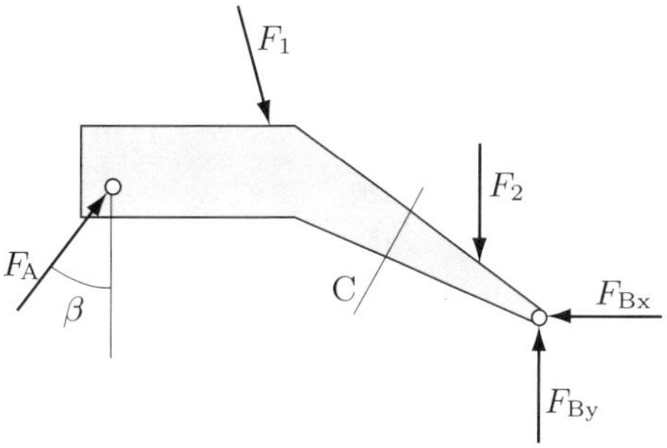

Abb. 8-2: Freigemachter Träger Abb. 8-1

Man erhält zwei Teile nach Abb. 8-3 . Durch diesen Schnitt können grundsätzlich eine Kraft und ein Moment übertragen werden. Die in der betrachteten Ebene liegenden Kräfte (Lagerkräfte und Belastungen) können weitere Reaktionen nicht bewirken. Die Schnittgrößen müssen als äußere Reaktionen im Schwerpunkt angreifend eingetragen werden. Dabei ist es üblich, die Kraft parallel und senkrecht zum Schnitt zu zerlegen. Die parallele Kraft wird *Querkraft* F_q, die dazu senkrechte Kraft *Längskraft* F_l und das Moment *Biegemoment* M_b genannt. Beide Teilkörper müssen folgende Bedingungen erfüllen:

1. Die Schnittreaktionen sind mit den äußeren Belastungen (Kräfte, Momente) und den Auflagerreaktionen im Gleichgewicht.
2. Die Schnittreaktionen wirken paarweise, wobei actio = reactio gilt.

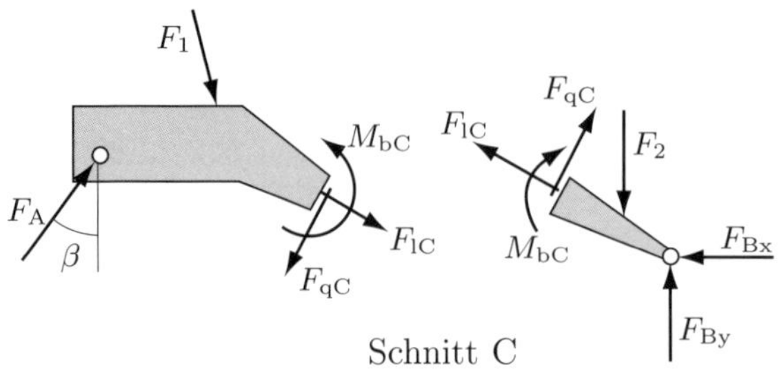

Abb. 8-3: Schnittreaktionen im Inneren des Trägers Abb. 8-1

Für die Berechnungen der drei Schnittgrößen M_b, F_q, F_l stehen $2 \cdot 3 = 6$ Gleichungen zur Verfügung. Davon sind drei unabhängig, die überzähligen können (und sollen) zur Kontrolle benutzt werden. Der nächste Schritt ist der Übergang von den Reaktionen (Kraft und Moment) zu den im Schnitt wirkenden Spannungen. Damit befasst sich die Festigkeitslehre.

8.2 Das Biegemoment und die Querkraft

In diesem Kapitel soll schwerpunktmäßig die Berechnung der durch die Biegemomente verursachten Beanspruchung von Bauteilen (Träger, Achsen) vorbereitet werden. Deshalb bleiben die Längskräfte bis auf das letzte Beispiel außer Betracht. Es bestehen jedoch mathematische Zusammenhänge zwischen Querkraft und Biegemoment, die eine Berechnung des Biegemomentes aus der Querkraft ermöglichen. Aus diesem Grunde sollen nachfolgend beide Größen für einzelne Querschnitte von Trägern bestimmt werden. Wie im vorigen Abschnitt gezeigt, müssen mit Hilfe der Gleichgewichtsbedingungen für den jeweiligen Teilabschnitt des Balkens beide Größen berechnet werden.

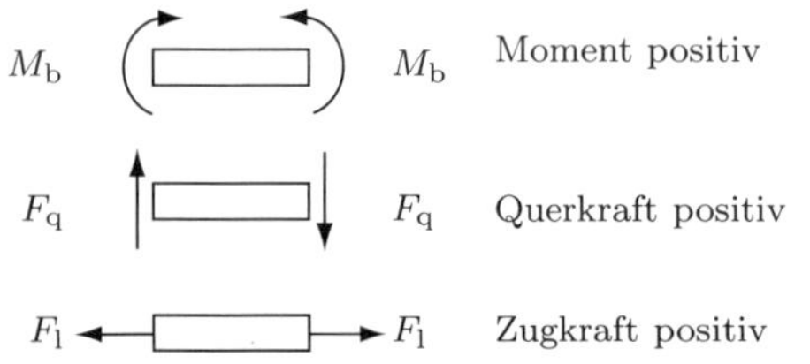

Abb. 8-4: Vorzeichendefinition von Biegemoment, Querkraft und Längskraft

Folgende Vorzeichendefinition soll nach Abb. 8-4 für den Träger gelten:

Für einen betrachteten Teilabschnitt des Trägers ist das Moment positiv, wenn es links vom Abschnitt im Uhrzeigersinn, rechts umgekehrt wirkt. Für einen betrachteten Teilabschnitt des Balkens ist die Querkraft positiv, wenn sie links vom Abschnitt nach oben, rechts nach unten wirkt. Für einen Teilabschnitt des Balkens sind Längskräfte positiv, wenn sie beidseitig jeweils weggerichtet sind (Zugbelastung).

Beispiel 1

Ein unsymmetrisch belasteter Träger mit Einzellast nach Abb. 8-5 soll untersucht werden. Für den linken Teilabschnitt hat das Biegemoment im Abstand x vom Auflager A die Größe:

$$\sum M_{\mathrm{I}} = 0 \qquad M_{\mathrm{b}} - F_{\mathrm{A}} \cdot x = 0$$

$$M_{\mathrm{b}} = F_{\mathrm{A}} \cdot x = \frac{b}{l} \cdot F \cdot x\,.$$

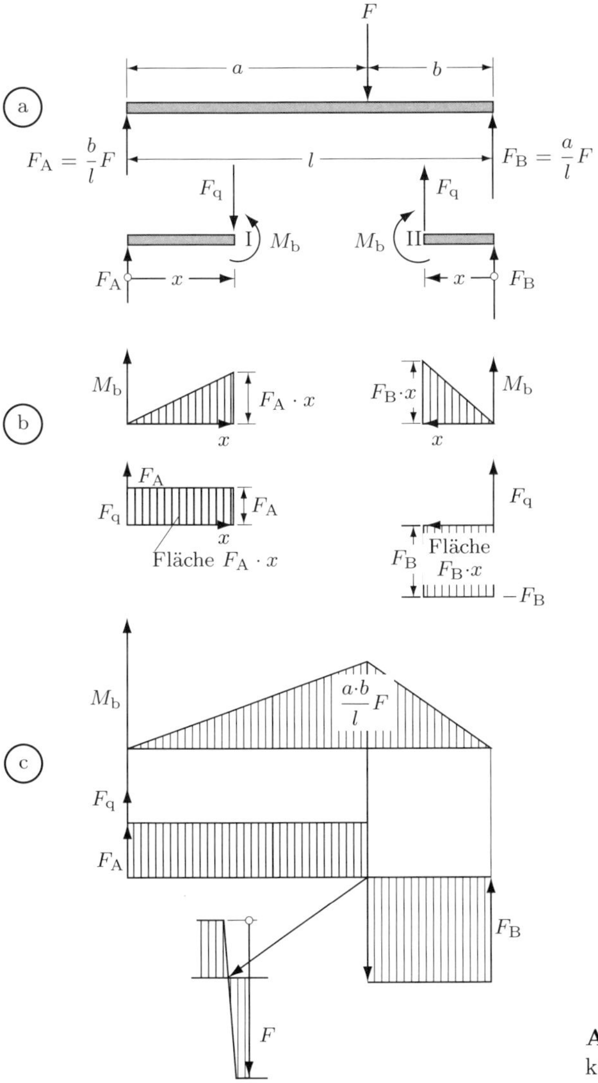

Abb. 8-5: Biegemomente und Querkräfte im Träger mit Einzellast

Das ist eine Geradengleichung, die über x aufgetragen eine lineare Änderung des Momentes entlang der Achse ergibt. Die Querkraft erhält man aus

$$\sum F = 0 \qquad F_\mathrm{q} = F_\mathrm{A}$$

Die Querkraft ist im linken Teilabschnitt konstant. Für den rechten Teilabschnitt erhält man analog

$$\begin{aligned}\sum M_\mathrm{II} &= 0 \qquad & M_\mathrm{b} - F_\mathrm{B} \cdot x &= 0\\ & & M_\mathrm{b} &= \frac{a}{l} \cdot x \cdot F\\ \sum F &= 0 & F_\mathrm{q} + F_\mathrm{B} &= 0\\ & & F_\mathrm{q} &= -F_\mathrm{B}\end{aligned}$$

Für den Lastangriffspunkt muss sich aus beiden Abschnitten das gleiche Biegemoment ergeben.

Linker Abschnitt	Rechter Abschnitt
$x = a$	$x = b$
$M_\mathrm{bF} = \dfrac{a \cdot b}{l} \cdot F$	$M_\mathrm{bF} = \dfrac{a \cdot b}{l} \cdot F\,.$

Die Biegemomente und die Querkraft sind in Abb. 8-5c über der Achse aufgetragen.

Das maximale Biegemoment entsteht am Lastangriffspunkt. Damit herrscht dort bei konstantem Querschnitt die maximale Spannung. Das stimmt mit der Erfahrung überein, dass ein so belasteter Träger bei Überlastung am Lastangriffspunkt versagt.

Das Querkraftdiagramm ist am Lastangriffspunkt mehrdeutig. An dieser Stelle ist zu bedenken, dass die entlang einer Linie wirkende Kraft eine Abstraktion ist. In Wirklichkeit wird die Kraft einen kleinen Abschnitt des Trägers belasten. In diesem Bereich ändert sich die Querkraft von $+F_\mathrm{A}$ nach $-F_\mathrm{B}$, wie in der Skizze unten dargelegt. Mit einer verteilten Last befasst sich die nächste Aufgabe.

Beispiel 2 (Abb. 8-6)

Für den skizzierten Träger mit der angegebenen Belastung sind das Biegemomenten- und das Querkraftdiagramm zu bestimmen.

$$F = 100\,\mathrm{kN}; \quad q = 20\,\mathrm{kN/m}; \quad a = 4,0\,\mathrm{m}.$$

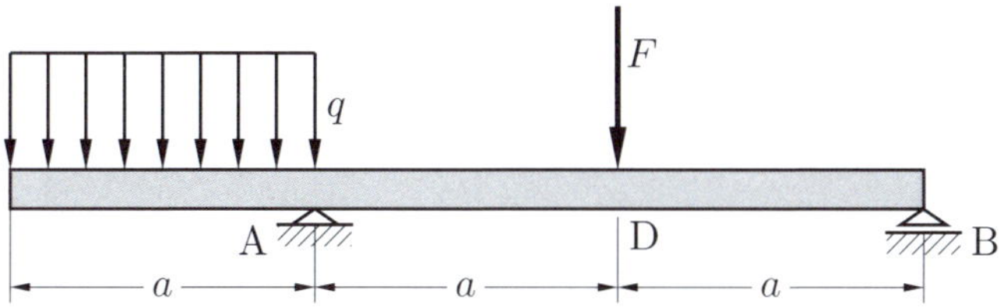

Abb. 8-6: Träger mit Belastung
→ Lösung (Abb. 8-7)

Die Lagerkräfte in A und B werden aus den Gleichgewichtsbedingungen berechnet. Sie betragen $F_{\mathrm{A}} = 150\,\mathrm{kN}\,(\uparrow)$ und $F_{\mathrm{B}} = 30\,\mathrm{kN}\,(\uparrow)$. Zunächst wird festgelegt, an welchen Stellen freigeschnitten werden muss. Das Moment einer Kraft nimmt linear mit dem Abstand vom Pol zu. Daraus folgt, dass zwischen den Angriffspunkten von *zwei benachbarten Einzelkräften das Biegemoment sich linear ändert. Die Querkraft bleibt in diesem Bereich konstant, da die Querbelastung sich nicht ändert. Eine konstante Streckenlast ergibt mit zunehmender Abszisse x (Abb. 8-5) eine proportional größer werdende Resultierende, deren Abstand von dem Schnitt in gleicher Weise zunimmt. Insgesamt führt das im Bereich einer konstanten Streckenlast auf einen quadratischen Verlauf des Biegemoments und einen linearen der Querkraft über der Trägerachse.*

Das Ergebnis dieser Überlegungen ist: Schnitte sind notwendig in Angriffspunkten von Einzelkräften (hier A; B; D) und im Bereich der Streckenlast an beliebigen Stellen. Hier soll der Schnitt C in der Mitte der Streckenlast genügen. Für die Berechnung wird jeweils der linke Trägerabschnitt nach Abb. 8-7 freigeschnitten. Das Biegemoment M_{b} und die Querkraft F_{q} werden an der Schnittstelle positiv nach der Vorzeichendefinition Abb. 8-4 eingeführt. Für die Berechnung der Querkraft am Angriffspunkt einer Einzelkraft ist es notwendig, den Schnitt unmittelbar links und rechts von dieser zu führen. An den jeweiligen rechten Trägerabschnitten könnten Kontrollgleichungen aufgestellt werden.

Schnitt C

$\sum M_{\mathrm{bC}} = 0 \qquad M_{\mathrm{bC}} + 40\,\mathrm{kN} \cdot 1{,}0\,\mathrm{m} = 0 \qquad M_{\mathrm{bC}} = -40\,\mathrm{kNm}$

$\sum F_{\mathrm{y}} = 0 \qquad F_{\mathrm{qC}} + 40\,\mathrm{kN} = 0 \qquad F_{\mathrm{bC}} = -40\,\mathrm{kN}$

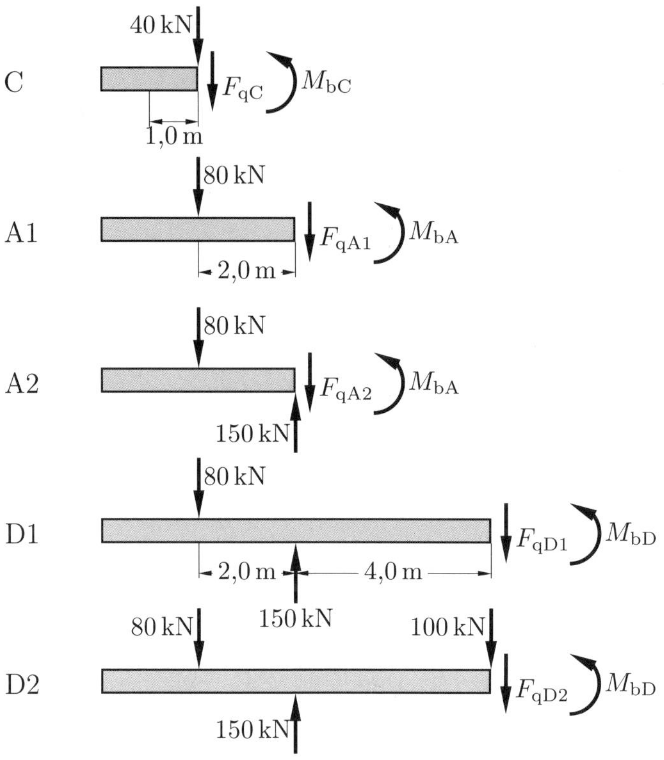

Abb. 8-7:

Schnitt A

$\sum M_{bA} = 0$	$M_{bA} + 80\,\mathrm{kN} \cdot 2{,}0\,\mathrm{m} = 0$	$M_{bA} = -160\,\mathrm{kNm}$
links von A	$\sum F_y = 0 \quad F_{qA1} + 80\,\mathrm{kN} = 0$	$F_{qA1} = -80\,\mathrm{kN}$
rechts von A	$\sum F_y = 0 \quad \mathrm{F}_{qA2} + 80\,\mathrm{kN} - 150\,\mathrm{kN} = 0$	$F_{qA2} = +70\,\mathrm{kN}$

Schnitt D

$\sum M_{bD} = 0$	$M_{bD} + 80\,\mathrm{kN} \cdot 6{,}0\,\mathrm{m} - 150\,\mathrm{kN} \cdot 4{,}0\,\mathrm{m} = 0$	$M_{bD} = +120\,\mathrm{kNm}$
links von D	$\sum F_y = 0 \quad F_{qD1} + 80\,\mathrm{kN} - 150\,\mathrm{kN} = 0$	$F_{qD1} = +70\,\mathrm{kN}$
rechts von D	$\sum F_y = 0 \quad F_{qD2} + 80\,\mathrm{kN} - 150\,\mathrm{kN} + 100\,\mathrm{kN} = 0$	
		$F_{qD2} = -30\,\mathrm{kN}$

Schnitt B

Das ist der Gesamtträger und liefert damit die Gleichgewichtsbedingungen für die Bestimmung Auflager. Am Trägerende sind Biegemomente und Querkraft gleich null.

Das Biegemomenten- und Querkraftdiagramm zeigt die Abb. 8-8

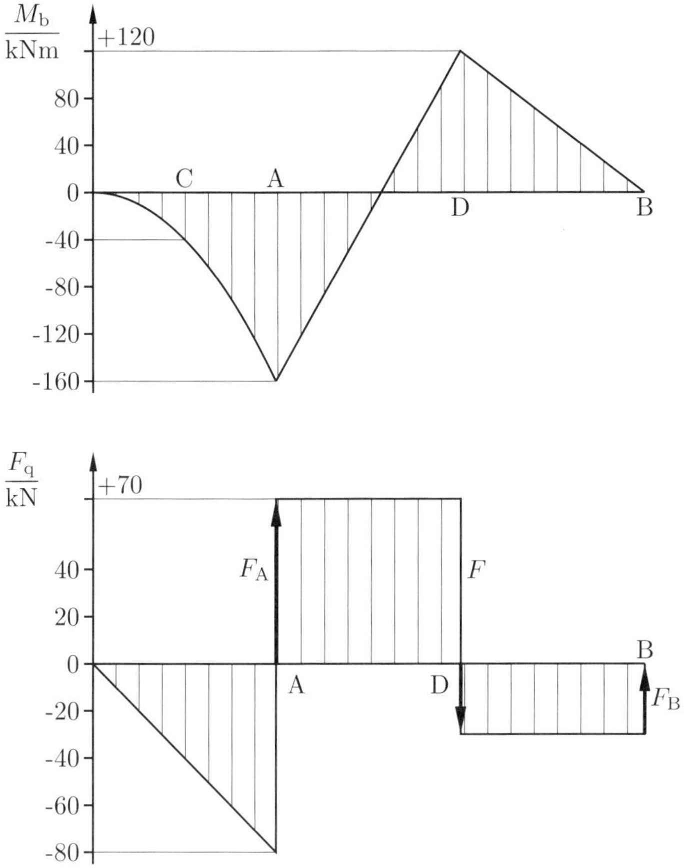

Abb. 8-8:

Beispiel 3 (Abb. 8-9)

Im letzten Beispiel dieses Abschnitts sollen Biegemomente, Quer- und Längskräfte in einem gekröpften und eingespannten Träger berechnet und über der Trägerachse aufgetragen werden.

Lösung

Wenn die Teilabschnitte des Trägers vom freien Ende ausgehend freigemacht werden, ist es nicht notwendig, zunächst die Auflagerreaktionen zu bestimmen.

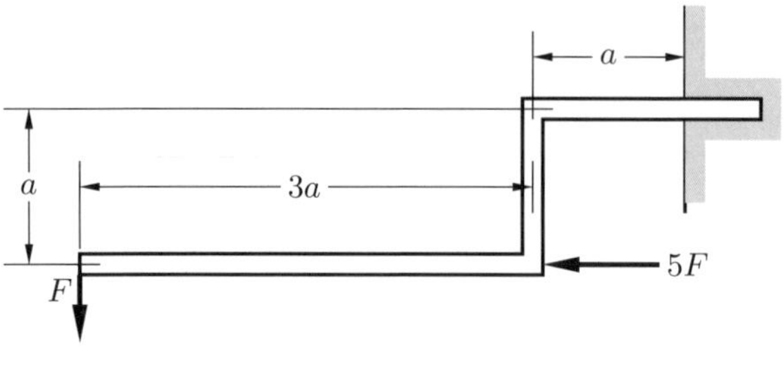

Abb. 8-9: Gekröpfter Träger mit Einzellasten

Jede Kröpfung wird nach Abb. 8-10 zweimal geschnitten. Für die einzelnen Teile können die Gleichgewichtsbedingungen aufgestellt werden. Die Ergebnisse sind in der nachfolgenden Tabelle zusammengefasst

Schnitt	$M_b/(F \cdot a)$	F_q/F	F_l/F
E	−3	−1	0
D	−3	+5	+1
C	+2	+5	+1
B	+2	−1	+5
A	+1	−1	+5

Die Gleichungen für den Schnitt A zeigen, dass die Schnittreaktionen identisch mit den Auflagerreaktionen sind, d.h. *das Biegemoment an der Einspannstelle ist gleich dem Einspannmoment.* Analoges gilt für die Quer- und Längskraft und die x- und y-Komponenten der Lagerkraft in der Einspannung. In der Kröpfung sind die Biegemomente für beide dort zusammentreffenden Träger gleich. Das

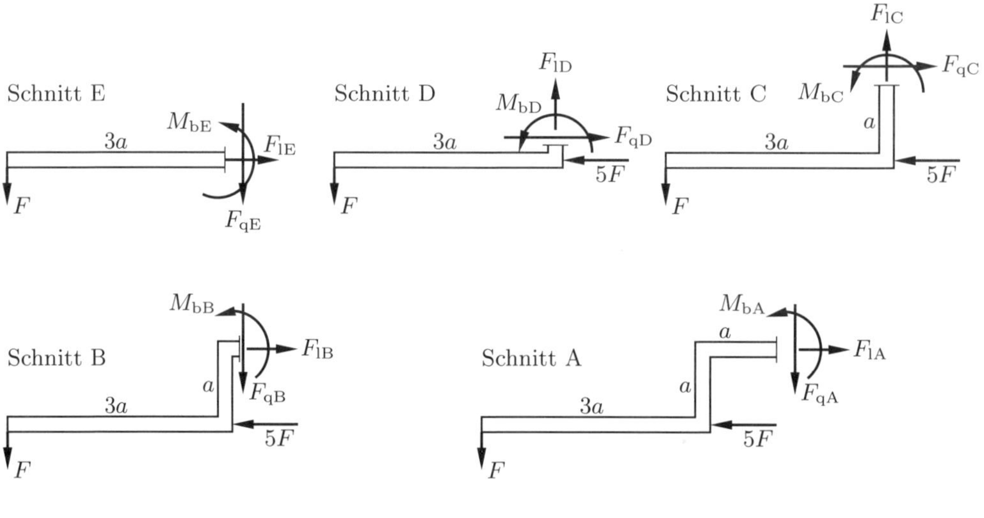

Abb. 8-10: Freigemachte Teilabschnitte des Trägers nach Abb. 8-9

erkennt man an den Gleichungen.

Die Kontrolle der Ergebnisse ist mit Hilfe der Gleichgewichtsbedingungen am anderen Trägerteil möglich. Dazu müssen vorher die Auflagerreaktionen berechnet werden.

Die M_b-, F_q-, F_l-Diagramme zeigt die Abb. 8-11. Das M_b-Diagramm ermöglicht es, qualitativ die Deformation des Trägers zu skizzieren. Dafür wird von der Vorzeichendefinition des Biegemomentes nach Abb. 8-4 ausgegangen. Lage der Krümmung und Vorzeichen des Momentes stehen miteinander in eindeutiger Beziehung. Das Ergebnis ist die stark übertreibende Skizze in der Abb. 8-11. Die rechten Winkel der Kröpfung bleiben erhalten. Das ist eine idealisierende Annahme.

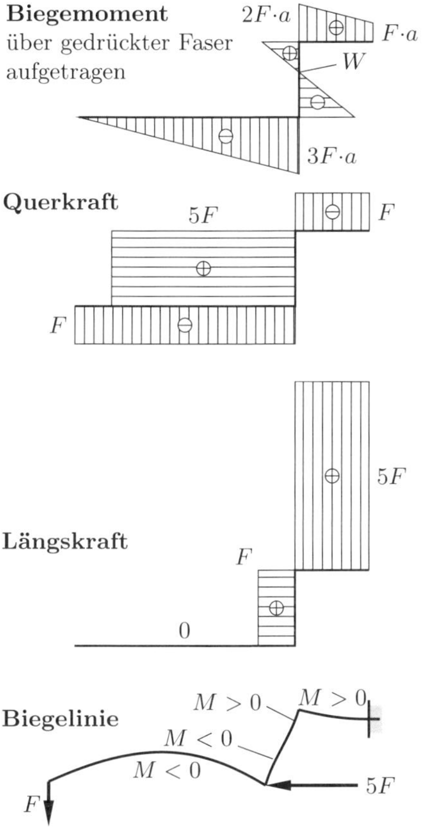

Abb. 8-11: M_b-, F_q-, F_l-Verlauf und Deformation des Trägers nach Abb. 8-9

Der Wendepunkt W der Biegelinie im senkrechten Holm ist dessen Schnittpunkt mit der am Träger angreifenden resultierenden Kraft ($M_\mathrm{b} = 0$). Hier ist der Hebelarm der Kraft null und damit auch das Biegemoment. Der Träger kann somit an dieser Stelle nicht gekrümmt sein. Deshalb geht der Krümmungsradius hier nach unendlich. Das ist die Definition des Wendepunktes.

Aufgaben zum Abschnitt 8.2

A8-1 bis A8-5 Für den Träger/die Welle Abb. 7-1 (Beispiel Kap. 7); Abb. A7-1; A7-5; A7-6; A7-7 (Aufgabenteil Kap. 7) sind Biegemomenten- und Querkraftdiagramm zu berechnen und zu zeichnen.

8.3 Zusammenfassung

Bisher wurden die Gleichgewichtsbedingungen auf Bauteile angewendet mit dem Ziel, die Auflagerkräfte zu bestimmen. Diese äußeren Kräfte verursachen Reaktionen innerhalb der Bauteile. Deren Berechnung erfolgt hier durch Freischneiden von Teilabschnitten, auf die die Gleichgewichtsbedingungen angewendet werden. Im vorliegenden Kapitel handelt es sich vorwiegend um Biegemomente und Querkräfte in Trägern, Wellen und Achsen. Deren Kenntnis ist notwendig für den Nachweis ausreichender Festigkeit mit der sich der Band 2 dieser Buchreihe befasst. Es ist deshalb notwendig, die dort verwendeten Vorzeichen schon hier zu definieren (Abb. 8-4).

9 Systeme starrer Scheiben

9.1 Einführung

Gegenstand dieses Kapitels sind Systeme bestehend aus starren Scheiben, die in einer Ebene liegen und eindeutig miteinander verbunden sind. Eindeutig heißt hier, sie können nach den Ausführungen des Kapitels 5 freigemacht werden. Die Belastung ist beliebig und nicht wie am Fachwerk (Kap. 10) auf die Verbindungsstellen beschränkt.

Nachfolgend soll der exakte aber sperrige Ausdruck „System starrer Scheiben“ durch den Begriff *(mehrteiliger) Rahmen* ersetzt werden.

In diesem Kapitel werden Verfahren erarbeitet, die es ermöglichen, bei vorgegebener Belastung eines Rahmens die in den Verbindungen wirkenden Reaktionen (Kräfte/Momente) zu berechnen. Voraussetzung dafür ist, dass der Rahmen statisch bestimmt und berechenbar ist. Beide Bedingungen müssen erfüllt sein. Der nachfolgende Abschnitt befasst sich mit diesem Thema.

Zur Anwendung kommt das analytische Verfahren. Für die Kontrolle der Ergebnisse stehen immer zusätzliche Gleichungen zur Verfügung. Die in einigen Beispielen vorgeführte graphische Lösung soll eine bessere Anschaulichkeit vermitteln.

9.2 Die statische Bestimmtheit

Der einfachste Rahmen ist der Dreigelenkbogen. Dieser besteht aus zwei Bauteilen, die in einem Gelenk miteinander verbunden und jeweils in einem Gelenk gelagert sind (Abb. 9-1). An diesem System soll die Frage der statischen Bestimmtheit diskutiert werden. Am freigemachten System erkennt man, dass insgesamt sechs Unbekannte zu bestimmen sind. Das sind jeweils die x- und y-Komponenten der drei Gelenkkräfte in A; B und C. Es stehen jeweils drei Gleichgewichtsbedingungen für das linke und rechte freigemachte System (I und II) und das Gesamtsystem (I+II) zur Verfügung. Man erhält also 9 Bestimmungsgleichungen, von den nur sechs unabhängig sind. Von den 9 Gleichungen kann man beliebige sechs zur Berechnung der Gelenkkräfte auswählen. Die verblei-

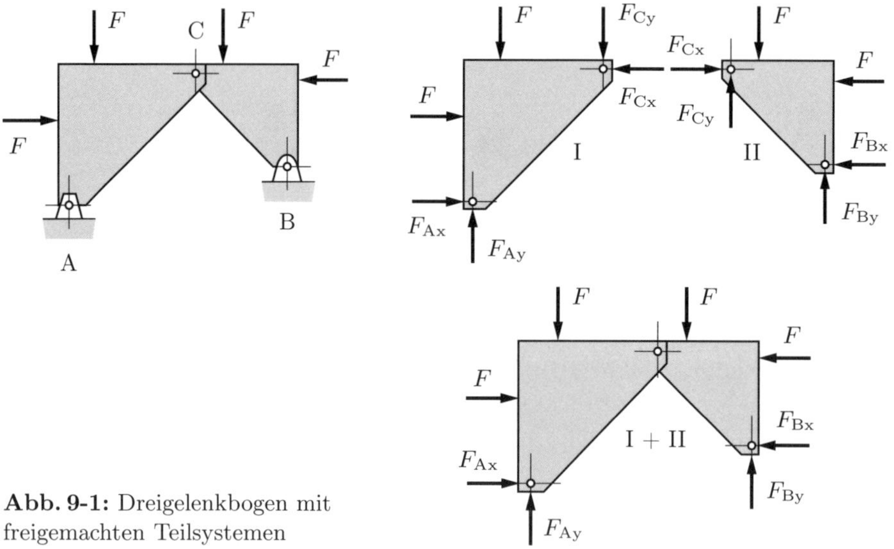

Abb. 9-1: Dreigelenkbogen mit freigemachten Teilsystemen

benden drei Gleichungen müssen beim Einsetzen der berechneten Werte erfüllt sein. Auf diese Kontrolle der Rechenergebnisse sollte nie verzichtet werden.

Wendet man die oben erläuterten Überlegungen auf einen Dreigelenkbogen an, dessen drei Gelenkpunkte in einer Linie liegen (Abb. 9-2), dann ergibt sich folgendes: Beim Lösen des aufgestellten Gleichungssystems kürzen sich die unbekannten Größen heraus, man erhält Trivialitäten, z.B. $0 = 0$. Das System ist nicht mit Hilfe der statischen Gleichgewichtsbedingungen berechenbar. Mit dieser Einschränkung wird der Begriff „berechenbar“ nachfolgend gebraucht. Man kann sich das auch an einfachen Überlegungen klar machen.

Die Bauteile nach Abb. 9-2 sind im Gegensatz zu denen nach Abb. 9-1 nur dann zu montieren, wenn sie ohne Maßabweichungen gefertigt sind, was praktisch nicht möglich ist. Ein System nach Abb. 9-2 ist für technische Anwendungen nicht

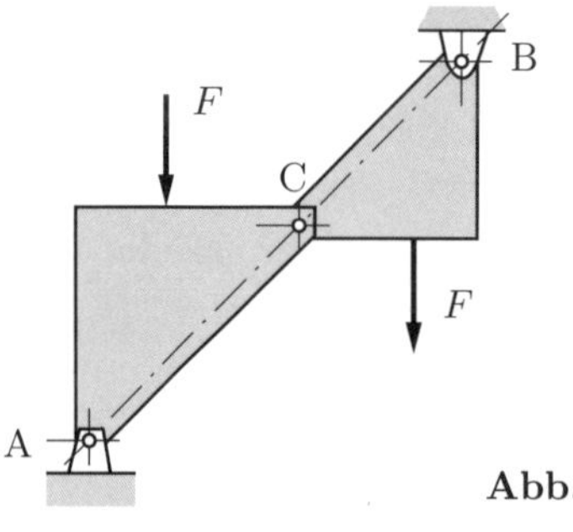

Abb. 9-2: Nicht berechenbarer Dreigelenkbogen

brauchbar. Die starren Scheiben können kleine Bewegungen ausführen, wobei die Gelenke hoch belastet sind.

Ob ein mehrteiliger Rahmen statisch bestimmt und berechenbar ist, kann man entscheiden, wenn man sich über den Zusammenbau des Systems klar wird. Ein System ist dann statisch bestimmt und berechenbar, wenn es ohne Zwang montiert werden kann, d.h., wenn es nicht irgendwann „hingedrückt“ oder ein Bauteil in der Länge eingestellt werden muss. Der Leser überprüfe das an dem Schaufellader Abb. 9-14. Rahmen können in ihrem Aufbau durchaus komplex sein. Aus diesem Grunde soll zusätzlich ein zahlenmäßiges Kriterium für die statische Bestimmtheit aufgestellt werden. Dazu wird auf die Tabelle 5-1 zurückgegriffen. In dieser sind die Wertigkeiten m verschiedener Lagerarten aufgeführt. Ein Körper ist bei drei Auflagerreaktionen statisch bestimmt gelagert. Daraus folgt: Für n Teile des Rahmens müssen $3n$ Auflagerreaktionen = Wertigkeiten vorliegen. Zusammenfassend kann man als Bedingung für die statische Bestimmtheit eines mehrteiligen Rahmens formulieren

$$\sum m = 3n \tag{9-1}$$

Ein eher unrealistisches Beispiel, an dem die Anwendung vorgeführt werden soll, zeigt die Abb. 9-3. Die Wertigkeiten sind an den Verbindungsstellen angegeben. Die lange Führung rechts kann eine Kraft und ein Moment übertragen. Deshalb ist sie zweiwertig. Die Addition ergibt $\sum m = 12$ und für vier Teile ist $3n = 12$. Das System ist statisch bestimmt.

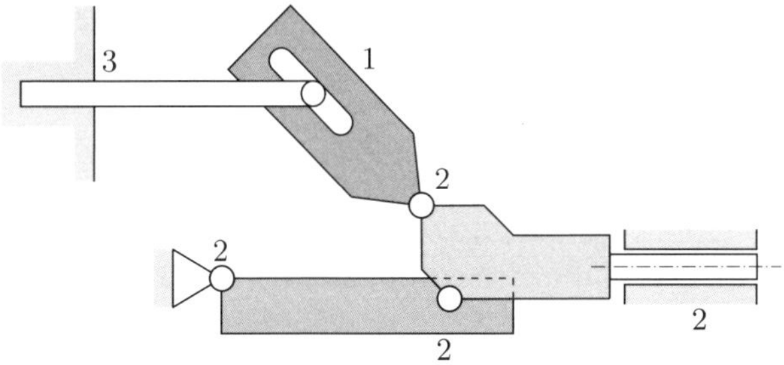

Abb. 9-3:

Für $\sum m > 3n$ ist ein Rahmen statisch unbestimmt. Der Grad der statischen Unbestimmtheit u ist

$$u = \sum m - 3n$$

Für $\sum m < 3n$ ist ein Rahmen nicht belastbar und mindestens teilweise beweglich.

Die Zusatzbedingungen für die statische Bestimmtheit wie sie im Abschnitt 6.6 ausgeführt sind, sind in der Gleichung (9-1) nicht verarbeitet. Das führt auf den

Begriff „nicht berechenbar“, wie er am Dreigelenkbogen Abb. 9-2 erläutert wurde. Dazu wird einiges im Kapitel 12 unter dem Begriff Koeffizientendeterminante ausgeführt. Wenn sich für ein nach Gl. (9-1) statisch bestimmtes System bei der Berechnung der Kräfte die Unbekannten herauskürzen, dann handelt es sich um ein „nicht berechenbares“ System. Dieses ist technisch nicht brauchbar.

9.3 Bestimmung der Gelenkkräfte

9.3.1 Analytische Methode

Wenn der ganze Rahmen im Gleichgewicht ist, müssen es auch alle Teile des Rahmens sein. Das System muss zunächst in allen Teilen bzw. Teilgruppen freigemacht werden. Dabei ist die Frage der statischen Bestimmtheit zu klären. Für alle freigemachten Gruppen sind die Gleichgewichtsbedingungen aufzustellen. Es ergeben sich bereits für zwei Bauelemente (Dreigelenkbogen) sechs Gleichungen mit sechs Unbekannten. Entsprechend mehr für mehrteilige Rahmen. Jedoch kann man in vielen Fällen das simultane Lösen der Gleichungen vermeiden, wenn man den Lösungsweg entsprechend wählt (siehe nachfolgende Beispiele).

Wenn eine äußere Kraft in ein Gelenk eingeleitet wird, muss die konstruktive Ausführung des Gelenks bekannt sein. Greift die Kraft an einem lose hindurchgesteckten Bolzen an, dann muss dieser getrennt freigemacht werden. Der Bolzen, auf den die Kraft wirkt, kann auch fest in einem Bauteil verbunden sein. In diesem Falle muss diese beim Freimachen des entsprechenden Bauteils eingeführt werden.

9.3.2 Graphische Methode

Es kommen die im Kapitel 6 behandelten Verfahren zur Anwendung. Graphische Methoden haben vor allem die Aufgabe, Zusammenhänge im Lage- und Kräfteplan zu veranschaulichen. Die quantitative Lösung steht im Hintergrund. Allerdings stellen sie eine unabhängige Kontrolle dar, die jedoch bei analytischen Lösungen durch Einsetzen der errechneten Werte in zusätzliche Gleichungen möglich ist.

Mehrteilige Rahmen werden in der Technik in so großer Vielfalt angewendet, dass es nicht möglich ist, allgemein Lösungswege zu beschreiben. Viele Bauteile haben die Funktion einer Pendelstütze. Das kann zu einem Dreikräftesystem führen. Eine Dreieckskonstruktion ermöglicht hier eine schnelle Lösung. Besonders sei auf die Kombination graphisch/analytisch hingewiesen. Für das Kräftedreieck werden geometrische Beziehungen aufgestellt (sin-, cos-Satz). Greifen vier Kräfte an einem Bauteil an, führt die CULMANNsche Konstruktion zum Ziel. Dabei ergibt sich immer ein Viereck, das in zwei Dreiecke zerlegt werden kann. Das ermöglicht den oben beschriebenen Lösungsansatz. Die Seileckkonstruktion ist grundsätzlich möglich, jedoch hier von untergeordneter Bedeutung.

Beispiele zum Abschnitt 9.3

Beispiel 1 (Abb. 9-4)

Abgebildet ist ein zweiteiliger Stahlrahmen, dessen beide Teile in einem Gelenk C miteinander verbunden sind. Die außen angebrachte Seilwinde hebt gleichmäßig eine Masse von 30 000 kg. Alle Gelenkkräfte sind zu bestimmen.

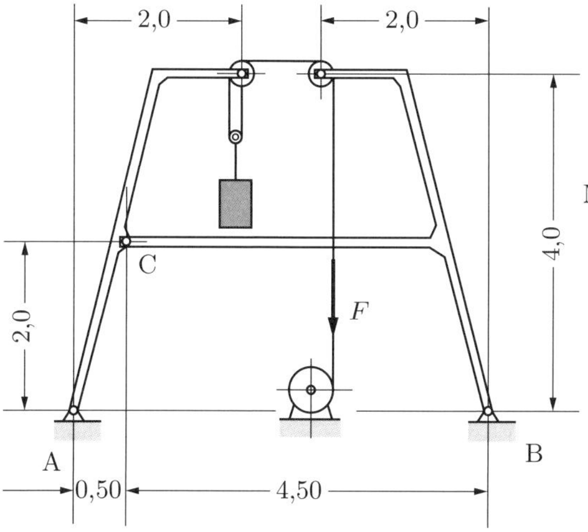

Abb. 9-4: Zweiteiliger Stahlrahmen

Lösung (Abb. 9-5)

Die Seilkraft F beträgt (Zerlegung an der losen Rolle)

$$F = \frac{1}{2} m \cdot g = \frac{1}{2} \cdot 30 \cdot 10^3 \,\text{kg} \cdot 9{,}81 \,\text{m/s}^2 \cdot \frac{\text{kN}}{10^3 \,\text{N}} = 147{,}2 \,\text{kN}$$

Die Rollengelenke sind durch die Seilkräfte belastet (s. Beispiel 2 im Abschnitt 3.3.4). Die Annahme der Kraftrichtungen in A und B ist beliebig. Für C gilt das nur für ein System (z.B. Teil I). Im anderen System (II) müssen die Kräfte jeweils entgegengesetzt gerichtet eingeführt werden. Besonders günstig ist es, vom System I + II auszugehen. Als Pol für eine Momentengleichung wird der Schnittpunkt von drei Unbekannten gewählt.

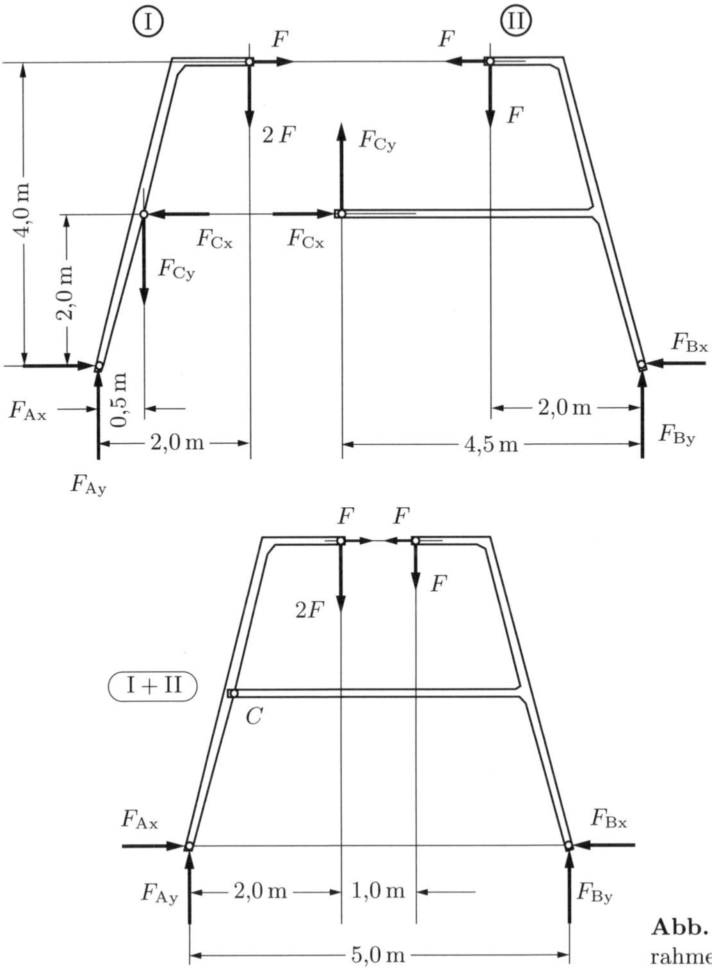

Abb. 9-5: Freigemachter Stahlrahmen

System I + II

$$\sum M_A = 0 \qquad F_{By} \cdot 5{,}0\,\text{m} - 2F \cdot 2{,}0\,\text{m} - F \cdot 3{,}0\,\text{m} = 0$$

$$F_{By} = \frac{1}{5{,}0\,\text{m}}\,(2 \cdot F \cdot 2{,}0\,\text{m} + F \cdot 3{,}0\,\text{m})$$

$$\underline{F_{By} = 1{,}40F = 206{,}0\,\text{kN}\ (\uparrow)}$$

$$\sum F_y = 0 \qquad F_{Ay} + F_{By} - 3F = 0$$

$$F_{Ay} = 3F - F_{By}$$

$$\underline{F_{Ay} = 1{,}60F = 235{,}4\,\text{kN}\ (\uparrow)}$$

System I

$$\sum M_{\mathrm{C}} = 0 \qquad F_{\mathrm{Ax}} \cdot 2{,}0\,\mathrm{m} - F_{\mathrm{Ay}} \cdot 0{,}5\,\mathrm{m} - 2F \cdot 1{,}5\,\mathrm{m} - F \cdot 2{,}0\,\mathrm{m} = 0$$

$$F_{\mathrm{Ax}} = \frac{1}{2{,}0\,\mathrm{m}} \left(F_{\mathrm{Ay}} \cdot 0{,}5\,\mathrm{m} + 2F \cdot 1{,}5\,\mathrm{m} + F \cdot 2{,}0\,\mathrm{m}\right)$$

$$\underline{F_{\mathrm{Ax}} = 2{,}90F = 426{,}7\,\mathrm{kN}\ (\rightarrow)}$$

$$\sum F_{\mathrm{y}} = 0 \qquad F_{\mathrm{Ay}} - F_{\mathrm{Cy}} - 2F = 0$$

$$F_{\mathrm{Cy}} = F_{\mathrm{Ay}} - 2F$$

$$\underline{F_{\mathrm{Cy}} = -0{,}40F = -58{,}9\,\mathrm{kN}\ (\uparrow \text{ Teil I})}$$

Das negative Vorzeichen zeigt an, dass die Kraft in umgekehrter Richtung wie angenommen wirkt. Auf keinen Fall sollte das freigemachte System „korrigiert" werden, da dann Gleichungen und Zeichnung nicht mehr übereinstimmen. Dadurch entstehen im weiteren Verlauf der Rechnung Fehler. Vielmehr soll mit dem vorhandenen System weitergearbeitet werden, wobei konsequent vorzeichenrichtig gerechnet werden muss.

$$\sum F_{\mathrm{x}} = 0 \qquad -F_{\mathrm{Cx}} + F_{\mathrm{Ax}} + F = 0$$

$$F_{\mathrm{Cx}} = F_{\mathrm{Ax}} + F$$

$$\underline{F_{\mathrm{Cx}} = 3{,}90F = 573{,}9\,\mathrm{kN}\ (\leftarrow \text{Teil I})}$$

System I + II

$$\sum F_{\mathrm{x}} = 0 \qquad F_{\mathrm{Ax}} - F_{\mathrm{Bx}} = 0$$

$$\underline{F_{\mathrm{Bx}} = 2{,}90F = 426{,}7\,\mathrm{kN}\ (\leftarrow)}$$

Die Gleichgewichtsbedingungen für das System II wurden bisher nicht benutzt. Es ist zweckmäßig, diese für eine Kontrollrechnung heranzuziehen.

System II

$$\sum M_{\mathrm{B}} = 0 \qquad -F_{\mathrm{Cy}} \cdot 4{,}5\,\mathrm{m} - F_{\mathrm{Cx}} \cdot 2{,}0\,\mathrm{m} + F \cdot 4{,}0\,\mathrm{m} + F \cdot 2{,}0\,\mathrm{m} = 0$$

$$-(-0{,}4 \cdot F) \cdot 4{,}5 - 3{,}9 \cdot F \cdot 2 + F \cdot 4 + F \cdot 2 = 0$$

$$\sum F_{\mathrm{x}} = 0 \qquad F_{\mathrm{Cx}} - F - F_{\mathrm{Bx}} = 0$$

$$3{,}9F - F - 2{,}9F = 0$$

$$\sum F_{\mathrm{y}} = 0 \qquad F_{\mathrm{By}} - F_{\mathrm{Cy}} - F = 0$$

$$1{,}4F - 0{,}4F - F = 0$$

Alle Gleichungen sind erfüllt.

Wenn die Auflagepunkte A und B nicht auf gleicher Höhe sind, empfiehlt sich folgender Weg.

System I + II $\sum M_A = 0$

System II $\sum M_C = 0$

Das sind zwei Gleichungen für F_{Bx} und F_{By}. Analoge Überlegungen sind auch für mehrteilige Rahmen möglich.

Beispiel 2 (Abb. 9-6)

Für den skizzierten Rahmen sind für die angegebene Belastung die Gelenkkräfte in A; B; C und D zu bestimmen.

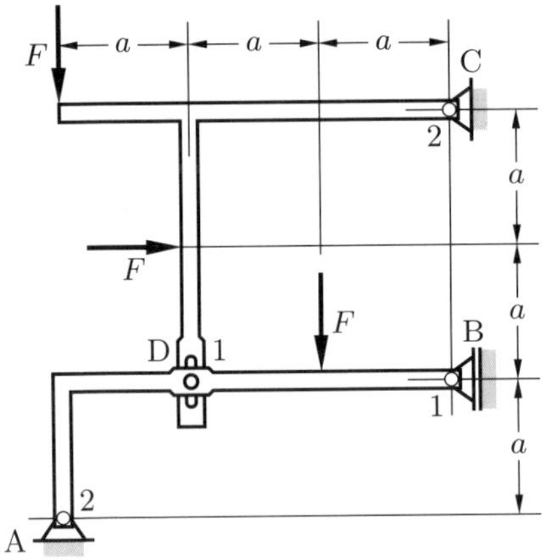

Abb. 9-6: Mit Einzelkräften belasteter Rahmen

Lösung (Abb. 9-7)

Zunächst soll nach dem Kriterium Gleichung (9-1) die statische Bestimmtheit kontrolliert werden. Die Wertigkeiten m der einzelnen Verbindungen sind in der Abb. 9-6 eingetragen. Man erhält damit $\sum m = 6$. Für $n = 2$ Körper ist $3n = 6$. Damit ist das Kriterium Gleichung (9-1) erfüllt, der Rahmen ist statisch bestimmt. Die Abb. 9-7 zeigt die beiden freigemachten Teile. Zu beachten ist, dass für D actio = reactio gilt.

Teil I

$\sum M_C = 0 \qquad F \cdot 3a + F \cdot a + F_D \cdot 2a = 0$

$\underline{F_D = -2F \ (\leftarrow \text{ in Teil I})}$

$F_x = 0 \qquad F_{Cx} + F_D + F = 0 \qquad \underline{F_{Cx} = +F \ (\rightarrow)}$

$F_y = 0 \qquad F_{Cy} - F = 0 \qquad \underline{F_{Cy} = +F \ (\uparrow)}$

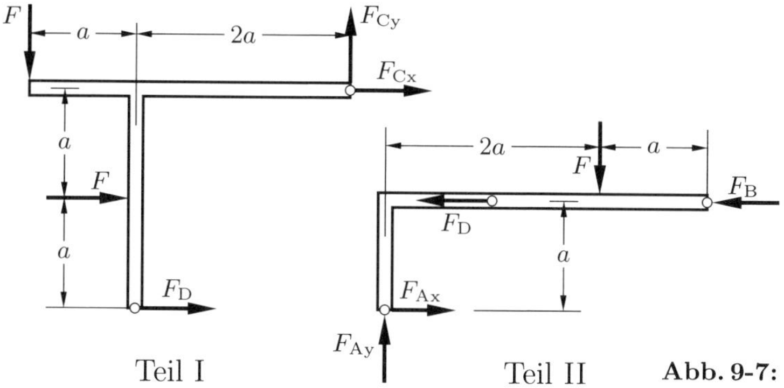

Abb. 9-7: Freigemachter Rahmen

Teil II

$$\sum M_A = 0 \qquad F_D \cdot a + F_B \cdot a - F \cdot 2a = 0$$

$$\underline{F_B = +4F\ (\leftarrow)}$$

$$F_x = 0 \qquad F_B - F_D + F_{Ax} = 0 \qquad \underline{F_{Ax} = +2F\ (\rightarrow)}$$

$$F_y = 0 \qquad F_{Ay} - F = 0 \qquad \underline{F_{Ay} = +F\ (\uparrow)}$$

Beispiel 3 (Abb. 9-8)

Die Abbildung zeigt einen Hebemechanismus. Die Last F wird durch einen Hydraulikkolben über den Winkelhebel angehoben, wobei die Rolle C in einem

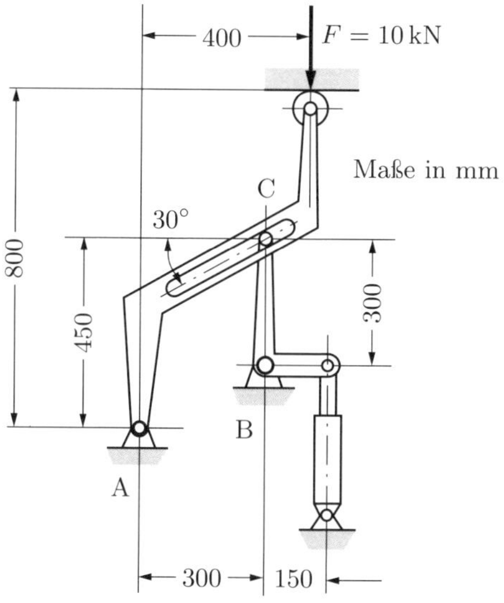

Abb. 9-8: Hubvorrichtung

Schlitz abrollt. Für die gezeichnete Lage des Mechanismus sind die Kräfte in den Gelenken A, B und C zu bestimmen.

Analytische Lösung (Abb. 9-9)

Das System wird freigemacht. Im vorliegenden Falle ist die Richtung der Kraft F_C bekannt. Es gelten deshalb folgende Gleichungen:

$$F_{Cx} = F_C \cdot \sin 30°; \quad F_{Cy} = F_C \cdot \cos 30° \tag{1}$$

System I

$$\sum M_A = 0; \qquad F_{Cx} \cdot 45\,\text{cm} + F_{Cy} \cdot 30\,\text{cm} - F \cdot 40\,\text{cm} = 0$$

Es wird die Beziehung (1) eingeführt

$$F_C\ (45\,\text{cm} \cdot \sin 30° + 30\,\text{cm} \cdot \cos 30°) - F \cdot 40\,\text{cm} = 0$$

$$F_C = \frac{40\,\text{cm}}{45\,\text{cm} \cdot \sin 30° + 30\,\text{cm} \cdot \cos 30°} F$$

$$\underline{F_C = 8{,}25\,\text{kN}}$$

$$\underline{F_{Cx} = 4{,}13\,\text{kN}\ (\leftarrow \text{Teil I})}; \qquad \underline{F_{Cy} = 7{,}15\,\text{kN}\ (\uparrow \text{Teil I})}$$

$$\sum F_y = 0; \qquad F_{Ay} + F_{Cy} - F = 0;$$

$$\underline{F_{Ay}} = F - F_{Cy} \underline{= 2{,}85\,\text{kN}\ (\uparrow)}$$

$$\sum F_x = 0; \qquad F_{Ax} - F_{Cx} = 0; \qquad \underline{F_{Ax} = 4{,}13\,\text{kN}\ (\rightarrow)}\,.$$

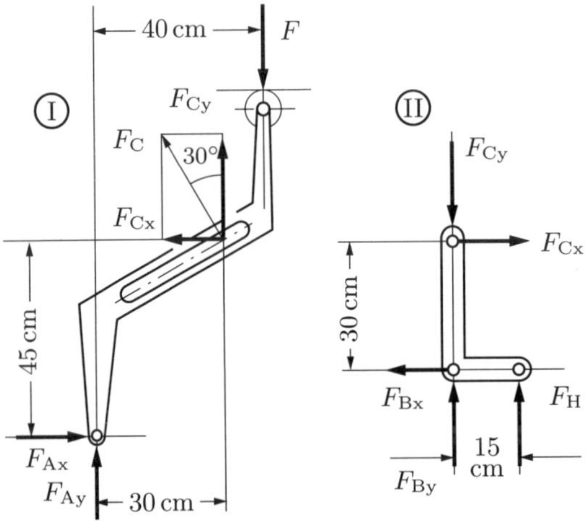

Abb. 9-9: Freigemachte Hubvorrichtung

System II

$$\sum M_{\mathrm{B}} = 0; \qquad F_{\mathrm{H}} \cdot 15\,\mathrm{cm} - F_{\mathrm{Cx}} \cdot 30\,\mathrm{cm} = 0$$

$$\underline{F_{\mathrm{H}}} = 2 \cdot F_{\mathrm{Cx}} \underline{= 8{,}25\,\mathrm{kN}\ (\uparrow)}$$

Das ist die zum Hub notwendige Kraft am Hydraulikkolben in dieser Position

$$\sum F_{\mathrm{y}} = 0 \qquad F_{\mathrm{By}} + F_{\mathrm{H}} - F_{\mathrm{Cy}} = 0$$

$$F_{\mathrm{By}} = F_{\mathrm{Cy}} - F_{\mathrm{H}} \qquad \underline{F_{\mathrm{By}} = -1{,}10\,\mathrm{kN}\ (\downarrow)}$$

$$\sum F_{\mathrm{x}} = 0 \qquad F_{\mathrm{Bx}} - F_{\mathrm{Cx}} = 0 \qquad \underline{F_{\mathrm{Bx}} = 4{,}13\,\mathrm{kN}\ (\leftarrow)}$$

Kontrolle: Die drei Gleichgewichtsbedingungen für das System I + II müssen erfüllt sein.

Graphische Lösung (Abb. 9-10)

An beiden Teilen greifen je drei Kräfte an, deren Wirkungslinien einen gemeinsamen Schnittpunkt haben müssen. Bekannt sind die Wirkungslinien der Kräfte F; F_{C} und F_{H}. Die in beiden Systemen angreifende Kraft F_{C} ist jeweils entgegengesetzt gerichtet. Insgesamt erhält man ein gleichsinnig geschlossenes Krafteck aus den außen angreifenden Kräften $F, F_{\mathrm{A}}, F_{\mathrm{H}}, F_{\mathrm{B}}$ mit F_{C} als innerer Kraft.

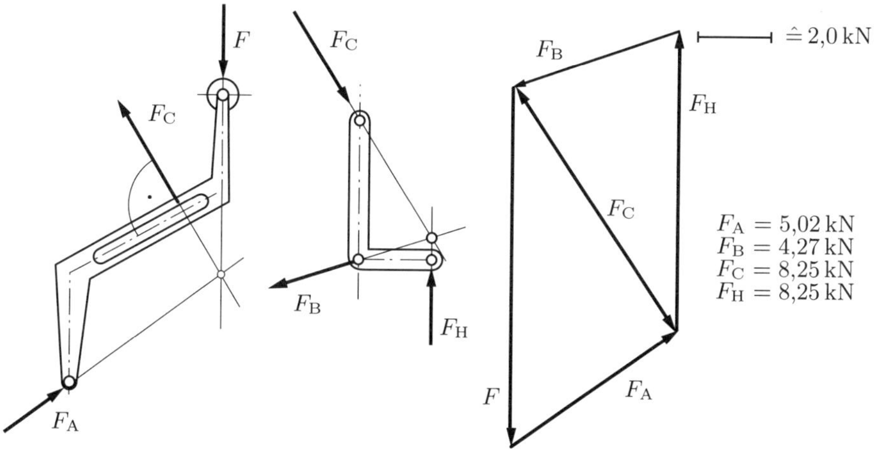

Abb. 9-10: Graphische Lösung für Hubvorrichtung

Beispiel 4 (Abb. 9-11)

Für die abgebildete Greiferzange sind alle Gelenkkräfte unter Vernachlässigung der Eigengewichte zu bestimmen.

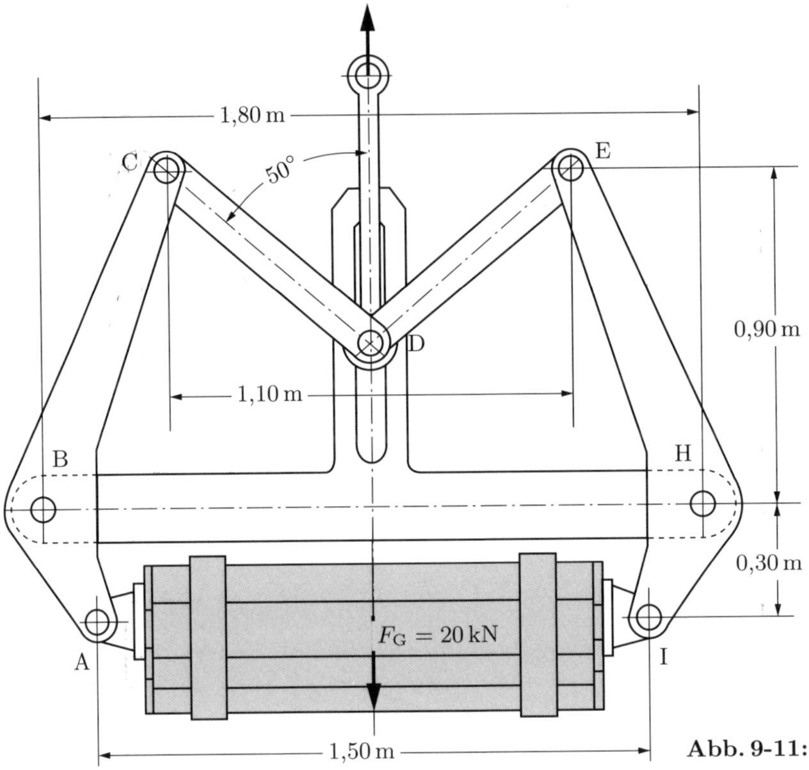

Abb. 9-11: Greiferzange

Analytische Lösung (Abb. 9-12)

Die vertikale Stangenkraft im Gelenk D ist gleich der Gewichtskraft. Damit ist eine der drei Kräfte im Gelenk D bekannt. Die Gleichgewichtsbedingung $\sum F_y = 0$ ergibt

$$F_D - F_{Cy} - F_{Ey} = 0.$$

Mit

$$F_{Cy} = F_{Ey} \quad \text{und} \quad F_D = 20\,\text{kN}$$

erhält man $F_{Cy} = 10\,\text{kN}$ und damit

$$F_{Cx} = F_{Cy} \cdot \tan 50° = 11{,}92\,\text{kN}.$$

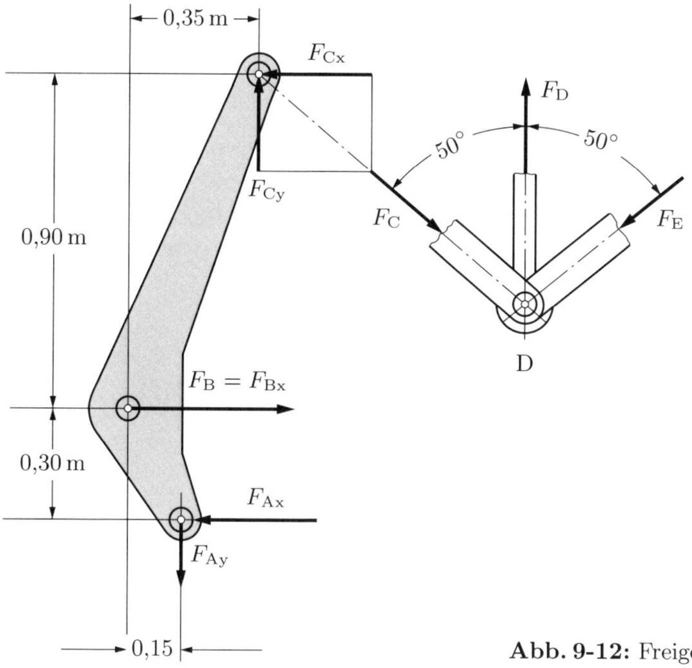

Abb. 9-12: Freigemachte Greiferzange

Diese Werte ergeben $F_C = F_E = 15{,}56\,\text{kN}$ in Richtung CD bzw. DE. Da das Teil BH auch die Bedingung einer Pendelstütze erfüllt, gilt $F_{Bx} = F_B$. Für den Zangenhebel ABC werden die Gleichgewichtsbedingungen aufgestellt:

$$\sum F_y = 0 \qquad F_{Cy} - F_{Ay} = 0$$

$$\underline{F_{Ay}} = \underline{F_{Cy} = 10{,}0\,\text{kN}\ (\downarrow)}$$

$$\sum M_B = 0 \qquad F_{Cx} \cdot 0{,}90\,\text{m} + F_{Cy} \cdot 0,35\,\text{m} - F_{Ax} \cdot 0{,}30\,\text{m} - F_{Ay} \cdot 0{,}15\,\text{m} = 0$$

$$F_{Ax} = \frac{1}{0{,}3\,\text{m}}(F_{Cx} \cdot 0{,}9\,\text{m} + F_{Cy} \cdot 0{,}35\,\text{m} - F_{Ay} \cdot 0{,}15\,\text{m})$$

$$F_{Ax} = \frac{1}{0{,}3\,\text{m}}(11{,}92 \cdot 0{,}9 + 10 \cdot 0{,}35 - 10 \cdot 0{,}15)\,\text{kNm}$$

$$F_{Ax} = 42{,}42\,\text{kN}\ (\leftarrow)$$

$$\sum F_x = 0 \qquad F_B - F_{Cx} - F_{Ax} = 0$$

$$F_B = F_{Cx} + F_{Ax} = (11{,}92 + 42{,}42)\,\text{kN}$$

$$F_B = 54{,}34\,\text{kN}\ (\rightarrow)$$

Die Kontrolle $\sum M_A = 0$ ist erfüllt.

Mit diesen Werten erhält man

$$\underline{F_A = F_I = 43{,}58\,\text{kN}} \qquad \underline{F_B = F_H = 54{,}34\,\text{kN}}\,.$$

Graphische Lösung (Abb. 9-13)

Zunächst wird das Kräftedreieck für den Punkt D gezeichnet. Damit liegt die Kraft F_C nach Größe und Richtung fest. Die Wirkungslinien von F_C und F_B sind bekannt. Der Schnittpunkt beider verbunden mit A ergibt die Wirkungslinie von F_A. Das dazugehörige Kräftedreieck liefert die Kräfte F_A und F_B. Damit ist das System gelöst. Werden alle Teile freigemacht und die Kraftecke ineinander gezeichnet, erhält man ein Kräftepolygon, wie es zusätzlich abgebildet ist.

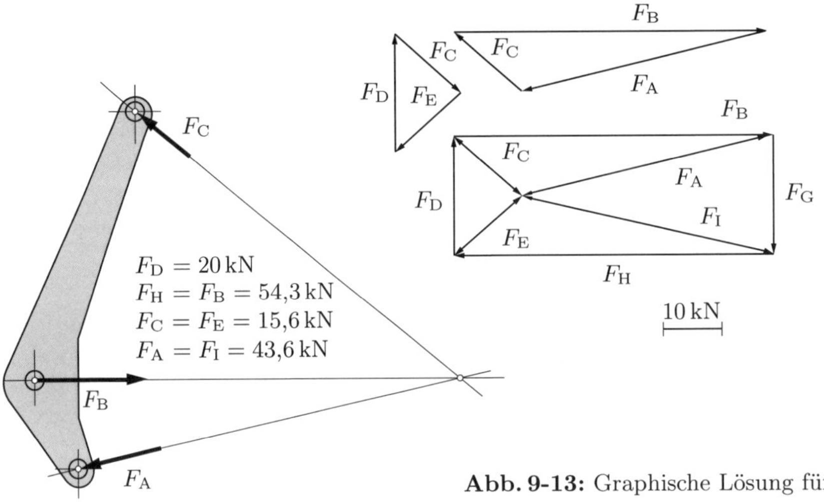

Abb. 9-13: Graphische Lösung für Greiferzange

Beispiel 5 (Abb. 9-14)

Für den abgebildeten Schaufellader sind die durch die Belastung F_{Sy} und F_{Sx} verursachten Gelenkkräfte zu berechnen. Die Lage der einzelnen Gelenkpunkte ist für das eingezeichnete Koordinatensystem tabellarisch gegeben.

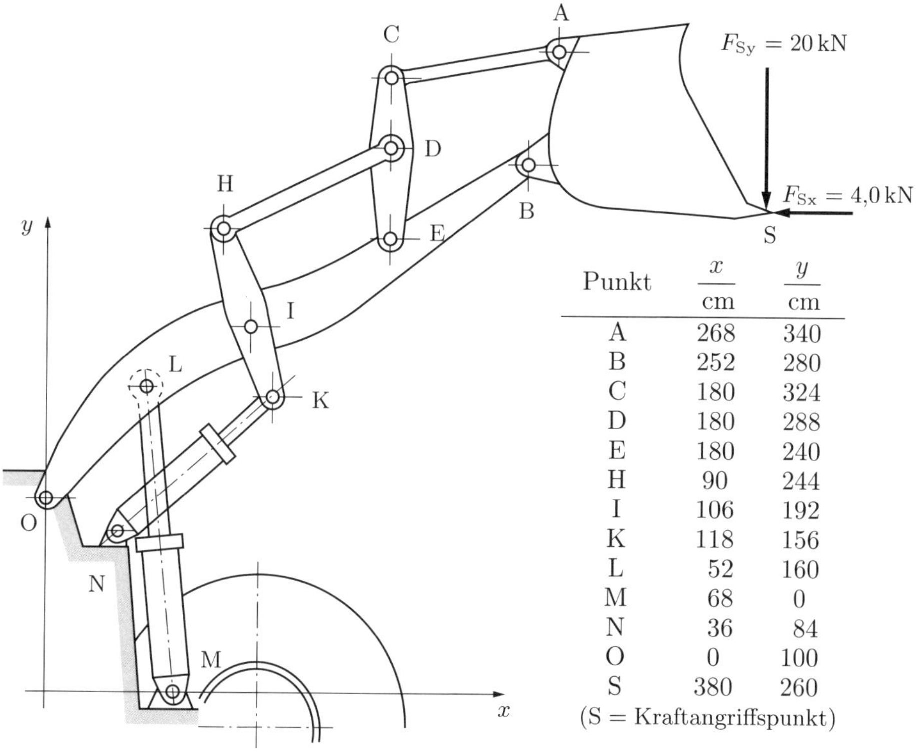

Punkt	$\frac{x}{\mathrm{cm}}$	$\frac{y}{\mathrm{cm}}$
A	268	340
B	252	280
C	180	324
D	180	288
E	180	240
H	90	244
I	106	192
K	118	156
L	52	160
M	68	0
N	36	84
O	0	100
S	380	260

(S = Kraftangriffspunkt)

Abb. 9-14: Schaufellader

Lösung (Abb. 9-15)

Das System wird freigemacht.

Teil A B (Schaufel)

Die Wirkungslinie der Kraft F_{A} liegt in der Verbindungslinie AC. Aus ähnlichen Dreiecken erhält man:

$$\frac{F_{\mathrm{Ay}}}{F_{\mathrm{Ax}}} = \frac{y_{\mathrm{A}} - y_{\mathrm{C}}}{x_{\mathrm{A}} - x_{\mathrm{C}}} = \frac{16\,\mathrm{cm}}{88\,\mathrm{cm}}; \qquad F_{\mathrm{Ay}} = 0{,}1818 F_{\mathrm{Ax}}.$$

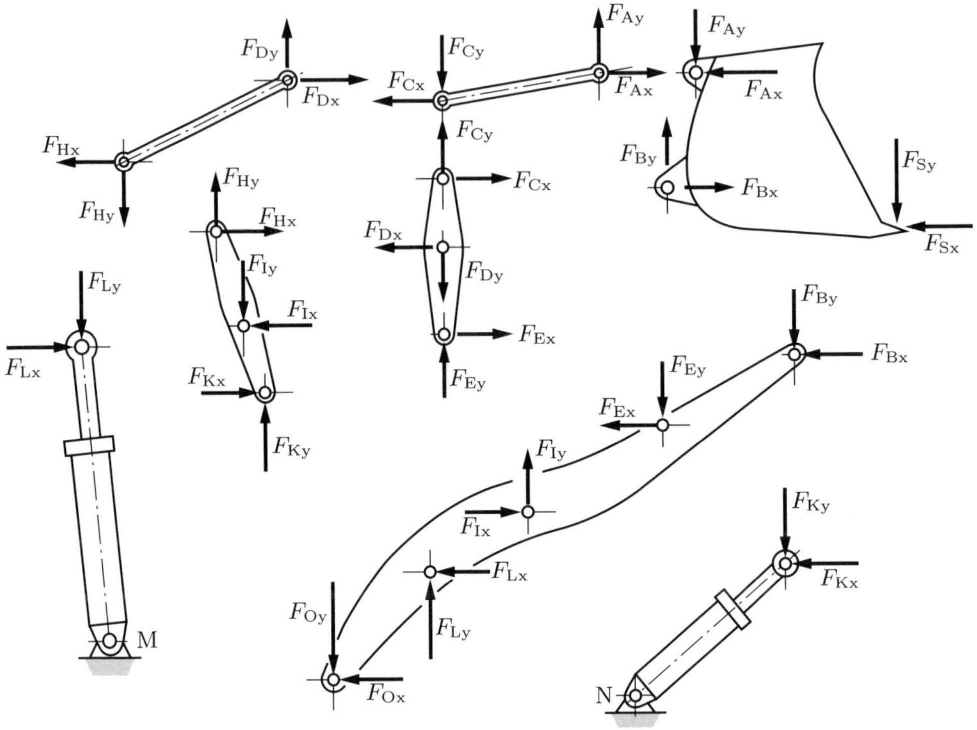

Abb. 9-15: Freigemachte Bauteile des Schaufelladers

Begonnen wird mit einer Momentengleichung für B:

$$\sum M_B = 0;$$
$$-F_{Ay}(x_A - x_B) + F_{Ax}(y_A - y_B) - F_{Sy}(x_F - x_B) - F_{Sx}(x_B - x_F) = 0.$$

In diese Gleichung wird die Beziehung für F_{Ay} eingesetzt.

Man erhält

$$F_{Ax} = 46{,}2\,\text{kN}; \quad F_{Ay} = 8{,}40\,\text{kN}; \quad \underline{F_A = 47{,}0\,\text{kN}}$$
$$\sum F_y = 0; \quad F_{By} - F_{Ay} - F_{Sy} = 0; \quad \underline{F_{By} = 28{,}4\,\text{kN}}$$
$$\sum F_x = 0; \quad F_{Bx} - F_{Sx} - F_{Ax} = 0; \quad F_{Bx} = 50{,}2\,\text{kN}; \quad \underline{F_B = 57{,}7\,\text{kN}}.$$

Kontrolle: $\sum M_A = 0$.

Teil A C (Stab)

$$\underline{F_C} = F_A \underline{= 47{,}0\,\text{kN}}.$$

Teil C D E (senkrechte Position)
Die Kraft F_D wirkt in Richtung DH

$$\frac{F_{Dy}}{F_{Dx}} = \frac{\Delta y}{\Delta x} = \frac{44\,\text{cm}}{90\,\text{cm}}; \qquad F_{Dy} = 0{,}4889\ F_{Dx}$$

$$\sum M_E = 0; \qquad -F_{Cx}(y_C - y_E) + F_{Dx}(y_D - y_E) = 0$$

$$F_{Dx} = 80{,}9\,\text{kN}; \qquad F_{Dy} = 39{,}6\,\text{kN}; \qquad \underline{F_D = 90{,}1\,\text{kN}}$$

$$\sum F_y = 0; \qquad F_{Ey} - F_{Dy} + F_{Cy} = 0; \qquad F_{Ey} = 31{,}2\,\text{kN}$$

$$\sum F_x = 0; \qquad F_{Ex} + F_{Cx} - F_{Dx} = 0$$

$$F_{Ex} = 34{,}7\,\text{kN}; \qquad \underline{F_E = 46{,}6\,\text{kN}}\,.$$

Kontrolle: $\sum M_D = 0$.

Teil H D (Stab)

$$\underline{F_H} = F_D \underline{= 90{,}1\,\text{kN}}\,.$$

Teil H I K

Die Kraft F_K wirkt in Richtung N K

$$F_{Ky} = \frac{\Delta y}{\Delta x} F_{Kx} = \frac{72\,\text{cm}}{82\,\text{cm}} F_{Kx} = 0{,}8780 \cdot F_{Kx}$$

$$\sum M_I = 0;$$

$$-F_{Hy}(x_I - x_H) - F_{Hx}(y_H - y_I) + F_{Ky}(x_K - x_I) + F_{Kx}(y_I - y_K) = 0$$

$$F_{Kx} = 104{,}0\,\text{kN}; \qquad F_{Ky} = 91{,}3\,\text{kN}; \qquad \underline{F_K = 138{,}4\,\text{kN}}$$

$$\sum F_y = 0; \qquad -F_{Iy} + F_{Ky} + F_{Hy} = 0; \qquad F_{Iy} = 130{,}9\,\text{kN}$$

$$\sum F_x = 0; \qquad -F_{Ix} + F_{Hx} + F_{Kx} = 0; \qquad F_{Ix} = 185{,}0\,\text{kN};$$

$$\underline{F_I = 226{,}6\,\text{kN}}\,.$$

Kontrolle: $\sum M_K = 0$.

Teil N K (Stab)

$$\underline{F_N} = F_K \underline{= 138{,}4\,\text{kN}}\,.$$

Teil B E I L O

Die Kraft F_{L} wirkt in Richtung M L

$$F_{\mathrm{Ly}} = \frac{160\,\mathrm{cm}}{16\,\mathrm{cm}} F_{\mathrm{Lx}} = 10 F_{\mathrm{Lx}}$$

$$\sum M_{\mathrm{o}} = 0;$$

$$F_{\mathrm{Bx}}(y_{\mathrm{B}} - y_{\mathrm{o}}) - F_{\mathrm{By}} x_{\mathrm{B}} + F_{\mathrm{Ex}}(y_{\mathrm{E}} - y_{\mathrm{o}}) - F_{\mathrm{Ey}} x_{\mathrm{E}}$$

$$- F_{\mathrm{Ix}}(y_{\mathrm{I}} - y_{\mathrm{o}}) + F_{\mathrm{Iy}} x_{\mathrm{I}} + F_{\mathrm{Lx}}(y_{\mathrm{L}} - y_{\mathrm{o}}) + F_{\mathrm{Ly}} x_{\mathrm{L}} = 0$$

$$F_{\mathrm{Lx}} = 3{,}5\,\mathrm{kN}; \qquad F_{\mathrm{Ly}} = 34{,}6\,\mathrm{kN}; \qquad \underline{F_{\mathrm{L}} = 34{,}8\,\mathrm{kN}}$$

$$\sum F_{\mathrm{y}} = 0;$$

$$- F_{\mathrm{oy}} + F_{\mathrm{Ly}} + F_{\mathrm{Iy}} - F_{\mathrm{Ey}} - F_{\mathrm{By}} = 0; \qquad F_{\mathrm{oy}} = 106{,}0\,\mathrm{kN}$$

$$\sum F_{\mathrm{x}} = 0; \qquad - F_{\mathrm{ox}} - F_{\mathrm{Lx}} + F_{\mathrm{Ix}} - F_{\mathrm{Ex}} - F_{\mathrm{Bx}} = 0$$

$$F_{\mathrm{ox}} = 96{,}6\,\mathrm{kN}; \qquad \underline{F_{\mathrm{o}} = 143{,}4\,\mathrm{kN}}\,.$$

Kontrolle: $\sum M_{\mathrm{I}} = 0$.

Teil L M (Stab) $\underline{F_{\mathrm{M}}} = F_{\mathrm{L}} \underline{= 34{,}8\,\mathrm{kN}}$.

Die Richtigkeit der Rechnung kann man u.a. mit Hilfe der CULMANNschen Konstruktion nachprüfen. Die drei Auflagerkräfte des Systems $F_{\mathrm{M}} F_{\mathrm{N}} F_{\mathrm{O}}$ müssen mit der Schaufelkraft F_{S} ein gleichsinnig geschlossenes Kräfteviereck ergeben mit der CULMANNschen Geraden als Diagonalen. Die Lösung ist jedoch auf diesem Wege nicht möglich, da die Richtung der Kraft F_{O} unbekannt ist.

Die graphische Lösung dieser Aufgabe könnte so erfolgen, dass analog zum Rechengang abschnittsweise die oben behandelten Verfahren angewendet werden. Bei den Teilen ABS; CDE; HIK handelt es sich um drei Kräfte im Gleichgewicht. Aus den entsprechenden Kräftedreiecken sind die Belastungen des Hauptträgers bekannt. Die Auflagerreaktionen in L und O könnte man nach Zusammenfassung von Kräften mit Hilfe des CULMANNschen Verfahrens ermitteln.

Aufgaben zum Kapitel 9

Hinweis: Die Aufgaben sind analytisch zu lösen. Die Ergebnisse sind mit Hilfe unabhängiger Gleichungen und/oder graphisch zu kontrollieren.

A9-1 bis A9-10 Für den abgebildeten Rahmen sind die Auflagerreaktionen und Gelenkkräfte zu berechnen. Eine an einem Gelenk angreifende Kraft wird je zur Hälfte von den durch das Gelenk verbundenen Teilen aufgenommen. So sind die Gelenke ausgeführt.

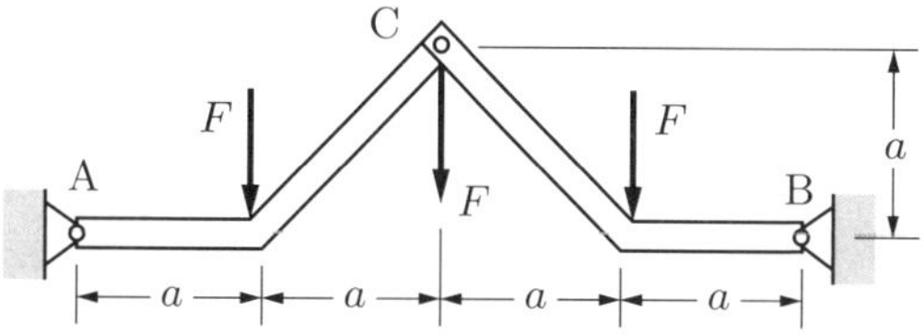

Abb. A9-1

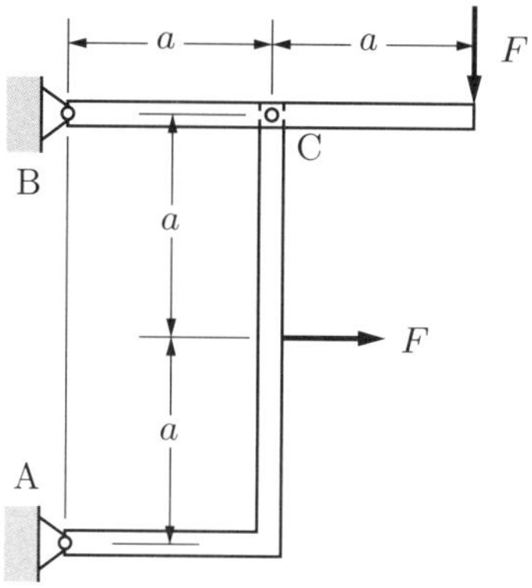

Abb. A9-2

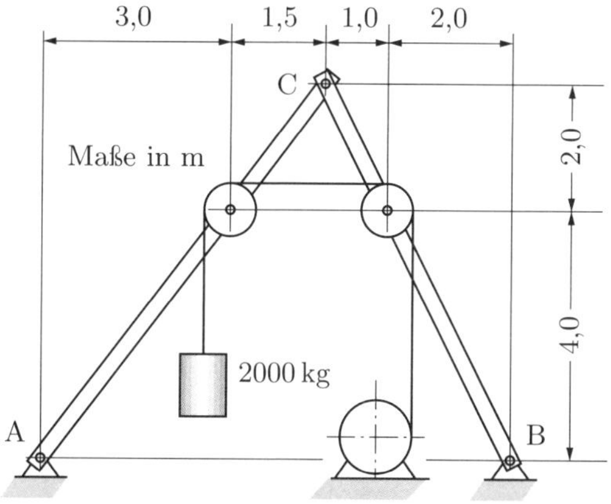

Abb. A9-3

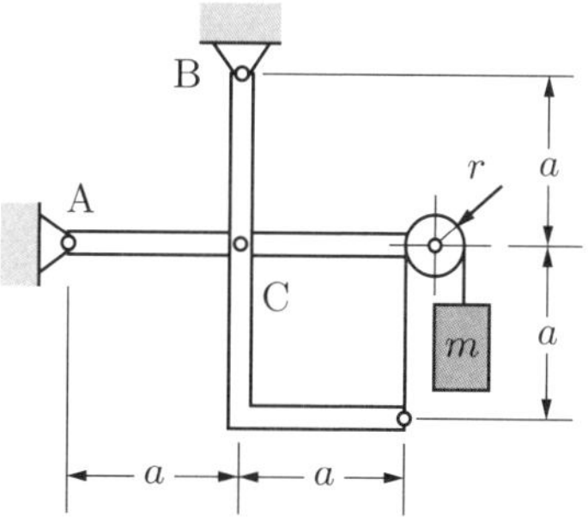

Abb. A9-4

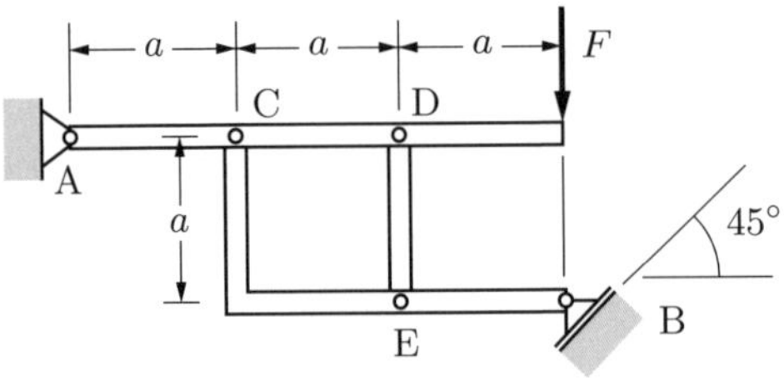

Abb. A9-5

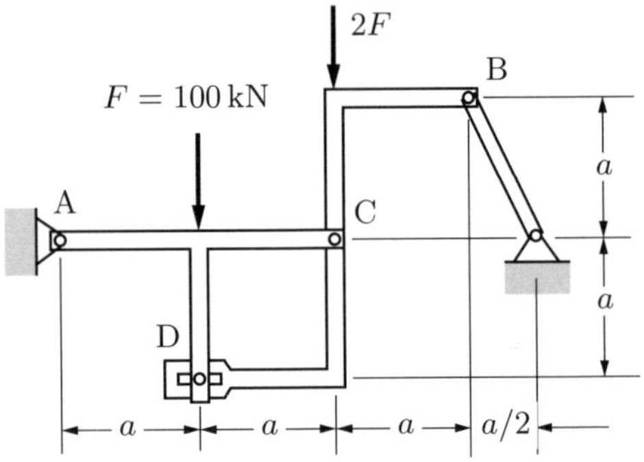

Abb. A9-6

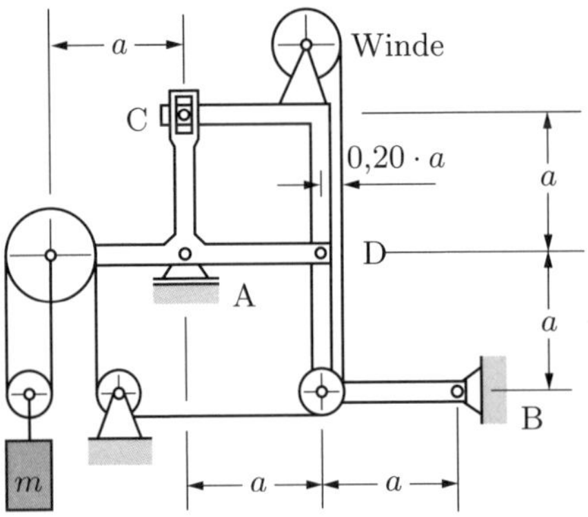

Abb. A9-7

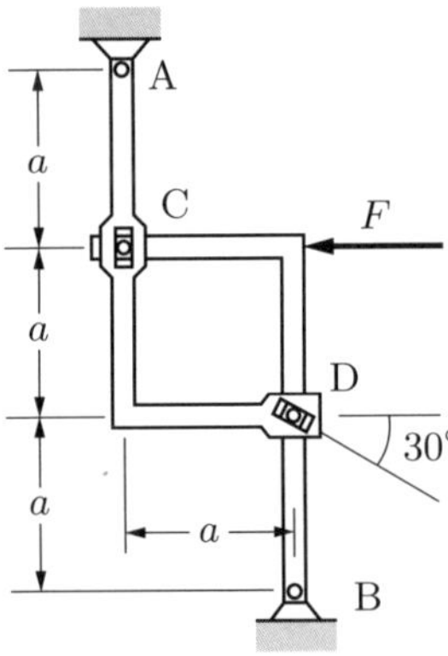

Abb. A9-8

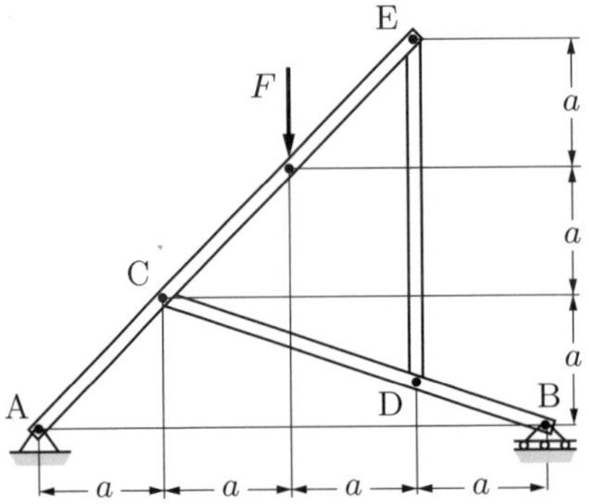

Abb. A9-9

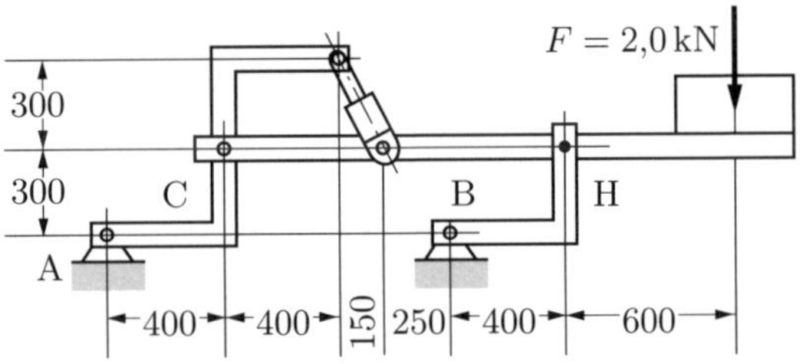

Abb. A9-10

A9-11/A9-12 Für den Rahmen A5-12/A5-13 sind die Auflagerreaktionen und die Lagerkräfte zu berechnen.

A9-13 Abgebildet ist eine Bruchsicherung. Beim Erreichen einer maximal zulässigen Kraft F soll die Sicherung dadurch ansprechen, dass der Stab DE bricht. In allgemeiner Form und für die gegebenen Daten ist bei Vorgabe der Kraft F und der zur Zerstörung des Stabes führenden Kraft F_S der Abstand b zu berechnen.

$$F = 100\,\text{kN}; \quad F_S = 15\,\text{kN}; \quad a = 200\,\text{mm}; \quad c = 100\,\text{mm}\,.$$

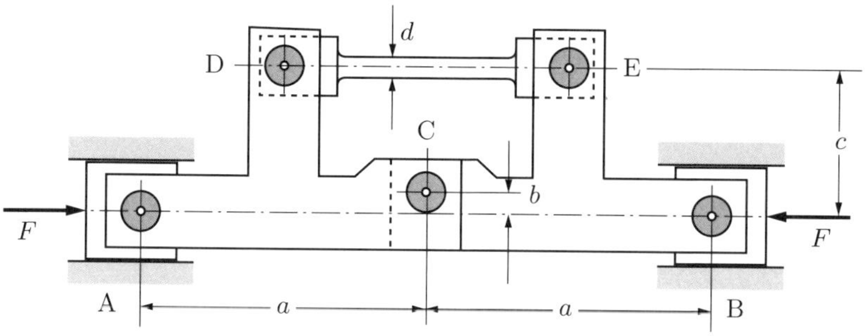

Abb. A9-13

A9-14 Die Skizze zeigt einen Spreizmechanismus, wie er z.B. zum Zustellen einer Backenbremse verwendet wird. Die Geometrie soll bei vorgegebenen Werten a und b so bestimmt werden, dass bei der Zustellung die Kraft verdoppelt wird, d.h. die Kraft am Hydraulikkolben F_H soll doppelt so groß sein wie die Seilkraft S. Für diese Bedingung sind die Längen $l_{AC} = l_{BC}$ und l_{AD} zu bestimmen. Die Lösung soll allgemein erfolgen und für $a = 50{,}0\,\text{mm}$ und $b = 25{,}0\,\text{mm}$ ausgewertet werden.

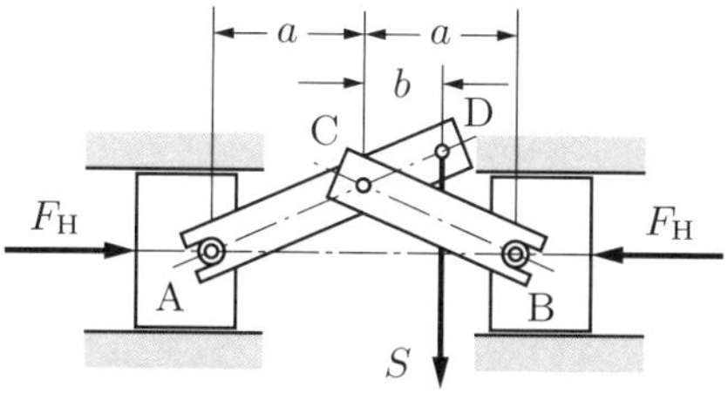

Abb. A9-14

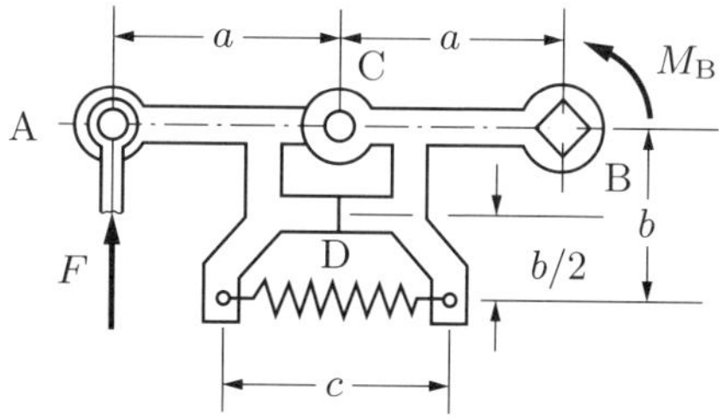

Abb. A9-15

A9-15 Abgebildet ist die Sicherung an einem oszillierenden Hebel, der ein Moment M_B überträgt. Beim Erreichen eines vorgegebenen Wertes M_B soll die Feder eine Drehung um das Gelenk C zulassen. Zu berechnen sind in allgemeiner Form die notwendige Vorspannkraft der Feder F_F und alle Gelenkkräfte bei Belastung durch M_B.

A9-16 Skizziert ist die Hälfte der symmetrischen Aufhängung einer homogenen Masse. In allgemeiner Form sind alle Gelenkkräfte zu berechnen.

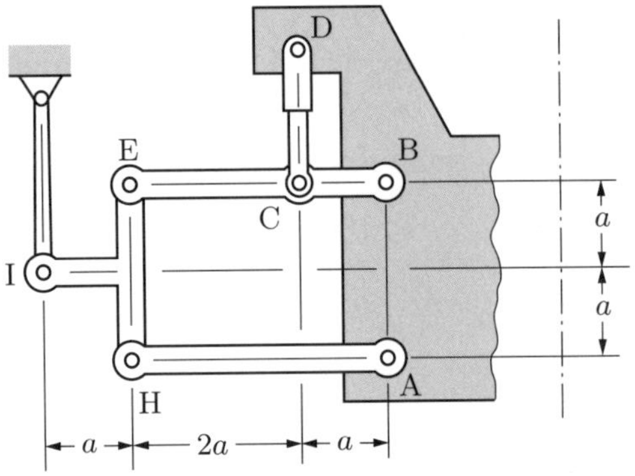

Abb. A9-16

A9-17 Für den Raupenbagger sind alle Gelenkkräfte für die eingezeichnete Schaufelkraft von 200 kN zu bestimmen. Die Lager der Gelenkpunkte ist für das eingezeichnete Koordinatensystem tabellarisch gegeben.

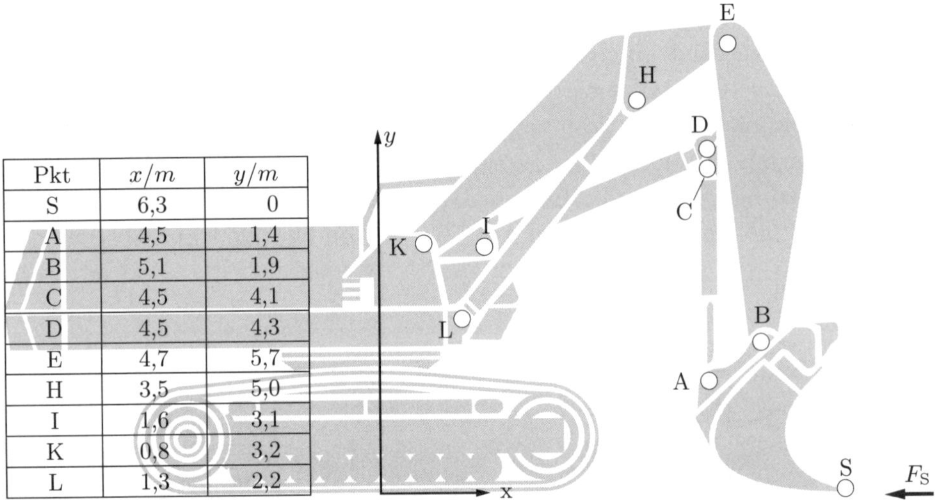

Pkt	x/m	y/m
S	6,3	0
A	4,5	1,4
B	5,1	1,9
C	4,5	4,1
D	4,5	4,3
E	4,7	5,7
H	3,5	5,0
I	1,6	3,1
K	0,8	3,2
L	1,3	2,2

Abb. A9-17

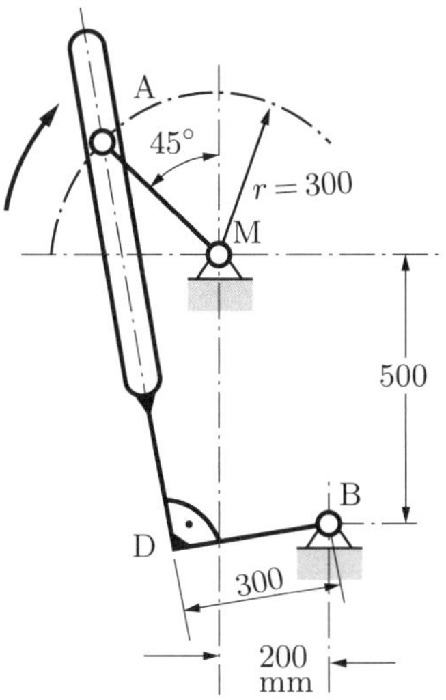

Abb. A9-18

A9-18 Die Abbildung zeigt vereinfacht eine Kurbelschleife. An der Kurbel MA wirkt in der skizzierten Position ein Moment $M = 800\,\mathrm{Nm}$. Die Reibung am Kulissenstein A kann vernachlässigt werden. Zu bestimmen sind das an die Achse B übertragene Moment und die Gelenkkraft in B für diese Position.

A9-19 Im System A3-30 wird durch die Kurbel MA die Stange EH gegen eine Kraft von $F = 3{,}0\,\mathrm{kN}$ verschoben. Dabei wirkt in D an der Schleife BD eine Reibungskraft $F_\mathrm{R} = 200\,\mathrm{N}$ nach unten. Die Länge l_BD beträgt 1,60 m, der Kulissenstein A sei reibungsfrei. Zu bestimmen sind für diese Position das an der Kurbel notwendige Moment und alle Gelenkkräfte.

A9-20 bis A9-22 Das abgebildete System besteht aus zwei Trägern, die mit Stäben verbunden sind. Für die gegebene Belastung sind die Auflagerreaktionen und alle Stabkräfte zu bestimmen.

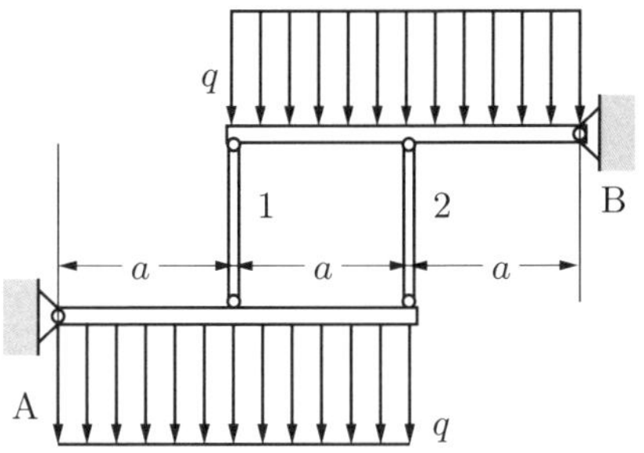

Abb. A9-20

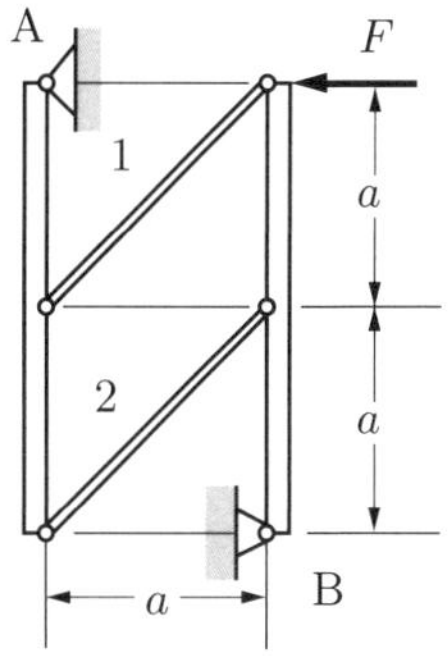

Abb. A9-21

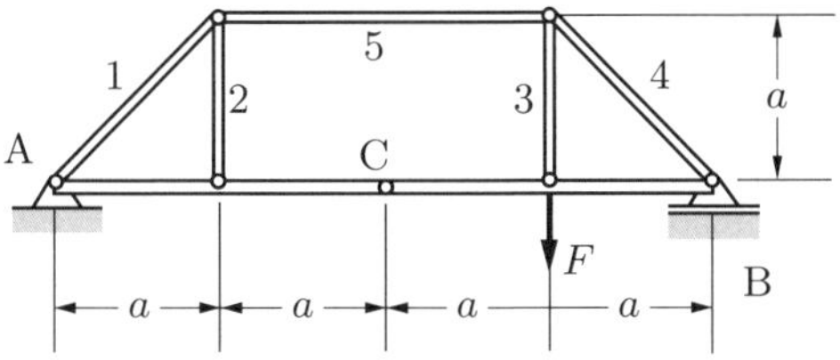

Abb. A9-22

A9-23 Die Abbildung zeigt vereinfacht ein Standsystem, wie es z.B. fahrbare Krane verwenden. Für die Belastung $F_G = 30\,\text{kN}$ sind die Gelenkkräfte und die Kräfte in den Hydraulikkolben zu bestimmen.

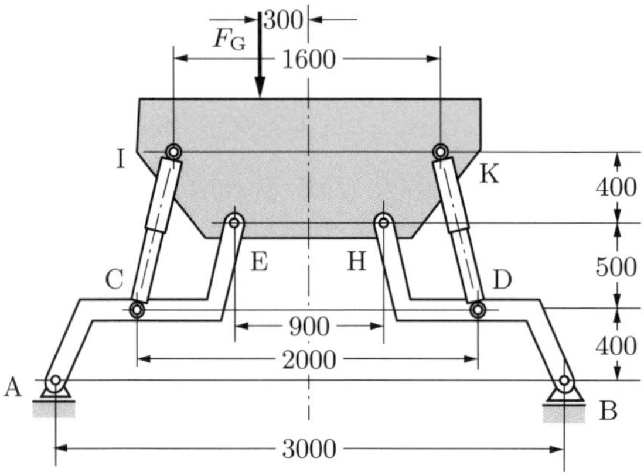

Abb. A9-23

A9-24 Abgebildet ist ein Teil eines Rüttelprüfstandes für Autokarosserien. Für die am Haltekopf eingeleitete Belastung $F = 50{,}0\,\text{kN}$, die unter dem Winkel $\beta = 20°$ wirkt, sind alle Gelenkkräfte und die Kraft im Hydraulikkolben zu bestimmen. Die beim Rütteln durch die Massen des Gestänges verursachten Kräfte können naturgemäß im Rahmen der Statik nicht berücksichtigt werden.

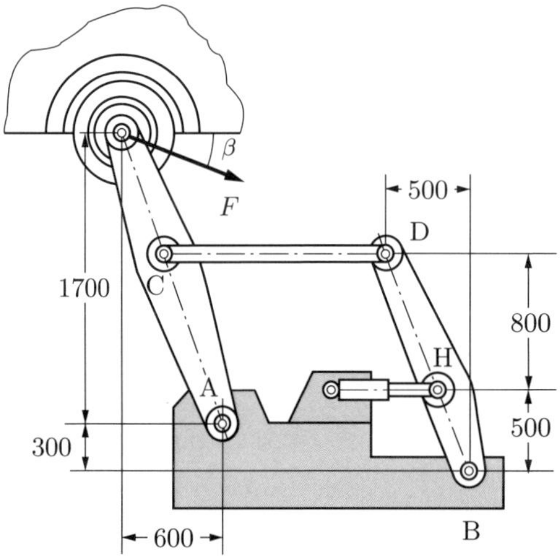

Abb. A9-24

9.4 Zusammenfassung

Ein Rahmen, der Gegenstand dieses Kapitels ist, besteht aus Bauteilen, die miteinander verbunden sind. Die Verbindungsstellen können verschiedene Freiheitsgrade haben. Danach richtet sich ihre Wertigkeit, die im Kapitel 5 besprochen und in Tabelle 5-1 gegeben ist. Mit Hilfe dieses Begriffs kann die statische Bestimmtheit eines mehrteiligen Rahmens kontrolliert werden. Diese Zahlenbedingung sagt nichts über die Berechenbarkeit und damit über die Brauchbarkeit des Rahmens aus. Das ist insgesamt eine komplexe Frage, zu der im entsprechenden Abschnitt einiges ausgeführt ist. Hier sei besonders auf das Kapitel 12 (Koeffizientendeterminante) hingewiesen.

Für die Berechnung muss das System freigemacht werden. Dabei ist zu beachten, dass an jeder Trennstelle actio = reactio erfüllt ist. Die Gleichgewichtsbedingungen können sowohl am Einzelteil als auch an einer Baugruppe angesetzt werden. So ergeben sich mehr Gleichungen als Unbekannte vorhanden sind. Die überschüssigen und damit abhängigen Gleichungen stehen für Kontrollen zur Verfügung.

10 Das ebene, statisch bestimmte Fachwerk

10.1 Einführung

Ein Fachwerk wird aus Stäben gebildet, die in Knotenpunkten miteinander verbunden sind. Es wird zur Übertragung von Kräften benutzt. Als Beispiele seien Kranausleger, Brückenträger und Gittermaste genannt.

Die Bestimmung der einzelnen Stabkräfte mit den bisher hier behandelten einfachen Mitteln ist nur unter einer Reihe von Voraussetzungen möglich.

1. Die Stäbe sind in den Knoten durch reibungsfreie Gelenke verbunden. Das trifft in der Praxis nicht zu. Die Knoten bestehen aus Knotenblechen, auf die die einzelnen Stäbe z.B. geschweißt sind. Man führt demnach für die Berechnung anstatt einer Einspannung am Knotenblech ein Gelenk ein, unterschlägt also in der Berechnung ein eventuell wirkendes Einspannmoment am Knotenblech.
2. Das Fachwerk wird nur in den Knoten belastet. Auch das trifft in der Praxis nur teilweise zu. Eigenmassen, Windkräfte usw. sind kontinuierlich verteilte Lasten. Für die Berechnung der Stabkräfte werden sie auf die benachbarten Knoten verteilt.
3. Liegen mehrere Knoten in einer Linie, dann verbindet sie nicht ein gemeinsamer Stab, sondern jeder Stab verbindet jeweils nur zwei benachbarte Knoten.

Unter diesen Voraussetzungen sind die Stabachsen identisch mit den Wirkungslinien von Kräften.

Die Bestimmung der Stabkräfte ist auf statisch bestimmte Fachwerke beschränkt. Deshalb muss man sich zunächst über den Zusammenhang von Aufbau und statischer Bestimmtheit klar werden. Der folgende Abschnitt befasst sich mit diesem Thema. Dabei ergibt es sich, dass es grundsätzlich zwei Arten von statisch bestimmten Fachwerken gibt: *Fachwerk mit einfachem und nicht einfachem Aufbau.* Bei der Lösung des zweiten ist es notwendig, den RITTERschen[1] Schnitt anzuwen-

[1] RITTER, August (1826–1906), deutscher Ingenieur.

den. Es kommen überwiegend analytische Lösungen zur Anwendung. Am Ende des Kapitels wird gezeigt, dass man ein ideales, belastetes Seil wie ein Fachwerk behandeln kann. Die Bedingungen für die statische Bestimmtheit gelten jedoch nicht. Auf die Erkenntnisse und das Beispiel dazu wird in der Festigkeitslehre zurückgegriffen.

10.2 Aufbau eines statisch bestimmten Fachwerkes

Das Grundelement des statisch bestimmten Fachwerkes ist der aus drei Stäben und drei Knoten gebildete Dreiecksverband (s. Abb. 10-1). Jede Knotenkraft kann in die beiden Stabrichtungen zerlegt werden. Wie die gleiche Abbildung zeigt, ist ein Gebilde aus vier Stäben beweglich und als Bauelement der Statik nicht nutzbar. Man nennt ein solches System „*nicht tragfähig*".

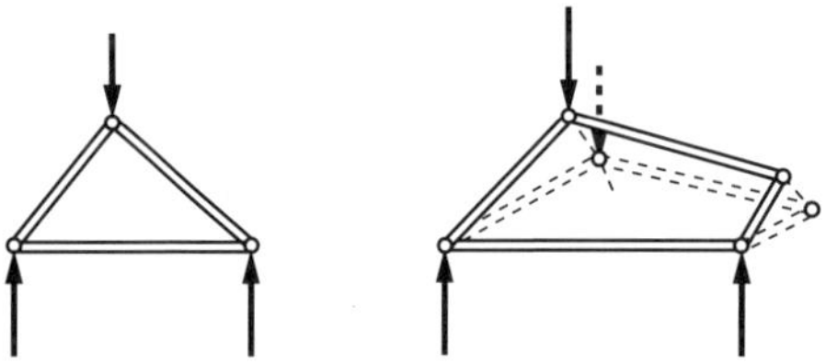

Abb. 10-1: Tragfähiger und nicht tragfähiger Stabverband

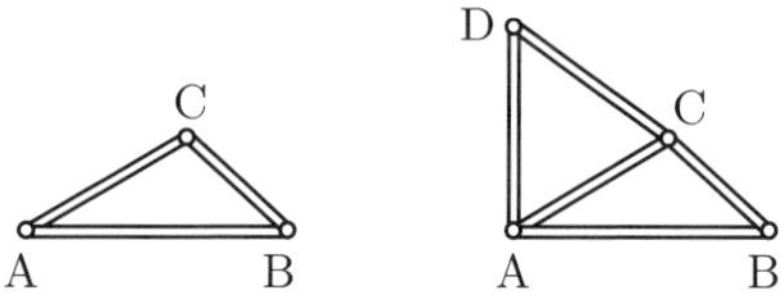

Abb. 10-2: Aufbau eines Fachwerks

Ein statisch bestimmtes Fachwerk entsteht, wenn man, ausgehend von einem Dreiecksverband, zwei Stäbe an je einen Knoten befestigt und sie in einem neuen Knoten verbindet (Abb. 10-2). Setzt man dieses Verfahren fort, dann liefern jeweils zwei neue Stäbe einen neuen Knoten. Unter Berücksichtigung des Ausgangsdreiecks erhält man folgende Beziehung zwischen Anzahl der Stäbe s und Anzahl der Knoten k

$$s = 2k - 3.$$

Ein Fachwerk ist auf einem Fest- und einem Loslager statisch bestimmt gelagert. Man kann die Lagerung durch drei Stäbe ersetzen. Zählt man diese mit, ist

$$s = 2k.$$

Bei Benutzung dieser Beziehung müssen für ein Festlager zwei Stäbe (x- und y-Richtung) und für ein Rollenlager ein Stab gezählt werden.

Für $s < 2k$ handelt es sich nicht um ein Fachwerk, sondern um einen nicht tragfähigen Mechanismus, für $s > 2k$ ist das Fachwerk stabil, aber statisch unbestimmt (Abb. 10-3).

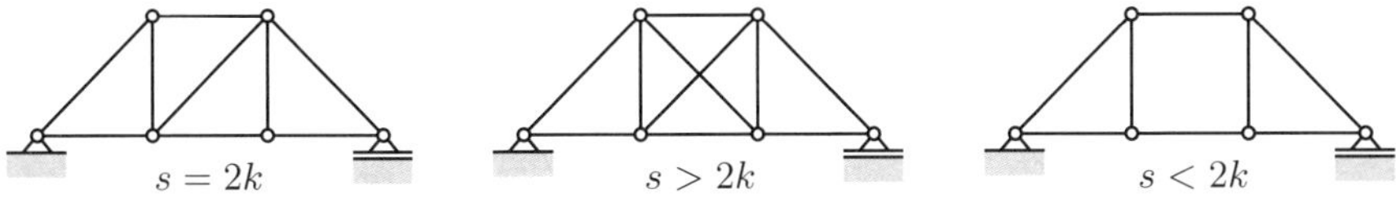

Abb. 10-3: Statisch bestimmtes Fachwerk; statisch unbestimmtes Fachwerk; nicht tragfähiger Stabverband

Es gibt zwei Arten von statisch bestimmten Fachwerken. Das *Fachwerk mit einfachem Aufbau* ist, ausgehend von einem Dreieck, durch Hinzufügen von jeweils zwei Stäben und einem Knoten entstanden (Abb. 10-4a). Das Fachwerk Abb. 10-4b erfüllt auch die Bedingung $s = 2k$, lässt sich aber nicht wie oben beschrieben konstruieren. Das Verfahren versagt in dem mittleren Feld. Es handelt sich um ein *Fachwerk mit nicht einfachem Aufbau.*

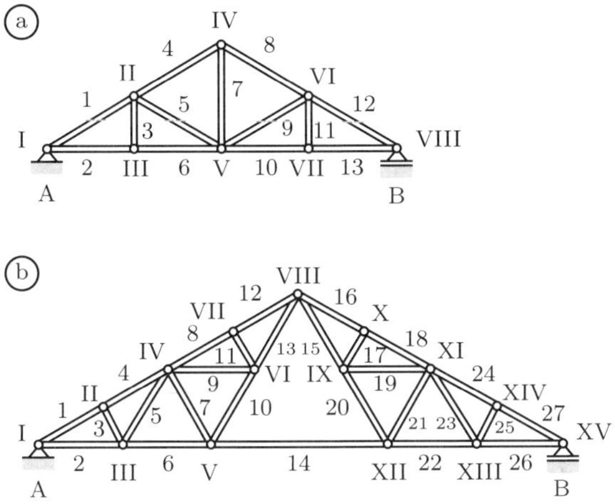

Abb. 10-4: Fachwerk mit einfachem und nicht einfachem Aufbau

Die Bedingung $s = 2k$ kann für ein gesamtes Fachwerk erfüllt sein, obwohl Teilabschnitte statisch unbestimmt sind bzw. einen Mechanismus darstellen. Abb. 10-5 zeigt ein solches Gebilde. Der linke Teil besteht aus einem statisch unbestimmten Fachwerk, der rechte Teil aus einem Mechanismus, das Gesamtsystem ist nicht tragfähig.

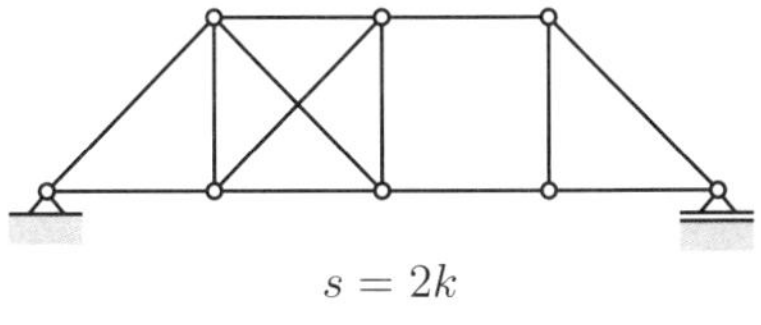

Abb. 10-5: Fachwerk mit statisch unbestimmtem und nicht tragfähigem Teilfachwerk

Die in Abschnitt 6.5 angegebenen Bedingungen für statisch bestimmte Lagerung müssen eingehalten werden, wenn für das Fachwerk ohne Lagerung $s = 2k - 3$ gilt.

Aus dem oben Gesagten folgt, dass für die statische Bestimmtheit die Bedingung $s = 2k$ notwendig, aber nicht hinreichend ist. Man muss untersuchen, ob alle Teilabschnitte die Bedingung $s = 2k - 3$ erfüllen (Teilfachwerke enthalten keine Lagerkräfte).

Weiterhin muss geklärt werden, ob bei statisch bestimmtem Fachwerk die Lagerung statisch bestimmt ausgeführt ist. Es muss auch beachtet werden, dass ein im Fachwerk fehlender Stab durch ein außen angebrachtes Auflager ersetzt werden kann. Die hier aufgeworfenen Fragen behandelt ausführlich das Beispiel 2 im nachfolgenden Abschnitt.

In einem statisch bestimmten Fachwerk können auch viereckige Felder vorkommen, obwohl das Dreieck das Konstruktionsprinzip darstellt (Abb. 10-6).

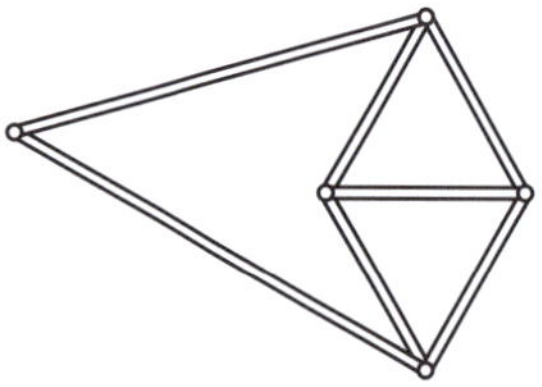

Abb. 10-6: Felder im statisch bestimmten Fachwerk

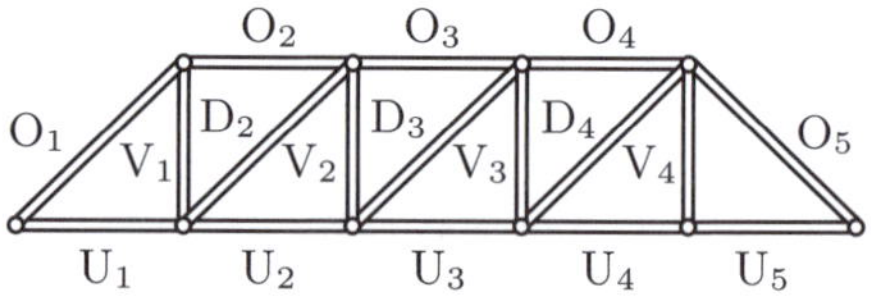

Abb. 10-7: Bezeichnungen am Fachwerk

Es ist üblich, die Stabkräfte mit arabischen, die Knoten mit römischen Ziffern zu nummerieren. Man kann auch Obergurt-, Untergurt-, Vertikal- und Diagonalstäbe unterscheiden und sie mit O, U, V und D bezeichnen (Abb. 10-7). Dabei bilden die Ober- und Untergurtstäbe die äußere Begrenzung des Fachwerkes.

10.3 Das Fachwerk mit einfachem Aufbau

10.3.1 Analytische Methode

Wenn das gesamte Fachwerk im Gleichgewicht ist, müssen auch alle Teilabschnitte bzw. alle Knoten im Gleichgewicht sein. Da, wie im Abschnitt 10.1 dargelegt, die Stabachsen gleichzeitig Wirkungslinien von Kräften sind, ergeben sich für die einzelnen Knoten Kräftesysteme mit gemeinsamem Angriffspunkt. Für jeden freigemachten Knoten müssen demnach die Gleichungen $\sum F_\mathrm{x} = 0$; $\sum F_\mathrm{y} = 0$ erfüllt sein. Aus diesen zwei Bedingungen können jeweils zwei unbekannte Stabkräfte berechnet werden. Die Berechnung kann demnach nur an einer Stelle beginnen, wo ein Knoten nicht mehr als zwei Stäbe mit unbekannten Stabkräften vereinigt. Dazu ist es meistens erforderlich, die Auflagerreaktionen des Fachwerkes mit den in den vorhergehenden Abschnitten besprochenen Methoden zu bestimmen. Sehr oft ergeben sich Rechenvereinfachungen, wenn man für die Bestimmungsgleichungen gedrehte Koordinatensysteme verwendet (siehe Abschnitt 3.2).

In vielen Fachwerken gibt es Stäbe, die bei Vernachlässigung der Eigenmassen bzw. anderer kontinuierlich verteilter Kräfte keine Kraft übertragen und die nur zur Versteifung des Fachwerkes bzw. aus Stabilitätsgründen eingebaut sind. Man nennt diese Stäbe *Nullstäbe* oder *Blindstäbe*. Es ist zweckmäßig, diese vor Beginn

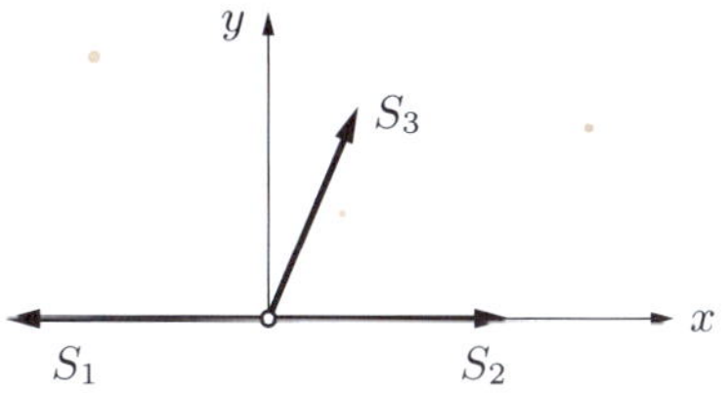

Abb. 10-8: Zum Begriff „Nullstab“

der Berechnung im Lageplan besonders zu kennzeichnen. Die Bestimmung der Blindstäbe basiert auf der Überlegung, dass drei Kräfte an einem Punkt nur dann im Gleichgewicht sein können, wenn davon zwei Kräfte nicht kollinear sind. Sind zwei Kräfte kollinear, z.B. S_1 und S_2 in Abb. 10-8, dann erhält man $S_3 = 0$ aus $\sum F_y = 0$ und $S_1 = S_2$ aus $\sum F_x = 0$. Die zwei kollinearen Kräfte sind im Gleichgewicht, die dritte Kraft muss gleich null sein.

Abb. 10-9 zeigt die Anwendung dieser Überlegung auf Fachwerke. Im Falle a)

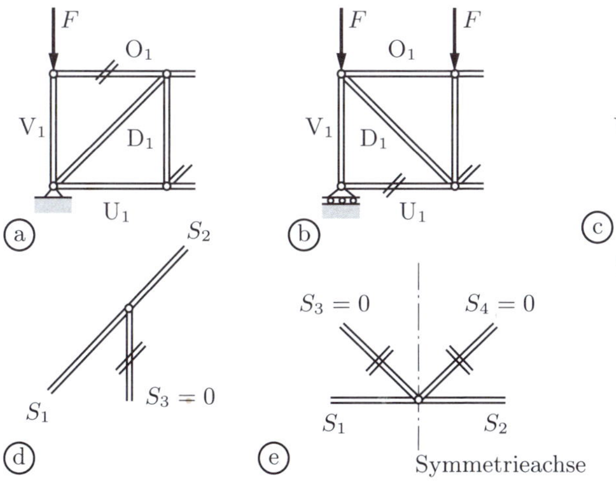

Abb. 10-9: Nullstäbe

sind V_1 und F im Gleichgewicht, O_1 ist Blindstab, im Falle b) sind die Lagerkraft und V_1 im Gleichgewicht, U_1 ist Blindstab, im Fall c) bzw. d) sind V_0 und V_1 bzw. S_1 und S_2 im Gleichgewicht, U_1 bzw. S_3 sind Blindstäbe. Im letzten Fall e) ist das Detail eines symmetrischen Fachwerkes mit symmetrischer Belastung gezeichnet. Aus Symmetriegründen müssen S_3 und S_4 beide ziehen oder drücken, das ist aber nicht möglich, da $\sum F_y = 0$ sein muss. Gleichgewicht ist also in diesem Falle nur möglich für $S_3 = S_4 = 0$.

Für eine Berechnung müssen die Richtungen der Stabkräfte zunächst angenommen werden. Das Vorzeichen ergibt, ob diese Annahme richtig war. Wie in der Abb. 10-10 gezeigt, verursacht ein Zugstab am Knoten eine Kraft, die von die-

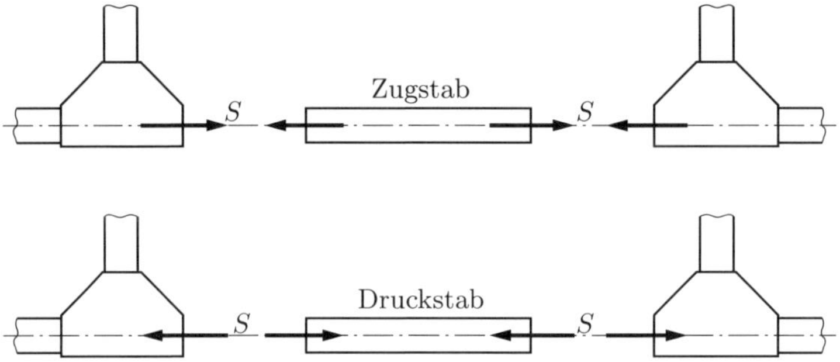

Abb. 10-10: Wirkung von Zug- und Druckstab am Knoten

sem weggerichtet ist. Für Druckstäbe gilt Entsprechendes umgekehrt. Es ist üblich, alle Stäbe zunächst als Zugstäbe anzunehmen, d.h. die dazugehörige Kraft vom Knoten weggerichtet einzuführen. Unter dieser Voraussetzung gilt folgender Formalismus. *Der Zugstab ist durch eine positive Stabkraft gekennzeichnet, der Druckstab durch eine negative.*

10.3.2 Graphische Methode

Für jeden freigemachten Knoten muss das Krafteck gleichsinnig geschlossen sein. Mit Hilfe dieser Bedingung können zwei unbekannte Stabkräfte ermittelt werden. Die Konstruktion muss an einem Knoten mit zwei unbekannten Stabkräften beginnen. Auch bei der graphischen Lösung ist es zweckmäßig, die Blindstäbe vor Beginn der Zeichnung zu kennzeichnen.

Jede Stabkraft muss zweimal gezeichnet werden, da sie als innere Kraft zweimal auftritt, und zwar an den beiden Knoten, die der Stab miteinander verbindet. Der Umfahrungssinn des Kraftecks ergibt, ob es sich um einen Zug- oder einen Druckstab handelt.

Beispiele zum Abschnitt 10.3

Beispiel 1 (Abb. 10-11)

Für das abgebildete Fachwerk sind alle Stabkräfte nach Größe und Vorzeichen zu bestimmen.

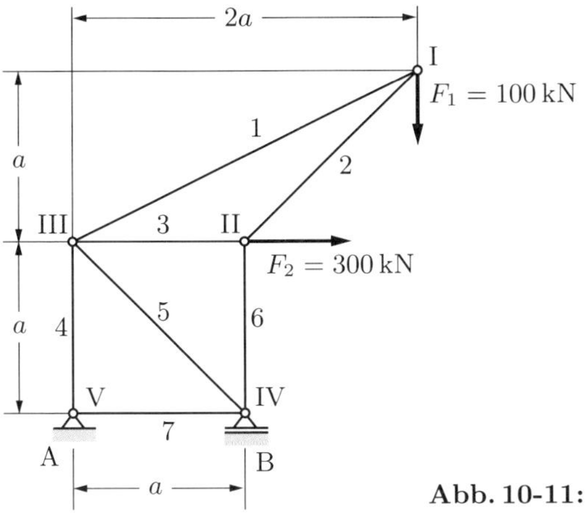

Abb. 10-11: Ausleger

Analytische Lösung

Das Fachwerk ist statisch bestimmt. Blindstäbe sind nicht enthalten. Die Berechnung kann am Knoten I oder, nach Ermittlung der Auflagerreaktionen, am Knoten V beginnen. Beide Knoten verbinden zwei Stäbe.

Aus Gründen der Anschaulichkeit soll der Vorzeichenformalismus für die Stabkräfte hier nicht benutzt werden, d.h. diese werden nicht grundsätzlich vom Knoten weggerichtet eingeführt. Vielmehr soll aus der Anschauung vorher überlegt werden, welche Stäbe Zug-, welche Druckkräfte übertragen. Seile können nur Zugkräfte aufnehmen. Deshalb sind alle Stäbe, die man bei Wahrung der Stabilität durch Seile ersetzen kann, Zugstäbe. Die anderen sind Druckstäbe. Als Beispiel soll der Stab 5 betrachtet werden. An seine Stelle sei ein Seil eingefügt gedacht. In diesem Falle würde die Kraft F_2 das aus den Stäben 3; 4; 7 und 6 gebildete Quadrat zum Umklappen bringen. Der Stab 5 muss demnach ein Druckstab sein.

Der Leser überlege sich auf ähnliche Weise, dass die Stäbe 2 und 6 auch durch Druckkräfte belastet werden. Entsprechend sind in der Abb. 10-12 die Knoten freigemacht. Sind diese vorher angestellten Überlegungen fehlerfrei, müssen alle Rechenergebnisse positiv sein.

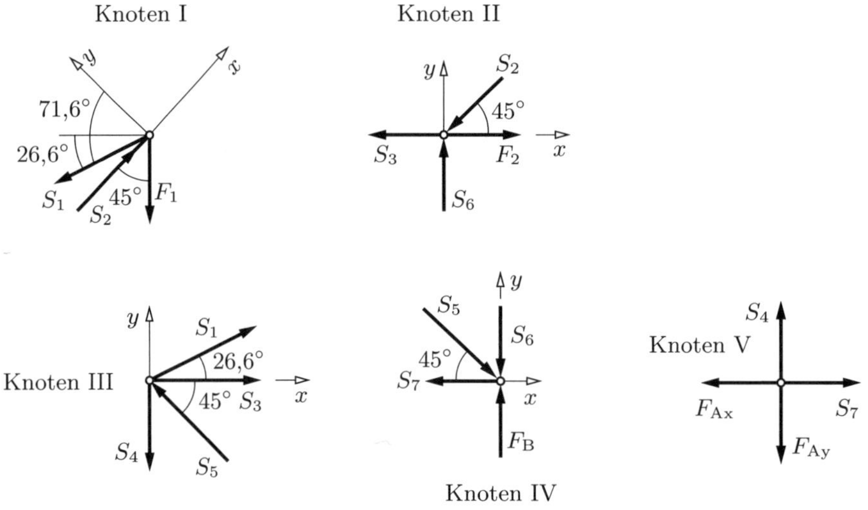

Abb. 10-12: Freigemachte Knoten des Auslegers

Knoten I (Abb. 10-12)

Es ist zweckmäßig, mit einem um 45° gedrehten Koordinatensystem zu arbeiten. Der Winkel des Stabes 1 zur Horizontalen beträgt

$$\tan\alpha = 0{,}50 \qquad \alpha = 26{,}6^\circ$$

$$\sum F_y = 0 \qquad +S_1 \cdot \cos 71{,}6^\circ - F_1 \cdot \sin 45^\circ = 0$$

$$\underline{S_1} = F_1 \cdot \frac{\sin 45^\circ}{\cos 71{,}6^\circ} \underline{= 223{,}6\,\text{kN}}$$

$$\sum F_x = 0 \qquad S_2 - S_1 \cdot \sin 71{,}6^\circ - F_1 \cdot \cos 45^\circ = 0$$

$$\underline{S_2 = 282{,}8\,\text{kN}}\,.$$

Knoten II

$$\sum F_y = 0 \qquad S_6 - S_2 \cdot \sin 45^\circ = 0; \qquad \underline{S_6 = 200\,\text{kN}}$$

$$\sum F_x = 0 \qquad -S_3 - S_2 \cdot \cos 45^\circ + F_2 = 0; \qquad \underline{S_3 = 100\,\text{kN}}$$

Knoten III

$$\sum F_x = 0 \qquad -S_5 \cdot \cos 45^\circ + S_3 + S_1 \cdot \cos 26{,}6^\circ = 0 \qquad \underline{S_5 = 424{,}3\,\text{kN}}$$

$$\sum F_y = 0 \qquad -S_4 + S_5 \cdot \sin 45^\circ + S_1 \cdot \sin 26{,}6^\circ = 0 \qquad \underline{S_4 = 400\,\text{kN}}\,.$$

Knoten IV

$$\sum F_x = 0 \qquad -S_7 + S_5 \cdot \cos 45^\circ = 0; \qquad \underline{S_7 = 300\,\text{kN}}$$

$$\sum F_y = 0 \qquad F_B - S_6 - S_5 \cdot \sin 45^\circ = 0; \qquad \underline{F_B = 500\,\text{kN}}$$

Knoten V

$$\sum F_x = 0 \qquad S_7 - F_{Ax} = 0; \quad \underline{F_{Ax} = 300\,\text{kN}}$$
$$\sum F_y = 0 \qquad S_4 - F_{Ay} = 0; \quad \underline{F_{Ay} = 400\,\text{kN}}\,.$$

Kontrolle: Auflagerreaktionen aus den drei Gleichgewichtsbedingungen bestimmen.

Zusammenfassung der Ergebnisse:

Nr. Stab i	$\frac{S_i}{\text{kN}}$	+ Zug – Druck
1	223,6	+
2	282,8	–
3	100,0	+
4	400,0	+
5	424,3	–
6	200,0	–
7	300,0	+

Auflagerreaktionen

$$\underline{F_{Ax} = 300\ \text{kN}(\leftarrow)}; \quad \underline{F_{Ay} = 400\ \text{kN}(\downarrow)}; \quad \underline{F_B = 500\ \text{kN}(\uparrow)}$$

Graphische Lösung (Abb. 10-12/10-13)

Die freigemachten Knoten zeigt die Abbildung 10-12. Für jeden Knoten wird das Kräftepolygon gezeichnet. Dabei kann die Konstruktion nur dort beginnen, wo eine bekannte Kraft (bzw. wo bekannte Kräfte) auf zwei Stäbe aufzuteilen sind. Diese Bedingung erfüllt hier der Knoten I. Das dazugehörige Krafteck ist in Abb. 10-13 rechts oben gegeben. Aus dem Umlaufsinn der Kraftpfeile ergibt sich: Stab 1 zieht am Knoten I (Zubstab), Stab 2 drückt auf den gleichen Knoten (Druckstab). Die Kräfte sind in der Reihenfolge $F_1 S_1 S_2$ aneinander gesetzt. Das entspricht am Knoten selbst einem Umfahrungssinn entgegengesetzt Uhrzeigersinn. Es empfiehlt sich, diesen beizubehalten.

Am Knoten II wirken die nunmehr bekannte Kraft S_2 als Reaktionskraft, die Belastung F_2 und die unbekannten Stabkräfte S_3 und S_6. Im angenommenen Umfahrungssinn ist die erste bekannte Kraft F_2. Mit dieser beginnt die Konstruktion. Man setzt die Kräfte F_2 und S_2 (Reaktionskraft am Knoten nach unten wirkend!) aneinander und schließt mit S_3 und S_6. Nach dem gleichen Schema werden die Kraftecke für alle Knoten gezeichnet (Abb. 10-13). Dabei wählt man

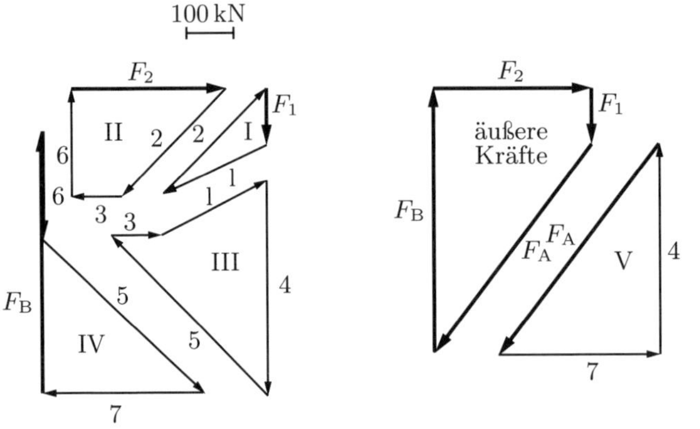

Abb. 10-13: Kraftecke für Auslegerknoten

als nächsten Knoten denjenigen aus, an dem noch zwei unbekannte Stabkräfte wirken. Man erkennt, dass alle Stabkräfte zweimal mit jeweils umgekehrtem Richtungssinn auftreten, denn ein Stab verbindet zwei Knoten.

Beispiel 2 (Abb. 10-14)

Zu bestimmen ist, ob die Fachwerke a) bis j) statisch bestimmt oder unbestimmt und ob sie tragfähig sind.

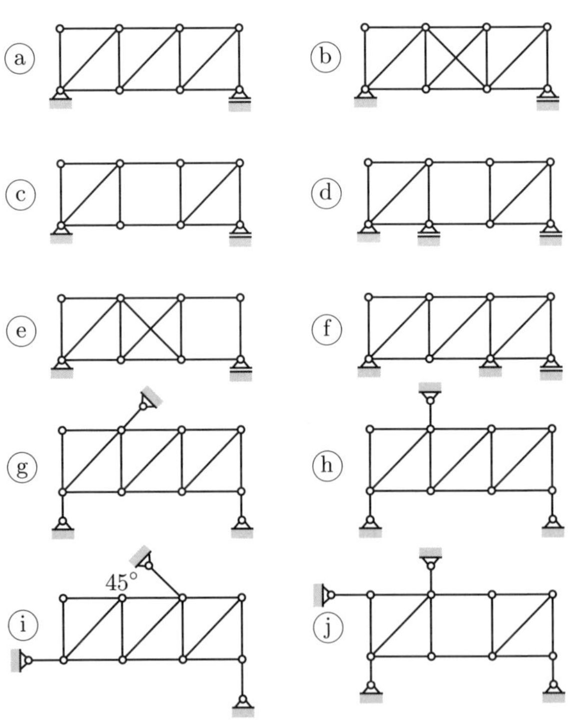

Abb. 10-14: Fachwerke

Lösung

a)	$s = 2k$,	Teilfachwerke erfüllen Bedingung $s = 2k - 3$. Fachwerk statisch bestimmt, statisch bestimmt gelagert
b)	$s > 2k$,	Fachwerk statisch unbestimmt, statisch bestimmt gelagert.
c)	$s < 2k$,	Fachwerk nicht tragfähig.
d)	$s = 2k$,	System insgesamt statisch bestimmt. Ein Diagonalstab ist durch ein Rollenlager außen ersetzt.
e)	$s = 2k$,	$s > 2k - 3$ für linkes Teilfachwerk, $s < 2k - 3$ für rechtes Teilfachwerk Gesamtfachwerk nicht tragfähig.
f)	$s > 2k$,	statisch bestimmtes Fachwerk statisch unbestimmt gelagert, insgesamt statisch unbestimmt.
g)	$s = 2k$,	statisch bestimmtes Fachwerk.
h)	$s = 2k$,	statisch bestimmtes Fachwerk statisch unbestimmt gelagert (drei parallele Auflagerstäbe). Insgesamt statisch unbestimmt.
i)	$s = 2k$,	statisch bestimmtes Fachwerk statisch unbestimmt gelagert (drei Auflagerstäbe haben gemeinsamen Angriffspunkt). Insgesamt statisch unbestimmt.
j)	$s = 2k$,	statisch bestimmtes Fachwerk, entspricht Fall d).

Beispiel 3 (Abb. 10-15)

Ein zwischen zwei Gelenken aufgehängtes Seil wird nach Skizze mit vertikalen Kräften belastet. Die maximale Durchhängung ist vorgegeben. Unter Voraussetzung eines masselosen und ideal flexiblen Seils sind für die unten gegebenen Daten zu bestimmen

a) die Seilkräfte in allen Abschnitten,

b) die Längen der einzelnen Abschnitte und die Gesamtlänge des Seils.

$$a = 3{,}0\,\text{m}; \qquad F_1 = F_3 = 3{,}0\,\text{kN}; \qquad F_2 = 4{,}0\,\text{kN}$$

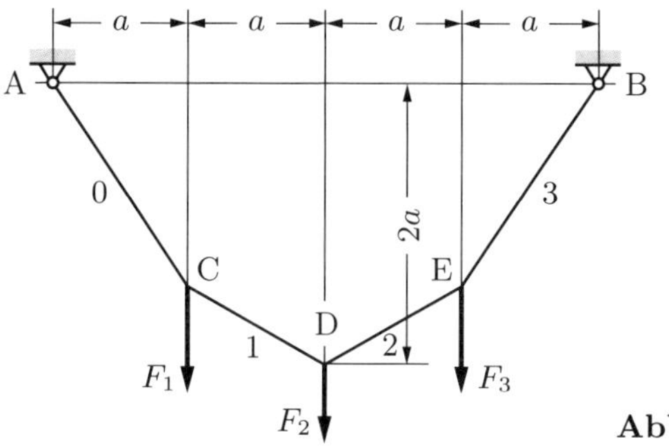

Abb. 10-15: Aufgehängtes Seil mit Einzellasten

Lösung (Abb. 10-16)

Zunächst muss festgestellt werden, dass es sich hier nicht um ein Fachwerk handelt. Die Wirkungslinien der Seilkräfte liegen in den Seilachsen. Man könnte deshalb die Seilabschnitte durch Stäbe ersetzen, die an den Stellen der Krafteinleitung gelenkig verbunden sind. Insofern entspricht das Seil einem Fachwerk, das allerdings nicht das Kriterium der Tragfähigkeit für beliebige Belastung erfüllt. In der skizzierten Position ist es jedoch im Gleichgewicht. Deshalb können auf Teilsysteme und das Gesamtsystem die Gleichgewichtsbedingungen angewendet werden. Wegen der vorhandenen Symmetrie müssen nicht alle Teilabschnitte freigemacht werden (Abb. 10-16)

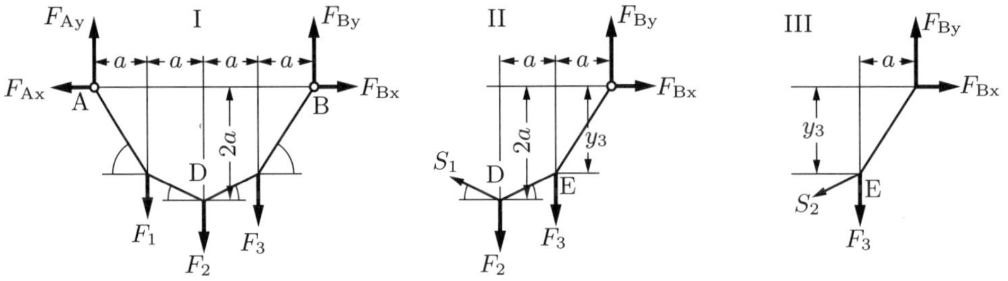

Abb. 10-16: Freigemachte Seilabschnitte

Teil I

$$\text{Symmetrie bzw. } \sum M_A = 0 \text{ und} \sum F_y = 0: \quad F_{Ay} = F_{By} = 5{,}0\,\text{kN}(\uparrow)$$

Teil II

$$\sum M_D = 0 \qquad F_{By} \cdot 2a - F_{Bx} \cdot 2a - F_3 \cdot a = 0$$

$$F_{Bx} = F_{By} - \frac{F_3}{2} = 3{,}50\,\text{kN}(\rightarrow)$$

$$\text{Symmetrie:} \qquad F_{Ax} = 3{,}50\,\text{kN}(\leftarrow)$$

Die Kräfte F_{Bx} und F_{By} addieren sich geometrisch zu $\underline{S_3 = S_0 = 6{,}10\,\text{kN}}$

Teil III

Mit Hilfe einer Momentengleichung kann die Durchhängung $y_3 = y_1$ berechnet werden.

$$\sum M_\mathrm{E} = 0 \qquad F_\mathrm{By} \cdot a - F_\mathrm{Bx} \cdot y_3 = 0$$

$$y_3 = \frac{F_\mathrm{By}}{F_\mathrm{Bx}} \cdot a = \frac{5{,}0\,\mathrm{kN}}{3{,}5\,\mathrm{kN}} \cdot 3{,}0\,\mathrm{m} = 4{,}29\,\mathrm{m}$$

Der Seilabschnitt hat eine Länge

$$l_3 = l_0 = \sqrt{a^2 + y_3^2} = 5{,}23\,\mathrm{m}$$

Damit sind die Anschlussstellen für die Kräfte F_1 und F_3 berechnet.

$$\sum F_\mathrm{x} = 0 \qquad F_\mathrm{Bx} - S_\mathrm{2x} = 0$$

$$S_\mathrm{2x} = F_\mathrm{Bx} = 3{,}50\,\mathrm{kN}$$

$$\sum F_\mathrm{y} = 0 \qquad F_\mathrm{By} - S_\mathrm{2y} - F_3 = 0$$

$$S_\mathrm{2y} = F_\mathrm{By} - F_3 = 2{,}0\,\mathrm{kN}$$

Die Zusammensetzung dieser Kräfte führt auf $\underline{S_2 = S_1 = 4{,}03\,\mathrm{kN}}$.

Der Längenabschnitt ist

$$l_2 = l_1 = \sqrt{a^2 + (2a - y_3)^2} = 3{,}45\,\mathrm{m}$$

Die notwendige Gesamtlänge des Seils beträgt

$$\underline{l_\mathrm{ges}} = \sum \Delta l = 2(5{,}23 + 3{,}45)\,\mathrm{m}\,\underline{= 17{,}36\,\mathrm{m}}$$

Wie man den freigemachten Systemen nach Abb. 10-16 entnehmen kann und wie es unmittelbar aus den Gleichgewichtsbedingungen folgt, sind in allen Seilabschnitten die Horizontalkomponenten gleich und entsprechen hier F_Bx und F_Ax.

Dieses Beispiel wurde hier behandelt, um folgende Erkenntnisse zu vermitteln.

1. Ein durch Kräfte belastetes Seil (masselos, ideal flexibel) kann als starrer Körper aufgefasst werden. Es entspricht einem Fachwerk, das nicht allgemein, wohl aber in der sich einstellenden Form tragfähig ist. Die Kriterien über Stab- und Knotenzahl entfallen deshalb.

2. Der Horizontalzug ist bei ausschließlich vertikaler Belastung in allen Seilabschnitten gleich und entspricht den Horizontalkomponenten der Auflagerreaktionen. Auf diese Aussage wird bei Behandlung der Deformation von Wellen zurückgegriffen. Das ist ein in der Festigkeitslehre (Band 2) behandeltes Thema.

Aufgaben zum Abschnitt 10.3

Hinweis: Die Aufgaben sind analytisch zu lösen. Die Ergebnisse für die Auflagerreaktionen sind mit Hilfe unabhängiger Gleichungen, die für die Stabkräfte sind graphisch zu kontrollieren.

A10-1 bis A10-4 Für das abgebildete Fachwerk sind die Auflagerreaktionen und alle Stabkräfte zu bestimmen.

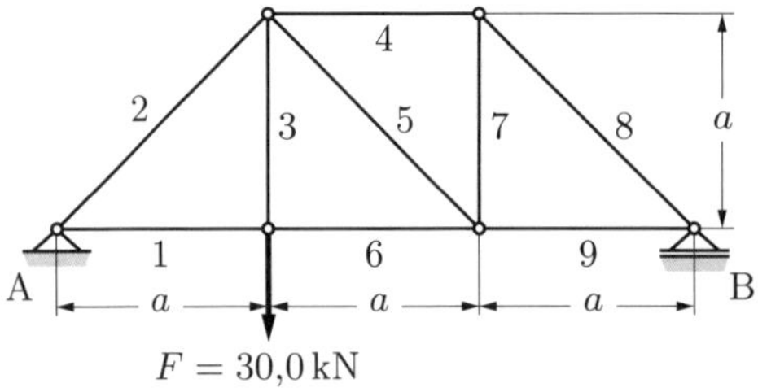

Abb. A10-1

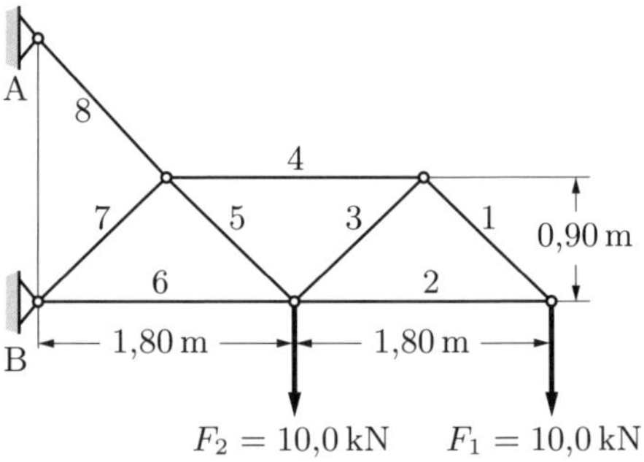

Abb. A10-2

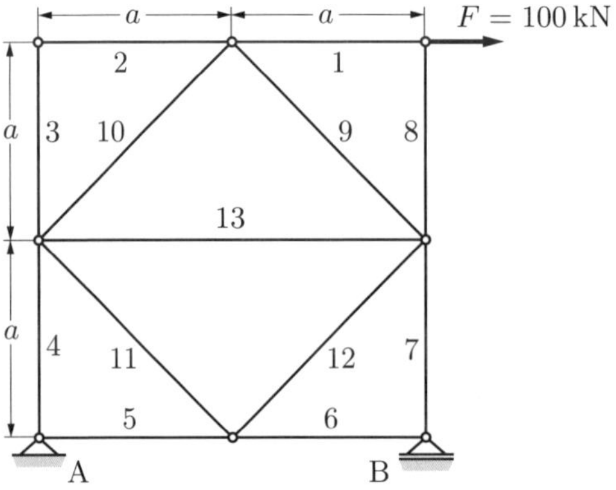

Abb. A10-3

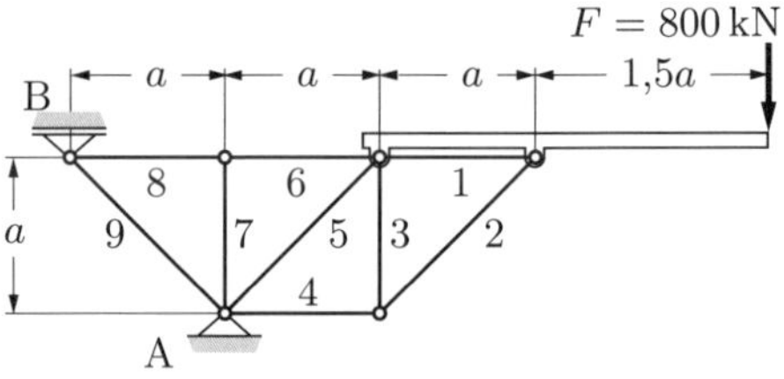

Abb. A10-4

10.4 Das Fachwerk mit nicht einfachem Aufbau

10.4.1 Analytische Methode (RITTERscher Schnitt)

Das Fachwerk Abb. 10-4a sei in allen Knoten belastet, d.h. Nullstäbe sind nicht vorhanden. Nach den bisher erarbeiteten Methoden kann man alle Stabkräfte in der Reihenfolge 1; 2; 3; 6; 5; 4; 7; 8; 9; 10; 11; 12; 13 bestimmen.

Unter der gleichen Voraussetzung (Belastung aller Knoten) soll das Fachwerk Abb. 10-4b untersucht werden. Nachdem die Stabkräfte 1 bis 6 ermittelt wurden, verbleiben sowohl am Knoten IV als auch am Knoten V jeweils drei Unbekannte. Es sind die Stabkräfte 7; 9; 8 und 7; 10; 14. Weder eine Berechnung noch eine graphische Lösung ist möglich. Für die Fortsetzung ist es notwendig, mindestens eine der aufgeführten Stabkräfte auf anderem Wege zu bestimmen.

Man geht von der Überlegung aus, dass die Gleichgewichtsbedingungen nicht nur für die Knoten, sondern auch für Teilabschnitte des Fachwerks erfüllt sein müssen. Das Fachwerk wird durch einen gedachten Schnitt in zwei Teilfachwerke zerlegt, wobei man für die geschnittenen Stäbe die Stabkräfte einführt. Werden dabei nicht mehr als drei Stäbe geschnitten, dann gestatten die drei Gleichgewichtsbedingungen die Berechnung dieser drei Kräfte. Dieses Verfahren nennt man den RITTERschen Schnitt.

Im vorliegenden Beispiel müsste der Schnitt durch die Stäbe 12; 13; 14 geführt werden (Abb. 10-17). Aus der Momentengleichung für den Knoten VIII kann

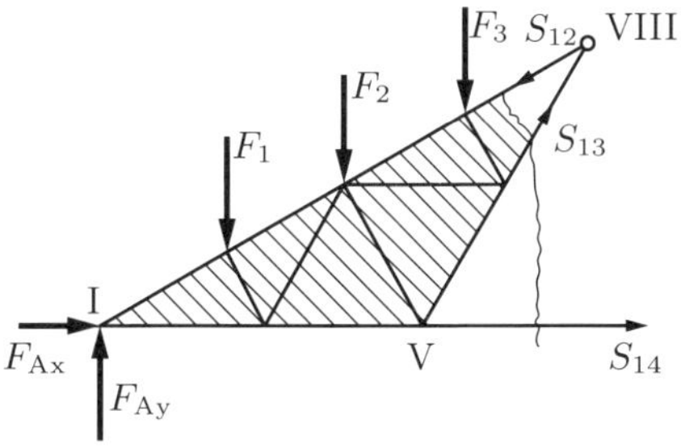

Abb. 10-17: Teilabschnitt eines Fachwerks mit nicht einfachem Aufbau

man die Stabkraft 14 errechnen. Damit können die Stabkräfte in der Reihenfolge 7; 10; 8; 9; 11; 12; 13; usw. bestimmt werden. Die noch verbleibenden zwei Gleichgewichtsbedingungen für das Teilfachwerk gestatten zu Kontrollzwecken die Berechnung der Stabkräfte 12 und 13. Dabei ist es zweckmäßig, für die Berechnung von S_{12} die Gleichung $\sum M_V = 0$ und von S_{13} die Gleichung $\sum M_I = 0$ zu verwenden.

Im Allgemeinen ist der Lösungsansatz mit Momentengleichungen am günstigsten. Wenn die Pole in den Schnittpunkt der unbekannten Kräfte (Knoten) gelegt werden, umgeht man das simultane Lösen der Gleichungen.

Zum besseren Verständnis der Zusammenhänge soll das Fachwerk mit nicht einfachem Aufbau nach Abb. 10-4b auf den Dreigelenkrahmen zurückgeführt werden. Dazu ersetzt man das rechte Loslager durch ein Festlager und entfernt den Stab 14. Die Horizontalkomponenten der Auflagerreaktionen in A und B verhindern das Spreizen des Dreigelenkrahmens. Im Fachwerk tut dasselbe der Stab 14.

Der RITTERsche Schnitt wird vorteilhaft auch bei Fachwerken mit einfachem Aufbau verwendet, wenn man nicht mehr als drei innenliegende Stabkräfte berechnen oder kontrollieren will. Der RITTERsche Schnitt entspricht dem Schnitt durch einen Träger (Kap. 8), mit dessen Hilfe man Biegemoment, Quer-, und Längskraft bestimmt. Die drei geschnitten gedachten Stäbe müssen diese drei Reaktionen an der betrachteten Stelle übertragen.

Beispiel (Abb. 10-18)

Abgebildet ist ein Fachwerk mit nicht einfachem Aufbau. Die Bestimmung der Stabkräfte 1 bis 6 ist unproblematisch. Für eine weitere Berechnung muss das Fachwerk mit einem RITTERschen Schnitt zerlegt werden. Dieser Schnitt ist festzulegen und die Schnittkräfte sind für eine Kraft $F = 100\,\text{kN}$ zu bestimmen. Alle Winkel im Fachwerk betragen 90° oder 45°.

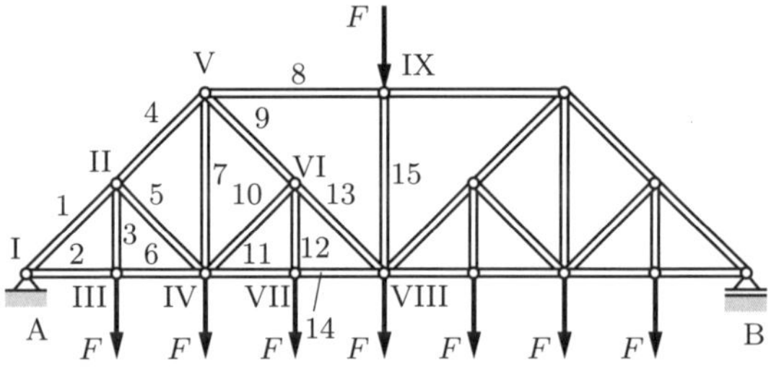

Abb. 10-18: Fachwerk mit nicht einfachem Aufbau

Lösung (Abb. 10-19)

Der Schnitt muss durch drei Stäbe geführt werden. Im vorliegenden Fall können das nur die Stäbe 8; 13 und 14 sein. Für die nachfolgende Berechnung werden diese als Zugstäbe angenommen (Kraft vom Knoten weggerichtet). Ein Druckstab ist dann durch ein negatives Vorzeichen gekennzeichnet.

$$\sum M_{\text{VIII}} = 0; \qquad -S_8 \cdot 2a + F \cdot a + F \cdot 2a + F \cdot 3a - 4F \cdot 4a = 0$$

$$S_8 = -5F; \qquad \underline{S_8 = -500\,\text{kN (D)}}$$

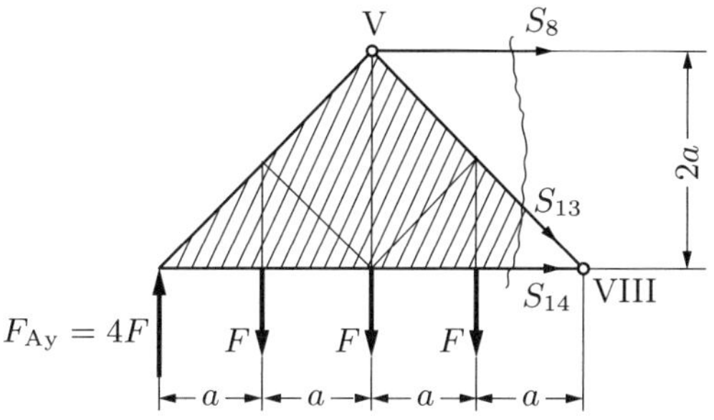

Abb. 10-19: Teilfachwerk

$$\sum M_V = 0; \qquad -4F \cdot 2a + S_{14} \cdot 2a = 0$$

$$S_{14} = 4F; \qquad \underline{S_{14} = 400\,\text{kN (Z)}}$$

$$\sum F_y = 0; \qquad 4F - 3F - S_{13} \cdot \sin 45^\circ = 0$$

$$S_{13} = \frac{F}{\sin 45^\circ}; \qquad \underline{S_{13} = 141\,\text{kN (Z)}}$$

Mit diesen Ergebnissen kann man alle Stabkräfte im Fachwerk berechnen.

Aufgaben zum Abschnitt 10.4

A10-5 und A10-6 Abgebildet ist ein Fachwerk mit nicht einfachem Aufbau. Es sind die drei Stabkräfte zu bestimmen, von denen eine für die Berechnung aller Stabkräfte notwendig ist.

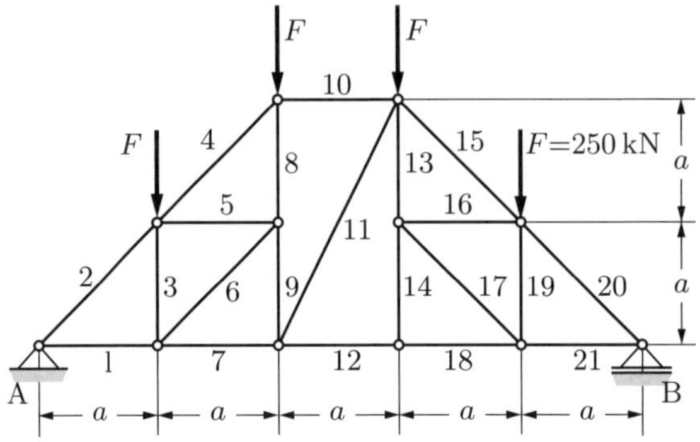

Abb. A10-5

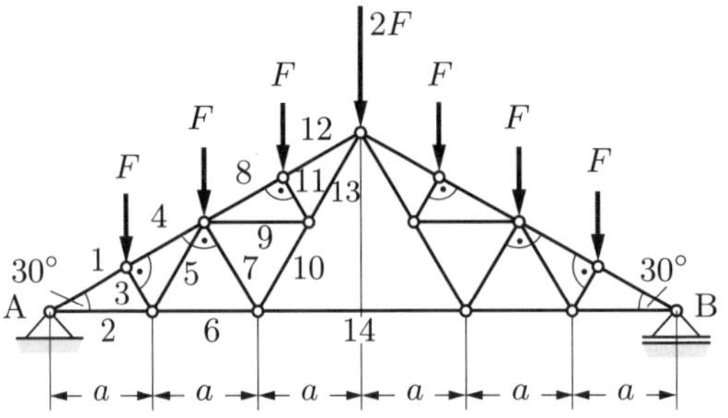

Abb. A10-6

A10-7 Für den skizzierten Stabverband sind alle Stabkräfte zu bestimmen.

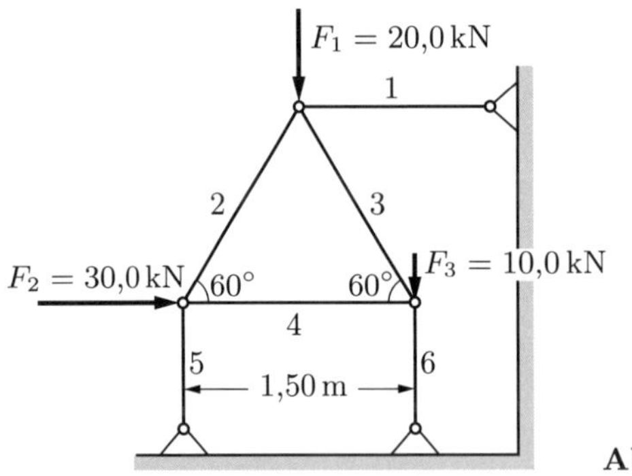

Abb. A10-7

10.5 Zusammenfassung

Das ideale Fachwerk ist ein Stabverband, dessen Stäbe in reibungslos angenommenen Gelenken miteinander verbunden sind. Die Belastung erfolgt nur in den Gelenken. Unter diesen Voraussetzungen werden die Stäbe nur auf Zug oder Druck beansprucht, d.h. die Stabachsen sind gleichzeitig Wirkungslinien von Kräften.

Ein Fachwerk ist statisch bestimmt, wenn zwischen Stabanzahl s und Knotenanzahl k die Bezeichnung $s = 2k$ besteht. Dabei werden für ein Festlager zwei Stäbe, für ein Loslager ein Stab gezählt. Für Teilfachwerke muss $s = 2k - 3$ gelten (s. Abschnitt 10.2).

An den Knoten entstehen Kräftesysteme mit gemeinsamem Angriffspunkt. Ausgehend von einem Knoten mit zwei unbekannten Stabkräften können alle Stabkräfte eines Fachwerkes mit einfachem Aufbau bestimmt werden. Ein Fachwerk mit nicht einfachem Aufbau erfordert die zusätzliche Berechnung einer Stabkraft nach dem Verfahren von RITTER.

Im Kapitel 12 werden die hier gewonnenen Kenntnisse auf einfache räumliche Fachwerke erweitert.

11 Reibung

11.1 Einführung

Reibungskräfte entstehen dort, wo zwei Körper sich berühren und von außen angreifende Kräfte versuchen, diese beiden Körper gegeneinander zu verschieben. Ein einfaches Beispiel ist eine Masse, die auf einer Unterlage verschoben werden soll (Abb. 11-1). In der Berührungsfläche wirken Reibungskräfte, die der Verschiebung entgegenwirken. Verursacht werden diese durch Oberflächenrauigkeiten. Der Körper muss, ehe Bewegung einsetzt, die Unebenheiten der Oberflächen wegdrücken oder er muss über sie gehoben werden.

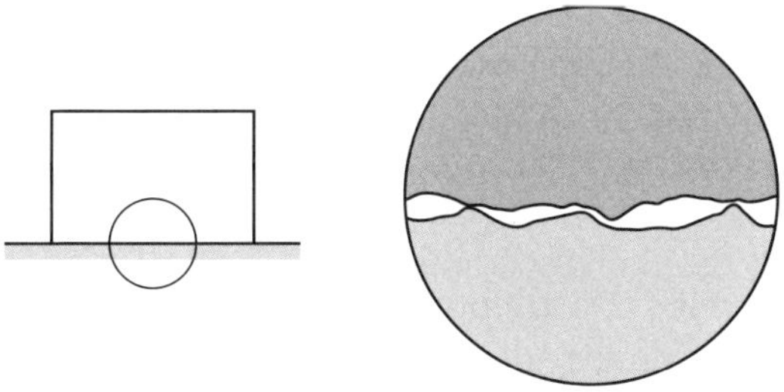

Abb. 11-1: Block auf rauer Oberfläche

Das nachfolgende Kapitel befasst sich mit der trockenen Reibung, d.h. mit Reibungsvorgängen, bei denen starre Körper sich berühren und nicht durch einen Schmierfilm voneinander getrennt sind. Bei Vorhandensein einer Schmierschicht, die die Oberflächenrauigkeiten ausfüllt, aber eine direkte Berührung der Oberflächen nicht verhindert, rechnet man nach den Gesetzen der trockenen Reibung mit entsprechenden Erfahrungswerten. Ein Schmierfilm, der die direkte Berührung verhindert, entsteht in Gleitlagern bei höheren Umfangsgeschwindigkeiten, wobei die Reibungskräfte in der Ölschicht wirksam sind. Die Erkenntnisse der Hydromechanik müssen deshalb für die Berechnung der Reibungskräfte herangezogen werden.

Bei sehr vielen technischen Vorgängen verursacht die Reibung Verluste und Verschleiß. Die Schmiermittel-, Lagerforschung usw. befassen sich mit der Aufgabe, die Reibungskräfte und den durch sie verursachten Verschleiß möglichst klein zu halten. Auf der anderen Seite gibt es technische Bereiche, die möglichst große Reibungskräfte erfordern. Als Beispiel seien Kfz-Reifen, Reibungskupplungen und

Riementriebe genannt. Schrauben und Nägel wären ohne die Wirkung der Reibungskräfte als Befestigungselemente nicht nutzbar.

Aus dem oben Gesagten folgt, dass der in den vorigen Kapiteln eingeführte Begriff der glatten Oberfläche, die nur in senkrechter Richtung Kräfte übertragen kann, eine Vereinfachung darstellt. Man kann mit ihm arbeiten, wenn die auftretenden Reibungskräfte gegenüber den anderen Kräften vernachlässigt werden können.

Die Gleichungen, mit denen man die Reibungskräfte berechnet, gehen auf COULOMB[1] zurück. In diesem Zusammenhang werden im nächsten Abschnitt die Begriffe *Reibungszahl, Haftreibung, Gleitreibung, Reibungswinkel* eingeführt. Grundsätzliche Erkenntnisse gewinnt man bei Anwendung der Gleichungen auf Reibungsvorgänge an einer schiefen Ebene. Der Keil stellt letztlich auch eine schiefe Ebene dar. Viele Maschinenelemente nutzen seine Wirkung. Das *Gewinde* ist eine um einen Kreiszylinder geführte schiefe Ebene. In dem entsprechenden Abschnitt geht es um Anzugsmomente an Schrauben und Drehmomente an Verstellspindeln.

Die Vielfalt der Elemente, für die Reibungswirkungen berechnet werden müssen, ist so groß, dass eine weitere Gliederung nicht sinnvoll erscheint. In dem Abschnitt 11.6 wird deshalb versucht, für typische Anwendungsfälle allgemeine und günstige Lösungswege aufzuzeigen.

Unter der Überschrift „Zapfenreibung“ wird das Reibungsgesetz auf eine zylindrische Fläche angewendet. Hier ist es notwendig, die Reibungszahl neu zu definieren. Das ist die *Zapfenreibungszahl.* Das *umschlungene Seil* (*Seilreibung*) ist ein wichtiges Element bei der Leistungsübertragung mit Riemen und allgemein in der Fördertechnik. Die Berechnung der Seilkräfte erfolgt mit der Gleichung von EYTELWEIN[2]. Der letzte Abschnitt dieses umfangreichen Kapitels befasst sich mit der *Rollreibung*. Das ist ein sehr schwieriges Thema. Nur über ein stark vereinfachendes Modell kommt man zu einer praktikablen Lösung. Die *Rollreibungszahl* kann man aus dem „*Arm der rollenden Reibung*“ berechnen.

[1] COULOMB, Charles (1736–1806), französischer Physiker
[2] EYTELWEIN, Johann Albert (1765–1849), deutscher Baumeister

11.2 Das COULOMBsche Reibungsgesetz

In diesem Abschnitt wird das grundlegende Gesetz behandelt, das die physikalischen Zusammenhänge beim Vorgang der trockenen Reibung starrer Körper erfasst. Schon an dieser Stelle sei vorweggenommen, dass die Berechnung der Reibungskräfte nur in Näherung möglich ist.

Der Ansatz zur Lösung des Problems erfolgt empirisch. Der grundlegende Versuch, von dem ausgegangen wird, ist in Abb. 11-2 dargestellt. Auf einer horizontalen Unterlage liegt eine Masse. Eine horizontale Kraft soll sie in Bewegung setzen. Diese Kraft wird messbar durch die aufgesetzten Gewichtsstücke ausgeübt. Das freigemachte System zeigt die Abb. 11-3. Die Gewichtskraft F_G wird

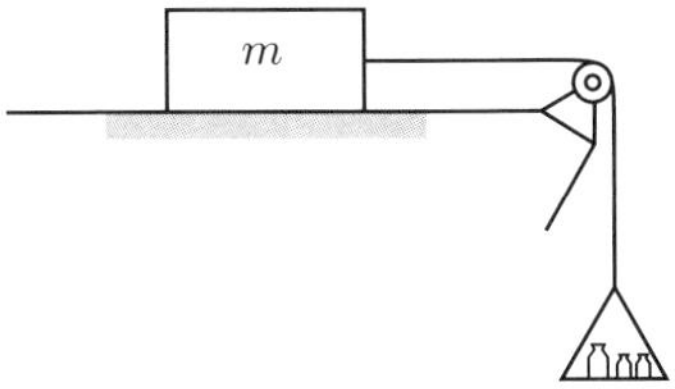

Abb. 11-2: Experimentelle Bestimmung der Reibungskraft

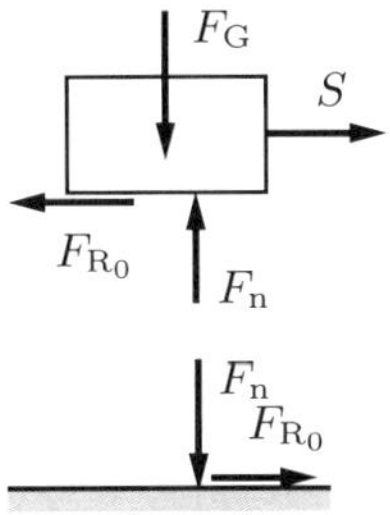

Abb. 11-3: Freigemachter Block

von der Normalkraft F_n kompensiert. Solange die aufgesetzten Gewichtsstücke die Masse nicht in Bewegung setzen, stehen die Seilkraft S und die Reibungskraft F_{R_0} im Gleichgewicht. Der Index 0 steht für den Ruhezustand, die so bezeichnete Kraft nennt man *Haftreibungskraft*. An dieser Stelle ist es wichtig, sich folgendes klarzumachen: *Die Größe der Haftreibungskraft ist kein Festwert, sondern kann sich zwischen Null und einem Maximalwert einstellen*, je nachdem, wie groß die anderen Kräfte sind. Die Gleichgewichtsbedingung $\sum F = 0$ wird so erfüllt. Die Reibungskraft wirkt entgegengesetzt der Richtung, in die Bewegung eingeleitet werden soll.

Es ist naheliegend, zu vermuten, dass die Größe der sich berührenden Flächen die maximale Reibungskraft beeinflusst. Zur Klärung dieser Frage wird ein Versuch nach Abb. 11-4 durchgeführt. Ein quaderförmiger Block mit allseitig gleicher Oberflächenbeschaffenheit wird nacheinander auf eine Seite gelegt. Die Größe der Kraft, die Bewegung verursacht, wird gemessen. Innerhalb der bei solchen Versuchen erreichbaren Genauigkeit ist in allen drei Fällen die Kraft gleich groß. *Die Reibungskraft ist von der Größe der berührenden Oberfläche unabhängig.* Bei kleineren Flächen ist die Kraft pro Flächeneinheit und damit die Flächenpressung größer. Das ergibt eine intensivere „Verzahnung“ der Rauigkeiten. Ist die

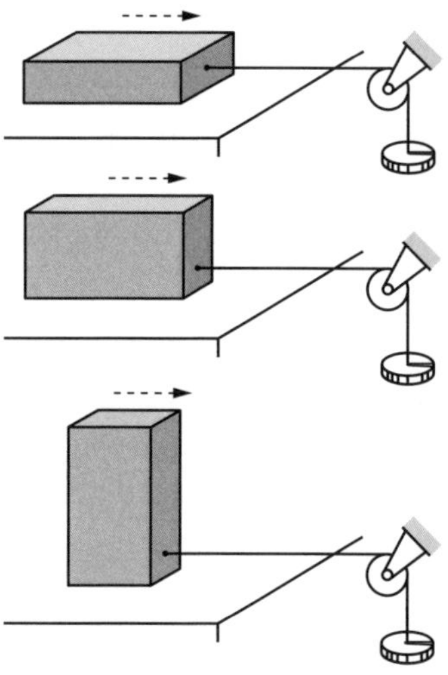

Abb. 11-4: Versuch zum Einfluss der Oberflächengröße auf die Reibungskraft

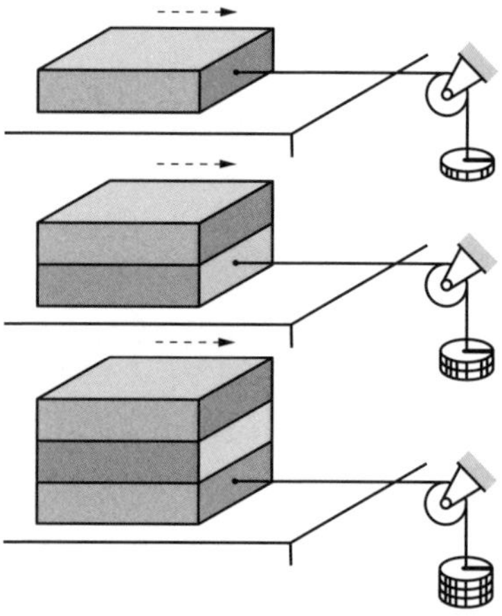

Abb. 11-5: Versuch zum Einfluss der Normalkraft auf die Reibungskraft

Flächenpressung jedoch so groß, dass sich die Körper ineinanderdrücken, kann man die Unabhängigkeit der Reibungskraft von der Größe der Berührungsfläche nicht mehr voraussetzen. Hier verlässt man den idealisierten Begriff „starrer Körper“. In diesem Fall handelt es sich mindestens teilweise um einen Formschluss. Das gilt z.B. für einen Reifen, der sich in den Straßenbelag „verkrallt“. Das unten formulierte COULOMBsche Gesetz, das den sehr komplexen Reibungsvorgang stark vereinfacht erfasst, berücksichtigt einen u.U. vorhandenen Einfluss der Oberflächengröße nicht.

Ein Versuch nach Abb. 11-5 soll Aufschluss über die Abhängigkeit der maximalen Haftreibungskraft von der Anpresskraft (Normalkraft) geben. Dazu wird die Normalkraft durch Aufsetzen von Massenstücken erhöht. Im gleichen Maß erhöht sich die zum Losreißen aufzuwendende Kraft. Diese ist gleich der maximalen Haftreibungskraft. Es besteht demnach folgende Proportionalität:

$$F_{\mathrm{R_0max}} \sim F_{\mathrm{n}}$$

Nach Einführung einer Proportionalitätskonstante erhält man

$$F_{\mathrm{R_0max}} = \mu_0 \cdot F_{\mathrm{n}}$$

Nach den Ausführungen oben gilt allgemein

$$F_{\mathrm{R_0}} < \mu_0 \cdot F_{\mathrm{n}} \qquad F_{\mathrm{R_0max}} = \mu_0 \cdot F_{\mathrm{n}} \tag{11-1}$$

Die Proportionalitätskonstante μ_0 nennt man *Haftreibungszahl.*

Die Haftreibungskraft erreicht ihren Maximalwert unmittelbar vor der einsetzenden Bewegung. Diese erfolgt beschleunigt, wobei weiterhin eine Reibungskraft wirkt. Man nennt sie *Gleitreibungskraft*. Für viele technische Vorgänge ist es notwendig, zu klären, wie sich die maximale Haftreibungs- und Gleitreibungskraft zueinander verhalten. Dazu wird ein Versuch nach Abb. 11-6 durchgeführt.

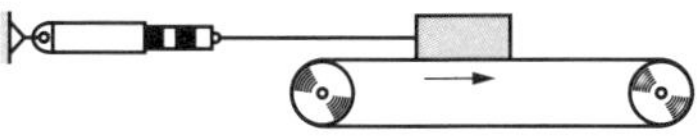

Abb. 11-6: Versuch zum Verhältnis der maximalen Haftreibungskraft zur Gleitreibungskraft

Auf einem Band liegt ein Block, der mit einer Federwaage verbunden ist. Das Band wird langsam in Bewegung gesetzt. Zunächst haftet der Block auf seiner Unterlage und spannt so die Waage. Diese zeigt die jeweils wirkende Kraft an. Unmittelbar vor dem Losreißen des Blocks vom Band liest man die größte Kraft ab. Rutscht das Band unter dem Block weg, geht die Anzeige auf einen kleineren Wert zurück. *Die Gleitreibungskraft ist kleiner als die maximale Haftreibungskraft.* Ein Beispiel dafür ist ein bremsendes Fahrzeug. Die Gleitreibungskraft beim Radieren des Reifens ist kleiner als die maximale Haftreibungskraft am gerade noch abrollenden Rad.

Der Einfluss der Normalkraft und der Oberflächengröße auf die Reibungskraft wird durch analoge Versuche geklärt. Man setzt mehrere Massenstücke auf das Band bzw. man dreht den Quader. Grundsätzlich ergeben sich gleiche Zusammenhänge wie bei der Haftreibung. Im Gegensatz zur Haftreibungskraft ist jedoch die Gleitreibungskraft etwa konstant. Man kann deshalb schreiben

$$F_{\mathrm{R}} = \mu \cdot F_{\mathrm{N}} \tag{11-2}$$

Die Proportionalitätskonstante μ nennt man *Gleitreibungszahl*.

Die Gleichungen (11-1)/(11-2) formulieren das COULOMBsche Gesetz. Reibungszahlen hängen von der Beschaffenheit der sich berührenden Oberflächen ab. Sie können nur experimentell ermittelt werden. Die Gleitreibungszahl kann zusätzlich von der Gleitgeschwindigkeit abhängen. Die Reibungszahlen streuen in einem verhältnismäßig weiten Bereich. Das ist dadurch bedingt, dass ein sehr komplexer Vorgang von einer einfachen Beziehung erfasst wird. Einige Anhaltswerte sind in einer Tabelle am Kapitelende zusammengestellt.

Der oben beschriebene Vorgang, eine Masse gegen eine Reibungskraft in Bewegung zu setzen, soll in einem Diagramm dargestellt werden. Dazu wird in einem Koordinatensystem die Reibungskraft über der äußeren Kraft (hier Seilkraft) nach Abb. 11-7 aufgetragen. Die jeweils dazugehörigen freigemachten Systeme sind eingezeichnet. Solange die Masse in Ruhe, d.h. im Bereich der Haftung

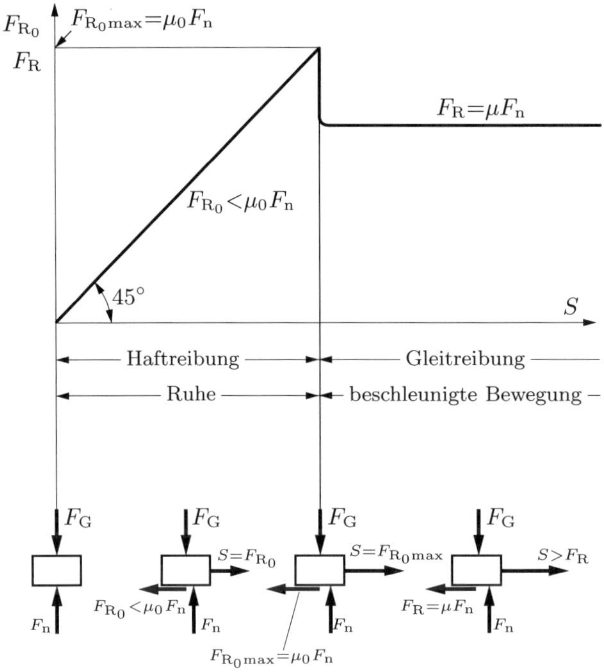

Abb. 11-7: Darstellung des Versuchs nach Abb. 11-2/11-3 im Diagramm

ist, sind Reibungs- und Seilkraft gleich. Für gleiche Maßstäbe ergibt sich im Diagramm eine Gerade unter 45°. Die Haftreibungskraft steigt bis zu einem Maximalwert. Dieser stellt sich unmittelbar vor der einsetzenden Bewegung ein. Eine weitere Zunahme der Seilkraft verursacht eine beschleunigte Bewegung. Die Reibungskraft sinkt auf den hier etwa konstant angenommenen Wert der Gleitreibung ab.

Die Lage der Resultierenden an einer reibungsbehafteten Fläche soll bestimmt werden. Die Zusammensetzung aus Normal- und Reibungskraft erfolgt nach Abb. 11-8. Der Richtungswinkel der resultierenden Kraft zur Flächennormalen ergibt sich zu

$$\tan \varrho_0 = \frac{\mu_0 \cdot F_n}{F_n}$$

$$\tan \varrho_0 = \mu_0; \qquad \tan \varrho = \mu \tag{11-3}$$

Den Winkel ϱ nennt man *Reibungswinkel.*

Im Grenzzustand Haften/Gleiten (maximale Haftreibungskraft) liegt die Resultierende auf einem Kegelmantel mit dem Öffnungswinkel $2\varrho_0$ (s. Abb. 11-9). Befindet sich der Körper in Ruhe, jedoch nicht in diesem Grenzzustand, ist sie innerhalb dieses Kegels. Die Lage ergibt sich aus den Gleichgewichtsbedingungen.

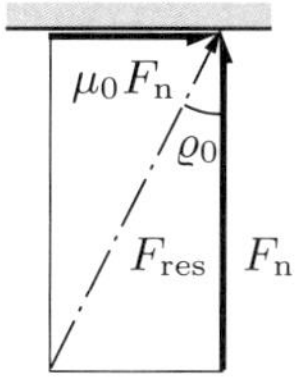

Abb. 11-8: Reibungswinkel

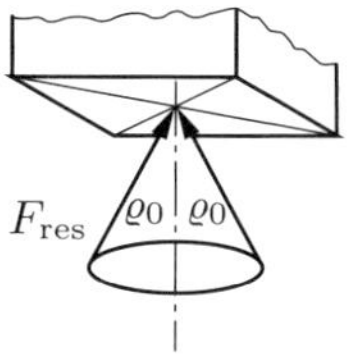

Abb. 11-9: Reibungskegel

Beim Gleiten liegt die Resultierende auf einem Kegelmantel mit dem Öffnungswinkel 2ϱ. Die einzelnen Fälle fasst die folgende Tabelle zusammen.

	Lage der resultierenden Kraft an der Oberfläche	Größe der Reibungskraft
Haftreibung (Ruhezustand)	innerhalb Kegel $2\varrho_0$	$< \mu_0 \cdot F_n$
max. Haftreibung, Grenzzustand einsetzende Bewegung	auf Kegelmantel $2\varrho_0$	$= \mu_0 \cdot F_n$
Gleitreibung	auf Kegelmantel 2ϱ	$= \mu \cdot F_n$

11.3 Die schiefe Ebene

Ausgegangen wird von einem Block, der auf einer schiefen Ebene liegt. Die Bedingung für diesen Gleichgewichtszustand kann man verschieden formulieren. Erstens: Hangabtriebs- und Reibungskraft heben sich gegenseitig auf. Zweitens: Gewichtskraft und resultierende Kraft an der Auflagefläche des Blocks sind im Gleichgewicht. An diese zweite Bedingung wird angeknüpft.

Für verschiedene Steigungswinkel der schiefen Ebene ist die Masse in Abb. 11-10 freigemacht dargestellt. Gewichtskraft und Resultierende sind für den Ruhezustand kollinear, gleich groß und entgegengesetzt gerichtet (1. Lehrsatz). Die erste Bedingung führt auf die Schlussfolgerung, dass im Grenzzustand einsetzender Bewegung $\varrho_0 = \alpha$ ist. Damit kann man Haftreibungswinkel mit Hilfe eines einfachen Versuchs bestimmen. Auf eine ebene Unterlage, deren Neigung veränderlich ist, wird ein Block beliebiger Masse gelegt. Die Berührungsflächen müssen der Paarung (Stoff und Oberfläche) entsprechen, für die die Reibungszahl gesucht ist. Jetzt wird langsam die Neigung der Unterlage vergrößert, bis Bewegung einsetzt. Dieser Winkel wird gemessen. Er entspricht innerhalb der Genauigkeit, die

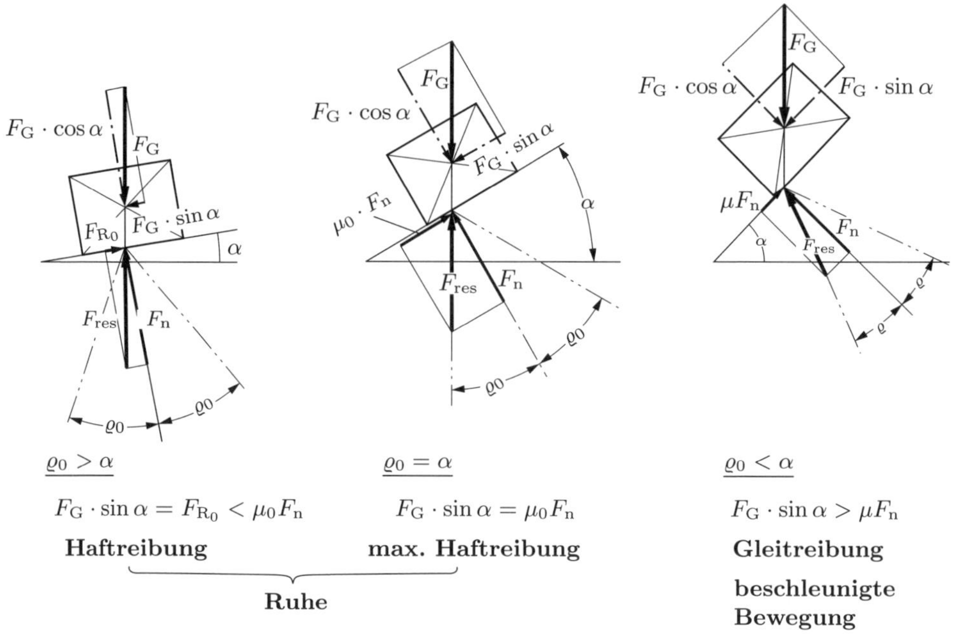

Abb. 11-10: Block auf schiefer Ebene

hier möglich ist, dem Haftreibungswinkel. Mit der Gleichung (11-3) kann man die Haftreibungszahl berechnen.

Die an der Auflagefläche der Masse wirkende Normalkraft ist die Resultierende einer Flächenlast bzw. Flächenpressung. Die Lage der Resultierenden hängt vom

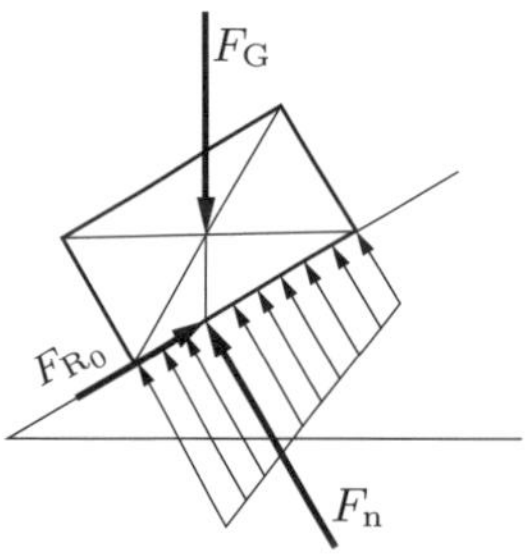

Abb. 11-11: Verteilung der Kräfte am Block

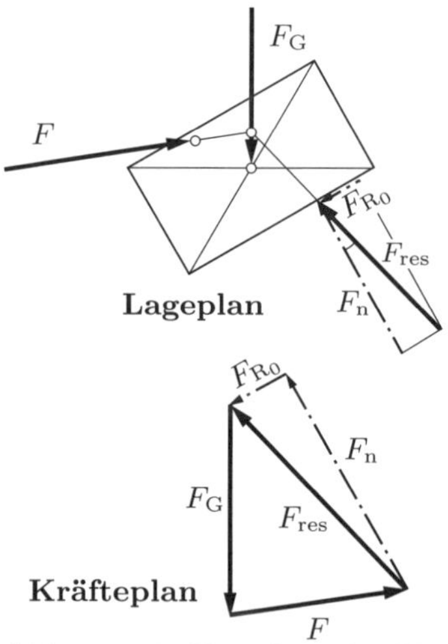

Abb. 11-12: Verteilung der Kräfte am Block bei Wirkung einer zusätzlichen Kraft

Neigungswinkel ab. Das zeigen die Systeme in Abb. 11-10. Die Flächenpressung ist deshalb nicht gleichmäßig verteilt, sondern stellt sich je nach Belastung ein. Eine qualitative Darstellung ist in Abb. 11-11 gegeben.

Eine zusätzliche Kraft am Block nach Abb. 11-12 führt zu einer Veränderung der Oberflächenkräfte und damit der Lage der Normalkraft. Die nunmehr vorhandenen drei Kräfte haben im Gleichgewichtszustand einen gemeinsamen Angriffspunkt. Diese Bedingung führt auf den abgebildeten Lage- und Kräfteplan. Die zusätzlich angreifende Kraft F könnte die Resultierende mehrerer Kräfte sein.

Beispiel 1 (Abb. 11-13)

Eine Maschine ($m = 2000\,\text{kg}$) soll nach Skizze mit einem Seil eine Rampe heraufgezogen werden. Die Schwerpunktlage S der Maschine ist bekannt. Für trockene Oberflächen wird die Reibungszahl zu 0,4 geschätzt. Für diesen Fall ist zu untersuchen, ob die Gefahr des Umkippens der Maschine besteht. Für eine durch Schmierung verringerte Reibungszahl von 0,15 ist die zum Heraufziehen notwendige Seilkraft F_S zu bestimmen.

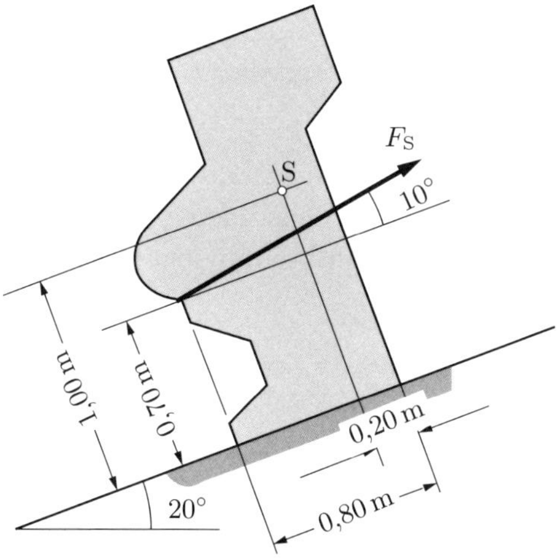

Abb. 11-13: Maschine auf schiefer Ebene

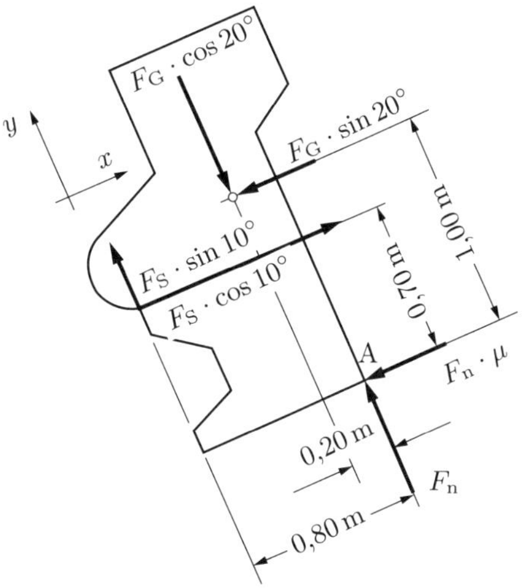

Abb. 11-14: Freigemachte Maschine

Lösung (Abb. 11-14/11-15/11-16)

Für den Grenzfall des Kippens greifen die Oberflächenkräfte in der rechten Auflagekante an. Das System wird nach Abb. 11-14 freigemacht. Die drei Gleichgewichtsbedingungen ergeben

$$\sum M_A = 0;$$

$$F_G \cdot \cos 20° \cdot 0{,}20\,\text{m} + F_G \cdot \sin 20° \cdot 1{,}0\,\text{m}$$

$$- F_S \cdot \cos 10° \cdot 0{,}70\,\text{m} - F_S \cdot \sin 10° \cdot 0{,}80\,\text{m} = 0$$

Mit $F_G = 19{,}62\,\text{kN}$ ist

$$F_S = \frac{19{,}62\,\text{kN}\ (0{,}20\,\text{m} \cdot \cos 20° + 1{,}0\,\text{m} \cdot \sin 20°)}{0{,}70\,\text{m} \cdot \cos 10° + 0{,}80\,\text{m} \cdot \sin 10°} = 12{,}55\,\text{kN}$$

$$\sum F_y = 0; \qquad F_n - F_G \cdot \cos 20° + F_S \cdot \sin 10° = 0$$

$$F_n = 19{,}62\,\text{kN} \cdot \cos 20° - 12{,}55\,\text{kN} \cdot \sin 10°$$

$$F_n = 16{,}26\,\text{kN}$$

$$\sum F_x = 0; \qquad F_S \cdot \cos 10° - F_G \cdot \sin 20° - F_n \cdot \mu = 0$$

$$\mu = \frac{12{,}55\,\text{kN} \cdot \cos 10° - 19{,}62\,\text{kN} \cdot \sin 20°}{16{,}26\,\text{kN}}$$

$$\underline{\mu = 0{,}35}\,.$$

Die vorhandene Reibung ist größer als die hier errechnete, d.h. die Kante A kann sich nicht nach rechts bewegen und die Maschine würde kippen.

Die graphische Lösung dieses Aufgabenteils zeigt die Abb. 11-15. Die Wirkungslinien von drei Kräften im Gleichgewicht schneiden sich in einem Punkt. Dieser Schnittpunkt wird festgelegt durch die bekannten Wirkungslinien von F_G und F_S. Das ergibt die Richtung der Kraft an der Kante A und damit den Reibungswinkel. Man misst $\varrho \approx 19°$. Es ist $\tan\varrho = \mu \approx 0{,}35$.

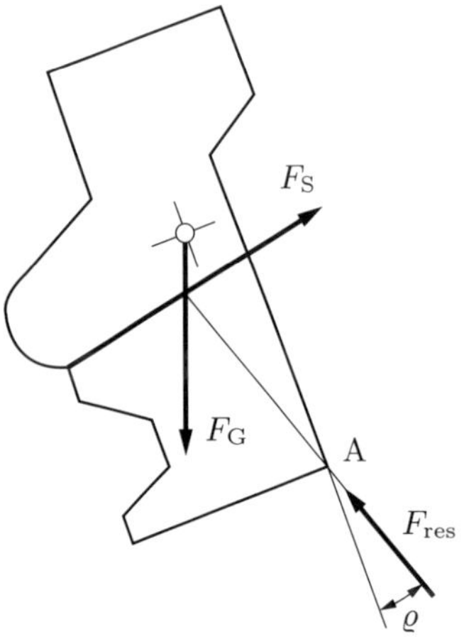

Abb. 11-15: Maschine im Grenzzustand des Kippens

Die Berechnung der Seilkraft für die verminderte Reibung kann aus den Bedingungen $\sum F_x = 0$ und $\sum F_y = 0$ für das System Abb. 11-14 erfolgen. Für diesen Teil der Aufgabe darf die Momentengleichung nicht verwendet werden, da jetzt die Lage der resultierenden Kraft unten nicht bekannt ist. Es liegt infolge stark verringerter Reibung der Grenzfall Kippen nicht vor.

$$\left.\begin{aligned} \sum F_y = 0; &\qquad F_S \cdot \sin 10^\circ + F_n - F_G \cdot \cos 20^\circ = 0 \quad (1)\\ \sum F_x = 0; &\qquad F_S \cdot \cos 10^\circ - F_n \cdot \mu - F_G \cdot \sin 20^\circ = 0 \,. \quad (2) \end{aligned}\right\} \text{mit } \mu = 0{,}15$$

Das sind zwei Gleichungen für F_S und F_n. Die Gleichung (1) wird mit μ multipliziert, beide Gleichungen werden addiert.

$$F_S\ (\mu \cdot \sin 10^\circ + \cos 10^\circ) - F_G\ (\mu \cdot \cos 20^\circ + \sin 20^\circ) = 0$$

$$F_S = \frac{19{,}62\,\text{kN}\ (0{,}15 \cdot \cos 20^\circ + \sin 20^\circ)}{0{,}15 \cdot \sin 10^\circ + \cos 10^\circ}$$

$$\underline{F_S = 9{,}37\,\text{kN}}$$

Schneller zum Ziel führt das graphische Verfahren (Abb. 11-16), das durch eine Rechnung ergänzt wird. Die Richtung der resultierenden Kraft an der Unterseite ist bekannt ($\varrho = \arctan \mu = 8{,}5^\circ$). Aus dem gleichsinnig geschlossenen Dreieck, das man auch als Skizze anfertigen kann, ergibt der sin-Satz:

$$\frac{F_S}{\sin 28{,}5^\circ} = \frac{F_G}{\sin 91{,}5^\circ};$$

$$\underline{F_S} = \frac{\sin 28{,}5^\circ}{\sin 91{,}5^\circ} \cdot 19{,}62\,\text{kN} \underline{= 9{,}37\,\text{kN}}\,.$$

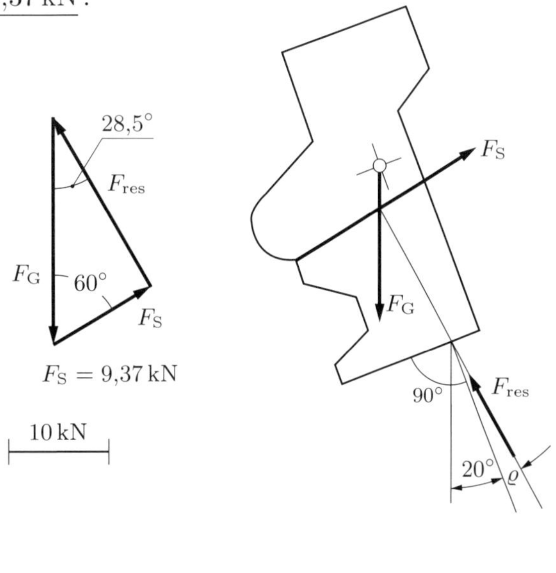

Abb. 11-16: Graphische Lösung für Maschine auf schiefer Ebene

Beispiel 2 (Abb. 11-17)

Drei miteinander verbundene Massen ($m = 30\,\text{kg}$) werden wie abgebildet eine aufsteigende Bahn heraufgezogen. Der Reibungsbeiwert beträgt $\mu = 0{,}2$. Zu bestimmen ist die zum Ziehen notwendige Stangenkraft F_S. Das vorliegende System kann als Modell für eine Baggerkette aufgefasst werden.

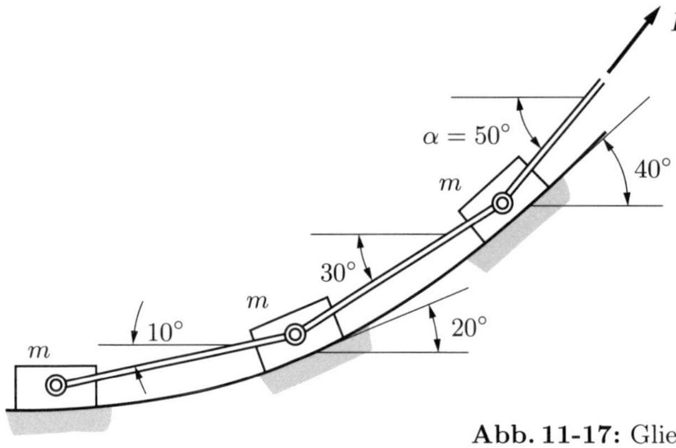

Abb. 11-17: Gliederkette mit Massen

Lösung (Abb. 11-18/11-19)

Die Einzelmassen werden freigemacht. Die Lage der resultierenden Kraft an der Auflageseite ergibt sich aus dem Reibungswinkel $\varrho = \operatorname{arc\,tan} \mu = 11{,}3°$ und der Neigung der Bahn. Für die analytische Lösung ist es am einfachsten, mit gedrehten Koordinatensystemen zu arbeiten, wobei die y-Achse in Richtung von F_res gelegt wird. Die Gleichung $\sum F_\text{x} = 0$ lässt sich dann nach F_S auflösen.

Masse 1:

$$\sum F_\text{x} = 0; \qquad F_{\text{S}_1} \cdot \cos 1{,}3° - F_\text{G} \cdot \sin 11{,}3° = 0$$
$$F_{\text{S}_1} = 57{,}7\,\text{N}$$

Masse 2:

$$\sum F_\text{x} = 0; \qquad F_{\text{S}_2} \cdot \cos 1{,}3° - F_{\text{S}_1} \cdot \cos 21{,}3° - F_\text{G} \cdot \sin 31{,}3° = 0$$
$$F_{\text{S}_2} = 206{,}7\,\text{N}$$

Masse 3:

$$\sum F_\text{x} = 0; \qquad F_\text{S} \cdot \cos 1{,}3° - F_{\text{S}_2} \cdot \cos 21{,}3° - F_\text{G} \cdot \sin 51{,}3° = 0$$
$$\underline{F_\text{S} = 422\,\text{N}}\,.$$

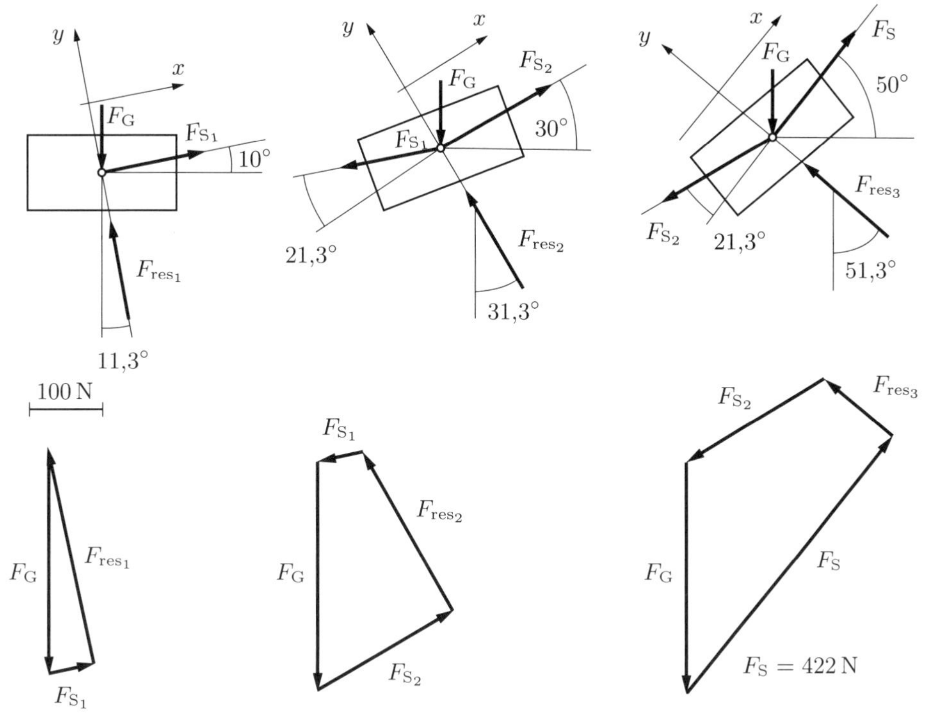

Abb. 11-18: Freigemachte Einzelmassen

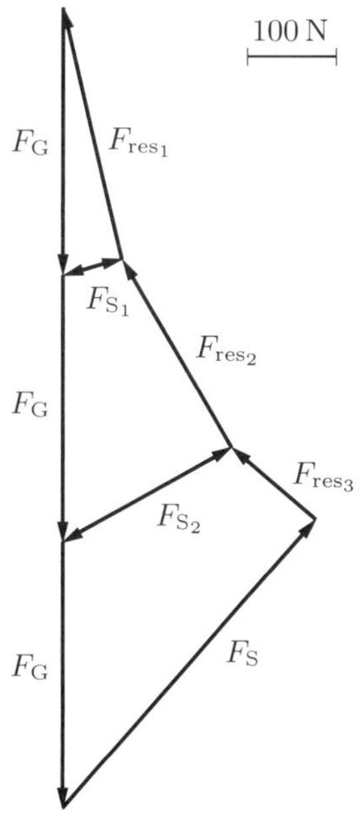

Abb. 11-19: Zusammengesetzte Kraftecke

Grundsätzlich kann die analytische Lösung auch mit Normal- und Reibungskraft erfolgen. Für diesen Weg müssen an der Auflagefläche die Normalkraft F_n und entgegengesetzt der Bewegung die Reibungskraft $\mu \cdot F_n$ eingeführt werden. Alle anderen Kräfte sind in Tangential- und Normalrichtung zu zerlegen. Die Gleichgewichtsbedingungen $\sum F_t = 0$ und $\sum F_n = 0$ sind Bestimmungsgleichungen für F_n und F_S. Dieser Weg ist deutlich länger, als Übungsaufgabe sei er jedoch empfohlen.

Die Abb. 11-18 zeigt die Kraftecke der graphischen Lösung. Auch hier muss die Konstruktion an der Masse 1 begonnen werden. Es ist möglich, die Kraftecke so aneinander zu setzen, dass sich ein geschlossenes Krafteck der äußeren Kräfte ergibt mit den Stangenkräften als inneren Kräften (Abb. 11-19).

Beispiel 3 (Abb. 11-20)

Auf einer schiefen Ebene liegt ein homogener Block der Masse m. Die zentrisch angreifende Kraft F wirkt nach Skizze parallel zur Grundkante der schiefen Ebene. Zu bestimmen ist die Kraft, die den Block bei allseitig gleicher Reibung in Bewegung setzt. Die allgemeine Lösung soll diskutiert und mit den gegebenen Daten ausgewertet werden.

$$m = 10{,}0\,\text{kg}; \qquad \alpha = 20°; \qquad \mu_0 = 0{,}50$$

Lösung

Es wird ein räumliches Koordinatensystem nach Abb. 11-21 eingeführt. Die Gewichtskraft wird in die x- und y-Richtung zerlegt, die Reibungskraft in x- und

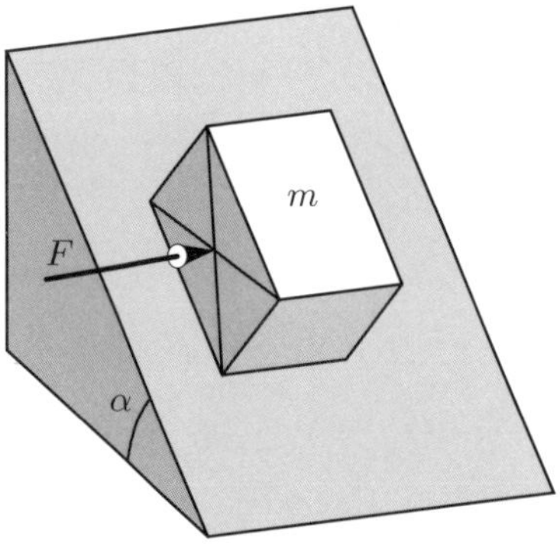

Abb. 11-20: Block auf schiefer Ebene mit quer wirkender Kraft

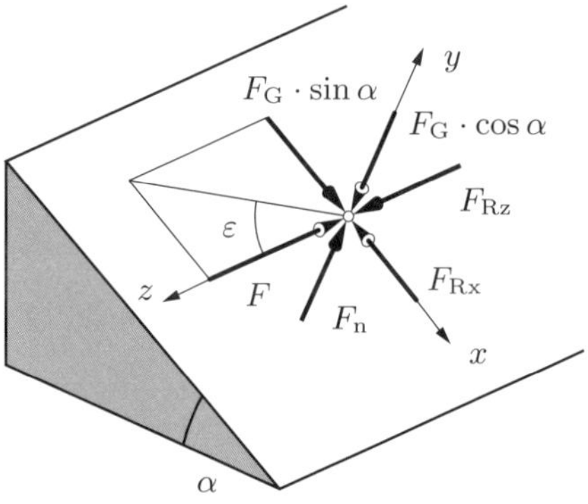

Abb. 11-21: Kräfte am Block, im Schwerpunkt vereinigt

z-Richtung. Die Gleichgewichtsbedingungen lauten

$$\sum F_x = 0 \qquad F_{Rx} = F_G \cdot \sin\alpha \tag{1}$$

$$\sum F_y = 0 \qquad F_n = F_G \cdot \cos\alpha \tag{2}$$

$$\sum F_z = 0 \qquad F_{Rz} = F \tag{3}$$

Die resultierende Reibungskraft ist

$$F_R = \sqrt{F_{Rx}^2 + F_{Rz}^2}$$

Bewegung setzt ein, wenn diese gleich der maximalen Haftreibungskraft ist

$$\mu_0 \cdot F_n = \sqrt{F_{Rx}^2 + F_{Rz}^2}$$

Zusammen mit den Beziehungen (1), (2) und (3) ergibt das

$$(\mu_0 \cdot F_G \cdot \cos\alpha)^2 = F_G^2 \cdot \sin^2\alpha + F^2$$

$$F^2 = F_G^2\,(\mu_0^2 \cdot \cos^2\alpha - \sin^2\alpha)$$

$$F^2 = F_G^2 \cdot \sin^2\alpha \left[\left(\frac{\mu_0}{\tan\alpha}\right)^2 - 1\right]$$

$$F = m \cdot g \cdot \sin\alpha \cdot \sqrt{\left(\frac{\mu_0}{\tan\alpha}\right)^2 - 1} \tag{4}$$

Die Bewegung des Blocks erfolgt in Richtung der Resultierenden aus F und $F_G \cdot \sin\alpha$, denn diese ist die Ursache der Bewegung. Die Größe des Winkels beträgt nach Abb. 11-21

$$\tan\varepsilon = \frac{F_G \cdot \sin\alpha}{F} = \frac{m \cdot g \cdot \sin\alpha}{m \cdot g \cdot \sin\alpha \cdot \sqrt{\left(\frac{\mu_0}{\tan\alpha}\right)^2 - 1}}$$

$$\tan\varepsilon = \frac{1}{\sqrt{\left(\frac{\mu_0}{\tan\alpha}\right)^2 - 1}} \tag{5}$$

Die Gleichungen (4) und (5) stellen die allgemeine Lösung des Problems dar. Sie sollen diskutiert werden. Man kann folgende Fälle unterscheiden:

$\mu_0 < \tan\alpha$ — Da für diese Bedingung der Block ohnehin gleitet, ergeben sich imaginäre Werte.

$\left.\begin{array}{l}\mu_0 = \tan\alpha \\ F = 0; \\ \varepsilon = 90^\circ\end{array}\right\}$ Das ist der Grenzfall Haften/Gleiten nach Abb. 11-10

$$\mu_0 > \tan\alpha \quad \Rightarrow \quad F > 0; \quad 0^\circ < \varepsilon < 90^\circ$$

Dieser letzte Fall ist besonders interessant. Obwohl die Haftreibung eigentlich zu groß ist, setzt eine Bewegung mit einer Komponente nach unten ein. Wie aus der Gleichung (5) folgt, hat auch bei sehr großen Reibungszahlen die Bewegung eine Abwärtskomponente. *Voraussetzung ist, dass durch die Kraft F eine Querbewegung eingeleitet wurde. Das System verhält sich so, als wäre in Abwärtsrichtung die Reibung aufgehoben.* Bei der Berechnung von Keilriemen, konischen Reibungskupplungen u.ä. geht dieser hier beschriebene Effekt ein. In den entsprechenden Abschnitten wird darauf Bezug genommen.

Die zahlenmäßige Auswertung ergibt für die gegebenen Daten:

$$F = (10 \cdot 9{,}81)\,\mathrm{N} \cdot \sin 20^\circ \sqrt{\left(\frac{0{,}50}{\tan 20^\circ}\right)^2 - 1}$$

$$\underline{F = 31{,}6\,\mathrm{N}}$$

$$\tan\varepsilon = \frac{1}{\sqrt{\left(\frac{0{,}50}{\tan 20^\circ}\right)^2 - 1}}; \quad \underline{\varepsilon = 46{,}7^\circ}$$

Auf einer schiefen Ebene mit dem Neigungswinkel von 20° gleitet ein Gegenstand herunter, wenn die Reibungszahl 0,36 oder kleiner ist ($\tan 20^\circ = 0{,}36$). Infolge der quer wirkenden Kraft F rutscht hier die Masse mit einer Abwärtskomponente auch bei einer deutlich höheren Reibungszahl von 0,5. Sie täte das auch bei noch größeren Reibungszahlen. Diese würden nur die Richtung beeinflussen.

Aufgaben zum Abschnitt 11.3

Hinweis: Alle Aufgaben sind analytisch zu lösen. Für viele Aufgaben ist es vorteilhaft, den Reibungswinkel einzuführen und die Skizze des Kräfteplans zur Grundlage der Berechnung zu machen. Die Ergebnisse sind graphisch zu kontrollieren.

A11-1 Auf einer schiefen Ebene liegt wie skizziert eine Masse, an der eine Kraft angreift. Die Haft- und Gleitreibungszahl seien bekannt. Zu bestimmen sind

a) die Kraft F, die notwendig ist, um die Masse in Bewegung zu setzen,
b) die Kraft F für eine Bewegung mit konstanter Geschwindigkeit nach oben,
c) die Kraft F, die notwendig ist, um ein Heruntergleiten zu verhindern, falls $\varrho_0 < \alpha$ ist.

Die allgemeine Lösung ist für $m = 1200\,\text{kg}$; $\alpha = 20°$; $\beta = 25°$; $\mu_0 = 0{,}15$ und $\mu = 0{,}10$ auszuwerten.

A11-2 Die abgebildete Masse soll mit minimaler Kraft nach rechts oben in Bewegung gesetzt werden. Unter welchem Winkel β muss sie angreifen und wie groß ist sie? Daten s. A11-1.

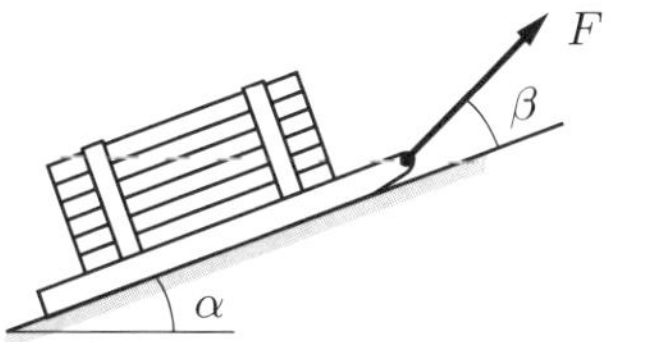

Abb. A11-1/A11-2

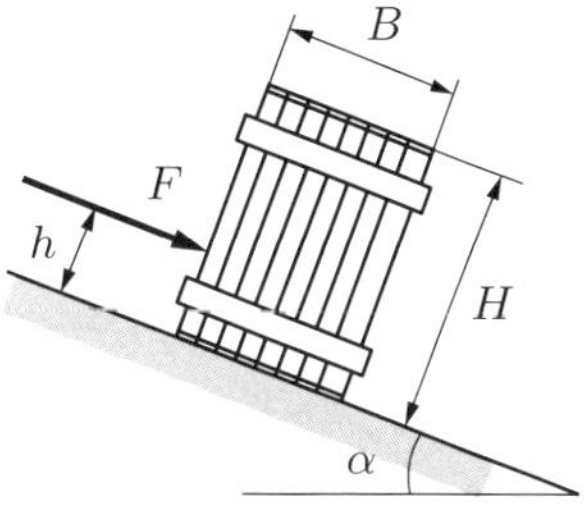

Abb. A11-3

A11-3 Eine Kiste, deren Schwerpunkt im Schnittpunkt der Raumdiagonalen liegt, soll auf der Rampe heruntergeschoben werden. Dabei darf die Kiste nicht gekippt werden. Wie groß muss die Kraft sein und in welcher Höhe darf sie maximal angreifen? Die Lösung soll allgemein erfolgen und für $m = 500\,\text{kg}$; $H = 1{,}50\,\text{m}$; $B = 1{,}00\,\text{m}$; $\alpha = 20°$ und $\mu_0 = 0{,}60$ ausgewertet werden.

A11-4 In dem skizzierten System wird die Masse A von der Masse B in Bewegung gesetzt. Das geschieht, wenn das Verhältnis $m_B/m_A = k$ ist. In allgemeiner Form und für $k = 0{,}050$; $\alpha = 30°$ ist μ_0 zu berechnen.

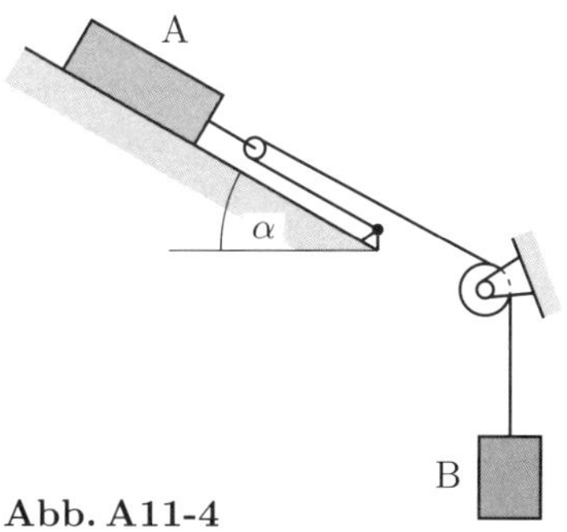

Abb. A11-4

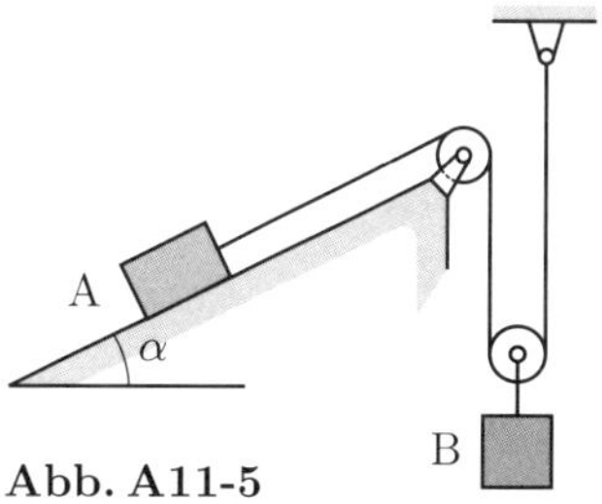

Abb. A11-5

A11-5 In dem skizzierten System kann die Masse B im Bereich $m_{\mathrm{B\,max}}$ und $m_{\mathrm{B\,min}}$ liegen, ohne dass Bewegung einsetzt. In allgemeiner Form und für die gegebenen Daten ist die Haftreibungszahl zu bestimmen.

$$m_\mathrm{A} = 20{,}0\,\mathrm{kg}; \quad m_{\mathrm{B\,max}} = 25\,\mathrm{kg}; \quad m_{\mathrm{B\,min}} = 15\,\mathrm{kg}; \quad \alpha = 30^\circ.$$

A11-6 Das skizzierte System besteht aus einer verschieblichen schiefen Ebene und einer mit einer horizontalen Stange gehaltenen Masse. Folgende Fälle sollen allgemein und für die gegebenen Daten untersucht werden:

a) $\varrho_0 > \alpha$: Notwendige Kraft für einsetzende Bewegung nach links und rechts ($\alpha = 8^\circ$; $\mu_0 = 0{,}2$),
b) $\varrho_0 < \alpha$: Kraft F, um System im Gleichgewicht zu halten ($\alpha = 8^\circ$; $\mu_0 = 0{,}1$),
c) Mindestreibung, wenn System ohne Eingriff der Kraft F im Gleichgewicht sein soll.

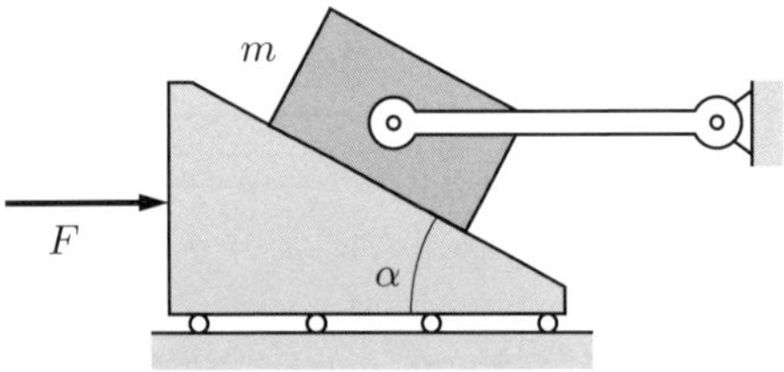

Abb. A11-6

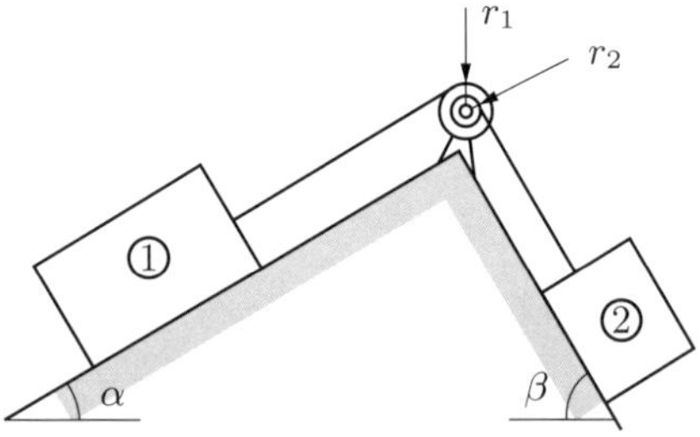

Abb. A11-7

A11-7 Die beiden auf schiefen Ebenen liegenden Massen sind mit Seilen über die reibungslose Stufenrolle ($r_1/r_2 = 2{,}0$) verbunden. Die Reibungsbedingungen seien für alle Flächen gleich. Für welchen Bereich des Quotienten m_2/m_1 ist das System im Gleichgewicht? Die allgemeine Lösung soll für $\alpha = 30^\circ$; $\beta = 60^\circ$ und $\mu_0 = 0{,}20$ ausgewertet werden.

A11-8 Zwei Massen sind nach Skizze mit einem Stab verbunden. Sie sollen mit einer minimalen Kraft in Bewegung gesetzt werden. Zu bestimmen sind $F_{\min}$ und α für

$$m_1 = 20\,\mathrm{kg}; \quad m_2 = 30\,\mathrm{kg}; \quad \mu_0 = 0{,}5; \quad \beta = 30^\circ; \quad \delta = 45^\circ.$$

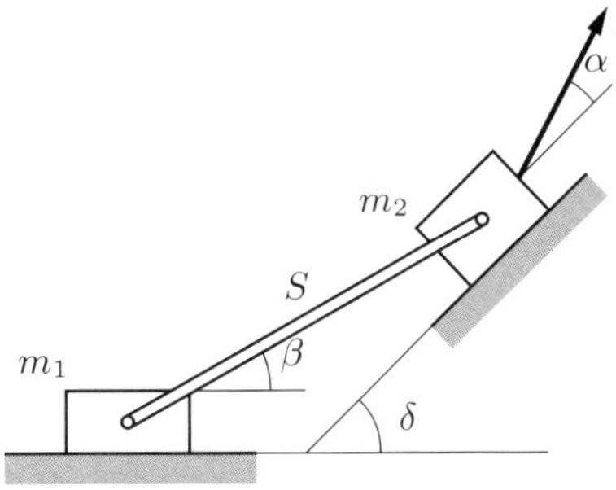

Abb. A11-8

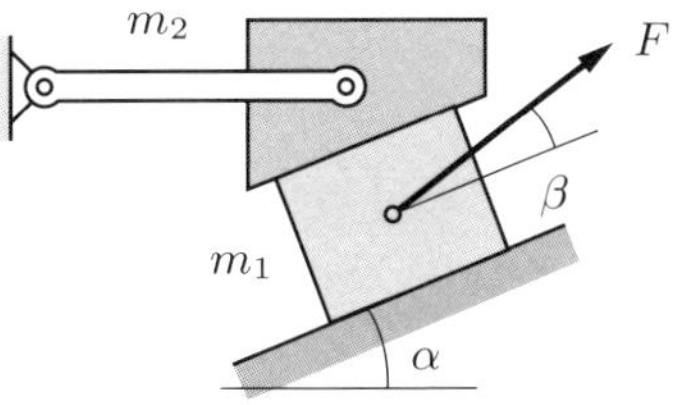

Abb. A11-9

A11-9 Das skizzierte System besteht aus zwei Massen auf einer schiefen Ebene. Die Masse m_1 soll mit minimaler Kraft herausgezogen werden. Zu bestimmen ist diese und der optimale Winkel β für

$$m_1 = 100\,\text{kg}; \quad m_2 = 200\,\text{kg}; \quad \alpha = 40^\circ; \quad \mu_0 = 0{,}15.$$

A11-10 Eine Stufenwalze ist mit einem Seil nach Skizze auf einer schiefen Ebene gehalten. Für den Fall $\alpha = \beta$ (Seil parallel zur schiefen Ebene) sind Seilkraft und an der Auflagestelle mindestens erforderliche Reibung (μ_0) für Gleichgewicht zu berechnen.

A11-11 Die Aufgabe A11-10 ist allgemein für den Fall $\alpha < \beta$ zu lösen.

A11-12 Eine homogene Walze wird nach Skizze eine Rampe hinaufgerollt. Wie groß muss für die Auflagestelle B die Haftreibungszahl mindestens sein, wenn für die unten gegebenen Daten die Walze ohne zu gleiten rollen soll? Wie groß muss für diese Bedingung die am Schild wirkende Schubkraft sein?

$$m = 200\,\text{kg}; \quad r = 0{,}50\,\text{m}; \quad \alpha = 30^\circ; \quad \mu_A = 0{,}20$$

A11-13 Eine homogene Walze liegt nach Skizze auf einer schiefen Ebene. Sie

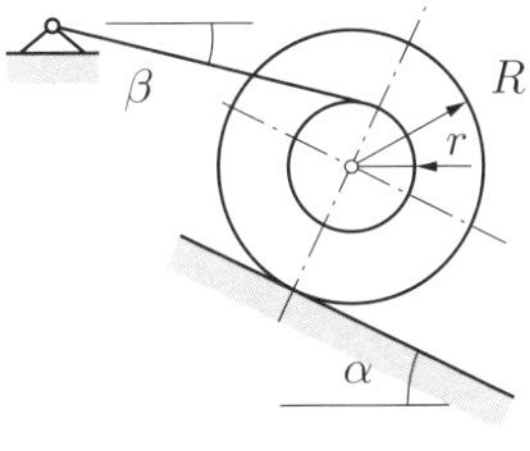

Abb. A11-10/A11-11

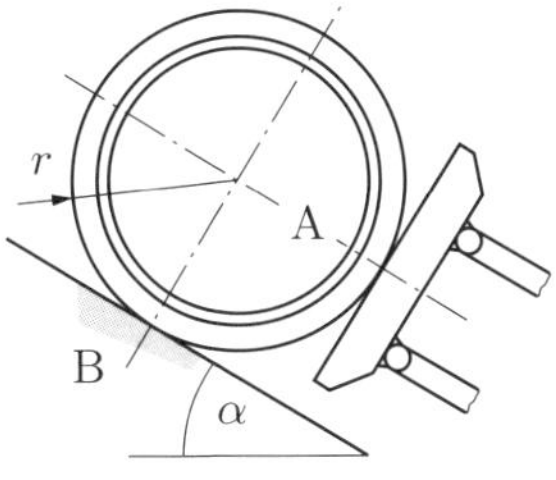

Abb. A11-12

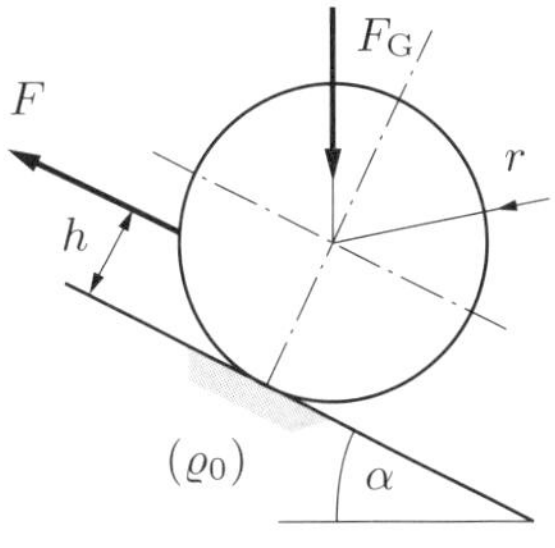

Abb. A11-13

soll mit der Kraft F nach oben in Bewegung gesetzt werden. Dabei soll sie auf der Unterlage abrollen. Für die beiden Fälle $h < r$ und $h > r$ sind die Kraft F und die mindestens notwendige Reibungszahl in der Auflagestelle zu bestimmen.

11.4 Der Keil

Keile werden zur Kraftübersetzung benutzt. Normalerweise sollen Kräfte durch die Wirkung des Keils vergrößert werden, z.B. beim Heben schwerer Lasten durch Eintreiben eines Keils. Bei richtiger Formgebung ist ein Keil selbsthemmend, d.h. er wird durch die Reibungskräfte in seiner Lage gehalten. Der Keil stellt ein einfaches Maschinenelement dar, das die Gesetze der schiefen Ebene anwendet.

Für die Bestimmung der Kräfte ist es zweckmäßig, mit Reibungswinkeln und Resultierenden von Reibungs- und Normalkräften zu arbeiten. Man kann das graphische und analytische Verfahren kombinieren, indem man die Kräftedreiecke nicht maßstäblich skizziert und die einzelnen Größen berechnet. Die Lage der Kräfte an den Keilen zu ermitteln, ist normalerweise nicht notwendig. Die Kräfte stellen sich so ein, dass Kräftesysteme mit gemeinsamem Angriffspunkt entstehen (s. Abb. 11-11/12). Die Eigenmassen der Keile werden immer vernachlässigt.

Wird ein System mit mehreren Keilen freigemacht, dann muss untersucht werden, wie sich die Keile bei Bewegung relativ zueinander verschieben. Danach wird die Lage der Kräfte F_{res} bestimmt, und zwar unter Beachtung der Tatsache, dass die Reibungskraft hemmend wirkt. Es sollte immer kontrolliert werden, ob der Lehrsatz actio = reactio an den freigemachten Stellen erfüllt ist.

Der Keilriementrieb nutzt die kraftverstärkende Wirkung eines Keils aus. Für den Keil nach Abb. 11-22 soll die durch Reibungsschluss übertragbare Kraft F_x berechnet werden. Der Keil wird mit der Normalkraft F_n in die Nut gedrückt. Das

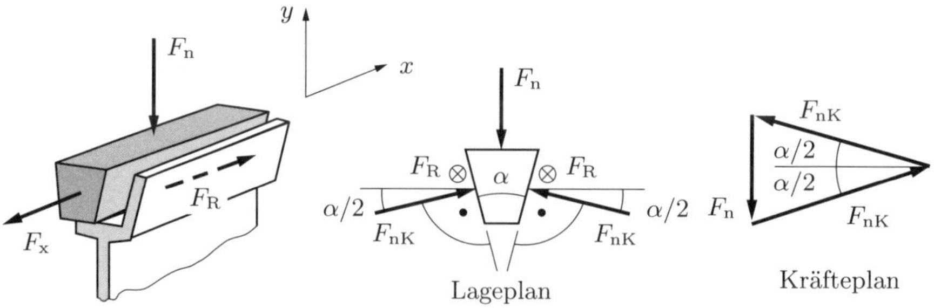

Abb. 11-22: Kräfte im Keilnut

freigemachte System liefert das abgebildete Kräftedreieck. Dabei ist zu beachten, dass der Keil so freigemacht wurde, als sei er in y-Richtung reibungsfrei. Durch geringe Schlupfbewegungen, wie sie z.B. am Keilriemen immer auftreten, gleichen sich Reibungen aus. In diesem Zusammenhang sei auf das Beispiel Abb. 11-20 und die dort geführte Diskussion verwiesen. Unter dieser Voraussetzung erhält man die Größe der Normalkraft an einer Keilfläche

$$F_{\mathrm{nK}} = \frac{F_{\mathrm{n}}/2}{\sin\dfrac{\alpha}{2}}$$

Diese erzeugt eine Reibungskraft

$$F_{\mathrm{R}} = \mu \cdot F_{\mathrm{nK}}$$

Für beide Flächen gilt

$$F_{\mathrm{x}} = 2F_{\mathrm{R}} = 2 \cdot \mu \cdot \frac{F_{\mathrm{n}}}{2} \cdot \frac{1}{\sin\dfrac{\alpha}{2}}$$

$$F_{\mathrm{x}} = \frac{\mu}{\sin\dfrac{\alpha}{2}} \cdot F_{\mathrm{n}}$$

Die Wirkung des Keils in Bezug auf die durch Reibung übertragbare Kraft kann man durch die Definition der *Keilnutreibungszahl* beschreiben.

$$\mu' = \frac{\mu}{\sin\dfrac{\alpha}{2}}; \quad \alpha \text{ Keilwinkel} \tag{11-4}$$

Nach den Ausführungen ist es einleuchtend, dass $\mu' > \mu$ ist.

Beispiel 1 (Abb. 11-23)

Die Abbildung zeigt in vereinfachter Form ein Spannschloss, wie es z.B. zum Verspannen verschiedener Bauelemente verwendet wird. Die Teile sollen mit einer Kraft von 20 kN gegeneinander gedrückt werden. Die Reibungszahl für alle Flächen wird zu 0,1 geschätzt. Zu bestimmen ist die notwendige Schraubenkraft. Diese könnte durch kontrolliertes Anziehen der Schraube mit einem Drehmomentenschlüssel eingehalten werden. Deshalb wird dieses Beispiel im Abschnitt 11.5 weitergeführt. Es ist weiter zu untersuchen, ob die Spannkraft erhalten bleibt, wenn die Schraube brechen sollte, d.h. ob der Keil selbsthemmend ist.

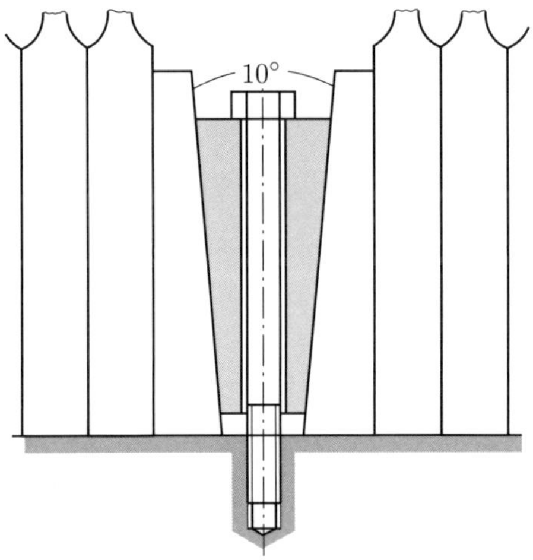

Abb. 11-23: Spannkeil

Lösung (Abb. 11-24/11-25)

Der Keil und die Zwischenstücke werden freigemacht. Da beim Festziehen die maximale Haftreibung überwunden werden muss, liegen die Resultierenden unter dem Winkel $\varrho_0 = \operatorname{arc\,tan} \mu_0 = 5{,}72$ zur Normalen. Der Keil wird nach unten gedrückt, die resultierenden Oberflächenkräfte müssen so wirken, dass die Reibungskraft nach oben gerichtet ist. Diese Überlegungen ergeben die Richtungen der Kräfte $F_{\text{res}\,1}$ und $F_{\text{res}\,2}$. Die dazugehörigen Reaktionskräfte wirken auf die Zwischenstücke. Diese verschieben sich etwas beim Anziehen der Schraube. Deshalb muss auch auf der Unterseite eine Reibungskraft eingeführt werden, die der Bewegung entgegengerichtet ist. Die resultierende Oberflächenkraft $F_{\text{res}\,3}$ ist aus diesem Grunde in angegebener Weise unter ϱ_0 zur Normalen gerichtet. Die Reaktionskraft der Spannkraft wirkt auf das eingeschobene Zwischenstück. Am linken Zwischenstück wirken die Kräfte symmetrisch (Index 4).

Der Kräfteplan besteht für die drei freigemachten Gebilde aus Dreiecken, die man so aneinander setzen kann, dass sich ein gleichsinnig geschlossenes Krafteck

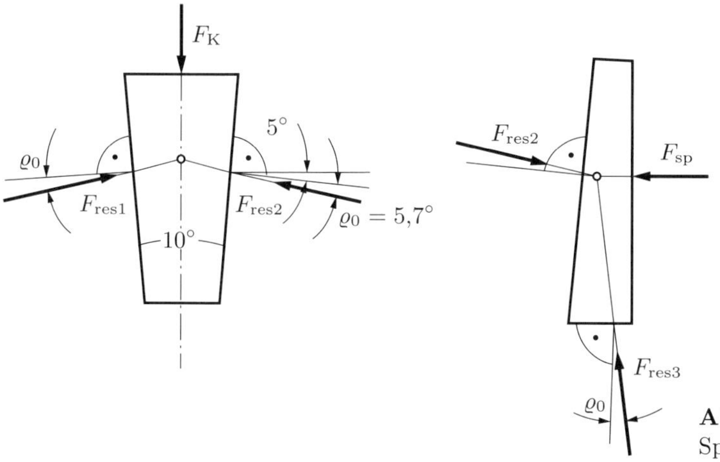

Abb. 11-24: Freigemachte Spannkeile

aus den Spannkräften, der Keilkraft und den Oberflächenkräften 3 und 4 ergibt (Abb. 11-25). Die Konstruktion muss am Zwischenstück beginnen, da hier die Kraft F_{sp} bekannt ist. Die Anwendung des sin-Satzes ergibt:

$$F_{res\,2} = \frac{\sin 95{,}7°}{\sin 73{,}6°} \cdot F_{sp};$$

$$F_K = \frac{\sin 21{,}4°}{\sin 79{,}3°} \cdot F_{res\,2} = \frac{\sin 21{,}4°}{\sin 79{,}3°} \cdot \frac{\sin 95{,}7°}{\sin 73{,}6°} \cdot F_{sp}$$

$$\underline{F_K = 7{,}70\,\text{kN (Schraubenkraft)}}\,.$$

Für den Fall, dass die Schraube brechen sollte, ist zu untersuchen, ob sich die beiden Keilkräfte $F_{res\,1}$ und $F_{res\,2}$ innerhalb des Reibungskegels kollinear einstellen können. Nur dann ist Gleichgewichtszustand unter Erhaltung der Spannkraft möglich, d.h. der Keil ist selbsthemmend. Der Grenzfall wäre, wie man sich am Keil Abb. 11-24 klar machen kann, $\varrho_0 = 5°$ für horizontal liegende Oberflächenkräfte. Dieser Reibungswinkel entspricht $\mu = \tan 5° = 0{,}087$. Da die vorhandene Reibungszahl höher ist, bleibt der Keil in Position, jedoch ist die Sicherheit ge-

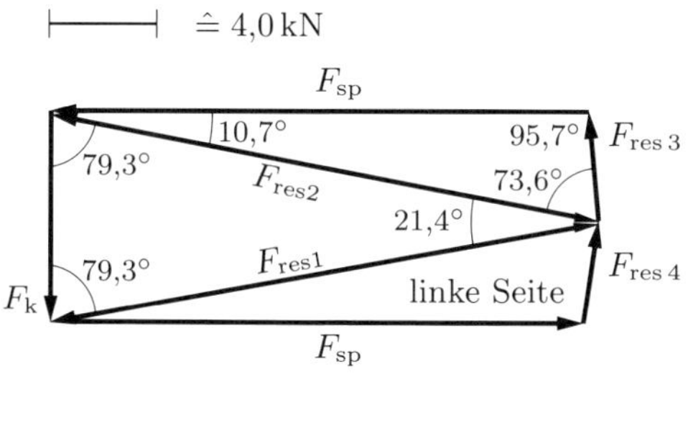

Abb. 11-25: Kräfteplan für Spannkeile

gen Herausdrücken des Keils im vorliegenden Fall gering (5° gegenüber 5,7°). Allgemein ist diese Fragestellung in Abb. 11-26 gelöst. Der Leser kann sich hier klar machen, dass *ein Keil dann selbsthemmend ist, wenn der Keilwinkel kleiner als die Summe der beiden Oberflächenreibungswinkel ist.* Im vorliegenden Falle heißt das $10° < 2 \cdot 5{,}7°$.

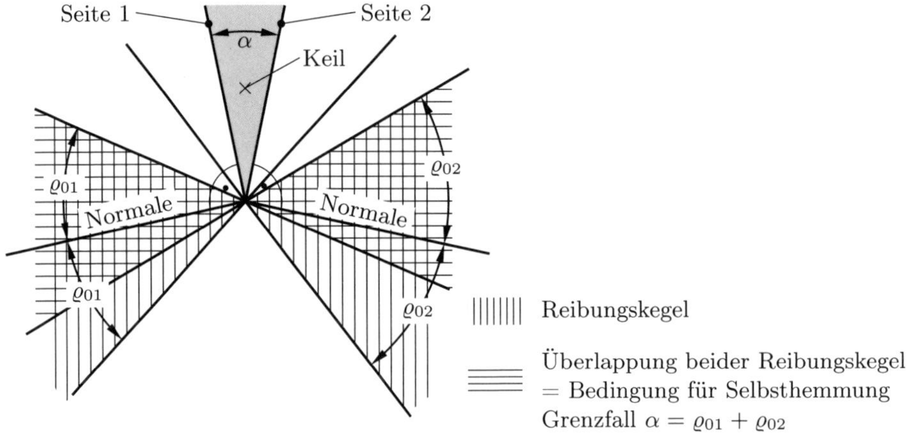

Abb. 11-26: Selbsthemmung eines Keils

Grundsätzlich kann man diese Aufgabe auch lösen, wenn für die resultierenden Oberflächenkräfte die Normal- und Reibungskräfte F_n und $F_n \cdot \mu$ eingeführt werden.

Für die vorliegende Aufgabe erhält man vier Gleichungen, die simultan gelöst werden müssen. Da außerdem die meisten Kräfte schräg liegen, ist eine Zerlegung in Komponenten notwendig. Das eben angedeutete Verfahren erfordert einen erheblich höheren Arbeitsaufwand.

Beispiel 2 (Abb. 11-27)

Abgebildet ist ein Zangengreifer. Betätigt wird dieser durch pneumatische Verstellung des Keils. Für eine vorgegebene Greiferkraft ist die notwendige Verstellkraft am Pneumatikkolben zu bestimmen. Es ist weiterhin zu untersuchen, ob für erhöhte Reibung (trockene Flächen) die Gefahr der Selbsthemmung besteht. Dazu soll der maximal mögliche Keilwinkel für diesen Grenzfall bestimmt werden. Die Berechnungen sollen für die vermaßte Position der Zangenhälfte und für die nachfolgend gegebenen Daten durchgeführt werden.

Keilwinkel	$\alpha = 60°$;	Reibung (geschmiert)	$\mu = 0{,}1$
Zangenkraft	$F_Z = 400\,\text{N}$;	Reibung (trocken)	$\mu = 0{,}3$
Federkraft	$F_F = 50\,\text{N}$		

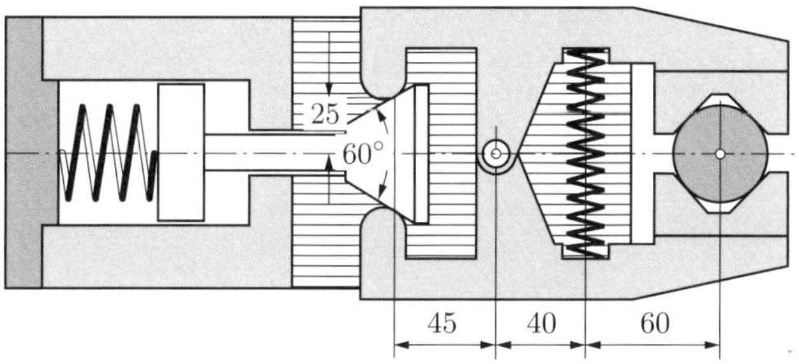

Abb. 11-27: Zangengreifer

Lösung (Abb. 11-28/11-29)

Wegen der Symmetrie wird nur eine Hälfte des Systems betrachtet. Die Lage der resultierenden Kraft am Keil und deren Zerlegung zeigt die Abb. 11-28. Dabei ist $\varrho = \arctan 0{,}1 = 5{,}7°$. Die Reaktionskräfte wirken in der Zange. Für diese werden die Gleichgewichtsbedingungen aufgestellt.

$$\sum M_A = 0$$

$$F_{res} \cdot \sin 35{,}7° \cdot 25\,\text{mm} - F_{res} \cdot \cos 35{,}7° \cdot 45\,\text{mm} + F_F \cdot 40\,\text{mm} + F_Z \cdot 100\,\text{mm} = 0$$

$$F_{res} = \frac{F_F \cdot 40\,\text{mm} + F_Z \cdot 100\,\text{mm}}{45\,\text{mm} \cdot \cos 35{,}7° - 25\,\text{mm} \cdot \sin 35{,}7°}$$

Das Einsetzen der gegebenen Werte ergibt $F_{res} = 1{,}91\,\text{kN}$

Die Gleichung $\sum F_x = 0$ für den Keil liefert die vom Pneumatikkolben aufzubringende Kraft.

$$F_K = 2 \cdot F_{res} \cdot \sin 35{,}7°; \quad \underline{F_K = 2{,}23\,\text{kN}}$$

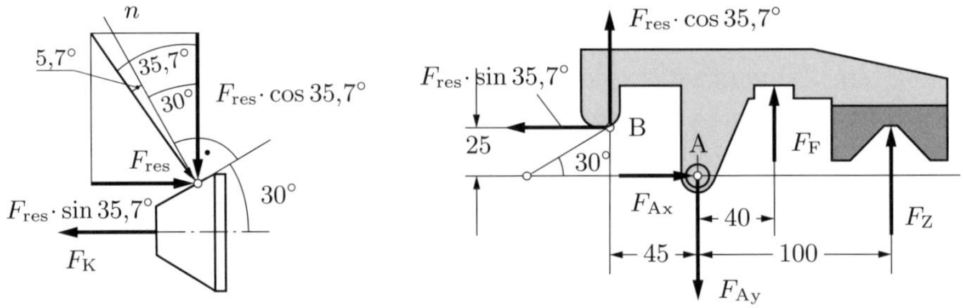

Abb. 11-28: Freigemachter Zangengreifer

Die Belastung des Zangengelenkes A berechnet sich aus

$$\sum F_x = 0 \qquad F_{Ax} = F_{res} \cdot \sin 35{,}7° = 1{,}12\,\text{kN}\ (\rightarrow)$$

$$\sum F_y = 0 \qquad -F_{Ay} + F_F + F_Z + F_{res} \cdot \cos 35{,}7° = 0$$

Das führt auf $F_{Ay} = 2{,}00\,\text{kN}$. Die Resultierende dieser beiden Kräfte ist

$$\underline{F_A = 2{,}29\,\text{kN}}$$

Kontrolle: z.B. $\sum M_B = 0$.

Unter welchen Bedingungen ist das System selbsthemmend? Die Kraft F_{res} übt in Bezug auf das Gelenk A ein Moment aus, das die Zange schließt. Die Schließbewegung ist nicht möglich, wenn das Moment verschwindet. Das ist der Fall, wenn die Wirkungslinie der Resultierenden durch den Gelenkpunkt A geht. In diesem Zustand ist das System blockiert. In der Abb. 11-29 sind die geometrischen Zusammenhänge dargestellt. Dabei sind

$$\varrho_0 = \arctan 0{,}3 = 16{,}7°$$

$$\tan\beta = \frac{25\,\text{mm}}{45\,\text{mm}}\ \text{(s. Zeichnung)} \ \Rightarrow\ \beta = 29{,}1°$$

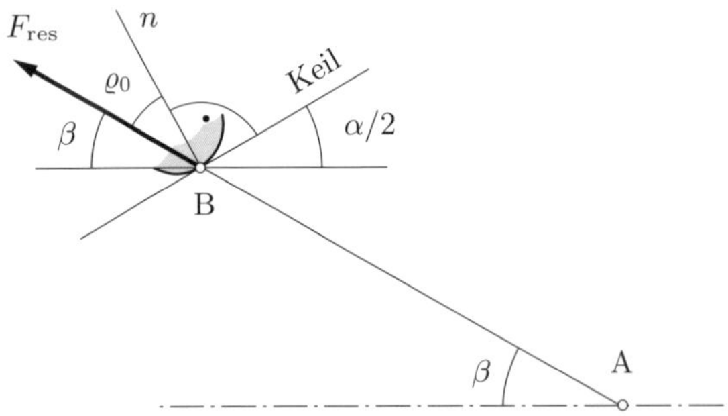

Abb. 11-29: Bedingung für Selbsthemmung des Zangengreifers

Die Summation der bei B eingetragenen Winkel führt auf

$$180^\circ = \beta + \varrho_0 + 90^\circ + \alpha/2$$
$$\frac{\alpha}{2} = 90^\circ - \beta - \varrho_0 = 44{,}2^\circ; \quad \alpha_{\max} \approx 88^\circ$$

Der Greifer ist demnach in dieser Position gegen Blockieren sicher. Man könnte die Frage der Selbsthemmung auch anders lösen. Z.B. könnte man die Reibungszahl bestimmen, die zu einer Blockierung des Systems führt. Die oben stehende Winkelsummierung müsste in diesem Falle für $\alpha = 60^\circ$ nach ϱ_0 aufgelöst werden. Die so ermittelte Reibungszahl liegt deutlich über dem gegebenen Wert für trockene Flächen.

Aufgaben zum Abschnitt 11.4

Hinweis: Alle Aufgaben sind analytisch zu lösen. Die Massen der Keile sind vernachlässigbar. Es empfiehlt sich, Reibungswinkel einzuführen und von Kräftedreiecken auszugehen. Die Ergebnisse sind graphisch zu kontrollieren.

A11-14 Im skizzierten System soll mit Hilfe von zwei Keilen der Stempel gegen die Kraft F_L gehoben werden. Zu bestimmen sind die Keilkräfte F_K für Heben und Senken allgemein und für

$$F_L = 10{,}0\,\text{kN}; \quad \alpha = 7^\circ; \quad \varrho_0 = 5^\circ.$$

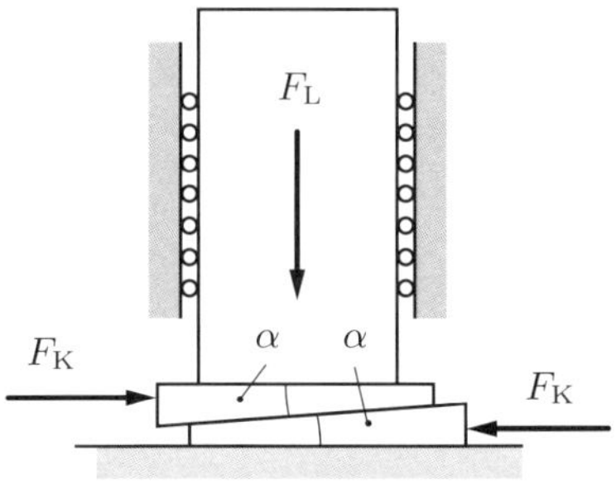

Abb. A11-14/A11-15/A11-16

A11-15 Für das skizzierte System steht eine Keilkraft F_K zur Verfügung. Gegen welche Kraft F_L kann der Stempel gehoben werden? Lösung allgemein und für

$$F_K = 1{,}0\,\text{kN}; \quad \alpha = 7^\circ; \quad \varrho_0 = 5^\circ.$$

A11-16 Ausgegangen wird von A11-14. Die Lösung soll für den Fall erfolgen, dass einer der Keile blockiert ist. Diskussion der Ergebnisse.

A11-17 Die Masse von A5-9 soll mit Hilfe eines Keils gehoben werden. Zu bestimmen ist die notwendige Keilkraft allgemein und für

$$m = 2000\,\text{kg}; \quad \alpha = 6°; \quad \mu = 0{,}07.$$

A11-18 Skizziert ist das auslösende Element eines Drehmomentenbegrenzers einer Kupplung. Wird die Umfangskraft F_U zu groß, weicht der Kegel gegen die Federkraft F_F nach rechts aus. Die Momentenübertragung ist damit unterbrochen. Für die Berechnung soll das System als eben betrachtet werden (Keil anstatt Kegel). Zu bestimmen ist in allgemeiner Form der Zusammenhang zwischen der Feder- und Umfangskraft für den Grenzzustand.

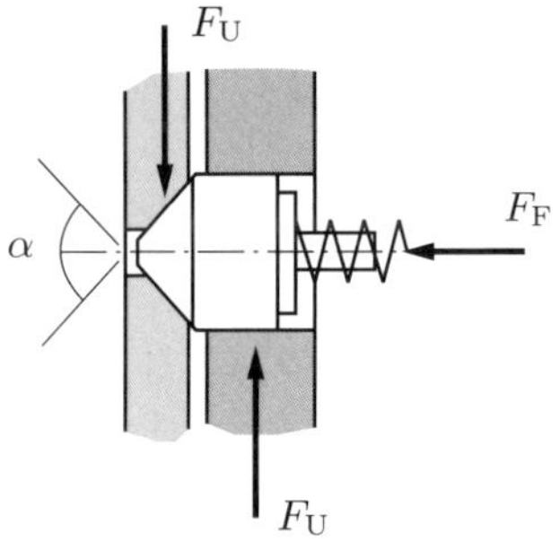

Abb. A11-18

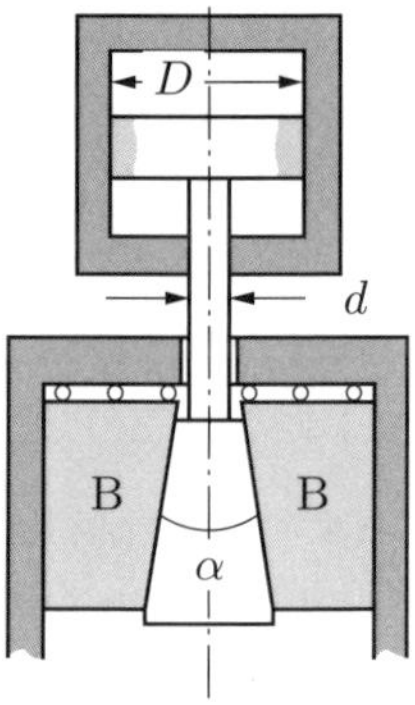

Abb. A11-19/A11-30

A11-19 Die Blöcke B der abgebildeten Vorrichtung sollen durch den Keil mit der Kraft $F_{Bx} = 10\,\text{kN}$ nach außen gedrückt werden. Zu bestimmen ist der erforderliche Durchmesser D des Hydraulikkolbens für folgende Daten:

$$\alpha = 8°; \quad \mu = 0{,}1; \quad d = 10\,\text{mm}; \quad p = 100\text{ bar (Hydrauliköl)}$$

Es wird angenommen, der Raum über dem Kolben ist voll entlastet.

A11-20 Der hydraulisch betätigte Keil soll zwei Blöcke gegen eine Kraft F_S wie skizziert auseinanderschieben. In allgemeiner Form ist die dazu erforderliche Hydraulikkraft F_H zu bestimmen.

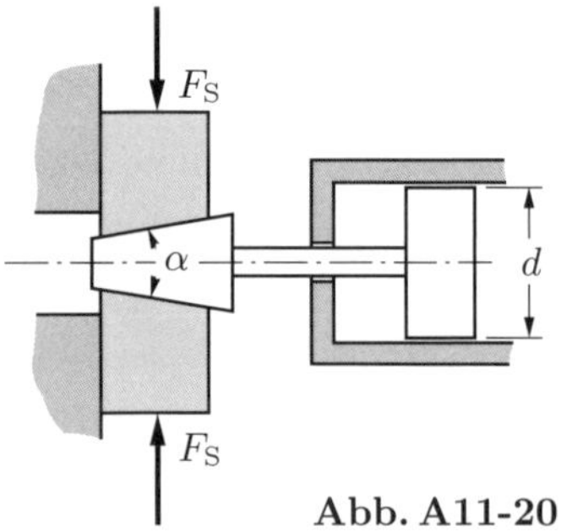

Abb. A11-20

A11-21/A11-22 Abgebildet ist ein Spannelement für eine Welle-Nabe-Verbindung. Der Innen- und Außenring sind axial geschlitzt. Zu berechnen ist in allgemeiner Form der Zusammenhang zwischen der Presskraft F_P und der Schraubenkraft F_S bei allseitig gleicher Reibung. Für die Berechnung soll das System als eben betrachtet werden (Zeichenschnitt).

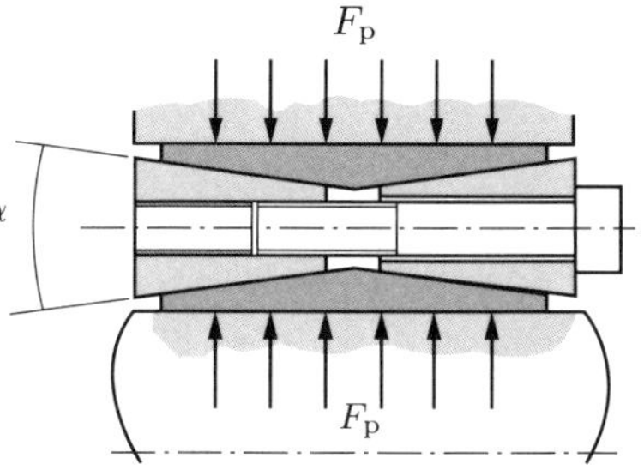

Abb. A11-21

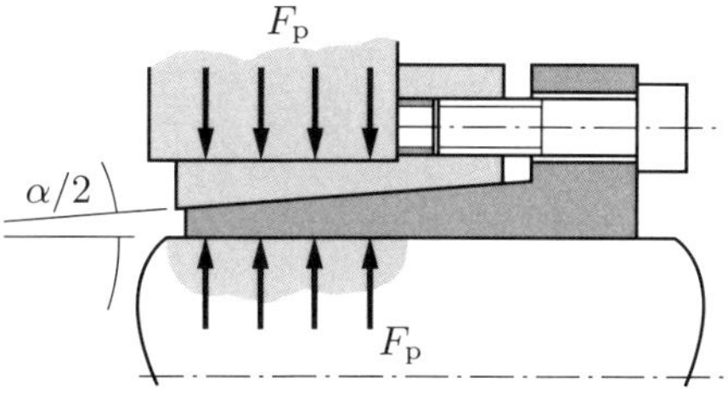

Abb. A11-22

A11-23 Abgebildet ist das Detail eines Kraftbegrenzers. Der Bolzen überträgt in beide Richtungen eine Kraft. Erreicht diese einen durch veränderliche Federvorspannkraft einstellbaren Grenzwert, weichen einzelne Ringsegmente A nach außen aus. Der geschlossene Ring B weicht nach rechts aus. Der Bolzen rutscht durch. In allgemeiner Form und für die Daten ist die notwendige Federkraft F_F für eine vorgegebene maximale Zugkraft F_Z zu bestimmen

$$F_Z = 10\,\text{kN}; \quad \alpha = 30°; \quad \beta = 35°; \quad \varrho_0 = 6°.$$

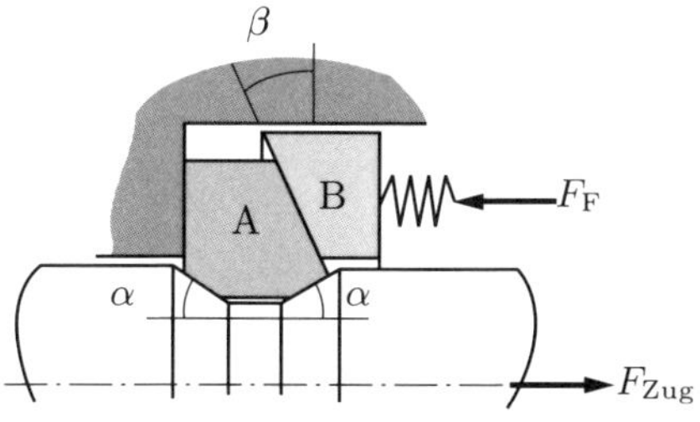

Abb. A11-23

A11-24 Die Skizze zeigt eine Hängevorrichtung für Platten. Diese werden im Bügel durch Keile festgeklemmt. Wie groß muss für den Keilwinkel α bei allseitig gleichen Reibungsverhältnissen die Reibungszahl mindestens sein? Wie groß muss sie für die Berührungsstelle Keil/Platte mindestens sein, wenn im Extremfall keine Reibung zwischen Bügel und Keil vorliegt?

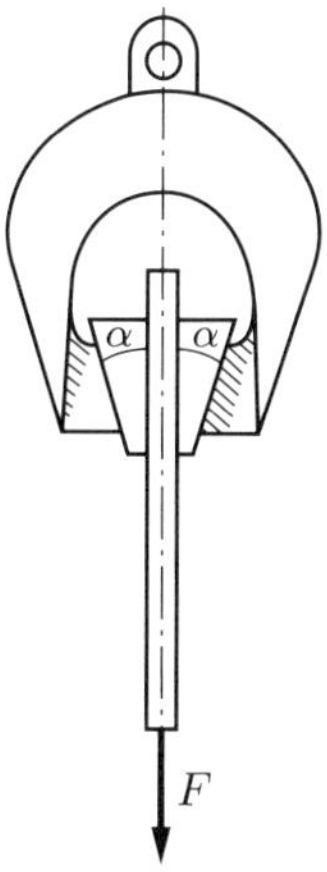

Abb. A11-24

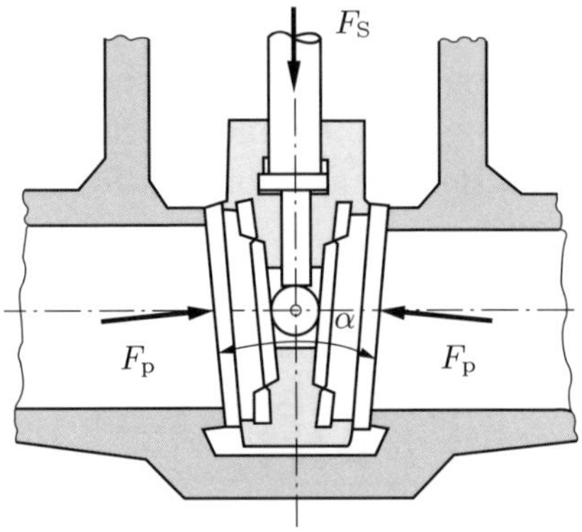

Abb. A11-25

A11-25 Die Abbildung zeigt vereinfacht den Verschlusskeil eines Keilschiebers. Das ist eine Armatur, die im Rohrleitungsbau verwendet wird. Mit einer Gewindespindel (Kraft F_S) werden über eine Kugel die beiden Platten gegen die geneigten Dichtflächen gedrückt. Die an den Platten wirkende Kraft F_P setzt sich aus der Druck- und der notwendigen Dichtkraft zusammen. Für die nachfolgend gegebenen Daten ist die Spindelkraft zu berechnen.

$$F_P = 100\,\text{kN}; \quad \alpha = 10°; \quad \mu = 0{,}15 \text{ (Kugel)}$$

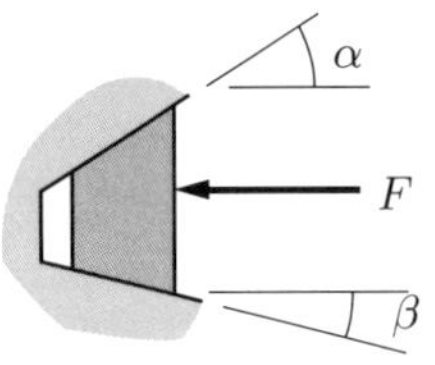

Abb. A11-26

A11-26 In die skizzierte Führung wird ein Prisma mit der Kraft F gedrückt und senkrecht zur Zeichenebene verschoben. In allgemeiner Form ist die dazu notwendige Kraft bei allseitig gleicher Reibung zu bestimmen.

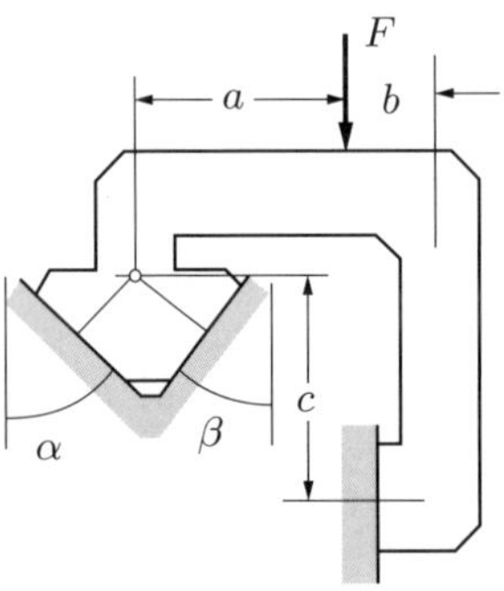

Abb. A11-27

A11-27 Skizziert ist die Führung eines Schlittens an einer Werkzeugmaschine. Allgemein ist die notwendige Verschiebekraft zu berechnen.

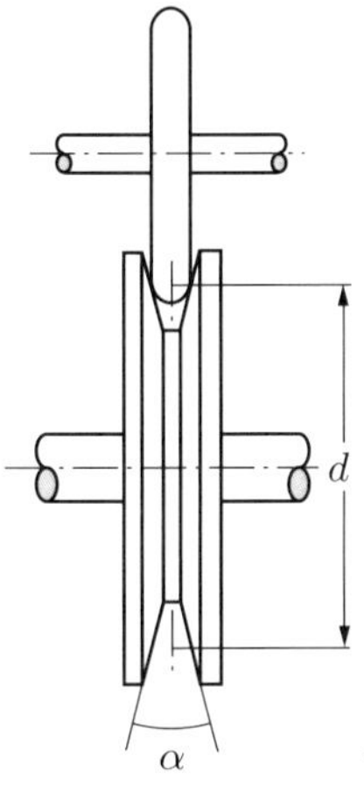

A11-28 Für das skizzierte Reibradgetriebe ist für eine Zustellkraft F das bei einer Reibung μ übertragbare Moment zu berechnen.

Abb. A11-28

11.5 Das Gewinde

11.5.1 Das Flachgewinde

Eine Schraubenlinie entsteht, wenn ein rechtwinkliges Dreieck auf einen Kreiszylinder nach Abb. 11-30 aufgewickelt wird. Das rechtwinklige Dreieck entspricht

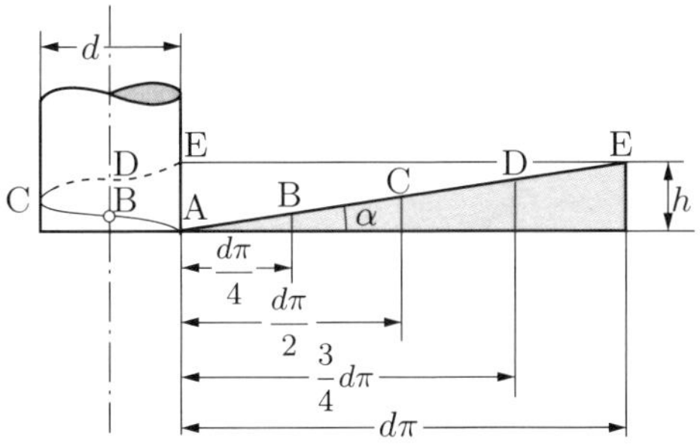

Abb. 11-30: Gewindegang als aufgerollte schiefe Ebene

einer schiefen Ebene, die aufgewickelt die Schraubenfläche eines Flachgewindes ergibt. Aus der Ganghöhe h und dem Durchmesser d kann die Steigung der schiefen Ebene berechnet werden:

$$\tan\alpha = \frac{h}{d \cdot \pi}.$$

Aus dieser Beziehung ersieht man, dass die Steigung am Kerndurchmesser des Gewindes größer ist als am Außendurchmesser. Es ist üblich, mit dem mittleren

Durchmesser zu rechnen, d.h.

$$\tan\alpha = \frac{h}{d_\mathrm{m}\cdot\pi}.$$

Für mehrgängige Gewinde ist

$$h = n\cdot t$$

wobei n die Anzahl der Gewindegänge, t die Teilung in axialer Richtung ist.

Es gilt demnach

$$\tan\alpha = \frac{n\cdot t}{d_\mathrm{m}\cdot\pi}; \qquad t = \text{Teilung}, \quad n = \text{Gangzahl}. \tag{11-5}$$

Es soll berechnet werden, welches Moment notwendig ist, um eine Schraube oder Mutter bei Belastung zu drehen. Man muss die beiden Fälle „Festziehen" und „Lösen" einer Schraube unterscheiden. Diese entsprechen dem Heben und Senken einer Last mit einer Gewindespindel. Das Drehen einer Schraube kann man zurückführen auf die Verschiebung einer Masse auf einer schiefen Ebene. Die Abb. 11-31 soll das veranschaulichen. Ein freigemachtes Gewindestück mit den Kräfteplänen zeigt die Abb. 11-32. Die axiale Schraubenkraft ist mit F_a bezeichnet.

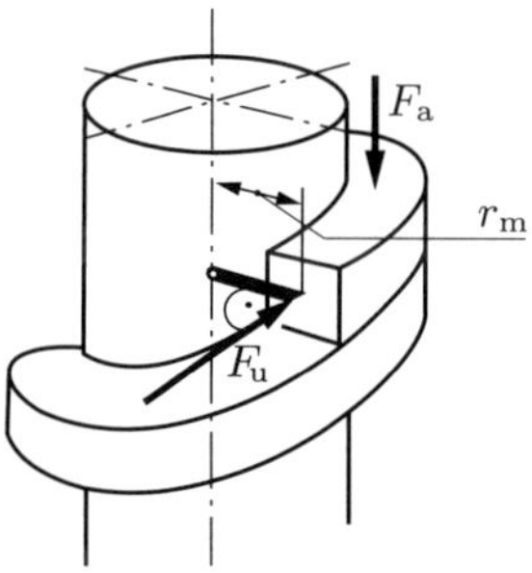

Abb. 11-31: Kräfte am Gewinde

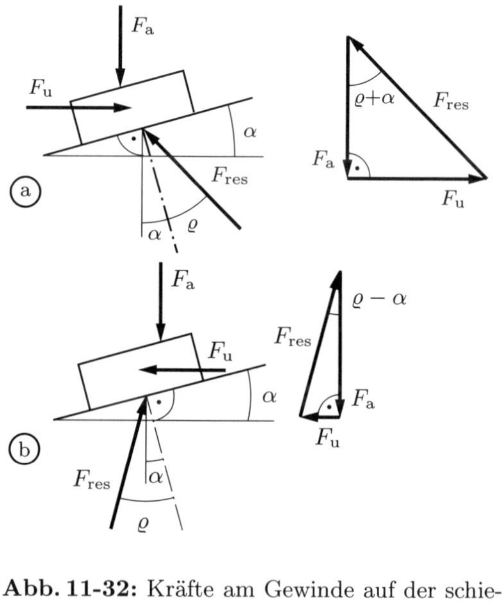

Abb. 11-32: Kräfte am Gewinde auf der schiefen Ebene dargestellt

Der Schraubenschlüssel verursacht die Umfangskraft F_{u}. Die Resultierende setzt sich aus Normal- und Reibungskraft zusammen. Sie wirkt an der Berührungsfläche. Der Teil a) gilt für Festziehen/Heben, der Teil b) für Lösen/Senken. Die jeweils drei Kräfte bilden im Kräfteplan ein Dreieck, das folgende Beziehungen liefert.

Festziehen	Lösen
$F_{\mathrm{u}} = F_{\mathrm{a}} \cdot \tan\,(\varrho + \alpha)$	$F_{\mathrm{u}} = F_{\mathrm{a}} \cdot \tan\,(\varrho - \alpha)$

wobei $M = F_{\mathrm{u}} \cdot \dfrac{d_{\mathrm{m}}}{2}$ ist.

Für $\varrho < \alpha$ erhält man für den Fall „Lösen" eine negative Kraft. Der Abb. 11-32 entnimmt man die physikalische Bedeutung. Der Block rutscht herunter, weil die Reibung zu klein ist. Übertragen auf die Schraube heißt das, diese ist nicht selbsthemmend. Eine mit solcher Spindel gehobene Last würde nicht durch Reibungskräfte gehalten oben bleiben, sondern diese umgekehrt in Drehung versetzen und wieder absinken. Daraus folgt unmittelbar, dass die Befestigungsschrauben selbsthemmend sein müssen. Die Bedingung dafür $\alpha < \varrho$ ist um so besser erfüllt, je kleiner der Gewindegang für einen vorgegebenen Durchmesser ist (Feingewinde).

Zusammenfassend kann man schreiben

$$M = F_{\mathrm{a}} \cdot \frac{d_{\mathrm{m}}}{2} \cdot \tan\,(\varrho \pm \alpha) \qquad (11\text{-}6)$$

$+$ Anziehen des Gewindes

$-$ Lösen des Gewindes

$\varrho > \alpha$ selbsthemmendes Gewinde

Problematisch ist die Unterscheidung zwischen Haft- und Gleitreibung. Schrauben, die im Maschinenbau verwendet werden, unterliegen oft Erschütterungen. Diese vermindern die wirksame Haftreibungskraft. Die Genauigkeit der mit der Gleichung (11-6) berechneten Ergebnisse ist durch die Streuung der μ-Werte begrenzt.

11.5.2 Trapezgewinde und Spitzgewinde

Die Reibung eines Spitzgewindes entspricht der Reibung in einer Keilnut. In Abb. 11-33 ist ein Gewindegang skizziert. Für nicht zu große Steigungen (Symmetriebedingungen) ergibt die Gleichung (11-4):

$$\mu' = \frac{\mu}{\sin\left(90^\circ - \dfrac{\beta}{2}\right)} = \frac{\mu}{\cos\dfrac{\beta}{2}}$$

$$\tan\varrho' = \frac{\mu}{\cos\dfrac{\beta}{2}} \qquad (11\text{-}7)$$

In die Gleichung (11-6) muss für Spitz- und Trapezgewinde ϱ' anstatt ϱ eingeführt werden. Da $\varrho' > \varrho$ ist, sind die Reibungskräfte am Spitzgewinde größer als am Flachgewinde. Da die schrägen Flankenflächen eine zentrierende Wirkung haben, werden Bewegungsgewinde trotz erhöhter Reibung als Trapezgewinde ausgeführt. Dabei ist der Flankenwinkel kleiner als bei Befestigungsschrauben.

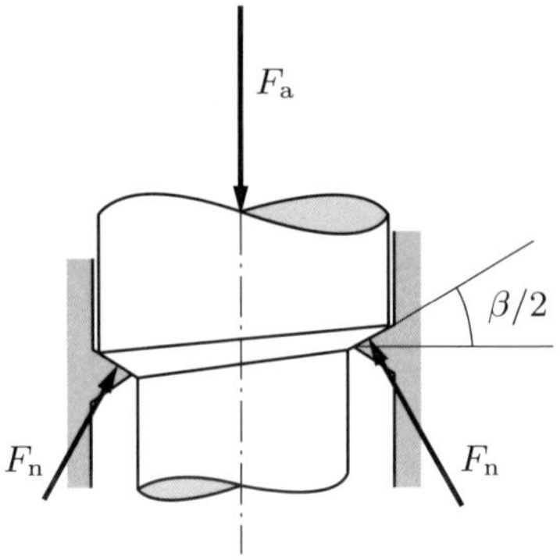

Abb. 11-33: Kräfte am Spitzgewinde

In den Tabellen zur Schraubenberechnung ist die Keilnutwirkung bereits berücksichtigt. Die Anwendung der Gleichung (11-7) entfällt in diesem Fall.

Beispiel 1

Der Spannkeil Abb. 11-23 soll mit einer Schraube M8 festgezogen werden. Zu berechnen ist für $\mu = 0{,}12$ das notwendige Anzugsmoment.

Lösung

Die Gleichung (11-6) muss ausgewertet werden. Der Gewindetabelle entnimmt man folgende Werte: mittlerer Durchmesser 7,2 mm, Steigungswinkel 3,17°. Nach

Gleichung (11-7) ist

$$\tan \varrho' = \frac{\mu}{\cos \dfrac{\beta}{2}} = \frac{0{,}12}{\cos 30°} \qquad \varrho' = 7{,}9°$$

Eine sinnvolle Rundung ergibt $\varrho' + \alpha = 11°$. Die Schraube soll axial eine Kraft von 7,70 kN ausüben. Damit ist die Gewindereibung

$$M_{\mathrm{G}} = F_{\mathrm{a}} \cdot \frac{d_{\mathrm{m}}}{2} \cdot \tan\left(\varrho' + \alpha\right)$$

$$M_{\mathrm{G}} = 7{,}70 \cdot 10^3\,\mathrm{N} \cdot \frac{7{,}2}{2} \cdot 10^{-3}\,\mathrm{m} \cdot \tan 11° = 5{,}39\,\mathrm{Nm}$$

Die Reibungskraft in der Auflagefläche des Schraubenkopfes wirkt auf einem mittleren Durchmesser von 10,5 mm. Dort muss ein Reibungsmoment überwunden werden von der Größe

$$M_{\mathrm{u}} = F_{\mathrm{a}} \cdot \mu \cdot \frac{D_{\mathrm{m}}}{2}$$

$$M_{\mathrm{u}} = 7{,}70 \cdot 10^3\,\mathrm{N} \cdot 0{,}12 \cdot \frac{10{,}5}{2} \cdot 10^{-3}\,\mathrm{m} = 4{,}85\,\mathrm{Nm}$$

Insgesamt muss die Schraube mit einem Moment

$$\underline{M} = M_{\mathrm{G}} + M_{\mathrm{u}} \underline{= 10{,}2\,\mathrm{Nm}}$$

angezogen werden. Effekte wie z.B. das Setzen der Schraube u.ä. sind hier nicht berücksichtigt. Sie übersteigen den Rahmen dieses Fachs.

Beispiel 2 (Abb. 11-34)

Abgebildet ist eine Hubvorrichtung. Die Last F_{L} wird durch Drehen der Gewindespindel AC bewegt. Diese ist in A gelagert und läuft in einer Mutter, die zwischen zwei Rollen in C liegt. Für die abgebildete Position sind die zum Heben und Senken der Last notwendigen Momente zu bestimmen. Dabei können die Gelenke und das Lager in A reibungsfrei angenommen werden.

Last	$F_{\mathrm{L}} = 10{,}0\,\mathrm{kN}$	$l = 1000\,\mathrm{mm}$
Reibungszahl	$\mu = 0{,}1$	$h = 400\,\mathrm{mm}$
Gewindespindel	Tr 20×4	$b = 600\,\mathrm{mm}$
		$c = 400\,\mathrm{mm}$

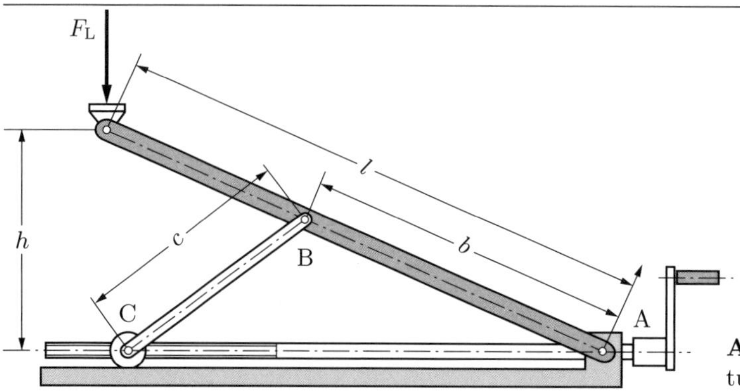

Abb. 11-34: Hubvorrichtung mit Gewindespindel

Lösung (Abb. 11-35)

Für die Bestimmung der axialen Spindelkraft muss zunächst die Geometrie erfasst werden. Man erhält

$$\sin\varphi = \frac{h}{l} = \frac{400\,\mathrm{mm}}{1000\,\mathrm{mm}} \qquad \Rightarrow \varphi = 23{,}6^\circ$$

Für das Dreieck ABC wird der sin-Satz angewendet

$$\sin\gamma = \frac{b}{c} \cdot \sin\varphi = \frac{600\,\mathrm{mm}}{400\,\mathrm{mm}} \cdot \sin 23{,}6^\circ \qquad \Rightarrow \gamma = 36{,}9^\circ$$

Damit ist $\delta = 119{,}5^\circ$.

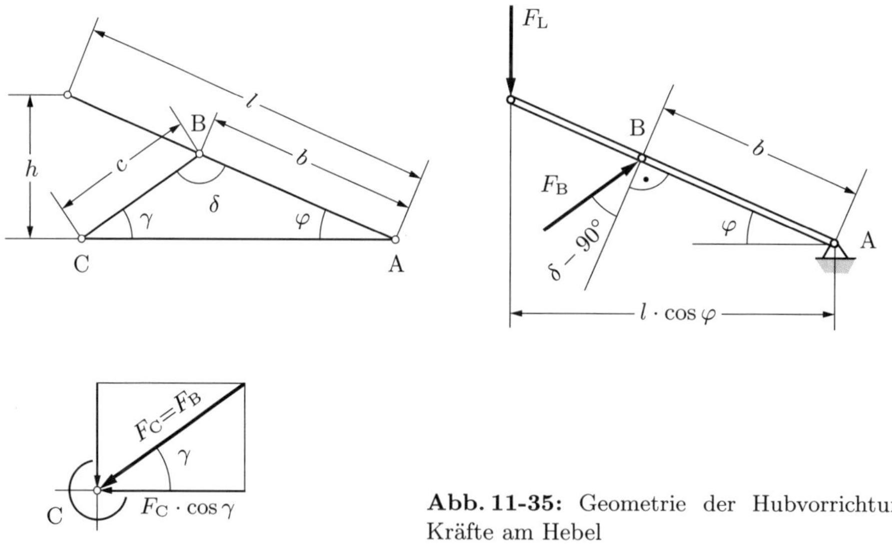

Abb. 11-35: Geometrie der Hubvorrichtung und Kräfte am Hebel

Auf den nach Abb. 11-35 freigemachten Hebel wird die Momentengleichung für den Pol A aufgestellt.

$$\sum M_{\mathrm{A}} = 0 \qquad F_{\mathrm{L}} \cdot l \cdot \cos\varphi - F_{\mathrm{B}} \cdot \cos\,(\delta - 90°) \cdot b = 0$$

$$F_{\mathrm{B}} = \frac{l \cdot \cos\varphi}{b \cdot \cos\,(\delta - 90°)} \cdot F_{\mathrm{L}}$$

$$F_{\mathrm{B}} = \frac{1{,}0\,\mathrm{m} \cdot \cos 23{,}6°}{0{,}60\,\mathrm{m} \cdot \cos 29{,}5°} \cdot 10{,}0\,\mathrm{kN} = 17{,}55\,\mathrm{kN}$$

Die Zerlegung der Reaktionskraft in C ($F_{\mathrm{C}} = F_{\mathrm{B}}$) führt auf die Axialkraft in der Spindel.

$$F_{\mathrm{a}} = F_{\mathrm{C}} \cdot \cos\gamma = 17{,}55\,\mathrm{kN} \cdot \cos 36{,}9° = 14{,}03\,\mathrm{kN}$$

Das Trapezgewinde wird mit einem Flankenwinkel $\beta = 30°$ ausgeführt. Die Berücksichtigung der Keilnutwirkung erfolgt nach Gleichung (11-7)

$$\tan\varrho' = \frac{\mu}{\cos\dfrac{\beta}{2}} = \frac{0{,}1}{\cos 15°} \qquad \varrho' = 5{,}9°$$

Mit dem Flankendurchmesser $d_{\mathrm{m}} = 18\,\mathrm{mm}$ (s. Gewindetabelle) erhält man einen Steigungswinkel (Gl. (11-5)) von

$$\tan\alpha = \frac{h}{d_{\mathrm{m}} \cdot \pi} = \frac{4{,}0\,\mathrm{mm}}{18\,\mathrm{mm} \cdot \pi} \qquad \alpha = 4{,}0°$$

Die Momente werden mit Hilfe der Gleichung (11-6) berechnet.

Heben

$$M_{\mathrm{H}} = F_{\mathrm{a}} \cdot \frac{d_{\mathrm{m}}}{2} \cdot \tan\,(\varrho' + \alpha)$$

$$M_{\mathrm{H}} = 14{,}03 \cdot 10^3\,\mathrm{N} \cdot \frac{18}{2} \cdot 10^{-3}\,\mathrm{m} \cdot \tan\,(5{,}9° + 4{,}0°)$$

$$\underline{M_{\mathrm{H}} = 22{,}0\,\mathrm{Nm}}$$

Senken

$$M_{\mathrm{S}} = 14{,}03 \cdot 10^3\,\mathrm{N} \cdot 9 \cdot 10^{-3}\,\mathrm{m} \cdot \tan(5{,}9° - 4{,}0°)$$

$$\underline{M_{\mathrm{S}} = 4{,}2\,\mathrm{Nm}}$$

Aus dem positiven Vorzeichen dieses Ergebnisses folgt, dass die Hubvorrichtung selbsthemmend ist ($\varrho' > \alpha$).

Aufgaben zum Abschnitt 11.5

A11-29 In dieser Aufgabe sollen Normal- und Feingewinde in Bezug auf das Lösen von Schrauben verglichen werden. Das soll an zwei Schrauben M 20 und M 20 × 1,5 geschehen, die beide mit 125 kN axial belastet sind. Wie groß ist in beiden Fällen der von der Gewindereibung verursachte Anteil am Lösemoment für $\mu_0 = 0{,}10$? Welche Schlussfolgerungen kann man aus den Ergebnissen in Bezug auf ein unbeabsichtigtes Lösen von Schrauben ziehen?

A11-30 Die Verstellung der Vorrichtung A11-19 soll nicht hydraulisch, sondern mit einer Trapezgewindespindel Tr 10 × 2 erfolgen. Zu berechnen ist das Antriebsmoment. Daten s. A11-19.

$$\text{Tr}\,10 \times 2\text{:}\quad d_\text{m} = 9{,}0\,\text{mm};\quad \alpha = 4{,}05°;\quad \mu' = 0{,}1.$$

A11-31 Die Spindel der skizzierten Hubvorrichtung hat auf der linken Seite Rechts-, auf der rechten Linksgewinde Tr 20 × 4. Für die angegebene Position sind für $\mu = 0{,}10$ die Momente zum Heben und Senken zu berechnen (Gelenke reibungsfrei).

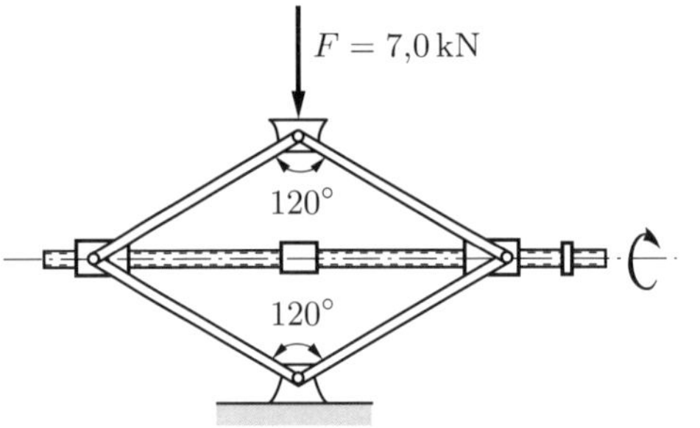

Abb. A11-31

A11-32 Mit einer doppelgängigen Spindel soll eine axiale Kraft F_a ausgeübt werden. Für die gegebenen Daten ist das zum Anziehen und Lösen notwendige Moment zu bestimmen.

$$F_\text{a} = 20\,\text{kN};\quad \text{Flachgewinde } d_\text{m} = 30{,}0\,\text{mm};\quad \text{Teilung } t = 5{,}0\,\text{mm};$$
$$\mu_0 = 0{,}15;\quad \mu = 0{,}10.$$

A11-33 An der abgebildeten Spannvorrichtung wird die Gewindespindel mit einem Moment von 1,0 Nm angezogen. Zu berechnen sind die Spannkraft und alle Gelenkkräfte für eine Reibungszahl im Gewinde von 0,10. Andere Reibungseinflüsse sollen unberücksichtigt bleiben.

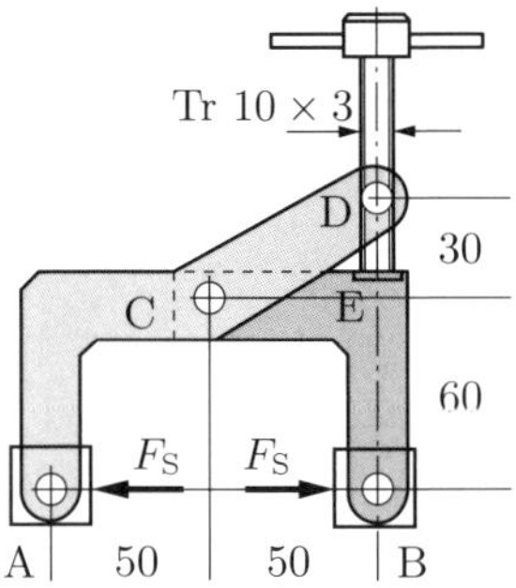

Abb. A11-33

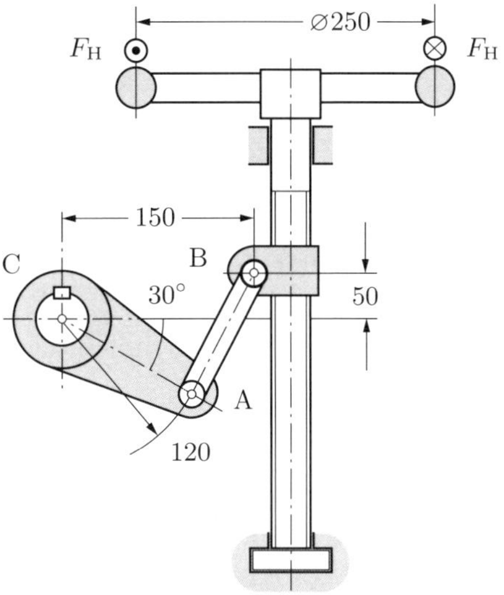

Abb. A11-34

A11-34 Skizziert ist die Verstellung einer Armatur. Für die vorgegebene Position soll das Schließmoment M_C für die Handkräfte F_H berechnet werden. Es gelten die Angaben in der Skizze und

$$l_{AB} = 180\,\text{mm}; \quad F_H = 50\,\text{N};$$
$$\text{Spindel Tr}\,28 \times 5\ (d_m = 25{,}5\,\text{mm}; \quad \alpha = 5{,}57°); \quad \text{Reibungswinkel}\ \varrho' = 8°.$$

Gelenke und Spindellagerung sind reibungsfrei anzunehmen.

11.6 Verschiedene Beispiele aus dem Gebiet der Reibung

Es gibt viele Anwendungen des COULOMBschen Gesetzes, die zu keinem bisher behandelten Thema passen. Deshalb sollen vor der Darstellung der mehr speziellen Fälle Zapfen-, Seil- und Rollreibung allgemeine Hinweise gegeben und an einigen Beispielen erläutert werden.

Liegen Normal- und Reibungskräfte in x- und y-Richtung (auch im schrägen System), dann ist die rein analytische Lösung mit getrennten Kräften F_n und $\mu \cdot F_\mathrm{n}$ am einfachsten. Das wird in den nachfolgenden Beispielen 1 und 2 gezeigt. Wenn eine Zerlegung der schräg liegenden Normal- und Reibungskräfte in x- und y-Richtung notwendig ist, arbeitet man günstig mit den resultierenden Oberflächenkräften. Das nachfolgende Beispiel 3 soll das demonstrieren. Sonst gelten auch hier alle im Kapitel 6 behandelten Verfahren und gegebenen Empfehlungen.

An vielen in der Technik verwendeten Systemen kann man die Anzahl der wirkenden Kräfte auf drei reduzieren. Hier bietet sich als Lösung ein gemischtes Verfahren (graphisch/analytisch) an. Im gleichsinnig geschlossenen Kräftedreieck werden mit dem sin- bzw. cos-Satz die fehlenden Größen bestimmt. Dieser Weg führt oft am schnellsten zum Ziel (Beispiel 2).

Die graphische Lösung sollte zur Kontrolle durchgeführt werden. An ihr kann man sich viele Zusammenhänge besonders anschaulich machen. Vor allem Fragen der Selbsthemmung (Blockieren) gehören dazu. Es kommen je nach System die im Kapitel 6 erläuterten Verfahren zur Anwendung.

Beispiel 1 (Abb. 11-36)

Der abgebildete Werkzeugschlitten wird mit der horizontalen Kraft F_H in einer Führung nach links verschoben. Die vertikale Kraft F_V ist die Resultierende aus äußerer Belastung und Gewichtskraft. Für die unten gegebenen Daten ist die Verschiebungskraft F_H zu bestimmen. Bei ungünstiger Geometrie kann der Schlitten klemmen. Es ist nachzuweisen, dass im vorliegenden Fall diese Gefahr nicht besteht. Das kann u.a. durch Berechnung der Haftreibungszahl für diesen Grenzfall geschehen.

$F_\mathrm{V} = 4{,}0\,\mathrm{kN}$	$b = 160\,\mathrm{mm}$	$d = 20\,\mathrm{mm}$
$\mu = 0{,}1$	$h = 150\,\mathrm{mm}$	$e = 40\,\mathrm{mm}$

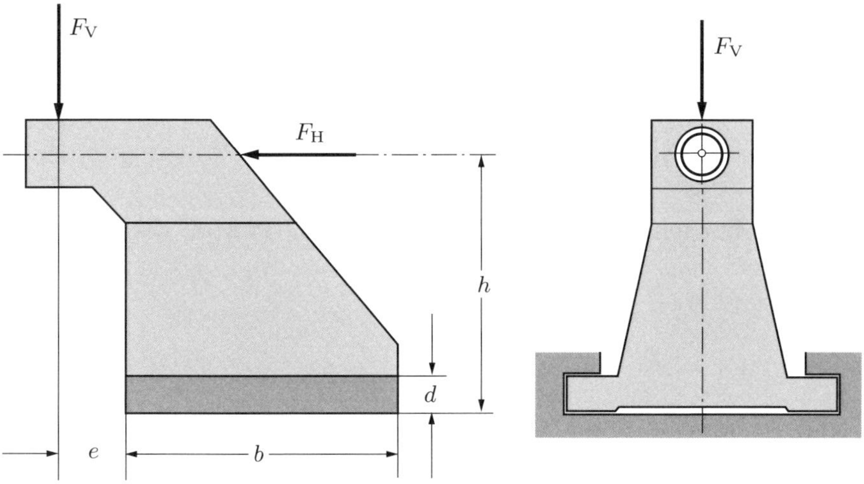

Abb. 11-36: Werkzeugschlitten

Analytische Lösung (Abb. 11-37)

Es handelt sich hier im Gegensatz zum Keil nicht um schräge Flächen. Eine zusätzliche Zerlegung der Kräfte in x- und y-Richtung ist nicht erforderlich. Deshalb soll hier mit Normal- und Reibungskräften gearbeitet werden. In der Führung kommt der Schlitten in den Punkten A und B zum Anschlag. Dort werden diese Kräfte eingetragen. Dabei kann man alle Kräfte in der Symmetrie-

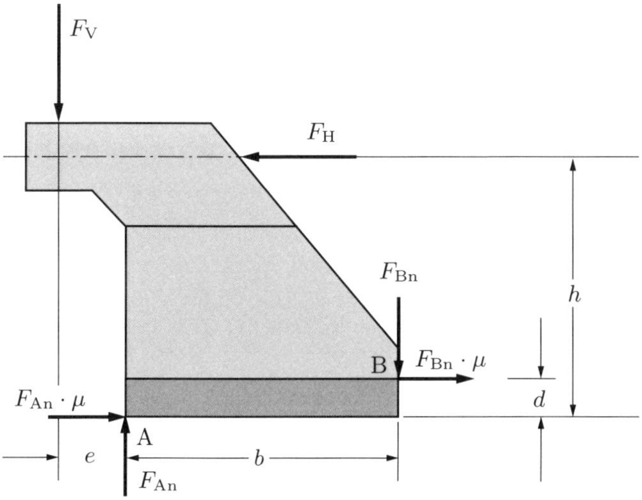

Abb. 11-37: Freigemachter Werkzeugschlitten

ebene zusammengefasst denken.

$$\sum M_\mathrm{A} = 0 \qquad F_\mathrm{V} \cdot e + F_\mathrm{H} \cdot h - \mu \cdot F_\mathrm{Bn} \cdot d - F_\mathrm{Bn} \cdot b = 0 \tag{1}$$
$$\sum F_\mathrm{x} = 0 \qquad \mu \cdot F_\mathrm{An} + \mu \cdot F_\mathrm{Bn} - F_\mathrm{H} = 0 \tag{2}$$
$$\sum F_\mathrm{y} = 0 \qquad F_\mathrm{An} - F_\mathrm{Bn} - F_\mathrm{V} = 0 \tag{3}$$

Das sind drei Gleichungen für die Unbekannten F_A, F_B und F_H. Nur die letzte Größe interessiert. Die Gleichung (3) wird mit μ multipliziert und von der Gleichung (2) subtrahiert.

$$2\mu \cdot F_\mathrm{Bn} - F_\mathrm{H} + \mu \cdot F_\mathrm{V} = 0$$
$$F_\mathrm{Bn} = \frac{1}{2\mu}\left(F_\mathrm{H} - \mu \cdot F_\mathrm{V}\right)$$

Diese Beziehung wird in die Gleichung (1) eingesetzt. Die Größe F_H verbleibt als einzige Unbekannte. Deren Eliminierung führt auf

$$\underline{F_\mathrm{H} = \frac{2e + d \cdot \mu + b}{\dfrac{b}{\mu} + d - 2h} \cdot F_\mathrm{V}} \tag{4}$$

Das ist die allgemeine Lösung des Problems. Die gegebenen Daten werden eingesetzt.

$$F_\mathrm{H} = \frac{(80 + 20 \cdot 0{,}1 + 160)\,\mathrm{mm}}{\left(\dfrac{160}{0{,}1} + 20 - 300\right)\mathrm{mm}} \cdot 4{,}0\,\mathrm{kN}$$
$$F_\mathrm{H} = 0{,}73\,\mathrm{kN}$$

Diese Kraft ist zur Aufrechterhaltung der Bewegung gegen die Reibungskräfte notwendig.

Der Schlitten blockiert, wenn F_H beliebig groß wird. Das ist der Fall, wenn in Gleichung (4) der Nenner null gesetzt wird.

$$\frac{b}{\mu_0} + d - 2h = 0$$

Nach μ_0 aufgelöst, erhält man

$$\mu_0 = \frac{b}{2h - d} \tag{5}$$
$$\mu_0 = \frac{160\,\mathrm{mm}}{(300 - 20)\,\mathrm{mm}}; \qquad \underline{\mu_0 = 0{,}57}$$

Erst wenn die Reibung dieser Reibungszahl entspricht, blockiert der Schlitten. Der Gleichung (5) entnimmt man, dass man sich dem Grenzzustand „Blockieren" nähert, wenn der Schlitten verkürzt und die Höhe vergrößert wird. Das ist eine einleuchtende Überlegung.

Graphische Lösung

Die Abb. 11-38, die die Lösung zeigt, ist nicht maßstäblich. Die technisch richtigen Reibungswinkel sind bei der hier notwendigen Verkleinerung nicht darzustellen.

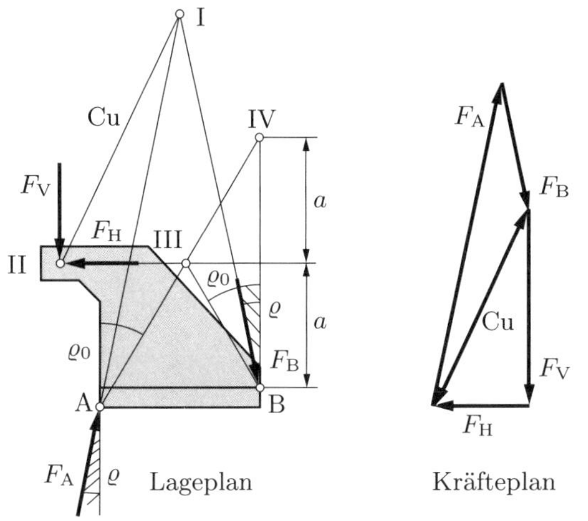

Abb. 11-38: Graphische Lösung für Werkzeugschlitten

In A und B werden die Resultierenden eingeführt. Damit greifen vier Kräfte mit festliegenden Wirkungslinien an. Die CULMANNsche Konstruktion führt zum Ziel. Die CULMANNsche Gerade verbindet die Schnittpunkte F_A; F_B (I) und F_H; F_V (II). Jetzt kann der Kräfteplan beginnend mit F_V gezeichnet werden.

Selbsthemmung liegt vor, wenn der Punkt I auf die Wirkungslinie von F_H rutscht (Punkt III). Für diesen Zustand geht, da F_V eine reale Größe ist, die Kraft F_H nach unendlich. Der Punkt III wird durch eine Hilfskonstruktion (Punkt IV) ermittelt. Diese beruht auf einfachen geometrischen Aussagen (gleichschenklige Dreiecke A; III; B und B; III; IV) und ist aus der Abbildung 11-38 ersichtlich. Der Winkel ϱ_0 beträgt ca. 30°, was einer Reibungszahl von etwa 0,57 entspricht.

Beispiel 2 (Abb. 11-39)

In diesem Beispiel wird eine Trommelbremse untersucht. Für eine vorgegebene Kraft am Hydraulikkolben F_H soll für positive Drehrichtung der Trommel das Bremsmoment bestimmt werden. Die Wirkung der Feder kann vernachlässigt werden. Nach einer allgemeinen Lösung ist die Auswertung für folgende Daten auszuführen

Kraft	$F_H = 5{,}0\,\text{kN}$	$a = 110\,\text{mm}$
Bremsbelag	$\mu = 0{,}35$	$b = 120\,\text{mm}$
		$d = 2r = 280\,\text{mm}$

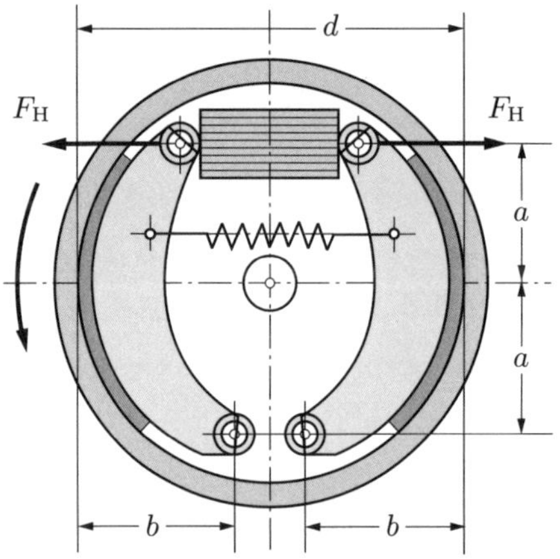

Abb. 11-39: Backenbremse

Lösung (Abb. 11-40/11-41/11-42)

An diesem Beispiel soll u.a. erarbeitet werden, dass das Verhalten solcher Bremsen von der Lage des Gelenks der Bremsbacken abhängt. Man kann die Reibungskräfte dazu nutzen, die Bremse zusätzlich anzuziehen bzw. umgekehrt die Bremswirkung zu mindern. Der zuerst genannte Einfluss entspricht einer eingebauten Bremskraftverstärkung.

Die Untersuchung wird unter einer vereinfachenden Annahme durchgeführt. Alle Brems- und Normalkräfte werden in der Mitte der Bremsbacken zusammengefasst. Das so freigemachte linke System zeigt die Abb. 11-40. Es ist am einfachsten, mit Normal- und Reibungskräften zu arbeiten, da dann alle Kräfte in x- und y-Richtung liegen. Begonnen wird mit einer Momentengleichung für den Drehpol A.

$$\sum M_A = 0 \qquad F_H \cdot 2a - F_{n1} \cdot a + \mu \cdot F_{n1} \cdot b = 0$$

$$F_{n1} = \frac{2a}{a - \mu \cdot b} \cdot F_H \tag{1}$$

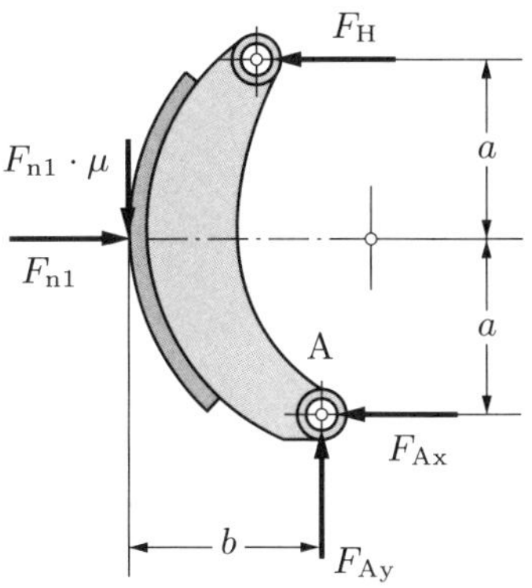

Abb. 11-40: Linke Bremsbacke freigemacht

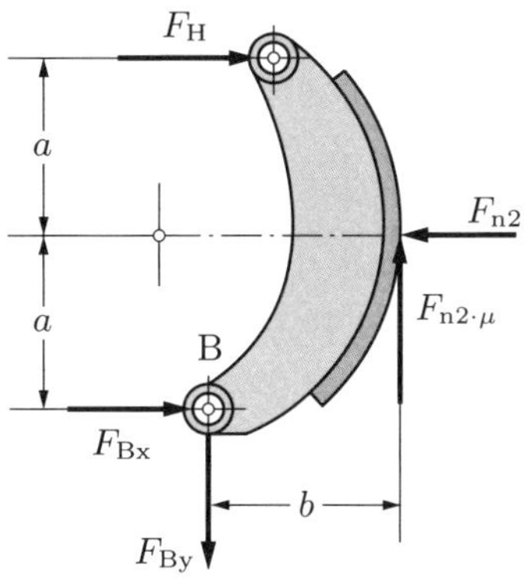

Abb. 11-41: Rechte Bremsbacke freigemacht

Die zahlenmäßige Auswertung liefert

$$F_{n1} = \frac{2 \cdot 0{,}11\,\mathrm{m}}{0{,}11\,\mathrm{m} - 0{,}35 \cdot 0{,}12\,\mathrm{m}} \cdot 5{,}0\,\mathrm{kN} = 16{,}18\,\mathrm{kN}$$

Das auf der linken Seite erzeugte Bremsmoment ist

$$M_1 = F_{R1} \cdot r = \mu \cdot F_{n1} \cdot r$$
$$M_1 = 0{,}35 \cdot 16{,}18\,\mathrm{kN} \cdot 0{,}14\,\mathrm{m} = 0{,}793\,\mathrm{kNm}$$

Aus den Beziehungen $\sum F_x = 0$ und $\sum F_y = 0$ erhält man die Belastung des Gelenks A.

$$F_{Ax} = 11{,}18\,\mathrm{kN} \quad F_{Ay} = 5{,}66\,\mathrm{kN} \quad \underline{F_A = 12{,}53\,\mathrm{kN}}$$

Grundsätzlich die gleiche Rechnung liefert für die rechte Bremsbacke (Abb. 11-41)

$$\sum M_B = 0 \qquad F_H \cdot 2a - F_{n2} \cdot a - \mu \cdot F_{n2} \cdot b = 0$$

$$F_{n2} = \frac{2 \cdot a}{a + \mu \cdot b} \cdot F_H \tag{2}$$

$$F_{n2} = \frac{2 \cdot 0{,}11\,\mathrm{m}}{0{,}11\,\mathrm{m} + 0{,}35 \cdot 0{,}12\,\mathrm{m}} \cdot 5{,}0\,\mathrm{kN} = 7{,}24\,\mathrm{kN}$$

Das Bremsmoment ist

$$M_2 = \mu \cdot F_{n2} \cdot r = 0{,}35 \cdot 7{,}24\,\mathrm{kN} \cdot 0{,}14\,\mathrm{m} = 0{,}355\,\mathrm{kNm}$$

Auf das Gelenk B wirkt eine Kraft von

$$\underline{F_{\mathrm{B}} = 3{,}38\,\mathrm{kN}}$$

Man erkennt die wesentlich höhere Belastung der linken Seite bei der hier vorgegebenen Drehrichtung. Das Gesamtmoment ergibt sich zu

$$M_{\mathrm{Br}} = M_1 + M_2 = (0{,}793 + 0{,}355)\,\mathrm{kNm}$$
$$\underline{M_{\mathrm{Br}} = 1{,}148\,\mathrm{kNm}}$$

Der Anteil der linken Backe am Gesamtmoment ist mehr als doppelt so groß wie der der rechten. Woran liegt das? Wie die Abb. 11-40 zeigt, wirkt die Bremskraft $\mu \cdot F_{\mathrm{n1}}$ so, dass sie die Backe zusätzlich an die Trommel drückt. Bedingt ist das durch die Lage des Gelenks A. Besonders deutlich wird das im Vergleich mit dem rechten Teil. Hier ist die Wirkung umgekehrt.

In allgemeiner Form kann das Bremsmoment geschrieben werden

$$M_{\mathrm{Br}} = M_1 + M_2 = \mu \cdot r \cdot (F_{\mathrm{n1}} + F_{\mathrm{n2}})$$

Die Gleichungen (1) und (2) werden eingeführt.

$$M_{\mathrm{Br}} = \mu \cdot r \cdot F_{\mathrm{H}} \cdot 2a \left(\frac{1}{a - \mu \cdot b} + \frac{1}{a + \mu \cdot b} \right)$$

Nach einfachen Umwandlungen (Hauptnenner) ergibt sich

$$\underline{M_{\mathrm{Br}} = \mu \cdot r \cdot F_{\mathrm{H}} \cdot \frac{4}{1 - \left(\mu \frac{b}{a} \right)^2}}$$

Aus dieser Beziehung berechnet man das oben ermittelte Moment. In dieser Form ist jedoch die Aufteilung auf die beiden Seiten nicht ersichtlich. Im Nenner steckt der Zusammenhang zwischen Geometrie (Lage der Gelenke A und B) und Reibung. Je kleiner der Nenner wird, um so mehr ist der Effekt der Bremsverstärkung gegeben. Dieser kann zur gefährlichen Blockierung führen. Das Bremsmoment wird unbeschränkt groß für

$$1 - \left(\mu \frac{b}{a} \right)^2 = 0$$

Das führt auf

$$\mu_{\mathrm{Gr}} = \frac{a}{b} = \frac{0{,}11\,\mathrm{m}}{0{,}12\,\mathrm{m}} = 0{,}91$$

Diese Bedingung könnte man auch aus der Gleichung (1) gewinnen, d.h. es blockiert der linke Teil. Selbst unter ungünstigsten Umständen dürfte sich eine so hohe Reibungszahl nicht einstellen. Die Bremse ist deshalb weitgehend blockierungssicher.

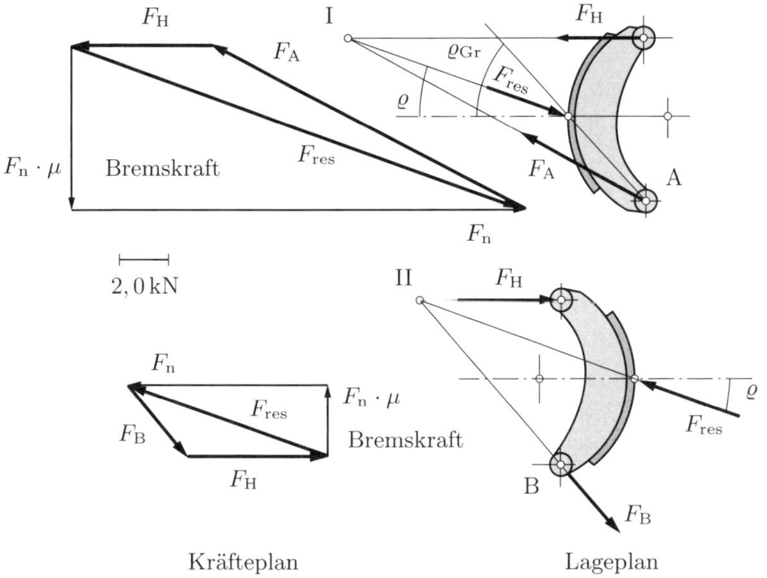

Abb. 11-42: Graphische Lösung für Backenbremse

Die graphische Lösung ist in der Abb. 11-42 gegeben. An jeder Bremsbacke wirken drei Kräfte, die einen gemeinsamen Angriffspunkt haben. Die Resultierenden greifen jeweils unter $\varrho = \arctan 0{,}35 = 19{,}3°$ an. Das ergibt mit F_{H} die Schnittpunkte I und II, durch die Wirkungslinien von F_{A} bzw. F_{B} gehen müssen. Damit liegen alle Wirkungslinien fest. Beginnend mit F_{H} werden die Kraftecke gezeichnet. Aus den Reibungskräften F_{R1} und F_{R2} wird das Bremsmoment berechnet. Das System blockiert, wenn kein Rückstellmoment für ein Lösen der linken Bremsbacke vorhanden ist. Dieser Grenzfall ist gegeben, wenn die Kraft $F_{\mathrm{res\,1}}$ durch das Gelenk A geht. Der Winkel ϱ_{Gr} beträgt 42,5°, was auf den Grenzwert der Reibungszahl von etwa 0,91 führt.

Beispiel 3 (Abb. 11-43)

Die Abbildung zeigt in vereinfachter Darstellung eine Unterflurdrehmaschine. Sie wird dazu benutzt, an einer Lokomotive die Radsätze nachzudrehen, ohne diese vorher ausgebaut zu haben. Der Radsatz wird dazu von den Rollen A und B, die gleichzeitig die Achsbelastung aufnehmen, über Reibungskräfte angetrieben. Für die nachfolgend gegebenen Daten ist die maximal mögliche Schnittkraft F_S für den ungünstigsten Fall der Reibung (verölte Rollen) zu berechnen.

Radbelastung	$F_L = 120\,\text{kN}$
Raddurchmesser	$d = 2r = 1200\,\text{mm}$
Lage der Antriebsstellen	$a = 300\,\text{mm}$
Winkel der Schnittkraft	$\varepsilon = 20°$
Reibungswinkel	$\varrho = 3°(\mu \approx 0{,}05)$

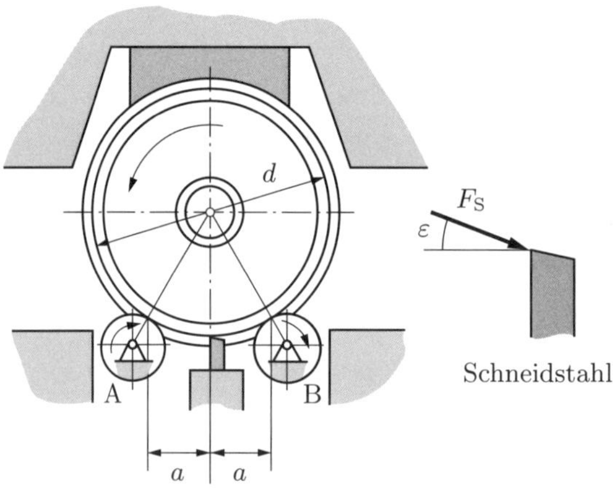

Abb. 11-43: Unterflurdrehmaschine

Lösung (Abb. 11-44/11-45/11-46)

Das System besteht aus vier Kräften, von denen drei schräg angreifen. Deshalb ist es nicht zweckmäßig, mit Normal- und Reibungskräften zu arbeiten. Diese müssten wiederum in x- und y-Richtung zerlegt werden. Aus diesem Grunde werden in A und B die Resultierenden F_A und F_B eingeführt (Abb. 11-44).

Die Größe dieser Auflagerreaktionen geht in die Lösung nicht ein. Deshalb ist es am günstigsten, mit einer Momentengleichung zu arbeiten, deren Pol im Schnittpunkt von F_A und F_B liegt. Das ist der Punkt C, dessen Lage aus einfachen

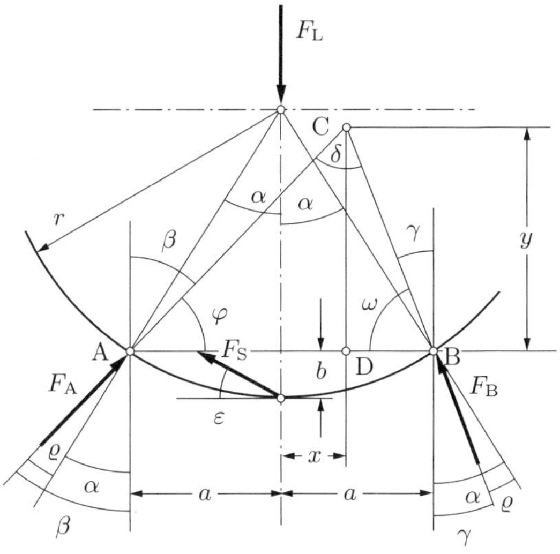

Abb. 11-44: Kräfte am Rad

geometrischen Bedingungen berechnet wird.

$$\sin\alpha = \frac{a}{r} = \frac{300\,\text{mm}}{600\,\text{mm}} \qquad \Rightarrow \qquad \alpha = 30^\circ$$

$$\beta = \alpha + \varrho = 33^\circ \qquad \gamma = \alpha - \varrho = 27^\circ$$

$$\varphi = 90^\circ - \beta = 57^\circ \qquad \omega = 90^\circ - \gamma = 63^\circ$$

$$\delta = 180^\circ - \varphi - \omega = 60^\circ$$

$$b = r(1 - \cos\alpha) = 80{,}4\,\text{mm}$$

Damit können aus dem Dreieck ABC mit dem sin-Satz berechnet werden

$$\overline{\text{AC}} = \frac{\sin\omega}{\sin\delta} \cdot 2a = 617{,}3\,\text{mm}$$

$$\overline{\text{AD}} = \overline{\text{AC}} \cdot \cos\varphi = 336{,}2\,\text{mm}$$

$$x = \overline{\text{AD}} - a = 36{,}2\,\text{mm}$$

$$y = \overline{\text{AC}} \cdot \sin\varphi = 517{,}7\,\text{mm}$$

Jetzt kann man die Momentengleichung für den Pol C aufstellen und sie lösen.

$$F_\text{L} \cdot x - F_\text{S} \cdot \cos\varepsilon \cdot (b + y) - F_\text{S} \cdot \sin\varepsilon \cdot x = 0$$

$$F_\text{S} = \frac{x}{(b + y)\cos\varepsilon + x \cdot \sin\varepsilon} \cdot F_\text{L}$$

$$F_\text{S} = \frac{36{,}2\,\text{mm}}{(80{,}4 + 517{,}7)\,\text{mm} \cdot \cos 20^\circ + 36{,}2 \cdot \sin 20^\circ} \cdot 120\,\text{kN}$$

$$\underline{F_\text{S} = 7{,}56\,\text{kN}}$$

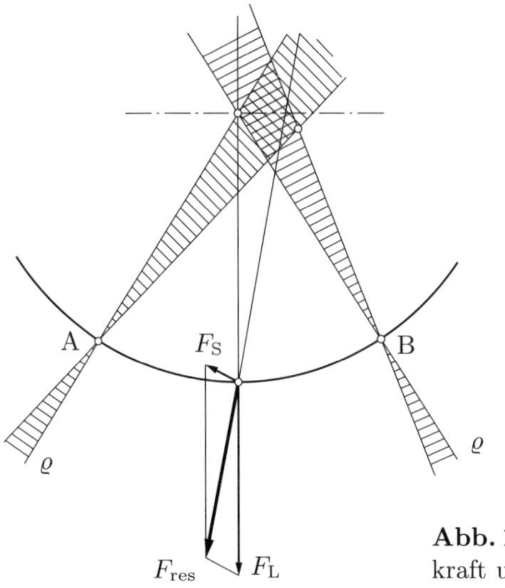

Abb. 11-45: Bereich für resultierende Kraft aus Schnittkraft und Radlast

Das ist eine sehr hohe Schnittkraft. Die Gefahr des Durchrutschens der Antriebsrollen besteht nicht.

Das Problem kann man auch mit einer Graphik untersuchen. Diese ist nicht maßstäblich in Abb. 11-45 gegeben. Wenn die Wirkungslinie von F_{res} durch das doppelt schraffierte Feld geht, ist Gleichgewicht möglich. Die Rollen rutschen nicht. Hier sei daran erinnert, dass die statischen Gleichgewichtsbedingungen auch für Bewegung mit konstanter Geschwindigkeit gelten.

Die graphische Lösung zeigt die Abb. 11-46. Die CULMANNsche Gerade verbindet

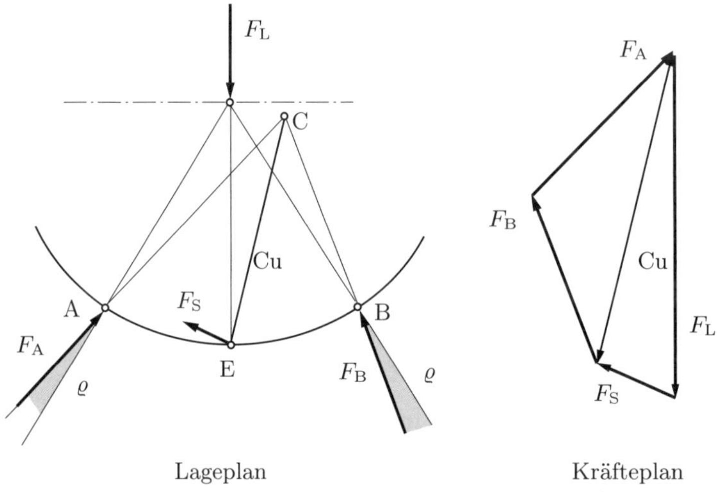

Abb. 11-46: Graphische Lösung für Unterflurdrehmaschine

die Punkte C und E. Die Konstruktion des Kraftecks beginnt mit der Kraft F_{L}. Aus den Resultierenden in A und B kann man die Reibungskräfte bestimmen.

$$F_{\mathrm{RA}} = F_{\mathrm{A}} \cdot \sin \varrho; \qquad F_{\mathrm{RB}} = F_{\mathrm{B}} \cdot \sin \varrho$$

Diese sind gleichzeitig Antriebskräfte am Radsatz.

Beispiel 4 (Abb. 11-47)

Die vereinfacht abgebildete Kegelkupplung soll ein Moment M übertragen. In allgemeiner Form ist die dazu notwendige Zustellkraft F zu bestimmen. Die Gleichungen sind für die folgenden Daten auszuwerten.

Moment	$M = 50\,\mathrm{Nm}$	Durchmesser	$d = 200\,\mathrm{mm}$
halber Kegelwinkel	$\alpha = 30°$	Reibungszahl	$\mu = 0{,}40$

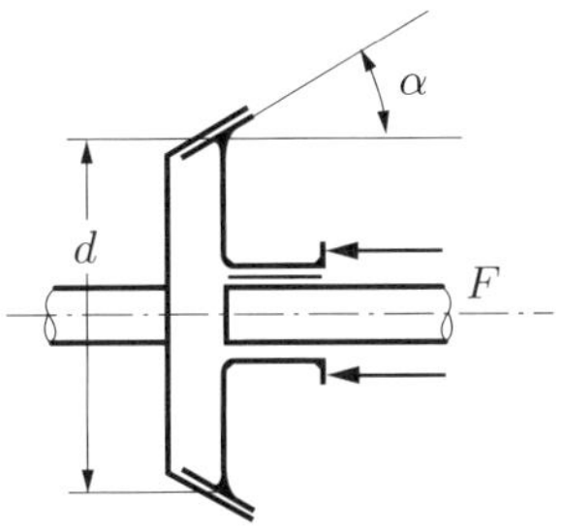

Abb. 11-47: Kegelkupplung

Lösung (Abb. 11-48)

Dieses Beispiel soll die Erkenntnisse vertiefen, die mit dem Beispiel nach Abb. 11-20 erarbeitet wurden (quer angreifende Kraft am abschüssig liegenden Block). Die Kraftzerlegung am Kupplungskegel müsste eigentlich der am reibungsbehafteten Keil entsprechen. Im vorliegenden Fall wird jedoch durch die Bewegung in Umfangsrichtung die Reibung in Axialrichtung „aufgebraucht". Das System verhält sich bei der Zustellung reibungsfrei. Für diese Voraussetzung ergibt sich aus der Kraftzerlegung nach Abb. 11-48:

$$F_{\mathrm{n}} = \frac{F/2}{\sin \alpha}$$

Damit ist das übertragbare Moment

$$M = 2 \cdot r \cdot \mu \cdot F_{\mathrm{n}}$$

$$\underline{M = \mu \cdot r \cdot \frac{F}{\sin \alpha}}$$

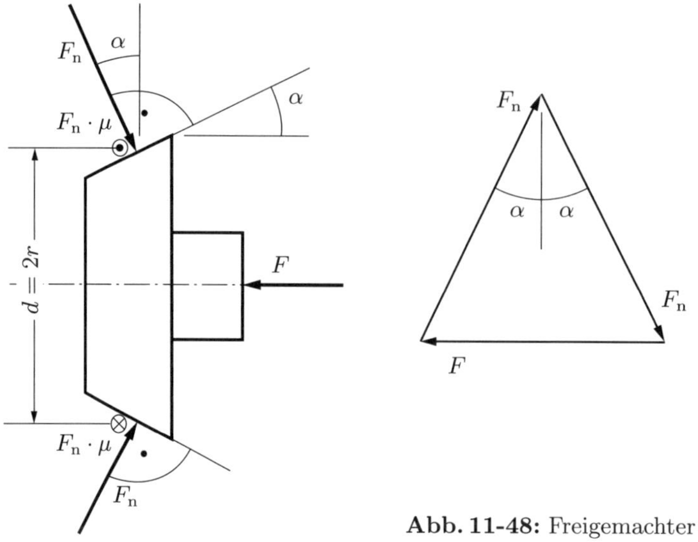

Abb. 11-48: Freigemachter Kegel der Kupplung

Gegenüber einer Scheibenkupplung ($\alpha = 90°$) erhöht sich das Moment durch die Keilwirkung des Kegels im Verhältnis $1/\sin\alpha$.

Die zahlenmäßige Auswertung führt nach einer Umstellung auf

$$\underline{F} = \frac{M \cdot \sin\alpha}{\mu \cdot r} = \frac{50\,\text{Nm} \cdot \sin 30°}{0{,}40 \cdot 0{,}1\,\text{m}} \underline{= 625\,\text{N}}$$

Aufgaben zum Abschnitt 11.6

A11-35 Eine Leiter steht auf einer horizontalen, harten Unterlage und lehnt mit dem Ende an einer Wand mit unbestimmten Reibungsverhältnissen. Der Anstellwinkel zur Horizontalen ist β. Zu bestimmen ist die am Fußpunkt mindestens notwendige Reibung, die unabhängig von der Belastung ein Abrutschen der Leiter nicht erwarten lässt.

A11-36 Eine Rechteckplatte liegt nach Skizze auf reibungslosen Rollen zwischen zwei Führungsschienen. Sie wird durch die Kraft F verschoben. In welchem Bereich $\pm x$ kann die Kraft angreifen, ohne dass die Platte blockiert, wenn für die seitliche Führung $\mu = 0{,}5$ gilt?

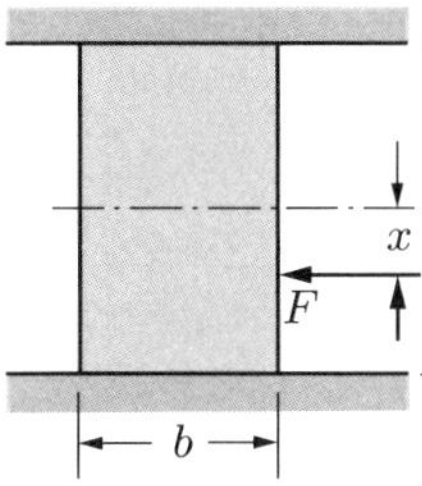

Abb. A11-36

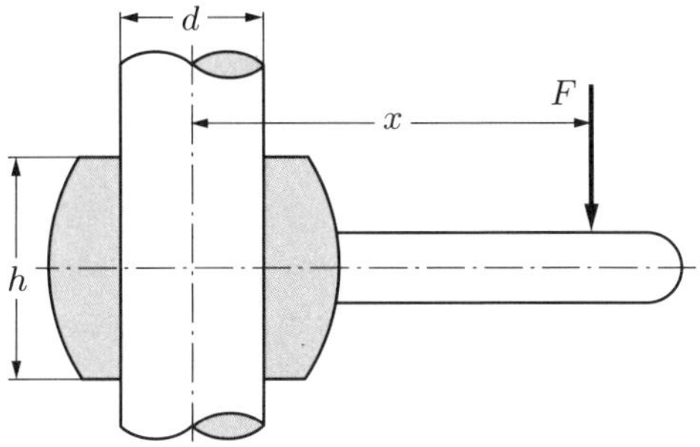

Abb. A11-37

A11-37 Eine Buchse ist mit geringem Spiel auf eine Welle gesteckt und wie skizziert belastet. Das System soll selbsthemmend sein, d.h. die Kraft darf die Buchse nicht verschieben. Welcher Abstand x muss für den Kraftangriffspunkt mindestens eingehalten werden? Die allgemeine Lösung soll für $h = 50{,}0\,\text{mm}$; $d = 60{,}0\,\text{mm}$ und $\mu_0 = 0{,}25$ ausgewertet werden.

A11-38 Die Abbildung zeigt das Detail eines Drehmomentenbegrenzers. Die Umfangskraft F_U an der Kupplung wird über die Kugel von der linken auf die rechte Seite übertragen. Die Federkraft F_F ist einstellbar und damit auch das übertragbare Moment. Die Reibung in A soll so groß sein, dass sie ein Gleiten

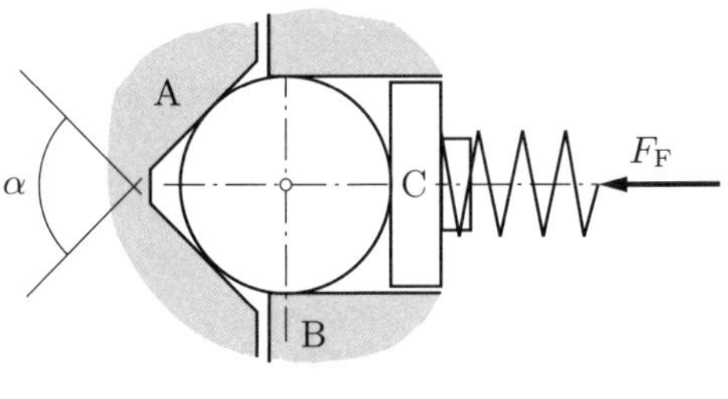

Abb. A11-38

der Kugel an dieser Stelle verhindert. Die Kugel rollt aus der kegelförmigen Vertiefung heraus, wenn das Grenzmoment erreicht ist. Sie gleitet dabei in B und C, wobei sie sich nach rechts bewegt. Für diesen Grenzfall ist allgemein und für die gegebenen Daten die Federkraft F_F für eine maximal übertragbare Umfangskraft zu bestimmen.

$$F_U = 1{,}0\,\text{kN}; \quad \alpha = 45°; \quad \mu_B = \mu_C = 0{,}1.$$

A11-39 Für eine Bremse (s. Skizze) ist in allgemeiner Form das durch die Hebelkraft F verursachte Bremsmoment für mathematisch positive Drehrichtung zu bestimmen. Die Lage des Hebelgelenks A ist in Vertikalrichtung variabel. Folgende Fälle sind zu vergleichen:

a) $y = d$ b) $y = d/2$ c) $y = 0$.

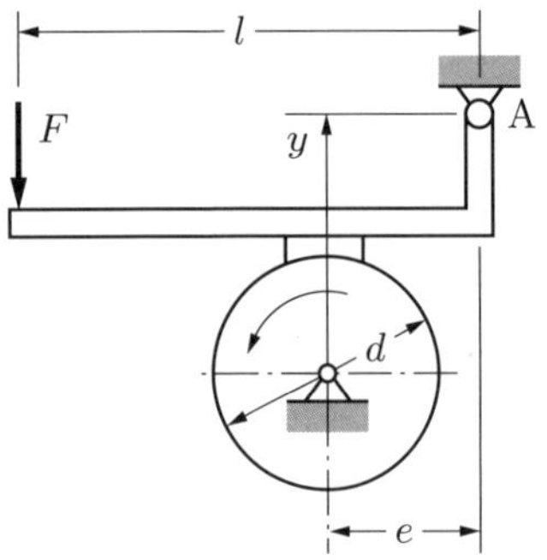

Abb. A11-39/A11-40

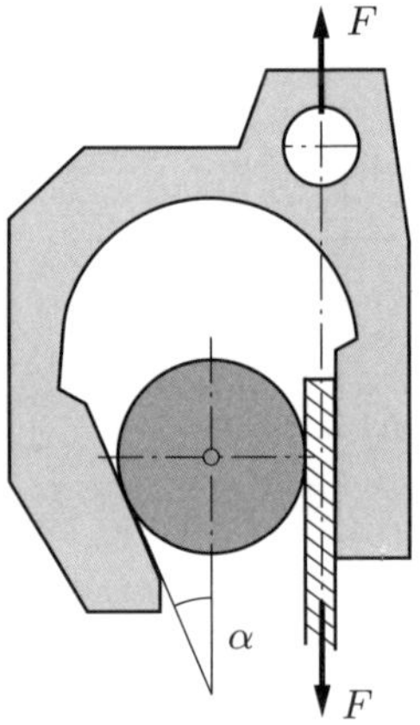

Abb. A11-41

A11-40 Die Bremse nach A11-39c ($y = 0$) ist mit $e = 0{,}80 \cdot d$ ausgeführt. Besteht die Gefahr des Blockierens?

A11-41 Abgebildet ist ein Klemmechanismus mit einer Walze als Klemmkörper. Wie groß muss die Haftreibungszahl der Berührungsflächen für den Keilwinkel α mindestens sein? Wie groß ist bei allseitig gleicher Reibung die an der Walze übertragene Kraft, wenn die Vorrichtung eine Platte der Masse m festhält?

A11-42 Die Abbildung zeigt das Detail eines Freilaufs. Als Klemmkörper werden Kugeln verwendet. Die Funktion der Feder ist, die Kugel in Klemmbereitschaft zu halten. Wegen der Schmierung muss von einer Reibungszahl von etwa 0,08 ausgegangen werden. Wie groß darf maximal der Klemmwinkel β ausgeführt werden, damit unter Last eine sichere Mitnahme gewährleistet ist? Wie berechnet sich grundsätzlich für ein vorgegebenes Moment am Freilauf die auf eine Kugel wirkende Klemmkraft?

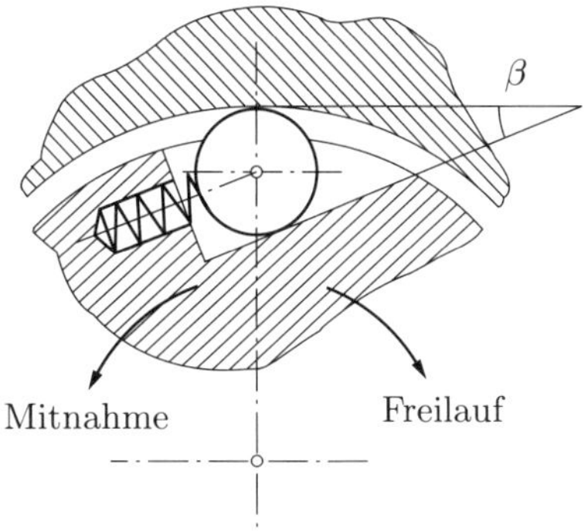

Abb. A11-42

A11-43 Abgebildet ist der Schaltmechanismus einer Lamellenkupplung im geöffneten Zustand. Dieser soll auf Selbsthemmung untersucht werden. Wie groß darf die Reibungszahl μ für die Berührungsstelle Hebel/Schiebemuffe im Grenzfall werden, wenn die Kupplung schaltbar bleiben soll? Die Reibung im Gelenk darf vernachlässigt werden.

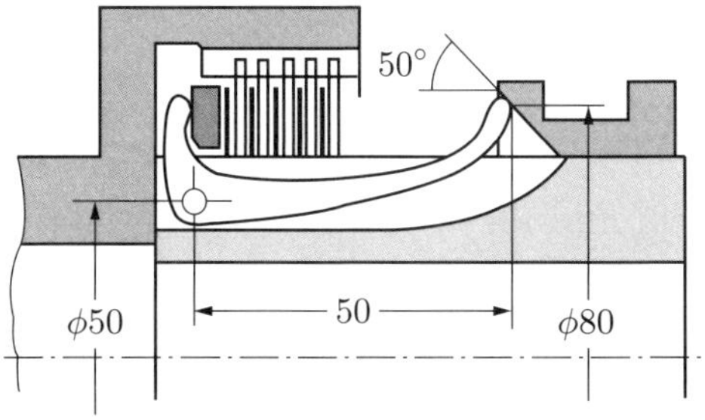

Abb. A11-43

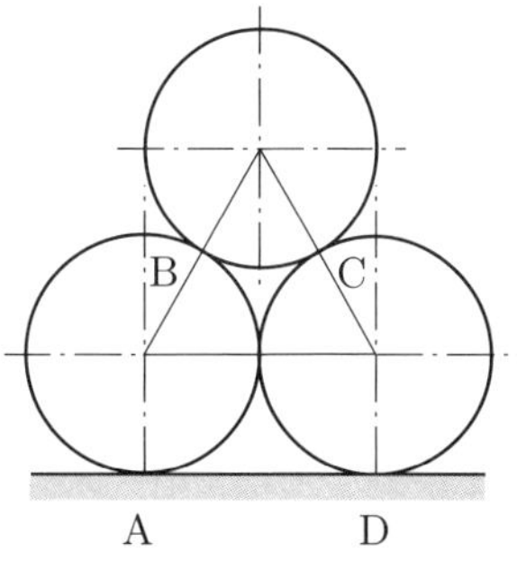

Abb. A11-44

A11-44 Drei gleiche Rohre sind wie skizziert gelagert. Wie groß ist mindestens die Reibungszahl für die einzelnen Berührungsstellen?

A11-45 Abgebildet ist ein Anschlagmechanismus, an dem eine Kraft entweder auf die obere oder untere Prallplatte wirkt. Die untere Kraft soll das Gebilde im Uhrzeigersinn auslenken, die obere umgekehrt. Um eine Klemme auszuschließen, wird ein verhältnismäßig großer Reibungswinkel von 12° (μ_0 etwa 0,2) in den Führungen angenommen. In welchem Abstand y muss die Kraft F jeweils mindestens angreifen?

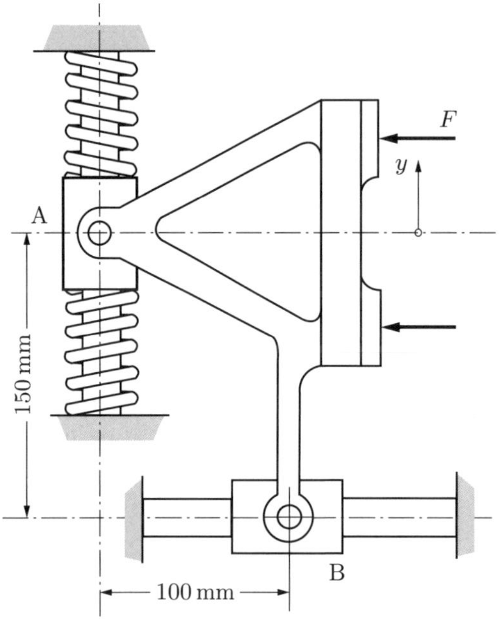

Abb. A11-45

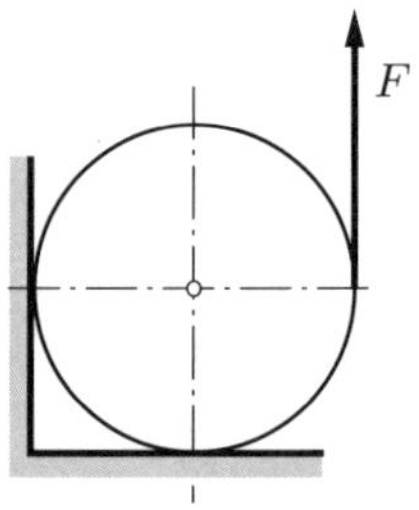

Abb. A11-46

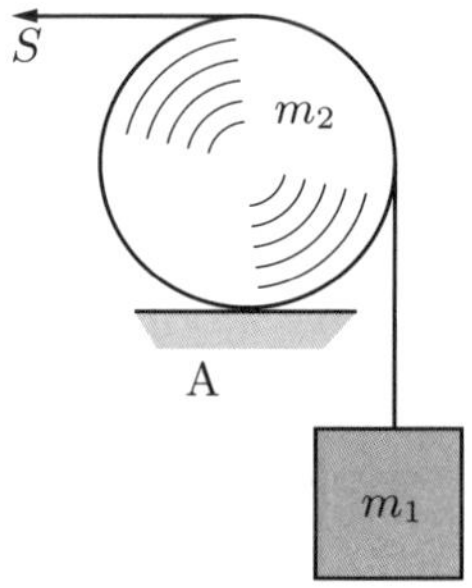

Abb. A11-47/A11-58

A11-46 Eine homogene Walze der Masse m ist nach Skizze an einer senkrechten Wand gelagert. Die Reibungsbedingungen an beiden Berührungsstellen sind gleich. Zu bestimmen ist in allgemeiner Form und für $m = 50\,\text{kg}$; $\mu_0 = 0{,}30$ die zum Drehen der Walze notwendige Kraft F.

A11-47 Um eine homogene Walze der Masse m_2 ist ein Seil gelegt, an dessen Ende eine Masse m_1 hängt. Wie groß muss für Gleichgewicht die mindestens erforderliche Reibungszahl für die Berührungsstelle Walze/Unterlage sein? Die Lösung soll allgemein erfolgen. Hinweis: Die Seilkräfte sind nicht gleich.

A11-48 Die abgebildete Greifklaue wird zum Anhängen von Blechtafeln verwendet. Zu bestimmen sind alle Gelenkkräfte und die mindestens erforderliche Reibungszahl an der Griffstelle, wenn an beiden Blechseiten gleiche Reibungsverhältnisse sind.

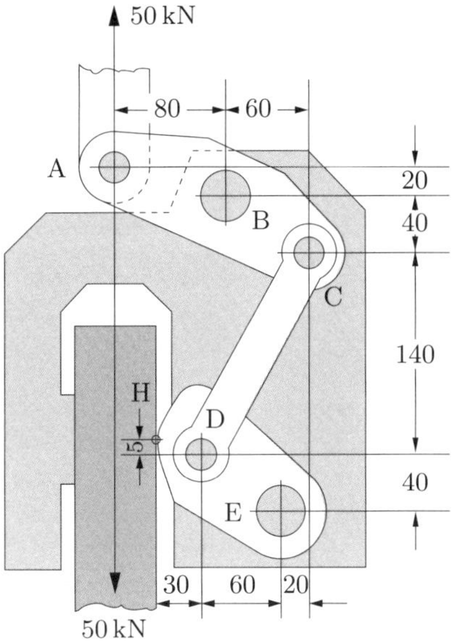

Abb. A11-48

A11-49 Die abgebildete Klemmvorrichtung dient zum Festhalten von Platten. Es ist in allgemeiner Form ein Zusammenhang zwischen den Abmessungen a; r und der an der Klemmstelle notwendigen Reibung herzustellen. Für die folgenden Daten ist nachzuweisen, dass eine Platte gehalten wird: $a = 10{,}0$ mm; $r = 100$ mm; $\mu_0 = 0{,}20$. Die Gelenkkraft in A ist für eine 100 kg schwere Platte zu bestimmen.

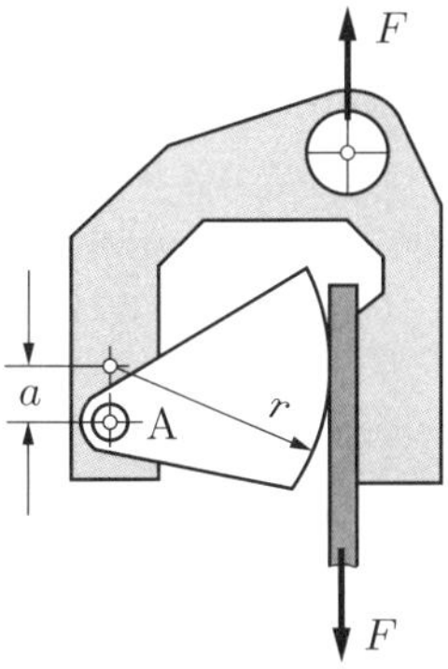

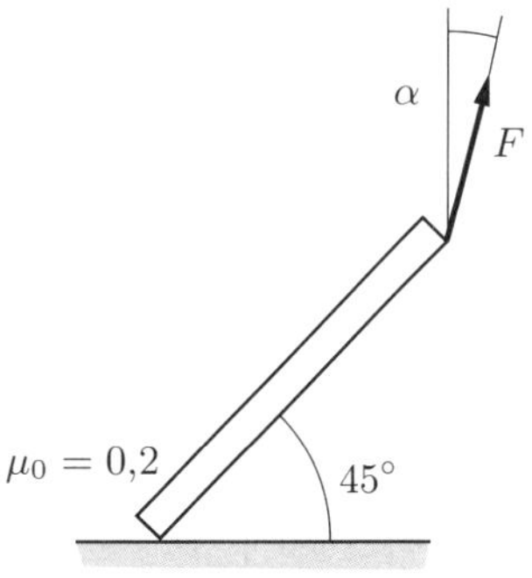

Abb. A11-49 **Abb. A11-50**

A11-50 Ein homogener Balken wird wie abgebildet, von einem Seil gehalten. Für welchen Winkel α rutscht er auf der Unterlage weg?

A11-51 Die Abbildung zeigt in vereinfachter Form eine Backenbremse. Diese wird mit einer Kraft von $F = 250\,\mathrm{N}$ angezogen. Für die angegebene Drehrichtung und eine Reibungszahl von 0,3 sind das Bremsmoment und alle Gelenkkräfte zu berechnen. Die Kräfte an den Bremsbacken sollen jeweils in der Mitte konzentriert werden.

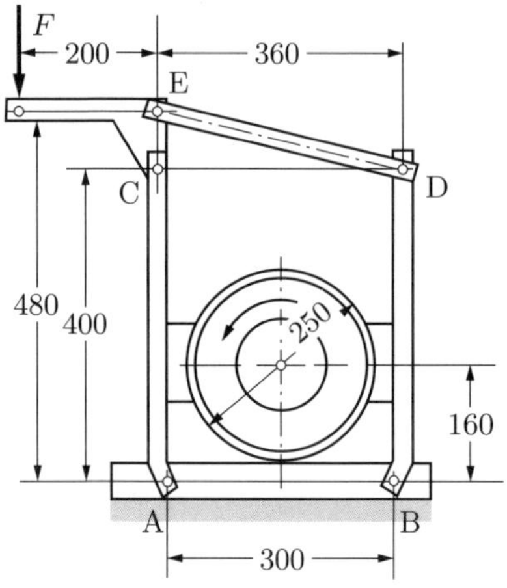

Abb. A11-51

11.7 Zapfenreibung

In diesem Abschnitt soll die Reibung eines drehenden Zapfens in einer Buchse untersucht werden. Vorausgesetzt werden geringes Spiel Zapfen/Buchse und trockene Reibung. Im Gegensatz zu den bisher formulierten Fällen, kann man von einer eindeutigen resultierenden Oberflächenkraft nicht ausgehen. Der Zapfen schmiegt sich an und erzeugt eine ungleichmäßige Flächenpressung nach Abb. 11-49, die wiederum unterschiedliche Reibungskräfte bewirkt. Es ist einleuchtend, dass die Verteilung der Kräfte von vielen Größen, z.B. Zapfenspiel, Här-

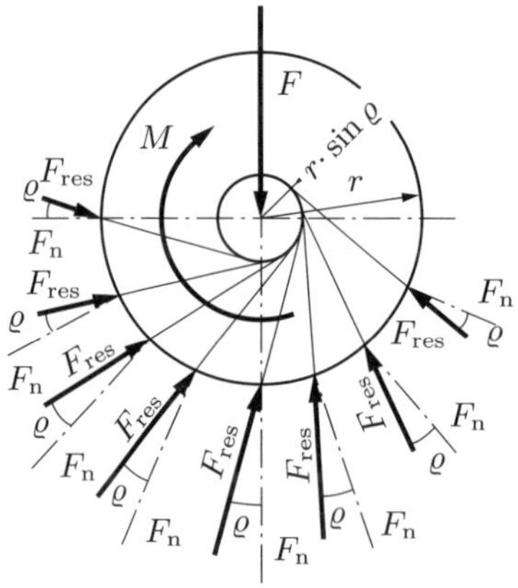

Abb. 11-49: Kräfte am Wellenzapfen

ten von Zapfen und Buchse abhängt. Deshalb ist ein allgemeingültiger Rechenansatz nicht möglich. Man rechnet mit den bisher angewendeten Gleichungen (11-1)/(11-2) für eine am Umfang konzentriert gedachte Reibungskraft. Das führt auf eine Gleichung für das zur Überwindung der Reibung notwendige Moment

$$M_R = r \cdot \mu_Z \cdot F \tag{11-8}$$

Die *Zapfenreibungszahl* μ_Z muss experimentell bestimmt werden. In ölgeschmierten Gleitlagern schwimmt der Zapfen bei ausreichender Umfangsgeschwindigkeit auf. Zapfen und Buchse berühren sich nicht. Der Reibungsmechanismus ist grundsätzlich anders als oben beschrieben. Die Reibungsvorgänge erfolgen im Öl und werden maßgeblich von der Viskosität des Öls bestimmt. Mit dem experimentell ermittelten Reibungsmoment kann mit der Gleichung (11-8) auch für diesen Fall eine Zapfenreibungszahl berechnet werden. Analog verfährt man bei Wälzlagern.

Aufgaben zum Abschnitt 11.7

A11-52 Der abgebildete Winkelhebel soll im Uhrzeigersinn gegen die Kraft F_B gedreht werden. Zu berechnen ist die dazu notwendige Kraft F_A.

$a = 200\,\text{mm}$; $b = 400\,\text{mm}$; $r = 50\,\text{mm}$; $\mu_Z = 0{,}50$; $F_B = 10{,}0\,\text{kN}$.

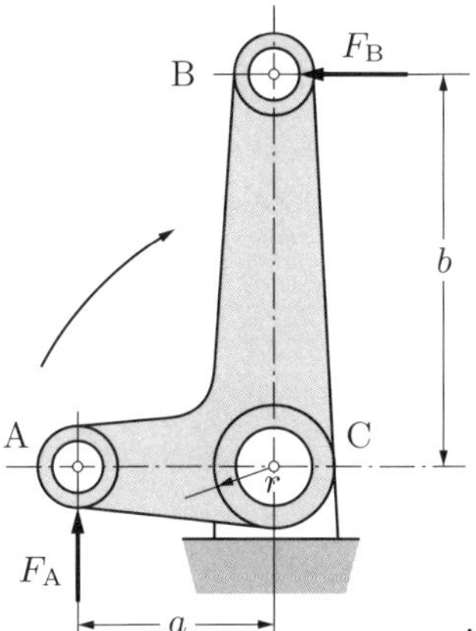

Abb. A11-52

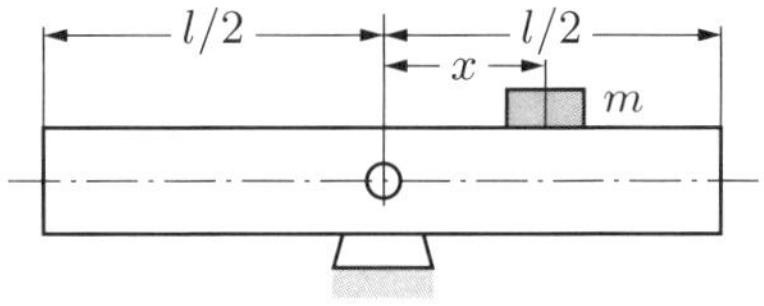

Abb. A11-53

A11-53 Ein homogener Balken der Masse m_B ist zentrisch auf einen Zapfen des Durchmessers d gesteckt. Eine Masse m wird nach Skizze von der Mitte aus verschoben. In der Position x setzt Bewegung ein. Zu bestimmen ist die Zapfenreibungszahl allgemein und für $m_B = 25{,}0\,\text{kg}$; $m = 1{,}0\,\text{kg}$; $d = 80\,\text{mm}$, $x = 100\,\text{mm}$.

11.8 Seilreibung

Um einen Zylinder wird ein Seil gelegt und nach Abb. 11-50 an den Enden belastet. Infolge der zwischen Zylinder und Seil wirkenden Reibungskräfte können in gewissen Grenzen die Belastungen unterschiedlich sein. In diesem Abschnitt wird der Zusammenhang zwischen den Seilkräften, der Reibungszahl und der Geometrie untersucht.

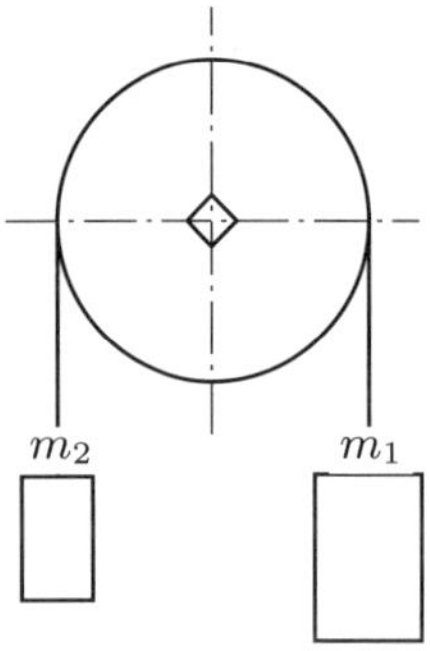

Abb. 11-50: Umschlungenes Seil mit unterschiedlicher Belastung an den Enden

Zwischen den Seilkräften S_1 und S_2 im nach Abb. 11-51 umschlungenen Seil soll Gleichgewicht bestehen. Für $S_1 > S_2$ würde ohne Reibungswirkung das Seil im Uhrzeigersinn verschoben werden. Das wird dadurch verhindert, dass am Umfang Reibungskräfte wirken, die insgesamt der Differenz von S_1 und S_2 entsprechen. Die Seilkraft S nimmt, ausgehend von S_2, stetig zu und erreicht am anderen Ende den Wert S_1. Diese Zunahme wird exemplarisch an einem Bogenelement

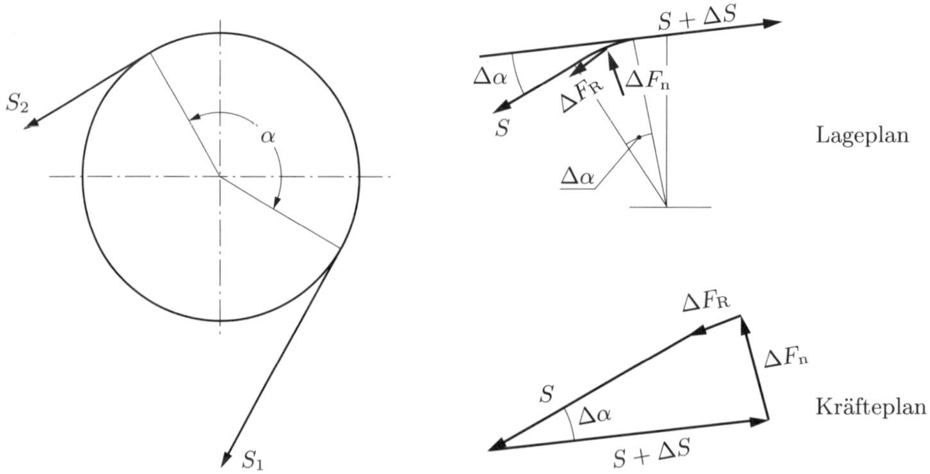

Abb. 11-51: Freigemachter Seilabschnitt und Krafteck

betrachtet. In der Abb. 11-51 sind Lage- und Kräfteplan dargestellt. Entlang dem Bogen $\Delta\alpha$ wächst S um ΔS. Die Schrägstellung der beiden Seilkräfte verursacht eine Normalkraft. Aus dem geschlossenen Krafteck gewinnt man folgende Beziehung.

$$\Delta F_{\mathrm{n}} = (S + \Delta S) \cdot \Delta\alpha = S \cdot \Delta\alpha + \Delta S \cdot \Delta\alpha$$

Der zweite Term ist kleiner von höherer Ordnung. Es verbleibt

$$\Delta F_{\mathrm{n}} = S \cdot \Delta\alpha \tag{1}$$

Diese Kraft ist Ursache der Reibungskraft, die die Zunahme der Seilkraft ermöglicht.

$$\Delta F_{\mathrm{R}} = \mu_0 \cdot \Delta F_{\mathrm{n}} = \Delta S$$

Insgesamt erhält man mit (1)

$$\mu_0 \cdot S \cdot \Delta\alpha = \Delta S$$
$$\frac{\Delta S}{\Delta\alpha} = \mu_0 \cdot S$$

Der Grenzübergang zum Differential wird durchgeführt.

$$\lim_{\Delta\alpha \to 0} \frac{\Delta S}{\Delta\alpha} = \frac{\mathrm{d}S}{\mathrm{d}\alpha} = \mu_0 \cdot S$$

Nach Trennung der Variablen kann integriert werden.

$$\int_{S_2}^{S_1} \frac{\mathrm{d}S}{S} = \mu_0 \int_0^{\alpha} \mathrm{d}\alpha$$
$$\ln \frac{S_1}{S_2} = \mu_0 \cdot \alpha$$
$$\frac{S_1}{S_2} = \mathrm{e}^{\mu_0 \cdot \alpha} \tag{11-9}$$

Diese Gleichung wird auch EYTELWEINsche Formel genannt.

Die Seilkraft nimmt exponential mit dem Umschlingungswinkel zu. Schon kleine Zunahmen des Umschlingungswinkels α haben eine erhebliche Vergrößerung des Verhältnisses S_1/S_2 zur Folge. Diesen Effekt macht man sich vielfach zu Nutze. Es seien hier nur der Spill und die Spannrolle am Riementrieb genannt. Die Unterscheidung zwischen Haft- und Gleitreibungszahl ist dann nicht eindeutig möglich, wenn zwischen Scheibe und Seil (Riemen) ein Schlupf vorliegt. Bei einer Leistungsübertragung ist das immer der Fall.

Beispiel (Abb. 11-52)

Abgebildet ist eine Treibscheibe, die die Seilreibungskräfte für die Leistungsübertragung nutzt. Auf der linken Seite befindet sich ein Förderkorb A, auf der rechten eine Gegenmasse B. Diese ist so groß wie die Masse des Förderkorbs plus der halben maximalen Nutzlast. So erreicht man, dass höchstens die halbe Nutzlast gehoben werden muss. Das dazu notwendige Antriebsmoment an der Scheibe darf das Seil nicht zum Durchrutschen bringen. Wie man sich überlegen kann, liegt der ungünstigste Fall vor, wenn der volle Korb nach oben oder der leere Korb nach unten beschleunigt wird. Im Rahmen der Statik soll die Wirkung der Beschleunigung folgendermaßen berücksichtigt werden. Wenn die Masse nach oben, d.h. entgegengesetzt der Gewichtskraft in Bewegung gesetzt wird, soll sie um 10% erhöht in die Rechnung gesetzt werden. Bei beschleunigter Bewegung nach unten sollen 10% abgezogen werden. Wie in der Kinetik gezeigt wird, entspricht das einer Beschleunigung von etwa $1{,}0\,\mathrm{m/s^2}$ (10% der Erdbeschleunigung).

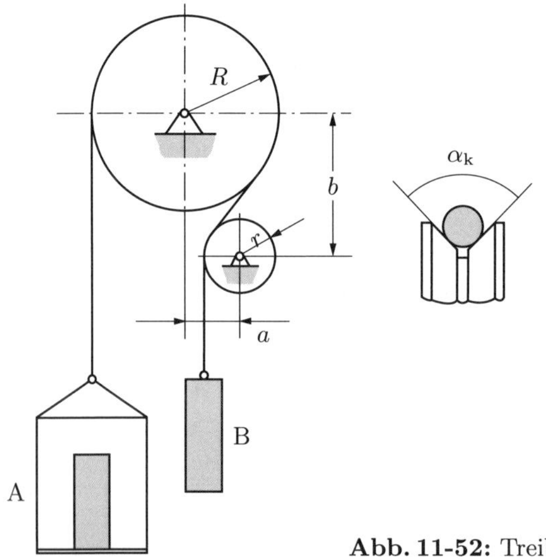

Abb. 11-52: Treibscheibe für Förderkorb

Zur Erhöhung der Reibungswirkung ist die Treibscheibe mit einer Keilnut versehen. Diese würde einen zusätzlichen Seilverschleiß zur Folge haben. Deshalb werden in der Praxis Halbrundnuten verwendet. Für diese gibt es analoge Reibungszahlen.

Für die nachfolgend gegebenen Daten sind zu bestimmen

a) die erforderlichen Reibzahlen und Antriebsmomente für die beiden Grenzfälle,

b) das Antriebsmoment für Heben des voll belasteten Korbes mit konstanter Geschwindigkeit,
c) das Antriebsmoment für Senken des leeren Korbes mit konstanter Geschwindigkeit.

Treibscheibe	$R = 1000\,\text{mm}$;	Umlenkscheibe	$r = 400\,\text{mm}$
Keilnutwinkel	$\alpha_K = 80°$		
Korb	$m_K = 1000\,\text{kg}$;	maximale Last	$m_L = 1200\,\text{kg}$
Lage der Umlenkscheibe		$a = 600\,\text{mm}$;	$b = 1500\,\text{mm}$

Lösung (Abb. 11-53)

Zunächst muss aus geometrischen Beziehungen der Umschlingungswinkel berechnet werden. Das Dreieck CDH liefert

$$\tan\gamma = \frac{a}{b} = \frac{0{,}60\,\text{m}}{1{,}50\,\text{m}} \qquad \gamma = 21{,}8°$$

$$l = \frac{a}{\sin\gamma} = \frac{0{,}60\,\text{m}}{\sin 21{,}8°} = 1{,}616\,\text{m}$$

Aus dem Dreieck CED erhält man

$$\cos\beta = \frac{R+r}{l} = \frac{1{,}40\,\text{m}}{1{,}616\,\text{m}} \qquad \beta = 29{,}9°$$

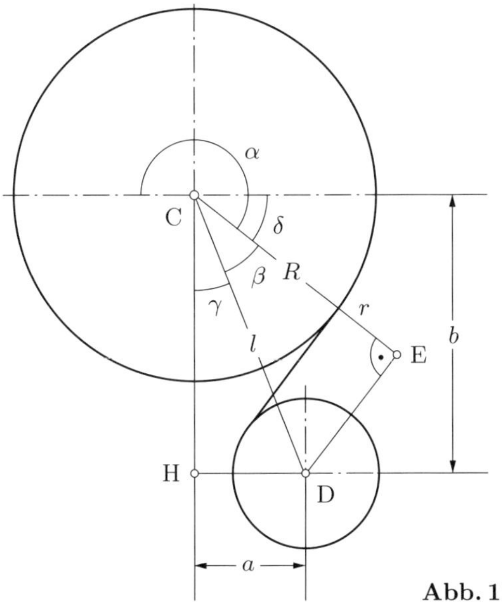

Abb. 11-53: Geometrie Treibscheibe

Der Winkel δ ist damit

$$\delta = 90^\circ - \gamma - \beta = 90^\circ - 21{,}8^\circ - 29{,}9^\circ = 38{,}3^\circ$$

Insgesamt erhält man für den Umschlingungswinkel

$$\alpha = 180^\circ + \delta = 218{,}3^\circ; \qquad \alpha^\cap = \frac{\pi}{180^\circ} \cdot 218{,}3^\circ = 3{,}809$$

a) Fall 1: Voller Korb nach oben beschleunigt.

$$m_\mathrm{A} = m_\mathrm{K} + m_\mathrm{L} = 2200\,\mathrm{kg}$$

Die Gegenmasse beträgt nach Aufgabenstellung

$$m_\mathrm{B} = m_\mathrm{K} + \frac{1}{2} m_\mathrm{L} = 1600\,\mathrm{kg}$$

Damit sind

$$m_\mathrm{A} \cdot g = 2200\,\mathrm{kg} \cdot 9{,}81\,\mathrm{m/s^2} \cdot 10^{-3}\,\mathrm{kN/N} = 21{,}58\,\mathrm{kN}$$
$$m_\mathrm{B} \cdot g = 1600\,\mathrm{kg} \cdot 9{,}81\,\mathrm{m/s^2} \cdot 10^{-3}\,\mathrm{kN/N} = 15{,}70\,\mathrm{kN}$$

Die Berücksichtigung der Beschleunigung führt auf

$$S_\mathrm{A} = 1{,}1 \cdot m_\mathrm{A} \cdot g = 23{,}74\,\mathrm{kN}$$
$$S_\mathrm{B} = 0{,}9 \cdot m_\mathrm{B} \cdot g = 14{,}13\,\mathrm{kN}$$

Da die Scheibe genutet ist, muss mit der Keilnutreibungszahl gerechnet werden. Nach Gleichung (11-9) ist

$$\frac{S_\mathrm{A}}{S_\mathrm{B}} = \mathrm{e}^{\mu' \cdot \alpha}$$
$$\ln \frac{S_\mathrm{A}}{S_\mathrm{B}} = \mu' \cdot \alpha$$
$$\mu' = \frac{1}{\alpha} \cdot \ln \frac{S_\mathrm{A}}{S_\mathrm{B}} = \frac{1}{3{,}809} \cdot \ln \frac{23{,}74\,\mathrm{kN}}{14{,}13\,\mathrm{kN}} = 0{,}136$$

Die notwendige Reibungszahl wird aus Gleichung (11-4) berechnet

$$\mu' = \frac{\mu}{\sin \frac{\alpha_\mathrm{K}}{2}} \quad \Rightarrow \quad \mu = \mu' \cdot \sin \frac{\alpha_\mathrm{K}}{2}$$
$$\underline{\mu} = 0{,}136 \cdot \sin 40^\circ \underline{= 0{,}087}$$

Die Reibungszahl für geschmierte Flächen dieser Art kann mit 0,12 angenommen werden. Die Kraftübertragung ist möglich.

Der Antrieb muss an der Treibscheibe ein Moment von der Größe

$$M = (S_\mathrm{A} - S_\mathrm{B}) \cdot R = (23{,}74 - 14{,}13)\,\mathrm{kN} \cdot 1{,}0\,\mathrm{m}$$
$$\underline{M = 9{,}61\,\mathrm{kNm}}$$

erzeugen.

Fall 2: Leerer Korb wird nach unten beschleunigt.

Jetzt sind

$$m_\mathrm{A} \cdot g = 1000\,\mathrm{kg} \cdot 9{,}81\,\mathrm{m/s^2} \cdot 10^{-3}\,\mathrm{kN/N} = 9{,}81\,\mathrm{kN}$$
$$m_\mathrm{B} \cdot g = 15{,}70\,\mathrm{kN}$$
$$S_\mathrm{A} = 0{,}9 \cdot m_\mathrm{A} \cdot g = 8{,}83\,\mathrm{kN}$$
$$S_\mathrm{B} = 1{,}1 \cdot m_\mathrm{B} \cdot g = 17{,}27\,\mathrm{kN}$$

Da $S_\mathrm{B} > S_\mathrm{A}$ ist, erhält die Gleichung (11-9) die Form

$$\frac{S_\mathrm{B}}{S_\mathrm{A}} = \mathrm{e}^{\mu'\alpha}$$
$$\mu' = \frac{1}{\alpha} \ln \frac{S_\mathrm{B}}{S_\mathrm{A}} = \frac{1}{3{,}809} \cdot \ln \frac{17{,}27\,\mathrm{kN}}{8{,}83\,\mathrm{kN}} = 0{,}176$$

Auf dem gleichen Weg wie für Fall 1 erhält man

$$\mu = 0{,}176 \cdot \sin 40^\circ = 0{,}113$$

Auch hier kann man davon ausgehen, dass das Seil nicht rutschen würde. Das notwendige Moment an der Scheibe beträgt

$$M = (S_\mathrm{B} - S_\mathrm{A}) \cdot R = (17{,}27 - 8{,}83)\,\mathrm{kN} \cdot 1{,}0\,\mathrm{m}$$
$$M = 8{,}44\,\mathrm{kNm}$$

b) Bei Bewegung mit konstanter Geschwindigkeit wirken in den Seilen die Gewichtskräfte.

$$M = (m_\mathrm{A} \cdot g - m_\mathrm{B} \cdot g) \cdot R$$
$$\underline{M} = (21{,}58 - 15{,}70)\,\mathrm{kN} \cdot 1{,}0\,\mathrm{m} \underline{= 5{,}886\,\mathrm{kNm}}$$

c) Analog gilt für leeren Korb (Heben der Gegenmasse)

$$M = (m_B \cdot g - m_A \cdot g) \cdot R$$
$$\underline{M} = (15{,}70 - 9{,}81)\,\text{kN} \cdot 1{,}0\,\text{m} \underline{= 5{,}886\,\text{kNm}}$$

In beiden Fällen wird die halbe maximale Last gehoben. Deshalb sind die Momente gleich. Es ist einleuchtend, dass sich das größte Antriebsmoment bei Beschleunigung der vollen Last nach oben ergibt.

Aufgaben zum Abschnitt 11.8

A11-54 Im skizzierten System sind m_A; μ_A; μ_B bekannt. Zu bestimmen sind die Grenzen, in denen die Masse m liegen muss, wenn das System in Ruhe bleiben soll. Der zugehörige Bereich der Seilkraft 2 ist zu berechnen.

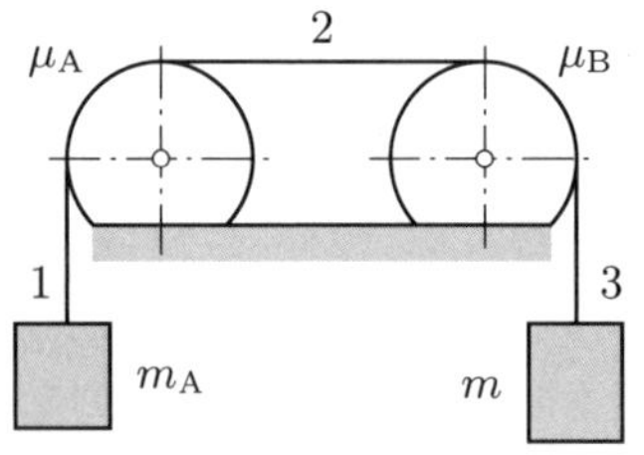

Abb. A11-54

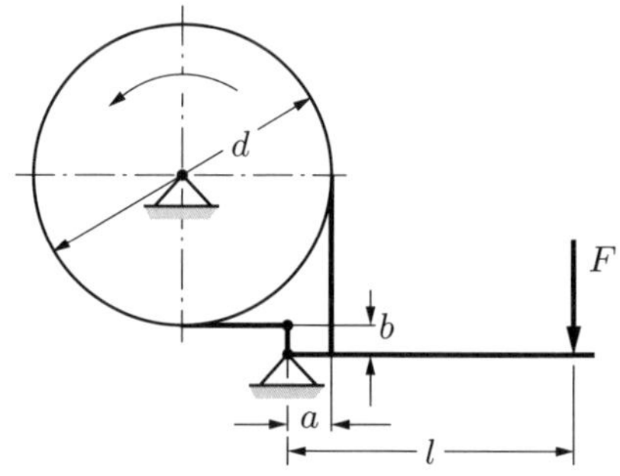

Abb. A11-55

A11-55 Skizziert ist eine Bandbremse. In allgemeiner Form ist das Bremsmoment in Abhängigkeit von der Kraft F zu bestimmen. Folgende Fälle sind zu diskutieren:

a) $b > 0$; b) $b = 0$; c) $b < 0$ (Winkelhebel nach unten gebogen)

A11-56 Abgebildet ist ein E-Motor auf einer Wippe. Die Gewichtskraft F_G des Motors soll den Riemen so vorspannen, dass das Moment M übertragen wird. In allgemeiner Form ist für mathematisch positiven Drehsinn die Hebellänge l zu bestimmen.

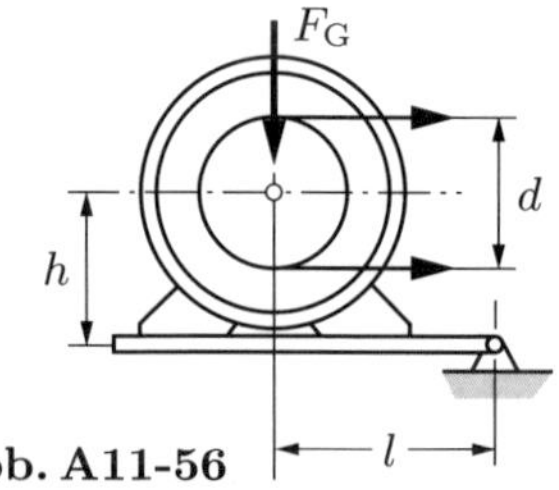

Abb. A11-56

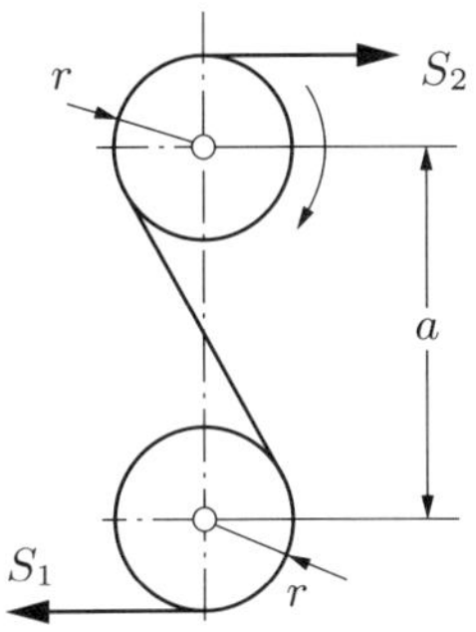

Abb. A11-57

A11-57 Die Abbildung zeigt eine Versuchseinrichtung zur Messung der Gleitreibungszahlen an Treibriemen. Die obere Trommel wird angetrieben und gleitet auf dem ruhenden Riemen. Die untere Trommel ist mit vernachlässigbarer Reibung gelagert. Gemessen werden die beiden Seilkräfte S_1 und S_2. Zu bestimmen ist die Reibungszahl in allgemeiner Form und für $a = 600\,\text{mm}$; $r = 125\,\text{mm}$; $S_1 = 675\,\text{N}$; $S_2 = 500\,\text{N}$.

A11-58 Für das System Abb. A11-47 ist die für Gleichgewicht mindestens notwendige Haftreibungszahl Seil/Walze zu bestimmen. An der Auflagestelle A sei die Reibung genügend groß, um ein Wegrutschen der Walze zu verhindern.

A11-59 Abgebildet ist eine Gurtförderanlage, die von Gewichten vorgespannt ist. Zu bestimmen ist das an der rechten Trommel übertragbare Moment für eine Spannmasse von 200 kg und eine Reibungszahl von 0,20.

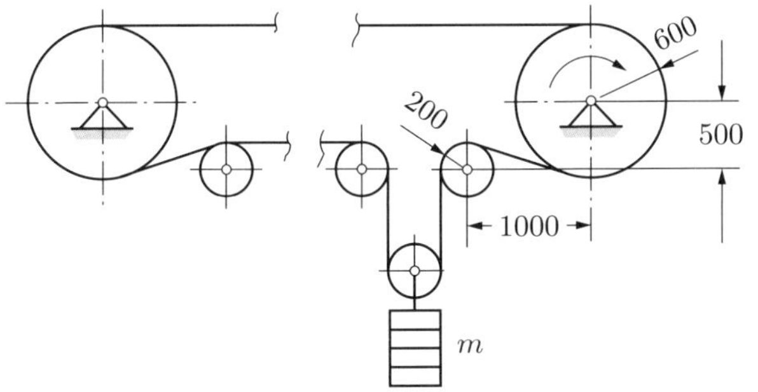

Abb. A11-59

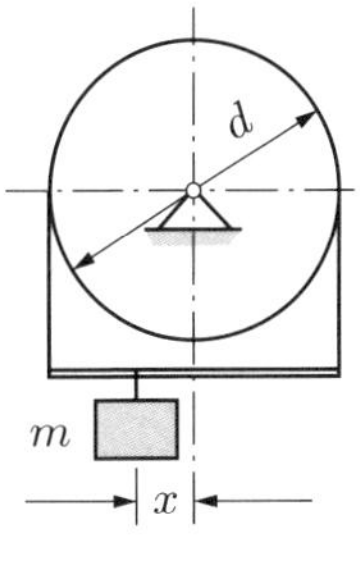

Abb. A11-60

A11-60 Das abgebildete System besteht aus einer festgebremsten Scheibe, über die ein Band gelegt ist. Die Bandenden sind mit einem leichten Stab verbunden. Auf diesem wird von der Mitte ausgehend eine Masse verschoben. Bei einer Exzentrizität x setzt Bewegung ein. Zu berechnen ist die Reibungszahl in allgemeiner Form und für $d = 500\,\text{mm}$; $x = 50\,\text{mm}$.

A11-61 Ein Schiffstau wird 4,5mal um einen Poller geschlungen. Auf der Belastungsseite wirkt eine Kraft von 60 kN. Es wird eine Reibungszahl von 0,25 geschätzt. Wie groß muss die Kraft auf der Halteseite sein? Diskussion des Ergebnisses.

11.9 Rollwiderstand

In diesem Abschnitt soll die Reibung untersucht werden, die beim Abrollen eines Rades auf einer Unterlage entsteht. Dabei wird z.B. ein Stahlrad auf einer Stahlschiene gedacht. Im Gegensatz zu den bisher behandelten Themen ist es notwendig, den Begriff „starrer Körper“ zu relativieren. Der Rollwiderstand wird durch eine Deformation vom Rad und Schiene verursacht, wobei die Berührung beider nicht mehr auf einer Linie erfolgt. Vereinfacht kann man sich den Vorgang folgendermaßen vorstellen.

Das Rad drückt sich beim Rollen in die Unterlage ein und schiebt eine „Schwelle“ vor sich her. Es wirken dabei folgende Kräfte (Abb. 11-54b). Die zur Aufrechterhaltung der Bewegung notwendige Kraft F_t, die Radlast F_L, die Reibungskraft F_R und die Normalkraft F_n. Die resultierende Bodenkraft F_{res} ist im Gleichgewicht mit der resultierenden Kraft an der Radachse. Beide Kräfte sind deshalb kollinear.

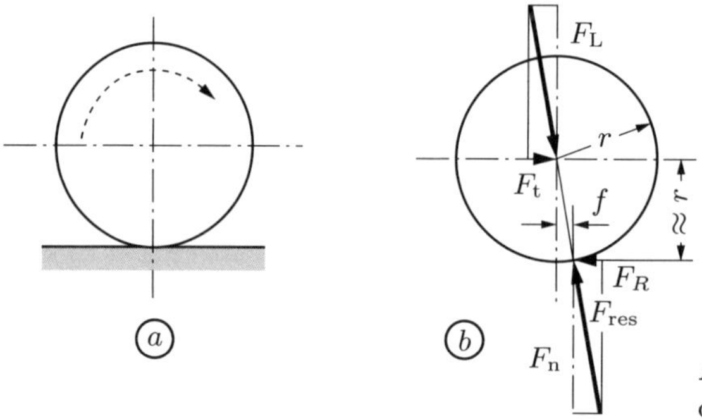

Abb. 11-54: Rollendes Rad mit wirkenden Kräften

Die Momentengleichung für die Radachse ergibt

$$F_R \cdot r = f \cdot F_n$$

$$F_R = \frac{f}{r} \cdot F_n = \mu_R \cdot F_n; \qquad \mu_R = \frac{f}{r} \tag{11-10}$$

μ_R ist die *Rollreibungszahl.* Für ihre Berechnung ist die Kenntnis der Größe f notwendig. Diese wird *„Arm der rollenden Reibung“* genannt. Man kann sich diese Länge folgendermaßen veranschaulichen. Das starre Rad rollt auf starrer Unterlage und wird dabei auf eine starre Schwelle gezogen. Diese ist so hoch, dass sie im Abstand f vor die Radachse geschoben werden kann (Abb. 11-55).

Der Aufrollvorgang wiederholt sich fortlaufend. Schon an dieser Deutung erkennt man die starke Vereinfachung, die notwendig war, um einen praktikablen Ansatz zu erhalten. Der physikalische Vorgang zwischen Rad und Unterlage ist

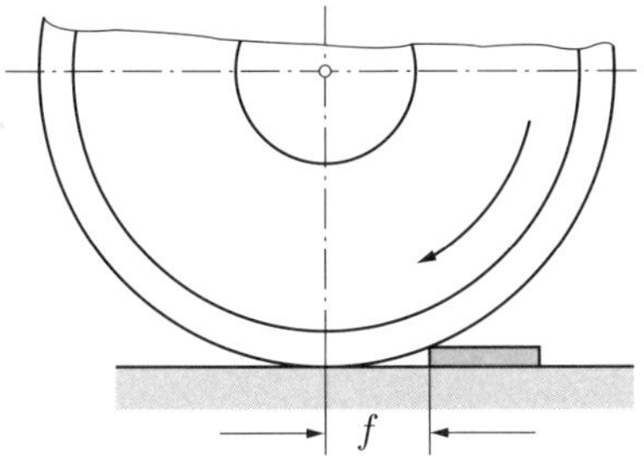

Abb. 11-55: Deutung der Größe f „Arm der rollenden Reibung“

äußerst komplex. Deshalb ist es verständlich, dass f keine Konstante ist. Der „Arm der rollenden Reibung“ hängt von der Werkstoffpaarung, den Härten, der Oberflächenbeschaffenheit, den Herstellungstoleranzen und der Schmierung ab. Die Berührung erfolgt nicht, wie bei der Erklärung angenommen, linienförmig, sondern auf einer Fläche. Deshalb kommt zusätzlich noch eine Abhängigkeit von der Belastung F_L hinzu.

Aus den oben genannten Gründen findet man in den Taschenbüchern nur wenig Angaben über die Größe von f. Für Stahlrolle auf Stahlunterlage (z.B. Kranbahn) rechnet man mit Werten um $f = 0,5\,\text{mm}$. Sind Rolle und Unterlage aus gehärtetem Stahl (Wälzlager), vermindert sich dieser Wert ganz erheblich. Oft ist es nicht möglich, den Rollwiderstand und den Lagerwiderstand der Rolle zu trennen. Man ermittelt dann den gesamten Fahrwiderstand, z.B. mit Hilfe eines *Schleppversuches*. Da die Belastungen linear eingehen, definiert man als spezifischen *Fahrwiderstand* den Quotienten Fahrwiderstand zu Gewichtskraft.

Beispiel (Abb. 11-56)

Die skizzierte Achse der Masse m ist senkrecht belastet. In allgemeiner Form ist die durch die Roll- und Lagerreibung verursachte Widerstandskraft zu ermitteln. Die Gleichung soll für die nachfolgend gegebenen Daten ausgewertet werden.

Achsbelastung	$F_L = 200\,\text{kN}$
Raddurchmesser	$D = 600\,\text{mm}$
Arm der rollenden Reibung	$f = 0,5\,\text{mm}$
Masse des Radsatzes	$m = 1000\,\text{kg}$
Durchmesser Lagerzapfen	$d = 100\,\text{mm}$
Zapfenreibungszahl	$\mu_Z = 0,005$

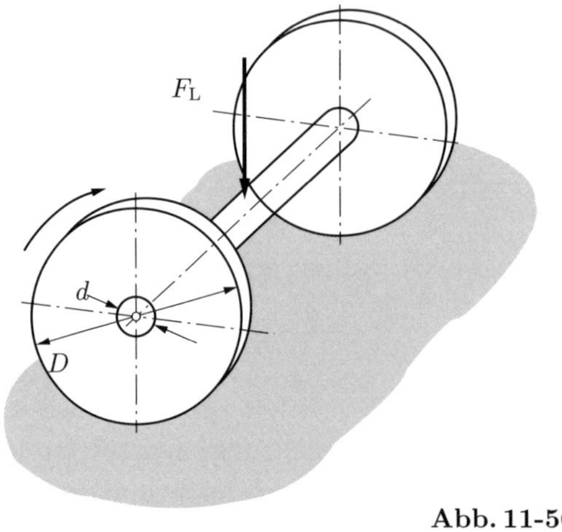

Abb. 11-56: Belastete Achse

Lösung

Die beiden Räder der Achse werden jeweils mit einem Teil der Last beansprucht. Wegen der linearen Zusammenhänge (halbe Last verursacht halbe Widerstandskraft) kann man die volle Belastung an einem Rad zusammengefasst denken. Die an diesem Rad ermittelte Widerstandskraft entspricht dann der für die Achse.

Der Rollwiderstand wird durch die Summe aus Gewichtskraft und Last verursacht (Gl. (11-10)).

$$F_{R1} = \frac{f}{R}(F_L + m \cdot g)$$

Der Lagerzapfen wird durch die Resultierende aus Last und Zugkraft beansprucht. Der zweite Anteil kann normalerweise vernachlässigt werden. Das ergibt nach Gleichung (11-8) ein Reibungsmoment am Zapfen von

$$M_R = \mu_Z \cdot r \cdot F_L$$

Dieses Moment wird durch eine zusätzliche Reibungskraft am Radumfang an der Auflagestelle des Rades aufgebracht.

$$F_{R2} \cdot R = \mu_Z \cdot r \cdot F_L$$
$$F_{R2} = \mu_Z \cdot \frac{r}{R} \cdot F_L$$

Der Gesamtwiderstand ist

$$F_W = F_{R1} + F_{R2}$$
$$\underline{F_W = \frac{f}{R}(F_L + m \cdot g) + \mu_Z \cdot \frac{r}{R} \cdot F_L}$$

Bemerkenswert ist, dass *die Widerstandskraft umgekehrt proportional zum Raddurchmesser ist.*

Die gegebenen Daten führen auf

$$F_W = \frac{0{,}5\,\text{mm}}{300\,\text{mm}}(200 \cdot 10^3\,\text{N} + 10^3\,\text{kg} \cdot 9{,}81\,\text{m/s}^2) + 0{,}005 \cdot \frac{50\,\text{mm}}{300\,\text{mm}} \cdot 200 \cdot 10^3\,\text{N}$$

$$\underline{F_W = 516\,\text{N}}$$

Der spezifische Fahrwiderstand ist

$$\frac{F_W}{F_L + m \cdot g} = \frac{516\,\text{N}}{209{,}8 \cdot 10^3\,\text{N}} = 0{,}0025$$

Diesen Quotienten kann man durch einen Schleppversuch ermitteln.

Aufgaben zum Abschnitt 11.9

A11-62 Der durch die Roll- und Lagerreibung verursachte Fahrwiderstand eines zweiachsigen Wagens ist für die nachfolgend gegebenen Daten zu berechnen.

Gesamtmasse	m_{ges}	$= 2200\,\text{kg}$;
Masse je Radsatz	m_R	$= 100\,\text{kg}$
Raddurchmesser	D	$= 400\,\text{mm}$;
Zapfendurchmesser	d	$= 50\,\text{mm}$
Rollreibung	f	$= 0{,}5\,\text{mm}$;
Zapfenreibung	μ_z	$= 0{,}01$

A11-63 Eine homogene Walze (Radius r) liegt auf einer horizontalen Ebene der Länge l. Die Walze beginnt zu rollen, wenn diese Ebene am Ende um h gehoben wird. Zu bestimmen ist der Arm der rollenden Reibung allgemein und für $r = 60{,}0\,\text{mm}$; $h = 10{,}0\,\text{mm}$; $l = 1{,}0\,\text{m}$.

A11-64 Die skizzierte homogene Walze wird auf einer horizontalen Unterlage mit der Kraft F mit konstanter Geschwindigkeit gezogen. Zu bestimmen sind der Arm der rollenden Reibung und die Rollreibungszahl. Die allgemeine Lösung ist für $m = 200\,\text{kg}$; $F = 20\,\text{N}$; $R = 500\,\text{mm}$; $r = 100\,\text{mm}$ auszuwerten.

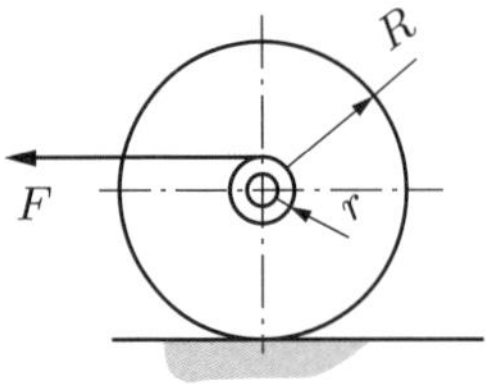

Abb. A11-64

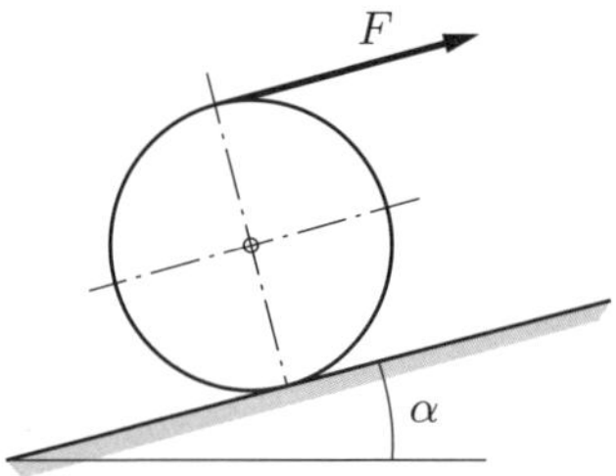

Abb. A11-65

A11-65 Eine homogene Walze wird wie skizziert durch eine am Umfang wirkende Kraft nach oben gezogen. Die Haftreibung ist so groß, dass ein Rollen möglich ist. Zu bestimmen ist die zum Heraufziehen notwendige Kraft. Die allgemeine Lösung ist für $m = 120\,\text{kg}$; $d = 200\,\text{mm}$; $\alpha = 15°$; $f = 0{,}6\,\text{mm}$ auszuwerten.

11.10 Zusammenfassung

Reibungskräfte werden an Berührungsflächen zweier Körper wirksam, wenn versucht wird, einen Körper auf dem anderen zu verschieben. Die Reibungskraft kann zwischen Null und einem Maximalwert je nach der Wirkung von anderen Kräften schwanken. Die Größe der maximalen Haftreibung hängt nicht von der Größe der Berührungsfläche, sondern nur von ihrer Beschaffenheit und der Normalkraft ab.

$$F_{R0} < \mu_0 \cdot F_n \quad F_{R0\,max} = \mu_0 \cdot F_n \tag{11-1}$$

Ein analoges Gesetz gilt für die Gleitreibung

$$F_R = \mu F_n \tag{11-2}$$

Anhaltswerte für μ und μ_0 sind in der Tabelle am Ende dieses Abschnitts gegeben.

Die Resultierende von Reibungs- und Normalkraft liegt bei Haftreibung innerhalb eines Kegels bzw. auf dem Kegelmantel mit dem Öffnungswinkel $2\varrho_0$, bei

Gleitreibung auf dem Kegelmantel mit dem Öffnungswinkel $2\varrho < 2\varrho_0$

$$\tan \varrho_0 = \mu_0; \quad \tan \varrho = \mu. \tag{11-3}$$

Ein auf einer schiefen Ebene liegender Block beginnt zu gleiten, wenn

$\alpha > \varrho_0$ (α Neigungswinkel; einfache Bestimmung von μ_0).

Ein Keil wendet die Gesetze der schiefen Ebene an und wird zur Kraftübersetzung benutzt. Er ist selbsthemmend, wenn

$\alpha < (\varrho_{01} + \varrho_{02})$ ist.
α Keilwinkel; ϱ_0 Reibungswinkel an beiden Keilflächen.

Es ist zweckmäßig, beim Lösen von Keilaufgaben die Resultierende von Reibungs- und Normalkraft zu verwenden.

In der Keilnut sind größere Reibungskräfte wirksam als auf der Ebene. Für symmetrische Keilnut gelten die Gleichungen der ebenen Reibung, wenn anstatt mit μ mit der Keilnutreibungszahl

$$\mu' = \frac{\mu}{\sin \frac{\alpha}{2}} \tag{11-4}$$

gerechnet wird (α Keilwinkel).

Zur Drehung eines axial belasteten Gewindes ist das Moment

$$M = F_\mathrm{a} \cdot r_\mathrm{m} \cdot \tan\,(\varrho \pm \alpha) \tag{11-6}$$

notwendig. Für $\varrho \geq \alpha$ ist die Schraube selbsthemmend. Die Keilnutwirkung von Spitz- und Trapezgewinde ist in den Schraubentabellen berücksichtigt.

Das Reibungsmoment eines durch F radial belasteten Zapfens beträgt

$$M = r \cdot \mu_\mathrm{Z} \cdot F \tag{11-8}$$

Ein um eine zylindrische Trommel umschlungenes Seil kann an den Enden unterschiedlich belastet werden. Dabei gilt

$$\frac{S_1}{S_2} = \mathrm{e}^{\mu\alpha} \tag{11-9}$$

Der Rollwiderstand eines Rades beträgt

$$F_{\mathrm{R}} = \frac{f}{r}\,F_{\mathrm{n}} = \mu_{\mathrm{R}} \cdot F_{\mathrm{n}} \tag{11-10}$$

f „Arm der rollenden Reibung"

f ist wie μ ein Erfahrungswert, der durch Messungen ermittelt wird. Der Rollwiderstand ist bei sonst gleichen Bedingungen um so kleiner, je größer der Raddurchmesser ist.

Stoffpaarung	μ_0		μ	
	trocken	gefettet	trocken	gefettet
Stahl auf Stahl	0,15 – 0,3	0,15	0,15	0,1 – 0,06
Stahl auf GJ	0,2	0,1	0,2	
Leder auf Metall........	0,6	0,2	0,25	0,12
Bremsbelag auf Stahl...			0,5 – 0,6	0,2 – 0,5

Tabelle 11-1: Reibungszahlen

12 Das räumliche Kräftesystem

12.1 Einführung

Viele technische Probleme lassen sich, wie die vorhergehenden Kapitel zeigen, als ebene Aufgabenstellungen beschreiben oder stellen auch tatsächlich ein in einer Ebene wirkendes Kräftesystem dar. Dass dies aber nur den Sonderfall des allgemeinen, also des räumlichen Systems darstellt, ist aus der täglichen Anschauung bekannt.

In diesem Kapitel werden die bisherigen Erkenntnisse und Aussagen des Lehrbuches auf den räumlichen, den dreidimensionalen Zustand erweitert. Dabei werden keine prinzipiell neuen Gesetzmäßigkeiten eingeführt – allerdings sind die Rechnungen umfangreicher. Auch die Anforderungen an das Vorstellungsvermögen sind höher, da räumliche Anordnungen in ebenen (nicht immer eindeutigen) Darstellungen oder Mehrebenenprojektionen abgebildet werden müssen. Damit sind auch graphische Lösungen nur selten ein sinnvoller Weg, da sie meist zu umständlich sind. Der Rechenaufwand steigt durch die zusätzliche Raumachse überproportional. Den zwei möglichen Verschiebungskomponenten und einer Drehung in der Ebene stehen im Raum drei Verschiebungskomponenten und Drehungen um drei Achsen eines (Kartesischen) Koordinatensystems zur Beschreibung des statischen Gleichgewichtes gegenüber.

Der erhöhte mathematische Aufwand führt zu verstärkter Anwendung rechnergestützter Lösungsverfahren. Da diese sich bequem mit den Gesetzen der Vektorrechnung beschreiben und programmieren lassen, werden in diesem Kapitel auch die dafür erforderlichen mathematischen Verfahren angewendet. Dabei wird vom Leser die Kenntnis der Grundlagen der Vektorrechnung vorausgesetzt. Zur Auffrischung der hierfür erforderlichen Grundkenntnisse wird auf die weiterführende Literatur [29] verwiesen.

Der Vorteil der vektoriellen Beschreibung in eine für den Computer verständliche „Handlungsanweisung“ wird bei formaler Anwendung der Vektoralgebra durch den Studienanfänger teilweise mit dem Verlust der Vorstellung „bezahlt“, was dem Anliegen des Buches widerspricht. Ein Gefühl für die Wirkung von Kräften und Momenten wird durch das Erkennen des räumlichen Wirkens aus der Anschauung und der Vorstellung (Bilder im Kopf) erworben. Die logischen Strukturen der vektoriellen Schreibweise sollen den Lösungsweg übersichtlicher gestalten, können aber das berufsnotwendige Vorstellungsvermögen nicht ersetzen.

Aus diesem Grunde wird in diesem Kapitel der vektoriellen Beschreibung das auf der räumlichen Vorstellung basierende Lösen der Aufgaben gegenübergestellt. Der Nutzer des Buches ist gut beraten, beide Herangehensweisen zu üben.

12.2 Das Freimachen

Die richtige Lösung eines statischen Problems ist nur dann möglich, wenn alle am Bauteil angreifenden Kräfte in die Untersuchung einbezogen werden. Um sicherzugehen, dass auch alle Lasten richtig erfasst wurden, geht jeder statischen Untersuchung das Freimachen, auch Freischneiden, voraus.

Der mit „Freimachen“ bezeichnete Prozess ist im Kapitel 5 ausführlicher erläutert worden. Alles, was dort ausgeführt wurde, gilt auch für die räumliche Statik.

Die wichtigsten Bauelemente sind in der Tabelle 12-1 „Lagerungsarten im Raum“ zusammengestellt. Dort sind auch die jeweils übertragbaren Reaktionen angegeben.

Glatte Oberflächen, Stäbe, Pendelstützen und Seile können auf ein Bauteil wie in der ebenen Statik jeweils nur eine Kraft in vorgegebener Richtung übertragen. Wird die Verschiebbarkeit in einer Richtung z.B. durch Führungen verhindert, sind zwei Kraftkomponenten möglich. In diese Kategorie gehören Radiallager, die zum Längenausgleich eine axiale Verschiebung zulassen. Ein Kugelgelenk kann kein Moment, dafür alle Kraftkomponenten aufnehmen. Das gilt auch für ein Festlager, das sowohl durch radiale als auch axiale Kräfte belastbar ist. Ein solches Lager kann in gewissen Grenzen einer Schiefstellung der Welle folgen (elastische Deformation der Welle). Deshalb werden beim Freimachen eines Festlagers nur Kraftkomponenten eingeführt.

Ein Kardangelenk kann in Achsrichtung ein Moment übertragen, entspricht sonst aber einem Kugelgelenk. Das ergibt drei Kraftkomponenten und ein Moment. Will man die axiale Kraft vermeiden, muss zusätzlich durch eine Keilnutwelle eine axiale Verschiebbarkeit ermöglicht werden. Das ist die übliche Anordnung z.B. in einem Kraftwagen.

Eine Einspannung kann Verschiebungen und Verdrehungen in alle Richtungen verhindern. Es werden deshalb alle drei Kraft- und Momentenkomponenten übertragen. Das ergibt sechs Reaktionen. Ein Scharnier lässt Verdrehung um eine Achse zu. Wenn es axial fixiert ist, entfällt von den sechs Reaktionen nur eine

Momentenkomponente, wenn es axial verschieblich ist, zusätzlich eine Kraftkomponente.

Tabelle 12-1: Lagerungsarten im Raum

	Wirkende Kräfte und Momente	Anzahl der Unbekannten/ Wertigkeit
 Kugel; glatte Oberfläche; Seil oder Stab	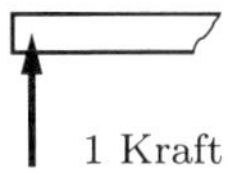 1 Kraft	1
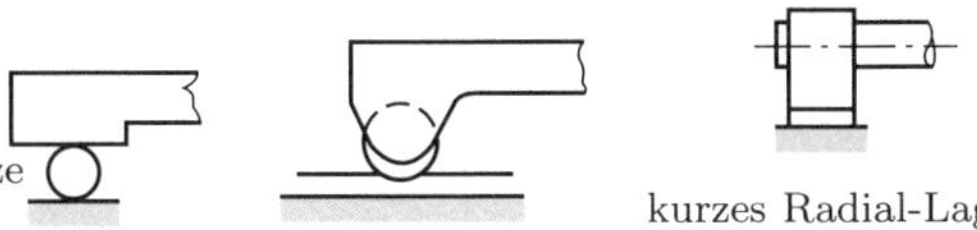 Walze auf rauer Oberfläche; Rolle u. Schiene; kurzes Radial-Lager (axial verschieblich)	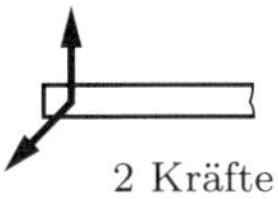 2 Kräfte	2
 Kugelgelenk; kurzes Festlager axial fixiert	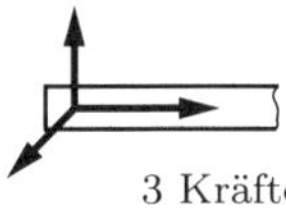 3 Kräfte	3
 Kardan-Gelenk	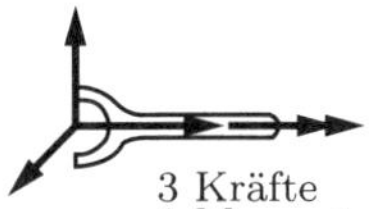 3 Kräfte 1 Moment	4
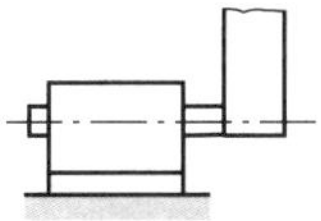 Scharnier axial verschieblich	 2 Kräfte 2 Momente	4
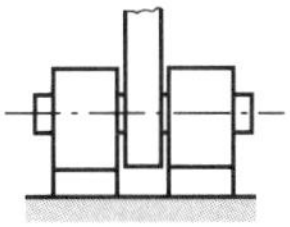 Scharnier axial fixiert	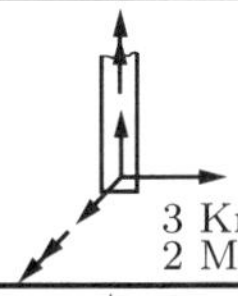 3 Kräfte 2 Momente	5
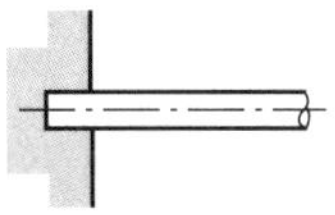 Einspannung	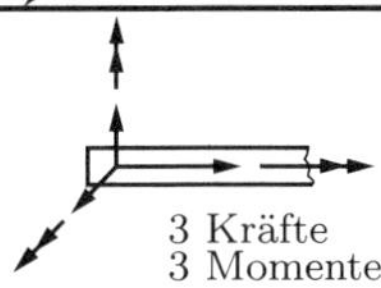 3 Kräfte 3 Momente	6

12.3 Das zentrale räumliche Kräftesystem

12.3.1 Die räumlichen Komponenten einer Kraft

Für die Beschreibung der Kraft im Raum wird zweckmäßigerweise ein Kartesisches (rechtwinkliges) rechtssinniges Koordinatensystem mit den Einheitsvektoren $\vec{e}_x, \vec{e}_y, \vec{e}_z$ (Abb. 12-1) zugrunde gelegt, dessen Ursprung der Schnittpunkt mit der Wirkungslinie der Kraft ist.

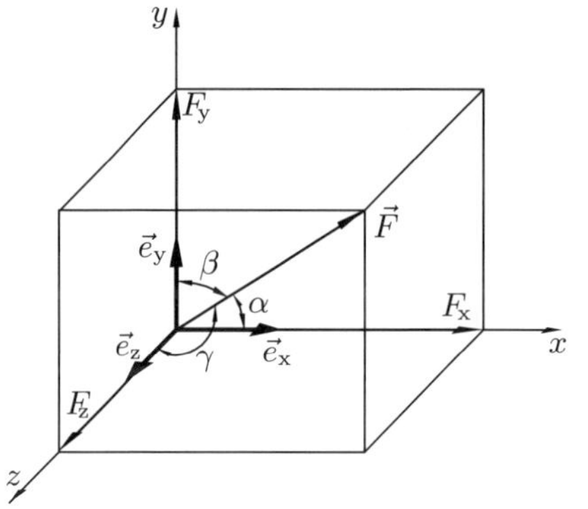

Abb. 12-1: Die Kraft und ihre Komponenten im Kartesischen Koordinatensystem

Im Raum ist die Kraft bestimmt durch:

- Betrag (Produkt aus Zahlenwert und Einheit)
- Lage (Angriffspunkt)
- Richtung (Richtungswinkel zu *zwei* Koordinatenachsen).

In Kartesischen Koordinaten lässt sich der Kraftvektor mit Hilfe der Einheitsvektoren als

$$\vec{F} = \vec{F}_x + \vec{F}_y + \vec{F}_z = \vec{e}_x \cdot F_x + \vec{e}_y \cdot F_y + \vec{e}_z \cdot F_z \tag{12-1}$$

darstellen. Kürzer als Zeilenvektor $\vec{F}^{\mathsf{T}}$ oder als Spaltenvektor $\vec{F}$ geschrieben

$$\vec{F}^{\mathsf{T}} = \begin{bmatrix} F_x & F_y & F_z \end{bmatrix} \quad \text{oder} \quad \vec{F} = \begin{bmatrix} F_x \\ F_y \\ F_z \end{bmatrix} .$$

Der Betrag wird aus den Teilkräften (Komponenten) mit dem Satz des PHYTAGORAS[1] im Raum analog zur Gleichung (3-1) mit

$$F = \sqrt{F_x^2 + F_y^2 + F_z^2} \tag{12-2}$$

berechnet.

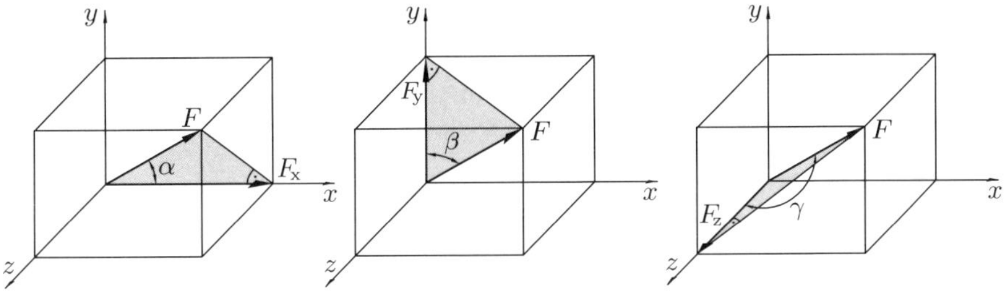

Abb. 12-2: Richtungswinkel der Kraftkomponenten

Die Richtung im Raum lässt sich einfach nach Abb. 12-2 durch die Richtungskosinus beschreiben:

$$\cos\alpha = \frac{F_x}{F} \qquad \cos\beta = \frac{F_y}{F} \qquad \cos\gamma = \frac{F_z}{F}\,. \tag{12-3}$$

Für die Komponenten gilt somit

$$F_x = F\cdot\cos\alpha \qquad F_y = F\cdot\cos\beta \qquad F_z = F\cdot\cos\gamma\,. \tag{12-3a}$$

Zusammengefasst zu

$$\frac{F_x}{\cos\alpha} = \frac{F_y}{\cos\beta} = \frac{F_z}{\cos\gamma} = F \tag{12-3b}$$

gestattet diese Gleichung ein besonders einfaches Arbeiten.

Die Winkel α, β und γ sind nicht unabhängig voneinander. Quadriert man die Gleichung (12-2)

$$F^2 = F_x^2 + F_y^2 + F_z^2$$

und setzt für die Komponenten (12-3a) ein, wird

$$F^2 = F^2\cdot\left(\cos^2\alpha + \cos^2\beta + \cos^2\gamma\right).$$

[1] PHYTAGORAS von Samos (580–500 v.u.Z.), griechischer Philosoph und Wissenschaftler

Daraus ergibt sich der Zusammenhang der Richtungskosinus bzw. der Richtungswinkel

$$\cos^2\alpha + \cos^2\beta + \cos^2\gamma = 1\,. \tag{12-4}$$

Somit liegt der dritte Richtungswinkel im Raum fest, wenn zwei Winkel bestimmt sind.

In vielen Anwendungen ist die Lage der Wirkungslinie durch zwei Punkte gegeben, die den Abstand l haben. Dies trifft z.B. auf Seile und Stäbe zu. Es ist günstig, in einen Punkt nach Abb. 12-3 das räumliche Koordinatensystem zu legen.

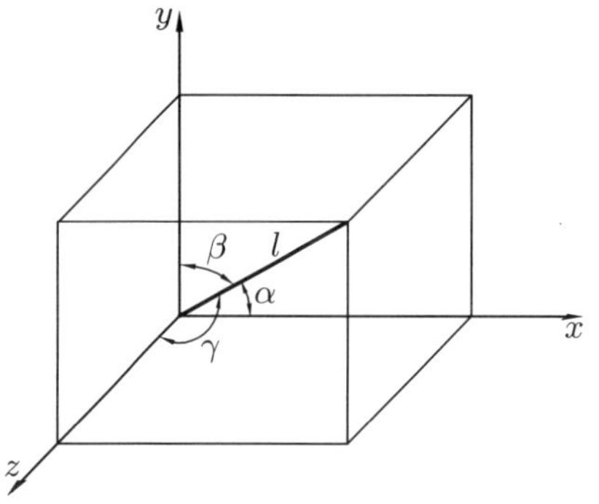

Abb. 12-3: Lage der Wirkungslinie der Kraft im räumlichen Koordinatensystem

Wie auch schon die Kraft, errechnet sich die Länge gemäß Gleichung (12-2) zu

$$l = \sqrt{x^2 + y^2 + z^2}\,. \tag{12-5}$$

Die Winkel α, β und γ kann man jetzt aus den folgenden Gleichungen berechnen.

$$\cos\alpha = \frac{x}{l} \quad \cos\beta = \frac{y}{l} \quad \cos\gamma = \frac{z}{l}\,. \tag{12-6}$$

Nach Einsetzen in Gleichung (12-3b) gilt

$$\frac{F_\mathrm{x}}{x} = \frac{F_\mathrm{y}}{y} = \frac{F_\mathrm{z}}{z} = \frac{F}{l}. \tag{12-7}$$

12.3.2 Die Resultierende eines räumlichen Kräftesystems mit gemeinsamem Angriffspunkt

Die Erweiterung der für die Ebene abgeleiteten Beziehung auf die z-Achse ergibt unter Verwendung der Ergebnisse des vorigen Abschnittes:

$$\vec{F}_{\text{res}} = \vec{F}_1 + \vec{F}_2 + \cdots + \vec{F}_{\text{n}} = \sum_{i=1}^{n} \vec{F}_{\text{i}} \tag{12-8}$$

und – in der Schreibweise vereinfacht – daraus folgend

$$\begin{aligned} F_{\text{res x}} &= \sum F_{\text{ix}} = \sum F_{\text{i}} \cdot \cos \alpha_{\text{i}} \\ F_{\text{res y}} &= \sum F_{\text{iy}} = \sum F_{\text{i}} \cdot \cos \beta_{\text{i}} \\ F_{\text{res z}} &= \sum F_{\text{iz}} = \sum F_{\text{i}} \cdot \cos \gamma_{\text{i}} \,. \end{aligned} \tag{12-9}$$

Gemäß Gleichung (12-2) gilt für den Betrag

$$F_{\text{res}} = \sqrt{F^2_{\text{res x}} + F^2_{\text{res y}} + F^2_{\text{res z}}} \tag{12-10}$$

und die Richtungskosinus der resultierenden Kraft

$$\cos \alpha = \frac{F_{\text{res x}}}{F_{\text{res}}} \qquad \cos \beta = \frac{F_{\text{res y}}}{F_{\text{res}}} \qquad \cos \gamma = \frac{F_{\text{res z}}}{F_{\text{res}}} \,. \tag{12-11}$$

Beispiel 1

Eine Verspannung ist nach Abb. 12-4 belastet. Für die drei gegebenen Kräfte $F_1 = 4{,}00\,\text{kN}; F_2 = 5{,}00\,\text{kN}; F_3 = 7{,}00\,\text{kN}$ ist die Resultierende nach Größe und Richtung zu berechnen.

Lösung

Die Komponenten der Resultierenden werden unter Verwendung der Gleichungen (12-6) bis (12-9) tabellarisch ermittelt.

i	$\frac{F_\text{i}}{\text{kN}}$	$\frac{x_\text{i}}{\text{m}}$	$\frac{y_\text{i}}{\text{m}}$	$\frac{z_\text{i}}{\text{m}}$	$\frac{l_\text{i}}{\text{m}}$	$\frac{F_\text{ix}}{\text{kN}}$	$\frac{F_\text{iy}}{\text{kN}}$	$\frac{F_\text{iz}}{\text{kN}}$
1	4,00	+5,00	+3,00	+4,00	7,07	+2,83	+1,68	+2,26
2	5,00	+5,00	+2,50	−8,00	9,76	+2,56	+1,28	−4,10
3	7,00	−10,00	+7,00	−6,00	13,60	−5,12	+3,59	−3,07
					$\sum$	+0,27 $= F_{\text{res x}}$	+6,56 $= F_{\text{res y}}$	−4,93 $= F_{\text{res z}}$

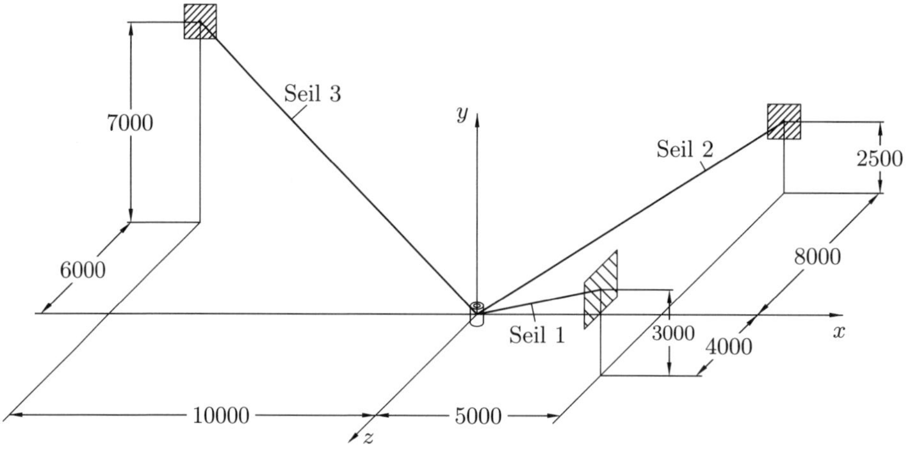

Abb. 12-4: Verspannung

Gleichung (12-2) als Kontrolle (erste Reihe)

Gleichung (12-10) $F_{\text{res}} = \sqrt{F^2_{\text{res x}} + F^2_{\text{res y}} + F^2_{\text{res z}}}$

$$F_{\text{res}} = \sqrt{0{,}27^2 + 6{,}56^2 + 4{,}91^2}\,\text{kN} = \underline{8{,}20\,\text{kN}}\,.$$

Gleichung (12-11) $\cos\alpha = \frac{F_{\text{res x}}}{F_{\text{res}}} = \frac{0{,}27\,\text{kN}}{8{,}20\,\text{kN}}$ $\quad \underline{\alpha = 88{,}1^\circ}$

$$\cos\beta = \frac{F_{\text{res y}}}{F_{\text{res}}} = \frac{6{,}56\,\text{kN}}{8{,}20\,\text{kN}} \qquad \underline{\beta = 36{,}9^\circ}$$

$$\cos\gamma = \frac{F_{\text{res z}}}{F_{\text{res}}} = -\frac{4{,}91\,\text{kN}}{8{,}20\,\text{kN}} \qquad \underline{\gamma = 126{,}8^\circ}\,.$$

Das gleiche Problem wird im Folgenden nach den Regeln der Vektoralgebra beschrieben. Dies ist Voraussetzung für die Berechnung von Systemen starrer Körper, bei denen die Anzahl der aufzuschreibenden Gleichgewichtsbedingungen sehr groß werden können und die dann in Rechenanlagen gelöst werden. Aber auch für die Handrechnung mit dem Taschenrechner, die das Berechnen kleiner Matrizen erlaubt, ist das unten beschriebene Vorgehen eine Voraussetzung. Dies sollen auch die Beispiele zeigen.

Die Resultierende nach Gleichung (12-8)

$$\vec{F}_{\text{res}} = \vec{F}_1 + \vec{F}_2 + \vec{F}_3$$

wird mit dem Spaltenvektor für die Kraft

$$\vec{F_i} = \frac{F_i}{l_i}\begin{bmatrix} x_i \\ y_i \\ z_i \end{bmatrix}$$

$$\vec{F}_{res} = \begin{bmatrix} F_{res\,x} \\ F_{res\,y} \\ F_{res\,z} \end{bmatrix} = \frac{F_1}{l_1}\cdot\begin{bmatrix} x_1 \\ y_1 \\ z_1 \end{bmatrix} + \frac{F_2}{l_2}\cdot\begin{bmatrix} x_2 \\ y_2 \\ z_2 \end{bmatrix} + \frac{F_3}{l_3}\cdot\begin{bmatrix} x_3 \\ y_3 \\ z_3 \end{bmatrix}.$$

Die Zahlenwerte eingesetzt

$$\begin{bmatrix} F_{res\,x} \\ F_{res\,y} \\ F_{res\,z} \end{bmatrix} = \frac{4{,}00\,\mathrm{kN}}{7{,}07\,\mathrm{m}}\cdot\begin{bmatrix} 5{,}00\,\mathrm{m} \\ 3{,}00\,\mathrm{m} \\ 4{,}00\,\mathrm{m} \end{bmatrix} + \frac{5{,}00\,\mathrm{kN}}{9{,}76\,\mathrm{m}}\cdot\begin{bmatrix} 5{,}00\,\mathrm{m} \\ 2{,}50\,\mathrm{m} \\ -8{,}00\,\mathrm{m} \end{bmatrix} + \frac{7{,}00\,\mathrm{kN}}{13{,}60\,\mathrm{m}}\cdot\begin{bmatrix} -10{,}00\,\mathrm{m} \\ 7{,}00\,\mathrm{m} \\ -6{,}00\,\mathrm{m} \end{bmatrix}$$

und ausgerechnet

$$\begin{bmatrix} F_{res\,x} \\ F_{res\,y} \\ F_{res\,z} \end{bmatrix} = \begin{bmatrix} 2{,}83 \\ 1{,}68 \\ 2{,}26 \end{bmatrix}\mathrm{kN} + \begin{bmatrix} 2{,}56 \\ 1{,}28 \\ -4{,}10 \end{bmatrix}\mathrm{kN} + \begin{bmatrix} -5{,}12 \\ 3{,}59 \\ -3{,}07 \end{bmatrix}\mathrm{kN} = \begin{bmatrix} 0{,}27 \\ 6{,}56 \\ -4{,}91 \end{bmatrix}\mathrm{kN}$$

ergeben die resultierenden Komponenten der Tabelle (siehe oben) mit der nachfolgenden identischen Rechnung. Die Stablängen l_i werden dabei nach Gleichung (12-5) berechnet. Die gesuchte Resultierende ist in Abb. 12-5 dargestellt.

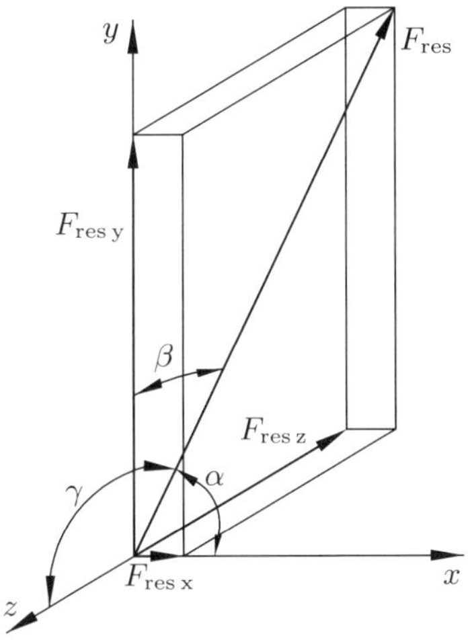

Abb. 12-5: Lage der Resultierenden im Koordinatensystem

12.3.3 Das Gleichgewicht

Ein zentrales räumliches Kräftesystem ist im Gleichgewicht, wenn die Summe aller angreifenden Kräfte null wird, d.h., dass deren Resultierende verschwindet. Dann muss für (12-8) gelten

$$\vec{F}_{\mathrm{res}} = \sum_{i=1}^{n} \vec{F}_{\mathrm{i}} = 0 \,. \tag{12-12}$$

Da ein Vektor nur verschwindet, wenn jede Komponente für sich gleich null ist, heißt das für das Kräftegleichgewicht

$$\begin{aligned} F_{\mathrm{res\,x}} &= \sum F_{\mathrm{x}} = 0 \\ F_{\mathrm{res\,y}} &= \sum F_{\mathrm{y}} = 0 \\ F_{\mathrm{res\,z}} &= \sum F_{\mathrm{z}} = 0 \,. \end{aligned} \tag{12-13}$$

Diese drei Gleichungen gestatten die Berechnung von genau drei Auflagerreaktionen. Das ist eine notwendige, aber nicht hinreichende Bedingung. Die hinreichende Bedingung liefert die Mathematik mit der Determinante der Koeffizienten der Gleichungen. Nur wenn die sog. Koeffizientendeterminante ungleich null ist, ist das System statisch bestimmt. Darauf wird im folgenden Beispiel kurz eingegangen. Bei praktischen Berechnungen mit überschaubarer Bauteilgeometrie wird stattdessen gewöhnlich mit anschaulichen Regeln gearbeitet, wie sie schon im Abschnitt 6.5 diskutiert wurden.

Beispiel 2 (Abb. 12-6)

Der abgebildete Dreifuß ist mit der in der x-y-Ebene liegenden Zugkraft $F = 10{,}0\,\mathrm{kN}$ belastet. Zu bestimmen sind die drei Stabkräfte.

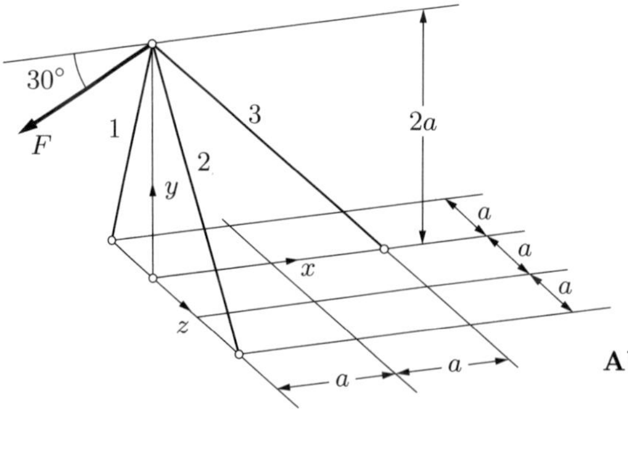

Abb. 12-6: Dreifuß

Lösung (Abb. 12-7/12-8)

Die vorliegende Geometrie ist besonders einfach. Man kann das System in zwei ebene Kräftesysteme zerlegen, deren Ebenen senkrecht aufeinander stehen. Die eine Ebene wird gebildet von den Stäben 1 und 2, die andere vom Stab 3 und der Kraft F. Hier bietet es sich an, mit zwei ebenen Kräftesystemen zu arbeiten.

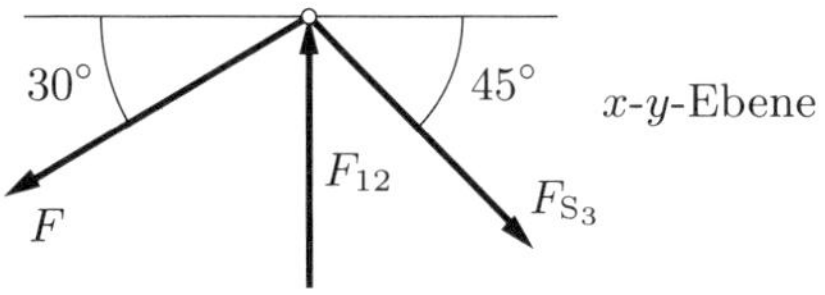

Abb. 12-7: In der x-y-Ebene freigemachter Knoten

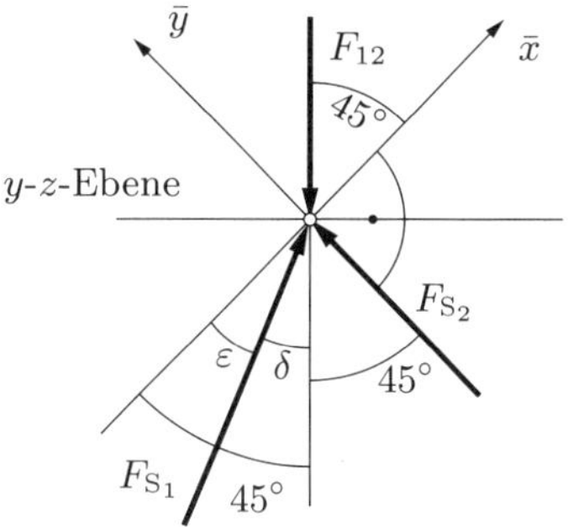

Abb. 12-8: In der y-z-Ebene freigemachter Knoten

x-y-Ebene (Abb. 12-7)
Es wirken die äußere Kraft F, die Stabkraft F_{S_3} und die Resultierende aus F_{S_1} und F_{S_2}

$$\sum F_x = 0: \qquad F_{S_3} \cdot \cos 45° - F \cdot \cos 30° = 0$$

$$F_{S_3} = \frac{\cos 30°}{\cos 45°} \cdot F = \underline{12{,}25\,\text{kN}}\,.$$

Der Stab ist, wie angenommen, auf Zug belastet.

$$\sum F_y = 0: \qquad F_{12} - F_{S_3} \cdot \sin 45° - F \cdot \sin 30° = 0$$

$$F_{12} = F_{S_3} \cdot \sin 45° + F \cdot \sin 30°$$

$$F_{12} = 12{,}25\,\text{kN} \cdot \sin 45° + 10{,}0\,\text{kN} \cdot \sin 30°$$

$$F_{12} = 13{,}66\,\text{kN}$$

y-z-Ebene
Die oben ermittelte Resultierende wird nach Abb. 12-8 in die Stabkräfte F_{S_1} und F_{S_2} zerlegt. Es ist am einfachsten, mit einem gedrehten Koordinatensystem zu arbeiten. Die Kraft F_{S_2} liegt in Richtung $\bar{y}$. Die Winkel ergeben sich zu

$$\tan \delta = \frac{a}{2a} \qquad \delta = 26{,}6°$$

$$\varepsilon = 45^\circ - \delta = 18{,}4^\circ .$$

Die Gleichgewichtsbedingungen werden aufgestellt.

$$\sum F_{\bar{x}} = 0 \qquad F_{S_1} \cdot \cos\varepsilon - F_{12} \cdot \cos 45^\circ = 0$$

$$F_{S_1} = \frac{\cos 45^\circ}{\cos\varepsilon} \cdot F_{12} = \frac{\cos 45^\circ}{\cos 18{,}4^\circ} \cdot 13{,}66\,\text{kN}$$

$$\underline{F_{S_1} = 10{,}18\,\text{kN}} .$$

$$\sum F_{\bar{y}} = 0 \qquad F_{S_1} \cdot \sin\varepsilon + F_{S_2} - F_{12} \cdot \sin 45^\circ = 0$$

$$F_{S_2} = F_{12} \cdot \sin 45^\circ - F_{S_1} \cdot \sin\varepsilon$$

$$F_{S_2} = 13{,}66\,\text{kN} \cdot \sin 45^\circ - 10{,}18\,\text{kN} \cdot \sin 18{,}4^\circ$$

$$\underline{F_{S_2} = 6{,}44\,\text{kN}} .$$

Die Richtungen der Kräfte wurden beim Freimachen richtig angenommen. Die Stäbe sind auf Druck belastet.

Eine Verkürzung des Rechenganges lässt sich durch die Komponentendarstellung in der Form

$$\vec{F}_{S_i} = K_i \cdot \begin{bmatrix} x_i \\ y_i \\ z_i \end{bmatrix} \tag{1}$$

erreichen. Mit der Gleichung (12-7) lassen sich die jeweils drei Komponenten der unbekannten Stabkräfte über einen zu bestimmenden Proportionalitätsfaktor $K = F/l$ durch die Längen x, y, z im Koordinatensystem ausdrücken (siehe hierzu auch Beispiel 1, dort allerdings mit bekanntem Proportionalitätsfaktor).

Werden alle Stäbe als Zugstäbe angenommen und wird das Koordinatensystem in den Schnittpunkt der Stäbe nach Abb. 12-9 gelegt (keine Bedingung, aber praktisch), lassen sich die Gleichgewichtsbedingungen am Knoten wie folgt schreiben.

$$\vec{F}_{S_1} + \vec{F}_{S_2} + \vec{F}_{S_3} + \vec{F} = 0 ,$$

$$K_1 \cdot \begin{bmatrix} 0 \\ -2 \\ -1 \end{bmatrix} a + K_2 \cdot \begin{bmatrix} 0 \\ -2 \\ 2 \end{bmatrix} a + K_3 \cdot \begin{bmatrix} 2 \\ -2 \\ 0 \end{bmatrix} a + \begin{bmatrix} -F_x \\ -F_y \\ 0 \end{bmatrix} = \begin{bmatrix} 0 \\ 0 \\ 0 \end{bmatrix}$$

In dieser Gleichung stehen mit den Proportionalitätsfaktoren K_1, K_2 und K_3 drei Unbekannte, nach denen das System aufzulösen ist. Ausgeschrieben lauten

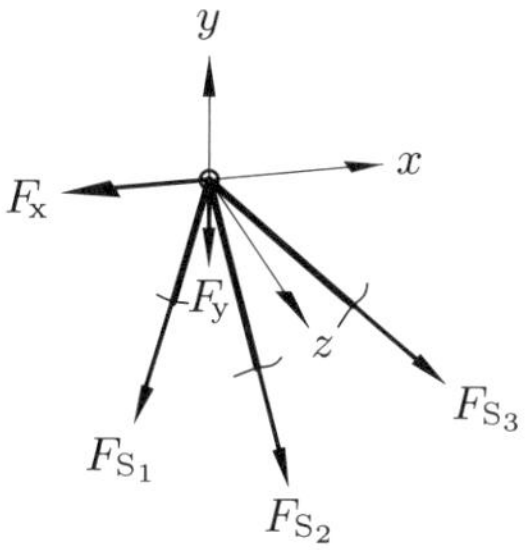

Abb. 12-9: Freigeschnittener Knoten

die Gleichgewichtsbedingungen

$$\sum F_x: \quad 0 \cdot K_1 + 0 \cdot K_2 + 2a \cdot K_3 - F_x = 0 \tag{2}$$

$$\sum F_y: \quad -2a \cdot K_1 - 2a \cdot K_2 - 2a \cdot K_3 - F_y = 0 \tag{3}$$

$$\sum F_z: \quad -a \cdot K_1 + 2a \cdot K_2 \pm 0 \cdot K_3 \pm 0 = 0\,. \tag{4}$$

Zur Lösung des Gleichungssystems wird Gleichung (2) umgestellt nach

$$K_3 = \frac{F_x}{2a} = \frac{1}{2a} \cdot 10\,\text{kN} \cdot \cos 30° = +\underline{4{,}33\,\text{kN}/a}\,.$$

Aus Gleichung (4) folgt

$$K_1 = 2 \cdot K_2\,,$$

eingesetzt in (3)

$$-4 \cdot K_2 - 2 \cdot K_2 = F_y + 2 \cdot K_3\,,$$

$$K_2 = -\frac{1}{6}\,(F \cdot \sin 30° + 2 \cdot K_3) = \underline{-2{,}28\,\text{kN}/a}$$

und damit (4)

$$K_1 = -4{,}55\,\text{kN}/a\,.$$

Die Komponenten der Stabkräfte werden nach Gleichung (1) und daraus nach Gleichung (12-2) die Stabkräfte berechnet;

$$\vec{F}_{S_1} = -4{,}55\,\frac{\text{kN}}{a} \cdot \begin{bmatrix} 0 \\ -2 \\ -1 \end{bmatrix} \cdot a = \begin{bmatrix} 0 \\ 9{,}11 \\ 4{,}55 \end{bmatrix}\,\text{kN}\,.$$

Die Stabkraft errechnet sich

$$F_{S_1} = -4{,}55\,\frac{\text{kN}}{a}\sqrt{2^2+1^2}a = \underline{-10{,}18\,\text{kN}} \quad \text{(Druckstab)}\,.$$

Entsprechend ergeben sich für die Stäbe 2 und 3 die Komponenten und Beträge

$$\vec{F}_{S_2} = -2{,}28\,\frac{\text{kN}}{a}\cdot\begin{bmatrix}0\\-2\\2\end{bmatrix}\cdot a = \begin{bmatrix}0\\4{,}55\\-4{,}55\end{bmatrix}\text{kN}\,,$$

$$F_{S_2} = -2{,}28\,\frac{\text{kN}}{a}\sqrt{2^2+2^2}a = \underline{-6{,}44\,\text{kN}} \quad \text{(Druckstab)}\,.$$

$$\vec{F}_{S_3} = +4{,}33\,\frac{\text{kN}}{a}\cdot\begin{bmatrix}2\\-2\\0\end{bmatrix}\cdot a = \begin{bmatrix}8{,}66\\-8{,}66\\0\end{bmatrix}\text{kN}\,,$$

$$F_{S_3} = +4{,}33\frac{\text{kN}}{a}\sqrt{2^2+2^2}a = \underline{+12{,}25\,\text{kN}} \quad \text{(Zugstab)}\,.$$

Da alle Stäbe als Zugstäbe angenommen wurden, und der Betrag der Wurzel immer positiv sein muss, bedeutet das negative Vorzeichen der Proportionalitätsfaktoren (Umkehr der Lastrichtung), dass es sich dabei jeweils um einen Druckstab handeln muss. Dies entspricht auch der Anschauung (siehe Abb. 12-6).

In diesem Beispiel waren ursprünglich sieben Unbekannte zu bestimmen, allgemein sind es bei drei Stäben neun unbekannte Teilkräfte. Wenn die Rechnung zu aufwendig (und damit auch fehleranfällig) wird, ist die Lösung mit einem Computer bzw. einem leistungsfähigen Taschenrechner *mit einer angepassten Vorgehensweise* ratsam:

Die Gleichgewichtsbedingungen stellen ein *lineares Gleichungssystem* dar, welches zweckmäßigerweise in der Matrizenschreibweise zu formulieren ist (zur Auffrischung der mathematischen Kenntnisse hierzu wird auf die Spezialliteratur, z.B. [29], verwiesen).

Die Gleichungen (2) bis (4) lauten dann

$$\begin{bmatrix}0&0&2\\-2&-2&-2\\-1&2&0\end{bmatrix}\cdot\begin{bmatrix}K_1\\K_2\\K_3\end{bmatrix} = \begin{bmatrix}F_x\\F_y\\0\end{bmatrix}\,,$$

in der Kurzform

$$\underline{\underline{A}}\cdot\vec{x} = \vec{b}\,.$$

Dabei ist $\underline{\underline{A}}$ die Koeffizientenmatrix. Zur Lösung dieses Gleichungssystems darf sie nicht singulär werden; d.h. die Determinante der Matrix darf nicht null werden. Eine singuläre Koeffizientenmatrix lässt keine eindeutige Lösung des Gleichungssystems zu, was die Computerrechnung in der Regel abbricht. Bei diesem Beispiel ergibt die Rechnung mit dem Taschenrechner $\det \underline{\underline{A}} = -12$.

Der Vektor der bekannten Werte („Vektor der rechten Seite") ist $\vec{b}$. Das Ziel ist die Berechnung des Vektors der Unbekannten $\vec{x}$.

Für das betrachtete Beispiel ergibt sich mit

$$\vec{b} = \begin{bmatrix} F_\mathrm{x} \\ F_\mathrm{y} \\ 0 \end{bmatrix} = \begin{bmatrix} F \cdot \cos 30° \\ F \cdot \sin 30° \\ 0 \end{bmatrix}$$

für den Vektor

$$\vec{x} = \begin{bmatrix} K_1 \\ K_2 \\ K_3 \end{bmatrix} = \begin{bmatrix} -4{,}55 \\ -2{,}28 \\ +4{,}33 \end{bmatrix}$$

das Ergebnis für die gesuchten Proportionalitätsfaktoren. Bei neun unbekannten Kraftkomponenten verschwinden nur die Nullen aus der Koeffizientenmatrix, d.h. die Rechnung mit dem Computer wird nicht aufwendiger. Mit einem „normalen" *technischen* Taschenrechner ist diese problemlos durchzuführen.

An dieser Stelle ist unbedingt darauf hinzuweisen, dass die rechentechnischen Möglichkeiten auch in diesem Fall nur eine *Rechenhilfe* sind. Die sorgfältige und *richtige Formulierung der Gleichgewichtsbedingungen* kann der Computer nicht leisten. Auch nur eine falsche Annahme (z.B. Vorzeichenfehler) wird vom Rechner weder erkannt noch korrigiert.

Beispiel 3 (Abb. 12-10)

Für die dargestellte Halterung sind die Kräfte in den Stäben, die durch eine waagerechte Kraftkomponente $F_\mathrm{H} = 2400\,\mathrm{N}$ und eine senkrechte Komponente $F_\mathrm{V} = 3000\,\mathrm{N}$ nach Abb. 12-10 belastet werden, zu berechnen. Es ist anzugeben, ob es sich um Zug- oder Druckstäbe handelt.

Lösung

Der belastete Knoten wird freigeschnitten. Dabei werden alle Stäbe zweckmäßigerweise als Zugstäbe angenommen. Das Koordinatensystem wird in den Knoten gelegt (Abb. 12-11).

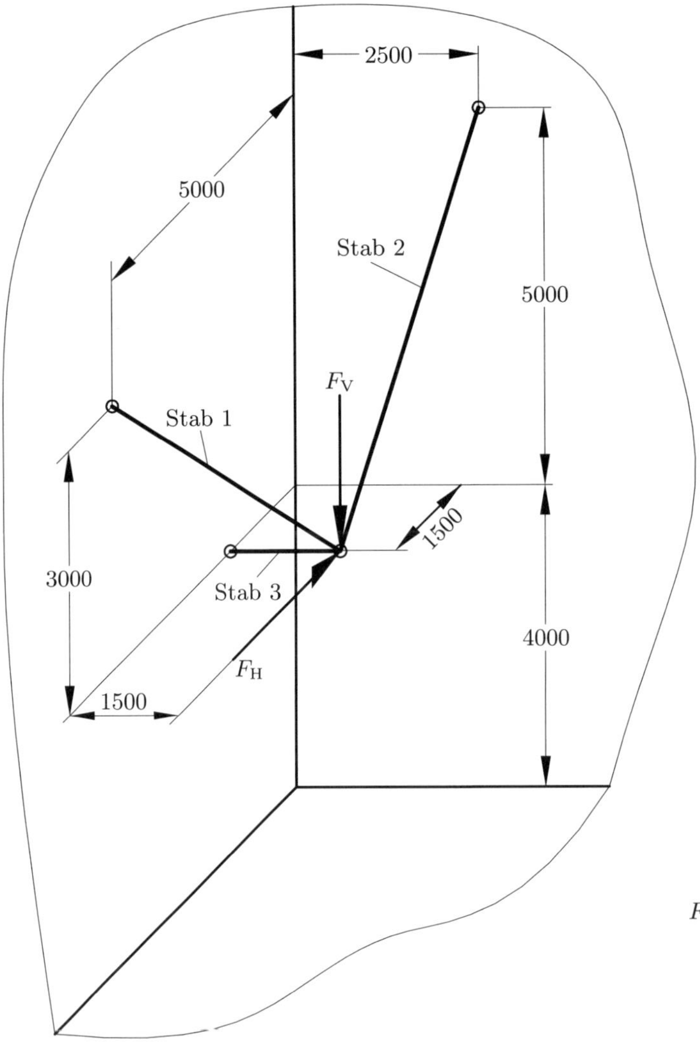

Abb. 12-10: Halterung

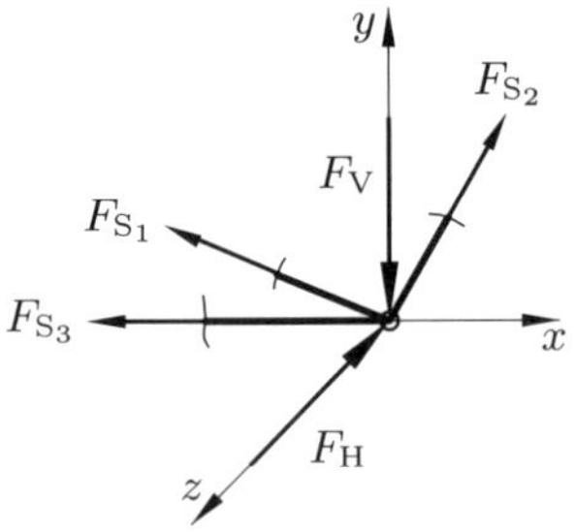

Abb. 12-11: Freigeschnittener Knoten

Damit lässt sich das Gleichgewicht am Knoten nach den Abbildungen 12-10 und 12-11 wie folgt beschreiben

Die Gleichgewichtsbedingungen (12-13)

$$\sum F_x: \quad -F_{S_1x} + F_{S_2x} - F_{S_3} = 0$$

$$\sum F_y: \quad F_{S_1y} + F_{S_2y} - F_V = 0$$

$$\sum F_z: \qquad F_{S_1z} - F_{S_2z} - F_H = 0$$

führen auf drei Gleichungen mit sieben Unbekannten. Mit den Gleichungen (12-3a) wird das Problem auf drei unbekannte Stabkräfte reduziert

$$-F_{S_1} \cdot \cos\alpha_1 + F_{S_2} \cdot \cos\alpha_2 - F_{S_3} = 0 \qquad (1)$$
$$F_{S_1} \cdot \cos\beta_1 + F_{S_2} \cdot \cos\beta_2 - F_V = 0 \qquad (2)$$
$$F_{S_1} \cdot \cos\gamma_1 - F_{S_2} \cdot \cos\gamma_2 - F_H = 0\,. \qquad (3)$$

Gleichung (2) wird nach F_{S_2} umgestellt

$$F_{S_2} = \frac{F_y - F_{S_1} \cdot \cos\beta_1}{\cos\beta_2}$$

eingesetzt in (3)

$$F_1 \left(\cos\gamma_1 + \frac{\cos\beta_1 \cdot \cos\gamma_2}{\cos\beta_2}\right) - F_z - F_y \cdot \frac{\cos\gamma_2}{\cos\beta_2} = 0$$

und nach F_{S_1} umgestellt

$$F_{S_1} = \frac{F_z + F_y \cdot \dfrac{\cos\gamma_2}{\cos\beta_2}}{\cos\gamma_1 + \dfrac{\cos\beta_1 \cdot \cos\gamma_2}{\cos\beta_2}} = \frac{F_z \cdot \cos\beta_2 + F_y \cdot \cos\gamma_2}{\cos\gamma_1 \cdot \cos\beta_2 + \cos\beta_1 \cdot \cos\gamma_2}$$

oder unter Verwendung von Gl. (12-6)

$$F_{S_1} = \frac{(F_z \cdot y_2 + F_y \cdot z_2) \cdot l_1}{z_1 \cdot y_2 + y_1 \cdot z_2} = \underline{3{,}636\,\mathrm{kN}}\,.$$

Aus (2) folgt

$$F_{S_2} = \frac{(F_y \cdot l_1 - F_{S_1} \cdot y_1) \cdot l_2}{l_1 \cdot y_2} = \underline{0{,}797\,\mathrm{kN}}$$

und schließlich mit (1)

$$F_{S_3} = F_{S_2} \cdot \frac{x_2}{l_2} - F_{S_1} \cdot \frac{x_1}{l_1} = \underline{-0{,}975\,\mathrm{kN}}\,.$$

Mit der im Beispiel 1 vorgestellten Tabelle wird der Lösungsweg – allerdings auf Kosten der Genauigkeit – überschaubarer.

i	$\frac{x_i}{mm}$	$\frac{y_i}{mm}$	$\frac{z_i}{mm}$	$\frac{l_i}{mm}$	F_{ix}	F_{iy}	F_{iz}
1	−1500	+3000	+3500	+4848	$-0{,}309 \cdot F_{S_1}$	$+0{,}619 \cdot F_{S_1}$	$+0{,}722 \cdot F_{S_1}$
2	+1000	+5000	−1500	+5315	$+0{,}188 \cdot F_{S_2}$	$+0{,}941 \cdot F_{S_2}$	$-0{,}282 \cdot F_{S_2}$
3	−1500	0	0	+1500	$-1 \cdot F_{S_3}$	0	0
äußere Kräfte					0	−3,000 kN	−2,400 kN
					$\sum$	$\sum$	$\sum$

$$\sum F_x = 0: \quad -0{,}309 \cdot F_{S_1} + 0{,}188 \cdot F_{S_2} - F_{S_3} = 0 \tag{4}$$

$$\sum F_y = 0: \quad +0{,}619 \cdot F_{S_1} + 0{,}941 \cdot F_{S_2} - 3{,}000\,\text{kN} = 0 \tag{5}$$

$$\sum F_z = 0: \quad +0{,}722 \cdot F_{S_1} - 0{,}282 \cdot F_{S_2} - 2{,}400\,\text{kN} = 0 \tag{6}$$

Diese drei Gleichungen lassen sich wie oben gezeigt auflösen.

Abschließend wird das vektorielle Vorgehen gemäß Beispiel 2 gezeigt.

$$\vec{F}_{S_1} + \vec{F}_{S_2} + \vec{F}_{S_3} + \vec{F} = 0$$

$$K_1 \cdot \begin{bmatrix} -1{,}5 \\ 3 \\ 3{,}5 \end{bmatrix} m + K_2 \cdot \begin{bmatrix} 1 \\ 5 \\ -1{,}5 \end{bmatrix} m + \begin{bmatrix} F_{S_3} \\ 0 \\ 0 \end{bmatrix} + \begin{bmatrix} 0 \\ -F_V \\ -F_H \end{bmatrix} = \begin{bmatrix} 0 \\ 0 \\ 0 \end{bmatrix}. \tag{7}$$

Ausgeschrieben lauten die Gleichgewichtsbedingungen mit drei unbekannten Größen

$$\sum F_x: \quad -K_1 \cdot 1{,}5\,\text{m} + K_2 \cdot 1\,\text{m} - F_{S_3} + 0 = 0 \tag{8}$$

$$\sum F_y: \quad +K_1 \cdot 3\,\text{m} + K_2 \cdot 5\,\text{m} \pm 0 - F_V = 0 \tag{9}$$

$$\sum F_z: \quad +K_1 \cdot 3{,}5\,\text{m} - K_2 \cdot 1{,}5\,\text{m} \pm 0 - F_H = 0. \tag{10}$$

Gleichung (9) umgestellt nach

$$K_2 = \frac{F_V - K_1 \cdot 3\,\text{m}}{5\,\text{m}},$$

in die Gleichung (10) eingesetzt

$$K_1 \cdot 3{,}5\,\text{m} + K_1 \cdot \frac{3\,\text{m} \cdot 1{,}5\,\text{m}}{5\,\text{m}} - F_V \cdot \frac{1{,}5\,\text{m}}{5\,\text{m}} - F_H = 0$$

und nach K_1 umgestellt, ergibt

$$K_1 = \frac{0{,}3 \cdot F_\mathrm{V} + F_\mathrm{H}}{4{,}4\,\mathrm{m}} \,.$$

Mit den Zahlenwerten der Aufgabenstellung ist

$$K_1 = \frac{0{,}3 \cdot 3000\,\mathrm{N} + 2400\,\mathrm{N}}{4{,}4\,\mathrm{m}} = \underline{750\,\mathrm{N/\,m}} \,.$$

Nach Gleichung (9) wird mit den Zahlenwerten

$$K_2 = \frac{3000\,\mathrm{N} - 750\,\mathrm{N/\,m} \cdot 3\,\mathrm{m}}{5\,\mathrm{m}} = \underline{150\,\mathrm{N/\,m}} \,.$$

Mit den Werten für die Proportionalitätsfaktoren lässt sich die Gleichung (8) nach F_{S_3} auflösen

$$\begin{aligned} F_{\mathrm{S}_3} &= K_2 \cdot 1\,\mathrm{m} - K_1 \cdot 1{,}5\,\mathrm{m} \,, \\ F_{\mathrm{S}_3} &= 150\,\mathrm{N/\,m} \cdot 1\,\mathrm{m} - 750\,\mathrm{N/\,m} \cdot 1{,}5\,\mathrm{m} = \underline{-975\,\mathrm{N}} \quad (\text{Druckstab}) \,. \end{aligned}$$

Die Kraftkomponenten der beiden anderen Stäbe werden nach Gleichung (7), und daraus nach Gleichung (12-2) die Stabkräfte berechnet;

$$\vec{F}_{\mathrm{S}_1} = +750\,\frac{\mathrm{N}}{\mathrm{m}} \cdot \begin{bmatrix} -1{,}5 \\ 3 \\ 3{,}5 \end{bmatrix} \mathrm{m} = \begin{bmatrix} -1125 \\ 2250 \\ 2625 \end{bmatrix} \mathrm{N} \,.$$

Die Stabkraft errechnet sich

$$F_{\mathrm{S}_1} = +750\,\frac{N}{\mathrm{m}} \sqrt{1{,}5^2 + 3^2 + 3{,}5^2}\,\mathrm{m} = \underline{+3636\,\mathrm{N}} \quad (\text{Zugstab}) \,.$$

Dabei stellt der Radikant die Stablänge ($l_1 = 4{,}848\,\mathrm{m}$) dar.

Entsprechend lassen sich für den Stab 2 Komponenten und Betrag berechnen

$$\begin{aligned} \vec{F}_{\mathrm{S}_2} &= +150\,\frac{\mathrm{N}}{\mathrm{m}} \cdot \begin{bmatrix} 1 \\ 5 \\ -1{,}5 \end{bmatrix} \mathrm{m} = \begin{bmatrix} -150 \\ 750 \\ -225 \end{bmatrix} \mathrm{N} \,. \\ F_{\mathrm{S}_2} &= +150\,\frac{\mathrm{N}}{\mathrm{m}} \sqrt{1^2 + 5^2 + 1{,}5^2}\,\mathrm{m} = \underline{+797\,\mathrm{N}} \quad (\text{Zugstab}) \,. \end{aligned}$$

Werden alle Längen in der gleichen Maßeinheit eingesetzt (in diesem Beispiel in Meter), kann auch nur mit den Maßzahlen (Längeneinheiten) gearbeitet werden. In der Matrizenschreibweise wird:

$$\underline{\underline{A}} \cdot \vec{x} = \vec{b}$$

$$\begin{bmatrix} -1{,}5 & 1 & -1 \\ 3 & 5 & 0 \\ 3{,}5 & -1{,}5 & 0 \end{bmatrix} \cdot \begin{bmatrix} K_1 \\ K_2 \\ F_{S_3} \end{bmatrix} = \begin{bmatrix} 0 \\ F_V \\ F_H \end{bmatrix}$$

woraus mittels Taschenrechner sich die Kraft F_{S_3} und die Proportionalitätsfaktoren berechnen lassen

$$\vec{x} = \begin{bmatrix} K_1 \\ K_2 \\ F_{S_3} \end{bmatrix} = \begin{bmatrix} 0{,}75 \\ 0{,}15 \\ -0{,}975 \end{bmatrix} \quad (\mathrm{kN}),$$

die wie oben gezeigt, auf die Stabkräfte führen.

Mit diesem Beispiel sollten die möglichen Vorgehensweisen zur Lösung des Gleichgewichtsproblems gegenübergestellt und die Anwendung der einfachen Rechentechnik (Taschenrechner) hierfür angeregt werden. Das entscheidende Problem aber, die korrekte Formulierung der Gleichgewichtsbedingungen ist vom Bearbeiter des Problems zu leisten und kann nicht auf die Rechentechnik „abgeschoben“ werden!

Aufgaben zum Abschnitt 12.3

A12-1 bis A12-3 Die Resultierende des Kräftesystems mit gemeinsamem Angriffspunkt ist nach Größe und Richtung zu bestimmen. Die Wirkungslinie geht durch den Ursprungspunkt des Koordinatensystems und durch den Punkt, dessen Koordinaten in der Reihenfolge $x\ y\ z$ gegeben sind:

$F_1 = 2{,}5\,\text{kN}$ (+3; +4; −2)
$F_2 = 3{,}0\,\text{kN}$ (−2; +3; −2)
$F_3 = 3{,}2\,\text{kN}$ (−4; −3; +2)

$F_1 = 4{,}0\,\text{kN}$ (−5; +2; +4)
$F_2 = 6{,}0\,\text{kN}$ (+5; +4; +5)
$F_3 = 5{,}0\,\text{kN}$ (−3; −2; −3)

$F_1 = 15{,}0\,\text{kN}$ (+1; +1;+1)
$F_2 = 30{,}0\,\text{kN}$ (+3; +4; −5)
$F_3 = 28{,}0\,\text{kN}$ (−3; −2; +3)
$F_4 = 10{,}0\,\text{kN}$ (−1; −2; −4)

A12-4 Der 8,0 m hohe, eingespannte Mast ist wie skizziert mit drei Seilen verspannt. Alle Seilkräfte sind bekannt. Zu bestimmen sind die Komponenten der Resultierenden in vertikaler Richtung und senkrecht zum Mast. Seilkräfte $F_{S_1} = 4{,}0\,\text{kN}$; $F_{S_2} = 5{,}5\,\text{kN}$; $F_{S_3} = 3{,}0\,\text{kN}$.

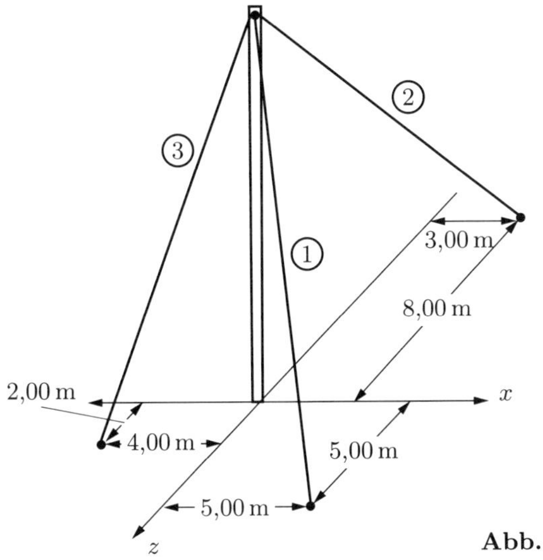

Abb. A12-4/A12-12/A12-13/A12-14

A12-5 Für den nach Skizze belasteten Dreifuß sind die Stabkräfte zu bestimmen.

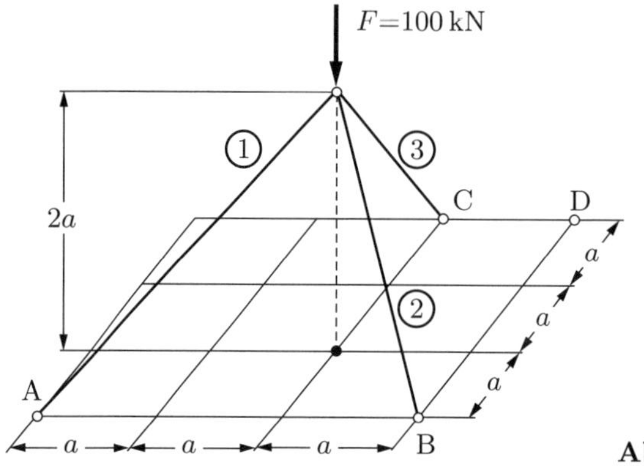

Abb. A12-5/A12-6

A12-6 Der abgebildete Dreifuß ist folgendermaßen verändert. Der Stab 3 ist in D und nicht in C gelenkig gelagert. Für diesen Fall sind die Stabkräfte zu bestimmen.

A12-7 An den abgebildeten, mit zwei Seilen verspannten Ausleger darf maximal eine Last von $F = 10\,\text{kN}$ gehängt werden. Berechnen Sie die hierfür im Mast und in den Seilen auftretenden Kräfte.

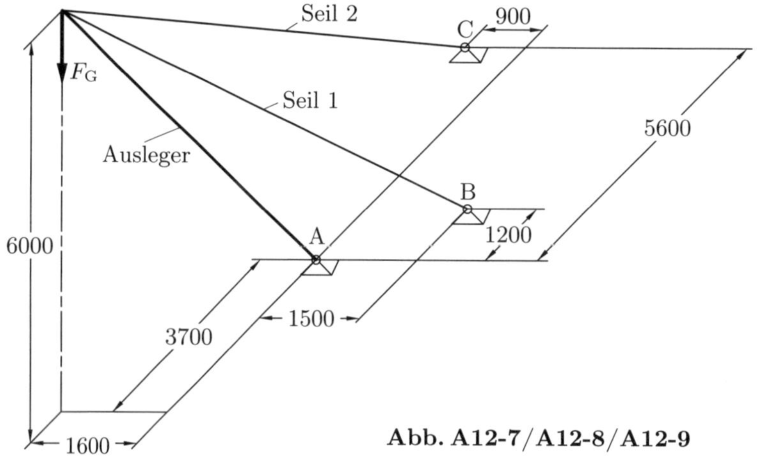

Abb. A12-7/A12-8/A12-9

A12-8 Welche Höchstlast darf an den Ausleger gehängt werden, wenn der Mast aus Stabilitätsgründen nicht höher als mit $F_{\text{max}} = 15\,\text{kN}$ belastet werden darf?

A12-9 Welche Höchstlast darf an den Ausleger gehängt werden, wenn die Halteseile nicht höher als mit $F_{S_{\text{max}}} = 10\,\text{kN}$ belastet werden dürfen?

A12-10 Für die nach Abbildung A12-10 im Schwerpunkt aufgehängte Stahlplatte ($\varrho = 7{,}85\,\text{kg}/\text{dm}^3$) sind die Seilkräfte zu berechnen.

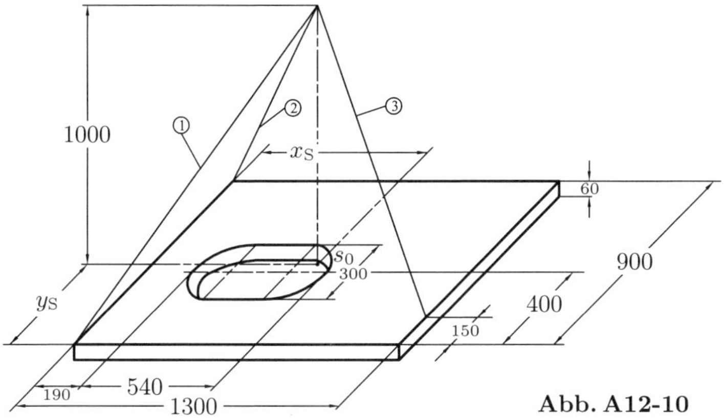

Abb. A12-10

A12-11 Berechnen Sie die Stabkräfte für das in der Abbildung gezeigte räumliche Fachwerk, das durch eine räumlich wirkende Kraft mit den Komponenten $F_x = 4000$ N, $F_y = 5000$ N, $F_z = 3000$ N belastet wird. Geben Sie an, ob es sich bei den Stäben um Zug- oder Druckstäbe handelt.
Berechnen Sie die Stützkräfte.

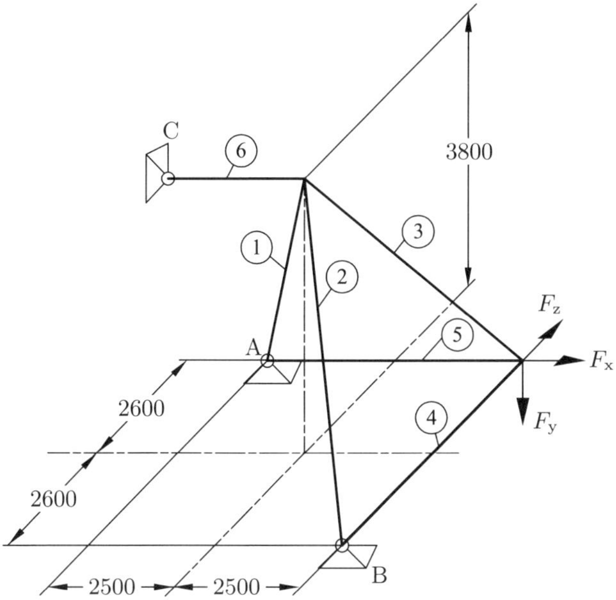

Abb. A12-11

12.4 Das allgemeine Kräftesystem

12.4.1 Die Kraft im Raum

Schneiden sich die Wirkungslinien aller wirkenden Kräfte nicht in *einem* Punkt, entsteht ein Moment (siehe Abschnitt 3.3). Neben dem Kraftvektor

$$\vec{F} = \vec{e}_{\mathrm{x}} \cdot F_{\mathrm{x}} + \vec{e}_{\mathrm{y}} \cdot F_{\mathrm{y}} + \vec{e}_{\mathrm{z}} \cdot F_{\mathrm{z}}\,,$$

wird im Kartesischen Koordinatensystem auch der Angriffspunkt durch die Koordinaten x, y, z festgelegt. Diese werden zum Ortsvektor

$$\vec{r} = \vec{e}_{\mathrm{x}} \cdot x + \vec{e}_{\mathrm{y}} \cdot y + \vec{e}_{\mathrm{z}} \cdot z \tag{12-14}$$

zusammengefasst (Abb. 12-12). Wie schon der Kraftvektor lässt sich auch der Ortsvektor kürzer als Zeilen- oder als Spaltenvektor schreiben.

$$\vec{r}^{\mathsf{T}} = \begin{bmatrix} x & y & z \end{bmatrix} \quad \text{oder} \quad \vec{r} = \begin{bmatrix} x \\ y \\ z \end{bmatrix}.$$

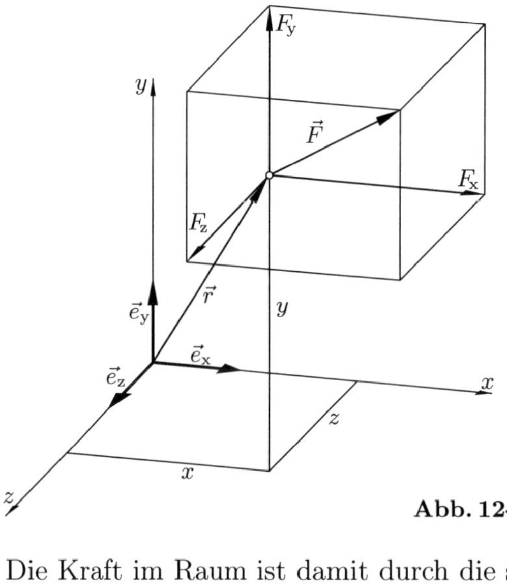

Abb. 12-12: Kraft im Raum

Die Kraft im Raum ist damit durch die sechs skalaren Größen des Kraftvektors ($F_{\mathrm{x}}, F_{\mathrm{y}}, F_{\mathrm{z}}$) und des Angriffspunktes (x, y, z) vollständig bestimmt.

12.4.2 Das Moment einer Kraft in Bezug auf die Koordinatenachsen

Der Momentenbegriff sowie der des Kräftepaares sind in den Abschnitten 3.3.1 und 3.3.3 ausführlich erläutert worden. Gegenüber der Betrachtungsweise in der Ebene sind die geometrischen Verhältnisse im Raum komplizierter. Zur mathematischen Beschreibung der Problematik ist es zweckmäßig das Moment wie die Kraft durch einen Vektor darzustellen.

Der Momentenvektor unterscheidet sich allerdings vom Kraftvektor. Im Gegensatz zum „linienflüchtigen" Kraftvektor ist der Momentenvektor ein *freier Vektor*, d.h. er ist in der Ebene und parallel dazu frei verschiebbar (siehe dazu die Sätze 1 und 2 im Abschnitt 3.3.3). Das Moment einer Kraft um eine Achse als das *Maß für die Drehwirkung* der Kraft um diese Achse stellt man in der Regel als Doppelpfeil dar. Dabei steht der Vektor senkrecht auf der Ebene aus Kraft und Hebelarm. Dieser Zusammenhang ist in Abb. 12-13 dargestellt.

Abb. 12-13: Definition des Momentenvektors

Mathematisch wird der Momentenvektor durch das Vektorprodukt (auch Kreuzprodukt) aus der Kraft $\vec{F}$ und dem Ortsvektor $\vec{r}$ nach Abb. 12-12 zu

$$\vec{M} = \vec{r} \times \vec{F} \tag{12-15}$$

beschrieben.

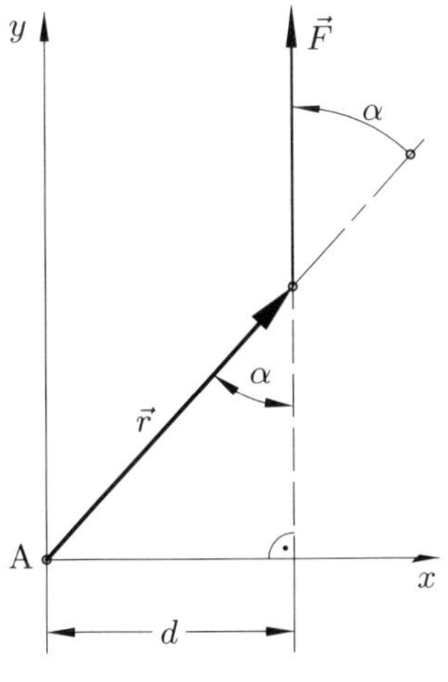

Abb. 12-14: Betrag des Momentes

Der Betrag des Vektors und damit des Momentes berechnet sich (siehe Abb. 12-14)

$$M = F \cdot r \cdot \sin\alpha\,. \tag{12-16}$$

Dabei ist α der von beiden Vektoren eingeschlossene Winkel und $r \cdot \sin\alpha$ der Abstand d der Kräfte des Kräftepaares (Hebelarm).

Das Vektorprodukt ist nicht kommutativ, d.h. die Reihenfolge der Faktoren darf nicht vertauscht werden. Daraus ergibt sich die Richtung des Vektors. Das soll aus Abb. 12-15 deutlich werden. Für $\alpha > 180°$ ist der Sinus des Winkels und damit das Moment negativ.

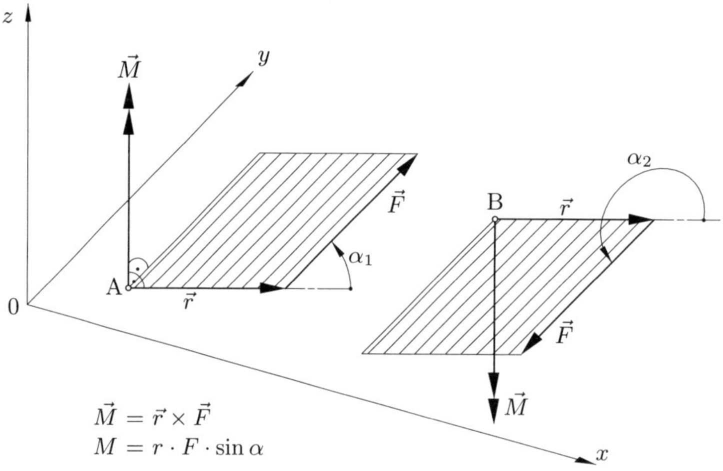

Abb. 12-15: Richtungssinn des Momentes

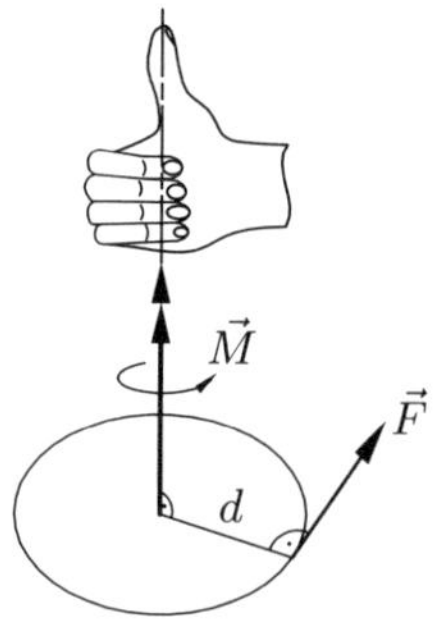

Abb. 12-16: Rechte-Hand-Regel

Anschaulich lässt sich der Richtungssinn auch mit Hilfe der „*Rechte-Hand-Regel*“ (Abb. 12-16) oder aus der „*Rechtsschraubenregel*“ bestimmen. Nach der Rechtsschraubenregel ergibt sich die Richtung des Vektors aus dem Drehsinn des Kräftepaars nach der Geometrie einer Schraube mit Rechtsgewinde. Eine solche würde durch das in Abb. 12-13 gezeichnete Kräftepaar nach oben bewegt werden. Deshalb weist auch der zugehörige Vektor nach oben.

Die Vektoreigenschaft des Momentes soll an dem System nach Abb. 12-17 demonstriert werden. Die beiden Momente $\vec{M}_1$ und $\vec{M}_2$ sollen durch das resultierende Moment ersetzt werden. Dazu werden für sie in Bild II zwei unterschiedliche Kräftepaare eingeführt. Diese liegen so, dass sich die beiden Kräfte F in der Schnittlinie aufheben. Wegen der freien Verschiebbarkeit von Kräftepaaren ist diese Lage möglich. Damit verbleibt ein Kräftepaar mit dem Abstand d (Bild III),

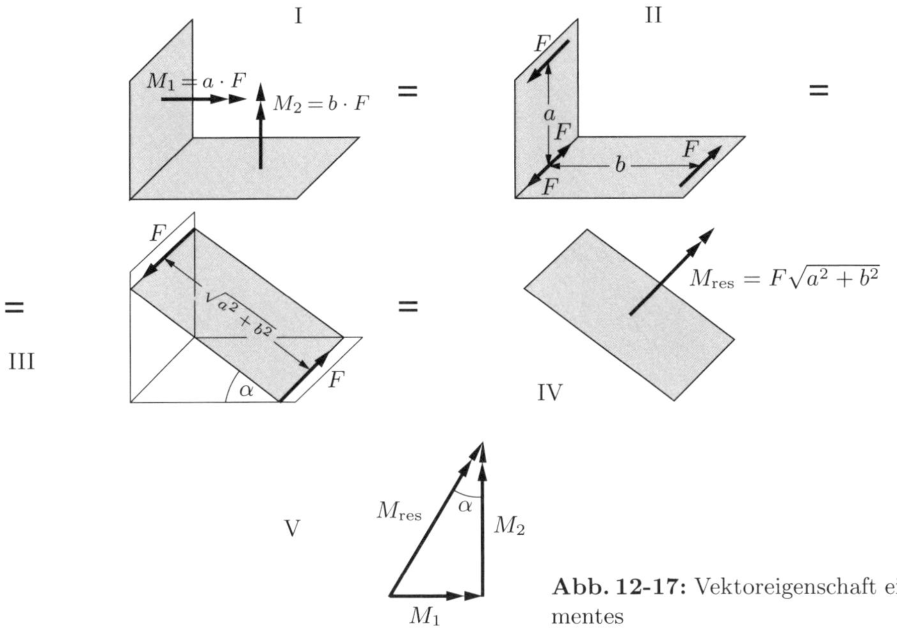

Abb. 12-17: Vektoreigenschaft eines Momentes

das in Bild IV als Vektor dargestellt ist. Dieses ersetzt M_1 und M_2, ist demnach das resultierende Moment: Man erhält

$$M_{res} = F\sqrt{a^2+b^2} = F\sqrt{(F \cdot a)^2 + (F \cdot b)^2} = \sqrt{M_1^2 + M_2^2}$$

in einer Ebene unter dem Winkel

$$\alpha = \arctan \frac{a}{b}$$

zur Horizontalen. Gleiche Ergebnisse liefert das aus den Momentenvektoren gebildete Dreieck nach Bild V.

Beispiel 1 (Abb. 12-18)

Die Skizze zeigt ein Getriebe mit mehreren Abtriebswellen. Die auf den Getriebekasten einwirkenden Momente sind eingezeichnet. Die Richtungen der Vektoren entsprechen nicht unbedingt den Drehrichtungen der Wellen. Das überlege sich der Leser. Für die nachfolgend gegebenen Daten ist das auf das Getriebe wirkende resultierende Moment nach Größe und Richtung zu bestimmen.

$$M_1 = 0{,}50\,\text{kNm}; \quad M_2 = 3{,}00\,\text{kNm}; \quad M_3 = 4{,}00\,\text{kNm};$$

$$M_4 = 1{,}60\,\text{kNm}; \quad \delta = 30^\circ (x\text{-}y\text{-Ebene})$$

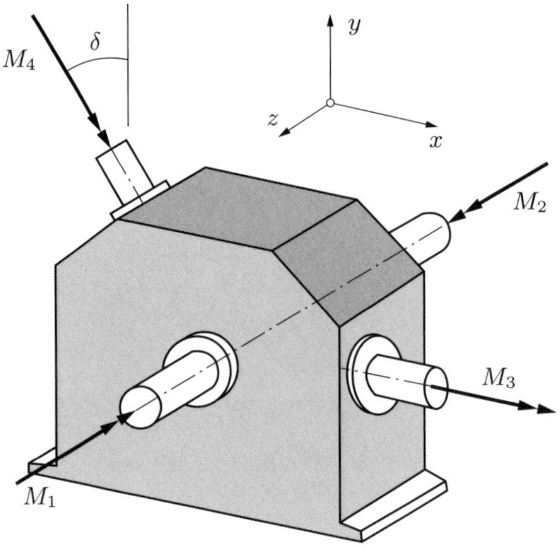

Abb. 12-18: Getriebe mit Belastung durch An- und Abtriebsmomente

Lösung

Man kann alle Vektoren in den Ursprungspunkt des Koordinatensystems verschieben. Z.B. müssen $\vec{M}_3$ und $\vec{M}_4$ nicht in der gleichen Ebene liegen oder $\vec{M}_1$ und $\vec{M}_2$ nicht kollinear sein. Das folgt aus der Verschiebbarkeit von Kräftepaaren (Abschnitt 3.3.3). Die einzelnen Komponenten ergeben sich zu

$$\begin{aligned}
M_\text{x} &= M_3 + M_4 \cdot \sin\delta \\
M_\text{x} &= 4{,}00\,\text{kNm} + 1{,}60\,\text{kNm} \cdot \sin 30° = 4{,}80\,\text{kNm} \\
M_\text{y} &= -M_4 \cdot \cos\delta = -1{,}60\,\text{kNm} \cdot \cos 30° = -1{,}386\,\text{kNm} \\
M_\text{z} &= -M_1 + M_2 \\
M_\text{z} &= -0{,}50\,\text{kNm} + 3{,}00\,\text{kNm} = 2{,}50\,\text{kNm}\,.
\end{aligned}$$

Der Betrag des resultierenden Vektors ist

$$\begin{aligned}
M_\text{res} &= \sqrt{M_\text{x}^2 + M_\text{y}^2 + M_\text{z}^2} \\
M_\text{res} &= \sqrt{4{,}80^2 + 1{,}386^2 + 2{,}50^2}\,\text{kNm} \\
&\underline{M_\text{res} = 5{,}587\,\text{kNm}}\,.
\end{aligned}$$

Seine Richtung ist durch folgende Winkel gegeben (vergl. Gl. (12-11)).

$$\cos\alpha = \frac{M_\text{x}}{M_\text{res}} = \frac{4{,}80\,\text{kNm}}{5{,}587\,\text{kNm}}; \qquad \alpha = 30{,}8°$$

$$\cos\beta = \frac{M_y}{M_{res}} = -\frac{1{,}386\,\mathrm{kNm}}{5{,}587\,\mathrm{kNm}}; \qquad \beta = 104{,}4°$$
$$\cos\gamma = \frac{M_z}{M_{res}} = \frac{2{,}50\,\mathrm{kNm}}{5{,}587\,\mathrm{kNm}}; \qquad \gamma = 63{,}4°.$$

Dieses auf den Getriebekasten wirkende Moment muss über die Befestigungsschrauben auf das Fundament übertragen werden.

Die Definition für das Moment einer Kraft bezüglich eines Punktes oder um eine Achse, Moment = Kraft × Hebelarm, muss auch für die räumliche Betrachtung gültig bleiben:

Das Moment, das eine Kraft bezogen auf einen Punkt hervorruft, wirkt in der Ebene, die von der Wirkungslinie der Kraft und den Hebelarm gebildet wird. Die Drehachse des Momentes steht senkrecht zu dieser Ebene.

Das heißt, dass im ebenen Kräftesystem *alle* Momentenvektoren senkrecht auf der Ebene stehen, also gleiche Richtungen aufweisen und somit unmittelbar addiert werden können (Abschnitt 3.3.2). Im räumlichen Kräftesystem ist das etwas komplizierter. Die Lage der Ebene, in der das Moment wirkt, und damit auch die Richtung der Drehachse, müssen durch die Rechnung bestimmt werden (graphische Lösungen sind im Raum zu aufwendig). Hierzu wird zunächst von einer Kraft nach Abb. 12-19 ausgegangen.

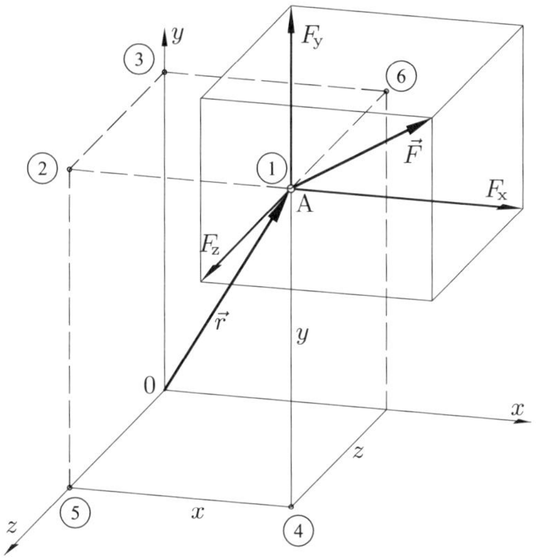

Abb. 12-19: Reduktion einer Kraft auf den Koordinatenursprung

Zur Vereinfachung der Betrachtung wird die Kraft in die Komponenten in Richtung der Koordinatenachsen zerlegt und die Verschiebung jeder Komponente in den Koordinatenursprung einzeln durchgeführt. Kraftkomponenten, die parallel zu einer Achse liegen, haben in Bezug auf diese keine Momentenwirkung. Ein einfaches Beispiel soll dies veranschaulichen. Eine Tür kann durch eine senkrecht nach unten wirkende Kraft nicht bewegt werden, da sie parallel zu der Drehachse der Tür angreift. Der Umkehrschluss führt zu der Aussage, dass nur die Kraftkomponenten ein Moment ausüben, die in der senkrecht zur Achse liegenden Ebene wirken (vergl. auch Abb. 3-17). Das sind $F_\mathrm{y}; F_\mathrm{z}$ für die x-Achse, $F_\mathrm{x}; F_\mathrm{z}$ für die y-Achse und $F_\mathrm{x}; F_\mathrm{y}$ für die z-Achse.

Zunächst wird die Kraftkomponente F_x von Punkt 1 nach Punkt 2 entlang ihrer Wirkungslinie in die y-z-Ebene verschoben (Verschiebungsaxiom). Dabei ändert sich nichts am Gleichgewichtszustand. Bei der Parallelverschiebung von 2 nach 3 muss jedoch ein Versatzmoment (nach der Rechtsschraubenregel mit negativem Drehsinn)

$$-M_\mathrm{z} = F_\mathrm{x} \cdot y$$

und bei Verschiebung von 3 nach 0 ein (positives) Versatzmoment vom Betrag

$$M_\mathrm{y} = F_\mathrm{x} \cdot z$$

hinzugefügt werden.

Die Verschiebung einer Kraftkomponente in den Bezugspunkt erzeugt also zwei Versatzmomente um die jeweils anderen Achsen. Das System aus der Kraftkomponente F_x und den Versatzmomenten M_y und M_z im Punkt 0 ist gleichwertig der Kraftkomponente F_x im Angriffspunkt A. Entsprechend werden die Kraftkomponenten F_y (1–4–5–0) und F_z (1–6–3–0) verschoben. Zusammengefasst lauten die Komponenten des Versatzmomentes

$$\begin{aligned} M_\mathrm{x} &= F_\mathrm{z} \cdot y - F_\mathrm{y} \cdot z \\ M_\mathrm{y} &= F_\mathrm{x} \cdot z - F_\mathrm{z} \cdot x \\ M_\mathrm{z} &= F_\mathrm{y} \cdot x - F_\mathrm{x} \cdot y\,. \end{aligned} \tag{12-17}$$

Sie werden als *statische Momente der Kraft $\vec{F}$ bezüglich der Koordinatenachsen* bezeichnet.

Die durch Gl. (12-17) gegebenen Komponenten des Momentenvektors sind das Vektorprodukt des Orts- und des Kraftvektors

$$\vec{M}_0 = \vec{r} \times \vec{F}\,. \tag{12-18}$$

Das Vektorprodukt errechnet man meist nach der Determinantenregel. Mit den Einheitsvektoren $\vec{e}_x, \vec{e}_y$ und $\vec{e}_z$ gilt

$$\vec{M}_0 = \begin{bmatrix} M_x \\ M_y \\ M_z \end{bmatrix} = \vec{r} \times \vec{F} = \begin{bmatrix} \vec{e}_x & \vec{e}_y & \vec{e}_z \\ x & y & z \\ F_x & F_y & F_z \end{bmatrix} . \tag{12-19}$$

Nach Auswertung der Determinanten (siehe hierzu [29], [23]) wird

$$\vec{M}_0 = \vec{e}_x(y \cdot F_z - z \cdot F_y) + \vec{e}_y(z \cdot F_x - x \cdot F_z) + \vec{e}_z(x \cdot F_y - y \cdot F_x) .$$

Die Komponenten des Momentenvektors sind also identisch mit denen nach Gleichung (12-17), die aus der Anschauung entwickelt wurden.

Bei komplizierter Geometrie mit vielen Kräften ist das formale Vorgehen nach Gl. (12-19) übersichtlicher und schafft die Voraussetzungen für Lösungen mit dem Computer. Bei überschaubaren Problemen sollte man von der Abbildung bzw. Anschauung ausgehen. Die Berechnungsgleichungen werden so meist kürzer und es entstehen durch den (mathematisch) ungeübten Anwender meist weniger Fehler. So ist z.B. die Festlegung des Vorzeichens eines Momentenvektors durch die Drehrichtung aus der Anschauung meist einfacher als durch die Bestimmung über vorzeichenbehaftete Kräfte und Längen nach Gleichung (12-19).

Beispiel 2 (Abb. 12-20)

Die Abbildung zeigt einen gekröpften Hebel, der von den Kräften $F_1; F_2$ und F_3 belastet ist. Für die unten gegebenen Daten sind folgende, auf die Einspannstelle bezogene Momente zu bestimmen:

a) das resultierende Moment aus M_x und M_y,

b) das Moment M_z.

$$F_1 = 6{,}00\,\text{kN}; \quad F_2 = 8{,}00\,\text{kN}; \quad F_3 = 2{,}00\,\text{kN}$$
$$a = 200\,\text{mm}; \quad b = 250\,\text{mm}; \quad c = 150\,\text{mm}; \quad \delta = 30^\circ$$

Lösung

Eine in Achsrichtung liegende Kraft übt in Bezug auf die betrachtete Achse kein Moment aus. Ein Moment ist positiv, wenn es eine Rechtsschraube in positiver Achsrichtung bewegen würde.

$$M_x = +F_2 \cdot c \cdot \sin\delta + F_3 \cdot (a + b)$$

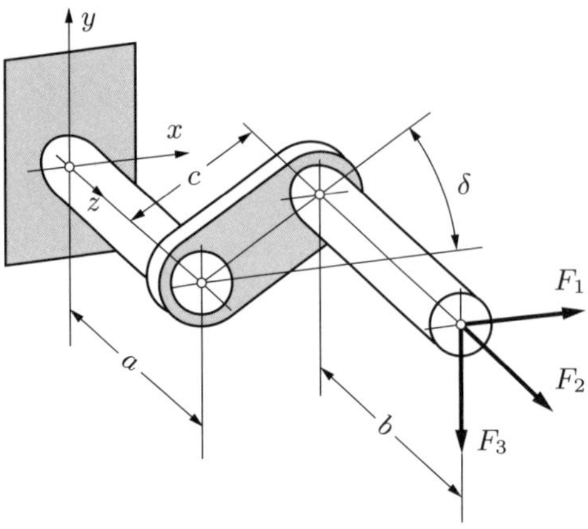

Abb. 12-20: Teil einer Kurbelwelle

$$M_{\mathrm{x}} = +8{,}0\,\mathrm{kN} \cdot 0{,}15\,\mathrm{m} \cdot \sin 30^\circ + 2{,}0\,\mathrm{kN} \cdot 0{,}45\,\mathrm{m} = +1{,}50\,\mathrm{kNm}$$
$$M_{\mathrm{y}} = +F_1 \cdot (a+b) - F_2 \cdot c \cdot \cos\delta$$
$$M_{\mathrm{y}} = +6{,}0\,\mathrm{kN} \cdot 0{,}45\,\mathrm{m} - 8{,}0\,\mathrm{kN} \cdot 0{,}15\,\mathrm{m} \cdot \cos 30^\circ = +1{,}661\,\mathrm{kNm}$$
$$M_{\mathrm{res\,x\,y}} = \sqrt{M_{\mathrm{x}}^2 + M_{\mathrm{y}}^2} = \sqrt{1{,}50^2 + 1{,}661^2}\,\mathrm{kNm}$$
$$\underline{M_{\mathrm{res\,x\,y}} = 2{,}238\,\mathrm{kNm}}\,.$$

Der Momentenvektor liegt unter dem Winkel

$$\tan\alpha_{\mathrm{x}} = \frac{M_{\mathrm{y}}}{M_{\mathrm{x}}} = \frac{1{,}661\,\mathrm{kNm}}{1{,}50\,\mathrm{kNm}} \qquad \alpha_{\mathrm{x}} = 47{,}9^\circ$$

zur positiven x-Achse. Das eben berechnete Moment verursacht Biegespannungen in der Einspannstelle.

$$M_{\mathrm{z}} = -F_1 \cdot c \cdot \sin\delta - F_3 \cdot c \cdot \cos\delta$$
$$M_{\mathrm{z}} = -6{,}0\,\mathrm{kN} \cdot 0{,}15\,\mathrm{m} \cdot \sin 30^\circ - 2{,}0\,\mathrm{kN} \cdot 0{,}15\,\mathrm{m} \cdot \cos 30^\circ$$
$$\underline{M_{\mathrm{z}} = -0{,}710\,\mathrm{kNm}}\,.$$

Dieses Moment hat Torsionsspannungen in der Einspannstelle zur Folge.

12.4.3 Reduktion eines Kräftesystems in Bezug auf einen Punkt

Im räumlichen Kräftesystem lassen sich zwei Kräfte nur dann ohne weiteres zusammenfassen, wenn ihre Wirkungslinien in einer Ebene liegen; sich entweder schneiden oder parallel verlaufen. Dies ist i.A. jedoch nicht der Fall. Zur Zusammenfassung von Kräften, deren Wirkungslinien windschief verlaufen, müssen die Kraftvektoren parallel zu sich selbst verschoben werden, bis sich ihre Wirkungslinien schneiden. Durch diese Parallelverschiebung entsteht jeweils ein zusätzliches Moment (Versatzmoment, siehe Abschnitt 3.3.4), das man zur resultierenden Kraft hinzufügen muss, damit das veränderte Kräftesystem dem ursprünglichen gleichwertig (*statisch äquivalent*) bleibt. Das Versatzmoment bei der Parallelverschiebung einer Kraft ist gleich dem statischen Moment der nicht verschobenen „Ausgangskraft" bezüglich des Punktes, in den sie verschoben wird (siehe vorheriger Abschnitt). Ein allgemeines räumliches System lässt sich also immer auf ein gleichwertiges System aus *einer* resultierenden Kraft und *einem* resultierenden Kräftepaar (Moment) reduzieren. Dies entspricht dem schon im Abschnitt 3.3.1 erläuterten Sachverhalt (Verschiebbarkeit von Kräftepaaren). Das Paar $(\vec{F}; \vec{M})$ bezüglich eines beliebig gewählten Punktes wird auch als „*Dyname*" bezeichnet. Die beiden Vektoren stehen allerdings nicht senkrecht aufeinander, sondern schließen beliebige Winkel ein. Dies wird aus dem Beispiel 2 am Ende dieses Abschnittes mit drei orthogonalen Kräften deutlich werden. Die Reduktion einer beliebigen windschiefen Kraft zu einer Dyname auf einen beliebigen Punkt erlaubt somit die Zusammensetzung von Kräften, deren Wirkungslinien keinen gemeinsamen Schnittpunkt haben, indem sie auf einen gemeinsamen Punkt umgerechnet werden. Das stellt die gleichwertige Umwandlung eines allgemeinen Kräftesystems in ein zentrales System aus Kräften und Momenten dar. Dazu werden die Kräfte und Momente in die Koordinatenrichtungen zerlegt und nach den bekannten Regeln zu einer resultierenden Dyname zusammengefasst.

Die Gleichungen (12-8) bis (12-11) für die Kräfte

$$\vec{F}_{\mathrm{res}} = \sum_{i=1}^{n} \vec{F}_{\mathrm{i}}$$

$$F_{\mathrm{res}} = \sqrt{F_{\mathrm{res\,x}}^2 + F_{\mathrm{res\,y}}^2 + F_{\mathrm{res\,z}}^2}$$

$$\cos\alpha_{\mathrm{F}} = \frac{F_{\mathrm{res\,x}}}{F_{\mathrm{res}}} \qquad \cos\beta_{\mathrm{F}} = \frac{F_{\mathrm{res\,y}}}{F_{\mathrm{res}}} \qquad \cos\gamma_{\mathrm{F}} = \frac{F_{\mathrm{res\,z}}}{F_{\mathrm{res}}}$$

werden sinngemäß auf die Momente übertragen

$$\vec{M}_{\text{res}} = \sum_{i=1}^{n} \vec{M}_{\text{i}}\,,$$

ausgeschrieben

$$\begin{aligned} M_{\text{res x}} &= \sum_{i=1}^{n} (y_{\text{i}} \cdot F_{\text{i z}} - z_{\text{i}} \cdot F_{\text{i y}}) \\ M_{\text{res y}} &= \sum_{i=1}^{n} (z_{\text{i}} \cdot F_{\text{i x}} - x_{\text{i}} \cdot F_{\text{i z}}) \\ M_{\text{res z}} &= \sum_{i=1}^{n} (x_{\text{i}} \cdot F_{\text{i y}} - y_{\text{i}} \cdot F_{\text{i x}})\,. \end{aligned} \tag{12-20}$$

Für den Betrag des resultierenden Momentes gilt entsprechend

$$M_{\text{res}} = \sqrt{M_{\text{res x}}^2 + M_{\text{res y}}^2 + M_{\text{res z}}^2} \tag{12-21}$$

und für die Richtungen

$$\cos\alpha_{\text{M}} = \frac{M_{\text{res x}}}{M_{\text{res}}} \qquad \cos\beta_{\text{M}} = \frac{M_{\text{res y}}}{M_{\text{res}}} \qquad \cos\gamma_{\text{M}} = \frac{M_{\text{res z}}}{M_{\text{res}}}\,. \tag{12-22}$$

Beispiel 3 (Abb. 12-21)

Zur anschaulichen Darstellung der Zusammenhänge wird ein besonders übersichtliches, einfaches Beispiel gewählt. Die drei Kräfte $F_1 = 2F$; $F_2 = 3F$; $F_3 = F$ (Abb. 12-21) sollen auf eine Dyname bezüglich des Koordinatenursprunges reduziert werden.

Lösung

Zur Demonstration des formalen Weges über das Vektorprodukt werden die Kraft - und Ortsvektoren aufgeschrieben.

$$\vec{F}_1 = \begin{bmatrix} 2F \\ 0 \\ 0 \end{bmatrix} \qquad \vec{F}_2 = \begin{bmatrix} 0 \\ 3F \\ 0 \end{bmatrix} \qquad \vec{F}_3 = \begin{bmatrix} 0 \\ 0 \\ F \end{bmatrix}$$

$$\vec{r}_1 = \begin{bmatrix} 3a \\ 4a \\ 0 \end{bmatrix} \qquad \vec{r}_2 = \begin{bmatrix} 0 \\ 0 \\ 4a \end{bmatrix} \qquad \vec{r}_3 = \begin{bmatrix} 3a \\ 4a \\ 4a \end{bmatrix}.$$

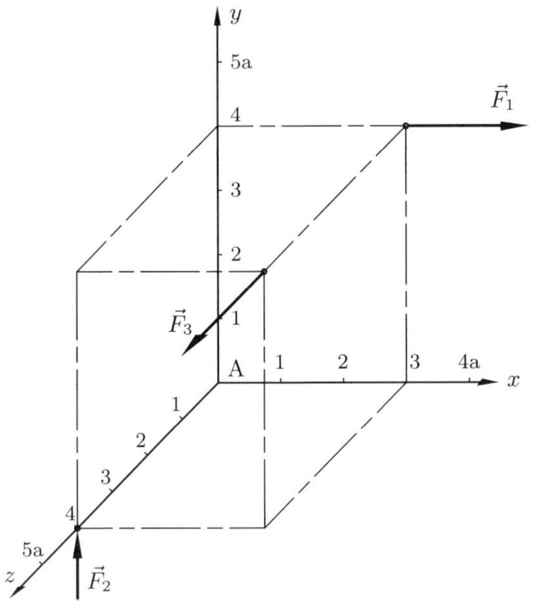

Abb. 12-21: Allgemeines Kräftesystem

Die resultierende Kraft wird nach Gleichung (12-8)

$$\vec{F}_{\text{res}} = \vec{F}_1 + \vec{F}_2 + \vec{F}_3$$

$$\vec{F}_{\text{res}} = \begin{bmatrix} F_{\text{res x}} \\ F_{\text{res y}} \\ F_{\text{res z}} \end{bmatrix} = \begin{bmatrix} 2F \\ 0 \\ 0 \end{bmatrix} + \begin{bmatrix} 0 \\ 3F \\ 0 \end{bmatrix} + \begin{bmatrix} 0 \\ 0 \\ F \end{bmatrix} = \underline{\begin{bmatrix} 2 \\ 3 \\ 1 \end{bmatrix} \cdot F} \, .$$

Der Betrag der Resultierenden nach Gleichung (12-10)

$$F_{\text{res}} = \sqrt{2^2 + 3^2 + 1^2} \cdot F = \sqrt{14} \cdot F = \underline{3{,}742 \cdot F} \, .$$

Mit den Richtungswinkeln nach Gleichung (12-11)

$$\alpha_{\text{F}} = \arccos \frac{F_{\text{res x}}}{F_{\text{res}}} = \arccos \frac{2}{\sqrt{14}} = \underline{75{,}7^\circ}$$

$$\beta_{\text{F}} = \arccos \frac{F_{\text{res y}}}{F_{\text{res}}} = \arccos \frac{3}{\sqrt{14}} = \underline{36{,}7^\circ}$$

$$\gamma_{\text{F}} = \arccos \frac{F_{\text{res z}}}{F_{\text{res}}} = \arccos \frac{1}{\sqrt{14}} = \underline{74{,}5^\circ}$$

ist die Lage der Resultierenden im Raum bestimmt.

Mit Gleichung (12-19) werden die Versatzmomente der drei Kräfte bezüglich A zusammengefasst

$$\vec{M}_{\text{res A}} = \begin{vmatrix} \vec{e}_x & \vec{e}_y & \vec{e}_z \\ 3a & 4a & 0 \\ 2F & 0 & 0 \end{vmatrix} + \begin{vmatrix} \vec{e}_x & \vec{e}_y & \vec{e}_z \\ 0 & 0 & 4a \\ 0 & 3F & 0 \end{vmatrix} + \begin{vmatrix} \vec{e}_x & \vec{e}_y & \vec{e}_z \\ 3a & 4a & 4a \\ 0 & 0 & F \end{vmatrix}$$

$$\vec{M}_{\text{res A}} = \vec{e}_x(0 - 4a \cdot 3F + 4a \cdot F) - \vec{e}_y(0 + 0 + 3a \cdot F) + \vec{e}_z(-4a \cdot 2F + 0 + 0)$$

$$\vec{M}_{\text{res A}} = -\vec{e}_x \cdot 8 \cdot a \cdot F - \vec{e}_y \cdot 3 \cdot a \cdot F - \vec{e}_z \cdot 8 \cdot a \cdot F$$

$$\underline{\vec{M}_{\text{res A}} = \begin{bmatrix} -8 \\ -3 \\ -8 \end{bmatrix} \cdot F \cdot a}\,.$$

$$M_{\text{res A}} = \sqrt{(-8)^2 + (-3)^2 + (-8)^2} \cdot F \cdot a = \sqrt{137} \cdot F \cdot a = \underline{11{,}705 \cdot F \cdot a}\,.$$

Die Richtungswinkel für den Momentenvektor ergeben sich mit Gl. (12-22) zu

$$\alpha_M = \arccos \frac{M_{\text{res x}}}{M_{\text{res}}} = \arccos \frac{-8}{\sqrt{137}} = \underline{131{,}1^\circ}$$

$$\beta_M = \arccos \frac{M_{\text{res y}}}{M_{\text{res}}} = \arccos \frac{-3}{\sqrt{137}} = \underline{104{,}9^\circ}$$

$$\gamma_M = \arccos \frac{M_{\text{res z}}}{M_{\text{res}}} = \arccos \frac{-8}{\sqrt{137}} = \underline{131{,}1^\circ}\,.$$

Sehr viel kürzer lässt sich diese Aufgabe besonders bei der Berechnung des Momentes aus der Anschauung lösen (siehe auch Bsp. 2, Abb. 12-20). In diesem Beispiel liegen alle Kräfte parallel zu den Achsen, so dass die resultierende Kraft (s.o.)

$$F_{\text{res}} = \sqrt{1^2 + 3^2 + 2^2} \cdot F = \sqrt{14} \cdot F = \underline{3{,}742 \cdot F}$$

direkt aufgeschrieben werden kann (und sollte). Für die Momente kann direkt geschrieben werden

$$M_x = +F_3 \cdot y_3 - F_2 \cdot z_2 = F \cdot 4a - 3F \cdot 4a = -8 \cdot F \cdot a$$

$$M_y = -F_3 \cdot x_3 = -F \cdot 3a = -3 \cdot F \cdot a$$

$$M_z = -F_1 \cdot y_1 = -2F \cdot 4a = -8 \cdot F \cdot a\,.$$

Damit lassen sich, wie oben gezeigt, Betrag und Richtung des Momentenvektors in A berechnen.

Die Ergebnisse sind in Abb. 12-22 dargestellt. Während die Richtung der resultierenden Kraft die Wirkungslinie der Verschiebung durch die Belastungen darstellt, beschreibt die Richtung des Momentenvektors die Drehachse, um die sich der belastete Körper nach der Rechtsschraubenregel bei der Verschiebung drehen würde.

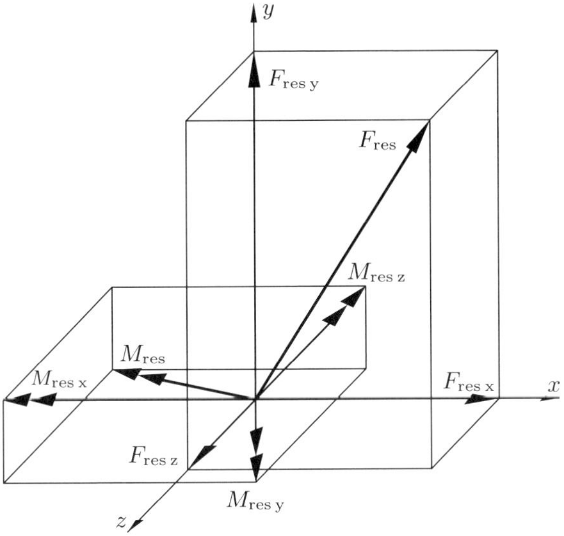

Abb. 12-22: Dyname $\vec{F}_{\text{res}}$; $\vec{M}_{\text{res}}$

Neben der Definition von Bewegungen im Raum (z.B. Luftfahrt, Raumfahrt) wird diese Darstellung auch als „*Unwuchtdyname*" bei der Beschreibung des Unwuchtzustandes rotierender Körper angewendet (siehe weiterführende Literatur [30], [27]).

Beispiel 4 (Abb. 12-23)

Für den in der Abbildung gezeigten, drehbar gelagerten Körper soll die Kraft F_2 für die folgenden Werte so bestimmt werden, dass kein resultierendes Moment um die Drehachse wirkt.

Werte: $F_1 = 3000\,\text{N}$; $F_3 = 4000\,\text{N}$; $b = 750\,\text{mm}$; $h = 600\,\text{mm}$; $l = 1350\,\text{mm}$.

Lösung

Die Drehwirkung der drei Kräfte um die Achse A-B ist relativ aufwendig zu ermitteln. Hier ist die Anwendung der Vektorrechnung vorteilhaft:

Der resultierende Momentenvektor hat dann keine Komponente in Richtung der Achse A-B, wenn er senkrecht auf dieser Achse steht. Das ist der Fall, wenn das Skalarprodukt der Vektoren $\vec{M}_{\text{res}}$ und $\vec{d}$ (Drehachse; in diesem Beispiel die

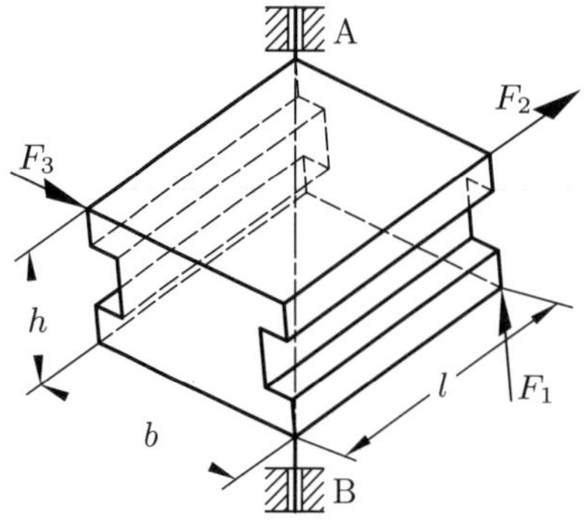

Abb. 12-23: Belasteter Körper

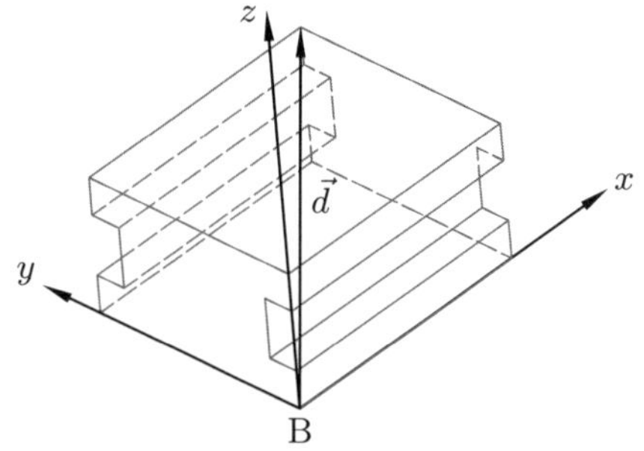

Abb. 12-24: Festlegung des Koordinatensystems

Raumdiagonale) verschwindet.

$$\vec{M}_{\text{res A}} \cdot \vec{d} = \vec{0}\,. \tag{1}$$

Das Koordinatensystem wird für die Berechnung in einen der beiden Lagerpunkte, z.B. Lager B (siehe Abb. 12-24) gelegt. Der Momentenvektor wird entweder vektoriell mit

$$\vec{F}_1 = \begin{bmatrix} 0 \\ 0 \\ F_1 \end{bmatrix} \qquad \vec{F}_2 = \begin{bmatrix} F_2 \\ 0 \\ 0 \end{bmatrix} \qquad \vec{F}_3 = \begin{bmatrix} 0 \\ -F_3 \\ 0 \end{bmatrix}$$

$$\vec{r}_1 = \begin{bmatrix} l \\ 0 \\ 0 \end{bmatrix} \qquad \vec{r}_2 = \begin{bmatrix} l \\ 0 \\ h \end{bmatrix} \qquad \vec{r}_3 = \begin{bmatrix} 0 \\ b \\ h \end{bmatrix} \qquad \vec{d} = \begin{bmatrix} l \\ b \\ h \end{bmatrix}$$

$$\vec{M}_{\text{res B}} = \begin{vmatrix} \vec{e}_{\text{x}} & \vec{e}_{\text{y}} & \vec{e}_{\text{z}} \\ l & 0 & 0 \\ 0 & 0 & F_1 \end{vmatrix} + \begin{vmatrix} \vec{e}_{\text{x}} & \vec{e}_{\text{y}} & \vec{e}_{\text{z}} \\ l & 0 & h \\ F_2 & 0 & 0 \end{vmatrix} + \begin{vmatrix} \vec{e}_{\text{x}} & \vec{e}_{\text{y}} & \vec{e}_{\text{z}} \\ 0 & b & h \\ 0 & -F_3 & 0 \end{vmatrix}$$

$$\vec{M}_{\text{res B}} = \vec{e}_{\text{x}}(0 + 0 + h \cdot F_3) - \vec{e}_{\text{y}}(l \cdot F_1 - h \cdot F_2 + 0) + \vec{e}_{\text{z}}(0 + 0 + 0)$$

oder kürzer aus der Anschauung

$$\begin{aligned} M_{\text{x}} &= +F_3 \cdot h \\ M_{\text{y}} &= -F_1 \cdot l + F_2 \cdot h \\ M_{\text{z}} &= 0 \end{aligned}$$

berechnet.

Das Skalarprodukt der Vektoren gleich null gesetzt (1):

$$\begin{bmatrix} h \cdot F_3 \\ -l \cdot F_1 + h \cdot F_2 \\ 0 \end{bmatrix} \cdot \begin{bmatrix} l \\ b \\ h \end{bmatrix} = \begin{bmatrix} 0 \\ 0 \\ 0 \end{bmatrix}$$

liefert die Gleichung für die gesuchte Kraft

$$F_3 \cdot h \cdot l - F_1 \cdot l \cdot b + F_2 \cdot h \cdot b = 0\,.$$

Nach F_2 umgestellt wird mit den Zahlenwerten

$$F_2 = \frac{F_1 \cdot l \cdot b - F_3 \cdot h \cdot l}{h \cdot b} = \underline{-450\,\mathrm{N}}\,.$$

Das negative Vorzeichen besagt, dass die Kraft entgegen der eingetragenen Wirkrichtung angreifen muss, um die Problemstellung zu erfüllen.

12.4.4 Die Gleichgewichtsbedingungen

Im vorherigen Abschnitt wurde gezeigt, dass am starren Körper jede Kraft in einen beliebigen Punkt verschoben werden darf, wenn durch Versatzmomente der Gleichgewichtszustand nicht verändert wird; dass sich jedes Kräftesystem auf eine Dyname zurückführen lässt. Für das Gleichgewicht eines allgemeinen räumlichen Kräftesystems heißt das, dass die Kraft $\vec{F}_{\mathrm{res}}$ ***und*** das Moment $\vec{M}_{\mathrm{res}}$ des auf eine Dyname bezüglich eines beliebigen Punktes reduzierten Kräftesystems, *jedes für sich*, gleich null sind.

$$\vec{F}_{\mathrm{res}} = \sum_{i=1}^{n} \vec{F}_{\mathrm{i}} = 0$$

$$\vec{M}_{\mathrm{res}} = \sum_{i=1}^{n} \vec{M}_{\mathrm{i}} = 0.$$

Dies sind die vom ebenen Kräftesystem her bekannten Gleichungen – allerdings um eine Verschiebung und zwei Drehungen erweitert (siehe die Abschnitte 6.3 und 6.4). Da jede Komponente für sich gleich null sein muss, gilt analog zu Gl. (12-13) für das Momentengleichgewicht

$$\begin{aligned} \sum M_{\mathrm{x}} &= 0 \\ \sum M_{\mathrm{y}} &= 0 \\ \sum M_{\mathrm{z}} &= 0 \end{aligned} \qquad (12\text{-}23)$$

oder auch

$$
\begin{aligned}
M_{\text{res x}} &= \sum_{i=1}^{n} (y_\text{i} \cdot F_{\text{i z}} - z_\text{i} \cdot F_{\text{i y}}) = 0 \\
M_{\text{res y}} &= \sum_{i=1}^{n} (z_\text{i} \cdot F_{\text{i x}} - x_\text{i} \cdot F_{\text{i z}}) = 0 \\
M_{\text{res z}} &= \sum_{i=1}^{n} (x_\text{i} \cdot F_{\text{i}y} - y_\text{i} \cdot F_{\text{i x}}) = 0\,.
\end{aligned}
\tag{12-24}
$$

Die Anwendung der Gleichung (12-24) ist in erster Linie für die numerische Lösung gedacht. Sie stellt für die Handrechnung keine Erleichterung dar, wie auch das vorherige Beispiel zur Ermittlung der Dyname deutlich zeigte. Die Formulierung der Gleichgewichtsbedingungen aus der Anschauung ist für überschaubare Probleme meist der kürzere und auch sicherere Weg.

Im Allgemeinen Fall stehen somit sechs unabhängige Bestimmungsgleichungen zur Verfügung, die die Berechnung von sechs Auflagerreaktionen gestatten.

Ein starrer Körper ist im Raum statisch bestimmt gelagert, wenn beim Freimachen sich nicht mehr als sechs Auflagerreaktionen ergeben. Das ist eine notwendige, aber nicht hinreichende Bedingung. Dies wurde in den Abschnitten 6.5 und 12.3.3 bereits diskutiert.

Für eine Lagerung im Raum mit Elementen, die nur Kräfte übertragen (Festlager, Loslager, Kugelgelenk, Pendelstütze u.ä.), gelten folgende Einschränkungen.

1. Die Wirkungslinien aller Auflagerkräfte dürfen nicht eine Gerade schneiden oder in dieser liegen. Die Momentengleichung bezogen auf diese Gerade ist für diesen Fall ohnehin identisch erfüllt ($0 \equiv 0$).
2. Eine Lagerung muss in mindestens drei Punkten erfolgen, die nicht auf einer Gerade liegen. Diese Aussage folgt unmittelbar aus der vorherigen.
3. In einem Punkt dürfen sich nicht mehr als drei Wirkungslinien der Auflagerreaktionen schneiden. Ein Punkt ist durch drei Stäbe eindeutig im Raum fixiert. Jeder Zusatzstab macht das System statisch überbestimmt.
4. In einer Ebene dürfen höchstens drei Wirkungslinien von Auflagerreaktionen liegen. Für das ebene Kräftesystem stehen drei Gleichgewichtsbedingungen zur Verfügung.
5. Nicht mehr als drei Auflagerreaktionen dürfen parallel sein. Diese Bedingung kann man sich an einem Tisch klar machen. Für senkrechte Be-

lastung (y-Richtung) sind folgende Bedingungen identisch erfüllt ($0 \equiv 0$): $\sum F_x = 0$; $\sum F_z = 0$ und $\sum M_y = 0$. Es verbleiben drei Gleichungen für die Berechnung von drei Kräften. Ein vierbeiniger Tisch ist statisch überbestimmt.

Es gibt Lagerungen, die z.T. im Widerspruch zu den Ausführungen oben stehen. Als Beispiel sei der zweimal verspannte Mast nach Abb. 12-25 angeführt. Bei A

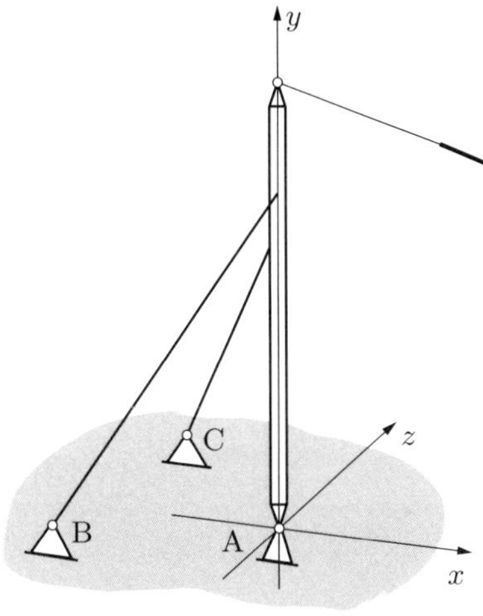

Abb. 12-25: Zweifach verspannter Mast mit Belastung durch ein Seil

sei ein Kugelgelenk oder eine gleichartige Abstützung (Anschläge, die ein Wegrutschen verhindern). Am Ende ist ein Seil befestigt, in dem die Kraft F wirkt. Die Auflagerreaktionen F_{Ax}; F_{Az}; F_B; F_C schneiden die y-Achse (= Mastachse), die Kraft F_{Ay} liegt in dieser. Es gibt hier nur fünf Auflagerreaktionen, die zusätzlich die Bedingung 1 verletzen. Hier ist die Bedingung $\sum M_y = 0$ bezogen auf die Mastachse identisch erfüllt. Der Mast ist nicht durch ein Moment M_y belastbar. Mit dieser Einschränkung kann diese Lagerung brauchbar sein.

Eine Radachse ist normalerweise in einem Fest- und einem Loslager gelagert. Beim Freimachen erhält man $3+2 = 5$ Auflagerreaktionen. Eine Achse hat einen nicht fixierten Freiheitsgrad, sie dreht sich. Eine Welle überträgt im Gegensatz zu einer Achse ein Drehmoment und damit eine Leistung. Die Momentengleichung bezogen auf die Wellenachse ist die sechste Gleichgewichtsbedingung. Aus dieser wird z.B. die Zahnkraft berechnet, die das Moment in die Welle einleitet.

Beispiel 5 (Abb. 12-26)

Die abgebildete Zahnradwelle ist Bestandteil eines Getriebes. Angetrieben wird sie am Zahnrad 2 über ein oben liegendes Ritzel. Die Drehrichtung ist dabei so, dass sich die in der Abbildung sichtbaren Teile nach unten bewegen. Das Zahnrad 1 ist im Eingriff mit einem in der Mitte vorn liegenden Zahnrad, das die Leistung abnimmt. Die Schrägverzahnung am Rad 2 steht im Winkel β zur Achsrichtung. Das Lager A ist als Fest-, das Lager B als Loslager ausgebildet.

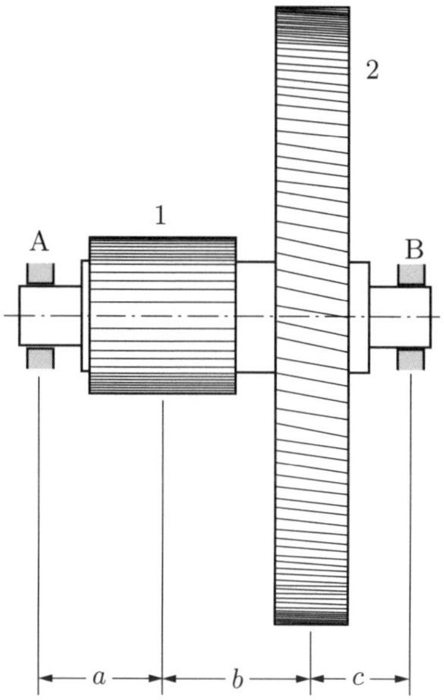

Abb. 12-26: Getriebewelle

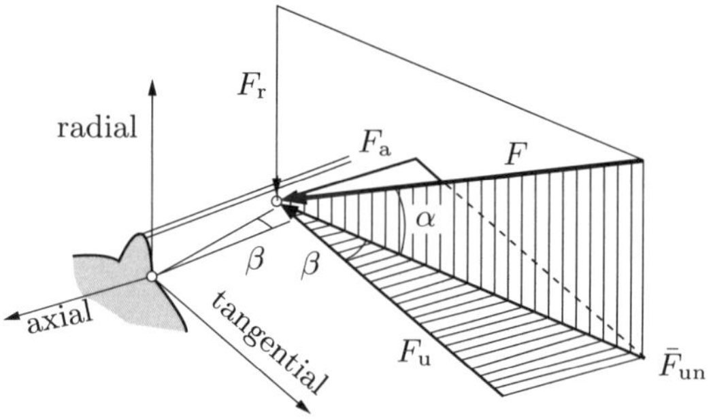

Abb. 12-27: Kraftzerlegung am Zahn einer Schrägverzahnung

Für die nachfolgend gegebenen Daten sind zu bestimmen

a) die resultierenden Zahnkräfte,

b) die Lagerkräfte in A und B.

$a = 100\,\text{mm}$; $b = 120\,\text{mm}$; $c = 80\,\text{mm}$

Teilkreisdurchmesser $d_1 = 120\,\text{mm}$; $d_2 = 480\,\text{mm}$

Eingriffswinkel der Verzahnung $\alpha = 20°$

Winkel der Schrägverzahnung $\beta = 10°$

Übertragenes Drehmoment $M_t = 600\,\text{Nm}$

Lösung (Abb. 12-27/12-28)

Zunächst muss die Zahnkraft an der Zahnflanke in die einzelnen Komponenten zerlegt werden. Die Zusammenhänge zeigt die Abb. 12-27 (siehe hierzu auch [26] bzw. [28]). Die Umfangskomponente F_{u} wird aus dem übertragenen Drehmoment berechnet. Die Schrägstellung liefert

$$F_{\mathrm{un}} = \frac{F_{\mathrm{u}}}{\cos\beta}\,.$$

Diese Kraft verursacht eine Radialkraft, die durch die Zahngeometrie, d.h. den Eingriffswinkel α gegeben ist.

$$F_{\mathrm{r}} = F_{\mathrm{un}} \cdot \tan\alpha$$

$$F_{\mathrm{r}} = F_{\mathrm{u}} \cdot \frac{\tan\alpha}{\cos\beta}\,. \tag{1}$$

Bei Schrägverzahnung entsteht eine axiale Komponente

$$F_{\mathrm{a}} = F_{\mathrm{u}} \cdot \tan\beta\,. \tag{2}$$

Die Kraft F_{un} beansprucht den Zahngrund auf Biegung, die resultierende Zahnkraft

$$F_{\mathrm{res}} = \sqrt{F_{\mathrm{u}}^2 + F_{\mathrm{r}}^2 + F_{\mathrm{a}}^2}$$

ergibt wegen der zulässigen Flächenpressung die notwendige Zahnbreite.

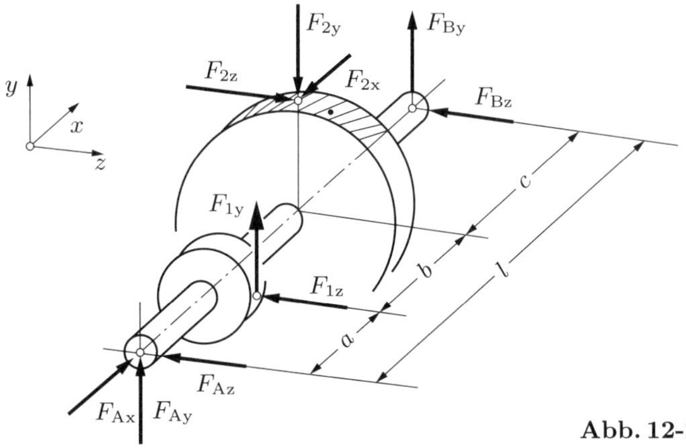

Abb. 12-28: Freigemachte Getriebewelle

Die freigemachte Welle zeigt die Abb. 12-28. Die Zahnkräfte müssen so eingetragen werden, wie sie tatsächlich wirken. Die Richtungen der Auflagerreaktionen können angenommen werden.

Zahnkräfte:

Rad 1. Die y-Komponente ist die Umfangskraft und errechnet sich deshalb aus dem zu übertragenden Drehmoment.

$$F_{u1} = F_{1y} = \frac{M_t}{r_1} = \frac{600\,\text{Nm}}{0{,}06\,\text{m}} = 10^4\,\text{N} = 10{,}0\,\text{kN}\,.$$

Nach Gleichung (1) ist für $\beta = 0°$

$$F_r = F_{1z} = F_{1y} \cdot \tan\alpha = 10{,}0\,\text{kN} \cdot \tan 20°$$
$$F_{1z} = 3{,}640\,\text{kN}\,.$$

Die resultierende Zahnkraft ist

$$F_1 = \sqrt{F_{1y}^2 + F_{1z}^2} = \sqrt{10{,}0^2 + 3{,}64^2}\,\text{kN} = \underline{10{,}642\,\text{kN}}\,.$$

Rad 2. Analog erhält man hier:

$$F_{u2} = F_{2z} = \frac{M_t}{r_2} = \frac{0{,}600\,\text{kNm}}{0{,}24\,\text{m}} = 2{,}50\,\text{kN}$$
$$F_{a2} = F_{2x} = F_{2z} \cdot \tan\beta \qquad (2)$$
$$F_{2x} = 2{,}50\,\text{kN} \cdot \tan 10° = 0{,}441\,\text{kN}$$
$$F_{r2} = F_{2y} = F_{2z}\,\frac{\tan\alpha}{\cos\beta} \qquad (1)$$
$$F_{2y} = 2{,}50\,\text{kN} \cdot \frac{\tan 20°}{\cos 10°} = 0{,}924\,\text{kN}\,.$$

Diese Werte ergeben eine resultierende Zahnkraft von

$$F_2 = \sqrt{F_{2x}^2 + F_{2y}^2 + F_{2z}^2}$$
$$F_2 = \sqrt{0{,}441^2 + 0{,}924^2 + 2{,}50^2}\,\text{kN} = \underline{2{,}702\,\text{kN}}\,.$$

Mit diesen Belastungen werden die Gleichgewichtsbedingungen aufgestellt.

$$\sum M_{Az} = 0: \qquad F_{By} \cdot l + F_{2x} \cdot r_z - F_{2y} \cdot (a+b) + F_{1y} \cdot a = 0$$
$$F_{By} = \frac{1}{l}[-F_{2x} \cdot r_2 + F_{2y} \cdot (a+b) - F_{1y} \cdot a]$$
$$F_{By} = \frac{1}{0{,}30\,\text{m}}[-0{,}441 \cdot 0{,}24 + 0{,}924 \cdot 0{,}22 - 10{,}0 \cdot 0{,}1]\,\text{kNm}$$
$$F_{By} = -3{,}009\,\text{kN}\ (\downarrow)\,.$$

$$\sum M_{\mathrm{Ay}} = 0: \qquad F_{\mathrm{Bz}} \cdot l - F_{\mathrm{2z}} \cdot (a+b) + F_{\mathrm{1z}} \cdot a = 0$$

$$F_{\mathrm{Bz}} = \frac{1}{l}[F_{\mathrm{2z}} \cdot (a+b) - F_{\mathrm{1z}} \cdot a]$$

$$F_{\mathrm{Bz}} = \frac{1}{0{,}30\,\mathrm{m}}[2{,}50 \cdot 0{,}22 - 3{,}640 \cdot 0{,}1]\,\mathrm{kNm}$$

$$F_{\mathrm{Bz}} = 0{,}620\,\mathrm{kN}\ (\nwarrow)\,.$$

Die resultierende radiale Belastung des Lagers B ist

$$F_{\mathrm{Br}} = \sqrt{F_{\mathrm{By}}^2 + F_{\mathrm{Bz}}^2}$$

$$F_{\mathrm{Br}} = \sqrt{3{,}009^2 + 0{,}620^2}\,\mathrm{kN}; \qquad \underline{F_{\mathrm{Br}} = 3{,}072\,\mathrm{kN}}\,.$$

Die Kräftesummationen liefern die Auflagerreaktionen in A

$$\sum F_{\mathrm{x}} = 0: \qquad F_{\mathrm{Ax}} - F_{\mathrm{2x}} = 0$$

$$F_{\mathrm{Ax}} = F_{\mathrm{2x}} = 0{,}441\,\mathrm{kN}(\nearrow)$$

$$\sum F_{\mathrm{y}} = 0: \qquad F_{\mathrm{Ay}} + F_{\mathrm{1y}} - F_{\mathrm{2y}} + F_{\mathrm{By}} = 0$$

$$F_{\mathrm{Ay}} = -F_{\mathrm{1y}} + F_{\mathrm{2y}} - F_{\mathrm{By}}$$

$$F_{\mathrm{Ay}} = -10{,}0\,\mathrm{kN} + 0{,}924\,\mathrm{kN} - (-3{,}009\,\mathrm{kN})$$

$$F_{\mathrm{Ay}} = -6{,}067\,\mathrm{kN}(\downarrow)$$

$$\sum F_{\mathrm{z}} = 0: \qquad -F_{\mathrm{Az}} - F_{\mathrm{1z}} + F_{\mathrm{2z}} - F_{\mathrm{Bz}} = 0$$

$$F_{\mathrm{Az}} = -F_{\mathrm{1z}} + F_{\mathrm{2z}} - F_{\mathrm{Bz}}$$

$$F_{\mathrm{Az}} = -3{,}640\,\mathrm{kN} + 2{,}50\,\mathrm{kN} - 0{,}620\,\mathrm{kN}$$

$$F_{\mathrm{Az}} = -1{,}760\,\mathrm{kN}(\searrow)\,.$$

Kontrolle: z.B. $\sum M = 0$ für alle Achsen durch B.

Die radiale Belastung des Lagers A ist danach

$$F_{\mathrm{Ar}} = \sqrt{F_{\mathrm{Ay}}^2 + F_{\mathrm{Az}}^2}$$

$$F_{\mathrm{Ar}} = \sqrt{6{,}067^2 + 1{,}760^2}\,\mathrm{kN}; \qquad \underline{F_{\mathrm{Ar}} = 6{,}317\,\mathrm{kN}}\,.$$

Axial muss dieses Lager eine Kraft von

$$\underline{F_{\mathrm{Aa}} = 0{,}441\,\mathrm{kN}}$$

aufnehmen.

Beispiel 6 (Abb. 12-29)

Ein horizontaler Träger ist nach Skizze gelenkig in C gelagert und wird durch die Stäbe 1 und 2 räumlich gestützt. Die Punkte A; B; C liegen in einer Ebene senkrecht zur Trägerachse. Für die vertikale Kraft $F = 6{,}00\,\text{kN}$ sind die Stabkräfte und die Auflagerreaktionen in C zu berechnen.

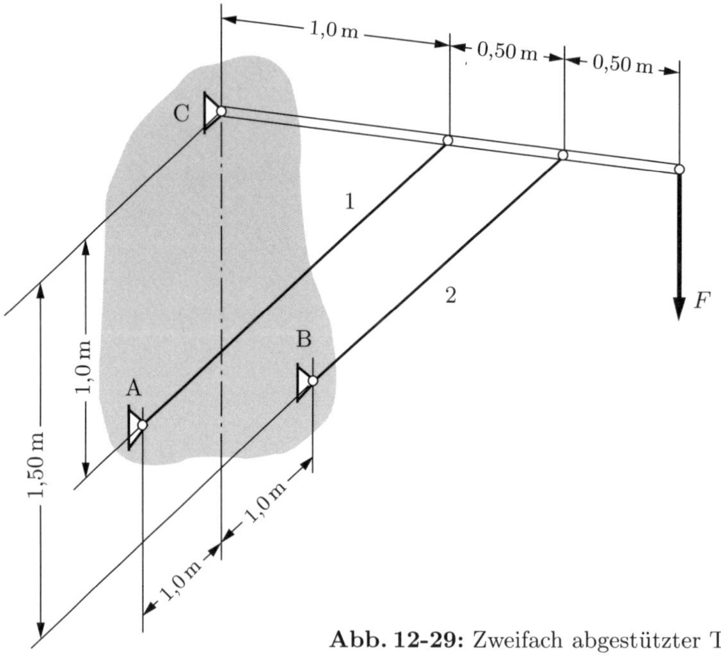

Abb. 12-29: Zweifach abgestützter Träger

Lösung (Abb. 12-30)

$$\sum M_{\text{cy}} = 0: \qquad F_{\text{S}_1\text{x}} \cdot 1\,\text{m} - F_{\text{S}_2\text{x}} \cdot 1\,\text{m} = 0$$

$$F_{\text{S}_1\text{x}} - F_{\text{S}_2\text{x}} = 0 \tag{1}$$

$$\sum M_{\text{cz}} = 0: \qquad F_{\text{S}_1\text{x}} \cdot 1\,\text{m} + F_{\text{S}_2\text{x}} \cdot 1{,}5\,\text{m} - F \cdot 2\,\text{m} = 0. \tag{2}$$

Die Lösung beider Gleichungen ergibt:

$$F_{\text{S}_1\text{x}} = 4{,}80\,\text{kN}; \qquad F_{\text{S}_2\text{x}} = 4{,}80\,\text{kN}$$

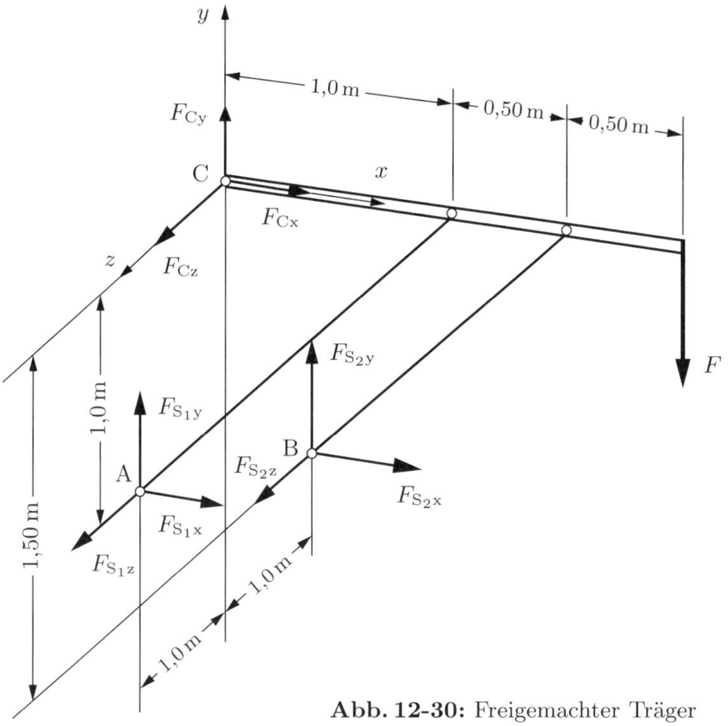

Abb. 12-30: Freigemachter Träger

Nach Gleichung (12-7) ist

$$\frac{F_{S_1x}}{x_1} = \frac{F_{S_1y}}{y_1} = \frac{F_{S_1z}}{z_1} = \frac{F_{S_1}}{l_1}$$

$$\frac{F_{S_1x}}{1} = \frac{F_{S_1y}}{1} = \frac{F_{S_1z}}{-1} = \frac{F_{S_1}}{\sqrt{3}}$$

$F_{S_1y} = 4{,}80\,\text{kN}$; $F_{S_1z} = -4{,}80\,\text{kN}$; $\underline{F_{S_1} = 8{,}31\,\text{kN}}$.

$$\frac{F_{S_2x}}{x_2} = \frac{F_{S_2y}}{y_2} = \frac{F_{S_2z}}{z_2} = \frac{F_{S_2}}{l_2}$$

$$\frac{F_{S_2x}}{1{,}5} = \frac{F_{S_2y}}{1{,}5} = \frac{F_{S_2z}}{1{,}0} = \frac{F_{S_2}}{2{,}345}$$

$F_{S_2y} = 4{,}80\,\text{kN}$; $F_{S_2z} = 3{,}20\,\text{kN}$; $\underline{F_{S_2} = 7{,}51\,\text{kN}}$.

$\sum F_x = 0$: $F_{Cx} + F_{S_1x} + F_{S_2x} = 0$; $\underline{F_{Cx} = -9{,}60\,\text{kN}(\leftarrow)}$

$\sum F_y = 0$: $F_{Cy} + F_{S_1y} + F_{S_2y} - F = 0$; $\underline{F_{Cy} = -3{,}60\,\text{kN}(\downarrow)}$

$\sum F_z = 0$: $F_{Cz} + F_{S_1z} + F_{S_2z} = 0$; $\underline{F_{Cz} = +1{,}60\,\text{kN}(\swarrow)}$.

Kontrolle: Momentengleichung für Achsen durch Punkt A.

Aufgaben zum Abschnitt 12.4

A12-12 bis A12-14 Für den Mast Abb. A12-4 ist jeweils das Moment der Seilkraft $F_{S_1}/F_{S_2}/F_{S_3}$ in Bezug auf die eingezeichnete x- und z-Achse zu bestimmen.

A12-15 Die Abbildung zeigt einen Getriebekasten, an dessen Wellenenden die eingezeichneten Momente wirken. Zu bestimmen ist das resultierende Moment nach Größe und Richtung. $M_1 = 1{,}25\,\mathrm{kNm}, M_2 = M_3 = 2{,}5\,\mathrm{kNm}$.

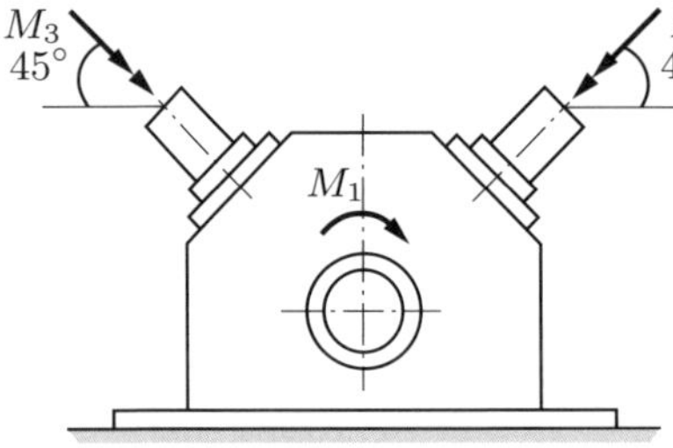

Abb. A12-15

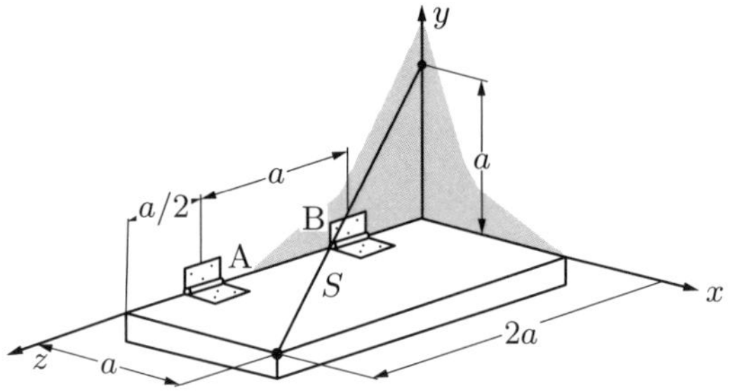

Abb. A12-16/A12-20

A12-16 Das Moment der Seilkraft, die die abgebildete Platte abstützt, ist in Bezug auf die x- und z-Achse in allgemeiner Form zu bestimmen.

A12-17 Für den skizzierten Winkelhebel sind die Einspannmomente, die durch die schräge Kraft am Ende des Hebels hervorgerufen werden, in Bezug auf das eingezeichnete Koordinatensystem zu bestimmen.
$F = 3700\,\mathrm{N}$; $\alpha = 45°$; $\beta = 60°$; $\gamma = 65°$ und $a = 500\,\mathrm{mm}$.

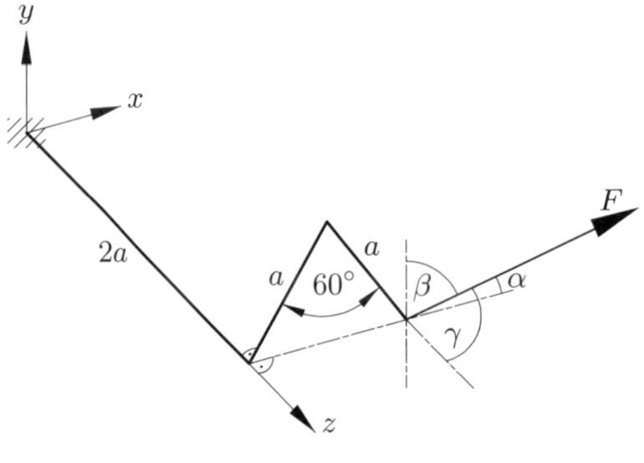

Abb. A12-17/A12-34

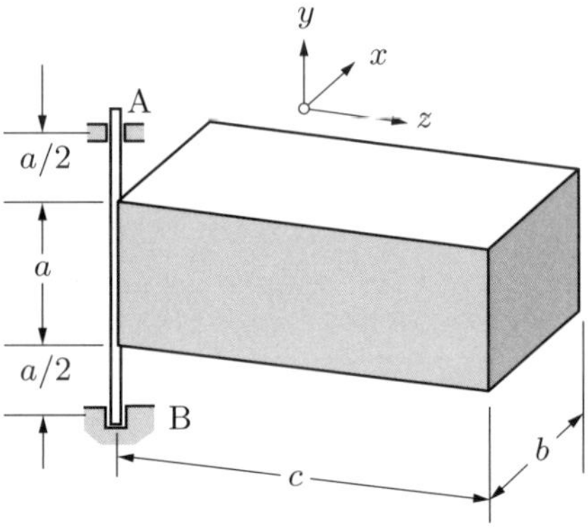

Abb. A12-18/A12-19

A12-18 Ein homogener Quader der Masse m ist nach Skizze axial gelagert. Zu bestimmen sind die durch die Gewichtskraft verursachten Momente bezogen auf die Koordinatenachsen in A.

A12-19 Die Auflagerreaktionen des Quaders A12-18 sind zu bestimmen.

A12-20 Auflagerreaktionen der nach Abb. A12-16 gelagerten, homogenen Platte sind für die Masse $m = 1000\,\text{kg}$ und $a = 800\,\text{mm}$ zu bestimmen. Das Scharnier A ist axial verschieblich.

A12-21 Die skizzierte Welle ist zweifach gelagert: Loslager A, Festlager B. Die Lagerreaktionen sind zu berechnen für

$F_{u_1} = 5{,}00\,\text{kN}$; $F_{r_1} = 1{,}80\,\text{kN}$; $F_{a_1} = 1{,}00\,\text{kN}$; $F_{r_2} = 3{,}00\,\text{kN}$.

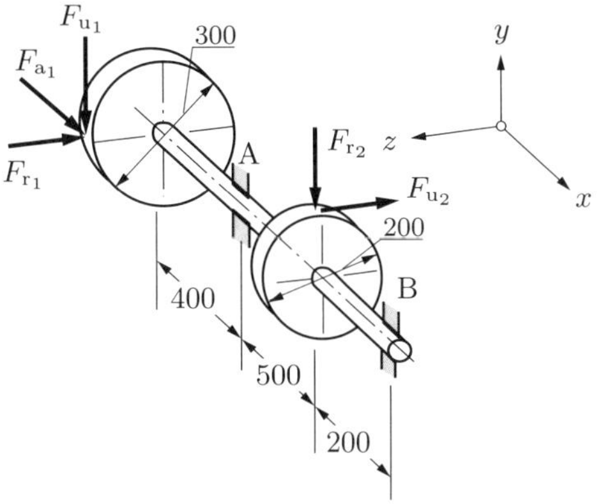

Abb. A12-21/A12-28

A12-22 Die skizzierte Welle ist zweifach gelagert: Festlager A, Loslager B. Die Lagerreaktionen sind zu berechnen für

$F_{u_1} = 8{,}00\,\text{kN}$; $F_{r_1} = 3{,}00\,\text{kN}$; $F_{a_1} = 2{,}00\,\text{kN}$; $F_{r_2} = 4{,}00\,\text{kN}$.

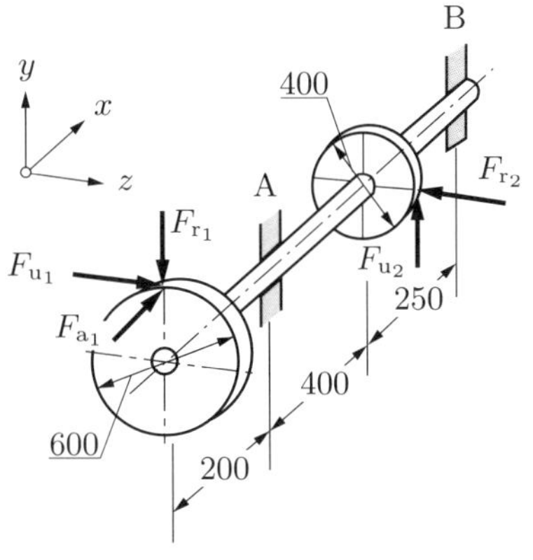

Abb. A12-22/A12-29

A12-23/A12-24 Das abgebildete Gestänge ist in A und B in Buchsen gelagert und in C und D fixiert. Zu bestimmen sind die Auflagerreaktionen für

A12-23	$F_1 = 100\,\mathrm{kN}$;	$F_2 = 50\,\mathrm{kN}$;	$F_3 = 30\,\mathrm{kN}$;	$a = 200\,\mathrm{mm}$.
A12-24	$F_1 = 50\,\mathrm{kN}$;	$F_2 = 80\,\mathrm{kN}$;	$F_3 = 120\,\mathrm{kN}$;	$a = 150\,\mathrm{mm}$.

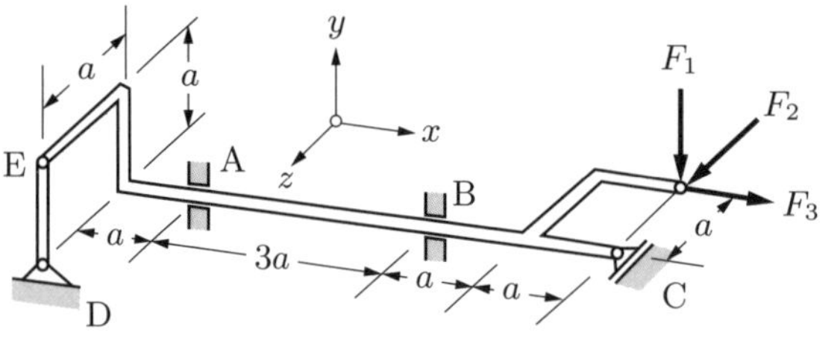

Abb. A12-23/A12-31

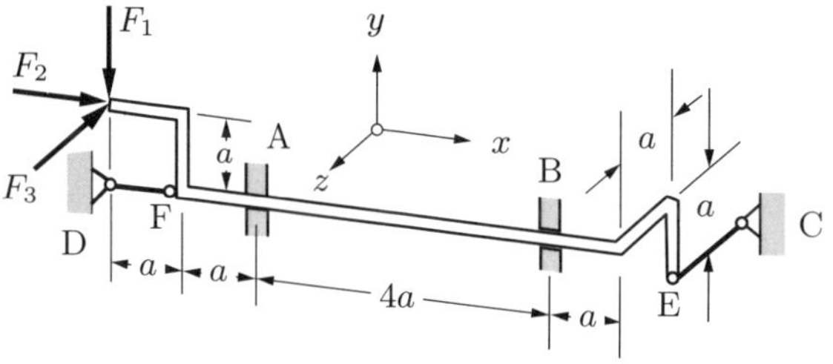

Abb. A12-24/A12-32

A12-25 Die skizzierte Welle ist in A fest, in B verschieblich gelagert. Das Rad 1 zwischen den Lagern ist mit 10° schrägverzahnt. Die Welle soll ein Drehmoment von 160 Nm übertragen. Zu bestimmen sind alle Zahnkräfte und die Auflagerreaktionen für $d_1 = 120\,\mathrm{mm}$ und $d_2 = 80\,\mathrm{mm}$. Eingriffswinkel $\alpha = 20°$.

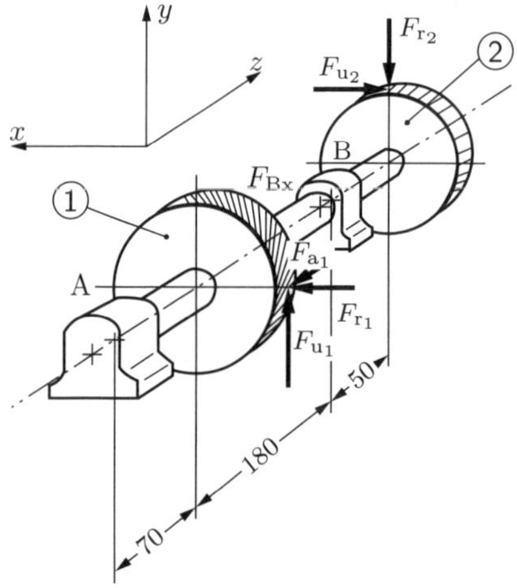

Abb. A12-25/A12-30

A12-26 Das in dem Kapitel „Freimachen“ in den Abb. 5-9 und 5-10 gezeigte Getriebe hat folgende Abmessungen: $d_1 = 100\,\mathrm{mm}$; $d_2 = 300\,\mathrm{mm}$; AE = CE =

150 mm; ED = EB = 200 mm; Schrägverzahnung 10°; Eingriffswinkel 20°. Für das Drehmoment $M_A = 1{,}0\,\text{kNm}$ sind die Zahn- und Lagerkräfte zu berechnen.

A12-27 Für das skizzierte Tragwerk sind in allgemeiner Form alle Auflagerreaktionen zu bestimmen.

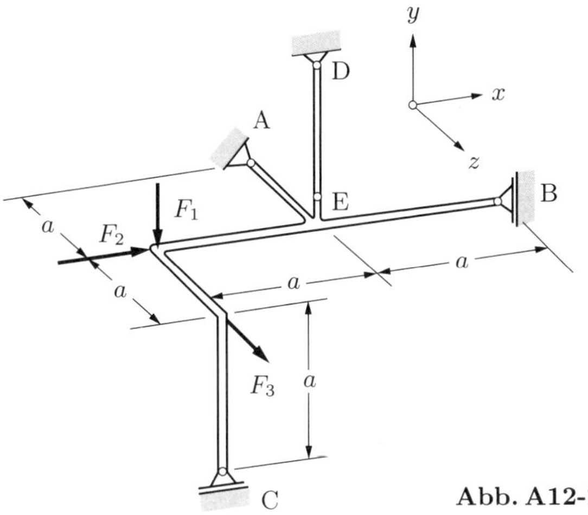

Abb. A12-27/A12-33

12.5 Die Schnittgrößen

In diesem Abschnitt wird das in der Ebene (siehe Kapitel 8) dargestellte Problem der inneren Kräfte und Momente, die das Bauteil bei Belastung übertragen muss, auf das räumliche Kräftesystem erweitert. Hier stehen im Gleichgewichtsfall für sechs unbekannte Größen sechs Gleichgewichtsbedingungen zur Verfügung. In einem beliebigen Schnitt müssen also sechs Schnittgrößen – drei Schnittkräfte und drei Schnittmomente – angetragen werden, um das „abgeschnittene“ Teil mit den äußeren Belastungen im Gleichgewicht zu halten. Wie bekannt, lassen sich die Belastungen auf eine Dyname zurückführen, welche die Beanspruchung im abgeschnittenen Teil repräsentiert. Das Gleichgewicht wird so durch eine im Schwerpunkt entgegengesetzt wirkende Dyname hergestellt.

Die Kraft und das Moment dieser Dyname, die unter beliebigen Winkeln wirken, werden in die Koordinatenrichtungen zerlegt und ergeben die gesuchten Schnittgrößen im Schwerpunkt des Bauteils (siehe dazu Abb. 12-31).

Für die praktische Handhabung ist die in Abb. 12-32 gezeigte positive Vorzeichenkonvention üblich.

Die Vorzeichen beruhen auf Festlegungen, weil – abgesehen von den Längskräf-

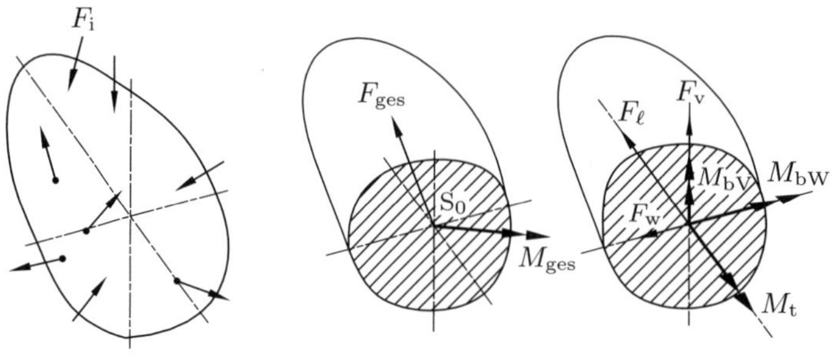

Abb. 12-31: Zum Schnittprinzip

ten (Zug- und Druckkräfte) – die Vorzeichen sich nicht physikalisch begründen lassen, sondern nur eine Orientierungsfunktion haben. Die Konvention basiert auf den folgenden Vereinbarungen:

- die Koordinatenrichtungen sind nach Abb. 12-32 positiv definiert
- das *positive Schnittufer* ist die Seite des geschnittenen Teiles, in die das Koordinatensystem gelegt wurde
- *positive Schnittgrößen* zeigen am *positiven Schnittufer* in *positive Koordinatenrichtungen* (damit wird die Längskraft als Zugkraft positiv definiert)

Dazu ist aber zu bemerken, dass diese Vorzeichenkonvention – vor allem aber auch die Koordinatenrichtungen, auf denen die Festlegungen beruhen, nicht

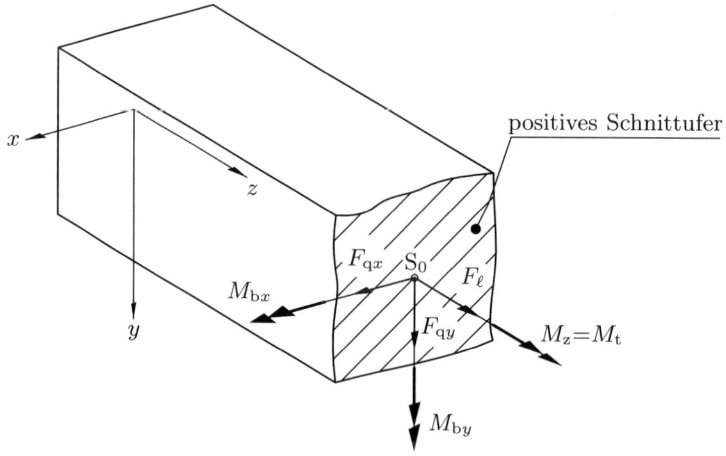

Abb. 12-32: Positive Schnittgrößen

durchgängig einheitlich angewendet werden. Ursache dafür ist die fehlende physikalische und mathematische Bindung und auch die Tatsache, dass die Koordinatenfestlegung z.T. nicht mit gültigen Normen (Achsenbezeichnungen für Normprofile) übereinstimmen. Für den Anfänger sollte dies aber keine zusätzliche Erschwernis darstellen, denn:

Eine durchgängig beibehaltene Vorzeichenfestlegung (auch abweichend von der oben vorgestellten Konvention), die dem Wechselwirkungsgesetz an den Schnittufern genügt, führt zu gültigen Aussagen für die Schnittgrößen. Die Unterschiede im Vorzeichen erschweren eventuell die Vergleichbarkeit der Ergebnisse geringfügig.

Beispiel 7 (Abb. 12-33)

Der Kragträger ist nach Abb. 12-33a belastet. Für $F_1 = F_2 = F$ und $l = 3a$, $h = a$ und $b = 2a$ sind die Schnittgrößen zu ermitteln.

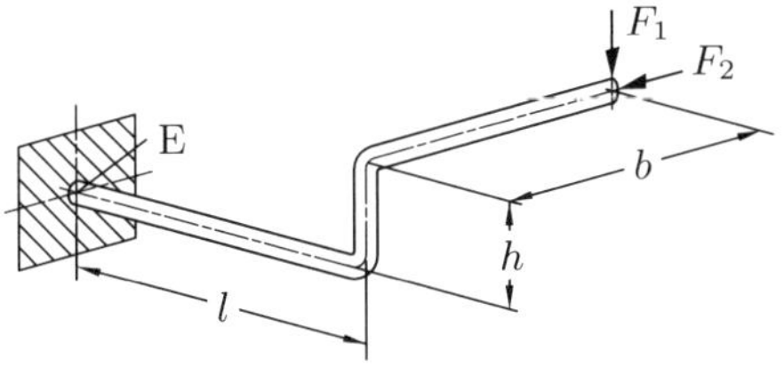

a) Belastungsschema

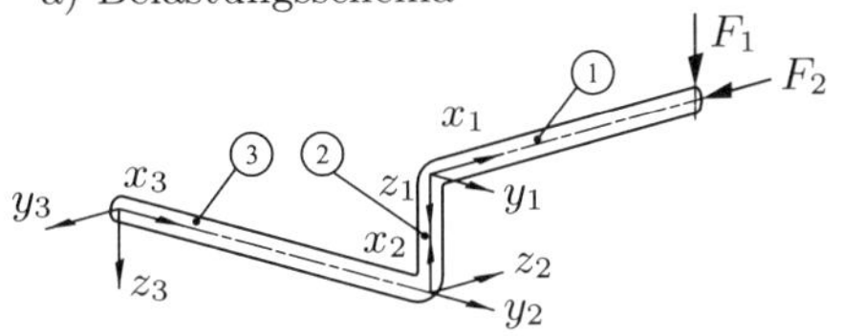

b) Koordinatensysteme

Abb. 12-33: Belasteter Freiträger

Lösung

Für die Schnittführung in den Bereichen 1 bis 3 (Abb. 12-33b) ist erkennbar, dass an allen drei abgeschnittenen Teilsystemen keine Lagerreaktionen angreifen. Das bedeutet, dass es nicht nötig ist, diese vorab zu bestimmen. Sie können anschließend zur Kontrolle aufgestellt werden.

Zur Festlegung der Vorzeichen der Schnittgrößen in den drei Bereichen werden drei Koordinatensysteme, basierend auf der Festlegung, dass die x-Achse durchlaufend die Längsachse des räumlich abgewinkelten Trägers sein soll, definiert. Es sind auch andere Festlegungen denkbar. Aus dieser Festlegung ergeben sich die in Abb. 12-34 gezeigten Koordinatensysteme für das positive Schnittufer. In allen drei Schnitten sind jeweils nur die positiven Schnittgrößen ungleich null am *negativen Schnittufer* angetragen. Aus den Gleichgewichtsbedingungen folgt:

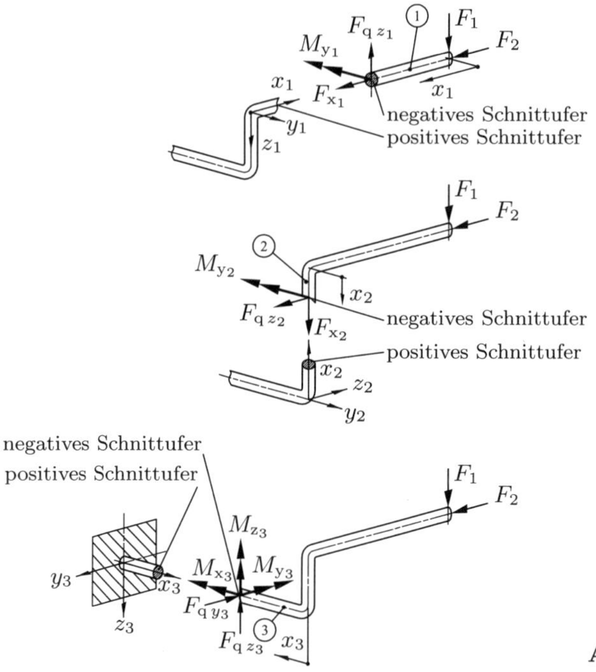

Abb. 12-34: Schnittführung

Bereich 1

$$\sum F_x = 0: \qquad F_{x_1} = F_{\ell_1} = -F_2 = -F$$

$$\sum F_z = 0: \qquad F_{z_1} = F_{q\,z_1} = F_1 = F$$

$$\sum M_y = 0: \qquad M_{y_1} = -F_1 \cdot x_1 \qquad \text{mit } 0 \leq x_1 \leq 2a\,.$$

Alle anderen Schnittgrößen in diesem Bereich sind null.

Bereich 2

$$\sum F_x = 0: \qquad F_{x_2} = F_{\ell_2} = -F_1 = -F$$

$$\sum F_z = 0: \qquad F_{z_2} = F_{q\,z_2} = -F_2 = -F$$

$$\sum M_y = 0: \qquad M_{y_2} = -F_1 \cdot b + F_2 \cdot x_2 \qquad \text{mit } 0 \leq x_2 \leq a\,.$$

Die nicht aufgeführten Schnittgrößen in diesem Bereich sind null.

Bereich 3

$$\sum F_{\mathrm{x}} = 0$$
$$\sum F_{\mathrm{z}} = 0: \quad F_{\mathrm{z}3} = F_{\mathrm{q}z3} = F_1 = F$$
$$\sum M_{\mathrm{x}} = 0: \quad M_{x3} = M_t = -F_1 \cdot b + F_2 \cdot h = -F \cdot a$$
$$\sum M_{\mathrm{y}} = 0: \quad M_{y3} = -F_1 \cdot x_3$$
$$\sum M_{\mathrm{z}} = 0: \quad M_{z3} = F_2 \cdot x_3 \,. \qquad \text{mit } 0 \leq x_3 \leq 3a$$

Der Verlauf der Schnittgrößen ist in Abb. 12-35 dargestellt.

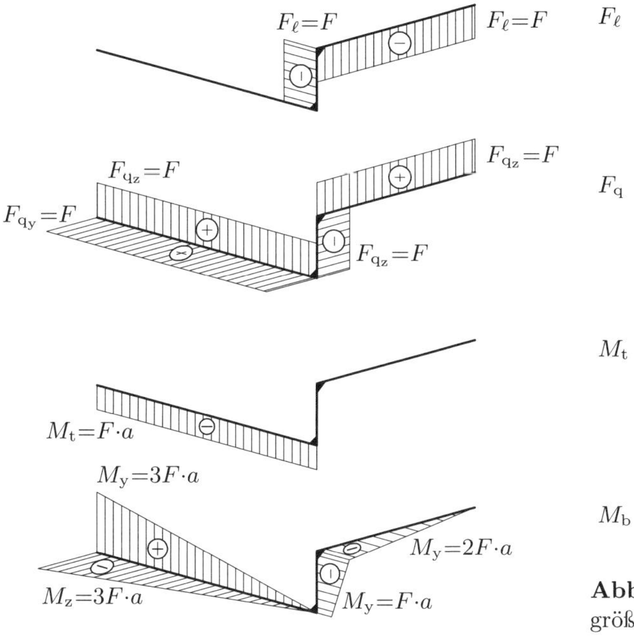

Abb. 12-35: Verlauf der Schnittgrößen (Schnittlinien)

Die Schnittgrößen an der Einspannstelle (E) sind die Lagerreaktionen.

$$F_{\mathrm{Ey}} = F_2 = F$$
$$F_{\mathrm{Ez}} = F_1 = F$$
$$M_{\mathrm{Ex}} = F_1 \cdot b - F_2 \cdot h = F \cdot a$$
$$M_{\mathrm{Ey}} = F_1 \cdot l = 3 \cdot F \cdot a$$
$$M_{\mathrm{Ez}} = F_2 \cdot l = 3 \cdot F \cdot a \,.$$

Aufgaben zum Abschnitt 12.5

A12-28/A12-29 Für die Wellen der Aufgaben A12-21 und A12-22 sind die Schnittgrößen zu ermitteln und darzustellen.

A12-30 Für die Getriebewelle der Aufgabe A12-25 sind die Schnittgrößen zu ermitteln und darzustellen.

A12-31/A12-32 Für die Gestänge der Aufgaben A12-23 und A12-24 sind die Schnittgrößen zu ermitteln und darzustellen.

A12-33 Für den Rahmen in Aufgabe A12-27 sind die Schnittgrößen zu ermitteln und darzustellen.

A12-34 Für den Winkelhebel in Aufgabe A12-17 sind die Schnittgrößen zu ermitteln und darzustellen.

12.6 Zusammenfassung

Je nach den gegebenen Größen werden die Komponenten einer räumlichen Kraft

$$\vec{F} = \vec{F}_{\mathrm{x}} + \vec{F}_{\mathrm{y}} + \vec{F}_{\mathrm{z}} = \vec{e}_x \cdot F_{\mathrm{x}} + \vec{e}_{\mathrm{y}} \cdot F_{\mathrm{y}} + \vec{e}_z \cdot F_{\mathrm{z}} \qquad (12\text{-}1)$$

entweder mit den Gleichungen

$$\frac{F_{\mathrm{x}}}{\cos\alpha} = \frac{F_{\mathrm{y}}}{\cos\beta} = \frac{F_{\mathrm{z}}}{\cos\gamma} = F \qquad (12\text{-}3b)$$

oder mit den Gleichungen

$$\frac{F_{\mathrm{x}}}{x} = \frac{F_{\mathrm{y}}}{y} = \frac{F_{\mathrm{z}}}{z} = \frac{F}{l} \qquad (12\text{-}7)$$

berechnet.

Analog zum ebenen Kräftesystem berechnet man die Resultierende von Kräften am gemeinsamen Angriffspunkt nach

$$\vec{F}_{\mathrm{res}} = \vec{F}_1 + \vec{F}_2 + \cdots + \vec{F}_{\mathrm{n}} = \sum_{i=1}^{n} \vec{F}_{\mathrm{i}} \qquad (12\text{-}8)$$

und daraus folgend

$$\begin{aligned} F_{\mathrm{res\,x}} &= \sum F_{\mathrm{ix}} = \sum F_{\mathrm{i}} \cdot \cos\alpha_{\mathrm{i}} \\ F_{\mathrm{res\,y}} &= \sum F_{\mathrm{i}y} = \sum F_{\mathrm{i}} \cdot \cos\beta_{\mathrm{i}} \\ F_{\mathrm{res\,z}} &= \sum F_{\mathrm{iz}} = \sum F_{\mathrm{i}} \cdot \cos\gamma_{\mathrm{i}} \end{aligned} \qquad (12\text{-}9)$$

mit dem Betrag

$$F_{\text{res}} = \sqrt{F_{\text{res x}}^2 + F_{\text{res y}}^2 + F_{\text{res z}}^2} \tag{12-10}$$

und den Richtungskosinus

$$\cos\alpha = \frac{F_{\text{res x}}}{F_{\text{res}}} \quad \cos\beta = \frac{F_{\text{res y}}}{F_{\text{res}}} \quad \cos\gamma = \frac{F_{\text{res z}}}{F_{\text{res}}}\,. \tag{12-11}$$

Die Momente einer räumlichen Kraft bezüglich eines gewählten Angriffspunktes lassen sich als Vektorprodukt des Orts- und des Kraftvektors beschreiben

$$\vec{M} = \begin{bmatrix} M_{\text{x}} \\ M_{\text{y}} \\ M_{\text{z}} \end{bmatrix} = \vec{r} \times \vec{F} = \begin{bmatrix} \vec{e}_{\text{x}} & \vec{e}_{\text{y}} & \vec{e}_{\text{z}} \\ x & y & z \\ F_{\text{x}} & F_{\text{y}} & F_{\text{z}} \end{bmatrix}. \tag{12-19}$$

Die Momente in Koordinatenrichtung betragen

$$\begin{aligned} M_{\text{x}} &= F_{\text{z}} \cdot y - F_{\text{y}} \cdot z \\ M_{\text{y}} &= F_{\text{x}} \cdot z - F_{\text{z}} \cdot x \\ M_{\text{z}} &= F_{\text{y}} \cdot x - F_{\text{x}} \cdot y\,. \end{aligned} \tag{12-17}$$

Der Betrag des Momentes errechnet sich

$$M_{\text{res}} = \sqrt{M_{\text{res x}}^2 + M_{\text{res y}}^2 + M_{\text{res z}}^2} \tag{12-21}$$

mit den Richtungskosinus

$$\cos\alpha_{\text{M}} = \frac{M_{\text{res x}}}{M_{\text{res}}} \quad \cos\beta_{\text{M}} = \frac{M_{\text{res y}}}{M_{\text{res}}} \quad \cos\gamma_{\text{M}} = \frac{M_{\text{res z}}}{M_{\text{res}}}\,. \tag{12-22}$$

Um auch windschiefe Kräfte, deren Wirkungslinie im Raum keinen gemeinsamen Schnittpunkt besitzen, zusammenfassen zu können, müssen sie parallel zu sich selbst verschoben werden, bis sich ihre Wirkungslinien schneiden. Die dabei entstehenden Versatzmomente (Gleichung 12-17) müssen dem verschobenen Kräftesystem hinzugefügt werden, damit das Kräftesystem dem ursprünglichen gleichwertig (statisch äquivalent) bleibt. Ein allgemeines Kräftesystem lässt sich immer auf eine resultierende Kraft und ein resultierendes Moment (Dyname)

$$F_{\text{res}} = \sum F\,; \quad M_{\text{res}} = \sum M$$

bezüglich eines beliebig gewählten Punktes reduzieren. Die beiden Vektoren schließen einen beliebigen Winkel ein.

Die Gleichgewichtsbedingungen im räumlichen Kräftesystem lauten

$$\begin{aligned} \sum F_{\mathrm{x}} &= 0 \qquad & \sum M_{\mathrm{x}} &= 0 \\ \sum F_{\mathrm{y}} &= 0 \qquad & \sum M_{\mathrm{y}} &= 0 \\ \sum F_{\mathrm{z}} &= 0 \qquad & \sum M_{\mathrm{z}} &= 0\,. \end{aligned} \tag{12-13/12-23}$$

Die drei Momentengleichungen entfallen für Kräfte am gemeinsamen Angriffspunkt (zentrales Kräftesystem).

Für den allgemeinen Belastungsfall ist das System statisch bestimmt gelagert, wenn sechs Auflagerreaktionen vorhanden sind. Das ist eine notwendige, jedoch nicht ausreichende Bedingung. Diese liefert die Koeffizientendeterminante des linearen Gleichungssystems der Gleichgewichtsbedingungen.

Im Allgemeinen Kräftesystem stehen im Gleichgewichtsfall für sechs unbekannte Größen sechs Gleichgewichtsbedingungen zur Verfügung. In einem beliebigen Schnitt müssen also sechs Schnittgrößen – drei Schnittkräfte und drei Schnittmomente – angetragen werden, um das „abgeschnittene“ Teil mit den äußeren Belastungen im Gleichgewicht zu halten.

Ergebnisse

Ergebnisse zum Kapitel 3

A 3-1 $F_{\text{res}} = 166{,}0\,\text{kN}$; $\alpha = -79{,}1°$

A 3-2 $F_{\text{res}} = 18{,}99\,\text{kN}$; $\alpha = -51{,}7°$

A 3-3 $F_{\text{res}} = 48{,}7\,\text{kN}$; $\alpha = -61{,}0°$

A 3-4 $F_2 = 188\,\text{kN}$; $\alpha_2 = -43{,}4°$

A 3-5 $F_{\text{res}} = 414{,}3\,\text{kN}$; $\alpha = 94{,}1°$

A 3-6 $F_{\text{res}} = 2{,}35\,\text{kN}$; $\alpha = -51{,}9°$

A 3-7 $F_{\text{res}\,\text{x}} = F_1 \cdot \cos\alpha_1 - F_2 \cdot \cos\alpha_2 = 4{,}80\,\text{kN}(\rightarrow)$ Biegung
$F_{\text{res}\,\text{y}} = -F_1 \cdot \sin\alpha_1 - F_2 \cdot \sin\alpha_2 = -7{,}28\,\text{kN}(\downarrow)$ Zug

A 3-8 $F_{\text{res}} = 916{,}5\,\text{kN}$ $\alpha = -59{,}3°$
F_1: $y_1 = 3x$ F_2: $y_2 = -0{,}50x + 4{,}50$
Schnittpunkt: $y_1 = y_2 \quad x = x_0$
$x_0 = 1{,}286$ $y_0 = 3{,}857$
$y = (x - x_0)m + y_0 = 1{,}683x + 6{,}023$

Für $F_{\text{res}} = 0$ muss dritte Kraft gleich groß wie, kollinear und entgegengesetzt gerichtet zu $F_{\text{res}\,12}$ sein. In diesem Zustand heben sich alle Kräfte in ihrer Wirkung auf, deshalb ist $F_{\text{res}} = 0$ eine Gleichgewichtsbedingung.

A 3-9 $F_5 = 4{,}08\,\text{kN}$ $\alpha_5 = 177°$

A 3-10 Ansatz: $\sum F_{\text{x}} = 0$; $\alpha = 48{,}4°$

A 3-11 $F_1 = 66{,}7\,\text{kN}$; $F_{\text{res}} = 105{,}2\,\text{kN}$

A 3-12 $F_{\text{res}} = 74{,}5\,\text{kN}$ $\alpha = 38{,}7°$

A 3-13 $F_{\text{x}} = -9{,}29\,\text{kN}\ (\leftarrow)$; $F_{\text{y}} = 23{,}2\,\text{kN}\ (\uparrow)$

A 3-14 Winkel für alle Richtungen aus dem Raster berechnen. Alle Kräfte in x- und y-Richtung zerlegen. Gleichungen 3-2 auswerten. Günstig: gedrehtes Koordinatensystem verwenden.

$F_{\text{a}} = 53{,}6\,\text{kN}$; $F_{\text{c}} = 63{,}6\,\text{kN}$

Aus einem nicht maßstäblichen Dreieck können die gesuchten Komponenten mit dem sin-Satz berechnet werden.

A 3-15 $F_1 = \dfrac{m \cdot g}{\tan\beta}$ $\quad F_2 = \dfrac{m \cdot g}{\sin\beta}$

$F_1 = 31{,}6\,\text{kN}\ (\rightarrow)$; $\quad F_2 = 34{,}8\,\text{kN}\ (\swarrow)$

Aus den Richtungen folgt: Stab 1 wird gezogen, Stab 2 wird gedrückt.

A 3-16 s. Hinweis Aufgabe 3-14

$F_1 = 12{,}04\,\text{kN}\ (\nearrow)$; $\quad F_2 = 22{,}98\,\text{kN}\ (\searrow)$

Aus den Richtungen folgt: Stab 1 wird gedrückt, Stab 2 wird gezogen.

A 3-17 $F_1 = \dfrac{F}{\cos\alpha + \dfrac{\sin\alpha}{\tan\beta}} = 36{,}6\,\text{kN}$; $\quad F_2 = \dfrac{F}{\cos\beta + \dfrac{\sin\beta}{\tan\alpha}} = 25{,}9\,\text{kN}$

A 3-18 $F_n = \dfrac{F}{2\sin\dfrac{\alpha}{2}}$

Je kleiner der Keilwinkel um so größer die Kraftwirkung und um so kleiner der „Hubweg".

A 3-19 $F_R = \dfrac{F}{2\sin(\dfrac{\alpha}{2} + \varrho)} = 2{,}62\,\text{kN}$

A 3-20 $F_B = \dfrac{F_{By}}{\cos\alpha} = 70\,\text{kN}$; $\quad \alpha = 31°$

A 3-21 $F_A = \dfrac{\cos\,(\beta - \gamma)}{\sin(\alpha + \beta)} \cdot F = 8{,}32\,\text{kN}$; $\quad F_B = -\dfrac{\cos\,(\alpha + \gamma)}{\sin(\alpha + \beta)} \cdot F = 7{,}18\,\text{kN}$

Beachten: $\sin(90° - x) = \cos x$; $\quad \sin(x - 90°) = -\cos x$;
$\sin(180° - x) = \sin x$

A 3-22 $F = 2{,}61\,\text{kN}$; $\quad F_n = 1{,}68\,\text{kN}$

A 3-23 $F_S = m \cdot g \cdot \dfrac{\sin\alpha}{\cos\beta} = 1{,}044\,\text{kN}$

A 3-24 a) $F_{\text{res}\,23}$ kollinear mit S_1, entgegengesetzt gerichtet und gleich groß
b) $S_3 = S_1 \cdot \tan\alpha$; $\quad S_2 = S_1 / \cos\alpha$

A 3-25 Schräge Kräfte in x- und y-Richtung zerlegen ergibt System paralleler Kräfte in x- und y-Richtung
$M_A = -242{,}4\,\text{kNm}\ (\curvearrowright)$

A 3-26 $M_A = 3{,}62\,\text{kNm}\ (\curvearrowleft)$

A 3-27 $M_A = 7{,}828 F \cdot a\ (\curvearrowleft)$

A 3-28 $F_B = 42\,\text{kN}$

Da kein Moment bezogen auf das Gelenk A wirkt, kann eine Drehung um A nicht eingeleitet werden. Die berechnete Kraft F_B stellt sich demnach im statischen Gleichgewicht als Lagerkraft in B ein.

A 3-29 $F_B = F(\downarrow)$

A 3-30 Aus Dreieck AMB mit cos- und sin-Satz
$\overline{AB} = 1{,}249\,\text{m}$; $\measuredangle BAM = 43{,}9°$; $\measuredangle ABM = 16{,}1°$
$F_A = \dfrac{M_M}{r} = 1\,250\,\text{N} \perp \text{AM}$;
Komponente $\perp$ AB ergibt $M_B = 1\,125\,\text{Nm}$
In D horizontale Kraft, aus M_B: $F_D = 732\,\text{N}$

A 3-31 1) $F_D = F(\uparrow)$; $F_B = F(\downarrow)$ 2) $F_A = \dfrac{a}{b}F(\leftarrow)$; $F_C = \dfrac{a}{b}F(\rightarrow)$
3) $F_H = F(\uparrow)$; $F_G = F(\downarrow)$ 4) $F_E = \dfrac{a}{b}F(\leftarrow)$; $F_H = \dfrac{a}{b}F(\rightarrow)$

A 3-32 Unabhängig vom Angriffspunkt
$F_A = \dfrac{M}{4a}(\leftarrow)$ $F_B = \dfrac{M}{4a}(\rightarrow)$

A 3-33 $F_A = \dfrac{\sum M}{4a}(\leftarrow)$ $F_B = \dfrac{\sum M}{4a}(\rightarrow)$

A 3-34 $F_{res} = -8F\ (\downarrow)$ 1,31 $\cdot\, a$ rechts von A

A 3-35 $F_{res} = 25\,\text{kN}\ (\uparrow)$ 3,0 m links von A

A 3-36 Es ergeben sich zwei resultierende Kräfte mit gemeinsamer Wirkungslinie in der Diagonalen.

A 3-37 $F_{Bx} = \dfrac{a}{2b} \cdot m \cdot g(\leftarrow)$; $F_{Ax} = \dfrac{a}{2b} \cdot m \cdot g(\rightarrow)$

A 3-38 $S = \dfrac{q \cdot a^2}{2b}$

A 3-39 $F_S = 7\,500\,\text{kN}$
Die Belastung und die Auflagerkraft bilden ein Kräftepaar ($F_{res} = 0$), das vom Kräftepaar der Stabkräfte aufgehoben wird. Insgesamt herrscht Gleichgewicht, d.h. die errechneten Kräfte werden tatsächlich von den Stäben übertragen. Bilden Last und Lagerkraft kein Kräftepaar, muss eine weitere Bedingung erfüllt werden, die in den weiteren Abschnitten behandelt wird.

A 3-40 $F_F = 475\,\text{kN}$
S. Lösung 3-39. An dieser Stelle des Trägers wird der obere Flansch mit 475 kN gedrückt, der untere gezogen. Eine genauere Beschreibung der Beanspruchung liefert die Festigkeitslehre.

A 3-41 $S_2 = S_1(2\dfrac{r}{a} + 2\cos\alpha + \sin\alpha)$

A 3-42 $F_A = 56{,}7\,\text{N}(\rightarrow)$; $F_B = 56{,}7\,\text{N}(\leftarrow)$

A 3-43 Ansatz: $F_C \cdot \sin(\alpha - \gamma) \cdot l_C = F_B \cdot \sin(\alpha + \beta) \cdot l_B$

A 3-44 $F_{res} = F/\cos\alpha(\uparrow)$ $\measuredangle\alpha$ zur Vert.; $M = F \cdot r\ (\curvearrowleft)$

A 3-45 A: $\sqrt{2} \cdot S$ $\alpha = 225°$; B: $\sqrt{2} \cdot S$ $\alpha = 45°$

A 3-46 $F_{\text{res}} = 2{,}80\,\text{kN}$; $\alpha = -120{,}4°$; $M = 150\,\text{Nm}\ (\curvearrowleft)$

A 3-47 $F_{\text{M}} = F(\downarrow)$; $M_{\text{M}} = \frac{F}{2}(h+s)\ (\curvearrowright)$

A 3-48 $M = 282\,\text{Nm}\ (\curvearrowright)$; $F = 20{,}0\,\text{kN}$

A 3-49 $M = 32{,}0\,\text{Nm}$; $F = 2{,}0\,\text{kN}$

A 3-50 $M = 284\,\text{Nm}$

A 3-51 $M = 396\,\text{Nm}$

A 3-52 $F_{\text{res}} = 43{,}1\,\text{kN}$ $\alpha = -34{,}9°$
Abstand von A zur Wirkungslinie: 1,57 m oben

A 3-53 $F_{\text{res}} = 81{,}8\,\text{kN}\ (\downarrow)$ $\alpha = -116{,}2°$
Abstand von A zur Wirkungslinie: 2,36 m rechts

A 3-54 $F_{\text{res}} = 12{,}76\,\text{kN}$; $\alpha = -125{,}8°$
Wirkungslinie schneidet Oberkante Raster 26,3 cm vom rechten Rand

A 3-55 $F_{\text{res}} = 66{,}7\,\text{kN}$; $\alpha = -42{,}6°$
Abstand von A: $d = 3{,}63\,\text{m}$
Schnittpunkt mit y-Achse: $b = d/\cos\alpha = 4{,}94\,\text{m}$
$m = \tan\alpha$; $y = m \cdot x + b = -0{,}921x + 4{,}94$ x (m); y (m)

A 3-56 $F_{\text{res}} = 2{,}75\,\text{kN}$ $\alpha = -58{,}0°$
$F_{\text{B}} = 1{,}45\,\text{kN}(\uparrow)$ $F_{\text{C}} = 1{,}45\,\text{kN}(\downarrow)$

A 3-57 $F_{\text{res}} = 6{,}133 \cdot F\ (\swarrow)$; $\alpha = 266{,}4°$
Abstand von A zur Wirkungslinie: $1{,}276 \cdot a$ links

Ergebnisse zum Kapitel 4

A 4-1 $x_{\text{s}} = 41{,}9\,\text{cm}$

A 4-2 $a = 9{,}53\,\text{cm}$; $x_{\text{s}} = 12{,}31\,\text{cm}$;
$y_{\text{s}} = 4{,}03\,\text{cm}$; $z_{\text{s}} = -1{,}54\,\text{cm}$.

A 4-3 $x_{\text{s}} = 14{,}46\,\text{cm}$; $y_{\text{s}} = 6{,}0\,\text{cm}$; $z_{\text{s}} = 5{,}43\,\text{cm}$

A 4-4 $l = 15{,}9\,\text{cm}$; $x_{\text{s}} = 13{,}95\,\text{cm}$; $z_{\text{s}} = 5{,}30\,\text{cm}$

A 4-5 $y_{\text{s}} = 59{,}8\,\text{cm}$

A 4-6 $y_{\text{s}} = 2{,}07\,\text{m}$

A 4-7 $h = \frac{r_2^2}{r_1}\sqrt{\frac{5\varrho_2}{3\varrho_1}}$

A 4-8 $y_{\text{s}} = \frac{7}{9}a$; $z_{\text{s}} = \frac{4}{9}b$

A 4-9 $x_s = 1{,}354\,\text{a}$; $y_s = \text{a}$; $z_s = 0{,}833\,\text{a}$

A 4-10 $y_s = 4{,}50\,\text{cm}$

A 4-11 $x_s = 22{,}2\,\text{cm}$; $y_s = 22{,}2\,\text{cm}$; $z_s = 25{,}0\,\text{cm}$

A 4-12 $y_s = 1{,}97\,\text{m}$

A 4-13 $m_4 = 6{,}0\,\text{kg}$

A 4-14 $x_s = 22{,}6\,\text{mm}$; $y_s = -3{,}2\,\text{mm}$

A 4-15 $y_s = 14{,}6\,\text{cm}$

A 4-16 $x_s = 0{,}6\,\text{mm}$; $y_s = -13{,}9\,\text{mm}$

A 4-17 $x_s = -2{,}9\,\text{mm}$; $y_s = -6{,}9\,\text{mm}$

A 4-18 $x_s = -12{,}5\,\text{mm}$; $y_s = -5{,}6\,\text{mm}$

A 4-19 $y_s = 5{,}30\,\text{cm}$

A 4-20 $x_s = 5{,}65\,\text{m}$; $y_s = 2{,}68\,\text{m}$

A 4-21 221,3 mm von Unterkante gemessen

A 4-22 67,3 mm von Unterkante gemessen

A 4-23 Von Mitte HE-Profil gemessen
$x_s = 6{,}44\,\text{cm}$ $y_s = 5{,}45\,\text{cm}$

A 4-24 71,8 mm von Unterkante gemessen

A 4-25 125,5 mm von Oberkante gemessen

A 4-26 $y = 36{,}3\,\text{cm}$

A 4-27 $a = \sqrt{\dfrac{h \cdot c\,(0{,}5 \cdot c - x_s)}{b - x_s}}$

A 4-28 Mittelpunktskoordinaten. Ansätze für x_s und y_s führen auf kubische Gleichung für a (in dm)
$a^3 - 13{,}125a^2 - 28{,}125a + 60{,}750 = 0$
a schätzen und durch Iteration Wert verbessern (0-Durchgang suchen)
$a = 13{,}73\,\text{cm}$; $b = 28{,}86\,\text{cm}$

A 4-29 $a = 18{,}7\,\text{cm}$; $b = 12{,}5\,\text{cm}$;
$y_s = 1{,}08\,\text{cm}$; $z_s = 10{,}9\,\text{cm}$

A 4-30 $x_s = 27{,}4\,\text{cm}$; $y_s = 11{,}6\,\text{cm}$; $z_s = 32{,}2\,\text{cm}$

A 4-31 $x_s = 0{,}862\,\text{a}$; $y_s = 1{,}191\,\text{a}$

A 4-32 $x_s = -7{,}57\,\text{cm}$; $y_s = 2{,}57\,\text{cm}$

A 4-33 $x_s = 0{,}50\,\text{a}$; $y_s = 0{,}274\,\text{a}$; $z_s = 0{,}113\,\text{a}$

A 4-34	$x_s = 0{,}286\,a$;	$y_s = 0{,}143\,a$;	$z_s = -0{,}071\,a$
A 4-35	$x_s = 0{,}968\,a$;	$y_s = 0{,}266\,a$;	$z_s = 0{,}935\,a$
A 4-36	$x_s = 3{,}65\,m$;	$y_s = 1{,}23\,m$	
A 4-37	$x_s = 19{,}8\,mm$		
A 4-38	$x_s = -13{,}0\,mm$;	$y_s = -4{,}0\,mm$	
A 4-39	$V = 76{,}3\,cm^3$;	$O = 149{,}5\,cm^2$	
A 4-40	$V = 1\,584\,cm^3$;	$O = 1\,676\,cm^2$	
A 4-41	$V = 2{,}47\,dm^3$;	$O = 987\,cm^2$	
A 4-42	$m = 678\,g$		

Ergebnisse zum Kapitel 5

A 5-1 Knoten: Kräfte S_1; S_2 und $m \cdot g(\downarrow)$ eintragen
In A Gegenkraft zu S_1, in B zu S_2.

A 5-2 Träger AB zeichnen. In A die Komponenten F_{Ax} und F_{Ay}, in B die horizontale Kraft F_B einführen. Die Richtung (Pfeilspitze) ist frei wählbar, kann aber durch Überlegung gefunden werden.

A 5-3 Rohre einzeln zeichnen. Seile schneiden, Seilkräfte und radiale Berührungskräfte in A einführen.

A 5-4 Gekröpfte Träger AC und BC einzeln zeichnen. In allen Gelenken x- und y-Komponenten einführen. Für C beachten: „actio = reactio". Für *einseitige* Belastung ist BC eine Pendelstütze. Man kann deshalb für diesen Fall auch in C eine Kraft in Richtung BC eintragen.

A 5-5 Gelenk B: Kraft in Richtung A, $2F$ und F in das Gelenk parallel verschieben. Die dabei jeweils zu addierenden Momente heben sich auf.

A 5-6 Träger ACD und Rolle einzeln zeichnen.
Kräfte an der Rolle: nach unten wirken drei gleiche Seilkräfte der Größe $0{,}5 \cdot m \cdot g$. In E wird eine vertikale Kraft nach oben eingeführt.
Kräfte am Träger: in D Reaktionskraft zu E, in C horizontale Kraft, in A x- und y-Komponenten.

A 5-7 Gekröpften Träger und Rolle einzeln zeichnen. Die Seilkraft ist durchgehend gleich. Entsprechend die Seilkraft am Träger zweimal einführen. In A x- und y-Komponente eintragen.

A 5-8 Beide Träger einzeln zeichnen. Für *ausschließlich vertikale* Belastung sind die x-Komponenten null. In A; B; C jeweils eine Kraft nach oben einführen. In D wirkt am Träger DC eine Stützkraft nach oben, deren Reaktionskraft am Träger AB nach unten.

A 5-9 System ist reibungsfrei. Masse und Keil einzeln zeichnen.
Kräfte an der Masse: 1. Gewichtskraft, 2. horizontale Kraft an der linken Seite, 3. an der Unterseite eine zur Keilfläche senkrechte Kraft. Kräfte am Keil: 1. auf der Oberseite die Reaktionskraft zu Punkt 3 oben, 2. eine vertikale Kraft an der Unterseite, 3. die eingezeichnete Keilkraft.

A 5-10 Gekröpften Träger zeichnen. F_{Ax}; F_{Ay}; M_{A} in A eintragen. Seil an Masse und Aufhängung schneiden, links $m \cdot g(\downarrow)$ rechts $m \cdot g(\uparrow)$.

A 5-11 Gekröpften Träger zeichnen. M_{A} in A eintragen. Auflagerreaktionen F_{Ax}; F_{Ay} sind null, da keine Belastung durch Kräfte vorliegt.

A 5-12 Alle Teile einzeln zeichnen. In B eine vertikale Kraft, in allen anderen Gelenken unter Beachtung von „actio = reactio" x- und y-Komponenten einführen.

A 5-13 Träger BE und AB einzeln zeichnen. Teile CD und EH sind Pendelstützen. Kräfte am Träger BE: in B x- und y-Komponenten, in D Kraft in Richtung CD, in E Kraft in Richtung EH.
Kräfte am Träger AB: Reaktionskräfte zu System BE.

A 5-14
a) Falsch in C: F_{C} wird nicht durch den senkrechten Holm übertragen. In allen Gelenken F_{x}; F_{y} einführen oder in C und B eine Kraft in Richtung BC (actio = reactio). BC ist eine Pendelstütze.
b) Falsch in B: Seile links und rechts von der Rolle schneiden. An beiden Enden wirkt $m \cdot g$. Diese Kräfte können in das Gelenk B verschoben werden.
c) Falsch: Belastungskraft F darf nicht parallel verschoben werden. Horizontaler Holm überträgt nicht nur die Kraft F, sondern auch ein durch diese verursachtes Moment.
d) Falsch in C: Teil B C ist wegen der Belastung durch die horizontale Kraft keine Pendelstütze. In allen Gelenken F_{x}; F_{y} einführen. Actio = reactio beachten.

Ergebnisse zum Kapitel 6

A 6-1 $F_{\mathrm{B}} \perp F_{\mathrm{A}}$ $\beta = 90° - \alpha$; $F_{\mathrm{A}} = m \cdot g \cdot \cos\alpha$; $F_{\mathrm{B\,min}} = m \cdot g \cdot \sin\alpha$

A 6-2 $S_1 = 2{,}03\,\mathrm{kN}$ (D); $S_2 = 2{,}87\,\mathrm{kN}$ (D)
$S_3 = 5{,}65\,\mathrm{kN}$ (Z); $S_4 = 9{,}75\,\mathrm{kN}$ (D)

A 6-3 $\gamma = 45°$ $S_1 = 57{,}7\,\mathrm{kN}$ (Z); $S_2 = 57{,}7\,\mathrm{kN}$ (Z)
$S_3 = 85{,}7\,\mathrm{kN}$ (D); $S_4 = 126{,}5\,\mathrm{kN}$ (Z)

A 6-4 $S_4 = -56{,}57\,\mathrm{kN}$ (D); $S_5 = 45{,}98\,\mathrm{kN}$ (Z)

A 6-5 $S_2 = -21{,}96\,\mathrm{kN}$ (D); $S_4 = -41{,}04\,\mathrm{kN}$ (D)

A 6-6 $\alpha = 50°$; $S_1 = m \cdot g \cdot \cos 40° = 22{,}6\,\mathrm{kN}$ (Z);
$S_2 = m \cdot g \cdot \cos 50° = 18{,}9\,\mathrm{kN}$ (D)

A 6-7 $\tan\alpha = \dfrac{\cos\gamma - \cos\beta}{\gamma + \sin\beta}$ $\qquad \alpha = 5{,}0°$

$$F = \frac{\cos\gamma - \cos\beta}{\sin\alpha} \cdot S = 13{,}8\,\text{kN}$$

A 6-8 $F_\text{A} = 17{,}7\,\text{kN}\ (\rightarrow)$; $F_\text{B} = 17{,}7\,\text{kN}\ (\leftarrow)$;
$F_\text{C} = 29{,}4\,\text{kN}\ (\uparrow)$; $F_\text{D} = 20{,}3\,\text{kN}$

A 6-9 Winkel Seil-Vertikale $\beta = 34{,}7°$ aus $\tan\dfrac{\beta}{2} = \dfrac{r}{a}$

$S = \dfrac{m \cdot g}{\cos\beta} = 3{,}58\,\text{kN}$; $F_\text{A} = \dfrac{m \cdot g}{\cos\beta}(1 + \sin\beta) = 5{,}62\,\text{kN}$

A 6-10 Aus Geometrie „gemeinsamer Schnittpunkt“
$\measuredangle F_\text{A}$ zur Horizontalen $\tan\alpha = 2$
$F_\text{A} = 447\,\text{kN}$; $F_\text{B} = 284\,\text{kN}$

A 6-11 $F_\text{B} = 346\,\text{kN}\ (\leftarrow)$; $F_\text{Cx} = 346\,\text{kN}\ (\rightarrow)$; $F_\text{Cy} = 300\,\text{kN}(\downarrow)$

A 6-12 $F_\text{A} = 3{,}35\,\text{kN}$; $F_\text{B} = 4{,}29\,\text{kN}$

A 6-13 $F_\text{A} = 12{,}9\,\text{kN}$; $F_\text{B} = 27{,}2\,\text{kN}$

A 6-14 $\sin\alpha = \dfrac{\sin\beta}{\sqrt{5 + 4\cos\beta}}$

A 6-15 Tragseil 21,97 kN; Schleppseil 4,98 kN

A 6-16 $x = l \cdot \cos^2\beta = 3{,}75\,\text{m}$; $F_\text{A\,min} = F \cdot \sin\beta$

A 6-17 $F_\text{A} = 59{,}3\,\text{kN}$; $F_\text{B} = 19{,}7\,\text{kN}$

A 6-18 $F_\text{A} = 5{,}36\,\text{kN}$; $F_\text{B} = 8{,}67\,\text{kN}$

A 6-19 $\tan\alpha = \dfrac{1}{1 + \tan\beta}$

A 6-20 $F_\text{A} = 3{,}33F(\uparrow)$; $F_\text{B} = 1{,}67F(\uparrow)$

A 6-21 $F_\text{A} = 0{,}50F - 125q \cdot a$; $F_\text{B} = 0{,}50F + 6{,}25q \cdot a$

A 6-22 $F_\text{A} = 188{,}7\,\text{kN}\ (\uparrow)$; $F_\text{B} = 244{,}6\,\text{kN}\ (\uparrow)$

A 6-23 $F_\text{A} = 50{,}0\,\text{kN}\ (\uparrow)$; $F_\text{B} = 40{,}0\,\text{kN}\ (\uparrow)$
$F_\text{C} = 30{,}0\,\text{kN}\ (\uparrow)$; $F_\text{D} = 30{,}0\,\text{kN}$ ($\uparrow$ am oberen Balken)

A 6-24 $x = 2{,}63\,\text{m}$

A 6-25 $F_\text{A} = 438\,\text{N}$; $F_\text{B} = 692\,\text{N}$

A 6-26 Seil A muss um 338 mm nach rechts verschoben werden

A 6-27 120 mm von rechter Bohrung

A 6-28 1,19 m von Vorderachse

A 6-29 unbelastet: $F_B = 0$; $\sum M_A = 0$
belastet: $F_A = 0$; $\sum M_B = 0$

$$m_3 = m_1 \cdot \frac{c}{a} - m_2 = 2\,000\,\text{kg}; \qquad x = \frac{b}{\frac{m_1}{m_2} \cdot \frac{c}{a} - 1} = 1{,}50\,\text{m}$$

A 6-30 A $F_K = m \cdot g$ $F_H = 2m \cdot g$ $l_H = \frac{1}{2} l_L$

B $F_K = m \cdot g$ $F_H = m \cdot g$ $l_H = l_L$

Bei der Anordnung A ist der Lasthub auf den doppelten Wert des Kolbenhubes vergrößert. Erkauft wird das durch die doppelt so große Kraft am Hydraulikkolben.

A 6-31 $F_{Ax} = 0$; $F_{Ay} = 0$; $M_A = m \cdot g(a + 2r)$ ($\curvearrowright$)

A 6-32 Beim Freimachen werden sechs Seile geschnitten

$$S = \frac{m \cdot g}{6} \qquad l = 6 \cdot h$$

A 6-33 Beim Freimachen werden sieben Seile geschnitten: $S = 1{,}40\,\text{kN}$
Für außen angebrachte Winde wäre $S = 1{,}64\,\text{kN}$

A 6-34 s. A 6-32

$$F = 8 \cdot m \cdot g = 1\,570\,\text{kN}; \quad s = \frac{128\,\text{m}}{8} = 16{,}0\,\text{m}$$

A 6-35 $F = m \cdot g \dfrac{\text{R} - r}{2\text{R}}$; $\dfrac{s_H}{s_M} = \dfrac{2\text{R}}{\text{R} - r}$

A 6-36 $q_1 = (6\dfrac{l}{a} + 4)\dfrac{F}{a} = 170\,\text{kN/m}$

$$q_2 = (6\frac{l}{a} + 2)\frac{F}{a} = 160\,\text{kN/m}$$

$$M = (l + \frac{a}{3})F = 1{,}067\,\text{kNm}$$

A 6-37 $F_{Ax} = F\left(\cos\alpha - \dfrac{a}{(a+b)\cdot\cos\alpha}\right) = 301\,\text{N}(\rightarrow)$

$$F_{Ay} = F \cdot \sin\alpha = 507\,\text{N}(\uparrow)$$

$$F_B = \frac{F \cdot a}{(a+b)\cos\alpha} = 787\,\text{N}(\rightarrow)$$

A 6-38 $F_{Ax} = 0{,}50\,\text{kN}$ ($\rightarrow$); $F_{Bx} = 0{,}50\,\text{kN}$ ($\leftarrow$);
$F_{Ay} = 1{,}50\,\text{kN}$ ($\uparrow$); $F_{By} = 0{,}50\,\text{kN}$ ($\uparrow$);
$F_{Cx} = 0{,}50\,\text{kN}$ ($\leftarrow$ Teil AC) $F_{Cy} = 0{,}50\,\text{kN}$ ($\uparrow$ Teil AC)

A 6-39 s. A 6-11

A 6-40 s. A 6-12

A 6-41 s. A 6-13

A 6-42 $F_t = 0{,}90\,\text{kN}$; $F_n = 0{,}69\,\text{kN}$; $F_A = 1{,}13\,\text{kN}$

A 6-43 $F_{Ax} = \dfrac{a}{2(a+b)} m \cdot g\ (\leftarrow)$; $F_{Ay} = 0$

$F_{Bx} = \dfrac{a}{2(a+b)} m \cdot g\ (\rightarrow)$; $F_{By} = m \cdot g(\uparrow)$

A 6-44 $F_{Ax} = 0{,}25m \cdot g\ (\leftarrow)$; $F_{Ay} = m \cdot g\ (\uparrow)$; $F_C = 0{,}75m \cdot g\ (\leftarrow)$

A 6-45 $F = \dfrac{h \cdot \sin\alpha + d \cdot \cos\alpha}{2(h \cdot \cos\beta - d \cdot \sin\beta)} \cdot m \cdot g = 1\,311\,\text{N}$; $\tan\beta = \dfrac{h}{d}$

A 6-46 $S_1 = 141\,\text{kN}$ (Z); $S_2 = 200\,\text{kN}$ (Z); $S_3 = 141\,\text{kN}$ (Z)

A 6-47 $S_1 = 187\,\text{kN}$ (Z); $S_2 = 67\,\text{kN}$ (Z); $S_3 = 94\,\text{kN}$ (D)

A 6-48 $S_1 = 0$; $S_2 = 3F$ (Z); $S_3 = 2F$ (Z)

A 6-49 $S_1 = \sqrt{2}F$ (D); $S_2 = F$ (Z); $S_3 = 0$

A 6-50 $S_1 = 50{,}1\,\text{kN}$ (Z); $S_2 = 23{,}9\,\text{kN}$ (D); $S_3 = 29{,}3\,\text{kN}$ (D)

A 6-51 Für alle Angriffspunkte

$S_1 = M/a$ (Z); $S_2 = 0$; $S_3 = M/a$ (Z)

A 6-52 $F_A = 2\sqrt{3}F$; $F_B = 2F$; $S = 3F$ (D)

A 6-53 $S_1 = \dfrac{\sqrt{2}}{5}F$ (D); $S_2 = \dfrac{2\sqrt{2}}{5}F$ (D); $S_3 = \dfrac{3}{5}F$ (Z)

A 6-54 $F_A = 10\,028\,\text{kN}\ (\leftarrow)$; $F_B = 10\,028\,\text{kN}\ (\rightarrow)$; $F_C = 2\,943\,\text{kN}\ (\uparrow)$

A 6-55 $m = 21{,}9\,\text{kg}$ $F_A = 391\,\text{N}$

A 6-56 $F_A = 0{,}877\,\text{kN}\ (\uparrow)$; $F_B = 1{,}47\,\text{kN}\ (\nearrow)$; $F_C = 1{,}71\,\text{kN}\ (\nwarrow)$

A 6-57 $F_A = m \cdot g\ (\uparrow)$; $F_{Bx} = 0$; $F_{By} = m \cdot g\ (\uparrow)$

A 6-58 $F_A = \dfrac{a+r}{2a} m \cdot g\ (\uparrow)$; $F_{Bx} = 0$; $F_{By} = \dfrac{a-r}{2a} m \cdot g\ (\uparrow)$

A 6-59 $F_A = \dfrac{1}{2} m \cdot g\ (\uparrow)$; $F_{Bx} = m \cdot g\ (\leftarrow)$; $F_{By} = \dfrac{1}{2} m \cdot g\ (\uparrow)$

A 6-60 siehe A 6-58

A 6-61 $F_{Ax} = 56{,}64\,\text{kN}\ (\rightarrow)$; $F_{Ay} = 68{,}67\,\text{kN}\ (\uparrow)$; $F_B = 56{,}64(\leftarrow)$

A 6-62 $F_{Ax} = 21{,}56\,\text{kN}\ (\rightarrow)$; $F_{Ay} = 3{,}33\,\text{kN}\ (\downarrow)$; $S = 24{,}89\,\text{kN}$

A 6-63 $S = q \cdot l/3$; $F_{Ax} = q \cdot l/2(\leftarrow)$; $F_{Ay} = S \cdot \cos 30°(\downarrow)$

A 6-64 $F_F = 13{,}7\,\text{N}$ $F_R = 24{,}7\,\text{N}$ $\alpha = -54°$

A 6-65 Pleuelkraft 6,38 kN; Seitenführungskraft 1,13 kN; Moment 262 Nm

A 6-66 $M = 1{,}84\,\text{kNm}$

A 6-67 $F = 4{,}12\,\text{kN}$; $M = 206\,\text{Nm}$

A 6-68 $M = \frac{1}{i}\left(m_\text{B} \cdot g \cdot \sin 60° \cdot r_\text{B} - \frac{1}{2} m_\text{A} \cdot g \cdot r_\text{A}\right) = 6{,}04\,\text{kNm}$

A 6-69 Vorderachse 4,89 kN; Hinterachse 4,87 kN;
Antriebskraft 1,68 kN

A 6-70 $s = \dfrac{a^3 \cdot H \cdot \varrho \cdot g}{2F \cdot h}$

$s = 1$ Wirkungslinie von F_res liegt in A
$s > 1$ Wirkungslinie von F_res liegt in der Auflagefläche
$s < 1$ Wirkungslinie von F_res liegt außerhalb der Auflagefläche, Körper kippt

A 6-71 $m_3 = \dfrac{s_\text{B} \cdot m_1 \cdot \text{c} - m_2(a - b)}{a + d}$;

$s_\text{A} = \dfrac{m_2 \cdot b + m_1(a + c)}{m_3 \cdot d}$

Ergebnisse zum Kapitel 7

A 7-1 $F_\text{Ax} = 250\,\text{kN}(\rightarrow)$; $F_\text{Ay} = 744\,\text{kN}(\uparrow)$; $F_\text{B} = 989\,\text{kN}(\uparrow)$

A 7-2 $F_\text{Ax} = F \sin\alpha(\leftarrow)$; $F_\text{Ay} = \frac{F}{2}(1 - \cos\alpha - \sin\alpha)$;
$F_\text{By} = \frac{F}{2}(1 + 3\cos\alpha + \sin\alpha)(\uparrow)$; $F_\text{Bx} = 0$

A 7-3 $F_\text{Ax} = F_2(\rightarrow)$; $F_\text{Ay} = 2q \cdot a + F_1 - 0{,}25F_2$;
$F_\text{B} = 2q \cdot a + 0{,}25F_2$

A 7-4 $F_\text{Ax} = 1{,}80F(\leftarrow)$; $F_\text{Ay} = 2{,}60F(\uparrow)$;
$F_\text{B} = \dfrac{F}{\sin\alpha + 2\cos\alpha}$

A 7-5 Es genügt, Gesamtsystem freizumachen
$F_\text{A} = 15{,}0\,\text{kN}\ (\uparrow)$; $F_\text{B} = 25{,}0\,\text{kN}\ (\uparrow)$

A 7-6 $F_\text{Ax} = 65{,}3\,\text{kN}\ (\leftarrow)$; $F_\text{Ay} = 9{,}33\,\text{kN}\ (\downarrow)$; $F_\text{B} = 92{,}4\,\text{kN}\ (\nearrow)$

A 7-7 $F_\text{A} = 2{,}50\,\text{kN}\ (\uparrow)$; $F_\text{B} = 82{,}5\,\text{kN}\ (\uparrow)$; $F_\text{C} = 25{,}0\,\text{kN}\ (\uparrow)$

A 7-8 $F_\text{Ax} = 7{,}7\,\text{kN}(\leftarrow)$; $F_\text{Ay} = 90{,}2\,\text{kN}(\uparrow)$; $F_\text{B} = 36{,}5\,\text{kN}$

A 7-9 $F_\text{A} = \sqrt{2}\,(1{,}50F + q \cdot a)$; $F_\text{Bx} = q \cdot a + 1{,}5 \cdot F(\rightarrow)$;
$F_\text{By} = q \cdot a - 0{,}5F(\uparrow)$.

A 7-10 $F_\text{Ax} = 155\,\text{kN}$; $F_\text{Ay} = 50\,\text{kN}(\uparrow)$; $F_\text{B} = 160\,\text{kN}$

A 7-11 $F_\text{Ax} = 106{,}7\,\text{kN}\ (\rightarrow)$; $F_\text{Ay} = 120\,\text{kN}\ (\uparrow)$; $F_\text{B} = 386{,}7\,\text{kN}\ (\leftarrow)$

A 7-12 $x = 4{,}85\,\text{m}$; $F_{Ay} = F_B = 6{,}625\,\text{kN}\ (\uparrow)$

A 7-13 $x = \dfrac{3F - 2q \cdot a}{F + 2q \cdot a} a$

A 7-14 $y = \dfrac{q \cdot a^2}{2F}$

A 7-15 $F_A = 0{,}5 \cdot q \cdot a = 600\,\text{kN}$; $F_B = q \cdot a = 1\,200\,\text{kN}$
$F_C = 2{,}5 \cdot q \cdot a = 3\,000\,\text{kN}$; $F_D = 0{,}5 \cdot q \cdot a = 600\,\text{kN}$

A 7-16 $F_D = 0$ für $\text{DC} = 8{,}49\,\text{m}$
$F_A = 497\,\text{kN}$; $F_B = 1\,406\,\text{kN}$; $F_C = 2\,897\,\text{kN}$

A 7-17 $F_A = 1\,200\,\text{kN}\ (\uparrow)$; $F_B = 4\,800\,\text{kN}\ (\uparrow)$
$F_C = 600\,\text{kN}\ (\uparrow)$; $F_D = 3\,000\,\text{kN}\ (\uparrow)$
$F_E = 1\,200\,\text{kN}\ (\uparrow)$am linken Abschnitt)
$F_H = 1\,200\,\text{kN}\ (\uparrow)$am rechten Abschnitt)

A 7-18

	$F_{Ax}/m \cdot g\ (\rightarrow)$	$F_{Ay}/m \cdot g\ (\uparrow)$	$M_A/m \cdot g \cdot a\ (\curvearrowleft)$
a)	0	1	1
b)	0	2	2
c)	$-\cos\alpha$	$1 + \sin\alpha$	$1 + \sin\alpha + \frac{b}{a}\cos\alpha$
d)	0	1	$1 + \frac{r}{a}$
e)	0	1	$1 - \frac{r}{a}$
f)	0	1	$1 + \frac{r}{a}$
g)	1	1	$1 - \frac{b}{a}$
h)	$\cos\beta$	$1 - \sin\beta$	$1 - \sin\beta - \frac{b}{a}\cos\beta$

A 7-19 Seil (1) – (2) unter β zur Horizontalen $\tan\beta = 1/2$
Seil (2) – (3) unter α zur Vertikalen $\sin\alpha = 2\text{r}/\text{a}$
$F_{Ax} = 0$; $F_{Ay} = 2m \cdot g(\uparrow)$; $M_A = 2m \cdot g \cdot r$
Lager (2) $F_x = m \cdot g\ (\cos\beta + \sin\alpha)$; $F_y = -m \cdot g\ (\sin\beta + \cos\alpha)$.

A 7-20 $F_{Ax} = 0$; $F_{Ay} = 0{,}5 \cdot m \cdot g(\downarrow)$;
$M_A = 0{,}5 \cdot m \cdot g\ (a + r)\ (\curvearrowright)$ ja : $F_{Ax} = 0$;
$F_{Ay} = m \cdot g(\downarrow)$; $M_A = 0$

A 7-21 $F_{Ax} = 2{,}55\,\text{kN}\ (\rightarrow)$; $F_{Ay} = 7{,}36\,\text{kN}\ (\uparrow)$;
$M_A = 4{,}99\,\text{kNm}\ (\curvearrowright)$

A 7-22 $M_A = M\ (\curvearrowleft)$ für alle Varianten

A 7-23 $M_{\mathrm{A}} = \dfrac{1}{6}\varrho \cdot g \cdot b\,(H^3 - h^3) = 155{,}3\,\mathrm{kNm}$ (↶)

$F_{\mathrm{Ax}} = \dfrac{1}{2}\varrho \cdot g \cdot b\,(H^2 - h^2) = 123\,\mathrm{kN}$ (←)

A 7-24 Ungünstigster Fall: eine Seite $F_{\min}$; $e_{\min}$, andere $F_{\max}$; $e_{\max}$:
$M_{\max} = 0{,}26 \cdot F \cdot e$

A 7-25 $F_{\mathrm{Ax}} = 12{,}7\,\mathrm{kN}(\leftarrow)$; $F_{\mathrm{Ay}} = 22{,}1\,\mathrm{kN}(\uparrow)$;
$F_{\mathrm{Bx}} = 12{,}7\,\mathrm{kN}(\rightarrow)$; $F_{\mathrm{By}} = 36{,}8\,\mathrm{kN}(\uparrow)$;

Einspannung C
$F_{\mathrm{Cx}} = 12{,}7\,\mathrm{kN}(\leftarrow)$; $F_{\mathrm{Cy}} = 36{,}8\,\mathrm{kN}(\downarrow)$; $M_{\mathrm{C}} = 31{,}6\,\mathrm{kNm}$ (↶)

Einspannung D
$F_{\mathrm{Dx}} = 12{,}7\,\mathrm{kN}(\rightarrow)$; $F_{\mathrm{Dy}} = 22{,}1\,\mathrm{kN}(\downarrow)$; $M_{\mathrm{D}} = 2{,}14\,\mathrm{kNm}$ (↷)

Ergebnisse zum Kapitel 8

A 8-1

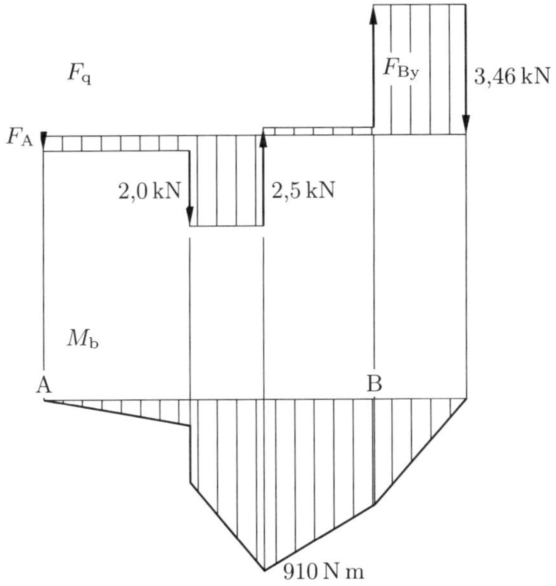

A 8-2

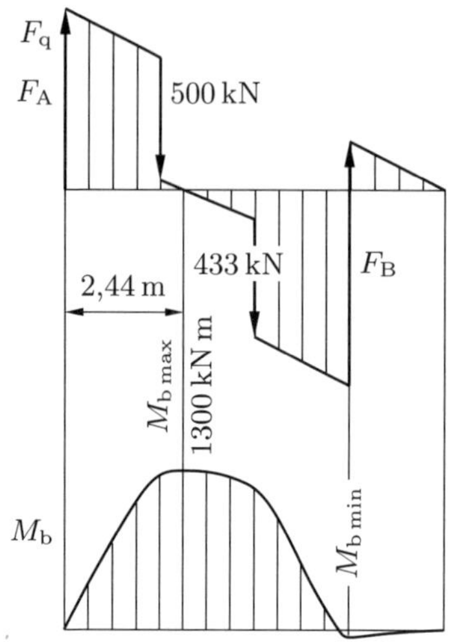
F_q
F_A
500 kN
2,44 m
433 kN
F_B
$M_{b\,max}$
1300 kN m
M_b
$M_{b\,min}$

A 8-3

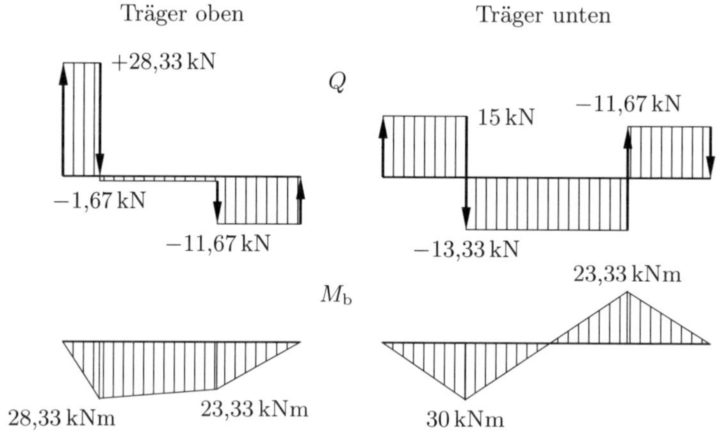
Träger oben
Träger unten
+28,33 kN
Q
15 kN
−11,67 kN
−1,67 kN
−11,67 kN
−13,33 kN
23,33 kNm
M_b
28,33 kNm
23,33 kNm
30 kNm

A 8-4

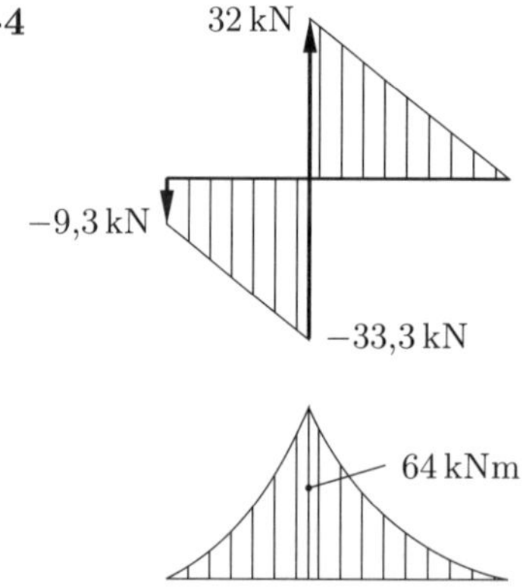
32 kN
−9,3 kN
−33,3 kN
64 kNm

A 8-5

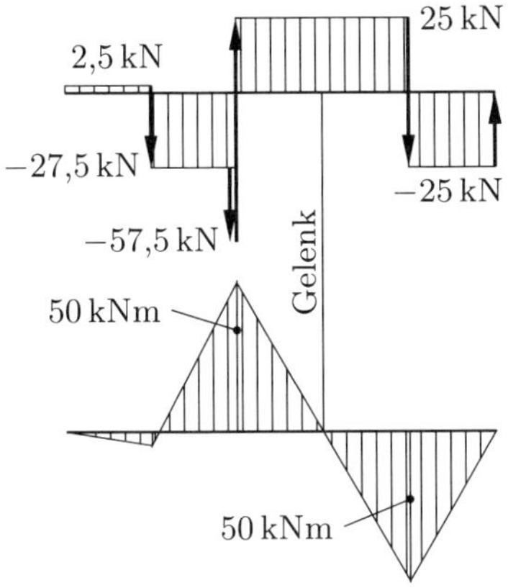

Ergebnisse zum Kapitel 9

A 9-1 $F_{\mathrm{Ax}} = 2F$ (→); $F_{\mathrm{Bx}} = 2F$ (←)
$F_{\mathrm{Ay}} = 1{,}5F$ (↑); $F_{\mathrm{By}} = 1{,}5F$ (↑)
$F_{\mathrm{Cx}} = 2F$ (← Teil AC)

A 9-2 $F_{\mathrm{Ax}} = 0{,}5F$ (→); $F_{\mathrm{Bx}} = 1{,}5F$ (←)
$F_{\mathrm{Ay}} = 2F$ (↑); $F_{\mathrm{By}} = F$ (↓)
$F_{\mathrm{Cx}} = 1{,}5F$ (← Teil AC) $F_{\mathrm{Cy}} = 2F$ (↓ Teil AC)

A 9-3 $F_{\mathrm{Ax}} = 1{,}31\,\mathrm{kN}$ (→); $F_{\mathrm{Bx}} = 1{,}31\,\mathrm{kN}$ (←)
$F_{\mathrm{Ay}} = 17{,}0\,\mathrm{kN}$ (↑); $F_{\mathrm{By}} = 22{,}2\,\mathrm{kN}$ (↑)
$F_{\mathrm{Cx}} = 20{,}9\,\mathrm{kN}$ (← Teil AC) $F_{\mathrm{Cy}} = 2{,}62\,\mathrm{kN}$ (↑ Teil AC)

A 9-4 $F_{\mathrm{Ax}} = m \cdot g$ (←); $F_{\mathrm{Bx}} = m \cdot g$ (→)
$F_{\mathrm{Ay}} = 2m \cdot g\ (1 + \frac{r}{a})$(↓); $F_{\mathrm{By}} = m \cdot g\ (3 + 2\frac{r}{a})$ (↑)
$F_{\mathrm{Cx}} = m \cdot g$ (→ Teil AC); $F_{\mathrm{Cy}} = 2m \cdot g\ (2 + \frac{r}{a})$ (↑ Teil AC)

A 9-5 $F_{\mathrm{Ax}} = 1{,}5F$ (→); $F_{\mathrm{Bx}} = 1{,}5F$ (←)
$F_{\mathrm{Ay}} = 0{,}5F$ (↓); $F_{\mathrm{By}} = 1{,}5F$ (↑)
$F_{\mathrm{Cx}} = 1{,}5F$ (← Teil ACD); $F_{\mathrm{D}} = 1{,}5F$ (↑ Teil ACD)
$F_{\mathrm{Cy}} = 0$; $F_{\mathrm{E}} = 1{,}5F$ (↓ Teil CEB)

A 9-6 $F_{\mathrm{Ax}} = 71\,\mathrm{kN}$ (→); $F_{\mathrm{Cx}} = 71\,\mathrm{kN}$ (← Teil ACD)
$F_{\mathrm{Ay}} = 157\,\mathrm{kN}$ (↑); $F_{\mathrm{Cy}} = 157\,\mathrm{kN}$ (↑ Teil ACD)
$F_{\mathrm{B}} = 160\,\mathrm{kN}$; $F_{\mathrm{D}} = 214\,\mathrm{kN}$ (↓ Teil ACD)

A 9-7 $F = m \cdot g$
$F_{\mathrm{A}} = 2{,}2F$ (↑); $F_{\mathrm{Bx}} = 0{,}5F$ (→)
$F_{\mathrm{By}} = 0{,}7F$ (↓)
$F_{\mathrm{C}} = 0{,}8F$ (→ Teil ACD); $F_{\mathrm{Dx}} = 0{,}8F$ (← Teil ACD)
$F_{\mathrm{Dy}} = 0{,}7F$ (↓ Teil ACD)

A 9-8 $F_{Ax} = 0{,}846F$ $(\rightarrow)$; $F_{Bx} = 0{,}155F$ $(\rightarrow)$
$F_{Ay} = 0{,}536F$ $(\downarrow)$; $F_{By} = 0{,}536F$ $(\uparrow)$
$F_C = 1{,}155F$ $(\leftarrow$ Teil AC$)$ $F_D = 0{,}619F$

A 9-9 Keine x-Komponenten
$F_A = F_B = 0{,}50F$ $(\uparrow)$; $F_C = 0{,}25F$ $(\downarrow$ Teil AE$)$;
$F_D = 0{,}75F$ $(\uparrow$ Teil AE$)$;

A 9-10 $F_{Ax} = 4{,}89\,\text{kN}$ $(\leftarrow)$; $F_{Bx} = 4{,}89\,\text{kN}$ $(\rightarrow)$
$F_{Ay} = 1{,}67\,\text{kN}$ $(\downarrow)$; $F_{By} = 3{,}67\,\text{kN}$ $(\uparrow)$
$F_{Cx} = 5{,}61\,\text{kN}$ $(\leftarrow$ Teil CH$)$; Hubkolben $F = 1{,}61\,\text{kN}$
$F_{Cy} = 0{,}23\,\text{kN}$ $(\downarrow$ Teil CH$)$

A 9-11 $F_{Ax} = F$ $(\leftarrow)$; $F_{Dx} = F$ $(\leftarrow$ Teil BE$)$; $F_B = 3F$ $(\uparrow)$
$F_{Ay} = 2F$ $(\downarrow)$; $F_{Dy} = F$ $(\downarrow$ Teil BE$)$; $F_E = 2F$ $(\uparrow$ Teil CE$)$

A 9-12 $F_{Ax} = 10{,}0\,\text{kN}$ $(\leftarrow)$; $F_{Ay} = 30{,}0\,\text{kN}$ $(\uparrow)$
$F_{Bx} = 30{,}0\,\text{kN}$ $(\rightarrow$ Teil AB$)$; $F_{By} = 10{,}0\,\text{kN}$ $(\uparrow$ Teil AB$)$
$F_C = F_D = 56{,}57\,\text{kN}$ $(\nearrow$ Teil BE$)$
$F_E = F_H = 14{,}14\,\text{kN}$ (Pendelstütze)

A 9-13 $b = \dfrac{F_S}{F + F_S} c = 13{,}0\,\text{mm}$

A 9-14 Winkel CAB $= \beta$
$\tan\beta = \dfrac{a+b}{2a} \cdot \dfrac{S}{F_H}$; $l_{AC} = l_{BC} = \dfrac{a}{\cos\delta} = 53{,}4\,\text{mm}$;
$l_{AD} = 80{,}1\,\text{mm}$

A 9-15 $F_{Ax} = 0$; $F_{Bx} = 0$
$F_{Ay} = M_B/2a$ $(\uparrow)$; $F_{By} = M_B/2a$ $(\downarrow)$
$F_{Cx} = M_B/2b$ $(\leftarrow$ Teil AC$)$; $F_{Cy} = M_B/2a$ $(\downarrow$ Teil AC$)$

A 9-16 $F_{Ax} = 0{,}25F$ $(\leftarrow)$; $F_{Bx} = 0{,}25F$ $(\leftarrow$ Teil BCE$)$
$F_{Ay} = 0$; $F_{By} = F$ $(\uparrow$ Teil BCE$)$
$F_C = 1{,}5F$ $(\downarrow)$ (Teil BCE); $F_{Ex} = 0{,}25F$ $(\leftarrow$ Teil HEI$)$
$F_{Ey} = 0{,}5F$ $(\downarrow$ Teil HEI$)$
$F_H = 0{,}25F$ $(\rightarrow$ Teil HEI$)$; $F_D = 1{,}5F$ $(\downarrow$ Teil DC$)$
$F = m \cdot g$

A 9-17 $F_A = 633\,\text{kN}$; $F_B = 664\,\text{kN}$; $F_C = 633\,\text{kN}$
$F_D = 937\,\text{kN}$; $F_E = 756\,\text{kN}$; $F_H = 264\,\text{kN}$
$F_I = 937\,\text{kN}$; $F_K = 1\,003\,\text{kN}$; $F_L = 264\,\text{kN}$

A 9-18 $F_A = 3{,}31\,\text{kN}$ $(\perp$ Führung$)$
$F_{Bx} = 3{,}27\,\text{kN}$ $(\leftarrow)$; $F_{By} = 0{,}50\,\text{kN}$ $(\downarrow)$; $M_B = 2{,}54\,\text{kNm}$

A 9-19 $F_A = 3{,}76\,\text{kN}$ $(\perp$ Führung$)$
$F_{Bx} = 0{,}62\,\text{kN}$ $(\leftarrow)$; $F_{By} = 0{,}84\,\text{kN}$ $(\downarrow)$; $M = 1{,}09\,\text{kNm}$

A 9-20 $F = 2a \cdot q$; $S_1 = F$ (D); $S_2 = F$ (Z)
$F_A = F$ (↑); $F_B = F$ (↑)

A 9-21 $S_1 = 1{,}886 \cdot F$ (D); $S_2 = 0{,}943 \cdot F$(Z)
$F_{Ax} = 0{,}667 \cdot F$ (→); $F_{Bx} = 0{,}333 \cdot F$ (→)
$F_{Ay} = 0{,}667 \cdot F$ (↑); $F_{By} = 0{,}667 \cdot F$ (↓)

A 9-22 Hinweis: Stab 5 und Gelenk C schneiden und Teilsysteme betrachten.
$S_1 = S_4 = 0{,}707 \cdot F$ (D); $S_2 = S_3 = 0{,}50 \cdot F$ (Z)
$S_5 = 0{,}50 \cdot F$ (D)
$F_{Cx} = 0{,}50 \cdot F$ (← rechts) $F_{Cy} = 0{,}25 \cdot F$ (↑ rechts)

A 9-23 linker Hydraulikkolben 44,1 kN; rechter Hydraulikkolben 29,4 kN
$F_{Ex} = 9{,}57$ kN (→ Teil A C) $F_{Ey} = 25{,}1$ kN (↑ Teil AC)
$F_{Hx} = 6{,}38$ kN (← Teil HB) $F_{Hy} = 16{,}71$ kN (↑ Teil HB)

A 9-24 $F_{Ax} = 22{,}6$ kN (→ Teil A C) $F_{Ay} = 17{,}1$ kN ↑ (Teil AC)
$F_B = 43{,}5$ kN (← Teil BD) $F_C = F_D = 69{,}6$ kN
$F_H = 113$ kN (→ Teil B C)

Ergebnisse zum Kapitel 10

A 10-1

i	S_i/kN
1	+20,0
2	−28,3
3	+30,0
4	−10,0
5	−14,1
6	+20,0
8	−14,1
9	+10,0

A 10-2

i	S_i/kN
1	+14,14
2	−10,00
3	−14,14
4	+20,00
5	+28,28
6	−40,00

A 10-3

i	S_i/kN
1	+100,0
2	0
3	0
4	+100,0
5	+100,0
6	0
8	0
9	−70,7
10	+70,7
11	−70,7
12	+70,7
13	0

A 10-4

i	S_i/kN
1	+2 000
2	−2 828
3	+2 000
4	−2 000
5	−1 131
6	+2 800
7	0
8	+2 800
9	−3 960

A 10-5

i	S_i/kN
10	−375
11	0
12	+375

A 10-6

i	S_i
12	$-6{,}50F$
13	$+2{,}60F$
14	$+4{,}33F$

A 10-7

i	S_i/kN
1	−30,0
2	−41,5
3	+18,5
4	−9,2
5	−36,0
6	+6,0

Ergebnisse zum Kapitel 11

A 11-1 Aus Krafteck: $F = \dfrac{\sin(\alpha \pm \varrho)}{\cos(\beta \mp \varrho)} m \cdot g$
Beachten: $\sin(90° + \alpha) = \cos\alpha$
a) oberes Vorzeichen; $\varrho = \varrho_0 = 8{,}53°$ $F = 5{,}86\,\text{kN}$
b) oberes Vorzeichen; $\varrho = 5{,}71°$ $F = 5{,}41\,\text{kN}$
c) unteres Vorzeichen; $\varrho = \varrho_0 = 8{,}53°$ $F = 2{,}81\,\text{kN}$

A 11-2 $F = F_{\text{min}} \perp F_{\text{res}}$; $\beta = \varrho_0$
$F_{\text{min}} = m \cdot g \cdot \sin(\alpha + \varrho_0) = 5{,}62\,\text{kN}$

A 11-3 Grenzfall „kippen":
F_{res} greift an Kippkante an $\Rightarrow \Sigma M_{\text{Kante}} = 0$

$$h = \frac{B \cdot \cos\alpha - H \cdot \sin\alpha}{2(\mu_0 \cdot \cos\alpha - \sin\alpha)} = 0{,}962\,\text{m};\ F = 1{,}09\,\text{kN}$$

A 11-4 $\mu_0 = \dfrac{2 \cdot \dfrac{m_B}{m_A} + \sin\alpha}{\cos\alpha} = 0{,}69$

A 11-5 $\mu_0 = \dfrac{1}{\cos\alpha}\left(\dfrac{m_{B\,\text{max}}}{2m_A} - \sin\alpha\right) = \dfrac{1}{\cos\alpha}\left(\sin\alpha - \dfrac{m_{B\,\text{min}}}{2m_A}\right) = 0{,}144$

A 11-6 a) $F = m \cdot g \cdot \tan(\alpha \pm \varrho_0)$; Bewegung nach rechts: $F = 344\,\text{N}\ (\rightarrow)$;
Bewegung nach links: $F = -57\,\text{N}\ (\leftarrow)$.
b) $F = m \cdot g \cdot \tan(\alpha - \varrho_0) = 39\,\text{N}\ (\rightarrow)$.
c) $\alpha = \varrho_0$

A 11-7 $\dfrac{m_2}{m_1} = 2\dfrac{\sin\alpha \mp \mu \cdot \cos\alpha}{\sin\beta \pm \mu \cdot \cos\beta}$ $0{,}677 < \dfrac{m_1}{m_2} < 1{,}76$

A 11-8 $F_{\min} \perp F_{\text{res}\,2}$ $F_{\min} = 345\,\text{N}$ unter 71,6° zur Horizontalen

A 11-9 $F_{\min} = 1{,}41\,\text{kN}$ $\beta_{\text{opt}} = 8{,}5°$

A 11-10 $S = \dfrac{1}{1+\dfrac{r}{R}} m \cdot g \cdot \sin\alpha;$ $\mu_0 = \dfrac{\tan\alpha}{1+\dfrac{R}{r}}$

A 11-11 Allgemeine Lösung umfangreich. Kontrolle: $\alpha = \beta$ einsetzen ergibt Lösung A 11-10.

A 11-12 $F_{\text{s}} = \dfrac{m \cdot g \cdot \sin\alpha}{1-\mu_{\text{A}}} = 1{,}23\,\text{kN};$ $\mu_{\text{oB}} = \dfrac{\mu_{\text{A}} \tan\alpha}{1-\mu_{\text{A}}(1-\tan\alpha)} = 0{,}126$

A 11-13 $\mu_0 = \pm\dfrac{r-h}{h}\tan\alpha;$ $F = m \cdot g\,(\sin\alpha \pm \mu_0 \cdot \cos\alpha)$
$+$ für $h < r$ $-$ für $h > r$
Für $h > r$ verringert sich die Kraft F, weil die Reibungskraft in gleicher Richtung wirkt!

A 11-14 $F_{\text{K}} = \dfrac{\sin(\alpha \pm 2\varrho)}{\cos(\alpha \pm \varrho) \cdot \cos\varrho} F_{\text{L}}$
Heben: $F_{\text{K}} = 3{,}0\,\text{kN};$ Senken: $F_{\text{K}} = -0{,}53\,\text{kN}$

A 11-15 allgemeine Lösung s. A 11-14
$F_{\text{L}} = 3{,}3\,\text{kN}$

A 11-16 Der Kräfteplan A 11-14 besteht aus drei Kräftedreiecken. Für A 11-16 fehlt das dritte Dreieck. Sonst ist die Geometrie gleich: $F = 3{,}0\,\text{kN}$. Unterschied: Hubgeschwindigkeit wird wegen des blockierten Keils halbiert.

A 11-17 $F_{\text{K}} = m \cdot g \cdot \tan(\alpha + 2\varrho) = 4{,}89\,\text{kN}$

A 11-18 $F_{\text{F}} = \dfrac{\sin(\frac{\alpha}{2} - 2\varrho)}{\cos(\frac{\alpha}{2} - \varrho) \cdot \cos\varrho} F_{\text{U}}$

A 11-19 Hydraulikkraft $F_{\text{H}} = 2F_{\text{Bx}} \cdot \tan\left(\dfrac{\alpha}{2} + \varrho\right);$
$D = 31{,}2\,\text{mm}$

A 11-20 Kraft am Hydraulikkolben $F_{\text{H}} = \dfrac{2 \cdot \sin(\frac{\alpha}{2} + \varrho) \cdot \cos\varrho}{\cos(\frac{\alpha}{2} + 2\varrho)} \cdot F_{\text{S}}$

A 11-21 $F_{\text{S}} = F_{\text{p}} \cdot \tan\left(\dfrac{\alpha}{2} + \varrho\right)$

A 11-22 s. A 11-21

A 11-23 $F_{\text{F}} = \dfrac{\cos\alpha \cdot \cos(\beta + \varrho)}{\sin(\beta + 2\varrho) \cdot \sin(\alpha + \varrho)} F_{\text{Z}}$

A 11-24 $\varrho = \dfrac{\alpha}{2};$ $\varrho = \alpha$

A 11-25 $F_S = \dfrac{2\sin(\frac{\alpha}{2}+\varrho)}{\cos\varrho} F_p = 47{,}3\,\mathrm{kN}$

A 11-26 $F_{\text{Reibung}} = \dfrac{\cos\alpha + \cos\beta}{\sin(\alpha+\beta)} \mu \cdot F$

A 11-27 s. A 11-26: $F_R = \left(\dfrac{\cos\alpha + \cos\beta}{\sin(\alpha+\beta)} + \dfrac{a}{c}\right) \mu \cdot F$

A 11-28 $M = \dfrac{\mu \cdot F \cdot d}{2\sin(\alpha/2)}$

A 11-29 M 20: $M = 82{,}5\,\mathrm{Nm}$; M 20 × 1,5: $M = 107\,\mathrm{Nm}$
Schrauben mit Feingewinde sind sicherer gegen Lösen.

A 11-30 $M = 2{,}65\,\mathrm{Nm}$

A 11-31 Heben: $M = 39\,\mathrm{Nm}$; Senken: $M = 7{,}2\,\mathrm{Nm}$

A 11-32 Anziehen: $M = 62{,}5\,\mathrm{Nm}$; Lösen: $M = 13\,\mathrm{Nm}$

A 11-33 $F_A = F_B = F_S = 0{,}90\,\mathrm{kN}$; $F_C = 1{,}40\,\mathrm{kN}$;
$F_D = F_E = 1{,}08\,\mathrm{kN}$

A 11-34 $\measuredangle\mathrm{CAB} = 59{,}7°$; $\measuredangle\mathrm{CBA} = 41{,}0°$;
$\measuredangle\mathrm{AB}$ Vert. $= 30{,}6°$; $M_C = 288\,\mathrm{Nm}$

A 11-35 $\mu_{0\,\min} = \tan\,(90° - \beta)$

A 11-36 $x = \pm\dfrac{b}{2\mu}$

A 11-37 $x_{\min} = \dfrac{h}{2\mu}$ unabhängig von d

A 11-38 $F_F = \dfrac{\sin\frac{\alpha}{2} - \mu\left(1+\cos\frac{\alpha}{2}\right)}{\cos\frac{\alpha}{2} + \mu\left(1+\sin\frac{\alpha}{2}\right)} F_U = 0{,}179\,\mathrm{kN}$

A 11-39 $M_{Br} = \dfrac{F \cdot l}{\dfrac{2e}{\mu \cdot d} + \dfrac{2y}{d} - 1}$

a) $M_{Br} = \dfrac{F \cdot l}{\dfrac{2e}{\mu \cdot d} + 1}$; b) $M_{Br} = \dfrac{F \cdot l}{\dfrac{2e}{\mu \cdot d}}$; c) $M_{Br} = \dfrac{F \cdot l}{\dfrac{2e}{\mu \cdot d} - 1}$

$M_a < M_b < M_c$
Für $y < d/2$ unterstützt die Bremskraft die Wirkung von F. Für $y > d/2$ entlastet die Bremskraft die Bremse.

A 11-40 Blockieren bei $\mu = 1{,}6$; keine Gefahr.

A 11-41 $\mu = \tan\dfrac{\alpha}{2}$; $F = \dfrac{m \cdot g}{2 \cdot \sin\dfrac{\alpha}{2}}$

A 11-42 $\beta = 2\varrho = 9{,}2^\circ$
Wirkungslinie der Klemmkraft verbindet Berührungspunkte der Kugel. Abstand der Wirkungslinie von der Achse multipliziert mit Klemmkraft ergibt von einer Kugel übertragenes Moment.

A 11-43 $\varrho = 23{,}3^\circ$; $\mu = 0{,}43$

A 11-44 B;C $\mu_0 = 0{,}268$; Auflage $\mu_0 = 0{,}089$

A 11-45 $+30\,\text{mm} > y > -27\,\text{mm}$

A 11-46 $F = \dfrac{\mu + \mu^2}{1 + \mu + 2\mu^2} m \cdot g = 129\,\text{N}$

A 11-47 $\tan \varrho_0 = \mu_0 = \dfrac{m_1}{2(m_1 + m_2)}$

A 11-48 $\mu_0 = 0{,}18$; $F_\text{B} = 102\,\text{kN}$;
$F_\text{C} = F_\text{D} = 55{,}6\,\text{kN}$; $F_\text{E} = 133\,\text{kN}$

A 11-49 $F_\text{A} = 4{,}93\,\text{kN}$

A 11-50 $\tan\,(90^\circ - \alpha) = 2 + \dfrac{1}{\mu_0}$; $\alpha = 8{,}1^\circ$

A 11-51 $M = 116\,\text{Nm}$; $F_\text{A} = 1{,}27\,\text{kN}$; $F_\text{B} = 1{,}07\,\text{kN}$;
$F_\text{C} = 0{,}74\,\text{kN}$; $F_\text{E} = F_\text{D} = 0{,}64\,\text{kN}$

A 11-52 $F_\text{A} = 23\,\text{kN}$
Vorschlag: Iterative Lösung. Zunächst F_A ohne Reibung bestimmen. Aus F_res Reibungsmoment berechnen und F_A korrigieren. Untersuchen, ob ein weiterer Schritt notwendig ist. Diese Aufgabe ist auch exakt lösbar.

A 11-53 $\mu_\text{Z} = \dfrac{1}{\dfrac{m_\text{B}}{m} + 1} \cdot \dfrac{2x}{d}$

A 11-54 $m_\text{A} \cdot e^{-\frac{\pi}{2}(\mu_\text{A} + \mu_\text{B})} < m < m_\text{A} \cdot e^{\frac{\pi}{2}(\mu_\text{A} + \mu_\text{B})}$
$m_\text{A} \cdot g \cdot e^{-\frac{\pi}{2}\mu_\text{A}} < S_2 < m_\text{A} \cdot g \cdot e^{\frac{\pi}{2}\mu_\text{A}}$

A 11-55 $k = e^{\mu\alpha}$; $M_\text{Br} = \dfrac{(k-1)d}{2(b + k \cdot a)} F \cdot l$
$M_\text{a} < M_\text{b} < M_\text{c}$
Im Fall c) zieht S_2 die Bremse zusätzlich an.

A 11-56 $k = e^{\mu\alpha}$; $l = \dfrac{M}{m \cdot g} \left[\dfrac{h(k+1)}{r(k-1)} + 1 \right]$

A 11-57 $\alpha = 2{,}00\ \text{rad}$; $\mu = \dfrac{1}{\alpha} \ln \dfrac{S_1}{S_2} = 0{,}15$

A 11-58 $\mu_0 = \dfrac{2}{\pi} \ln 2 = 0{,}441$

A 11-59 $\alpha = 3{,}475\ \text{rad}$; $S_2 = \dfrac{1}{2} m \cdot g$; $M = 591\,\text{Nm}$

A 11-60 $\mu = \frac{1}{\pi} \ln \frac{r+x}{r-x} = 0{,}129$

A 11-61 $S = 51\,\mathrm{N}$
Sehr große Kraftdifferenzen bei großem Umschlingungswinkel möglich.

A 11-62 $F_\mathrm{W} = 78{,}5\,\mathrm{N}$

A 11-63 $f_0 = \frac{h}{l} \cdot r = 0{,}60\,\mathrm{mm}$

A 11-64 $f = (R+r)\frac{F}{m \cdot g} = 6{,}1\,\mathrm{mm}$; $\mu_\mathrm{R} = 0{,}012$

A 11-65 $F = m \cdot g \left(\frac{f}{d} \cos\alpha + \frac{\sin\alpha}{2}\right) = 156\,\mathrm{N}$
Ansatz: Momentengleichung für „Aufrollpunkt“.

Ergebnisse zum Kapitel 12

Hinweise:

1. Grundsätzlich lassen sich Rechenergebnisse nicht mit einer höheren Genauigkeit angeben (auch wenn numerische Rechenanlagen mehr als zehn Nachkommastellen anzeigen), als die Eingangsgrößen aufweisen. Wenn die Lösungen z.T. eine höhere Rechengenauigkeit als die Ausgangsgrößen aufweisen, ist dies der besseren Überprüfbarkeit der Ergebnisse und der Erleichterung der Fehlerfindung geschuldet (siehe hierzu auch Kapitel 1.4).
2. Wo die Ergebnisse mit Vorzeichen angegeben sind, beziehen sich diese auf die Koordinatenfestlegungen der Aufgabenstellung.

A 12-1 $F_\mathrm{res} = 3{,}53\,\mathrm{kN}$
$\alpha = 133{,}7°$; $\beta = 50{,}3°$; $\gamma = 109{,}8°$

A 12-2 $F_\mathrm{res} = 4{,}31\,\mathrm{kN}$
$\alpha = 125{,}3°$; $\beta = 62{,}1°$; $\gamma = 48{,}0°$

A 12-3 $F_\mathrm{res} = 10{,}00\,\mathrm{kN}$
$\alpha = 82{,}6°$; $\beta = 21{,}1°$; $\gamma = 109{,}7°$

A 12-4 axial: $F = 9{,}38\,\mathrm{kN}$; senkrecht zum Mast: $F = 2{,}33\,\mathrm{kN}$

A 12-5 $F_{\mathrm{S}_1} = 33{,}3\,\mathrm{kN}$; $F_{\mathrm{S}_2} = 54{,}4\,\mathrm{kN}$; $F_{\mathrm{S}_3} = 47{,}1\,\mathrm{kN}$

A 12-6 $F_{\mathrm{S}_1} = 50{,}0\,\mathrm{kN}$; $F_{\mathrm{S}_2} = 40{,}8\,\mathrm{kN}$; $F_{\mathrm{S}_3} = 50{,}0\,\mathrm{kN}$

A 12-7 $F_A = 32{,}279\,\mathrm{kN}$ (D); $F_{\mathrm{S}_1} = 18{,}028\,\mathrm{kN}$; $F_{\mathrm{S}_2} = 7{,}077\,\mathrm{kN}$

A 12-8 $F_\mathrm{G} = 4{,}647\,\mathrm{kN}$; $(F_{\mathrm{S}_1} = 8{,}378\,\mathrm{kN})$; $(F_{\mathrm{S}_2} = 3{,}289\,\mathrm{kN})$

A 12-9 $F_\mathrm{G} = 5{,}547\,\mathrm{kN}$; $(F_\mathrm{A} = 17{,}904\,\mathrm{kN})$ $(F_{\mathrm{S}_2} = 3{,}926\,\mathrm{kN})$

A 12-10 $F_G = 4747\,N$; $x_S = 676{,}4\,mm$; $y_S = 456{,}9\,mm$
$F_{S_1} = 361\,N$; $F_{S_2} = 2570\,N$; $F_{S_3} = 3007\,N$

A 12-11 $F_{S_1} = 6{,}894\,kN$ (D); $F_{S_2} = 0$; $F_{S_3} = 6{,}579\,kN$ (Z)
$F_{S_4} = 0{,}421\,kN$ (D); $F_{S_5} = 0{,}711\,kN$ (Z); $F_{S_6} = 6{,}579\,kN$ (Z)

$$F_A = \begin{bmatrix} 2{,}579 \\ 5{,}000 \\ 3{,}421 \end{bmatrix} kN = 6{,}584\,kN;$$

$$F_B = \begin{bmatrix} 0 \\ 0 \\ -0{,}421 \end{bmatrix} kN = 0{,}421\,kN$$

$$F_C = \begin{bmatrix} -6{,}579 \\ 0 \\ 0 \end{bmatrix} kN = 6{,}579\,kN$$

A 12-12 $M_{x_1} = +14{,}985\,kNm$; $M_{z_1} = -14{,}985\,kNm$

A 12-13 $M_{x_2} = -30{,}073\,kNm$; $M_{z_2} = -11{,}278\,kNm$

A 12-14 $M_{x_3} = +5{,}237\,kNm$; $M_{z_3} = +10{,}474\,kNm$

A 12-15 $M_{res} = 3{,}75\,kNm$
M_{res} liegt in der Symmetrieebene und wirkt unter 70,5° zur Achse M_1 nach unten

A 12-16 $M_x = -0{,}816 \cdot F_S \cdot a$; $M_z = 0{,}408 \cdot F_S \cdot a$

A 12-17 $M_x = -1850\,Nm$; $M_y = 1834\,Nm$; $M_z = 925\,Nm$

A 12-18 $M_x = 0{,}5 \cdot m \cdot g \cdot c$; $M_y = 0$; $M_z = -0{,}5 \cdot m \cdot g \cdot b$

A 12-19 $F = m \cdot g$

$F_{Ax} = -\dfrac{b}{4a}F$; $F_{Ay} = 0$; $F_{Az} = -\dfrac{c}{4a}F$

$F_{Bx} = \dfrac{b}{4a}F$; $F_{By} = F$; $F_{Bz} = \dfrac{c}{4a}F$

A 12-20 $F_S = 12{,}01\,kN$ $F_{Ax} = -2{,}45\,kN$; $F_{Ay} = -2{,}45\,kN$
$F_{Bx} = 7{,}36\,kN$; $F_{By} = 7{,}36\,kN$ $F_{Bz} = -9{,}81\,kN$

A 12-21 $F_{u_2} = -7{,}50\,kN$; $F_{Ax} = 0$; $F_{Ay} = 8{,}71\,kN$;
$F_{Az} = 4{,}78\,kN$; $F_{Bx} = -1{,}00\,kN$; $F_{By} = -0{,}71\,kN$;
$F_{Bz} = 4{,}54\,kN$

A 12-22 $F_{u_2} = 12{,}00\,kN$; $F_{Ax} = -2{,}00\,kN$; $F_{Ay} = -1{,}62\,kN$;
$F_{Az} = -8{,}92\,kN$; $F_{Bx} = 0$; $F_{By} = -7{,}39\,kN$;
$F_{Bz} = 4{,}92\,kN$

A 12-23 $F_{Ay} = 66{,}7\,kN$; $F_{Az} = 43{,}3\,kN$; $F_E = -30\,kN$;
$F_{By} = 133{,}3\,kN$; $F_{Bz} = -93{,}3\,kN$; $F_F = -100\,kN$

A 12-24 $F_{Ay} = 55\,kN$; $F_{Az} = 150\,kN$; $F_C = -120\,kN$;
$F_{By} = -5\,kN$; $F_{Bz} = 90\,kN$; $F_D = -80\,kN$

A 12-25 $F_{u_1} = 2667\,N$; $F_{r_1} = 986\,N$; $F_{a_1} = -470\,N$
$F_{u_2} = -4000\,N$; $F_{r_2} = -1456\,N$;
$F_{Ax} = -1622\,N$; $F_{Ay} = -2211\,N$; $F_{Az} = 470\,N$
$F_{Bx} = 4637\,N$; $F_{By} = 1000\,N$;

A 12-26 $F_{Ax} = 4{,}73\,kN$ $F_{Bx} = 2{,}66\,kN$ $F_{Ay} = 11{,}73\,kN$
$F_{By} = 8{,}57\,kN$ $F_{Az} = 3{,}53\,kN$
$F_{Cx} = 2{,}71\,kN$ $F_{Dx} = 4{,}68\,kN$ $F_{Cy} = 11{,}43\,kN$
$F_{Dy} = 8{,}57\,kN$ $F_{Cz} = 3{,}53\,kN$ $M_D = 3{,}0\,kNm$

A 12-27 $F_{Ax} = F_3$; $F_{Ay} = F_1$; $F_{Az} = -F_3$
$F_B = -(F_2 + F_3)$; $F_C = F_1$; $F_E = -F_1$

A 12-28

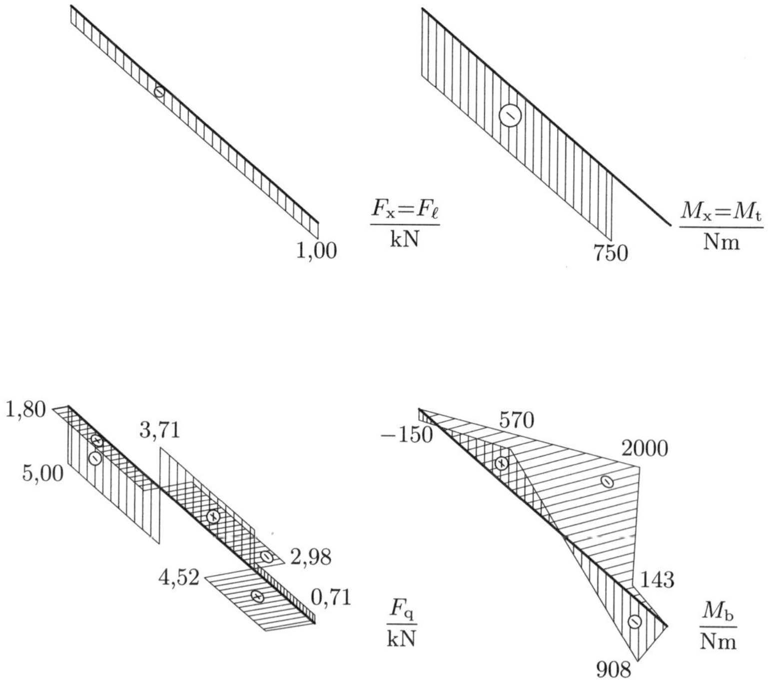

A 12-29

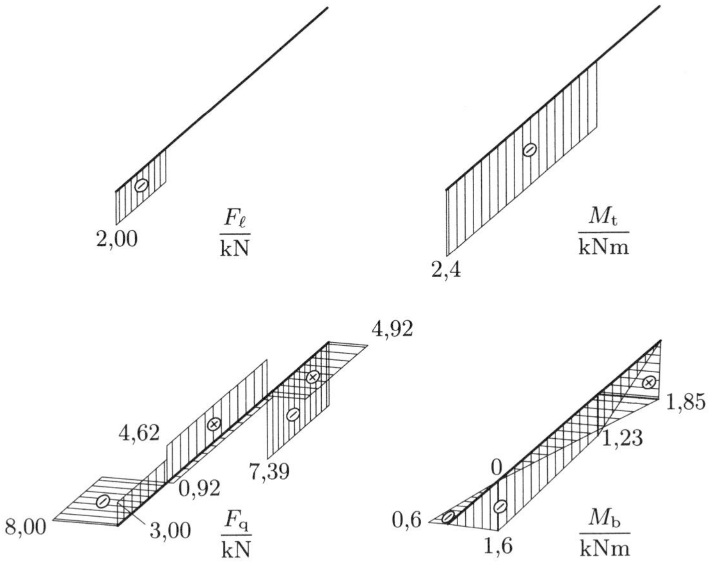
2,00
$\frac{F_\ell}{\text{kN}}$
2,4
$\frac{M_\text{t}}{\text{kNm}}$
4,92
4,62
7,39
0,92
8,00
3,00
$\frac{F_\text{q}}{\text{kN}}$
1,85
1,23
0
0,6
1,6
$\frac{M_\text{b}}{\text{kNm}}$

A 12-30

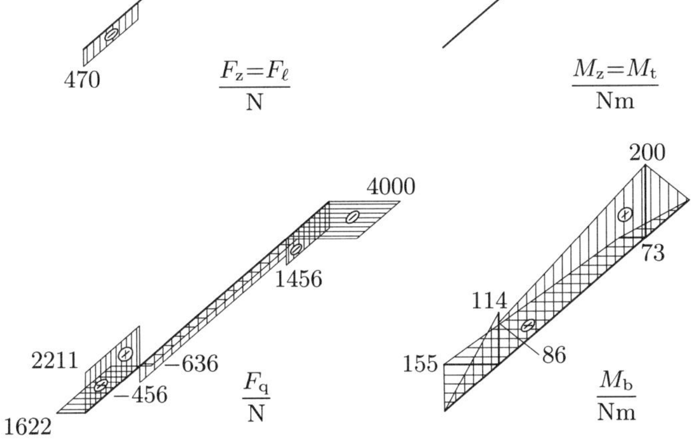
160
470
$\frac{F_\text{z}=F_\ell}{\text{N}}$
$\frac{M_\text{z}=M_\text{t}}{\text{Nm}}$
4000
1456
2211
−636
−456
1622
$\frac{F_\text{q}}{\text{N}}$
200
73
114
86
155
$\frac{M_\text{b}}{\text{Nm}}$

A 12-31

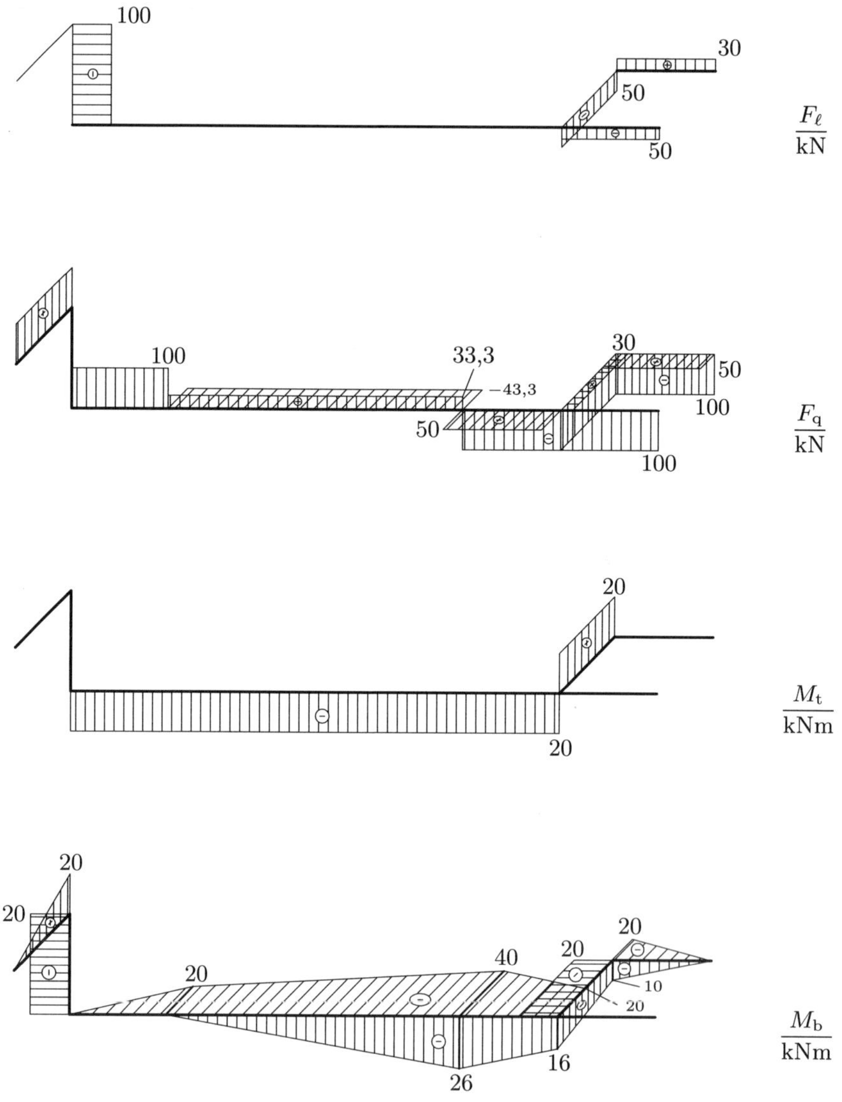
100
30
50
50
F_ℓ / kN
100
33,3
−43,3
30
50
50
100
100
F_q / kN
20
20
M_t / kNm
20
20
20
40
20
20
10
20
16
26
M_b / kNm

A 12-32

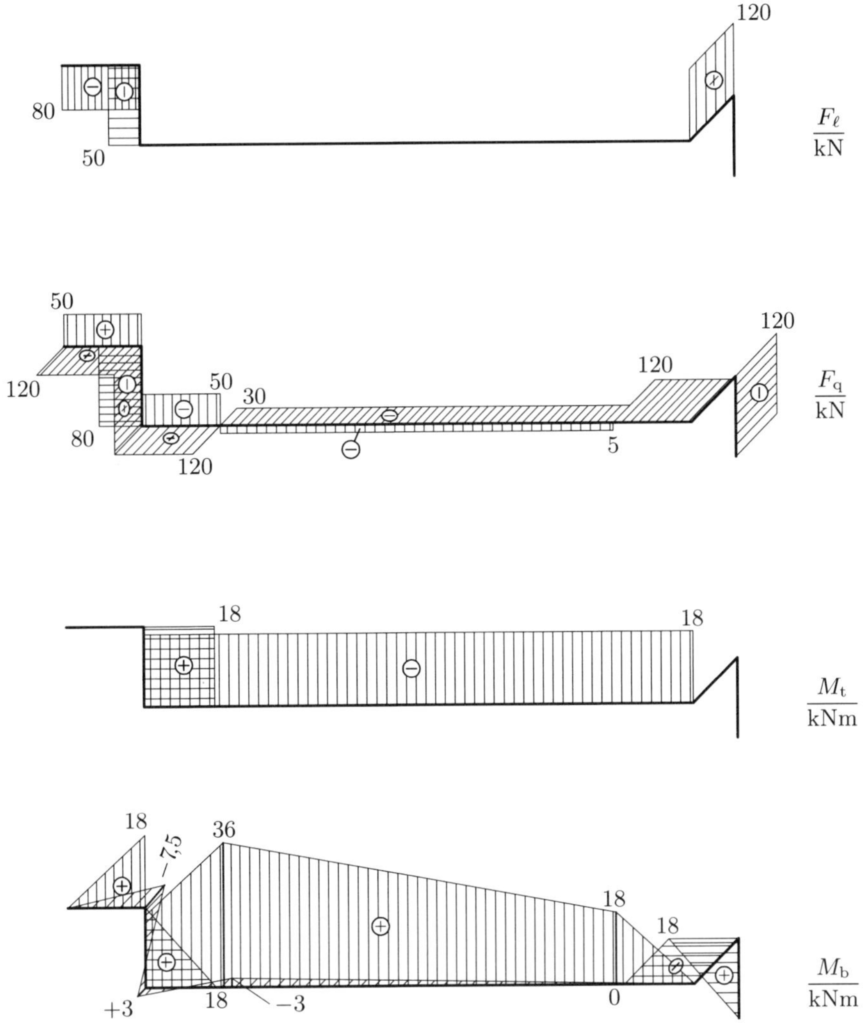
120
80
50
F_ℓ / kN
50
120
120
80
50
30
120
5
120
F_q / kN
18
18
M_t / kNm
18
36
−7,5
18
18
+3
18
−3
0
M_b / kNm

A 12-33

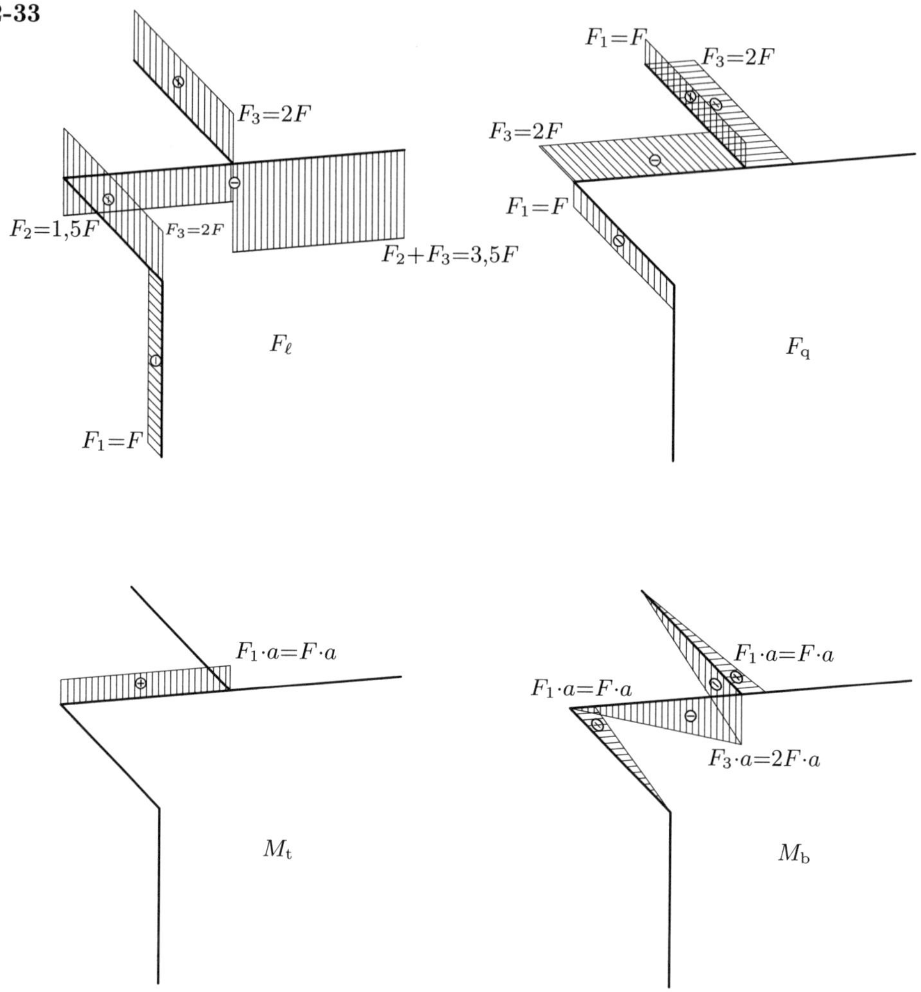
$F_3=2F$
$F_2=1{,}5F$
$F_3=2F$
$F_2+F_3=3{,}5F$
$F_1=F$
F_ℓ
$F_1=F$
$F_3=2F$
$F_3=2F$
$F_1=F$
F_q
$F_1\cdot a=F\cdot a$
M_t
$F_1\cdot a=F\cdot a$
$F_1\cdot a=F\cdot a$
$F_3\cdot a=2F\cdot a$
M_b

A 12-34

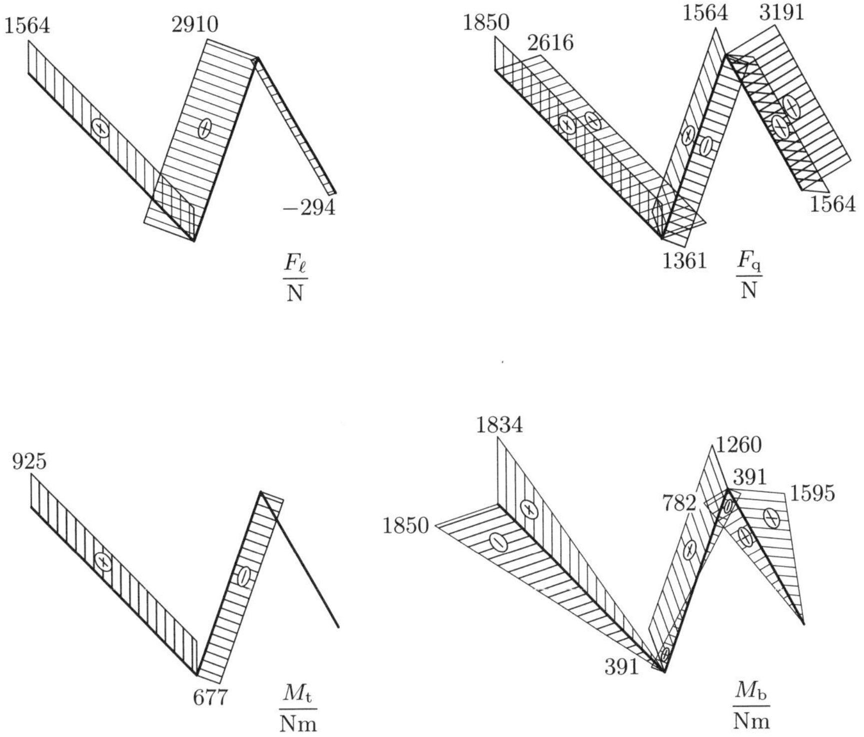
1564
2910
−294
$\frac{F_\ell}{\mathrm{N}}$
1850
2616
1564
3191
1564
1361
$\frac{F_\mathrm{q}}{\mathrm{N}}$
925
677
$\frac{M_\mathrm{t}}{\mathrm{Nm}}$
1834
1260
391
1595
782
1850
391
$\frac{M_\mathrm{b}}{\mathrm{Nm}}$

Literatur

1. Balke, H.: „Einführung in die Technische Mechanik", Berlin/Heidelberg/New York: Springer Verlag, 2007
2. Berger, J.: „Technische Mechanik für Ingenieure" Band 1: Statik, Braunschweig/Wiesbaden: Friedr. Vieweg & Sohn, 1998
3. Brommundt, E.; Sachs, G.: „Technische Mechanik", München/Wien: R. Oldenbourg Verlag GmbH, 2006
4. Bruhns, D; Lehmann, T.: „Elemente der Mechanik" Band 1: Statik, Braunschweig/Wiesbaden: Friedr. Vieweg & Sohn, 1998
5. Dankert, H; Dankert, J.: „Technische Mechanik", Wiesbaden: Vieweg + Teubner Verlag/GWV Fachbuchverlage GmbH, 2009
6. Fischer, K; Günther, W.: „Technische Mechanik", Leipzig/Stuttgart: Deutscher Verlag für Grundstoffindustrie, 1994
7. Gloistehn, H.H.: „Lehr- und Übungsbuch der Technischen Mechanik" Band 1: Statik, Braunschweig/Wiesbaden: Friedr. Vieweg & Sohn, 1998
8. Göldner, H; Witt, D.: „Lehr- und Übungsbuch der Technischen Mechanik", Leipzig/Köln: Fachbuchverlag Leipzig GmbH, 1993
9. Gross, D; Hauger; W; Schröder, J., Wall, W.A.: „Technische Mechanik" Band 1: Statik, Berlin/Heidelberg/New York: Springer Verlag, 2009
10. Hagedorn, P.: „Technische Mechanik" Band 1: Statik, Frankfurt/Main: Harry Deutsch, 2003
11. Hibbeler, R.C.: „Technische Mechanik" Band 1: Statik, München/Boston: Pearson Education, 2005
12. Holzmann, G; Meyer, H; Schumpich, G.: „Technische Mechanik" Band 1: Statik, Stuttgart: B.G. Teubner Verlagsgesellschaft, 2008
13. Knappstein, G.: „Grundlagen der Statik, insbesondere Schnittmethode", Frankfurt/Main: Harry Deutsch, 2002
14. Kühhorn, A; Silber, G.: „Technische Mechanik für Ingenieure", Heidelberg: Hüthig Verlag, 2000
15. Mayr, M.: „Technische Mechanik", München/Wien: Carl Hanser Verlag, 2007
16. Motz, H.D.: „Ingenieur-Mechanik", Düsseldorf: VDI Verlag, 1991
17. Müller, W; Ferber, F.: „Technische Mechanik für Ingenieure", München/Wien: Fachbuchverlag Leipzig (im Hanser Verlag), 2008
18. Richard, H; Sander, M.: „Technische Mechanik" Statik, Wiesbaden: Friedr. Vieweg & Sohn, 2005

19. SAYIR, M.B.; DUAL, J.; KAUFMANN, S.: „Ingenieurmechanik I", Stuttgart/Leipzig/Wiesbaden: B.G. Teubner Verlagsgesellschaft, 2004
20. SZABO, I.: „Einführung in die Technische Mechanik", Berlin/Heidelberg/New York: Springer Verlag, 2003
21. WOHLHART, K.: „Statik", Braunschweig/Wiesbaden: Friedr. Vieweg & Sohn, 1998
22. WRIGGERS, P.; NACKENHORST, U.; BEUERMANN, S.; SPIESS, H.; LÖHNERT, S.: „Technische Mechanik kompakt", Stuttgart/Leipzig/Wiesbaden: B.G. Teubner Verlagsgesellschaft, 2005

Weiterführende Literatur

23. ERVEN, J.; SCHWÄGERL, D.: „Mathematik für Ingenieure", München/Wien: Oldenbourg Verlag, 2008
24. GUMMERT, P.; RECKLING, K.-A.: „Mechanik", Braunschweig/Wiesbaden: Friedr. Vieweg & Sohn, 1987
25. HARTMANN, F.; KATZ, C.: „Statik mit finiten Elementen", Berlin/Heidelberg/New York: Springer Verlag, 2002
26. HINZEN, H.: „Maschinenelemente 2", München/Wien: Oldenbourg Verlag, 2008
27. HOLLBURG, U.: „Maschinendynamik", München/Wien: Oldenbourg Verlag, 2007
28. NIEMANN, G.; WINTER, H.: „Maschinenelemente", Band 2, Berlin/Heidelberg/New York: Springer Verlag, 2002
29. PRECHT, M.; VOIT, K.; KRAFT, R.: „Mathematik 1 für Nichtmathematiker", München/Wien: Oldenbourg Verlag, 2006
30. SCHNEIDER, H.: „Auswuchttechnik", Berlin/Heidelberg/New York: Springer Verlag, 2007

Index